国家“十二五”重点图书

现代X光物理原理

Elements of Modern X-ray Physics

Jens Als-Nielsen，Des McMorrow 著

封东来 译

复旦大学出版社

作者简介

Jens Als-Nielsen，延斯 · 埃尔斯 - 尼尔森，丹麦哥本哈根尼尔斯 · 玻尔研究所教授 . 研究领域为中子散射和同步辐射 X 射线物理学 .

Des · McMorrow，戴斯 · 麦克莫罗，英国伦敦大学学院纳米技术中心教授 . 在过去 30 年里，致力于发展和应用 X 射线技术来研究关联电子材料的基本性质 .

译者简介

封东来，复旦大学物理系教授、博士生导师 . 1994 年毕业于中国科技大学近代物理系，2001 年于美国斯坦福大学物理系获得博士学位 . 从 2002 年开始在复旦大学任教至今，现任复旦大学应用表面物理国家重点实验室主任 . 多年来在国内外十余个同步辐射实验室进行过实验，并在复旦大学讲授相关课程 . 担任多个国际超导和同步辐射领域主要会议的主席、程序委员会主席、组委，以及 ***Physical Review Letters*** 凝聚态物理部副编辑、《中国物理快报》副主编 .

主要应用角分辨光电子能谱、X 射线弹性和非弹性散射等同步辐射实验方法，并结合氧化物分子束外延和扫描隧道显微镜，来研究强关联体系等复杂量子材料及其微结构 . 在铜基和铁基高温超导、莫特绝缘体、电荷和磁有序材料等领域做出许多重要工作 . 发表论文 100 余篇，被引用 5000 多次 . 曾获得过国家自然科学杰出青年基金、联合国教科文组织青年科学家奖、中国青年科技奖、海外华人物理学会亚洲成就奖、中国物理学会“叶企孙”奖、亚太物理学会联盟杨振宁奖、上海市自然科学牡丹奖、上海市自然科学一等奖等荣誉 .

译者序言

本书作者 Jens Als-Nielsen 是丹麦哥本哈根尼尔斯·玻尔研究所教授,Des McMorrow 是英国伦敦大学学院纳米科技中心教授,均为同步辐射应用专家.他们的 *Elements of Modem X-ray Physics*(第一版)是近年来 X 射线物理领域不可多得的一本畅销书.作者用通俗的语言系统地介绍了 X 射线与物质的相互作用、X 射线光源、X 射线在界面的折射和反射、X 射线的散射和吸收谱以及共振散射等重要内容.在第二版中,又加入了现代 X 射线成像的章节.本书抓住了 X 射线的物理本质这一关键点,选题比较基础和系统,配有大量的图解,并且结合了很多现代的实验实例,讲解十分清楚和简洁.掌握了本书内容,就等于掌握了现代 X 射线应用的核心,对于物理、生物、化学、材料等领域的同步辐射用户尤其有用.本书是 X 射线、特别是同步辐射应用领域的本科生和研究生以及科研工作者不可多得的基础参考书,也是凝聚态物理和材料物理专业的研究生们了解 X 射线技术的一本合适教材.通过系统的学习,可以更加全面地了解这些实验技术,并深入地掌握它们,从而可以根据实际工作需要选择合适的实验技术.

译者早在 10 年前,就阅读了本书的第一版.后来在复旦大学讲授"散射物理"课程时,也讲授了其中部分内容,受到了研究生们的欢迎.因为中国的同步辐射发展迅速,用户群体越来越大,因此就产生了把它翻译成中文的想法,也得到了两位作者的支持.当时我的同事叶令教授也参与了"光电吸收和共振散射"章节的一部分翻译工作.但是好事多磨,国内某出版社和 Wiley 的谈判久而未决,而后不了了之.到了 2012 年,本书新出第二版之后,两位作者主动和我联系,他们此次保留了本书的中文版版权,顺利和复旦大学出版社达成协议.我于是重新开始翻译此书的第二版.

翻译此书是一项艰苦的工作,事实上远超我的预期,从 2013 年春节到 2014 年 4 月底,历时 15 个月.虽然期间科研教学繁忙,我还是坚持了下来,并获得了不少乐趣.对我本人而言,从事研究工作恰好已 20 年,期间得到了学界前辈和同行们甚多帮助,很是感激;我把此书作为我回馈他们的"社区服务",因此尽量独立完成,但是我同样离不开很多人在此过程中的大力帮助.特别是我要感谢作者提供了 Latex 文件和图片,并为中文版致辞;感谢复旦大学出版社的梁玲编辑和戴文沁小姐的专业帮助;感谢叶令教授提供了本书第一版部分章节的译稿;感谢我的同事张童副研究员和学生缪瑾、沈晓萍、徐敏、叶麦、宋琦和陈鸿燕的帮助和校阅;感谢我的家人的支持.译者第一次进行翻译工作,错误在所难免,敬请读者指正.

谨以此中译本献给我的家人和帮助过我的人们.

封东来

2014 年 4 月于复旦大学

作者为中译本的致辞

We are extremely grateful to Donglai Feng for generously offering to translate our text into Chinese. It is exciting for us to see the fruits of Donglai's labours.

We very much hope that the Chinese translation of our book will be of use to the rapidly growing community of synchrotron radiation users in China.

我们非常感谢封东来慷慨地提议把我们的书翻译成中文.我们很兴奋地看到东来的劳动成果.

我们非常希望我们的书的中译本对迅速增长的中国同步辐射用户群体有用.

Jens Als-Nielsen，Des McMorrow

2014年4月

第二版序言

《现代X射线物理原理》面世至今已有10余年，深受读者的关注和喜爱，在此期间X光源的发展以及人们对它的应用探索取得了惊人的进步，这便鼓励了我们出版《现代X射线物理原理》第二版.

第二版和第一版的区别主要有以下几个方面：

1. 增加了X光成像的章节.

2. 原介绍动力学衍射理论的章节分为晶体和非晶体材料两个章节进行讲解，增加了诸如聚合物和生物分子等新材料，并介绍利用X光研究其液态和玻璃态结构.

3. 从全局的角度对多个章节进行了调整和改动.

4. 修正了排印错误.

5. 除了第1章之外，其余章节末都增加了习题.

在第二版的编排过程中，我们得到了许多同事和朋友的支持和鼓励，没有他们的帮助很难完成此书. 在此向他们表示最诚挚的谢意，尤其是 David Attwood，Martin Bech，Christian David，Martin Dierolf，Paul Emma，Kenneth Evans-Lutterodt，Per Hedegård，Mikael Häggström，John Hill，Moritz Hoesch，Torben Jensen，James Keeler，Ken Kelton，Carolyn Larabell，Bruno Lengeler，Anders Madsen，David Moncton，Theyencheri Narayan，Franz Pfeiffer，Harald Reichert，Ian Robinson，Jan Rogers，Joachim Stöhr，Joan Vila-Comamala，Simon Ward 以及 Tim Weitkamp.

感谢 Ib Henriksen 基金的慷慨资助，第二版的工作于2008年夏天在法国普罗旺斯开始进行.

本书封面的原始图片由 Michael Wulff 提供，并由 Marusa Design 公司进行设计.

谨以此书献给我们各自的家人.

Jens Als-Nielsen，Des McMorrow

2010年11月于伦敦

第一版序言

20 世纪 70 年代末期第一代 X 光束线在同步辐射光源建成，预示着 X 光科学一个新时代的到来. 这些年来光源技术得到了飞速的发展，人们对它的应用和认知也逐步加深. 如今的第三代光源已可以产生覆盖整个 X 光波段(约 1～500 keV)，并具有偏振和高能量分辨特性的高亮度光束，能够满足几乎所有的测量要求，大大推动了 X 光科学研究活动. 现在许多学科的大量现象均可以用 X 射线来研究，这在同步辐射光源出现前是无法想象的.

鉴于这些发展，及时出版一本该领域的入门教科书是非常必要的. 而本书的意图正是提供给读者关于 X 光的连贯性概述，不仅涵盖 X 光产生的基本物理原理、X 光与物质的相互作用，也介绍对 X 光特性的各种应用. 本书主要的目标读者是本科四年级及研究生一年级学生. 虽然本书是从物理学家的视角来撰写，但也希望本书能为工作在世界各地同步辐射中心的生物学家、化学家和材料学家们提供一些帮助. 为使本书适用于更多人，撰写的最大挑战在于避免使用晦涩的数学推导来传达物理概念，因此书中很多复杂的数学运算和定理用方框标注以便于分开学习，书末的附录也涵盖了一些必要的物理学知识介绍.

我们同时也希望这本书能吸引更有经验的科研工作者. 同步辐射中心汇聚了许许多多不同研究领域的工作小组，而不同领域想法的相互交叉往往是科学进步的驱动力. 为了使这些常常工作在相邻光束线的研究小组顺利地进行互动交流，需要大家对 X 光的背景知识都有所了解，这也正是出版本书的目的. 此外，许多 X 光技术现已作为标准分析的工具，如今我们不需要了解这些仪器的每个组成部分就可以进行实验. 这个发展趋势虽好，但若能对 X 光原理深入了解，不仅能提高满足感，也能更好地设计实验.

本书内容源自哥本哈根大学举行多年的一个讲座课程，是一个学期的教学内容，再加上我们在大学中 X 光实验室的实践，以及在 HASYLAB 同步辐射设施一周的访问. 涵盖的主题不可避免地在一定程度上只局限在本专业领域，比如关于成像的主题虽然重要但涉及较少. 一些在其他书本中已经详细介绍的内容，如经典结晶学等，本书就不再赘述了. 尽管本书存有这些不足，我们仍希望不同背景的读者能通过本书有所收获并得到启发，从而能够利用不断发展的同步辐射技术，并发掘其更多的应用价值.

Jens Als-Nielsen, Des McMorrow

2000 年 9 月于哥本哈根

第一版致谢

本书内容源自我们在世界各地的同步辐射光源进行实验的经验总结，在此要感谢这些实验室的同事们. 尤其要感谢的是 Henrik Bruus，Roger Cowley，Robert Feidenhans'l，Joseph Feldthaus，Francois Grey，Peter Gürtler，Wayne Hendrickson，Per Hedegard，John Hill，Mogens Lehmann，Les Leiserowitz，Gerd Materlik，David Moncton，Ian Robinson，Jochen Schneider，Horst Schulte-Schrepping，Sunil Sinha 和 Larc Troger，他们对本书的各个环节都提出宝贵的意见；Niels Bohr 研究所选修"X 光物理实验"的学生们，他们不仅指出初稿中不计其数的排印错误，而且也帮助完善了此书，他们的热情让我们感到教授此课程是非常有价值，有时甚至是愉快的；另外，特别要感谢 Birgitte Jacobsen 对原稿的仔细审核. 最后，我们要感谢 Felix Beckmann，C. T. Chen，T. -C. Chiang，Trevor Forsyth，Watson Fuller，Malcolm McMahon，Benjamin Perman 和 Michael Wulff，他们为本书提供了工作中的实例；Keld Theodor 为本书制作了部分图片.

这本书用 Latex 进行排版，在此我们对多年来帮助开发这个系统的所有人表示感谢，特别是 Henrik Ronnow 帮助解决了一些棘手的排版问题.

封面图片承蒙在法国 Grenoble ESRF 工作的 Michael Wulff 提供.

使用指南

本书内容在编排上是循序渐进的，第1章给出了全书的轮廓，描述了X光与物质相互作用的主要机理.许多重要的概念和结论都在此章中提及，并且指出哪些内容在后续章节会有更详细的讨论和推导.我们已努力降低读懂本书所需要的数学技巧.这主要是通过把复杂的数学运算和定理放在方框中，或将其放在附录中.

现今电脑已成为使数学和物理概念更形象化的必要工具.为此，在附录中我们列出了制作本书图片的计算机程序目录，旨在简化从数学公式到计算机算法的过渡，并对设计更为复杂的数据分析程序有所帮助.本书所用程序是在MATLAB®编程环境下完成的，但其从数学演绎而来的过程很透明，因此也能方便地转换为其他语言.程序列表所对应的图片在书中用“★”表示.

目录

1

X 射线及其与物质相互作用

X 射线是在 1895 年被伦琴(Wilhelm Conrad Röntgen)所发现. 从那时起,X 射线逐步发展成为探测物质结构的极重要的工具. 数不胜数的材料结构由 X 射线解析得出,包括从简单的化合物到非常复杂和著名的 DNA 双螺旋. 近年来,解析蛋白质的结构甚至生物活体功能单元的结构,都已经成为平常的事情. 从 X 射线的发现一直到 20 世纪 70 年代中期,人们对 X 射线与物质相互作用的理论理解,以及运用 X 射线的知识,一直在稳步增长. 这个时期技术上的主要限制是 X 光源. 因为从 1912 年起,它就基本上没有改变. 直到 1970 年代,人们意识到在为高能物理和核物理建造的储存环(storage ring)中、高速旋转的带电粒子所发出的同步辐射(synchrotron radiation)可能成为更强、更加多用途的 X 光源. 事实也确实如此,同步辐射光源是如此之好,以致目前世界上已经建成许许多多的、专用于产生 X 光的同步辐射储存环.

目前同步辐射 X 光源已经发展到所谓的第三代同步辐射光源,如图 1.1 所示,它比最初的实验室 X 光源强了大约 10^{12} 倍. 随着同步辐射光源的出现,X 光科学的创新步伐大大提速(虽然可能不是以万亿倍!),而时至今日也没有放缓的迹象. 目前第一个 X 光自由电子激光源已投入运行①,当它们开始全面运行时,无疑将会出现更多的重要突破. 在第 2 章中我们将解释 X 光源的基本物理原理,概述它们的主要特点.

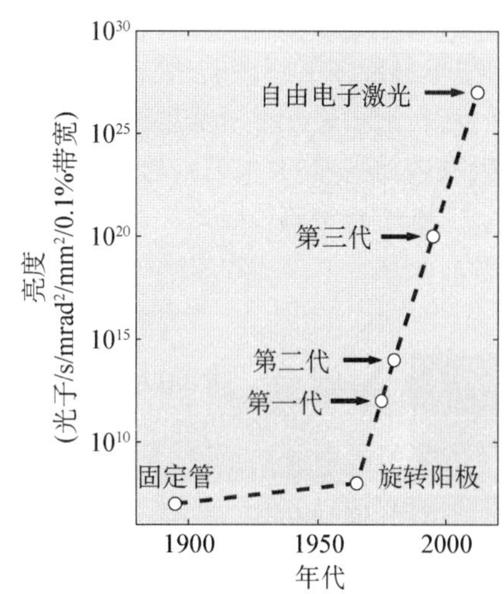

图 1.1 X 光源的亮度(brilliance)演化历史. 光源亮度将在第 2 章中给予定义和讨论,同步辐射和自由电子激光产生 X 射线的原理也将一并介绍. 对于自由电子激光,我们使用其平均亮度的数据. 因为自由电子激光的 X 光脉冲极短,仅仅是 100 fs 量级,其峰值亮度远超其平均亮度.

我们在图 1.2 中展示了第三代同步辐射光源上一个典型实验光束线的关键组成部分. 其中主要的部件可能会以不同的形式出现在不同的光束线上,具体的细节自然要随着实际应用需求而改变. 首先我们来看看光源,这里电子并不是简单地进行圆周运动,而是穿过一个由多块磁铁构成的直线节(即波荡器),这样电子就会被迫进行小幅振荡. 每一次的振荡中都会辐射 X 射线. 虽然振荡的幅度不大,但所有经过的电子发出的辐射相干相加后会发出非常强的 X 光束. 第二个重要部件是单色器. 在许多应用中,单色器被要求工作在某个平均波

① 译者注:此处指 2011 年时.

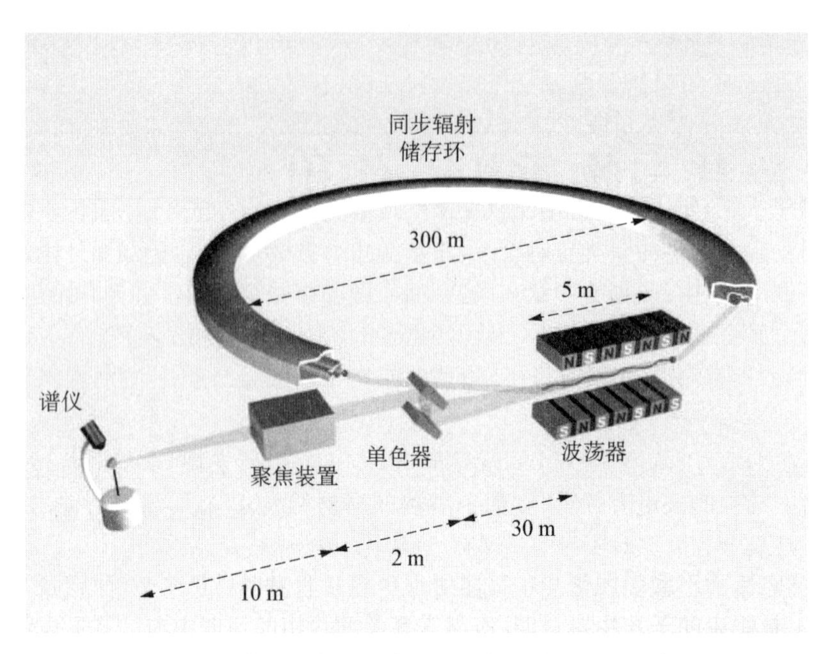

图 1.2 第三代同步辐射光源上一个典型 X 射线光束线的示意图. 带电粒子的束团(电子或者正电子)绕储存环转动(典型的周长有 300 m). 第三代光源的储存环上有很多直线节,直线节上可以安装插入件(insertion device),比如波荡器(undulator). 插入件内的磁铁阵列使得带电粒子进行小幅的振荡从而产生强 X 光束. 这些 X 光将通过一系列的光学元件,比如单色器(monochromator)、聚焦元件等,最后具备实验具体要求的 X 光束照射到样品之上. 图中标注了通常的长度尺度.

长附近. 很多时候人们希望选择某个范围的工作波长(或称为带宽),于是各种形式的单色器(由单晶或多层膜做成)被用于较大范围地调节该重要参数. 还有,如果要测量较小的样品,人们需要把单色光尽可能地聚焦(光斑越小越好),这是通过诸如 X 光反射镜和菲涅耳(Fresnel)折射透镜实现的. 最后,X 射线通过上述部件照射到样品上,实验开始进行.

本书的主要目标之一就是解释图 1.2 中这些关键部件背后的物理原理. 因此作为第一步,就需要理解 X 射线和物质的相互作用的方方面面.

1.1 X 射线:波和光子

X 射线是波长在埃(Å, 10^{-10} m)量级的电磁波. 在很多时候,人们对单色(单一频率)的 X 射线感兴趣,如图 1.3 所示. 假设波的传播方向是沿着 z 轴,与电场 $\boldsymbol{E}$ 和磁场 $\boldsymbol{H}$ 的方向垂直. 为简单起见,我们开始仅考虑电场而忽略磁场. 图 1.3 的上部是电磁场在某时刻的空间分布,由波长 λ 或者等价地由波数 $k=2\pi/\lambda$ 来描述. 电场幅度的数学表达式是正弦波,可以取实数形式 $E_0\sin(kz)$,也可以取较简洁的复数形式 $E_0\mathrm{e}^{\mathrm{i}kz}$.

图 1.3 的下部是单色平面波的另一种演示方式. 波峰被用垂直于 z 轴的实线表示,强调它是一个在垂直于 z 轴的任何平面上都具有相同电场振幅的平面波. 虽然实际的光束一般不处于理想准直状态,但平面波近似常常还是有效的. 沿着 z 轴传播的平面波可用下面这个简单公式来描述:$E_0\mathrm{e}^{\mathrm{i}(kz-\omega t)}$. 更一般地在三维空间中,如果用单位矢量 $\hat{\boldsymbol{\varepsilon}}$ 表示电场的极化方向,而沿着传播方向的波矢可表示为 $\boldsymbol{k}$,那么就有

$$\boldsymbol{E}(\boldsymbol{r},\ t)=\hat{\boldsymbol{\varepsilon}}E_0\mathrm{e}^{\mathrm{i}(\boldsymbol{k}\cdot\boldsymbol{r}-\omega t)}$$

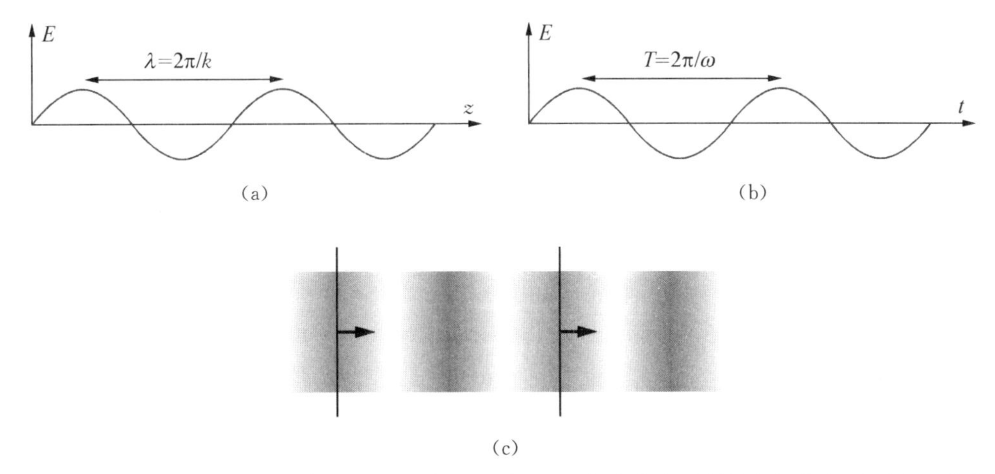

图 1.3 平面电磁波的3种表达方式(只画了电场 $\boldsymbol{E}$). 图(a):电场在某个时刻的空间分布,由波长 λ 或者波数 k 来刻画;图(b):电场在某个地点的时间变化,由周期 T 或循环频率 ω 来刻画;图(c):平面波的顶视图,波峰由粗线表示,传播方向由箭头表示,灰度变化表示波动强度的空间分布.

因为电磁波是横波,如图 1.4 所示,我们有 $\hat{\boldsymbol{\varepsilon}} \cdot \boldsymbol{k} = 0$ 和 $\boldsymbol{k} \cdot \boldsymbol{E} = \boldsymbol{k} \cdot \boldsymbol{H} = 0$.

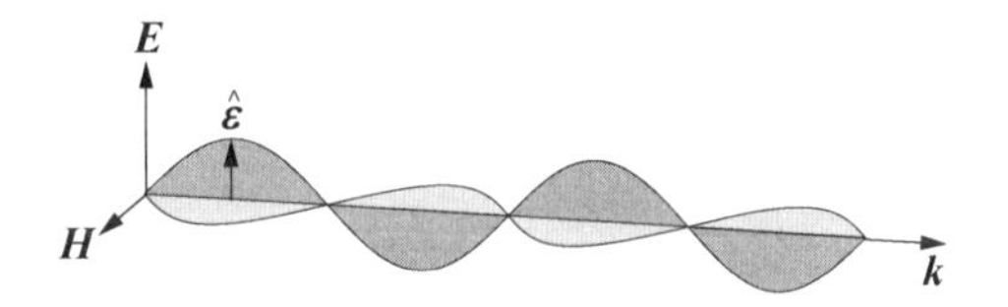

图 1.4 X射线是横波,其电磁场 $\boldsymbol{E}$ 和 $\boldsymbol{H}$ 互相垂直且都与波的传播方向 $\boldsymbol{k}$ 垂直. 电场方向即其偏振单位矢量 $\hat{\boldsymbol{\varepsilon}}$ 的方向.

上面是线偏振平面电磁波的经典图像. 从量子力学的角度,单色光束由量子化的光子组成,每一个光子都具有$\hbar\omega$ 的能量和$\hbar\boldsymbol{k}$ 的动量. 光束的强度正比于单位时间内通过单位面积的光子数. 因为光强又正比于电场强度的平方,这说明场强也需是量子化的. 分别把电场 $\boldsymbol{E}$ 和磁场 $\boldsymbol{H}$ 量子化并不方便,人们往往采用矢势 $\boldsymbol{A}$,因为 $\boldsymbol{E}$ 和 $\boldsymbol{H}$ 可以从 $\boldsymbol{A}$ 得出. 附录C解释了矢势是如何被量子化的,并且给出了电磁场的量子力学哈密顿量的明确形式. 在本书中,我们将在电磁场的经典和量子力学图像之间自由切换,将选择能最快和最清楚地帮助我们理解手头问题的那个图像.

波长 λ(以 Å 为单位)和光子能量 ε(以 keV 为单位)之间的数值关系①如下:

$$\lambda[\text{Å}] = \frac{hc}{\varepsilon} = \frac{12.398}{\varepsilon[\text{keV}]} \tag{1.1}$$

X射线光子与原子相互作用会采取以下两种过程之一:被散射或者被吸收,我们将会依次讨论这些过程. 当X射线和具有大量原子和分子的介质相互作用时,为了方便常把这些材料当成连续介质处理,它们和周围的环境(真空或者空气)会形成界面. 在界面上X光束会被折射和反射,这只是相互作用的另一种描述形式,散射和折射的描述在本质上是等价的. 在第3章中,我们会推导X射线反射率的公式,并利用这一等价性把反射率和介质的微观性质联系起来.

---

① 在本书中我们把所使用的波长范围限制在 0.1~2 Å 之内,对应的能量范围是 120~6 keV. 第一个限制(即 0.1 Å 或者 120 keV),保证了相对论效应可以忽略,因为X射线能量比电子的静止质量($mc^2 = 511$ keV)小很多. 第二个限制(2 Å 或者 6 keV),是一个实际应用上的限制,保证X射线具有足够的穿透力,可以穿过比较轻的材料(比如铍). 在很多X射线管和同步辐射光束线中,X射线必须穿过铍窗,高于 6 keV 的X射线可以穿过 0.5 mm 的铍窗后,还能有超过 90%的强度. 本书较少涉及低能的X射线(又称作软X射线).

1.2 散射

我们开始先考虑X射线被单个电子散射的情况.在经典的散射图像中,入射X射线的电场对电荷施加一个力,电荷得以加速并辐射出散射波.在经典图像中,散射波的波长和入射波一样,因此散射就必须是弹性的散射.但在量子力学的图像中,实际往往不是这样.入射X射线光子具有动量$\hbar \boldsymbol{k}$和能量$\hbar\omega$.光子能量可以转移给电子,导致被散射后的光子的频率比入射光子的频率低.这个非弹性的散射过程又被称为康普顿(Compton)效应,本节结尾处将对其进一步讨论.但X射线的弹性散射仍然是用来研究材料结构的主要过程,在此情况下使用经典图像一般来说就足够了.

1.2.1 单个电子

我们来考虑最基本的散射体——单个自由电子.电子对X射线的散射能力体现在一个称为散射长度的量上,下面让我们来具体推导它.

图1.5是一个典型的散射实验示意图.在此类实验中,要测量的一个基本的量是微分散射截面$(\mathrm{d}\sigma/\mathrm{d}\Omega)$,其定义为

$$\left(\frac{\mathrm{d}\sigma}{\mathrm{d}\Omega}\right)=\frac{I_{\mathrm{sc}}}{\Phi_0\Delta\Omega} \tag{1.2}$$

入射束流的强度由其通量Φ_0决定,即每秒钟通过单位面积的光子数.入射X射线和散射体相互作用而被散射.探测器放置在散射物体距离R之外,相对于散射体张开的立体角为$\Delta\Omega$,探测器每秒内记录到被散射的光子数为I_{sc}.因此微分散射截面反映了散射过程的强弱.而实验细节部分,比如束流通量和探测器的面积,均被归一化了.(附录A中给出更完整的讨论.)

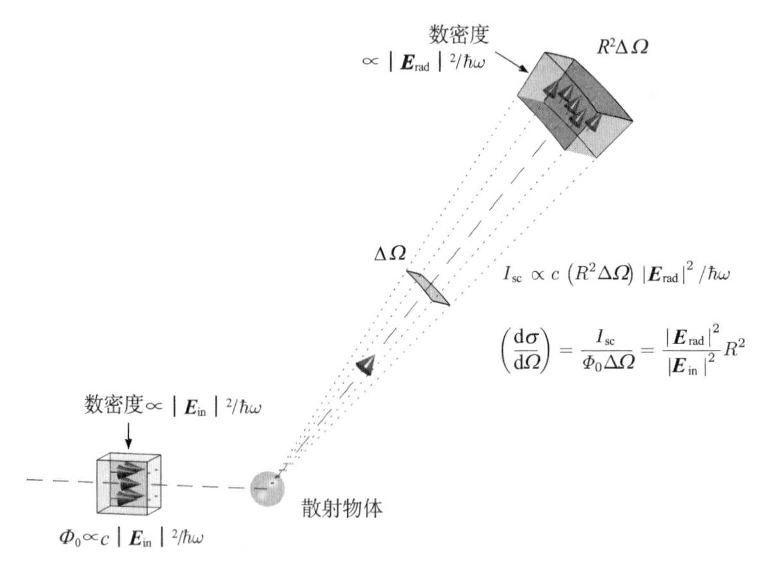

图1.5 一个典型的散射实验示意图,用于确定微分截面$(\mathrm{d}\sigma/\mathrm{d}\Omega)$(见(1.2)式).入射光通量$\Phi_0$是每秒内通过单位面积的粒子数.对于电磁波而言,它正比于$|\boldsymbol{E}_{\mathrm{in}}|^2$乘以光速$c$.入射束与散射物体相互作用产生散射束,再被探测器探测到.散射束的强度I_{sc}即为每秒钟探测器记录到的计数,其正比于$|\boldsymbol{E}_{\mathrm{rad}}|^2$再乘上探测器的面积和光速.探测器处于散射体距离$R$之外,探测器相对于散射体张开的立体角为$\Delta\Omega$.

对于图1.5中X射线散射的具体情况，Φ_0 可从入射束的电场 $\boldsymbol{E}_{\text{in}}$ 得到. 因为能量密度和 $|\boldsymbol{E}_{\text{in}}|^2$ 成正比，所以光子数的密度和 $|\boldsymbol{E}_{\text{in}}|^2/\hbar\omega$ 成正比，而光通量则是光子数的密度乘以光速 c.（这可从一个横截面为 A 的光束可在 1 s 内扫过 Ac 的体积得来.）对于散射束的强度 I_{sc}，类似的论证也同样成立. 此时，光子数的密度正比于辐射电场强度的模的平方 $|E_{\text{rad}}|^2$. 该量必须再乘以探测器的面积 $R^2\Delta\Omega$ 以及光速 c，从而得到 I_{sc} 的表达式. 根据上述讨论，我们得到微分散射截面

$$\left(\frac{\mathrm{d}\sigma}{\mathrm{d}\Omega}\right)=\frac{|E_{\text{rad}}|^2R^2}{|E_{\text{in}}|^2} \tag{1.3}$$

如图1.6(a)所示，在经典的X射线散射图像中，电子在入射X射线的电场中振荡. 振动的电子又成为一个源，辐射出球面波 $E_{\text{rad}}(R,\ t)\propto\hat{\boldsymbol{\varepsilon}}'\mathrm{e}^{\mathrm{i}kR}/R$，那么问题就变成计算在一个观察点X处的辐射场. 在附录B中将从麦克斯韦方程出发来作此计算，而我们在这里仅略述一个试探解. 我们先考虑 X 点，它处于入射波的极化矢量和入射方向构成的平面内，并与入射方向成夹角 $90°-\psi$.

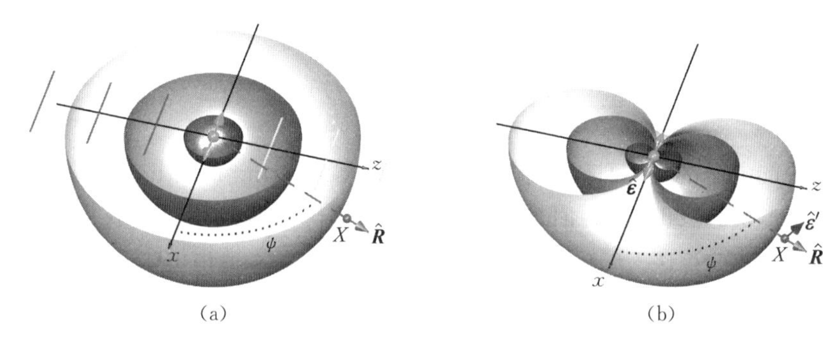

图1.6　X射线被电子散射的经典图像. 图(a)：入射电磁波的电场驱动电子振荡，辐射出球面波.（为清楚起见，只画出了 y 为正值的半球的辐射电磁波，对于最简单的各向同性的球面波而言，球面上的振幅和相位是相同的.）入射波沿着 z 轴传播，它的电场偏振方向沿着 x 轴. 因为汤姆孙散射具有180°的相位差，入射波的波峰处于那些散射球面波的波峰之间. 我们在文中计算了辐射波在 X 点的场强. X 点处于入射波的极化矢量和入射方向构成的平面内，在X点观察到的电子加速度须乘以一个 $\sin\psi$ 因子. 图(b)：根据几何关系，$\sin\psi=-\hat{\boldsymbol{\varepsilon}}\cdot\hat{\boldsymbol{\varepsilon}}'$，这里 $\hat{\boldsymbol{\varepsilon}}(\hat{\boldsymbol{\varepsilon}}')$ 代表入射波(散射波)的偏振方向. 这个因子对辐射波振幅的影响在此用等振幅面的形式来表达.

辐射场与电子的电荷 $-e$，以及观察点时间 t 之前的 t' 时刻的加速度 $a_X(t')$ 成正比(考虑到辐射的传播速度为有限的光速 c)，因此辐射场应当是以下形式：

$$E_{\text{rad}}(R,\ t)\propto\frac{-e}{R}a_X(t')\sin\psi \tag{1.4}$$

这里 $t'=t-R/c$. 从一个半径为 R 的球壳辐射出的能流等于能量密度(正比于 $|\boldsymbol{E}_{\text{rad}}|^2$)，再乘以表面积(正比于 R^2). 因此要求 $|\boldsymbol{E}_{\text{rad}}|\propto R^{-1}$，这样能流与 R 无关①. 多出来的 $\sin\psi$ 因子考虑了不同观察角度下看到的加速度的不同. 对于一个在 x-z 平面内 X 点的观察者来说，在 $\psi=0$ 时，看到的加速度为0；在 $\psi=90°$ 时，看到的加速度最大. 所以观察到的加速度是电子的实际加速度乘上 $\sin\psi$.

我们进一步通过电子受到的力除以电子质量来计算其加速度，得到

$$a_X(t')=\frac{-eE_0\mathrm{e}^{-\mathrm{i}\omega t'}}{m}=\frac{-e}{m}E_{\text{in}}\mathrm{e}^{\mathrm{i}\omega(R/c)}=\frac{-e}{m}E_{\text{in}}\mathrm{e}^{\mathrm{i}kR}$$

① (1.4)式代表了偶极振子辐射出的电场在远场极限下的形式.

这里 $E_{in}=E_0\mathrm{e}^{i\omega t}$ 是入射波的电场. 因此(1.4)式可以写作

$$\frac{E_{rad}(R,\ t)}{E_{in}} \propto \left(\frac{e^2}{m}\right)\frac{\mathrm{e}^{ikR}}{R}\sin\psi \tag{1.5}$$

对相对于入射 X 射线偏振方向为任意一个角度的观察点 X 来说,$\sin\psi$ 因子必须重新计算. 假设 $\hat{\boldsymbol{\varepsilon}}$ 是入射 X 射线偏振方向,$\hat{\boldsymbol{\varepsilon}}'$ 是辐射场的偏振方向,根据图 1.6(b), $\hat{\boldsymbol{\varepsilon}}\cdot\hat{\boldsymbol{\varepsilon}}'=\cos(90°+\psi)=-\sin(\psi)$. 把观察到的加速度的三角因子写成这种形式的优点是它无论在什么观察角度都是适用的. 这也是由图 1.6(b)中展示的、辐射场围绕着 x 轴的轴对称性所保障的.

要完成对微分截面的推导,需要确认我们用了正确的量纲. 显然(1.5)式中的电场之比是没有量纲的,那么就要求乘在球面波形式 e^{ikR}/R 之前的因子具有长度的量纲. 在国际标准单位制中,与点电荷 $-e$ 距离为 r 处的库仑能量是 $e^2/(4\pi\varepsilon_0 r)$,而从量纲上来说,能量的另外一个形式是 mc^2,把这两个能量的形式等价起来并重排一下,我们就可以得到本问题中一个基本长度尺度的表达式,即

$$\boxed{r_0=\left(\frac{e^2}{4\pi\varepsilon_0 mc^2}\right)=2.82\times10^{-5}(\text{Å})} \tag{1.6}$$

这就是人们所说的电子的汤姆孙散射长度(Thomson scattering length)或者经典半径. 虽然上述论证可以确定散射长度的幅度,但是不能确定它的相位. 在附录 B 中,我们给出了单电子的散射幅度事实上等于 $-r_0|\hat{\boldsymbol{\varepsilon}}\cdot\hat{\boldsymbol{\varepsilon}}'|$. 这里系数"$-1$"的物理意义是指散射波和入射波有 180°的相位差. 这个相位差也导致了 X 射线波段的折射率(refractive index)n 比 1 要小,这在第 1.4 节和第 3 章中还要详加讨论.

因此可得辐射电场和入射电场的比率

$$\frac{E_{rad}(R,\ t)}{E_{in}}=-r_0\frac{\mathrm{e}^{ikR}}{R}\ |\hat{\boldsymbol{\varepsilon}}\cdot\hat{\boldsymbol{\varepsilon}}'| \tag{1.7}$$

于是根据(1.3)式,微分截面可表达为

$$\boxed{\left(\frac{\mathrm{d}\sigma}{\mathrm{d}\Omega}\right)=r_0^2\ |\hat{\boldsymbol{\varepsilon}}\cdot\hat{\boldsymbol{\varepsilon}}'|^2} \tag{1.8}$$

此式给出了单个自由电子与电磁波的汤姆孙散射微分截面.

$|\hat{\boldsymbol{\varepsilon}}\cdot\hat{\boldsymbol{\varepsilon}}'|^2$ 因子的另一个重要意义是帮助人们安排不同 X 射线实验的最优化的实验几何构型. 比如同步辐射光源会自然产生偏振方向在加速器水平面内的线偏振光,所以 X 射线散射实验最好在竖直的散射面内进行,此时 $|\hat{\boldsymbol{\varepsilon}}\cdot\hat{\boldsymbol{\varepsilon}}'|^2=1$,与散射角 $\psi=90°-\psi$ 无关. 反过来,如果想测量从样品发出的荧光,那么如果在水平面内并且在 $\psi=90°$方向探测,因为 $|\hat{\boldsymbol{\varepsilon}}\cdot\hat{\boldsymbol{\varepsilon}}'|^2=0$,即可压制散射的贡献. 这些考虑使得我们根据 X 射线源的不同对散射偏振因子 P 定义如下:

$$P=|\hat{\boldsymbol{\varepsilon}}\cdot\hat{\boldsymbol{\varepsilon}}'|^2=\begin{cases}1, & \text{同步辐射:竖直散射面}\\ \cos^2\psi, & \text{同步辐射:水平散射面}\\ \frac{1}{2}(1+\cos^2\psi), & \text{未极化光源}\end{cases} \tag{1.9}$$

汤姆孙散射的总截面是把所有可能散射角的微分截面积分起来. 利用散射场绕 $\hat{\boldsymbol{\varepsilon}}$ 的旋转对称性,可以计算出在单位球面上 $\langle(\hat{\boldsymbol{\varepsilon}}\cdot\hat{\boldsymbol{\varepsilon}}')^2\rangle$ 的平均值是(2/3). 因此总截面 σ_T 等于 $4\pi r_0^2\times$

$(2/3)=8\pi r_0^2/3=0.665\times10^{-24}(\text{cm}^2)=0.665(\text{barn})$. 显然,一个自由电子散射电磁波的经典散射截面,无论是微分截面还是总截面都是常数,与能量无关. 这对于电磁波谱的X射线波段尤为正确,因为此时光子能量足够大,甚至原子内的电子也可以很好地近似当作自由电子. 但是在低能区,特别是可见光波段,或者当光子能量刚超过某个阈值可以共振激发原子深能级的束缚电子时,这就完全不正确了. 本节下面还会略述这些内容. 在第8章中,我们会讨论共振散射过程的起因和影响.

最后我们指出,本节中利用经典图像推导得到的自由电子和光子散射的结果,与我们在附录C中利用量子力学推导得到的结果是一样的.

1.2.2 单个原子

研究过单电子的散射之后,我们现在讨论X射线与含有 Z 个电子的原子的弹性散射.

下面采用纯经典的图像,其中电子的分布由电子数密度(number density)$\rho(\boldsymbol{r})$来描述. 散射辐射场是该电荷分布中各体积元贡献的叠加. 为了计算这个叠加,必须记录入射波与原点处和 $\boldsymbol{r}$ 处不同的体积元作用时,其相位上的差值(见图1.7(a)). 因为两个相邻的波峰的相位差是 2π,两个体积元处入射波的相位之差是 2π 乘以 $\boldsymbol{r}$ 在入射方向的投影与波长的比值. 这其实就是 $\boldsymbol{k}$ 和 $\boldsymbol{r}$ 这两个矢量的点积. 这种形式上的简洁性也是为什么用波矢 $\boldsymbol{k}$ 描述入射波会比较方便的原因之一. 在图1.6中观察点 X 附近,散射波在局部就像是个波矢,是 $\boldsymbol{k}'$ 的平面波. 类似地,我们得到原点处的体积元发出的散射波和 $\boldsymbol{r}$ 处体积元发出的散射波的相位差是 $-\boldsymbol{k}'\cdot\boldsymbol{r}$. 因此总相位差就是

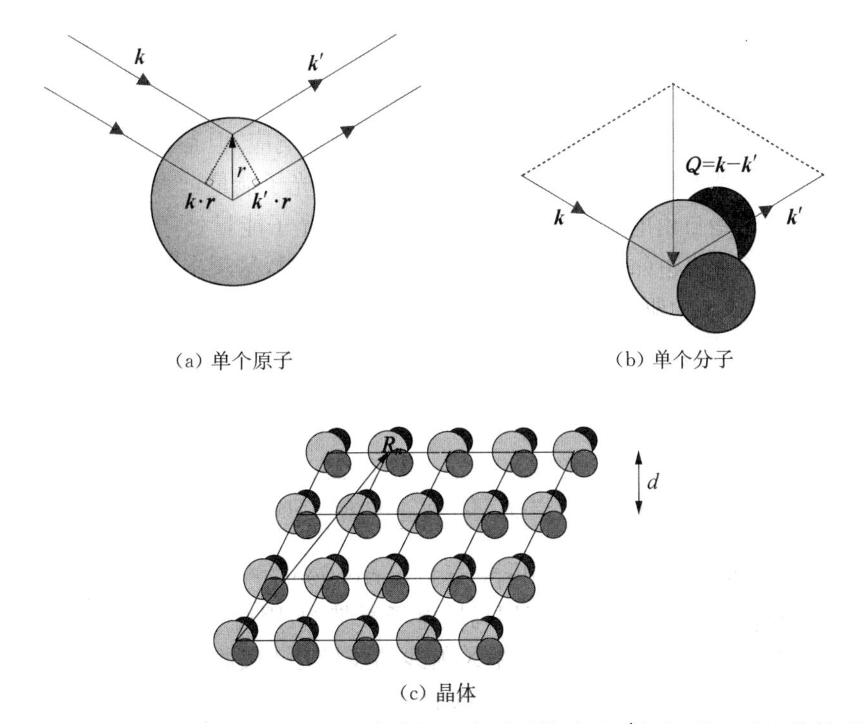

(a) 单个原子　　(b) 单个分子

(c) 晶体

图1.7 图(a):单原子的散射. 一波矢为 $\boldsymbol{k}$ 的X射线被一个原子散射到 $\boldsymbol{k}'$ 方向. 设为弹性散射,则 $|\boldsymbol{k}|=|\boldsymbol{k}'|=2\pi/\lambda$. 散射发生在原点的波和在 $\boldsymbol{r}$ 处散射的波的相位差是 $(\boldsymbol{k}-\boldsymbol{k}')\cdot\boldsymbol{r}=\boldsymbol{Q}\cdot\boldsymbol{r}$. 这就定义了波矢转移量或者传递波矢 $\boldsymbol{Q}$. 图(b):单分子的散射. 这里我们用散射三角形把 $\boldsymbol{k}$, $\boldsymbol{k}'$ 和 $\boldsymbol{Q}$ 联系起来. 图(c):分子晶体的散射. 分子们在一个晶格上规则排列,其位矢为 $\boldsymbol{R}_n$,晶面间距为 d.

$$\Delta\phi(\boldsymbol{r}) = (\boldsymbol{k}-\boldsymbol{k}')\cdot\boldsymbol{r} = \boldsymbol{Q}\cdot\boldsymbol{r}$$

这里

$$\boxed{\boldsymbol{Q} = \boldsymbol{k}-\boldsymbol{k}'} \tag{1.10}$$

$\boldsymbol{Q} = \boldsymbol{k}-\boldsymbol{k}'$ 就是所谓的传递波矢(wavevector transfer)或者散射矢量(scattering vector). 图 1.7 中讨论的散射是弹性的，即 $|\boldsymbol{k}| = |\boldsymbol{k}'|$，因此根据散射三角形，我们得到 $|\boldsymbol{Q}| = 2|\boldsymbol{k}|\sin\theta = (4\pi/\lambda)\sin\theta$. 如我们将看到的，$\boldsymbol{Q}$ 是描述弹性散射过程的自然变量，它的单位一般用 Å^{-1}.

因此 $\boldsymbol{r}$ 处的体积元 $\mathrm{d}\boldsymbol{r}$ 贡献的散射场有 $-r_0\rho(\boldsymbol{r})\mathrm{d}\boldsymbol{r}$，还包含一个相位因子 $\mathrm{e}^{\mathrm{i}\boldsymbol{Q}\cdot\boldsymbol{r}}$. 原子的总散射长度就是

$$\boxed{-r_0 f^0(\boldsymbol{Q}) = -r_0\int\rho(\boldsymbol{r})\mathrm{e}^{\mathrm{i}\boldsymbol{Q}\cdot\boldsymbol{r}}\mathrm{d}\boldsymbol{r}} \tag{1.11}$$

这里 $f^0(\boldsymbol{Q})$ 就是所谓的原子形状因子(atomic form factor). 在 $\boldsymbol{Q}\to 0$ 的极限下，所有体积元的散射同相位，于是 $f^0(Q=0)=Z$，就是原子中电子的总数. 随着 Q 从零开始增加，不同体积元开始以不同相位散射，最终导致 $f^0(Q\to\infty)=0$. (1.11)式的右侧恰似一个傅立叶变换，实际上贯穿于本书的一个主题就是散射长度可以通过样品电子分布的傅立叶变换计算得到[①]. 显然，为了计算散射束的强度，我们须计算(1.11)式，并且乘上它的共轭复数(见(1.2)式及相关讨论).

原子中的电子当然是遵循量子力学规律的，具有分立的能级. 最紧束缚的电子是在 K 壳层的那些，它们的束缚能和通常 X 射线光子的能量相当. 如果 X 射线的能量远小于 K 壳层的束缚能，因为这些电子处于束缚态，那么它们对于外界驱动电场的响应要变弱. 不是被那么紧束缚的电子(如 L, M 等壳层)将会较容易地对驱动场做出响应. 但是总的来说，我们可以预见原子的散射长度会有所减弱，这在传统上用 f' 来描述. 当光子能量远大于电子的束缚能时，电子就可以被当作仿佛是自由电子来处理，所以 f' 为 0. 当光子能量处于这些极限情况之间时，f' 在能量对应于原子吸收边(atomic absorption edge)的时候，呈现出共振行为，这在 1.3 节会进一步讨论. 类似于受外力驱动的简谐振子，上述效应除了对散射长度实部的改变之外，也将导致电子的响应和驱动场之间有一个相位差. 这可以通过加上 $\mathrm{i}f''$ 项来考虑，反映了系统的耗散，这会在第 3 和第 8 章中与 X 射线的吸收联系在一起. 把以上结果总结起来，原子形状因子可表示为

$$\boxed{f(\boldsymbol{Q},\hbar\omega) = f^0(\boldsymbol{Q}) + f'(\hbar\omega) + \mathrm{i}f''(\hbar\omega)} \tag{1.12}$$

这里 f' 和 f'' 即对 f^0 的所谓色散修正(dispersion corrections)[②]，我们把 f' 和 f'' 写成 X 射线能量 $\hbar\omega$ 的函数，强调它们是由紧束缚内壳层局域电子贡献的，因此不会对散射矢量 $\boldsymbol{Q}$ 有明显依赖. 从上面的介绍中可以知道，f' 和 f'' 会在 X 射线的能量处于吸收边的时候达到它们的极值，因而不同元素会有不同的共振行为. 在第 8 章中，我们会解释如何利用共振行为来解析复杂材

---

① 附录 E 中给出了傅立叶变换的定义和性质.

② 它们有时在习惯上又被称为反常色散修正(anomalous dispersion corrections). 但事实上它们是没有任何反常之处的. 另外在我们的正负号规则中 f'' 是负的.

料的结构.

在图1.8(a)中,我们展示了考虑色散修正之后计算得到的散射截面(见8.1节). 当光子能量远小于$\hbar\omega_0$时,电子的束缚特性大大降低了其散射截面. 当$\omega\approx\omega_0$,散射截面被大大地增强. 当在高频时,电子就仿若自由电子,总截面就回到了根据自由电子计算出的汤姆孙散射截面. 图1.8(b)给出了折射率n的实部随着光子能量的变化关系. 当$\hbar\omega\ll\hbar\omega_0$时,折射率的实部趋于一个大于1的常数. 而在$\hbar\omega_0$之上折射率的实部比1小,这正是X射线的情况. 而X射线折射率比1要小的后果将在1.4节中,以及进一步在第3章中讨论. 同时,图1.8也强调了散射和电磁波的折射其实只是相同物理现象的不同表述而已.

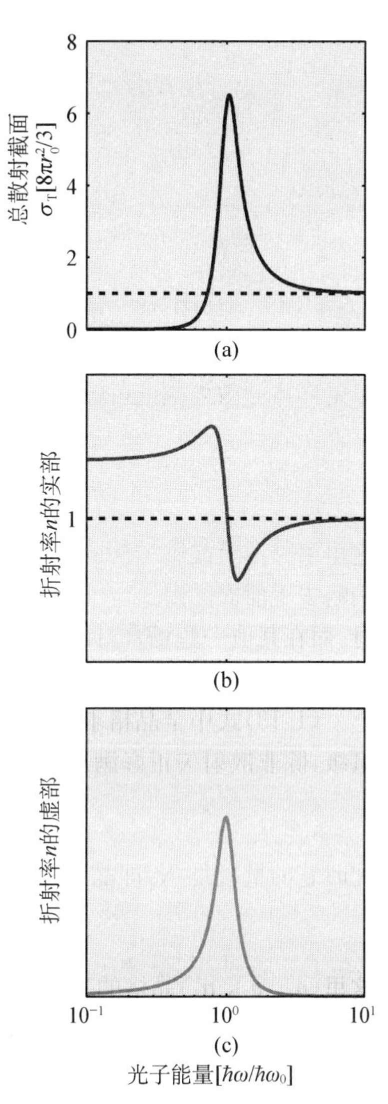

图1.8 考虑对汤姆孙散射色散修正之后计算得到的(a)汤姆孙散射总截面的频率依赖关系,以及折射率n的(b)实部和(c)虚部的频率依赖关系(见8.1节). 一般来说,X射线对应了电磁频谱的高频(或高能)极限. 在此极限之下,总散射截面趋于自由电子的总$\sigma_T=8\pi r_0^2/3$,并且折射率的实部小于1. 需要指出的是,与K,L和M吸收边相关的重要共振就发生在频谱的X射线范围内,这将在第7和第8章中讨论. 为了看得更清楚,这里的共振宽度$\hbar\omega_0$被夸大了.

1.2.3 单个分子

到目前为止,我们已经介绍了单个电子和由电子构成的单个原子的散射长度. 下一步很自然就是讨论由原子构成的分子的情况(图1.7(b)). 显然,正如原子的散射长度具有形状因子,分子亦然. 把分子中不同的原子用j来标记,我们可写出

$$F^{\mathrm{mol}}(\boldsymbol{Q})=\sum_j f_j(\boldsymbol{Q})\mathrm{e}^{\mathrm{i}\boldsymbol{Q}\cdot\boldsymbol{r}_j}$$

这里$f_j(\boldsymbol{Q})$是第j个原子的形状因子. 如果要用严格的单位来表述强度,记住要乘上$-r_0$因子. 如果实验能够测得足够多的散射矢量$\boldsymbol{Q}$下的$|F^{\mathrm{mol}}(\boldsymbol{Q})|^2$值,那么就可以定出原子在分子中的位置$\boldsymbol{r}_j$(至少通过反复试验是可以的). 但是,一个分子的散射长度还不足以产生可测量的信号,即使利用当今同步辐射的强X射线光束仍然不够. 因此需要含有很多分子的非晶态或晶态的体材料来测量. 这些不同物态的散射将分别在第4和第5章中阐述. 但可以预期,未来自由电子激光提供的超高的峰值光强将使得单分子测量成为可能.

1.2.4 晶体

根据定义,晶体其组成原子或分子的空间排列具有周期性①,比如图1.7(c)中的分子晶体(molecular crystal). 由基本的X射线和晶格散射理论可以推出布拉格定理(Bragg's law):

① 但也有准晶,见5.2节.

$$m\lambda = 2d\sin\theta$$

这里 m 是个整数,θ 是X射线与一系列间隔为 d 的晶面之间的入射角. 这是波的相长干涉的条件,是个很有用的公式. 但是它也有其局限性,最主要的一个是它不能计算相长干涉散射峰的强度.

因此我们需要根据目前所建立的知识体系,来写出晶体散射场的振幅. 而晶体的结构可以按以下方式给定. 首先,我们定义一个空间点阵,它要反映出晶体的对称性;然后选择一个晶胞(unit cell),即选定每个格点相对应的一个或多个原子. 设 $\boldsymbol{R}_n$ 为晶格的格矢(lattice vector),$\boldsymbol{r}_j$ 为每个格点内、相对于该格点的原子的位置,那么晶体中任意一个原子的位置就可写作$\boldsymbol{R}_n+\boldsymbol{r}_j$. 于是晶体的散射幅度可被分解为两项的乘积:

$$F^{\text{晶体}}(\boldsymbol{Q}) = \overbrace{\sum_j f_j(\boldsymbol{Q})\mathrm{e}^{\mathrm{i}\boldsymbol{Q}\cdot\boldsymbol{r}_j}}^{\text{晶胞结构因子}}\ \overbrace{\sum_n \mathrm{e}^{\mathrm{i}\boldsymbol{Q}\cdot\boldsymbol{R}_n}}^{\text{全晶格求和}} \tag{1.13}$$

这里第一项是晶胞结构因子(unit cell structure factor),第二项是对全部晶格格点的求和(我们略去了前面的因子 $-r_0$). 在某些研究中,比如固体物理,人们感兴趣的是材料的晶格结构本身. 而在其他一些场合,比如分子和蛋白质的晶体学,人们对晶格一点儿都不感兴趣,把分子组装到一个晶格上只是为了增强信号而已.

(1.13)式中全晶格求和部分的各项,是复平面内单位圆上的相位因子. 该求和应该是1的量级,除非散射矢正好满足

$$\boldsymbol{Q}\cdot\boldsymbol{R}_n = 2\pi\times\text{整数} \tag{1.14}$$

此时它的量级是 N,即晶胞总数. 格矢 $\boldsymbol{R}_n$ 可写为

$$\boldsymbol{R}_n = n_1\boldsymbol{a}_1 + n_2\boldsymbol{a}_2 + n_3\boldsymbol{a}_3$$

这里($\boldsymbol{a}_1$, $\boldsymbol{a}_2$, $\boldsymbol{a}_3$)晶格的基矢,(n_1, n_2, n_3)是整数. (1.14)式的唯一解可以通过引入倒格子(reciprocal lattice)这一重要概念来得到. 这个新的格子是由倒格子的基矢(reciprocal lattice basis vectors)展开而成,它们的定义是

$$\boldsymbol{a}_1^* = 2\pi\frac{\boldsymbol{a}_2\times\boldsymbol{a}_3}{\boldsymbol{a}_1\cdot(\boldsymbol{a}_2\times\boldsymbol{a}_3)},\quad \boldsymbol{a}_2^* = 2\pi\frac{\boldsymbol{a}_3\times\boldsymbol{a}_1}{\boldsymbol{a}_1\cdot(\boldsymbol{a}_2\times\boldsymbol{a}_3)},\quad \boldsymbol{a}_3^* = 2\pi\frac{\boldsymbol{a}_1\times\boldsymbol{a}_2}{\boldsymbol{a}_1\cdot(\boldsymbol{a}_2\times\boldsymbol{a}_3)}$$

这样倒格子上的任意一个格点可以写成

$$\boldsymbol{G} = h\boldsymbol{a}_1^* + k\boldsymbol{a}_2^* + l\boldsymbol{a}_3^*$$

其中(h, k, l)都是整数. 可以看出,倒空间的格矢($\boldsymbol{G}$)和普通空间的格矢($\boldsymbol{R}_n$)的乘积是

$$\boldsymbol{G}\cdot\boldsymbol{R}_n = 2\pi(hn_1 + kn_2 + ln_3) = 2\pi\times\text{整数}$$

因此我们寻找的(1.14)式的解就是

$$\boxed{\boldsymbol{Q} = \boldsymbol{G}}$$

这证明了 $F^{\text{晶体}}(\boldsymbol{Q})$ 当且仅当 $\boldsymbol{Q}$ 等于倒格矢时才不为0. 这就是能观察到晶格散射的劳厄(Laue)条件. 可以证明,该条件和布拉格定理是等价的(见第5章).

晶体引起的散射因此就局限于倒空间中明确的一些点. 每个点的强度又被晶胞的结构因

子的绝对值的平方来调制. 根据某晶体的一(大)套散射峰的强度,就可能推出晶胞中原子的位置. 这些考量当然可以推广到由分子构成的晶体中去. 事实上,这些方法对我们认识分子产生了巨大的影响. 超过95%的分子结构是由X射线衍射(X-ray diffraction)实验给出的. 而对于蛋白质甚至细菌之类的大分子,它们的衍射数据也已包含成千上万个衍射斑点. 人们已发展了复杂的方法从测量的衍射强度中得到组成分子的原子的位置. 在第5章中,我们会继续深入建立这些概念,并阐明这些方法背后的原理.

本节中我们已经默认了X射线与晶格的相互作用较弱,因为我们没有允许散射束在离开晶体之前被再次或者第三次散射的这种可能性. 这个假设大大简化了我们的讨论,又被称为运动学近似(kinematical approximation). 在第6章中,我们将会解释当处理宏观上完美的晶体时,多重散射效应变得重要,该假设不再成立,这时就到了所谓的动力学散射极限(dynamical scattering limit).

1.2.5 一个自由电子的康普顿散射

在上述的经典图像之外,描述散射还有另一种图像,即把入射的X射线看成一束光子束. 为了简单起见,我们假设电子最初是处于静止状态的自由电子. 在碰撞中能量从光子转移给电子,这样散射光子的能量将会比入射光子的要低. 这就是康普顿效应. 历史上它有很重要的意义,因为它不能从经典概念出发来解释,所以支持了当时刚出现的量子力学. 考虑碰撞过程中的能量和动量守恒,光子能量损失可以比较方便地计算出来. 碰撞过程简图见图1.9,碰撞运动学在第11页的方框中被解了出来.

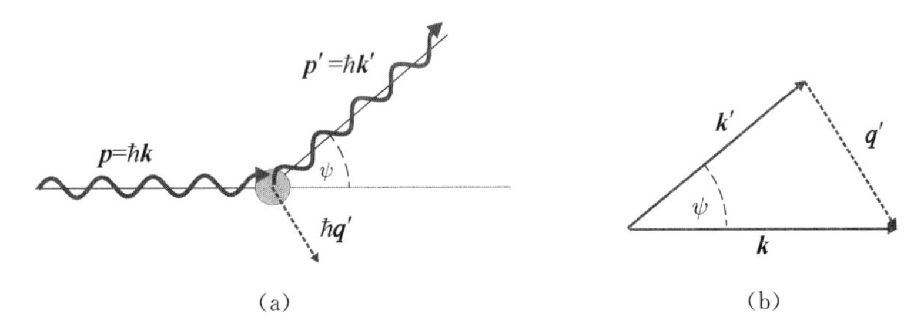

图1.9 康普顿散射. 一个能量 $\varepsilon=\hbar ck$ 和动量 $\hbar\boldsymbol{k}$ 的光子被一个能量为 mc^2 的电子散射,该电子以 $\hbar\boldsymbol{q}'=\hbar(\boldsymbol{k}-\boldsymbol{k}')$ 的动量弹开(如图(b)中的散射三角所示).

康普顿散射的运动学

如图1.9所示,根据能量守恒有光子和电子散射

$$mc^2+\hbar ck=\sqrt{(mc^2)^2+(\hbar cq')^2}+\hbar ck'$$

两边除去 mc^2,利用康普顿波长的定义 $\lambda_C=\hbar c/(mc^2)$,得到

$$1+\lambda_C(k-k')=\sqrt{1^2+(\lambda_C q')^2}$$

两侧取平方,重新整理,得到 q'^2 的表达式

$$q'^2=(k-k')^2+2\frac{(k-k')}{\lambda_C}$$

根据动量(或者等价的波矢)守恒,我们有

$$\boldsymbol{q}'=\boldsymbol{k}-\boldsymbol{k}'$$

取$\boldsymbol{q}'$和它自己的标量积,得到

$$\boldsymbol{q}'\cdot\boldsymbol{q}'=q'^2=(\boldsymbol{k}-\boldsymbol{k}')\cdot(\boldsymbol{k}-\boldsymbol{k}')=k^2+k'^2-2kk'\cos\psi$$

此式与从能量守恒得到的q'^2表达式相等,有

$$k^2+k'^2-2kk'\cos\psi=k^2+k'^2-2kk'+2\frac{(k-k')}{\lambda_C}$$

或

$$kk'(1-\cos\psi)=\frac{(k-k')}{\lambda_C}$$

这又可以重写为以下形式:

$$\frac{k}{k'}=1+\lambda_C k(1-\cos\psi)=\frac{\varepsilon}{\varepsilon'}=\frac{\lambda'}{\lambda}\tag{1.15}$$

计算的结果是波长的改变正比于康普顿散射长度,其定义为

$$\boxed{\lambda_C=\frac{\hbar}{mc}=3.86\times10^{-3}(\text{Å})}\tag{1.16}$$

因此一共有两个X射线的基本散射长度,即汤姆孙散射长度r_0和康普顿散射长度λ_C. 它们两个的比例是精细结构常数

$$\alpha=\frac{r_0}{\lambda_C}\approx\frac{1}{137}$$

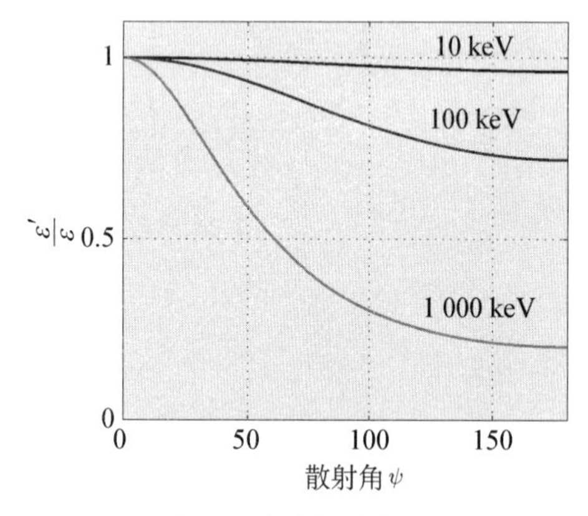

图 1.10 发生了康普顿散射之后的光子能量ε'和入射光子能量ε之间的比例随着散射角的变化. 曲线由(1.15)式计算而来,其中$\lambda_C k=\varepsilon/mc^2=\varepsilon[\text{keV}]/511$.

末态和初态的光子能量之比由(1.15)式给出,并且在图1.10中画出. 给定某个散射角,随着入射X射线能量ε的增加,散射变得越来越非弹性. 散射能量尺度决定于电子的静止质量,$mc^2=511$ keV.

汤姆孙散射和康普顿散射的一个重要区别是后者为非相干的(incoherent). 前文已经说明了X射线被晶体弹性散射的时候,如果满足布拉格定律(或者等价于劳厄条件),它们相干地相加. 散射矢量于是严格地出现在倒格子的格点上. 这些对于康普顿散射不成立,因为这里是单个光子和电子的散射. 康普顿截面只是随着散射角缓慢变化①.

① 康普顿截面的计算不在本书所涉及的范围. 在文献[Lovesey 和 Collins, 1996]中有详细讨论.

对于衍射实验来说，康普顿散射造成了一个光滑变化的背景. 有些时候它需要被从衍射数据中扣除.

康普顿散射也可以用来获得材料电子结构的独特信息. 迄今为止，我们一直假设在康普顿散射过程中，电子一开始处于静止状态. 事实上，固体中的电子具有有限的动量，因此这个假设并不成立. 如果解出此种情况的运动学就会发现，康普顿截面可给出电子的动量分布.

1.3 吸收

现在我们来探讨 X 射线的吸收过程. 如图 1.11(a)所示，当一个 X 射线光子被原子吸收，多余的能量被转移给一个电子，该电子被逐出原子，使得该原子被电离成离子.

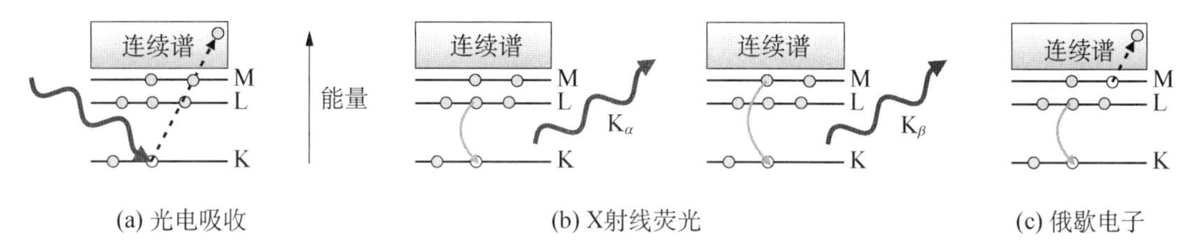

(a) 光电吸收　　(b) X射线荧光　　(c) 俄歇电子

图 1.11 原子的能级示意图. 为了清晰起见，我们只给出最低的 3 个壳层的能级；其他能级就并入连续能谱. 图(a)：光电吸收过程. 一个 X 射线光子被吸收，一个电子被射出. 内壳层产生的空穴将以下面两个过程之一被填充. 图(b)：X 射线荧光. 外壳层的某个电子填充空穴，发射出一个光子. 在此例中，外层电子来自 L 或者 M 壳层；其中前者的荧光射线对应 K_α 线，后者对应 K_β 线. 图(c)：俄歇电子. 原子通过发射一个外层电子退激发回到基态.

这个过程被称为光电吸收(photoelectric absorption). 定量来说，吸收由线性吸收系数(linear absorption coefficient)μ 给出. 根据定义，$\mu \mathrm{d}z$ 是 X 光束穿过距离表面 z 处的一个厚度为 dz 的薄片的衰减(见图 1.12). 因此，样品中束强 $I(z)$必须满足的条件是

$$-\mathrm{d}I = I(z)\mu \mathrm{d}z \tag{1.17}$$

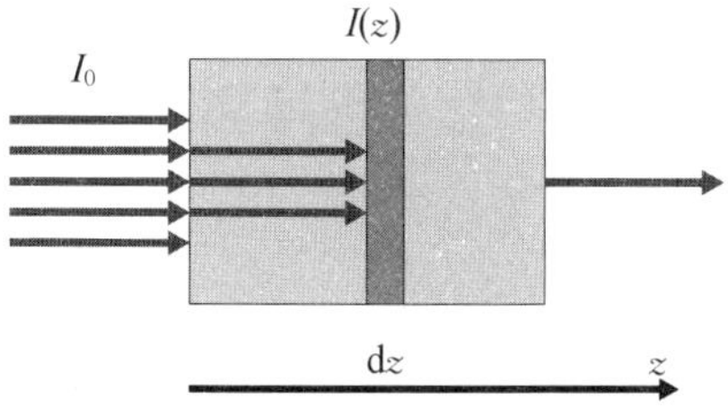

图 1.12 一束 X 射线通过样品因为被吸收而衰减. 衰减是遵循指数形式的，其特征线性衰减长度(linear attenuation length)为 $1/\mu$，而 μ 是吸收系数.

这就给出微分方程

$$\frac{\mathrm{d}I}{I(z)} = -\mu \mathrm{d}z$$

设入射束在 $z=0$ 处的强度 $I(z=0)=I_0$，可解得

$$I(z) = I_0 \mathrm{e}^{-\mu z}$$

因此实验上可以很方便地用有样品和无样品时光束的强度之比来确定 μ. 薄片中的吸收事件数 W 正比于 I，和单位面积内的原子数 $\rho_{\mathrm{at}}\mathrm{d}z$($\rho_{\mathrm{at}}$是原子数密度). 而根据定义，此处的比例因子就是吸收截面 σ_{a}，于是有

$$W = I(z)\rho_{\mathrm{at}}\mathrm{d}z\sigma_{\mathrm{a}} = I(z)\mu \mathrm{d}z$$

这里最后一步我们用了(1.17)式. 于是吸收系数和 σ_{a} 的关系为

$$\mu = \rho_{\text{at}}\sigma_{\text{a}} = \left(\frac{\rho_m N_A}{M}\right)\sigma_{\text{a}} \tag{1.18}$$

这里 N_A，ρ_m 和 M 分别是阿伏伽德罗常数(Avogadro's number)、质量密度和摩尔质量. 在一个有多种原子的组合材料中，每种原子都有自身的原子数密度 $\rho_{\text{at},j}$ 和吸收截面 $\sigma_{\text{a},j}$. 厚度为 $\mathrm{d}z$ 的一层材料中第 j 种原子的吸收几率就是 $\rho_{\text{at},j}\sigma_{\text{a},j}\mathrm{d}z$，而总的吸收几率就是各种原子的吸收几率的和. 因此组合材料的吸收系数是

$$\mu = \sum_j \rho_{\text{at},j}\sigma_{\text{a},j} \tag{1.19}$$

当一个 X 光子把电子从某内壳层激发出来，它也就在此壳层产生了一个空穴. 在图 1.11(a) 中，我们演示了 K 壳层电子被激发的情况. 这个空穴会接着被某个外壳层的电子填充，比如说 L 壳层的同时发出一个光子，其能量等于 K 和 L 壳层电子束缚能之差(见图 1.11(b)). 这个发出的辐射就是荧光(fluorescence). 另外一种情况是电子从 L 壳层跳到 K 壳层，而放出的能量被用来把另外一个外壳层的电子逐出原子，就如图 1.11(c)中演示的那样. 这个二次发出的电子又叫做俄歇电子(Auger electron)，它是以首次发现这个过程的法国科学家的名字命名的.

X 射线荧光的单色特征是发出荧光的这种原子的独特指纹. 莫塞莱(Moseley)首先发现了经验定律：

$$\varepsilon_{\mathrm{K}_\alpha}[\mathrm{keV}] \approx 1.017 \times 10^{-2}(Z-1)^2 \tag{1.20}$$

这里 $\varepsilon_{\mathrm{K}_\alpha}$ 是某给定的元素 K_α，Z 是它的原子序数①. X 射线荧光分析可以用来做样品的无损化学分析，其优点是非常灵敏. 造成空穴的射线不一定非得是 X 射线，它也可以是粒子束，比如质子或电子. 后者是电子显微镜的一个标准功能选项，能够以非常高的空间分辨来定出样品的化学组分.

吸收截面具有明确的能量依赖关系. 图 1.13(a)就给出了稀有气体氪气的吸收谱. 能量在 14.32 keV 之下时，X 射线光子只能逐出 L 和 M 壳层的电子，截面大致正比于 $1/\varepsilon^3$. 在某个特征能量处，即所谓的 K 吸收边，X 射线光子就有足够大的能量来逐出 K 电子，同时截面出现一个不连续的跃升，大概有一个量级之大. 从那之后，截面继续以 $1/\varepsilon^3$ 的形式下降.

如果仔细观察吸收边附近的精细结构，会发现它依赖于具体材料结构. 以氪为例，图 1.13(c) 中吸收谱上的起伏来自石墨表面氪的两维晶格，它给出了凝聚态系统中“扩展的 X 射线吸收谱精细结构”的一个例子(即 EXAFS: extended X-ray absorption fine structure)[数据来自 Stern 和 Heald, 1983]. 我们将在第 7 章中进一步解释 EXAFS 的数据.

光电吸收截面随着吸收体的原子序数 Z 而改变，大致正比于 Z^4. 正是不同元素对于 X 射线吸收的不同(或者说反差)，使得 X 射线成像非常有用. 生物的软组织主要由水和碳水化合物构成，因此硬 X 射线衰减到 $1/e$ 要经过很多厘米的长度. 而骨骼含有很多钙，因此 X 射线对其穿透能力要小许多. 当伦琴 100 多年前发现 X 射线时，正是其穿透人体的能力引起了轰动，

① 莫塞莱的工作于 1913 年发表，当时量子论已出现. 该工作在建立玻尔的原子模型过程中发挥了关键作用，莫塞莱定律使人们想到可以用 Z 来排列元素的位置，可用来预言当时未被发现的元素.

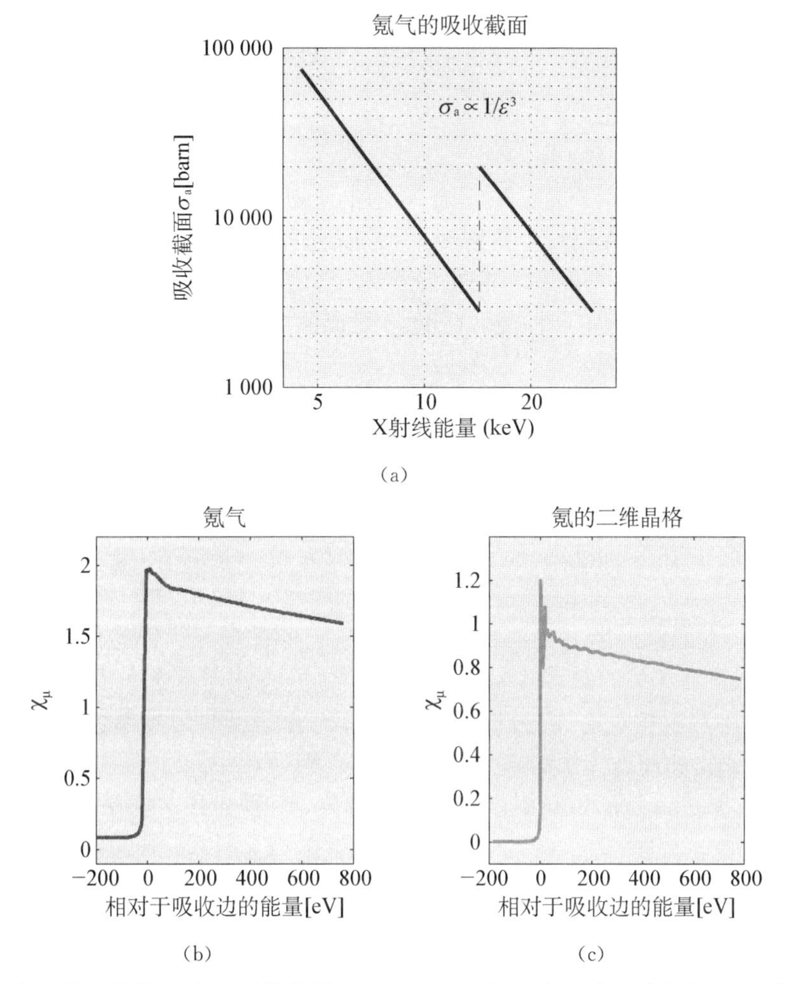

图 1.13 图(a):氪气的吸收截面. 当 X 射线能量在 14.325 keV 之上时,一个 K 壳层电子可以被从原子中打出来,一个新的吸收渠道因此就打开了. 双对数图反映出吸收截面以 $1/\varepsilon^3$ 形式变化. 图(b)和(c):比较了气态的氪的吸收谱和物理吸附在石墨表面的氪的两维晶格的吸收谱. 在图(c)中,吸收谱的精细结构(或者起伏)非常明显,这即是所谓的 EXAFS, χ_μ正比于吸收截面σ_a.

现在这已为人熟知. 与高性能计算机相结合后,X 射线可以极高地分辨和观察身体各部位的内部结构,这项技术称为计算机轴向或计算机辅助 X 射线断层成像术,或者叫 CAT 扫描(computer axial tomography 或 computer aided tomography). 具体的方法就是从很多角度得到两维的"阴影"图像,然后用计算机程序重构出三维的对象. 图 1.14 给出了利用现代 CAT 扫描技术得到精细图像的例子. 计算机在 X 射线断层成像术的另一个应用中也非常重要,人们把某个感兴趣的元素的 K 吸收边上下的图像相减,这样就大大提升了对该元素的敏感度.

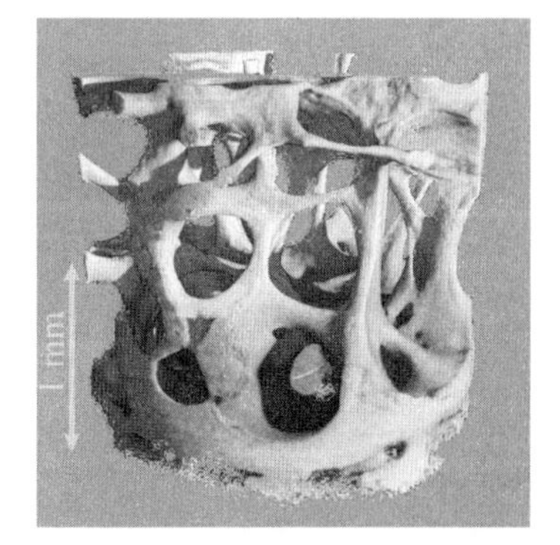

图 1.14 以 3.6 μm 空间分辨率扫描出的、圆柱状人类脊椎骨试样的微区计算机辅助断层成像的三维重构图像. 注意皮质终板和下面的松质骨之间的对比. (图像由丹麦 Aarhus 大学和德国 DESY 的 HASYLAB 实验室联合惠赠.)

虽然光电吸收的物理过程和散射不同,但需牢记这两个过程是紧密相关的(见图 1.8). 3.3 节将建立吸收截面和散射幅度虚部之间的联系,而它们之间的内在关系将在第 8 章中更全面地阐述.

1.4 折射和反射

到目前为止,我们还在原子的层次讨论 X 射线与物质的相互作用. 但是因为 X 射线是电磁波,应当会在不同介质的界面发生折射现象. 为描述这种折射,介质被当作均匀的,且不同介质之间有锐利边界和各自的折射率 n. 根据定义,真空的折射率是 1. 众所周知,可见光在玻璃中的折射率 n 大于 1,而且对不同种类的玻璃,n 可以从 1.5 到 1.8 之间变化,因而人们可以利用透镜来聚光,得到放大的物像. 对 X 射线而言,n 与 1 相差极小,在第 3 章中我们将看到,其量级仅在 10^{-5} 左右. 一般来说,X 射线的折射率可被表达为

$$\boxed{n = 1 - \delta + \mathrm{i}\beta} \tag{1.21}$$

这里 δ 在固体中是在 10^{-5} 的量级,而在空气中仅约为 10^{-8} 的量级. 虚部 β 通常比 δ 还要小很多.

n 的实部比 1 小的原因是 X 射线的频率一般高于各种电子束缚态的共振频率,如图 1.8 所示,是在与电子束缚相关的众多共振的高频那一侧. 这意味着 X 射线在材料内的相速度 c/n 大于光速 c. 这并不违反相对论,因为相对论只要求包含信息的信号不能超过光速传播. 这些信号是以群速度不是相速度传播的,而群速度确实要小于 c.

斯涅耳定律(Snell's law)或折射定律把掠入射角 α 和掠折角 α' 联系起来(见图 1.15(a)),

$$\cos\alpha = n\cos\alpha' \tag{1.22}$$

比 1 小的折射率意味着当掠入射角小于某个临界角 α_c 的时候,X 射线会发生外部全反射. 考虑 $\alpha=\alpha_c$, $\alpha'=0$,展开(1.22)式中的余弦项,通过(1.21)式我们可把 δ 和临界角 α_c 联系起来:

$$\alpha_c = \sqrt{2\delta}$$

为简单起见,这里我们令 $\beta=0$. 因为 δ 的典型值为 10^{-5} 左右,所以 α_c 在 1 毫弧度量级. 在第 3 章中我们会看到,折射的常数 δ 和 β 可以分别从介质的散射和吸收性质中得到.

外部全反射对于 X 射线物理有几个重要的意义. 首先,如图 1.15(b)所示,可以通过一个弯曲表面的全反射实现聚焦光学元件. 通常人们希望光源尺寸要小,因为根据几何光学,一个小的源会被聚焦成一个小的像. 外部全反射的第二个后果是当 $\alpha<\alpha_c$ 时,在折射媒体中有一个所谓的衰逝波(evanescent wave),见图 1.15(c). 它沿着平的界面传播,且幅度在材料内迅速衰减,其典型穿透深度只有几个纳米. 相比之下,掠入射角几倍于 α_c 时,穿透深度有几个微米.

在角度低于 α_c 时,X 射线的穿透力大大降低,这增强了它的表面敏感度,使得人们可以非常详细地研究表面和近表面区域的散射,目前 X 射线确实已成为研究表面和界面的有用工具.

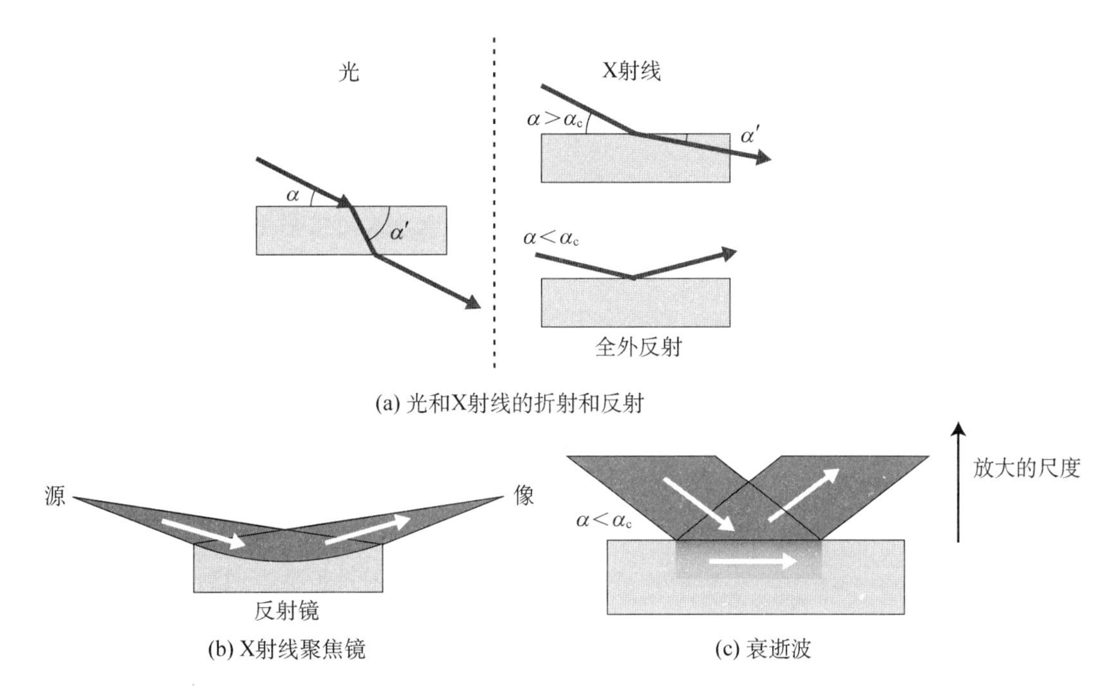

图 1.15 图(a):光的折射显示在可见光波段,玻璃的折射率比1大许多.作为对比,X光的折射率比1仅略小,显示外部全反射(total external reflection)只发生在入射角小于临界角 α_c 的掠入射情形.图(b):利用入射角小于临界角 α_c 的全反射,可以构筑X射线的聚焦镜.图(c):掠入射角小于临界角时,反射率几乎达到100%,X射线仅仅以衰逝波形式穿透材料,其典型穿透深度约为10 Å.此时X射线可以对表面敏感.

1.5 相干性

在我们的整个简介中,都假设X射线束是处于完美的平面波状态.这显然是理想化的情况,在本节中我们会通过考虑实际光束的相干长度(coherence length)这个概念,以及它与光源和单色器的关系,来讨论平面波假设的局限性.实际的X射线束和理想的平面波有两点不同:它不是理想的单色波,也不沿着一个完全固定的方向传播.让我们依次讨论这些局限性.

图1.16(a)演示了两个平面波 A 和 B,它们有略微不同的波长,比如是 λ 和 $\lambda-\Delta\lambda$,但两者都沿着完全相同的方向传播.在 P 点的波前处,两个波有一模一样的相位.问题是在它们反相之前,它们能够传播到离 P 多远的地方?这定义了纵向(longitudinal)相干长度 L_L.如果两个波传播了 L_L 之后反相,那么它们传播到 $2L_L$ 处时,将会又变得同相.设此距离为 N 倍的 λ,或者等价于 $(N+1)(\lambda-\Delta\lambda)$,即

$$2L_L = N_\lambda = (N+1)(\lambda - \Delta\lambda)$$

这里第二个等式意味着 $(N+1)\Delta\lambda=\lambda$ 或 $N\approx\lambda/\Delta\lambda$.利用这个结果,第一个等式可以重新整理为

$$\boxed{L_L = \frac{1}{2}\frac{\lambda^2}{\Delta\lambda}} \tag{1.23}$$

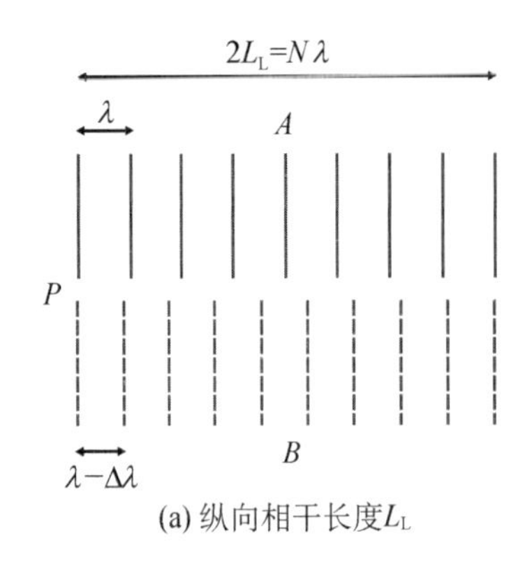

(a) 纵向相干长度L_L

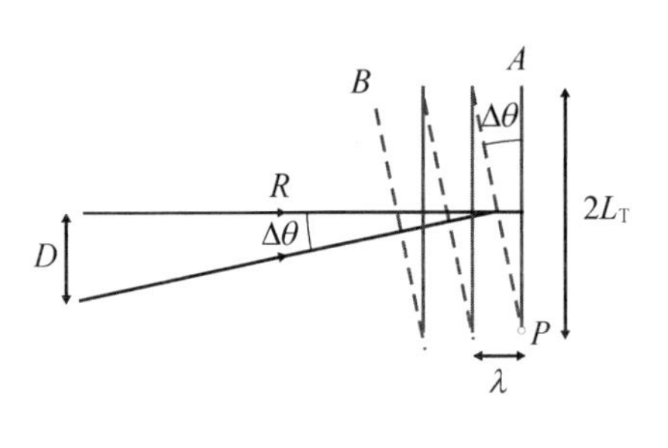

(b) 横向相干长度L_T

图 1.16 纵向和横向的相干长度. 图(a):两个不同波长的平面波沿着同一个方向被发射. 为清晰起见,我们把两个波在垂直方向上分开表达. 经过纵向相干长度 L_L 距离之后,两个波反相,即相位相差 π. 图(b):两个波长相同的波从一个高度为 D 的有限尺寸光源的两端发出.

图 1.16(b)展示了另一种情况:两个波 A 和 B 波长相同,但是传播方向略有不同,假设其夹角为 $\Delta\theta$. 它们的波前在 P 点重合,问题是需要沿着 A 的波前走到离 P 多远的地方,A 才与 B 反相? 根据定义,这个距离就是横向(transverse)相干长度 L_T. 显然,如果前进到 $2L_T$ 的距离,两个波就又要同相位,可从图 1.16(b)中明显看出 $2L_T\Delta\theta=\lambda$,即 $L_T=\lambda/(2\Delta\theta)$. 假设不同的传播方向是因为这两个波源自一个光源上相距为 D 的两个点. 令观测点 P 到光源的距离为 R,那么 $\Delta\theta=D/R$,我们有

$$\boxed{L_T=\frac{1}{2}\frac{\lambda}{(D/R)}=\frac{\lambda}{2}\left(\frac{R}{D}\right)} \tag{1.24}$$

了解这些相干长度的典型值往往具有启发意义,为此我们需要对实际的光源做些假设. 就通常的第三代同步辐射来说,光源竖直方向的尺寸大概有 100 μm,实验大概在 20 m 之外进行. 这样对于波长 1 Å 的 X 射线,L_T 大概在竖直平面内是 10 μm. 要计算纵向相干长度,我们需要对光的单色元件做进一步假设. 如果使用一个理想的晶体,$\Delta\lambda/\lambda\approx10^{-5}$(见第 6 章),那么依据(1.23)式对于波长 1 Å 的 X 射线 L_L 约为 5 μm,这和 L_T 量级相同. 有限的相干长度造成的后果是能产生干涉效应的两个物体的间隔有了上限. 举个简单的例子,考虑两个电子发出的散射,如果它们间的距离在传递波矢 $\boldsymbol{Q}$ 方向的投影比相干长度大很多,那么总的散射强度就是电子各自散射的强度之和,而不是我们之前一直讨论的、等于它们散射幅之和的模的平方.

在第 9 章中,我们将讲述在现代成像技术中是如何利用相干 X 射线束的.

1.6 磁相互作用

我们之前的讨论都是围绕着 X 射线的电场和电子电荷的相互作用,而忽略了 X 射线的磁场和电子自旋的相互作用. 在一个包含了所有这些相互作用的完整理论中,散射截面中就会有对电子自旋和轨道磁矩敏感的项,这样就有可能用 X 射线来研究磁结构. X 射线磁散射的研究历史比传统 X 射线衍射要短得多. 事实上直到 1972 年,X 射线磁散射才在反铁磁体 NiO 中第一次被 de Bergevin 和 Brunel 的先驱性实验所观测到[de Bergevin 和 Brunei, 1972].

原因很简单,磁散射要比电荷的散射弱得多. 单个电子的磁散射和电荷的散射的幅度之

比是

$$\frac{A_{\text{磁性}}}{A_{\text{电荷}}} = \left(\frac{\hbar\omega}{mc^2}\right)$$

(见[Blume, 1985]).

就 5.11 keV 的 X 射线而言,这个比例是 0.01,所以单纯起源于磁散射的布拉格峰比起源于电荷的峰要弱很多,强度仅为后者的大概 10^{-4}. 实际上因为原子内只有相对少数电子对磁散射有贡献(即未填满壳层中那些具有未成对角动量的电子),而所有电子都对电荷散射有贡献,所以上述强度比例一般还要再乘以 10^{-2}. X 射线磁散射这个领域最初进展很缓慢,但同步辐射的普遍使用给了这个方向巨大的推动,现在它已发展成为一个专门领域.

X 射线对磁性的敏感并不局限在散射实验中,吸收过程中也会体现出材料磁性的相关特征. 例如固体对左旋和右旋 X 射线吸收的不同,通常被称为圆二色性(circular dichroism),而对磁性材料的情况就叫做 X 射线磁圆二色性(X - ray magnetic circular dichroism, XMCD),后者可与铁磁磁化密度联系起来(见第 7 章). 当入射 X 射线的能量被调节到某个原子吸收边的时候,还会发生共振磁散射过程,由此人们发现磁散射本身比最初的预期更加丰富多彩[Namikawa 等,1985; Gibbs 等,1988]. 虽然这些内容已经超出了本书的范围,但重要的是,我们要意识到虽然 X 射线已经被发现 100 多年了,X 射线与物质相互作用仍然是一个活跃的研究领域(详见文献如[Lovesey 和 Collins, 1996]).

1.7 深入阅读材料

[1] *Röntgen Centennial——X - rays in Natural and Life Sciences*, A. Haase, G. Landwehr, E. Umbach (World Scientific,新加坡,1997).

[2] *Fifty Years of X - ray Diffraction*, P. P. Ewald (International Union of Crystallographers, N. V. A. Oosthoek's uitgeversmaatchappj, Utrecht, 1962).

[3] *X - rays 100 Years Later*, Physics Today (special issue) 48(1995).

2

X 光源

2.1 早期的历史和 X 光管

2.1.1 X 光源的早期历史

1895 年 11 月,伦琴在德国 Würzburg 大学他的实验室内发现了 X 光. 他当时正在研究真空玻璃管中电极放电产生的光和辐射. 当他把叫作“Geisler 放电管”的玻璃管包覆起来防止可见光漏出. 同时整个实验室也处于黑暗之中时,他看到了放电管附近的一个荧光屏上发出微弱的黄绿色光芒. 荧光有些闪烁,因为高压是由交流线圈提供的,但即使把荧光屏放在放电管几米之外,仍然能够看到黄光. 让他特别诧异的是,放电管发出的辐射可以穿过纸张和木头,而设备的金属部件却在屏上留下了阴影. 当他把手放到放电管和屏幕之间时,令人震惊的现象发生了——他居然看到了手内骨骼的影像. 伦琴是个业余摄影爱好者,他很快想到用相片代替荧光屏来记录这种未知的射线——X 光. 这些相片确实便捷地记录下来他这一伟大发现,它们于 1895 年 12 月首先发表在当地的 Würzburg 科学学会年报上. 论文的题目是“Uber eine neue Art von Strahlen-vorläufige Mitteilung”①. 在短短几星期内,可以“透视”人体这件事情就在全世界范围内引起了轰动. 接下来它对于医学研究产生了极重要的影响,其意义怎么强调也不过分.

伦琴在后续的研究中发现,X 射线能产生体内骨骼的影像,这是由于其吸收强烈地依赖于元素的原子序数 Z,大致与 Z^4 成正比. 而 X 射线另一个的重要应用,即通过衍射来反映晶体中的原子周期排列,要等到 1912 年劳厄(Von Laue)和其合作者们得到第一个 CuS 晶体衍射图案才发现. 在随后的一年中,布拉格父子(W. H. Bragg 和 W. L. Bragg)研究了多种晶体的 X 射线衍射,建立起晶体学的基础,从而使人们可以定出分子的结构.

小布拉格还找到了一个特别简单的方法来解释衍射图案,非常清晰地说明了 X 射线就是短波长的电磁辐射而已. 伦琴也有过类似想法,并且试图证明过但失败了. 因为伦琴当时对德国物理学的影响极大,以至于劳厄他们不敢大胆地根据自己的衍射实验提出与小布拉格相同的理论.

2.1.2 标准的 X 光管和旋转阳极 X 光源

伦琴用的 X 光管非常难以稳定运行. 所以,在 1912 年纽约通用电气公司研究实验室的 W. D. Coolidge 研发出一种新的 X 光管(Coolidge 管),这被认为是 X 射线应用方面取得的一大进步. 其装置如图 2.1 所示,热阴极发出的电子被加速后打到由水冷却的金属阳极上. 这里的

① 论文题为“试谈一种新的射线”.

高压和电流均可以独立调节,X光的强度只受限于阳极冷却的效率.这样的设备能够达到的最大功率大约是1 kW左右. Coolidge管作为标准的X光管使用了数十年,中间只有微小的技术改进.

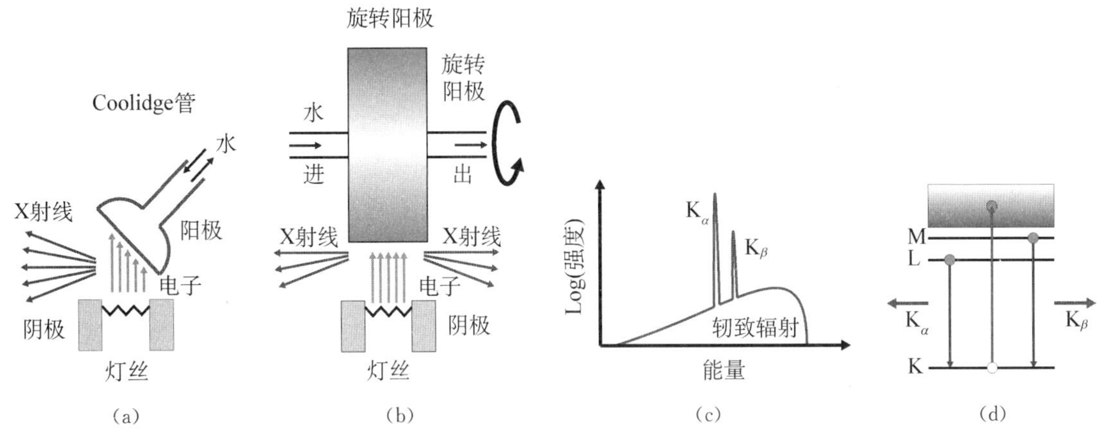

图 2.1 标准的X光管(图(a))是Coolidge在1912年左右研制的,其强度受制于水冷金属阳极能够承受的最大功率.通过旋转阳极可以让热量在更大的体积上耗散,从而可以提高功率(图(b)).X光管发出的谱是叠加在连续的韧致辐射之上的分立的荧光谱线(图(c)).原子能级示意图(图(d)):K_α线来自L和K壳层之间的跃迁,而K_β线是从M到K壳层的跃迁.

虽然人们很早就意识到通过旋转X光管的阳极,可以让热量在更大的面积上耗散,相应地就可以得到更高的输出功率.但直到20世纪60年代,这种所谓的旋转阳极X光发生器(rotating anode generator)才有商业化的产品.其中要克服的一个技术难题就是如何实现旋转轴上的高真空密封,而且要让冷却水在转轴内流入流出.

通过电子撞击金属阳极产生的X光谱由两个明显不同的部分组成.一个是连续谱的部分,来自电子被减速并最终在金属中停止的过程.这就是人们熟知的韧致辐射(bremsstrahlung radiation,源自德语"刹车"bremsen),其最高能量对应于X光管上的高电压.叠加在这个连续谱之上的是一个较窄的线状谱.在与原子碰撞过程中,入射电子会导致原子的一个内壳层电子被移走,产生一个空位.随后外壳层电子的退激发,跃迁回到这个空位上,便可产生具有内外壳层能级差的特征能量X射线.这就是荧光辐射.对于需要单色X光的实验,人们常常使用K_α线,它比韧致辐射要强几个量级.但是因为往往要求光束的角发散度在几个平方毫弧度之内,只有辐射到2π立体角上的很少部分光子能够被利用起来.并且线光源的能量不能连续可调,因此不能任意选择或者扫描出实验的最佳波长.而我们即将在2.2节中要看到的、同步辐射光源产生的X射线就没有这些缺点,并且其亮度要比标准实验室光源强得多.

2.2 同步辐射介绍

2.2.1 同步辐射

同步辐射(synchrotron radiation)的名称来自一种特殊的粒子加速器.但是同步辐射已经泛指相对论速度运动的带电粒子因在外加磁场中加速而发出的辐射.除了同步辐射加速器,通常的粒子储存环(一种环形粒子加速器)也都会产生同步辐射,因为储存环中的电子或者正电子不停地以相同能量做圆周运动.在储存环中,电子要通过转弯磁铁(又叫弯铁(bending magnet)，用于让电子在封闭的轨道中运动)，或者通过直线节上的插入件，比如扭摆器(wiggler)或波荡器(undulator)，都会发出同步辐射. 在这些器件上，交替的磁场驱动电子沿着振荡的路径前行，而不是沿着直线运动. 在扭摆器中，振荡的幅度相当大，不同次的扭摆发出的辐射非相干地叠加；而在单个电子通过波荡器时，如我们在下面即将看到的，它每次小幅振荡产生的辐射会相干叠加. 有趣的是，自然界中也存在同步辐射，比如恒星星云附近的等离子体就会发出同步辐射.

对于X射线研究，实际上所有的现代同步辐射光源都源自储存环[1]. 刚刚进入同步辐射X射线领域的研究者往往会碰到一套通用的简称，如SR(同步辐射)、BM(弯铁)、ID(插入件)等. 我们在本书中不会使用它们，但读者们在实践中应有所准备.

2.2.2　X光束的特征:亮度

X光源的几方面因素决定了其发出X光束的质量. 这些因素可以联合起来用一个量来体现，即亮度(brilliance)，这使得我们可以比较不同光源X光束的质量. 这个质量的衡量首先是每秒发出的光子数，其次是光束的准直度，它用于描述光束在传播过程中如何发散. 通常光束在水平方向和竖直方向的准直度都以毫弧度计. 第三，光源的面积也可能很重要——如果它比较小，就能相应地把X光束聚焦到较小的图像尺寸. 光源的尺寸一般以 mm^2 计. 最后是能量分布或能谱的问题. 有些X光源产生非常光滑的能谱，而其他的在某些光子能量处有峰. 因此在比较的时候，是什么能量范围内的光子贡献了测量到的强度是很关键的. 因此习惯上人们选择光子能量范围为一个固定的相对能量带宽，一般为0.1%. 选择相对而不是绝对带宽有几个原因，其中之一是用于单色化的晶体常常是理想晶体，正如将在第6章中所论述的，理想晶体在对称反射的情况下，其相对带宽和光子能量无关，仅和反射面的密勒指数有关. 那么总结起来，人们定义光源的品质因数(figure-of-merit)为

$$\text{Brilliance}=\frac{\text{光子数/秒}}{(\text{mrad})^2(\text{mm}^2\ \text{光源面积})(0.1\%\text{带宽})} \tag{2.1}$$

最后通过单色化晶体之后的光子强度(每秒)是亮度、由水平和竖直孔径决定的发散角度(以毫弧度(milli-radian, mrad)为单位)、光源面积(以 mm^2 为单位)和单色化晶体的相对带宽(用0.1%的倍数计)的乘积.

亮度是光子能量的函数. 第三代波荡器的最大亮度(见图1.1)大概比旋转阳极X光源的 K_α 线要高10个数量级. 如此巨大的提高在多个方面引起了实验X射线科学的革命. 几十年前难以想象的实验现已可以轻松地进行.

2.3　从圆弧轨道发出的同步辐射

本节中，我们将描述电子在均匀磁场中运动所发出的辐射的基本特征. 磁场的作用是加速电子并使它的轨道弯曲成圆形，从而在此过程中产生所谓的弯铁辐射. 虽然这种辐射的亮度并不是最大的，但它具有很多有用的性质，在同步辐射的相关研究中被广为利用.

动量 $\mathbf{p}=m\mathbf{v}$ 的非相对论电子，在均匀磁场 $\mathbf{B}$ 中感受到洛伦兹力 $\mathbf{F}=\mathrm{d}\mathbf{p}/\mathrm{d}t=-e\mathbf{v}\times\mathbf{B}$. 在此力作用下，电子在与 $\mathbf{B}$ 垂直平面内的圆形轨道上运动. 轨道半径 ρ 由磁场 $\mathbf{B}$ 按以下方式决

---

[1] 在我们写本书的同时，X射线自由电子激光(会在2.6节中加以介绍)正在试运行. 虽然它们有独特的功能，并且无疑会使新的科学分支得以产生，但是在可以预期的未来，我们相信同步辐射储存环对于很多重要实验依然会是最主要的光源.

定:洛伦兹力的大小是 evB. 对于非相对论粒子,这个力等于向心加速度 v^2/ρ 乘上质量 m. 由于 $mv=p$,可以得到 $p=\rho eB$. 这个关系式也适用于相对论粒子,只是 p 此时等于 γmv,而$\gamma=E/mc^2$,即以其静止能量为单位的电子能量. 而对于同步辐射加速器中的 $v\cong c$ 的超相对论粒子,我们有

$$\gamma mc = \rho eB \tag{2.2}$$

所以同步辐射加速器中电子轨道的半径可以用实用的单位表述为

$$\boxed{\rho[\mathrm{m}] = 3.3\,\frac{\varepsilon_e[\mathrm{GeV}]}{B[\mathrm{T}]}} \tag{2.3}$$

如在第 6 页中讨论过的,一个加速运动的电荷所发出辐射的电场直接与视在加速度成正比. 此处圆弧上运动的电子在整个轨道一直有恒定的加速度. 但正如我们要看到的,沿着圆弧运动的相对论性带电粒子发出的辐射被压缩到一个紧密准直的圆锥中,如图 2.2 所示. 因此一个以相对论速度作圆周运动的电子发出的辐射像一个旋转扫描的探照灯. 这种辐射的特征依赖于两个关键参数:轨道中电子的循环频率 ω_0 和 $\gamma=E/mc^2$.

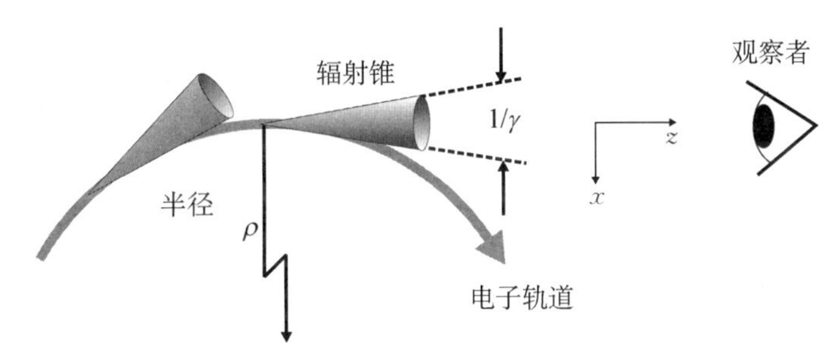

图 2.2 一个相对论电子在半径为 ρ 的轨道上做圆周运动,其发出的辐射限制在围绕着瞬时速度的张角为 $1/\gamma$ 的狭窄圆锥内.

辐射锥的瞬时方向和电子的瞬时速度方向相同,该圆锥的张角有 $\gamma^{-1}=mc^2/\varepsilon_e$,其典型值为 10^{-4}或 0.1 mrad. 发出的谱非常宽,从远红外一直到硬 X 射线区域. 但是在光子频率高于 $\gamma^3\omega_0$的区域,谱的强度快速掉落. 储存环中电子的角频率 ω_0 一般是 10^6 圈每秒的量级,因此硬 X 射线的截止频率大概是 10^{18}圈每秒. 现在我们演示如何从简单的物理理论出发来理解这些基本特点. 我们首先在第 23 页的方框内回顾一下相对论的基础,然后讨论另一个所需的重要物理概念多普勒效应.

相对论公式

速度为 v 的电子的能量ε_e 是

$$\varepsilon_e = \frac{mc^2}{\sqrt{1-\left(\frac{v}{c}\right)^2}}$$

为方便起见,电子能量用 γ,即以它的静止能量为单位表示,$\gamma\equiv\varepsilon_e/mc^2$,速度 β_e 以光速为单位,$\beta_e\equiv v/c$. 上面的公式可表述为

$$\gamma \equiv \frac{1}{\sqrt{1-\beta_e^2}} \tag{2.4}$$

X 射线同步辐射储存环的典型电子能量是 5 GeV，电子的静止能量是 0.511 MeV，因此 γ 是 10^4 的量级. 展开(2.4)式可得到

$$\beta_e = \left[1 - \frac{1}{\gamma^2}\right]^{1/2} \cong 1 - \frac{1}{2\gamma^2} \tag{2.5}$$

2.3.1 多普勒效应和同步辐射的自然张角

我们暂不考虑圆形轨道，先来分析电子在短线段构成的路径上运动的简单情况，如图 2.3 所示，电子在 A, B, C 等点处突然转弯. 随后再考虑直线段变得无穷小、路径是圆弧的极限情况.

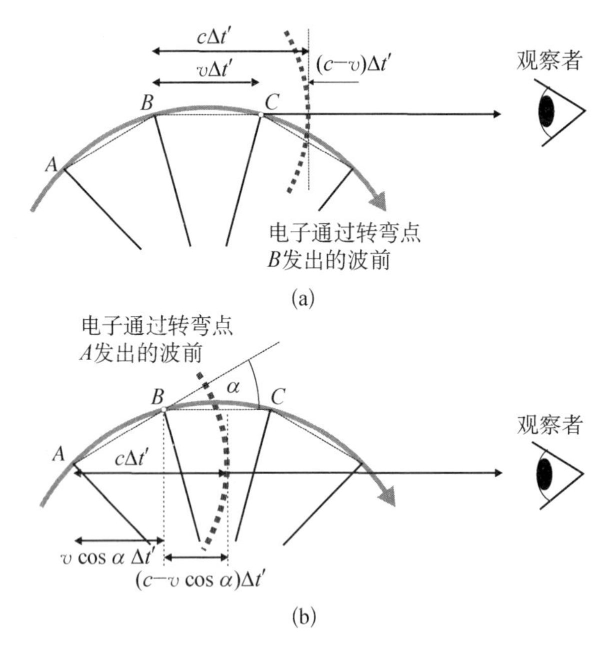

图 2.3 一段圆弧被近似作通过 A, B, C 等转弯点相连的直线段. 当电子通过转弯点，一个波前被发出(粗点线)，并以光速 c 传播. 图(a)(图(b))的波前是在转弯点 $B(A)$ 发出的. 电子速度是 v，电子从一个转弯点到下一个转弯点的运动时间是 $\Delta t'$. 两个波前之间，观测者经历的时间 $\Delta t = (c - v\cos\alpha)\Delta t'/c$，这里 α 是电子速度和观测者观察的方向的夹角.

在匀速直线运动中，电子不产生辐射；但每次转弯时，电子的速度发生改变，在此短暂的加速过程中它会发出辐射. 假设观测者沿着 BC 方向观察，电子从一次转弯到下一次转弯之间所用的时间是 $\Delta t'$. 如图 2.3(a)所示，考虑当电子通过转弯点 B 时发出辐射的波前. 在电子从 B 到 C 运动期间，该波前已经向着观测者传播了 $c\Delta t'$，此时一个新的波前从 C 发出，且离观测者要比 B 近了 $v\Delta t'$. 这两个波前因此相隔 $(c - v)\Delta t'$[①]，而观测者测得它们是在 $\Delta t = (c - v)\Delta t'/c =$

① 接着我们在第 6 页对加速电荷的辐射场的讨论，由于有限的光速，有必要区分辐射抵达观测者的时刻 t 和辐射发出的时刻 t'. 后者常被作为滞后时间，但这里我们也把它作为发射时间. 为避免混淆，关键要注意到 t 和 t' 都是在同一个惯性系中测量的. 在其他很多同步辐射的推导过程中，需在电子的静止参照系和观测者的参照系之间转换，这就要进行洛伦兹变换，而前者的时空变量经常用加撇来表示.

$(1-\beta_e)\Delta t'$ 之内到达的. 同样的论证也适用于电子在 A 和 B 发出的一对波前，唯一的区别是电子向着观测者运动的距离是 $v\Delta t'\cos\alpha$，α 是速度和观测者方向的夹角. 与 B 发出的波前相比，A 点的波前因此并不领先 $(c-v)\Delta t'$，而是领先 $(c-v\cos\alpha)\Delta t'$. 也就是说，此时波前的时间压缩(即多普勒效应)对于观测者而言显得没那么明显了.

观测者看到两个波前之间的时间间隔 Δt，与 $\Delta t'$ 之间的关系有

$$\Delta t=(1-\beta_e\cos\alpha)\Delta t'$$

因为 β_e 和 $\cos\alpha$ 都很接近于 1，我们把它们展开，得到

$$\Delta t\approx\left[1-\left(1-\frac{1}{2\gamma^2}\right)\left(1-\frac{\alpha^2}{2}\right)\right]\Delta t'$$

可被简化为

$$\boxed{\Delta t\approx\left[\frac{1+(\alpha\gamma)^2}{2\gamma^2}\right]\Delta t'}$$

因 $\alpha\approx0$ 及 $\gamma\approx10^4$，显然观测者看到波前之间的时间压缩是巨大的. 事实上，多普勒效应在 $\alpha=0$ 时达到最大，而在 $\alpha=1/\gamma$ 时已减少 2 倍. 这就自然解释了同步辐射的自然张角是 γ^{-1} 的量级，并且这个张角是在所有方向上的. 在垂直平面内，角度发散有 γ^{-1}，而在水平面内，辐射扇面的发散角是由观测者看到的那段圆弧的长度决定的.

取 $\Delta t'\to0$ 的极限，观测者时间 t 和滞后(或发射者)时间 t' 之间的一般关系可由下面的微分方程给出：

$$\boxed{\frac{\mathrm{d}t}{\mathrm{d}t'}=(1-\beta_e\cos\alpha)}\tag{2.7}$$

这里 β_e 是以 c 为单位的电子速度，α 是电子瞬时速度和观测者方向之间的夹角. 我们将在 2.4.1 节中再来讨论此微分方程的解.

电子在它的轨道上绕圈时一直在发出辐射，但在 B 点切线方向上的观测者(见图 2.4)只在电子经过从 A 点到 C 点这段路径时能探测到大量的辐射. 这是因为辐射在远场处的幅度正比于视在加速度，而由于(2.6)式所表达的巨大的时间压缩，此加速度在 B 点附近时是压倒性地大. 因此在计算一段圆弧的辐射时，我们可以只需考虑 $\overset{\frown}{AC}$ 这一段. (2.3.3 节给出 $\overset{\frown}{AC}$ 这一段圆弧发出的辐射通量的定量估算.)

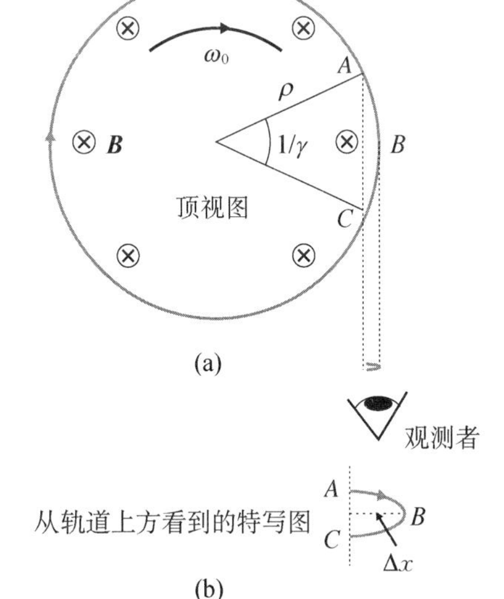

图 2.4 电子在磁场 $\boldsymbol{B}$ 中进行圆周运动. 在 B 点的切线方向上的观测者，因为多普勒效应看到电子在 A 和 C 之间时具有较大的加速度. 图(b)的特写显示观测者看到类似于半个周期的振动.

除了高度定向之外，从一段圆弧发出的同步辐射还是极化的. 从电子轨道的平面内观测，电子的加速度是严格水平的，而因为辐射场的电场与电子加速度平行，它在这个平面内就是线偏的. 如在第 6 页中所示，汤姆孙散射的极化因子 P 决定了不同实验的设计构型. 比如散射实验就大都使用垂直散射平面(见图 2.5)，因为此时 $P=1$，免去了对数据进行相应修正. 通常来

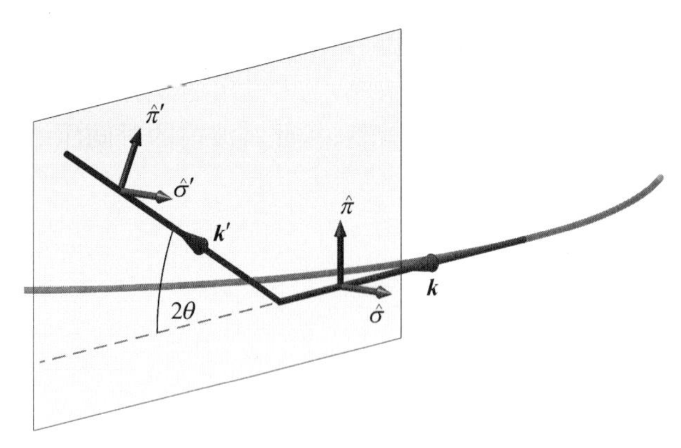

图 2.5 同步辐射实验室中常用的垂直散射几何构型的演示图. X 射线电场垂直于散射面的分量以 $\hat{\sigma}$ 标记，而在面内的分量以 $\hat{\pi}$ 来标记. 当严格在轨道平面内观察时，经过圆弧的电子发出的辐射是纯 $\hat{\sigma}$ 偏振的.

说，X 射线的偏振状态可以分解为两个相互垂直的状态. 依照惯例，垂直(平行)于 $\boldsymbol{k}$ 和 $\boldsymbol{k}'$ 所张开的散射平面的分量标记为 $\hat{\sigma}(\hat{\pi})$ 分量. 当从电子轨道平面之外去观察电子的轨道时，发出的辐射的偏振就不再是线偏的了. 如图 2.4(b)所示，当 $\overset{\frown}{ABC}$ 从轨道平面上方来观察，它就像是椭圆的一部分，其上电子沿顺时针方向运动；而从轨道平面下方来观察，A 和 C 则互换. 由于箭头必须从 A 经 B 到 C，那么显然此时电子沿逆时针方向运动. 因此，在轨道平面外观察，电子具有非零的角动量，这也体现在它所辐射的 X 射线上. 据此，我们可以总结出以下的结论：轨道平面上方观测到的辐射具有右旋分量，而轨道平面下方观测到的辐射具有相反的旋转分量. 我们将在 7.3 节中讨论 X 射线磁圆二色时再来讨论这个问题.

2.3.2 同步辐射的特征频率

当电子沿着 $\overset{\frown}{AC}$ 运动时，它产生了一个具有有限时间宽度的很强的辐射脉冲. 我们下面来估算如图 2.4 所示的观测者所看到的脉冲的宽度. 根据傅立叶变换的一般性质(见附录 E)，有限的脉冲时间宽度意味着有一个特征截止频率 $\omega_c \sim 1/\Delta t$.

从观测者的角度来说，电子的运动像是经历了半次以 T 为周期的振荡. 电子从 A 到 C 所耗时间是 $[\gamma^{-1}/(2\pi)]T = 1/(\gamma\omega_0)$，但是观测者感受到的时间是 $\sim\gamma^2$ 倍地短(见(2.6)式)，即 $\Delta t \sim 1/(\gamma^3\omega_0)$，因此特征频率 ω_c 是 $\gamma^2\omega_0$ 的量级. ω_0 一般是 MHz 的量级，对于第三代同步辐射来说，γ 在 10^4 左右，而弯铁辐射的特征频率大约为 10^{18} Hz，即其波长大约是 1 Å.

在更加严格的推导中，可以得到特征频率的表达式为 $\omega_c \equiv \left(\frac{3}{2}\right)\gamma^3\omega_0$. 因为 $\omega_0 = 2\pi/T = 2\pi/(2\pi\rho/c) = c/p$，据(2.2)式它正比于 B/ε_e，用实用单位给出的相应特征光子能量为

$$\boxed{\hbar\omega_c[\text{keV}] = 0.665\varepsilon_e^2[\text{GeV}]B[\text{T}]} \tag{2.8}$$

2.3.3 辐射通量，功率和频谱

和 1.2 节中汤姆孙散射截面的讨论相似，电子在弯铁均匀磁场作用下加速而发射的光子通量可按下面的方法估算. 这两种情况我们考虑的都是辐射场的功率密度，它由波印亭矢量的幅度给出，$S = B_{\text{rad}}E_{\text{rad}}/\mu_0 = c\varepsilon_0 E_{\text{rad}}^2$，其单位是 Wm^{-2}. 而距离辐射源为 R 处的辐射电场的强度，对于一个电子的情况是 $E_{\text{rad}} = \mathcal{A}e/(4\pi\varepsilon_0 c^2 R)$，这里 $\mathcal{A}$ 是视在加速度(见(1.4)式).

对我们所关心的弯铁中相对论电子的情况，加速度 $\mathrm{d}^2x/\mathrm{d}t^2$ 可近似表示为 $(\Delta x/\Delta t)^2$. Δx

是图 2.4 中所示的 B 点和从 A 到 C 的直线之间的距离，Δt 是观测者看到的电子通过圆弧 $\widehat{AC}$ 所需要的时间. 根据图 2.4，距离 Δx 可近似为 $\Delta x=\rho(1-\cos(\gamma^{-1}/2))\sim\rho/\gamma^2$，而相关的时间间隔 $\Delta t\sim\rho/(c\gamma^3)$（见 2.3.2 节），因此加速度可以被估算为

$$\mathcal{A}=\frac{\mathrm{d}^2x}{\mathrm{d}t^2}\approx\frac{\Delta x}{(\Delta t)^2}\sim\frac{\rho/\gamma^2}{(\rho/c\gamma^3)^2}\sim\frac{\gamma^4c^2}{\rho}$$

这个等式再度证实了我们早先的结论，即视在加速度，继而辐射电场，会被多普勒效应大大地增强，增强因子有 γ^4 的量级. 电子从 A 到 C 所辐射出的能量 $\varepsilon_{\mathrm{rad}}$，可以通过 S 乘以观测者处辐射场的面积 $R^2\Delta\Omega$（其中立体角 $\Delta\Omega\sim\gamma^{-2}$）和时间间隔 Δt 计算出来：

$$\begin{aligned}\varepsilon_{\mathrm{rad}}&=c\varepsilon_0\,\mathcal{A}^2\left(\frac{e}{4\pi\varepsilon_0c^2R}\right)^2(R^2\Delta\Omega)\Delta t\sim c\varepsilon_0\left(\frac{c^4\gamma^8}{\rho^2}\right)\left(\frac{e^2}{(4\pi\varepsilon_0)^2c^4R^2}\right)(R^2\gamma^{-2})\,\frac{\rho}{c\gamma^3}\\&=\frac{1}{4\pi}\,\frac{e^2}{4\pi\varepsilon_0}\,\frac{\gamma^3}{\rho}\end{aligned}\tag{2.9}$$

一个电子通过时发出的光子数 $\mathcal{N}_{\mathrm{rad}}$ 有 $\varepsilon_{\mathrm{rad}}/\hbar\omega_{\mathrm{c}}$ 的量级，并且因为特征能量 $\hbar\omega_{\mathrm{c}}\sim\hbar(\gamma^3c/\rho)$，可以从(2.9)式推得：

$$\boxed{\mathcal{N}_{\mathrm{rad}}\sim\frac{1}{4\pi}\,\frac{e^2/(4\pi\varepsilon_0)}{\hbar c}=\frac{1}{4\pi}\alpha}\tag{2.10}$$

这里 $\alpha=e^2/(4\varepsilon_0\,\hbar c)$ 是精细结构常数. 如每秒通过 A 的电子电流为 I，则光子通量为 $\sim\alpha I/e$. 这个极为简单而优美的结果①建立起这么一个图像：相对论电子束流通过弯铁时，以每安培 10^{17} 个的量级向一个张角为 $1/\gamma$ 的非常狭窄的锥体辐射出大量的光子.

我们还可以利用(2.9)式来得到电子流通过弯铁时的辐射功率的表达式. (2.9)式是一个电子通过 ρ/γ 长的路径所发出的能量，因此单位长度发出的能量 $\sim\gamma^4/\rho^2$. 根据(2.3)式我们有 $\rho\propto\varepsilon_{\mathrm{e}}/B$，并且因为 $\gamma\propto\varepsilon_{\mathrm{e}}$，我们得到了一个 $\varepsilon_{\mathrm{e}}^2B^2$ 的依赖关系. 这个结果与详细分析计算的结果一致，后者提供了用实用单位表述的总辐射功率的表达式：

$$\boxed{\mathcal{P}[\mathrm{kW}]=1.266\varepsilon_{\mathrm{e}}^2[\mathrm{GeV}]B^2[\mathrm{T}]L[\mathrm{m}]I[\mathrm{A}]}\tag{2.11}$$

这里 L 是电子通过弯铁的轨迹长度. 辐射功率可以非常大，在第三代同步辐射中达 1 MW 的量级，这些能量必须再提供给电子，以使得它们能以不变的能量在轨道中运行.

到目前为止，我们还没考虑弯铁辐射谱的准确分布，而只是提及它具有(2.8)式给出的特征能量. 谱分布推导涉及的数学复杂度之大，已超出了本书的范围.（感兴趣的读者可以参考本章结束处给出的深入阅读材料.）但我们可以得知，弯铁辐射的能谱是 $(\omega/\omega_{\mathrm{c}})$ 的普适函数，如图 2.6所示的那样. 它与电子能量 ε_{e} 的平方，以及储存环的电流 I 成正比. 使用实用单位，在水平面内的弯铁辐射的谱分布可被表达为

$$\boxed{\frac{\text{光子数 / 秒}}{(\mathrm{mrad}^2)(0.1\%\ \text{带宽})}=1.33\times10^{13}\varepsilon^2[\mathrm{GeV}]I[\mathrm{A}]x^2K_{2/3}^2(x/2)}\tag{2.12}$$

---

① 这里和本章的其他地方，我们大多借用了 Kim 的工作，详见深入阅读材料.

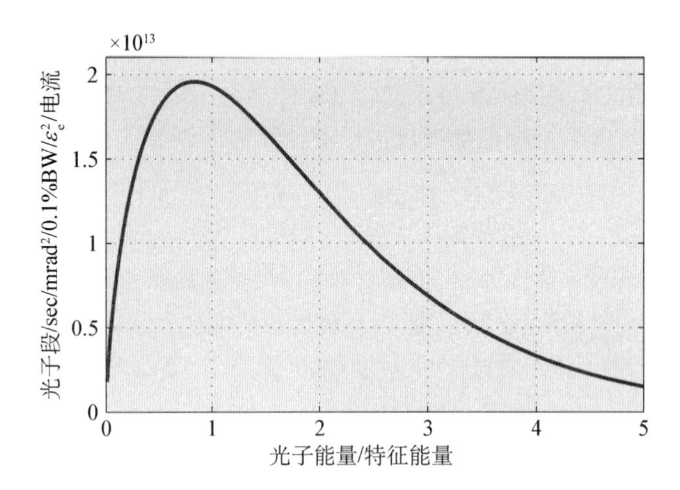

图 2.6　弯铁发出辐射的谱，其已被电子能量的平方和电子束流归一化. 横坐标是 $x=\hbar\omega/(\hbar\omega_c)$，即被特征能量$\hbar\omega_c=\left(\frac{3}{2}\right)\gamma^3\ \hbar\omega_0$ 归一化后的光子能量. 数值公式是 $1.33\times10^{13}x^2K_{2/3}^2(x/2)$，这里 $K_{2/3}(x/2)$是修正贝塞尔函数. 电子能量 ε_e 的单位是 GeV，电子束流的单位是 A.

这里 $x=\omega/\omega_c$，$K_{2/3}(x/2)$是修正的贝塞尔函数.

在储存环中，电子是以束团的形式回旋储存. 对于有些应用，可以选择单束团模式，但一般来说，储存环中有一系列的束团. 例如在一个 300 m 长的储存环中，单个束团的回旋周期是 1 μs，并且因为束团的长度是 1 cm 的量级，一个束团通过时产生的脉冲宽度是 100 ps 的量级. 其产生的同步辐射脉冲就具有了亚纳秒的脉宽和 1 μs 的工作周期.

2.3.4　举例：ESRF 的弯铁辐射

法国 Grenoble 的欧洲同步辐射装置(european synchrotron radiation facility，ESRF)，是全球第一个第三代 X 射线源，在 1994 年投入运行. 它的储存环包括了许多直线节，插入件就安装在这些直线节上，而弯铁在插入件之间，电子束流通过弯铁时划出圆弧.

ESRF 储存环中的电子具有 $\varepsilon_e=6$ GeV 的能量，环中电子电流通常是 200 mA 左右，而弯转磁铁产生 0.8 T 的磁场. 假设在圆弧切点 20 m 之外，通过一个 $1\times1\ \text{mm}^2$ 的孔来观察弯铁. 孔的接收角度是 1/20=0.05(mrad)，比辐射的自然发散度略小. ESRF 弯铁产生的同步辐射束的张角是 $1/\gamma=5.11\times10^5/6\times10^9=0.08$(mrad).

电子穿过弯铁的轨道半径可由(2.3)式得出，其结果是

$$\rho=3.3\times\frac{6}{0.8}=24.8(\text{m})$$

特征能量由(2.8)式得出，

$$\hbar\omega_c=0.665\times6^2\times0.8=19.2(\text{keV})$$

图 2.6 中画出了弯铁辐射谱的一般分布. 为了计算特征能量处的峰值通量，需要乘上孔的立体角、电子能量的平方和电子束流. 在 0.1%带宽的能量范围内，峰值通量有

$$\text{通量}=1.93\times10^{13}\times\left(\frac{1}{20}\right)^2\times6^2\times0.2=3.5\times10^{11}(\text{光子 /s/0.1\% 带宽})$$

根据(2.11)式观测到的弯铁辐射功率由从孔中观察到的电子轨道的长度 L 决定. 由于辐射是从切点观察, L 等于电子轨道半径 ρ 乘以孔在水平面内的接收角,即有 $L=24.8\ \mathrm{m}\times 0.05\ \mathrm{mrad}=1.24\ \mathrm{mm}$. 辐射功率则有

$$\mathcal{P}=1.266\times 6^2\times 0.8^2\times 1.24\times 10^{-3}\times 0.2=7.3(\mathrm{W})$$

观察到的功率要比这个值要小,原因如下:首先,上面这个值是在竖直方向积分了所有贡献,因此需要根据狭缝有限的接收角修正;其次,一般在光束线中有铍窗,也可能有其他元件(比如滤片),这些都要耗散掉部分功率.

一般利用弯铁辐射作为光源的光束线,都采用聚焦光学元件来收集水平面中一大片的辐射. 光学元件通常被设计来收集和聚焦 1 mrad 的辐射,而不是我们在上面例子中所给的 1/20 mrad. 所以上述通量和功率也要相应地增加到 20 倍.

2.3.5 小结:弯铁辐射

我们总结圆弧发出的辐射的特征如下:

(1) 辐射功率在电子瞬时速度指向观测者时最强,因为此时多普勒效应最大;

(2) 当观测者的方向和电子速度之间的夹角超过 γ^{-1} 量级时,辐射几乎降为零;

(3) 辐射谱的典型频率是电子在储存环做圆周运动频率的 γ^3 倍;

(4) 在电子轨道的平面上,沿着电子速度方向出射的辐射是平面内线偏振的,而圆偏振的分量将在电子轨道平面之外获得,且轨道平面上下的螺旋性相反;

(5) 辐射是脉冲式的,一个针孔里观察到的脉冲宽度就是电子束团的长度除以光速 c.

2.4 波荡器的辐射

除了纯粹让电子在圆弧上运动之外,同步辐射有更加有效地产生 X 射线束的方法. 在典型的储存环上,圆弧之间都有直线的部分(直线节). 在任意一个直线节上都可以插入某种装置,它能够使电子通过此装置时在水平面内进行振荡. 这可以通过一个磁铁阵列来实现,它们顺着电子路径产生上下交替变化的磁场.

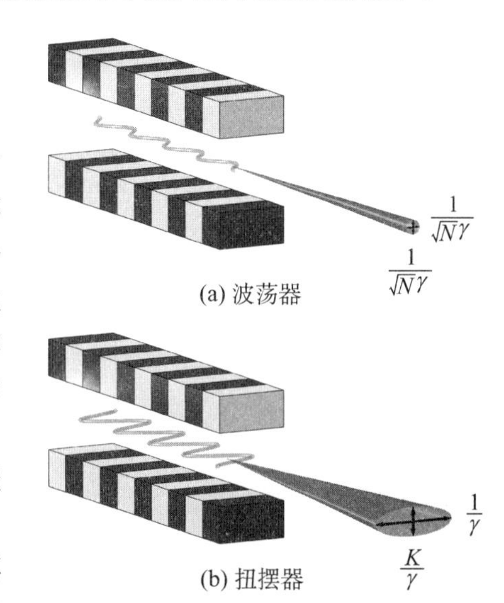

图 2.7 插入件的辐射:图(a)波荡器,图(b)扭摆器. 这些器件的不同表现源自它们中电子在水平面内振荡的最大角度的不同: K 对于扭摆器来说是 20,而对波荡器来说是 1. 后果是波荡器的辐射锥向对于同步辐射的自然张角 $1/\gamma$ 而言,被压缩了大约 $1/\sqrt{N}$ 倍((2.20)式),磁铁的周期数 N 一般大约为 50.

可以设想这样一种插入件,它使得电子在某次振荡发出的辐射和它以后的振荡发出的辐射相位相同. 这就意味着所有辐射波的幅度可以首先相加,然后其和的平方给出最终的强度. 以这种形式工作的插入件叫做波荡器,其示意图如图 2.7 所示. 此振幅相干相加的一个必要条件是电子通过波荡器时需进行小角度振荡,即其角度变化是 γ^{-1} 的量级. 波幅的相干相加意味着辐射谱是单色的(但会有高次谐波),但由于波荡器中振荡周期的数目有限,实际辐射谱是准单色的.

2.4.1 波荡器的参数

弯铁辐射的基本参数是绕圈频率 γ 和弯转半径 ρ. 对于波荡器辐射来说,基本参数是 γ 和波荡器的空间周期 λ_u. 此外,我们还需要一个刻画振荡幅度的量. 它可以是振幅自己,但正如在第 30 页的方框内画的那样,使用偏离波荡器中轴线的最大偏角往往更加方便. 这个最大角度是某个标记为 K 的无量纲的数(具有 1 的量级),再乘上同步辐射的自然张角 γ^{-1}. 因此除 γ 和 λ_u 外,我们还用上述定义的参数 K 来描述波荡器. 依据(2.2)式我们可以通过磁场给出 ρ 的表达式,而依据第 30 页中的方框图,我们还有通过 $K\gamma^{-1}$ 给出的 ρ 的另外一个表达式. 所以 K 可以很方便地用波荡器中最大磁场 B_0 来表示为

$$\boxed{K = \frac{eB_0}{mck_u} = 0.934\lambda_u[\mathrm{cm}]B_0[\mathrm{T}]} \tag{2.13}$$

这里 $k_u = 2\pi/\lambda_u$.

2.4.2 本征波长 λ_1

现在来推导波荡器辐射谱的本征波长(fundamental wavelength)λ_1. 寻找 λ_1 和波荡器周期 λ_u 之间的关系很简单. 图 2.8 显示了电子在其运动路径上所经历的一次波荡. 在 $t'=0$ 时,电子处于 A 处. 在 $t'=T'$ 时,电子在前进方向经历了一个波荡周期. 此时从 A 点发出的光则到了 cT',那么相干条件就是($cT'-\lambda_u$)等于一个(或者多个)波长 λ_1. 电子在 A 和 B 之间的运动路径长度是大于周期 λ_u 的(假设大了 S 倍),所以 $T'=S\lambda_u/v$ 或者 $T'=(S/\beta_e)\lambda_u$. 在第 30 页的方框中,推导出在小幅振荡的极限下一个周期内的路径长度. 把所有这些放到一起,我们发现

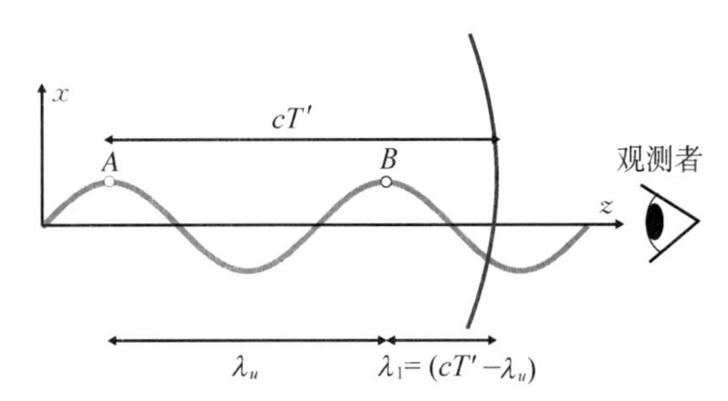

图 2.8 当电子在 A 点发出的波前比它到达 B 点时发出的要领先一个波长 λ_1,就会发生相长干涉. 此波长就成了波荡器发射出的本征波长.

$$\lambda_1(\theta=0) = \lambda_u\left(\frac{S}{\beta_e}-1\right)\xrightarrow[S=1+\gamma^{-2}K^2/4]{}\frac{\lambda_u}{2\gamma^2}\left(1+\frac{K^2}{2}\right) \tag{2.14}$$

小振幅正弦波的特征

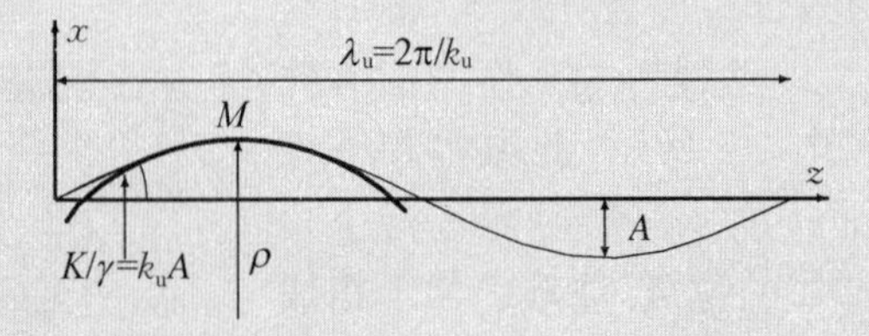

在 M 点附近,我们可近似地把余弦波作为一个半径是 ρ 的圆,而在振幅 $A\ll\lambda_u$ 时,ρ 与 A 和 k_u 之间可通过下面的考虑联系起来:

圆：$x+(\rho-A)=\sqrt{\rho^2-z^2}\Rightarrow x\approxeq A-\frac{1}{2}\frac{z^2}{\rho}$

余弦路径：$x=A\cos(k_u z)\Rightarrow x\approxeq A-\frac{A}{2}k_u^2 z^2$

此两式相等，于是可以得到结果 $\rho\approxeq(Ak_u^2)^{-1}$.

一个波荡器周期中电子走过的路径长度 S 可按如下计算：

$$S\cdot\lambda_u=\int ds=\int\sqrt{1+(dx/dz)^2}\,dz\approxeq\lambda_u[1+(Ak_u)^2/4]=\lambda_u[1+K^2\gamma^{-2}/4]$$

我们这里默认了观测者是在轴线上观测. 如果观察方向与波荡器轴线有个夹角 θ，那么 (S/β_e-1) 应被替换为 $(S/\beta_e-\cos\theta)$，则结果变成

$$\boxed{\lambda_1(\theta)=\lambda_u\left(\frac{S}{\beta_e}-\cos\theta\right)\xrightarrow[S=1+\gamma^{-2}K^2/4]{}\frac{\lambda_u}{2\gamma^2}\left(1+\frac{K^2}{2}+(\gamma\theta)^2\right)}\tag{2.15}$$

在上面讲过，γ^{-2} 是 10^{-8} 的量级，因此当 λ_u 是 1 cm 的量级时，λ_1 就是 1 Å 左右，处于 X 射线波长范围. 需要着重指出的一点是，一阶辐射波长 λ_1 是可调的，只须通过调整磁极之间的缝隙来改变磁场，K 就会根据(2.13)式而变，从而波长就会根据(2.14)式而变. 只是与直觉有些相反的是，较大的磁场会产生较软的本征 X 射线.

2.4.3 高次谐波

现在我们来看在发射者时间 t' 以及观测者时间 t 下的横向电子振荡的时间依赖关系. 前文已经导出了 t' 和 t 的基本微分方程关系((2.7)式). 在这里利用指向观测者的单位矢量 $\boldsymbol{n}$ 和瞬时速度矢量 $\boldsymbol{\beta}_e$，它可被改写成

$$\frac{dt}{dt'}=1-\boldsymbol{n}\cdot\boldsymbol{\beta}_e(t')$$

有必要区分在水平面(即波荡发生的面)内的偏离角度 φ 和竖直方向的偏离角度 ψ，它们结合在一起给出了总偏离角 θ. 我们假设 φ 和 ψ 都比较小，这些几何关系演示在图 2.9 中. 因为 $\boldsymbol{n}$ 是个单位矢量，它具有如下坐标：

$$\boldsymbol{n}=\{\varphi,\ \psi,\ \sqrt{1-(\varphi^2+\psi^2)}\}$$
$$\approxeq\{\varphi,\ \psi,\ (1-\theta^2/2)\}$$

速度矢量的分量可以用瞬时角度偏移 $\alpha(t')$ 写为

$$\boldsymbol{\beta}_e(t')=\beta_e\{\alpha,\ 0,\ \sqrt{1-\alpha^2}\}$$
$$\approxeq\beta_e\{\alpha,\ 0,\ (1-\alpha^2/2)\}$$

于是 dt/dt' 的微分方程变成

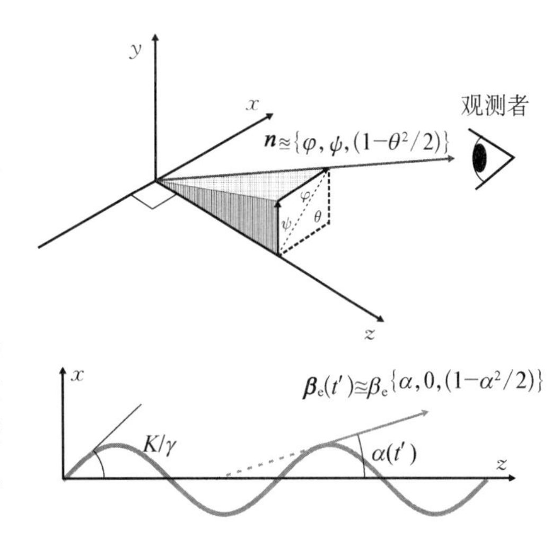

图 2.9 电子波荡发生在水平的 x-z 面内. 到观测者的方向与水平面夹角 ψ，并与波荡器轴线相差一个水平方向的角度 φ，于是，最终得到的角度 θ 可从 $\theta^2=\psi^2+\varphi^2$ 算出. 单位矢量 $\boldsymbol{n}$ 具有这里标出的坐标. 另一个有用的矢量是速度矢量 $\boldsymbol{\beta}_e(t')$. 它与 z 轴的夹角以正弦波的方式或者以 $\cos(\omega_u t')$ 的形式改变，且其极大值为 K/γ.

$$\begin{aligned}\frac{\mathrm{d}t}{\mathrm{d}t'} &= 1-\boldsymbol{n}\cdot\boldsymbol{\beta}_e(t') \approx 1-\beta_e[\alpha\varphi+(1-\theta^2/2-\alpha^2/2)] \\ &\approx 1-(1-\gamma^{-2}/2)[\alpha\varphi+(1-\theta^2/2-\alpha^2/2)] \\ &\approx \frac{1}{2}[\gamma^{-2}+\theta^2+\alpha^2(t')]-\alpha(t')\varphi\end{aligned} \tag{2.16}$$

根据(2.5)式，这里$\beta_e=1-\gamma^{-2}/2$. 这个方程的解是

$$\omega_1 t = \omega_u t' + \frac{K^2/4}{[1+(\gamma\theta)^2+K^2/2]}\sin(2\omega_u t') - \frac{2K\gamma}{[1+(\gamma\theta)^2+K^2/2]}\varphi\sin(\omega_u t') \tag{2.17}$$

这里$\omega_u t'$和$\omega_1 t$分别是相对于发射者和观测者的时间参照系的位移所引起的相位. 这些具体的推导在第34页的方框中给出.

我们可以使用(2.17)式给出的解来定量估算波荡器发出的光谱的高次谐波成分，具体如下：电子位移在发射者时间下以正弦波方式变化，但是观察到的位移一般具有不同的时间依赖关系. 只有在$K\to 0$的极限下，t和t'成正比，$\omega_1 t=\omega_u t'$. 也仅在此极限下，观测者会观测到正弦波形式的位移. 我们来讨论一个数值的例子，从而理解观测者通常是如何感受到对谐波形式的时间的偏离的. 简单起见，这个例子仅限于讨论在轴线上的辐射，即$\theta=\varphi=0$，并选择波荡器参数$K=1$. 于是(2.17)式的解可写作

$$\omega_1 t = \omega_u t' + \left(\frac{1}{4}\right)\left(\frac{2}{3}\right)\sin(2\omega_u t') = \omega_u t' + \left(\frac{1}{6}\right)\sin(2\omega_u t') \tag{2.18}$$

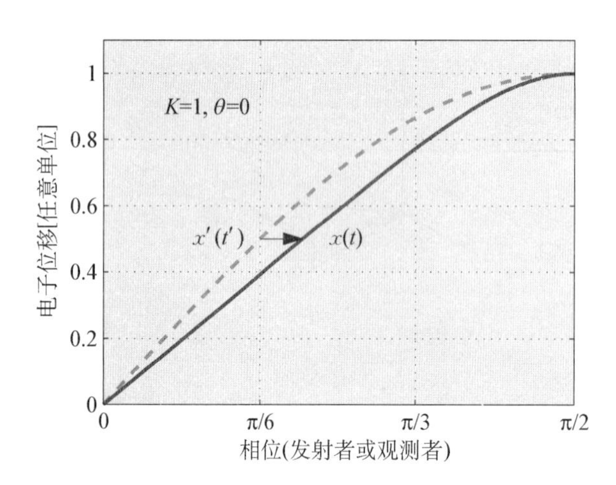

图 2.10 发射者时间下的位移(虚线的正弦波)和观测者时间下的电子位移(实线)之间关系的演示图. 举例来说，图中箭头表示了当发射者相位$\omega_u t'$和观测者相位$\omega_1 t$在$\omega_u t'=\pi/6$时的相位差(见(2.18)式).

发射者的位移$x'(t')$正比于$\sin(\omega_u t')$，它以虚线表示在图2.10中，对应的横坐标是发射者相位$\omega_u t'$. 实线$x(t)$对应的横坐标是观测者相位$\omega_1 t$，这两条线当然在$\omega_1 t=\omega_u t'$时重合，即在$\pi/2$处$\omega_u t'=0$，但它们在其他各点均不重合. 比如，当$\omega_u t'=\pi/6$时，如图2.10中箭头所示，位移是$\sin(\pi/6)=1/2$，且$\omega_1 t$比$\omega_u t'$大$\sin(\pi/3)/6$. 因此写一个简单的计算机程序就可以算出相对于观测者的位移. 该位移可以进行傅立叶分解来计算相对于观察者的加速度. 简单的推导可知观察到的加速度是正比于频率的平方乘以观察到的位移的，那么因为观察到的辐射的振幅正比于观察到的加速度，对任意K和任意角度(φ, ψ)，波荡器的辐射谱都可以计算出来.

举一个例子，在图2.11(a)中，我们画出了在$K=1, 2, 5$时，在出射方向中心轴线上的观测者所观测到的横向位移. 虚线是位移相对于发射者时间t'或者发射者相位$\omega_u t'$的关系，这里的演变是正弦波形式. 实线是位移相对于观测者时间t或者观测者相位$\omega_1 t$的演化. 显然，观察到的位移$x(t)$与正弦波式的演化有差别，且差别随着K的增加而越来越大. 这就意味着频谱在低K时由一次谐波主导，但随着K的增加，高次谐波的贡献就会逐步增加. 在图2.11(c)

中给出了轴线上的观测者所观测到的在 $K=2$ 时，位移的前 3 个奇次傅立叶分量. 这使得我们可以从加速度的平方来估算各谐波的辐射强度，它就正比于位移乘上频率（或者谐波级次）的平方. 结果显示在图 2.11(d)中，表明在 $K=2$ 时，高次谐波的强度并不随着谐波级次增加而减少. 这样导致的后果之一是实验中可以利用波荡器的高次谐波来获得高能 X 光光子.

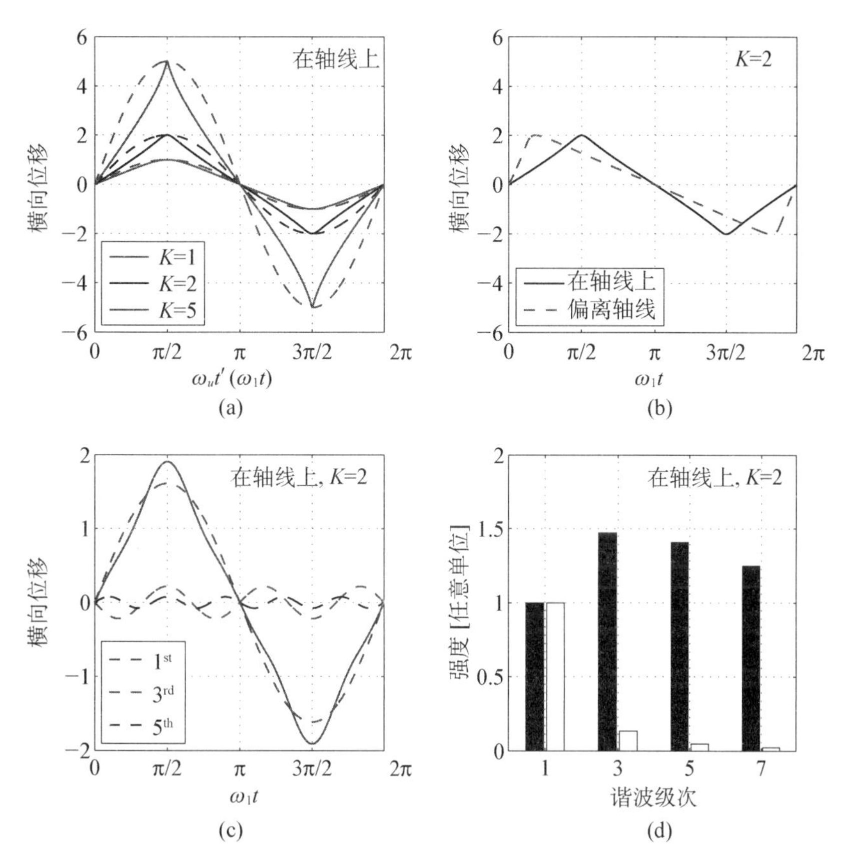

图 2.11 ★波荡器特性. 图(a)：电子的横向位移以发射者的相位为参照时是正弦波的形式（虚线），而以观测者的相位为参照时，随着 K 的增大，它逐步变得越来越像三角形（实线）. 图(b)：在轴线上观察到的位移相对于 $\omega_1 t=\pi/2, 3\pi/2$ 等点是对称的（实线），但在轴线之外的水平面内（$\psi=0$，$\varphi=1/\gamma$），观察到这种对称性被破坏了（虚线）. 因此当此轴线外观测到的曲线进行傅立叶分解时，偶次谐波就产生了. 为明确起见，这些计算采用了 $K=2$. 图(c)：在轴线上时，$K=2$ 对应的位移被分解到了第一、第三、第五次谐波；它们之和以实线显示. 图(d)：以任意坐标表示计算得到的在 $K=2$ 时轴线上观测到的前 4 个谐波分量的强度（黑色柱形）. 强度正比于所观测到的加速度的平方，而加速度是根据位移（白色柱形）乘以频率的平方或者谐波级次的平方计算得到的.

特别有价值的一点是轴线上的观测者看到的电子位移的对称性：位移曲线相对于 $\pi/2$，$3\pi/2$ 等点是对称的. 这意味着所有偶次谐波均不出现. 图 2.11(b)也显示了在轴线之外的观测者（$\psi=0$，$\varphi=\theta=\gamma^{-1}$），所看到的 $K=2$ 时的电子位移. 显然，在 $\pi/2$，$3\pi/2$ 等点附近的对称性现在就被破坏了，所以偶次谐波将会出现在辐射谱上.

2.4.4 单色度和角度准直度

到目前为止，我们只讨论了波荡器中的一次振荡，虽然在推导相干条件（(2.14)式）时，我们默认了如果从 A 和 B 点发出的波之间具有相干性，那么之后波荡器中所有振荡发出的波也都具有相干性. 然而，相干条件并不表示波荡器会发出完美的单色光. 电子通过有 N 个周期的波荡器，会在其轨道的各极值点发出一系列辐射脉冲. 因为脉冲是在一个有限的时间区间内发出的，这就意味着它具有有限的频率或者波长的分布，且正比于 $1/N$.（例子可参见我们在2.3.2节中对弯铁辐射的特征频率的讨论.）

微分方程(2.16)式的解

考虑正弦路径 $x'=(K\gamma^{-1})k_u^{-1}\sin(k_u z)$，它满足最大的偏离角 $(\mathrm{d}x'/\mathrm{d}z)_{\max}=(K\gamma^{-1})$，可以得到偏离角 α 的一般表达式为

$$\alpha \approxeq \tan(\alpha)=\frac{\mathrm{d}x'}{\mathrm{d}z}=(K\gamma^{-1})\cos(k_u z)=(K\gamma^{-1})\cos(\omega_u t')$$

因此(2.16)式中的 $\alpha^2/2$ 可被写作

$$\frac{\alpha^2}{2}=\frac{1}{2}(K\gamma^{-1})^2\cos^2(\omega_u t')=\frac{1}{4}(K\gamma^{-1})^2[1+\cos(2\omega_u t')]$$

则微分方程可写为

$$\frac{\mathrm{d}t}{\mathrm{d}t'}=\frac{\gamma^{-2}}{2}[1+(\gamma\theta)^2+K^2/2]+\frac{(K\gamma^{-1})^2}{4}\cos(2\omega_u t')-(K\gamma^{-1})\varphi\cos(\omega_u t')$$

此式可通过引入参数 χ 来简化，

$$\chi=[1+(\gamma\theta)^2+K^2/2]$$

在微分方程两侧乘上 $\omega_u\mathrm{d}t'=\mathrm{d}(\omega_u t')$，我们得到

$$\omega_u\mathrm{d}t=\frac{\gamma^{-2}}{2}\chi\mathrm{d}(\omega_u t')+\frac{\gamma^{-2}}{2}\frac{K^2}{2}\cos(2\omega_u t')\mathrm{d}(\omega_u t')-\frac{\gamma^{-2}}{2}(2K\gamma\varphi)\cos(\omega_u t')\mathrm{d}(\omega_u t')$$

再引入频率 ω_1，

$$\omega_1=\omega_u(2\gamma^2/\chi)$$

并乘以 $2\gamma^2/\chi$，得到

$$\mathrm{d}(\omega_1 t)=\mathrm{d}(\omega_u t')+(K^2/2)\chi^{-1}\cos(2\omega_u t')\mathrm{d}(\omega_u t')-2K\gamma\chi^{-1}\varphi\cos(\omega_u t')\mathrm{d}(\omega_u t')$$

这就很容易积分得到

$$\omega_1 t=\omega_u t'+(K^2/4)\chi^{-1}\sin(2\omega_u t')-2K\gamma\chi^{-1}\varphi\sin(\omega_u t')$$

波荡器辐射的单色度可以通过计算脉冲序列总的辐射振幅来获取. 这包括把波荡器每个周期的贡献都加在一起，并且考虑相应的相位因子. 辐射场的总振幅就是单个波荡器周期发出辐射乘以一个以下形式的相位因子的总和：

$$S_N(\omega)\equiv\sum_{n=0}^{N-1}\mathrm{e}^{\mathrm{i}n\omega T}$$

这个相位因子的总和是分立形式的傅立叶变换的一个特殊例子，它可以按第35页方框中描述

的去计算,其结果是

$$|S_N(\omega)| = \frac{\sin(N\omega T/2)}{\sin(\omega T/2)}$$

现在假设我们考虑一个比起相干条件相对偏离 ϵ 的波长或者频率:

$$\omega = \omega_1(1+\epsilon)$$

这里 ω_1 是一次谐波的频率,其相位因子的总和是

$$|S_{N,1}(\epsilon)| = \frac{\sin(\pi N\epsilon)}{\sin(\pi\epsilon)}$$

其中 $\epsilon = (\omega - \omega_1)/\omega_1 = \omega/\omega_1 = \lambda/\lambda_1$. 这个结果可以被推广到第 n 次谐波的情况,

$$|S_{N,n}(\epsilon)| = \frac{\sin(\pi Nn\epsilon)}{\sin(\pi n\epsilon)},\ \omega = n\omega_1(1+\epsilon)$$

辐射强度正比于 $|S_{N,n}|^2$,并且在 $N=32$, $n=1$ 和 $n=3$ 时的分布情况在用 N^2 归一化之后被展示于图 2.12. 其半高全宽(FWHM)大约为 $0.88/nN$. 也就是说,波荡器辐射的单色度($\lambda/\Delta\lambda$)反比于周期数 N 和谐波级数 n:

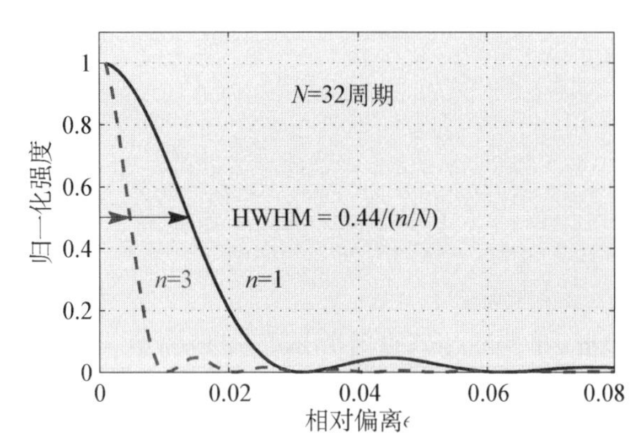

图 2.12 从轴线上一个针孔观测到的一个具有零发射度的电子束,通过有 $N=32$ 个周期的波荡器发出的一次($n=1$)和三次($n=3$)谐波的单色度. 单色度的半高半宽大约等于 $0.44/(n/N)$.

相位因子的总和与几何级数

在本书中,我们对计算以下形式的 N 个相位因子会比较有兴趣:

$$S_N(x) = \sum_{n=0}^{N-1} e^{i2\pi nx}$$

这里 x 是一个连续变量. 而此式就是一个几何级数

$$S_N = \sum_{n=0}^{N-1}\kappa^n = 1+\kappa+\kappa^2+\cdots+\kappa^{N-1} = \frac{1-\kappa^N}{1-\kappa}$$

一旦我们认识到 $S_N - S_{N-1} = \kappa^{N-1}$ 和 $\kappa S_{N-1}+1 = S_N$,就可以证明上式. 而当且仅当 $|\kappa|<1$ 时,此求和会在 $N\to\infty$ 的极限下收敛,且有

$$S_\infty = \frac{1}{1-\kappa}$$

我们现在就能计算出相位因子的总和:

$$S_N(x) = \frac{1-e^{i2\pi Nx}}{1-e^{i2\pi x}} = \frac{e^{-i\pi Nx}-e^{i\pi Nx}}{e^{-i\pi x}-e^{i\pi x}}\frac{e^{i\pi Nx}}{e^{i\pi x}} = \frac{\sin(\pi Nx)}{\sin(\pi x)}e^{i(N-1)\pi x}$$

在下图中我们画出了它的模的平方，半高全宽大约是0.88/N.

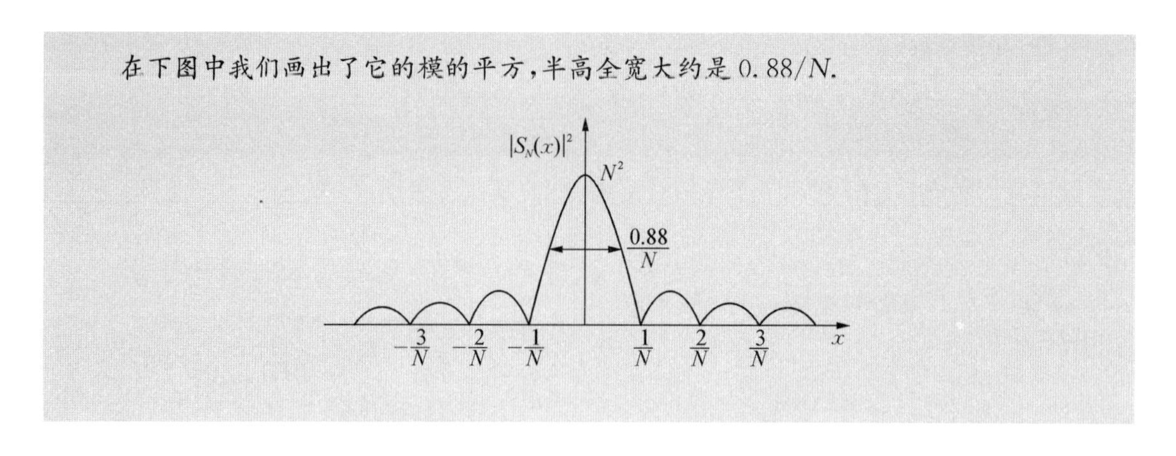

$$\boxed{\frac{\Delta\omega}{\omega_n}=\frac{\Delta\lambda}{\lambda_n}\approx\frac{1}{nN}} \tag{2.19}$$

因此，虽然波荡器辐射并不是理想的单色光，但仍然可以说是准单色的，其典型带宽大约是1%左右. 波荡器辐射的这个特点与弯铁辐射的广谱分布(见图2.6)形成了鲜明对比. 波荡器辐射这种准单色的、可调的性质意味着有很多实验如果不需要由理想晶体光学(见第6章)提供的0.01%的典型带宽的话，可以取消单色器，从而大大地受益于波荡器直接提供的非常强的通量，即便其单色性不是那么高.

了解波荡器辐射的角度准直度与弯铁辐射的自然张角 γ^{-1} 之间的对比也非常重要. 对于波荡器来说，偏离中轴线的观测就等于改变了相干条件，所以就意味着一个有限的 θ(见图2.9)对应着一个波长的偏离. 定量来看，根据(2.14)式和(2.15)式可得

$$\lambda_1(\theta)=\lambda_1(0)\left[1+\frac{(\gamma\theta)^2}{1+K^2/2}\right]\equiv\lambda_1(0)[1+\epsilon_\theta]$$

所以一个 θ 就对应于波长的一个相对偏离量 ϵ_θ. 在前面我们看到，波长和频率的 ϵ 的相对失调就意味着辐射强度有 $1/nN$ 左右的半高全宽. 因此可以总结得到，θ 的半高全宽必须满足等式

$$\epsilon_\theta=\frac{(\gamma\theta_{\mathrm{FWHM}})^2}{1+K^2/2}\approx\frac{1}{nN}$$

重新整理得

$$\boxed{\theta_{\mathrm{FWHM}}\approx\frac{1}{\gamma}\sqrt{\frac{1+K^2/2}{nN}}} \tag{2.20}$$

因此波荡器辐射的角发散度大大地低于同步辐射的自然发散度 γ^{-1}. 如图2.7所示，此角发散度的降低程度与相对于波荡器轴线的方位角无关.

在与实验比较时，还应当考虑电子束有限的角发散度. 它可以正交地加入(2.20)式给出的内秉发散度里，从而得到实际观察的角发散度. 电子束在波荡平面内的发散度一般和垂直方向的不同，所以观测到的同步辐射的发散度围绕波荡器中轴就不再对称. 这些我们还将在2.4.6节中深入探讨.

2.4.5 螺旋型波荡器

到目前为止我们所讨论的线性波荡器是当今同步辐射装置中最常见的插入件,但它并不是唯一的插入件. 在某些应用中需要使用特殊功能波荡器,比如能够产生圆偏振而不是线偏振的辐射的波荡器. 螺旋型波荡器就是这样一个器件,并且探讨高次谐波成分在线性波荡器和螺旋型波荡器的辐射谱的差别,也具有指导性的意义.

波荡器辐射的谐波构成可以定性地通过考虑在轴线上的观测者所看到的电子加速度来理解. 首先来回顾一下线性波荡器. 在实验室参照系中,电子进行的是谐波的、正弦曲线的运动. 但是对于在轴线上的观测者来说,他观察到的并不是正弦曲线式的运动. 多普勒位移在电子运动到极大位移处时(此时它的瞬时运动方向正对着观测者),与它经过波荡器轴线处时(此时它的瞬时运动方向与观测者方向的夹角为 K/γ)是不同的,因此观测者看到的电子随着时间的位移并非是正弦曲线. 他所看到的正弦曲线被扭曲得更加像是个三角形,那就当然可被分解为多个傅立叶分量(见图 2.11). 根据对称性,在轴线上的观测者只看到奇数次谐波(相比之下,在轴线之外的观测者将还会看到偶数次谐波). 显然对正弦曲线形状的偏离随着 K 的增大而增加,因此高次谐波的成分也随之而增大. 我们再来看看螺旋型波荡器的情况. 电子的路径是一个螺旋线. 但在轴线上的观测者看起来,电子的轨迹就是一个圆,那么根据圆形的对称性,没有一个点的多普勒位移会比其他点要来得大. 也就是说,观测者一直都看到相同的多普勒位移,所以也就没有对圆周运动的偏离. 因此,投影到一个垂直于波荡器轴线的平面上时,无论是按照发射者的时间,还是按照观测者的时间,电子都是在做圆周运动,唯一的区别就是观测者所看到的圆周运动要快得多. 但是由于没有偏离,也就没有高次谐波. 在电子沿着圆形路径运动时,它发射的辐射是圆偏的. 在实践中,螺旋型波荡器可以产生圆偏振程度超过 99%的强 X 射线.

2.4.6 发射度和衍射极限

在 2.4.5 节中,我们讲到波荡器是一种非常亮的辐射源. 一个自然的问题是是否波荡器的亮度或者任意光源的亮度可以无限制地提高. 根据(2.1)式的定义,亮度反比于光源线性尺寸和发散角的乘积的平方. 光源尺寸与发散角的乘积即所谓的光源的发射度(emittance)ε. 本节将讨论光子束的发射度的下限. 它决定于绕着储存环运动的电子束的发射度,与单个电子在光源的路径上发出的光子束的发射度的卷积(convolution).

就同步辐射储存环而言,电子束的发射度沿着环内的电子轨道是一个常数. 这是由刘维尔定律(Liouville's theorem)决定的,即对于一束粒子,粒子束的尺寸与发散角之积是一常数. 虽然源的尺寸与发散角之积是常数,这两个量却可以用磁场来操控. 因此为了方便起见,人们常用相空间中的一种特定图形来表示沿着储存环某一点的电子束发射度,如图 2.13(a)所示,其中空间坐标沿着横轴,而发散角沿着纵轴. 这里 y 是垂直方向的空间坐标,y' 是相同方向上的发散角. 在图 2.13(a)中源的尺寸和发散角被分别写作 σ_y 和 σ'_y,代表这些量均方根值(root-mean squared 或 r. m. s.)的包络线形成一个椭圆. 根据刘维尔定律,相空间椭圆沿着轨道具有不变的面积,虽然如图 2.13(a)所示,椭圆可以在磁场中变得更为倾斜. ESRF 的一个波荡器内电子束垂直方向的典型参数是 $\sigma_y = 10.3\ \mu\text{m}$ 和 $\sigma'_y = 3.8\ \mu\text{rad}$,因此垂直发射度 $\varepsilon_y = \sigma_y \sigma'_y =$ 39 pmrad. 垂直与水平方向的发射度之比又称作耦合(coupling). 在 ESRF 目前的耦合被设定在 1%,即水平发射度比垂直方向大 100 倍. 在未来,耦合有可能被减小二到四倍之间.

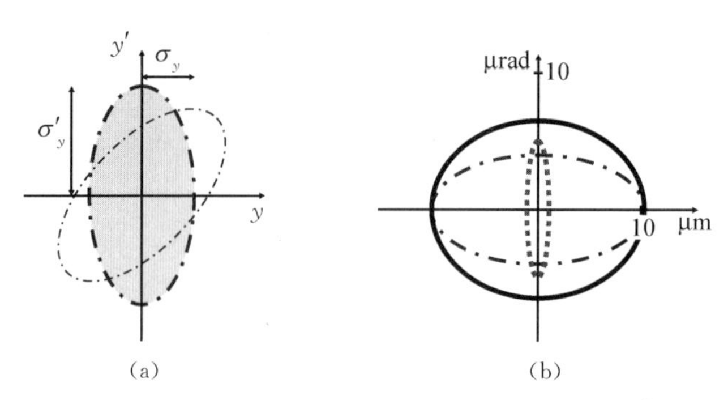

图 2.13 发射椭圆的相空间表示，此处横坐标是空间维度 y，纵坐标是发散度 y'. 发射度被定义为光源尺寸和发散角的乘积. 图(a)：在垂直方向上，电子束尺寸是 y，发射度写为 $\varepsilon_y=\sigma_y\sigma'_y$. 它沿着电子在储存环内的运动轨道是一个常量，因而轨道上各点均可用一个面积不变的椭圆来表示. 图(b)：一个 ESRF 的波荡器在垂直方向上的光子束的发射度. 点线：单个电子通过一个 4 m 的波荡器发出 1 Å 波长的光子束的发射度；点划线：储存环中的一团电子形成的电子束在垂直方向的参数；实线：相应产生的光子束的相空间椭圆.

相空间椭圆的概念也是 X 射线光束性质的一个方便形象的表达方法. 我们通过考虑一个电子穿过波荡器来讨论这个概念. (2.20)式给出了角发散度，就一次谐波而言，可以重新写成

$$\theta_{\mathrm{FWHM}} \approx \frac{1}{\gamma}\sqrt{\frac{1+K^2/2}{N}}=\sqrt{2}\sqrt{\frac{\lambda_1}{L}}$$

这里(2.14)式已经被用来联系波荡器长度 $L=N\lambda_u$ 和一次谐波 X 光子的波长 λ_1. 从半高全宽(FWHM)转换到均方根会引入一个因子 $2\sqrt{2\ln 2}\approx 2.355$，但忽略该因子和上面等式中的因子$\sqrt{2}$之间的区别，就得到光子束的发散度的均方根表达式如下：

$$\sigma'_r \approx \sqrt{\frac{\lambda}{L}}$$

另一方面，我们知道光子源的尺寸 σ_r，不可能比衍射极限所限定的值还小. 超出衍射极限之后光源尺寸的任何减小，都会导致光源发散度的增大，反过来也一样. 可以从海森堡不确定性关系获得衍射极限的条件. 这种情况下可以写为

$$\sigma_r\Delta p \geqslant \frac{\hbar}{2}$$

这里 Δp 是光子动量的不确定性. 接着就可以通过下式与光束的角发散度联系起来：

$$\Delta p=\hbar\Delta k=\hbar k\sigma'_r=\hbar\frac{2\pi}{\lambda}\sqrt{\frac{\lambda}{L}}=\hbar\frac{2\pi}{\sqrt{L\lambda}}$$

这就给出了衍射极限下的波荡器光源尺寸与角发散度，它们分别是

$$\boxed{\sigma_r=\sqrt{\frac{L\lambda}{4\pi}},\ \sigma'_r=\sqrt{\frac{\lambda}{L}}}$$

现在我们以 ESRF 的波荡器为例，来考虑一个具体的例子，看一下电子束的发射度以及光束的衍射极限是如何联合起来最终造成 X 射线束的发射度的. 基于上面的讨论，一个 4 m 长的波荡器工作波长是 1 Å 时，$\sigma_r=1.6\ \mu\mathrm{m}$，$\sigma'_r=5\ \mu\mathrm{rad}$. 在垂直方向上的光源尺寸和电子束发射度如前所述，分别是 $\sigma_y=10.3\ \mu\mathrm{m}$ 和 $\sigma'_y=3.8\ \mu\mathrm{rad}$. 这些在图 2.13(b)中形象地表示出来.

当一个电子通过波荡器，其发出X射线光子的相空间椭圆如点线所示，而一个束团所有的电子(大约 10^{11} 个电子)所对应的椭圆如点划线所示，最终产生的光子脉冲的行为是它们两个的卷积，如实线所示. 据此可以清楚地知道，进一步减小电子束的尺寸有利于产生的光子束的亮度，但减小电子束的发射度就不会有明显的效果. 相似的分析也适用于水平方向.

如果电子束相空间椭圆能够做到远小于衍射极限椭圆，光源就可以达到完全的横向相干(1.5节). 无论在垂直还是水平方向上，这在同步辐射光源上很难达到. 因此需要考虑一种极为不同的光源(自由电子激光)，其具体细节将在2.6节中描述.

2.4.7 波荡器亮度

推导波荡器亮度的公式超出了本书的范围(具体推导可以在本章最后列出的进一步阅读资料中找到). 但为了完整起见，我们引用一个重要的结果，即波荡器辐射锥中心的通量为[①]

$$\frac{\text{光子数 / 秒}}{(0.1\%\ \text{带宽})} \approx 1.43 \times 10^{14} NI[\text{A}] \frac{K^2}{1+K^2/2} \tag{2.21}$$

该表达式是针对一次谐波的，且在 $K \leqslant 1$ 时才近似成立. 亮度就是(2.21)式中的通量除以光源面积(单位：mm^2)和角度发射度(单位：mrad^2)的乘积. 或者等价地除以在2.4.6节中所讨论的垂直和水平方向发射度的乘积.

一个很容易分析而在实际中难以实现的情况是波荡器辐射完全达到衍射极限时，亮度可以用通量的表达式((2.21)式)除以 $(\lambda/4\pi)^2$ 来得到. 举例来说明，假设 $K=1$，$N=50$，$I=0.5$ Å 和 $I=1$ Å，最大(衍射极限下的)亮度[②]是 10^{37} 光子/秒/mm^2/mrad^2/0.1%带宽的量级. 在实践中，有限的电子束发射度意味着波荡器辐射远非衍射极限所限制，特别是对硬X射线而言. 虽然如此，但是波荡器亮度还是能够达到 $10^{20} \sim 10^{23}$ 的区间，超出了弯铁辐射亮度至少5个量级.

2.4.8 总结：波荡器辐射

波荡器辐射的显著特点总结如下：

(1) 波荡器可由参数 K(正比于峰值磁场)、周期的长度 λ_u 和周期数 N 来刻画.

(2) 波荡器轴线上的辐射谱有一个基本频率的峰，其波长由(2.14)式给出. 还包含基频的奇数次谐波，相对宽度为 $1/nN$(FWHM). K 值越大，高次谐波的相对比重越大.

(3) 基频(以及奇次谐波)的固有的角度发散要远小于 γ^{-1}，其由(2.20)式给出.

(4) 电子束存在一定的发散度，这意味着轴线上的辐射谱包含有非零偏角 φ 的贡献，因此辐射中也存在偶次谐波.

(5) 波荡器辐射具有本征的高亮度.

图2.14中给出了以上这些性质的示意图. 理想的X光源是单色的且能量可调，最好在所有方向上光束的角度发散都比较小. 起始光束的主要功率应当在一个准单色化的频带上，这样

---

① 读者可能会想，为什么锥中心的通量和波荡器的周期数 N 成正比，而不是和 N^2 成正比？其原因是虽然峰值通量与 N^2 成正比，但需在整个锥上做平均，锥的水平和竖直方向的角度都和 $N^{-1/2}$ 成正比，平均之后才是整个辐射锥的通量.

② 在这些参数下，中心锥的通量约为 2.4×10^{15} 光子/秒/0.1%带宽. 把衍射极限下的发射度 $(\lambda/4\pi)^2$，转换到实践中常用的单位(mm^2，mrad^2)，会引入因子 10^{-7}(Å 到 mm)的平方，10^{-3}(mrad)的平方，再加上从 $(1/4\pi)^2$ 而来的额外的因子 $\sim 10^{-2}$. 因此衍射极限下的亮度在相关的单位下是 $10^{15+14+6+2}=10^{37}$ 的量级.

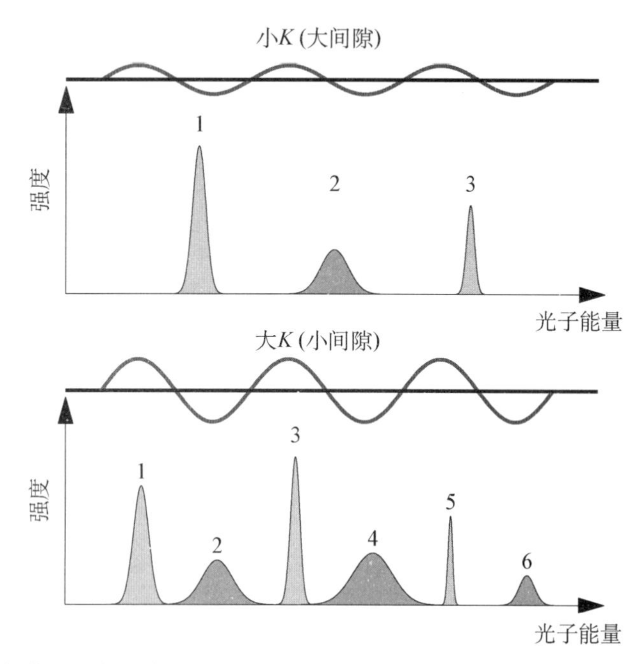

图 2.14 波荡器辐射能谱的示意图. 各次谐波的能量可通过 K 来调节,因而越大的波荡器缝隙,意味着越小的磁场(即越小的 K)给出更高的能量.

光束线的第一级光学元件所承载的热量不会过高. 而第三代同步辐射储存环上的波荡器产生的光束具有所有这些优点.

2.5 扭摆器辐射

扭摆器的结构如图 2.7 所示,就电子运行轨迹而言,扭摆器可看作一系列圆弧连接而成,只是它们的转向是左右交替的. 这导致所观测到的辐射强度增大到 $2N$ 倍(N 是周期数). 从扭摆器发出的X光谱和相同场强的弯铁发出的相同,辐射功率的公式也和(2.11)式类似. 但有一个重要区别:在弯铁中磁场 $\boldsymbol{B}$ 沿长度 L 是个常数,但在扭摆器中,磁场平方的平均值是$\langle B^2\rangle=B_0^2/2$,这里 B_0 是磁场的极大值. 这就导致(2.11)式变成

$$\mathcal{P}[\mathrm{kW}]=0.633\varepsilon_e^2[\mathrm{GeV}]B_0^2[\mathrm{T}]L[\mathrm{m}]I[\mathrm{A}]$$

观察到的电子路径的长度 L 大约等于扭摆器的长度,一般有 1 m 的量级. 辐射功率的量级有 1 kW 或更高. 这样高的热负载即使不损坏,也将严重影响X光单色化晶体的光学性能,因此人们设计了很多方法来保持单色化晶体的光学质量. 第三代同步辐射光源扭摆器的辐射功率相当大,图 2.15 中给出了一个令人印象深刻的示例. 这里X射线的强度是如此之高,以致其传播路径

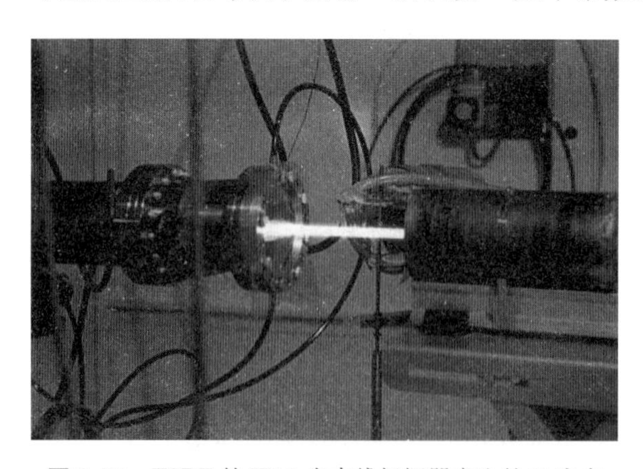

图 2.15 ESRF 的 ID11 光束线扭摆器产生的X光白光. X光束从一个处于真空状态下的光束管道出来,其光强强到可以电离空气.(承蒙 ESRF 的 Ake Kvick 提供本图.)

上的空气都被电离，从而使原来不可见的光路变得可见.

2.6 自由电子激光

虽然同步辐射光源中的波荡器有很多可取的性质，它仍然可以进一步地被提升. 原因是虽然单个电子发出来的辐射是相干的，即一次振荡发出的辐射与之后振荡发出的辐射是同相位的，但是不同电子发出的辐射是不相干的. 这缘于电子是以束团的形式通过波荡器的，但束团内电子间的位置是无序的，就像是一团电子气体. 如果能设法将束团(或者宏观束团)中的电子在空间中有序地分配到多个小一些的微束团中(平均包含 N_q 个电子，而 $N_q \gg 1$)，且微束团之间相互间隔等于 X 光的波长，那么一个微束团发出的辐射将与其后所有微束团发出的辐射同相位. 再者，单个微束团中的电荷 eN_q 要远大于 e，并且由于微束团在空间上束缚于小于发射波长的区域内，它的电荷可以当作点电荷，所以此时的辐射亮度要比普通波荡器增大 N_q^2 倍.

在波荡器中，辐射场从其入口处为零增长到出口处的最大值. 一个电子通过波荡器时将感受磁铁阵列周期性施加的力，而过了一段距离之后，它开始对束团中其他电子的辐射场产生响应. 与辐射场的相互作用在空间上是以 X 光波长为周期进行调制的，所以这会导致束团中的电子们被自动分配到微束团中. 这个效应一旦发生，就会通过正反馈方式自发增强，从而随着电子继续向前运动，辐射场会非常快速地增强. 这个机理叫做自放大受激辐射(self amplified stimulated emission)，或者简称 SASE，而利用 SASE 原理设计的波荡器就是所谓的自由电子激光[Derbenev 等，1982；Murphy 和 Pellegrini，1985]. SASE 效应的示意图见图 2.16.

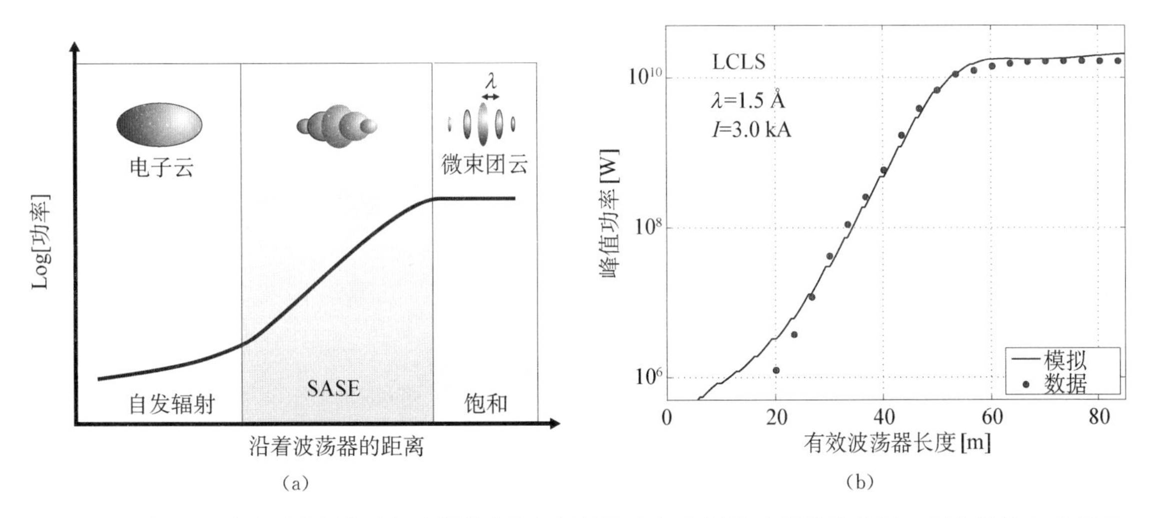

图 2.16 图(a)：一个电子束团穿过长波荡器时发出辐射的功率示意图. 在沿着波荡器一小段距离中，电子云中不同电子发出的辐射之间没有关联，每个电子相当于一个相干光源，而此“自发辐射”的功率正比于电子云中的电子数. 随着进一步往下游走的过程中，电子开始形成微束团，SASE 效应开始了，导致了功率的指数上升. 最后，一列微束团形成了，其间隔等于 X 光波长，而一旦这列微束团完全成形，光强也就饱和了. 每一个微束团可以看作一个点电荷，所以在理想状况下，辐射功率正比于每一个微束团中的电子数的平方. 图(b)：点是在 LCLS 中测量得的辐射功率和波荡器长度的关系；线是根据电子束参数模拟得到的功率. (数据蒙 LCLS 的 Paul Emma 惠赠.)

非常关键的是，这种自发增强机制需要作用在电子上的辐射场足够强，电子束团越局域，电场就越强. 所以电子气的密度是 SASE 机理能够工作的决定性参数. 即使在具有小发射度的第三代储存环中，电子密度也不够高. 这主要是因为束团长度有 100 ps 乘以光速或 30 mm 的量级，这太长了. 解决这一问题的一个方法是使用线性加速器，简称为 LINAC. 在 LINAC 中，有可能产生特别细的电子束，其直径约为 100 μm (FWHM)的量级，且角度发散极小(在 1 μrad 的量级). 特别重要的是利用最近研发出的电子枪和 LINAC 束团压缩器，人们已得到所需要的高电子密度和小到 0.1 ps 的束团时长(对应于 30 μm 的束团长度). 在这样一个高度压缩的电子气中，SASE 的实现条件甚至在硬 X 射线波段都可以得到满足.

估算自由电子激光的发射通量需要仔细的数值计算，因为 SASE 机制其实比我们上面描述的要复杂得多. 当电子束团进入波荡器时，电子是像气体一样分布的. 束团内电子密度会有自发涨落，而某个密度恰好比平均值稍高一些的区域会自发地长大，成为一个种子而使得周围电子也产生密度的周期性调制(即 SASE 微束团)，其调制波长等于波荡器辐射的一次谐波(也可能是三次谐波)的波长. 但这个有序区域将不会扩展到整个大束团，它的尺寸被限制在辐射场和产生辐射场的电子同相位的距离内. 数值估算表明有序区的长度约为几百个波长. 在整个束团中，将会有很多这种部分有序的区域，但是不同区域发出的辐射是不相干的. 叠加在这极强的 SASE 辐射之上的是剩下所有仍处于空间无序状态的电子的辐射，而这些就是本章前面讨论过的普通波荡器辐射. LINAC 相干光源(LINAC Coherent Light Source，简称 LCLS)坐落于美国加利福尼亚，是世界上第一个运行的硬 X 射线自由电子激光. LCLS 在 2009 年 4 月 10 日首次实现受激辐射，仅仅 4 天后，就在 1.5 Å 实现了 SASE 饱和辐射(见图 2.16(b)[Emma，2009]). LCLS 的峰值亮度约为 10^{32}(按通常采用的单位)，比通常第三代同步辐射光源波荡器辐射的亮度高 10 个量级(图 1.1). X 射线自由电子激光不仅产生了无与伦比的高亮度辐射，而且其辐射具有完全的横向相干性，并且是脉冲式的，脉冲长度小于 100 fs. 其相干性可以用于成像(见第 9 章)，脉冲性质可以用于时间分辨的实验. 当 LCLS 和其他正在建造中的 X 射线自由电子激光完全运转的时候，我们在原子层面理解材料结构和功能的能力将发生彻底的变革.

2.7 紧凑型光源

研发更亮的 X 射线光源一般意味着要建造更大规模、更加昂贵的装置. 一个自然的问题是能否造出一个既紧凑(实验室规模)但又很亮的 X 射线光源. 这里我们简要讨论一个以此为目标正在进行中的方案.

我们已经看到，波荡器具有很多优点，是一种很有吸引力的辐射源，特别是它的准单色性和高度准直性. 其轴线上辐射的波长是

$$\lambda_1(\theta = 0) = \frac{\lambda_u}{2\gamma^2}(1 + K^2/2) \tag{2.22}$$

在实践中，波荡器周期 λ_u 一般是几个厘米，由波荡器中的永磁体阵列决定. 因此要产生硬 X 射线，需要对应于 $\gamma \approx 10^4$ 那么大的电子能量，这也就意味着要一个周长为 1 km 左右的储存环，换句话说就是要大装置. 显然，要降低装置的尺寸和造价，但仍能产生 X 射线光子的一个办法是大大地缩短波荡器周期，这就会减小需要的电子能量. 要实现这个目标，可以把永磁体波荡器替换为由通常激光产生的周期性电磁场构成的有效波荡器[Huang 和 Ruth，1998；Bech 等，2008]. 由于有效波荡器的周期是光学激光的波长(大概 1 μm)，比普通永磁体波荡器的周期要小 4 个量级，这样所需要的电子能量可以下降两个量级.

图 2.17 给出了一个紧凑型光源的示意图,其结合了一个光学激光和一个低能电子储存环. 这种紧凑型光源的运转可以从两个不同的观点去理解. 人们可以把激光光子和电子的相互作用看作两个粒子的对头碰撞. 如果电子能量足够高,那么在碰撞中,激光光子的能量上升到 X 射线的能量. 这个过程被称为逆康普顿散射(inverse Compton scattering),因为在通常的康普顿散射中,X 射线光子和相对静止的电子散射而损失能量. 看待这个问题的另一个视角是电磁场提供了电子产生波荡运动的力.

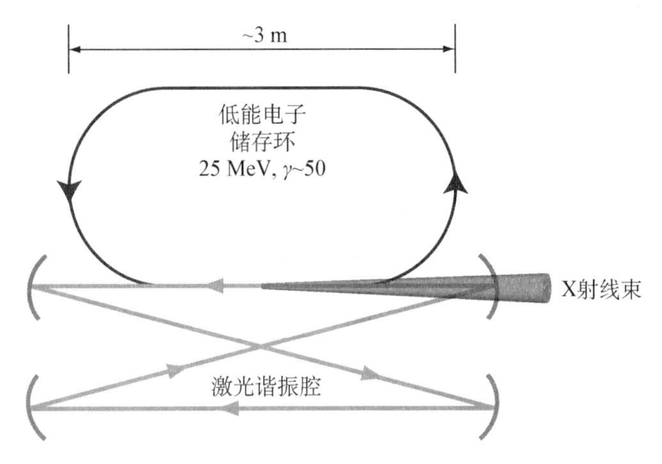

图 2.17 一个紧凑型光源布局的示意图. 一个束团形式的低能电子束(但仍然是相对论性的,$\gamma\sim 50$)与光学光子在激光谐振腔中对头碰撞. 从两个粒子碰撞的角度来看,紧凑型光源的运行是可以理解为逆康普顿散射的一个实例,即光学光子被散射并且获得非常短的波长,即它以 X 射线光子的形式出现. 一个不同但是完全等价的描述如下:激光谐振腔中的光学光子束团的电磁场形成了一个周期等于激光波长的有效波荡器.

按照第二种理解方式,我们可以从施加在电子上的洛伦兹力出发,它是由 $\boldsymbol{E}$ 和 $\boldsymbol{B}$ 两种场的联合作用造成,

$$\boldsymbol{F} = \mathrm{d}\boldsymbol{P}/\mathrm{d}t = -e(\boldsymbol{E} + \boldsymbol{v} \times \boldsymbol{B}) \tag{2.23}$$

比较两种情况:①通常的波荡器中永磁体阵列产生的空间上交互排布的磁场,我们用下标"u"来标注;②一个强的激光场,其中电场 $\boldsymbol{E}$ 和磁场 $\boldsymbol{B}$ 提供了作用在电子上的力,我们用下标"l"来标注. 目标是要决定激光的能量密度,或者等价激光的磁场 $\boldsymbol{B}_l$,它就像永磁体阵列一样发出辐射,而永磁体的磁场用 $\boldsymbol{B}_u$ 来表示. 我们认为如果这两种情况的力是一样的,那么加速度和产生的辐射也必须是一样的,而且这应该在任意惯性系中都成立.

电子受力最简单的表达式是在电子速度为零的惯性系中,因为此时洛伦兹力就简单地表示为 $-e\boldsymbol{E}$. 但是我们一开始就把电场和磁场在实验室系中表达了出来,其中电子以速度 $\boldsymbol{v}$ 沿着 x 轴运动,而永磁场是沿着 z 轴方向上下交替排列的,因此电子沿着 y 轴振荡.

为了进一步推导下去,我们需要从实验室系(无撇号标注的)恰当地变换到静止电子参照系(带有撇号标注)①. 就一套(空间,时间)变量来说,(x, t)到(x', t')的洛伦兹变换和逆变换分别为

$$x' = \gamma(x - vt),\ x = \gamma(x' + vt')$$

① 依照惯例,我们用带撇号的坐标来表示静止电子参照系. 我们希望读者能够区分这里的情况和之前我们使用 t' 来表示延迟的或者发射者的时间,虽然它和观测者是在同一个惯性坐标系.

$$t' = \gamma(t - \beta x/c),\ t = \gamma(t' + \beta x'/c) \tag{2.24}$$

而对于电场的分量来说，这些变换为

$$E'_x = E_x,\ E'_y = \gamma(E_y - vB_z),\ E'_z = \gamma(E_z + vB_y) \tag{2.25}$$

就永磁体波荡器而言，电场的 y 分量在带撇号的参照系中，根据(2.25)式有

$$E'_{y,u} = \gamma(0 - vB_u e^{ik_u x}) \approx -\gamma c B_u e^{ik_u \gamma c t'} \tag{2.26}$$

在第二个等式中，我们已经用到电子在它自己的静止参照系中的位置是 $x'=0$，因此 $x=\gamma vt\approx\gamma ct$. 当激光沿着 $-x$ 方向传播时，在实验室参照系中写出的激光场有一个相位 $\phi=\kappa_l x+\omega_l t$. 在带撇号的参照系中，由于 $\omega_l=\kappa_l c$，该相位就成了 $\phi=\kappa_l\gamma ct'+\omega_l\gamma t'=2\kappa_l\gamma ct'$；在没有撇号的参照系中，由于坡印亭矢量沿着 $-x$ 方向，因此激光的磁场和电场就分别是 $B_l e^{i\varphi}$ 和 $-E_l e^{i\varphi}$. 因为 $|E_l|=c|B_l|$，根据(2.25)式就有

$$E'_{y,l} \approx -2\gamma c B_l e^{i2k_l\gamma ct'} \tag{2.27}$$

对比(2.26)式和(2.27)式可以发现两个重要的事实：① $\kappa_u=2\kappa_l$，或者等价[①] $\lambda_u=\lambda_l/2$；② $B_u=2B_l$. 第一个事实使得我们可从(2.22)式出发，利用 $\lambda_u=\lambda_l/2$ 来计算紧凑型光源应有的X射线波长. 第二个事实使得可用与永磁体波荡器有关的公式(见(2.21)式，代换 $B_u=2B_l$)来计算紧凑型光源应有的表现(K 参数、通量等). 特别地可以证明，在电子束流、激光功率等的合理假设之下，图2.17中那么大的紧凑型光源应该可以达到同步辐射光源中弯铁辐射的程度.

2.8 相干体积和光子简并度

对比不同的光源，虽然光源的亮度是最重要的指标，但它并不是全部. 亮度提供了光源未经处理的初始光子功率的一个量度，并计入了光源尺寸、光束的准直性，以及能量带宽等因素. 但是，它不能给出光子"质量"的信息，比如它们是否相干. 相干X射线束现在用得越来越多，我们在第9章中讨论成像时还会讲到这一点. 因此确定在光束的相干体积中有多少个光子很有意义. 相干体积中的光子完全相干，它的尺寸由横向相干长度(L_T)和纵向相干长度(L_L)决定(见1.5节). 从量子力学的角度看，光子之间相互相干要求它们占据光场的同一个本征态. 一个本征态中的光子数又叫光子简并度，因此光子简并度就等于相干体积中的光子数.

我们可以从光源亮度和横向与纵向相干长度推导出光子简并度的表达式. 在(2.1)式的分子上，我们有单位时间内的光子数. 纵向相干长度 L_L 可以除以光速转换成相干时间 t_c，即 $t_c=L_L/c=1/\delta\nu$，这里 $\delta\nu$ 是频率带宽. 这可得到光子简并度正比于亮度乘以 $1/\delta\nu$. 我们也要处理(2.1)式分母里那些因子. 距离光源 R 处，相干体积张开一个立体角 $\Delta\Omega_{tr}=(L_T)^2/R^2$，根据(1.24)式，又可写为 $\Delta\Omega_{tr}=\pi\lambda^2/(16A_S)$，其中 A_S 是光源的面积. 如果相对带宽是 $\delta\nu/\nu$，光子简并度 D_{photon} 可以表达为

$$\mathcal{D}_{photon} = \mathcal{B} t_c \Delta\Omega_{tr} A_S \left(\frac{\delta\nu}{\nu}\right) = \mathcal{B}\Delta\Omega_{tr} A_S \frac{\lambda}{c} = \mathcal{B}\frac{\pi}{16}\frac{\lambda^3}{c}$$

---

① 我们注意到这个结果和从逆康普顿散射过程出发来分析紧凑型光源所得的结果是一致的.

理所当然光子简并度是一个无量纲的量，虽然前面的因子依赖于纵向和横向相干长度的严格定义，而该定义仍无统一的说法. 这里我们按习惯的方式把光子简并度写为

$$\mathcal{D}_{\text{photon}}=\frac{\mathcal{B}\lambda^3}{4c} \tag{2.28}$$

在实践中，$\mathcal{B}$的单位常设为光子/s/mrad²/mm²/0.1%带宽. 因为(2.28)式中 λ 的单位是 Å，$\mathcal{B}$ 在此常用单位下需要乘以$(10^{-7})^2$ 才能把光源面积从 mm² 转换到 Å²，再乘以$(10^3)^2$ 来转换为 mrad²，最后乘以 10^3 以考虑 0.1%带宽，加起来要在前面乘以一个 10^{-5} 因子. 因为 $\lambda/(4c)=8.3\times10^{-20}\lambda[\text{Å}]\text{s}$，汇总起来，我们得到

$$\boxed{\mathcal{D}_{\text{photon}}=8.3\times10^{-25}\,\mathcal{B}[\text{光子/s/mrad}^2/\text{mm}^2/0.1\%\text{ 带宽}]\lambda^3[\text{Å}]} \tag{2.29}$$

光子简并度与波长的三次方成比例，其后果是从光学到 X 光区域时，光源的亮度必须快速增强才能保持相同的相干通量. 这就解释了为什么对于需要完全相干光束的实验，X 射线自由电子激光是比同步辐射波荡器光源更为有力的光源. 对于后者，最大亮度目前在第三代光源上可以达到大约 10^{22}光子/s/mrad²/mm²/0.1%带宽，在 1.5 Å 时，可以给到的光子简并度仅约0.03，也就是说在相干体积中平均远小于 1 个光子. LCLS 那样的 X 射线自由电子激光在相同波长下，具有高过它 10 个量级的峰值亮度以及峰值光子简并度.

原则上讲因为光子是玻色子，光子简并度没有理由不能无限增长. 但是也应当注意到，目前和计划中的自由电子激光的功率已经大到足以损坏绝大多数样品. 这是在一个所谓“库伦爆炸”(Coulomb explosion)的过程中发生的，它发生在几百个飞秒的时间尺度内①. 从这个意义上讲，未来的实验可能既受限于新光源的发明，也受限于探测技术的进步，尤其是怎样在样品爆炸之前获取数据!

2.9 深入阅读材料

[1] *The Feynman Lectures on Physics*, Richard P. Feynman, Robert B. Leighton, Matthew Sands (Addison - Wesley, 1977).

[2] *Characteristics of Synchrotron Radiation*, K. J. Kim, AIP Conference Proceedings, **184**,565(AIP, 1989).

[3] *Soft X -Rays and Extreme Ultraviolet Radiation: Principles and Applications*, David Attwood (Cambridge University Press, 2007).

[4] *A Simplified Approach to Synchrotron Radiation*, B. D. Patterson, Am. J. Phys. **79**, 1046(2011).

2.10 习题

2.1 证明：产生 1 W 的光子功率，每秒需要 $5.04\times10^{14}\lambda[\text{Å}]$个光子.

---

① 一个高通量的 X 射线束会把大量的光电子解放出来，留下身后带正电的离化的原子内核. 当光离化超出某个临界阈值，正离子内核之间的排斥导致材料失稳、分解，这个过程就叫做库伦爆炸.

2.2 估算 ESRF 辐射的总功率.(只考虑弯铁辐射. 相关参数可在 2.3.4 节中找到,总辐射功率是$\mathcal{P}=e\gamma^4 I/(3\varepsilon_0\rho)$,其中的符号按它们通常的定义.)

2.3 位于瑞士欧洲核子研究中心的大型强子对撞机(LHC)使质子以 7 TeV 的能量绕圈. 假设弯铁的磁场强度是 8.3 T,电流是 500 mA,计算总辐射功率. 如果质子替换为相同的能量和转弯半径的电子,会辐射多大的功率?

2.4 LHC 会是一个有用的硬 X 射线光源吗?

2.5 考虑一个电子在波荡器中运动,波荡器周期是 λ_u 且 $K \ll 1$. 在电子的静止参照系中,波荡器的周期会相对论收缩,表现为 $\lambda' = \lambda_u/\gamma$. 在此静止参照系中,电子像偶极子一样辐射,其频率是 $\nu' = c/\lambda'$,而在实验室系,在轴线上的频率被多普勒位移到$\nu = \nu'/[\gamma(1-\beta)]$. 证明:这会导致轴线上的波荡器辐射公式 $\lambda = \lambda_u/(2\gamma^2)$ 在 $K \ll 1$ 时有效.

2.6 证明:以实际单位波荡器轴上的一次谐波的波长可写为 $\lambda_1[\text{Å}]=13.056\ \lambda_u[\text{cm}](1+K^2/2)/\varepsilon_e^2[\text{GeV}]$.

2.7 证明:在一个逆康普顿散射事件中,一个相对论电子和一个沿 x 方向传播的光学光子对头碰撞,光子的能量变化的分数形式由下式给出:

$$\frac{\Delta\varepsilon}{\varepsilon} = \frac{(\gamma_i\beta_i - \chi_i)(1-\cos\psi)}{\gamma_i(1+\beta_i\cos\psi)+\chi_i(1-\cos\psi)}$$

其中χ_i 是入射光子的能量除以电子的静止质量,ψ 是光子的散射角,并且所有其他符号具有其通常的含义. 说明(1)光子能量的最大的分数变化发生于它被向后散射的时候. (2)在入射光子能量比电子能量要小的情况下,能量的分数改变大约是 $4\gamma^2$. 假设电子能量是 25 MeV,入射光子波长是 1 μm,计算紧凑型光源所产生的散射光子的最短波长.

2.8 假设一个紧凑型光源的激光共振腔的能量密度是 $4\times10^7\ \text{Jm}^{-3}$,计算出永磁铁波荡器的等效磁场,并使用该结果来计算波荡器的 K 参数. 设电子束流为 100 mA,激光波长是 1 μm,光子和电子束相互作用的有效长度是 1 cm,计算中心锥体中的 X 射线通量.

3

界面的折射和反射

一束光在空气中传播，当它进入玻璃、水或者其他透明材料时会改变方向. 这是透镜的经典光学基础. 这个现象定量地可由斯涅耳定律(Snell's law)来描述. 对于可见光波段，大多数透明材料的折射率 n 介于 1.2 和 2 之间. 折射率依赖于光的频率 ω，所以就有蓝光比红光折射得更厉害等色散现象.

当电磁波频率恰好可以激发原子和分子的电子跃迁时，其折射率表现出共振行为. 在共振的低频一侧，n 随着 ω 增加而上升，这就是人们熟知的正常色散. 一旦超过共振频率，它就会下降. 随着越过更多的共振频率，折射率越来越小. 除了某些 K 壳层或者 L 壳层的内壳层电子跃迁之外，X 射线的频率一般比所有的跃迁频率都高. 因此，在 X 射线频率范围内 n 会小于 1(见图 1.8 和相关讨论). 正如我们看到的，这反映了汤姆孙 X 射线散射中的 π 相移. 此外，它还会导致在平整锐利界面外部的全反射现象：在掠入射角 α 低于某个临界角 α_c 时，光束不再进入材料，而是在它的表面上全部被反射. 因为 X 射线的 n 偏离 1 极小，所以临界角很小. 读者可能会问 n 怎么能比 1 小，既然光在材料中的速度是 c/n，这就意味着光速要比真空中的要高. 但是 c/n 是相速度，并非群速度. 而后者可用 $\mathrm{d}\omega/\mathrm{d}k$ 来计算，确实比 c 小.

在本章中，我们会看到 n 相对于 1 的偏离量 δ 和介质的散射性质相关. 每一个电子以汤姆孙散射幅度 r_0 来散射 X 射线束，而 δ 是和 r_0 与电子密度 ρ 的乘积成正比. 利用下面推导出的精确公式((3.2)式)，可知 δ 在 10^{-5} 的量级. 根据斯涅耳定律，在小掠入射角下可得到临界角 $\alpha_c=\sqrt{2\delta}$，因而是在几个毫弧度的量级. 虽然这很小，它却指出在实践中确实可以生产出高反射率的 X 射线反射镜，并且在一定的面型下可以用来聚焦入射的 X 光束. 掠入射的几何结构就意味着长的焦距，可达 10 m 的量级，以及相当长的镜子，因为光束在镜子上的印迹等于光束的高度除以掠入射角的正弦. 这个问题可以利用多层膜的镜面来克服，此类镜子的反射率在远大于临界角的一些角度上达到极大值，从而允许使用较短的镜子. 因为 δ 很小，看起来会使实现 X 射线波段的折射透镜变得不大可能. 而实际上并非如此，我们会在本章快结束时来讨论此问题，以及其他 X 射线光学元件.

通常，X 射线反射率是探测界面结构的强大工具. 对于锐利、平整的参考界面，其反射率由菲涅耳(Fresnel)等式给出. 虽然这些对于光学领域的读者来说是司空见惯的，我们仍旧在此推导一下，看它们在 X 射线区是如何简化的. 真实的界面极少在 1 Å 这样的长度尺度下还是锐利的，它们也不会很理想地平整. 最重要的是，可以通过对界面反射率的研究，推得其与理想的锐利和平整的界面之间的差别. 理想的平整但是有梯度的界面，和理想的锐利但是粗糙的界面会在下面的几小节中讨论. 之后我们讨论几个反射率实验的例子，这些理念将是建立模型和解释数据的关键. 在反射强度随着掠入射角度变化的曲线中，最有意义的部分往往是反射率低于 10^{-6} 的部分，因此采用同步辐射产生的强光源是很有必要的.

3.1 折射，散射过程中的相移

一开始让我们先忽略吸收效应，并且假设真空和所研究的介质之间的界面是平整和锐利的. 再者，假设介质中的散射体密度是均匀的，且每一个散射体可发出以 b 为实振幅的球面波.

如图 3.1 所示，从散射中心发出的球面波有两种可能性：它或者和入射波同相(图(a))，或者在散射过程中产生了相位差 π(图(b)). 在通常的散射实验中，相位差并不能被探测出来，因为强度正比于散射长度 b 的绝对值的平方. 然而，如我们在 3.2 节中将要证明的界面处折射的情况明显不同. 如果没有相移，折射率 $n>1$，所以光束如图 3.1(a)所示那样地被折射；如果有 π 的相移，折射率 $n<1$，并且外部全反射现象会在掠入射角 α 足够小的时候发生. 这个论点不依赖于辐射的种类，例如，它也适用于中子束. 这就是为什么要使用 b 这个术语来表示球面波的振幅，因为中子的核散射长度通常是用 b 来表示的. 此外，b 的符号对于不同的原子核来说是不同的. 一个熟悉的例子是氘和质子，它们具有反号的核散射长度. 当然这里我们主要讨论 X 射线，此时每个电子的散射长度是 r_0，如第 1 章中所提到的，入射波和散射波之间有个 π 相位差. 中子的折射将在附录 F 中进一步讨论.

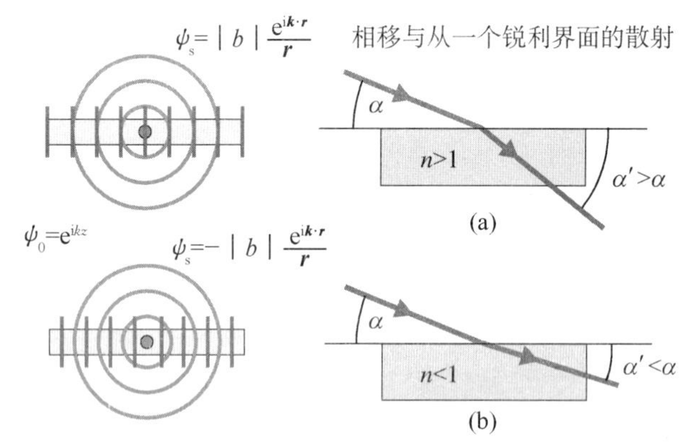

图 3.1 从一个点状散射体发出的球面波 ψ_s 可以与入射平面波同相(图(a))，或者 180°反相 ψ_0(图(b)). 在第一种情况，折射率 $n>1$；而在第二种情况，折射率 $n<1$.

下面我们来推导折射率 n 与介质散射性质的关系，其中介质的性质由电子数密度 ρ 和电子散射幅度 r_0 共同给出，这个关系等式是

$$\boxed{n=1-\delta} \tag{3.1}$$

其中

$$\boxed{\delta=\frac{2\pi\rho r_0}{k^2}} \tag{3.2}$$

而辐射的波长 λ 和波矢 k 的关系是 $k=2\pi/\lambda$. 对于处于凝聚态的物质(译者注：比如固体或液体)，电子密度 ρ 一般在 1 个电子/Å^3 的量级. 这意味着在 $r_0=2.82\times10^{-5}$ Å 和 k 约为 4 Å^{-1} 时，δ 在 10^{-6}左右，要远小于 1，这也就解释了为什么 X 射线波段的折射现象很不容易观察

到①. 斯涅耳定律把图 3.1 中定义的 α 和 α' 通过下式联系起来：

$$\boxed{\cos\alpha = n\cos\alpha'}$$

这在下面会进一步推导. 令 $\alpha'=0°$，就可以得到全反射的临界角 $\alpha=\alpha_c$，进一步地展开余弦项，可得

$$\alpha_c = \sqrt{2\delta} = \frac{\sqrt{4\pi\rho r_0}}{k} \tag{3.3}$$

用上面给出的那些参数的典型值，可得 α_c 大概是在 1 mrad 左右.

3.2 折射率和散射长度密度

为了推导出(3.1)式和(3.2)式中介质的折射率与它的散射性质之间的关系，我们考虑图 3.2中一个平面波垂直入射一个薄板的情况. 薄板的存在会影响 P 处原来的波或者辐射，我们用 ψ_{tot}^P 来表示. 对 X 射线而言，ψ_{tot}^P 描述了电场；对于中子，它就是薛定谔波函数. 这里统一用 ψ 来表示，是为了强调 X 射线和中子光学的相似之处. 研究 P 点的波动可以利用垂直入射的情况来简化，因为此时波进入介质不改变方向. 而且对于薄板，可以忽略板的正面和背面散射的波的相位差. 这样我们得到两种等价描述：在折射描述中，薄板的存在就体现在相位差 $(n-1)k\Delta$；而在散射描述中，P 点的波是薄板上所有散射中心发出的散射球面波的叠加，还要再加上入射波. 对于折射描述，P 点总的波动是

$$\psi_s^P = \psi_0^P e^{i(n-1)k\Delta} \approx \psi_0^P[1+i(n-1)k\Delta]$$

散射描述的定量计算需要一些工夫. 首先，入射平面波被近似为远处的点源 S 发出的一列球面波. 为了方便起见，再假设 S 和观察点 P 在薄板两侧对称分布. 接下来考虑薄板上一个单元散射的波，该单元处于纸面内，距离轴线为 x. 该单元到源点或观察点的距离 R 比源点到薄板的距离 R_0 略长.

展开可得 $R=(R_0^2+x^2)^{1/2}\approx R_0[1+x^2/(2R_0^2)]$，这样与从 S 到 P 的直线路径相比，多了相位差 $2kx^2/(2R_0)$，其中第一个因子 2 计入了薄板两侧相同的相位延迟. 对处于坐标$(0, y)$处的单元，可以得到类似的表达式，因此对从(x, y)处的单元发出波的相位差 $\phi(x, y)$，有

$$e^{i\phi(x,y)} = e^{i(x^2+y^2)k/R_0} = e^{ix^2k/R_0}e^{iy^2k/R_0}$$

这个单元中散射中心的数量是 $\rho\Delta dxdy$，每一个波具有散射振幅 r_0 以及相移 π. 加在一起，(x, y)处的体积单元对 P 处的散射波的贡献 $d\psi_s^P$ 是

$$d\psi_s^P \approx \left(\frac{e^{ikR_0}}{R_0}\right)(\rho\Delta dxdy)\left(-b\frac{e^{ikR_0}}{R_0}\right)e^{i\phi(x,y)}$$

如图 3.2 所示，下标“s”代表“scattered”(散射的)，提醒我们在对薄板上所有单元积分之后，需要把散射波和入射波加在一起来得到总的波动. 积分上式，给出 P 处的散射波

① 伦琴就怀疑过 X 射线是波，并且试图寻找它的折射现象，但没成功.

$$\psi_s^P = \int \mathrm{d}\psi_s^P = -\rho b\Delta\left(\frac{\mathrm{e}^{\mathrm{i}2kR_0}}{R_0^2}\right)\int_{-\infty}^{\infty} \mathrm{e}^{\mathrm{i}\phi(x,\ y)}\,\mathrm{d}x\mathrm{d}y = -\rho b\Delta\left(\frac{\mathrm{e}^{\mathrm{i}2kR_0}}{R_0^2}\right)I^2 \tag{3.4}$$

(3.4)式中积分的计算

这里计算积分

$$I = \int_{-\infty}^{\infty} \mathrm{e}^{\mathrm{i}(k/R_0)x^2}\,\mathrm{d}x$$

让我们开始来考虑第263页(D.3)式中的积分，为了方便起见，重写如下：

$$f(a) = \int_{-\infty}^{\infty} \mathrm{e}^{-ax^2}\,\mathrm{d}x = \sqrt{\frac{\pi}{a}}$$

在附录D对这个积分的计算中，假设 a 是正实数. 利用复变函数的数学理论(可参见McGraw-Hill出版、Morse和Feshbach所著的 *Methods of Theoretical Physics*)，可把此函数推广到 a 是复变量的情况，特别是推广到 a 在虚轴上，

$$a = -\mathrm{i}\,\frac{k}{R_0}$$

因为此时 $f(a) = I$.

然后利用解析延拓，在目前的情况下，意味着结果仍是 $f(a)=\sqrt{\pi/a}$，只是 a 由一个复数来替代. 因此得到

$$I = \sqrt{\frac{\pi}{-\mathrm{i}k/R_0}} = \sqrt{\frac{\mathrm{i}\pi}{k/R_0}}$$

那么就有

$$I^2 = \mathrm{i}\left(\frac{\pi R_0}{k}\right)$$

对$(x,\ y)$的积分在第50页的方框中有所描述，最后得到结果

$$I^2 = \int_{-\infty}^{\infty} \mathrm{e}^{\mathrm{i}\phi(x,\ y)}\,\mathrm{d}x\mathrm{d}y = \mathrm{i}\left(\frac{\pi R_0}{k}\right)$$

在 P 点的入射波，因为与源点 S 的距离为 $2R_0$，有

$$\psi_0^P = \frac{\mathrm{e}^{\mathrm{i}k2R_0}}{2R_0}$$

所以观察点 P 处总的波即为

$$\psi_{\mathrm{tot}}^P = \psi_0^P + \psi_s^P = \psi_0^P\left[1 - \mathrm{i}\,\frac{2\pi\rho b\Delta}{k}\right] \tag{3.5}$$

在散射图像中 ψ_{tot}^P 的表达式和折射描述中的 ψ_{tot}^P 应相同(比较图3.2中的(a)和(b))，因此就得到了(3.1)式所给出的结果.

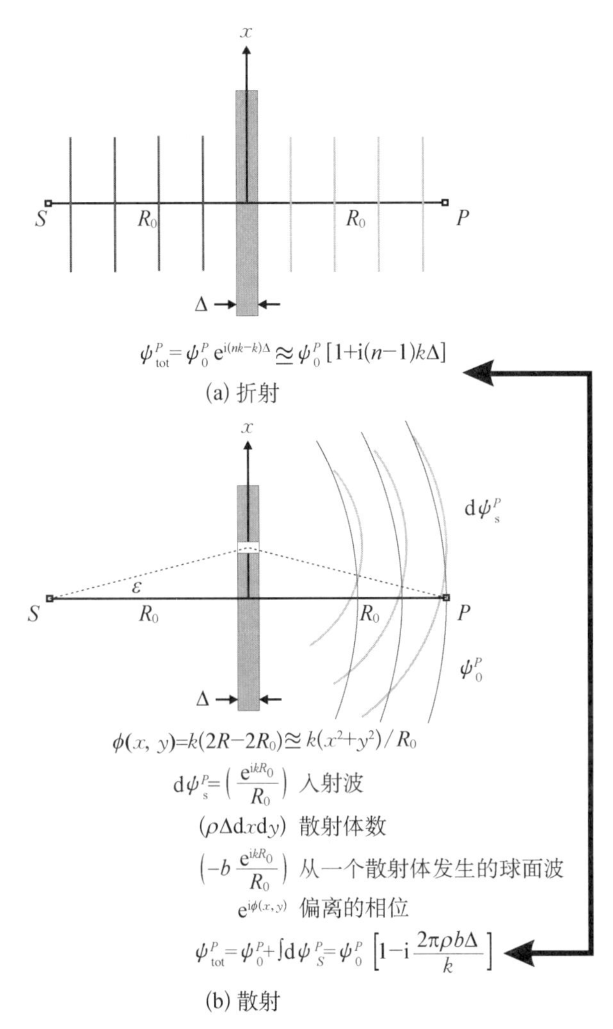

图 3.2 在折射描述中(图(a)),薄板会对到 P 点的波引入一个小的相移.在散射描述中(图(b)),入射平面波被近似为来自远处的一个点源,薄板的扰动可由其散射的球面波叠加而推得.(吸收在这两种描述中都被忽略了.)这两种描述是等价的,可据此推得折射率和散射性质之间的关系.

我们对图 3.2 中前向散射的讨论可以扩展到由原子构成的薄板,而不仅仅是我们到目前一直讨论的、电子均匀分布的情况.只需要把(3.5)式中的电子数密度 ρ 替换为原子数密度 ρ_a 和原子散射因子 $f(\boldsymbol{Q})$的乘积(见(1.12)式).(3.5)式给出的 ψ^P_{tot}的表达式可改写为

$$\psi^P_{tot}=\psi^P_0\left[1-i\,\frac{2\pi\rho_{at}f^0(0)r_0\Delta}{k}\right]$$

其中对于前向散射,$Q=0$,并且色散修正 $f(\boldsymbol{Q})$被忽略.之后我们会考虑从入射角 θ 不一定是 90°的原子面的衍射,这会通过把 Δ 替换成 $\Delta/\sin\theta$ 来计入.为了强调薄板的效应是在前向散射波上引入一个相移,上式可以重写为

$$\psi^P_{tot}=\psi^P_0[1-ig_0]\approx\psi^P_0 e^{-ig_0}$$

其中 g_0 是相移,有

$$g_0 = \frac{\lambda\rho_{at} f^0(0) r_0 \Delta}{\sin\theta} \tag{3.6}$$

引入因子 $\sin\theta$,是考虑到改变入射角时穿过的介质的厚度在改变.使用原子密度和原子散射长度,δ 可表示为

$$\delta = \frac{2\pi\rho_{at} f^0(0) r_0}{k^2}$$

3.3 包含吸收的折射率

除了散射,吸收过程也会在介质中发生.吸收意味着光束会在材料中衰减,如果将衰减的特征长度(即强度衰减为原来 1/e 的长度)表示为 μ^{-1}, μ 就是吸收系数(absorption coefficient).很重要的一点是,这里的衰减指强度衰减,而不是幅度衰减.在材料中通过一段距离 z 之后,强度衰减因子是 $e^{-\mu z}$,但是幅度只衰减到原来的 $e^{-\mu z/2}$ 倍.

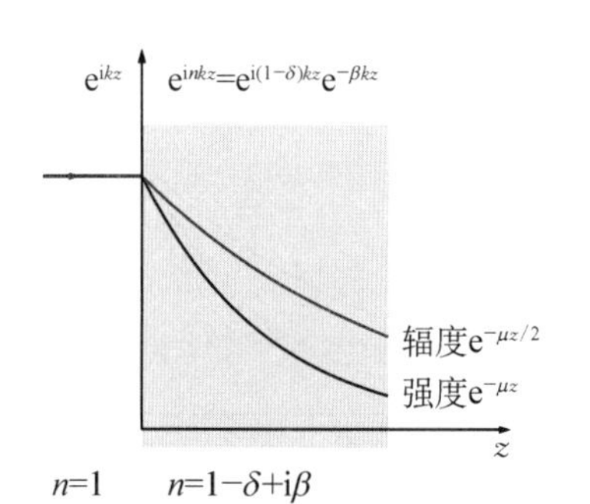

图 3.3 一个平面波正入射到一个吸收长度为 $1/\mu$ 的薄板.在吸收形式上等价于折射率的虚部.

在波正入射薄板的折射描述中(见图 3.3),波矢从真空中的 k 变为介质中的 nk.如果折射率 n 现在允许取复数,$n=1-\delta+i\beta$,那么介质中传播的波就是

$$e^{inkz} = e^{i(1-\delta)kz} e^{-\beta kz}$$

从这个振幅的等式出发,可以得到 $\beta k=\mu/2$,或者

$$n = 1-\delta+i\beta \tag{3.7}$$

且有

$$\delta = \frac{2\pi\rho_{at} f^0(0) r_0}{k^2} \tag{3.8}$$

和

$$\beta = \frac{\mu}{2k} \tag{3.9}$$

另一个方法是通过引入色散修正,把原子散射长度 $f(\boldsymbol{Q})$ 写成复数形式(见第 8 章).那么原子散射长度就变成 $f(\boldsymbol{Q})=f^0(\boldsymbol{Q})+f'+if''$,则折射率就成为

$$n = 1-\frac{2\pi\rho_{at} r_0}{k^2}\{f^0(0)+f'+if''\}$$

且有

$$-\left(\frac{2\pi\rho_{at} r_0}{k^2}\right)f'' = \beta$$

利用(1.18)式和(3.9)式可以重新组织成

$$f'' = -\left(\frac{k^2}{2\pi\rho_{at}r_0}\right)\beta = -\left(\frac{k^2}{2\pi\rho_{at}r_0}\right)\frac{\mu}{2k}$$

或者

$$\boxed{f'' = -\left(\frac{k}{4\pi r_0}\right)\sigma_a} \tag{3.10}$$

因此吸收截面 σ_a 正比于在前向方向上的原子散射长度的虚部 f''. 这个结果有时又被叫做光学定理(optical theorem). 应注意到 f''是负的,因为 σ_a 是个正实数,但其他一些书中的符号用法可能会不同,因此有时候 f''也可能是正的.

3.4 X 射线区的斯涅耳定律和菲涅耳等式

在 X 射线波段,δ 和 β 远小于 1. 这就是说在考虑折射和反射现象时,我们只需要限制在小角度的情况,并可利用适当的级数展开.

如图 3.4 所示,入射波矢是 $\boldsymbol{k}_I$,振幅是 a_I. 类似地,反射和透射波矢(与水平方向夹角是 α')分别是 $\boldsymbol{k}_R$ 和 $\boldsymbol{k}_T$,其振幅是 a_R 和 a_T. 通过引入边界条件可导出斯涅耳定律和菲涅耳公式,即波和它的一阶导数在界面 $z=0$ 处必须是连续的. 这就要求振幅之间的关系是

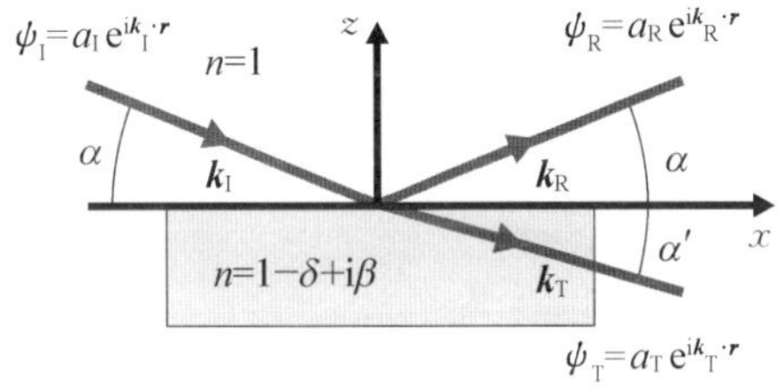

$$a_I + a_R = a_T \tag{3.11}$$

和

$$a_I\boldsymbol{k}_I + a_R\boldsymbol{k}_R = a_T\boldsymbol{k}_T \tag{3.12}$$

图 3.4 要求波和它的一阶导数在界面处是连续的,即可导出斯涅耳定律和菲涅耳公式.

真空中的波数可标记为 $k=|\boldsymbol{k}_I|=|\boldsymbol{k}_R|$,而在材料中,它是 $nk=|\boldsymbol{k}_T|$. 分别考虑 $\boldsymbol{k}$ 平行和垂直于表面的分量,可给出

$$a_I k\cos\alpha + a_R k\cos\alpha = a_T(nk)\cos\alpha' \tag{3.13}$$

$$-(a_I - a_R)k\sin\alpha = -a_T(nk)\sin\alpha' \tag{3.14}$$

从(3.11)式以及平行于界面的投影((3.13)式)就可以导出斯涅耳定律:

$$\boxed{\cos\alpha = n\cos\alpha'} \tag{3.15}$$

由于 α 和 α'都很小,余弦函数可以级数展开,得到

$$\alpha^2 = \alpha'^2 + 2\delta - 2i\beta = \alpha'^2 + \alpha_c^2 - 2i\beta \tag{3.16}$$

其中折射率 n 用了(3.7)式中的表达式,而(3.3)式被用来把 δ 和全反射的临界角 α_c 联系起来.

从(3.11)式以及与界面垂直分量的关系式((3.14)式)出发,就可得到

$$\frac{a_{\mathrm{I}}-a_{\mathrm{R}}}{a_{\mathrm{I}}+a_{\mathrm{R}}}=n\frac{\sin\alpha'}{\sin\alpha}\approx\frac{\alpha'}{\alpha}$$

从而得到菲涅耳公式：

$$\boxed{r\equiv\frac{a_{\mathrm{R}}}{a_{\mathrm{I}}}=\frac{\alpha-\alpha'}{\alpha+\alpha'},\ t\equiv\frac{a_{\mathrm{T}}}{a_{\mathrm{I}}}=\frac{2\alpha}{\alpha+\alpha'}}\tag{3.17}$$

这里引入了振幅的反射率 r 和透射率 t. 相应的光强的反射率(透射率)以大写的R(T)来表示，是振幅反射率(透射率)绝对值的平方.

就一个给定的入射角 α 而言，记住 α' 是一个将要从(3.16)式中推导出的复数. 把 α' 分解成其实部和虚部：

$$\alpha'\equiv\mathrm{Re}(\alpha')+\mathrm{iIm}(\alpha')$$

可以看到，透射波以如下形式随着进入材料的深度增加而衰减：

$$a_{\mathrm{T}}\mathrm{e}^{\mathrm{i}(k\alpha')z}=a_{\mathrm{T}}\mathrm{e}^{\mathrm{i}k\mathrm{Re}(\alpha')z}\mathrm{e}^{-k\mathrm{Im}(\alpha')z}$$

那么强度衰减到1/e的穿透深度是

$$\boxed{\Lambda=\frac{1}{2k\mathrm{Im}(\alpha')}}\tag{3.18}$$

r, t 和 Λ 的结果依赖于入射角 α、介质的密度和吸收以及波矢几个参数. 为了获得多参数问题的概况，选择合适的单位会比较便利. 角度的归一化单位是临界角 α_c. 但是为了与衍射和反射联系起来，传递波矢比角度变量更有用：

$$Q\equiv2k\sin\alpha\approx2k\alpha,\ Q_c\equiv2k\sin\alpha_c\approx2k\alpha_c\tag{3.19}$$

它们无量纲的对应量定义为

$$q\equiv\frac{Q}{Q_c}\approx\left(\frac{2k}{Q_c}\right)\alpha,\ q'\equiv\frac{Q'}{Q_c}\approx\left(\frac{2k}{Q_c}\right)\alpha'$$

(3.16)式可用无量纲的波矢 q 和 q' 重新来写，在等式两边乘以 $(2k/Q_c)^2$，可得

$$\boxed{q^2=q'^2+1-2\mathrm{i}b_\mu}\tag{3.20}$$

这里依据(3.9)式，参数 b_μ 和吸收系数 μ 通过下式相联系：

$$b_\mu=\left(\frac{2k}{Q_c}\right)^2\beta=\left(\frac{4k^2}{Q_c^2}\right)\frac{\mu}{2k}=\frac{2k}{Q_c^2}\mu$$

如(3.3)式和(3.8)式可知，临界角对应的波矢 Q_c 是

$$Q_c=2k\alpha_c=2k\sqrt{2\delta}=4\sqrt{\pi\rho r_0\left(1+\frac{f'}{Z}\right)}\tag{3.21}$$

为了完整起见，f^0 的色散修正项 f' 被包含在 Q_c 的表达式中(色散修正的完整讨论见第8章).

反射率、透射率和穿透深度的计算可如下进行：就某个感兴趣的材料，其X射线吸收长度

μ^{-1}、电子密度 ρ 甚至包括色散修正 f'，都可以从标准的来源获取，比如国际晶体学表(International Tables of Crystallography). 根据这些数字，就可以算出 b_μ. 复数 q' 可以依据(3.20)式得到，从而由(3.17)式的波矢形式可得到振幅的复数反射(透射)率：

$$r(q) = \frac{q-q'}{q+q'},\ t(q) = \frac{2q}{q+q'},\ \Lambda(q) = \frac{1}{Q_c \mathrm{Im}(q')} \tag{3.22}$$

注意到在所有情况下，$b_\mu \ll 1$，让我们考虑一些极限情况的解：

(1) $q \gg 1$，(3.20) 式的解给出 $\mathrm{Re}(q') \approxeq q$ 和 $\mathrm{Im}(q') \approxeq b_\mu/q$. 据(3.22)式 $r(q)$ 可写作 $r(q) = (q^2 - q'^2)/(q+q')^2$. 因此在这里考虑的极限下，$r(q) \approxeq (2q)^{-2}$，即反射波和入射波同相. 强度反射率按 $R(q) \approxeq (2q)^{-4}$ 衰减，透射几乎是完全的，穿透深度是 $\alpha\mu^{-1}$.

(2) $q \ll 1$，在这种情况下，q' 几乎完全是虚数，且有 $\mathrm{Im}(q') \approxeq 1$ 和 $r(q) \approxeq -1$，即反射波和入射波反相，因此透射波特别弱. 它沿着表面传播，穿透深度极小，只有 $1/Q_c$. 且只要 $\alpha \ll \alpha_c$，就与 α 无关. 正是由于穿透深度非常小，这里的透射波又被称为衰逝波(evanescent wave).

(3) $q=1$，据(3.20)式可得 $q' = \sqrt{b_\mu}(1+\mathrm{i})$. 穿透深度比渐进值 $1/Q_c$ 要大 $b_\mu^{-1/2}$ 倍. 因为 $b_\mu \ll 1$，振幅反射率很接近 $+1$，所以反射波和入射波同相. 这就意味着衰逝波振幅几乎是入射波的两倍.

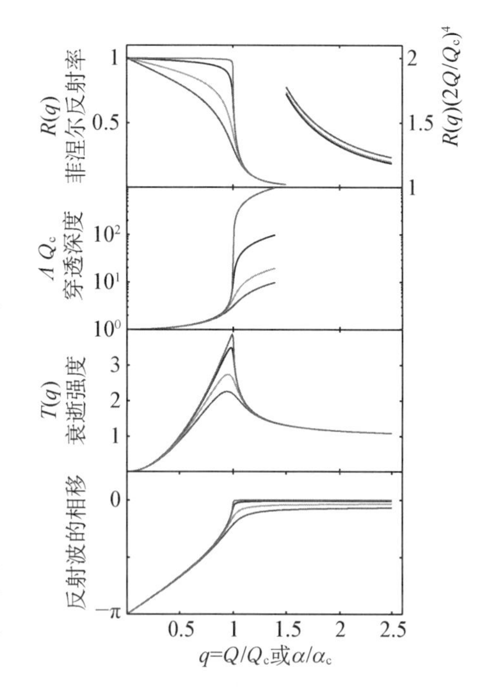

图 3.5 ★强度反射率 $R(q)$、穿透深度 ΛQ_c、强度透射率 $T(q)$ 和反射波的相位与 Q/Q_c 或 α/α_c 的关系. 在每一种情况下，对应不同的(小)参数 b_μ，给出了相应的一系列曲线. 这里使用的 $b_\mu(=2_{\mu k}/Q_c^2)$ 的值是 0.001, 0.01, 0.05, 0.1. 图的右手边给出了渐进的行为，按照其正文中 $q \gg 1$ 时的表达式来缩放. 根据定义，此值在 $q \gg 1$ 时趋于 1.(本图可参见彩图 1.)

图 3.5 概括了几个量和散射矢量或者入射角的关系. 表 3.1 给出了计算几种元素散射率所需的参数.

这里强调一下，菲涅耳反射率是镜面的(specular). 也就是说，反射的强度是限制在由入射波矢和界面法线定义的面内，并且在此面内反射束的角度等于入射束的角度. 粗糙表面会产生非镜面的反射，我们在本章后面的地方会来解释.

表 3.1 部分元素的反射率参数：电子密度 ρ、临界波矢 Q_c、$\lambda = 1.540\,51$ Å 时的线性吸收系数 μ.

	Z	摩尔密度 (g/mol)	质量密度 (g/cm³)	ρ (e/Å³)	Q_c (1/Å)	$\mu\times10^6$ (1/Å)	b_μ
C	6	12.01	2.26	0.680	0.031	0.104	0.000 9
Si	14	28.09	2.33	0.699	0.032	1.399	0.011 5
Ge	32	72.59	5.32	1.412	0.045	3.752	0.015 3
Ag	47	107.87	10.50	2.755	0.063	22.128	0.046 2
W	74	183.85	19.30	4.678	0.081	33.235	0.040 9
Au	79	196.97	19.32	4.666	0.081	40.108	0.049 5

3.5 均匀平板的反射

本节中我们考虑一个有限厚度平板的发射率，其示意图见图3.6，这里还将和我们3.4节中讨论过的无限厚介质的情况进行比较.

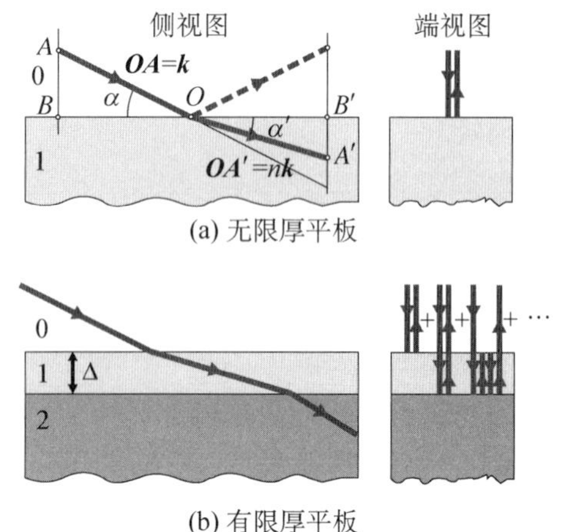

图3.6 从无限(a)和有限(b)厚度平板的反射和透射. 有限厚薄板的厚度是Δ，总反射率是无限次反射之和，正如图(b)的右侧部分所示.

先来考虑图3.6(a)，平面波在折射率为1的介质0中传播，其入射到一个无限厚的、折射率为 n 的介质. 图3.6(a)演示了斯涅耳定律是如何可以从界面处波的连续性边界条件直接推出. 对于入射平面波 $e^{i\boldsymbol{k}\cdot\boldsymbol{r}}$，其波矢是 $\boldsymbol{OA}=\boldsymbol{k}$，可以分解成两个平面波：一个波矢沿着 k_x，另一个沿着界面的法线 k_z：$e^{i\boldsymbol{k}\cdot\boldsymbol{r}}=e^{ik_xx}e^{ik_zz}$. 在界面的连续性意味着 k_x 分量从介质0到介质1时不能改变，即介质0和介质1中沿着 x 方向传播的波必须有相同的波长，才能保证波从界面任意点可连续过渡地穿过界面. 介质1中的透射波的波矢因此必须终止在穿过 B' 的垂直线上. 终点 A' 由 $OA'=nk$ 的条件来决定. 斯涅耳定律自然地就满足了.

下面考虑图3.6(b)中有限厚的平板. 侧视图只描画了从介质0到1和从1到2的两个界面的透射波矢，而图的右边给出了波矢的 z 分量. 与无限厚平板的情况不同，现在有一个无限系列的可能反射，前3个画在图中：

(1) 从0到1界面的反射幅度 r_{01}.

(2) 从0到1界面的透射 t_{01}，再在1到2的界面上反射 r_{12}，然后从1到0的界面上透射 t_{10}. 把这个波加到上面的时候，需要包括相位因子 $p^2=e^{iQ\Delta}$.

(3) 在0到1界面上的透射 t_{01}，再在1到2界面上反射 r_{12}，接着在1到0的界面上反射 r_{10}，然后再次在1到2界面上反射 r_{12}，最后再从1到0透射 t_{10}. 此波的相位因子是 p^4.

总的振幅反射率因此是

$$
\begin{aligned}
r_{\text{平板}} &= r_{01}+t_{01}t_{10}r_{12}p^2+t_{01}t_{10}r_{10}r_{12}^2p^4+t_{01}t_{10}r_{10}^2r_{12}^3p^6+\cdots \\
&= r_{01}+t_{01}t_{10}r_{12}p^2\{1+r_{10}r_{12}p^2+r_{10}^2r_{12}^2p^4+\cdots\} \\
&= r_{01}+t_{01}t_{10}r_{12}p^2\sum_{m=0}^{\infty}(r_{10}r_{12}p^2)^m
\end{aligned}
$$

这是个几何级数，可以如第35页中描写得那样来求和，从而得到

$$
r_{\text{平板}} = r_{01}+t_{01}t_{10}r_{12}p^2\frac{1}{1-r_{10}r_{12}p^2}
$$

利用菲涅耳公式((3.17)式)可进一步简化这个表达式. 使用图3.6中的记号，我们有

$$
r_{01}=\frac{Q_0-Q_1}{Q_0+Q_1} \text{ 和 } t_{01}=\frac{2Q_0}{Q_0+Q_1}
$$

这就意味着

$$r_{01} = -r_{10}$$

和

$$r_{01}^2 + t_{01}t_{10} = \frac{(Q_0 - Q_1)^2}{(Q_0 + Q_1)^2} + \frac{2Q_0 2Q_1}{(Q_0 + Q_1)^2} = \frac{(Q_0 + Q_1)^2}{(Q_0 + Q_1)^2} = 1$$

所以 $t_{01}t_{10} = 1 - r_{01}^2$. $r_{\text{平板}}$ 的表达式因此成为

$$\boxed{r_{\text{平板}} = \frac{r_{01} + r_{12}p^2}{1 + r_{01}r_{12}p^2}} \tag{3.23}$$

p^2 是从平板顶部和底部反射的光束的相位因子,这里是 $e^{iQ_1\Delta}$,其中 $Q_1 = 2k_1 \sin \alpha_1$.

为了简化起见,进一步假设平板两侧的介质是相同的,也就是说,$r_{01} = -r_{12}$. 这种情况下的平板的反射率是

$$r_{\text{平板}} = \frac{r_{01}(1 - p^2)}{1 - r_{01}^2 p^2}$$

这个公式给出的强度反射率被画在图 3.7 中,表现出的振荡行为又叫 Kiessig 干涉条纹(fringes)[Kiessig, 1931]. 这是由于分别从顶部和底部界面反射的波之间产生了干涉. 振荡的峰对应了同相位干涉的情况,而谷则对应了反相的情况. 在图 3.7 中,Δ 已被选作 10×2π Å,振荡随着 Q 的周期是 $2\pi/\Delta$.

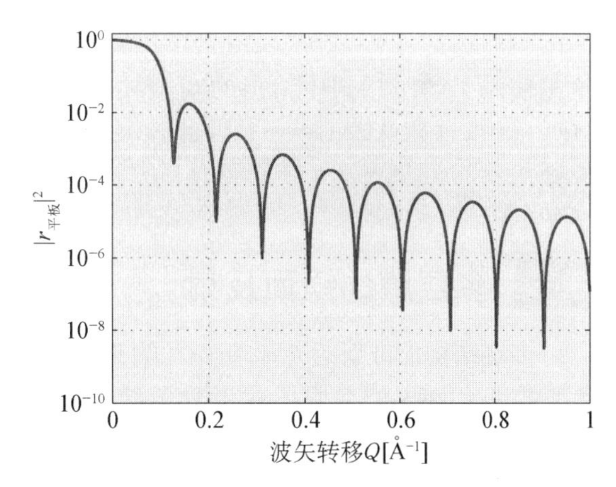

图 3.7 ★均匀的钨平板造成的 Kiessig 干涉条纹. 实线:根据厚度为 10×2π Å 的平板计算出的反射率 $|r_{\text{平板}}|^2$. 薄膜的密度是 4.678 个电子每立方埃(见表 3.1).

这里平板的反射率表达式是严格的,但往往考虑薄板的极限情况会比较有用. 这里假设角度足够大,以致可以忽略折射效应,即 $|r_{01}| \ll 1$. 此极限($q \gg 1$)下的振幅反射率已经在第 55 页有了推导,有 $r(q) \approx (2q)^{-2}$,而 $q = Q/Q_c$. 此情况下的平板反射率成为

$$r_{\text{平板}} = \frac{r_{01}(1 - p^2)}{1 - r_{01}^2 p^2} \approx r_{01}(1 - p^2) \approx \left(\frac{Q_c}{2Q}\right)^2 (1 - e^{iQ\Delta})$$

为了便于以后在讨论多层膜的小节中使用,此式又可改写为

$$\begin{aligned} r_{\text{平板}} &= -\frac{16\pi\rho r_0}{4Q^2} e^{iQ\Delta/2} (e^{iQ\Delta/2} - e^{-iQ\Delta/2}) \\ &= \left(\frac{16\pi\rho r_0 \Delta}{2Q}\right) \frac{e^{iQ\Delta/2}}{2(Q\Delta/2)} (-i) \frac{(e^{iQ\Delta/2} - e^{-iQ\Delta/2})}{2i} \\ &= -i\left(\frac{4\pi\rho r_0 \Delta}{Q}\right)\left(\frac{\sin(Q\Delta/2)}{Q\Delta/2}\right) e^{iQ\Delta/2} \end{aligned}$$

第二,除了忽略折射效应,假设平板很薄,即 $Q\Delta \ll 1$,于是反射率就成为

$$r_{薄板} \approx -\mathrm{i}\frac{4\pi\rho r_0\Delta}{Q} = -\mathrm{i}\frac{\lambda\rho r_0\Delta}{\sin\alpha} \tag{3.24}$$

这个表达式在角度远离临界角时成立，因为此时反射率小，可以忽略多次反射和折射效应. 这就是通常所说的运动学反射率(kinematical reflectivity)区域.

下面给出另一个推导薄膜反射率的途径，这很有启发性. 反射波的幅度正比于电子密度 ρ、散射长度 r_0，以及穿过样品的厚度(其等于 $\Delta/\sin\alpha$). 但是这 3 个变量的乘积具有长度倒数的量纲，而反射率是个无量纲的数. 这个问题中唯一剩下的长度量是 X 射线波长. 因此基于量纲分析，一个薄板的反射率应是 $r_{薄板}=C(\rho r_0\lambda\Delta/\sin\alpha)$，这里 C 是个待定常数. 为了定出 C 的值，假设一个无限厚的介质是由无限个薄平板构成的. 换句话说，通过从 0 到 ∞ 来积分 $r_{薄板}$ 的表达式，同时当然要考虑相位因子，我们应得到菲涅耳反射率 r_F：

$$\begin{aligned} r_F &= C\int_0^\infty\left(\frac{\rho r_0\lambda}{\sin\alpha}\right)e^{iQz}\,dz = C\left(\frac{\rho r_0\lambda}{\sin\alpha}\right)\left(\frac{1}{iQ}\right)\int_0^\infty e^{iQz}\,d(iQz) \\ &= -iC\left(\frac{\rho r_0 2\pi}{Qk\sin\alpha}\right)\left[e^{iQz}\right]_0^\infty = iC\left(\frac{Q_c}{2Q}\right)^2 \end{aligned}$$

这里使用了(3.21)式中给出的 Q_c 表达式. 但是在 $\alpha\gg\alpha'$ 的极限下，菲涅耳振幅反射率是 $r_F\approx(Q_c/2Q)^2$，这意味着 $C=-i$. 因此该具有启发性的论证加上这样定出的 C 就与(3.24)式一致.

3.6　多层膜的镜面反射

多层结构的散射近年来变得尤为重要. 现代生长技术允许人们在原子或者分子层次来设计和构筑材料. 许多技术上重要的材料正是以这种方式生长的，通过在合适的条件下人工设计、剪裁材料可以达到某些需要的物理性质. 特别有用和感兴趣的一类体系就是多层膜或者超结构. 如图 3.8 所示，这种体系是通过以重复序列的方式在一种材料之上沉积另一种材料来生长.

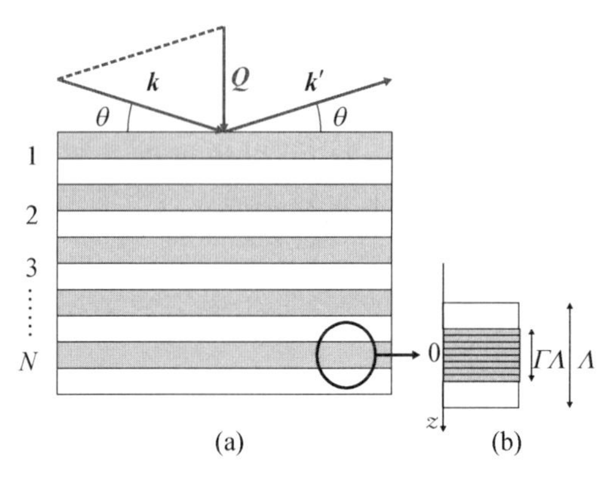

图 3.8　一个由一摞双层结构构成的多层膜的示意图. 每个双层，如图(b)所示，具有一个厚为 $\Gamma\Lambda$ 的均匀的高电子密度区和一个低密度区. 一个双层的总厚度是 Λ.

用于构筑多层膜的材料涵盖了从金属到半导体，直至如在朗缪尔膜中的复杂分子. 在大多数情况下，对于某个感兴趣的多层膜体系，人们要发展相应的特殊生长技术. 但相同的是都需要设法确定最终产物的结构. 事实证明，X 射线和中子的反射率测量是完成这个任务的最佳工具，因为不同材料之间散射密度的差别会产生散射. 但这里我们只讨论 X 射线的反射率，其散射长度密度就简单地是 ρr_0.

我们可以推广前述单个平板的计算方法来得到一个对于所有散射角都成立的公式，这是一种常用的解决问题的方法. 但是一开始先考虑运动学反射率是有益的，因为此时可假设多重反射和折射的贡献非常小. 虽然得到的公式只在远离临界角的时候成立，但是优点是公式和电子密度分布之间的联系很显而易见. 在数学上把分析限制于运动学区域的意义,在于我们可以通过叠加很多无限薄片的反射波来推出总的振幅反射率,这需要考虑在深度为 z 处的薄板的相位因子 e^{iQz}. 毫不奇怪,相应的公式和那些描述光从衍射光栅上散射的公式很类似.

3.6.1 运动学近似

为了方便起见,我们想象多层膜的结构是由一层材料 A 和一层材料 B 组成厚度为 Λ 的双层膜,然后该双层膜再进行 N 次重复构成,如图 3.8 所示. 对 A 或者 B 的细节结构并未作假设,所以这些公式对于晶体和非晶材料同样适用:重要的是 A 和 B 之间的电子密度有差别. 把多层膜分解成许多双层结构之后,可以直接写下反射率的表达式. 首先计算单个双层的散射幅度,然后对 N 个双层进行求和,同时恰当地允许每一个双层所散射的波有不同的相位因子. 这里假设界面是平的,波矢 Q 平行于表面法线,从而反射率是镜面的,而且相位求和问题是一维的.

如果 r_1 是单个双层的反射率,那么构成多层膜的 N 个双层的反射率是

$$r_N(\zeta) = \sum_{v=0}^{N-1} r_1(\zeta) e^{i2\pi\zeta v} e^{-\beta v} = r_1(\zeta) \frac{1 - e^{i2\pi\zeta N} e^{-\beta N}}{1 - e^{i2\pi\zeta} e^{-\beta}} \tag{3.25}$$

其中 ζ 由 $Q=2\pi\zeta/\Lambda$ 定义,β 是每个双层的平均吸收. 双层反射率 r_1 是利用(3.24)式给出的一个薄板的反射率公式来计算的. 为了把这个结果用于双层结构,必须做两点改动:第一,平板的电子密度必须用 A 和 B 的电子密度的差别来代替,姑且假设 $\rho_A > \rho_B$;第二,通常需要考虑从双层中不同厚度被反射的波的相位改变. 为此,我们想象高密度材料 A 占双层的比例是 Γ,其进一步分成更多薄片,每个薄片具有一个薄板的反射率,只是 ρ 要替换成 $\rho_{AB} = \rho_A - \rho_B$.

根据(3.24)式,每个双层的振幅反射率可写为

$$r_1(\zeta) = -i\frac{\lambda r_0 \rho_{AB}}{\sin\theta}\int_{-\Gamma\Lambda/2}^{+\Gamma\Lambda/2} e^{i2\pi\zeta z/\Lambda} dz = 4\pi r_0 \rho_{AB} \frac{1}{iQ}\int_{-\Gamma\Lambda/2}^{+\Gamma\Lambda/2} e^{i2\pi\zeta z/\Lambda} dz = -2ir_0\rho_{AB}\left(\frac{\Lambda^2\Gamma}{\zeta}\right)\frac{\sin(\pi\Gamma\zeta)}{\pi\Gamma\zeta} \tag{3.26}$$

为了计算双层的吸收参数 β,我们注意到入射 X 射线在双层中的路径长度是 $\Lambda/\sin\theta$,其中 Γ 的比例是经过 A,另外 $(1-\Gamma)$ 的比例是经过 B. 因为吸收系数 μ 是针对强度而非振幅,所以双层的振幅吸收是 $e^{-\beta}$,且

$$\beta = 2\left[\left(\frac{\mu_A}{2}\right)\left(\frac{\Gamma\Lambda}{\sin\theta}\right) + \frac{\mu_B}{2}\left(\frac{(1-\Gamma)\Lambda}{\sin\theta}\right)\right] = \frac{\Lambda}{\sin\theta}[\mu_A\Gamma + \mu_B(1-\Gamma)]$$

这里的因子"2"是考虑到入射和反射束的路径长度.

图 3.9(a)中给出多层膜的反射率曲线. 它也演示了(3.25)式中不同的因素是如何联合给出最终的结果. 作为具体例子,我们选择了由 10 个双层构成的多层膜,每个双层有 10 Å 的钨和 40 Å 的硅.(如在 3.10 节中将看到的这个或者类似的多层膜,往往是 X 射线光束线中有用的光学元件.)当 ζ 是整数时,(3.25)式中的分母为 0(至少如果假设 β 可忽略的话),反射率出现一些主要的峰. 这些峰对应了衍射光栅的主要衍射极大. 在主要的极大值之间,有很多副的极大值,这是由于分母的振荡所导致的. 在 X 射线应用的真实光学元件中,双层数远大于 10,因此副极大之间的距离变得很小,主极大的反射率趋于 100%.

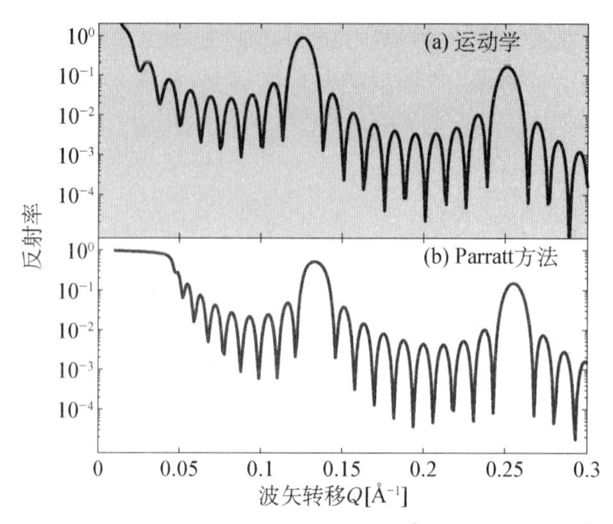

图 3.9 ★W/Si 多层膜的镜面反射：10 个双层，每个包含有 10 Å(非晶)钨和 40 Å(非晶)硅. 图(a)：运动学反射率. 图(b)：利用 Parratt 方法计算的反射率曲线. 计算参数来自表 3.1.

3.6.2 Parratt 严格迭代方法

Parratt 描述了一个方法，把单个平板的严格结果((3.23)式)推广到分层介质的情况[Parratt, 1954]. 想象介质分为 N 层，坐落在无限厚的衬底之上. 根据定义，第 N 层直接接触衬底. 这一叠中的每一层有折射率 $n_j = 1-\delta_j + \mathrm{i}\beta_j$，厚度为 Δj. 根据图 3.6，在第 j 层平板的波矢的 z 分量 $k_{z,j}$ 由总的波矢 $k_j = n_j k$ 和 x 分量 $k_{x,j}$ 来决定. 而它在所有层中都是守恒的，即对于所有 j，$k_{x,j} = k_x$. 而 $k_{z,j}$ 的值可从下式得到：

$$k_{z,j}^2 = (n_j k)^2 - k_x^2 = (1-\delta_j + \mathrm{i}\beta_j)^2 k^2 - k_x^2 \approx k_z^2 - 2\delta_j k^2 + \mathrm{i}2\beta_j k^2$$

注意到 $Q_j = 2k_j \sin\alpha_j = 2k_{z,j}$，第 j 层内的传递波矢是

$$Q_j = \sqrt{Q^2 - 8k^2\delta_j + \mathrm{i}8k^2\beta_j}$$

在没有多重反射的情况下，每个界面的反射率((3.22)式)可以根据菲涅耳关系得到

$$r'_{j,j+1} = \frac{Q_j - Q_{j+1}}{Q_j + Q_{j+1}}$$

这里撇号是用来表示不包括多次散射效应的振幅反射率.

第一步是计算从第 N 层和衬底之间界面的反射率. 因为衬底是无限厚的，就不存在多重散射，有

$$r'_{N,\infty} = \frac{Q_N - Q_\infty}{Q_N + Q_\infty}$$

第 N 层顶面的反射率用(3.23)式来算得，

$$r_{N-1,N} = \frac{r'_{N-1,N} + r'_{N,\infty} p_N^2}{1 + r'_{N-1,N} r'_{N,\infty} p_N^2}$$

这考虑了在第 N 层中的多次散射和折射，p_N^2 是相位因子 $\mathrm{e}^{\mathrm{i}\Delta_N Q_N}$，或更一般地有 $p_j^2 = \mathrm{e}^{\mathrm{i}\Delta_j Q_j}$. 这

就可给出这一叠界面中再往上一个的反射率是

$$r_{N-2,\,N-1}=\frac{r'_{N-2,\,N-1}+r_{N-1,\,N}p_{N-1}^{2}}{1+r'_{N-2,\,N-1}r_{N-1,\,N}p_{N-1}^{2}}$$

显然，这个过程可以继续迭代下去，直至在真空和第一层之间总的振幅反射率 $r_{0,1}$ 被计算出来.

使用 Parratt 方法，和上面所讨论过的一样，W/Si 多层膜的反射率可被计算出来，见图 3.9(b). 比较两条曲线可以发现，在高 Q 值的时候，运动学近似成立，所以如我们预期的两条曲线没有太大差别，但是靠近临界波矢 $Q_c\approx 0.04\ \text{Å}^{-1}$ 的时候，该近似完全失效.

3.7 有梯度界面的反射率

迄今为止，我们一直在考虑具有很锐利、平整界面的体系的反射率. 但有很多体系并不能用这种方式来描述，因此有必要推广现有的理论框架，从而能包括有梯度的、模糊的界面. 为了简单起见，我们仍旧限制在运动学区间，即 Q 远大于 Q_c. 和从多层膜的反射的例子一样，这意味着反射率的推导是先考虑一个在 z 深处薄板的贡献，然后把有梯度界面的所有贡献求和，并考虑相位的改变 e^{iQz}. 如图 3.10 所示，函数 $f(z)$ 给出了界面的密度分布，该函数被归一化，即 $z\to\infty$ 时，$f(z)\to 1$. 再者，因为密度分布代表了一个界面，它必须遵从 $z\to-\infty$ 时，$f(z)\to 0$ 的条件. 根据(3.24)式，一个在 z 深处无限薄的平板对反射率的贡献是

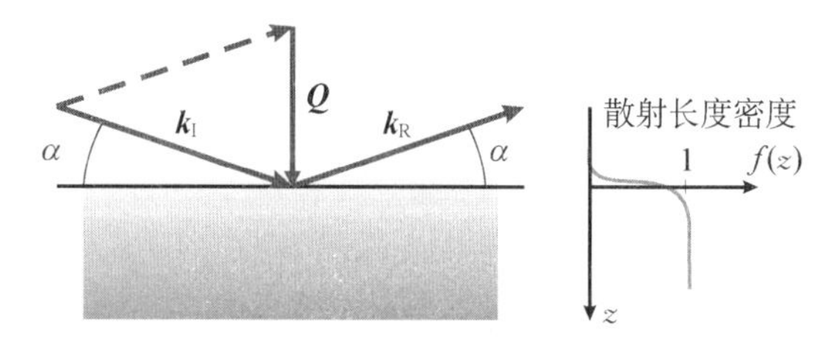

图 3.10 一个平整的界面，但是具有形状函数 $f(z)$ 给出的那种缓慢变化的密度，其到达 z 处的值已被归一化. 其导数的傅立叶变换 $\phi(Q)$，可以被看作穿过界面的密度变化形状因子.

$$\delta r(Q)=-\mathrm{i}\left(\frac{Q_c^2}{4Q}\right)f(z)\,\mathrm{d}z$$

把所有无限薄的平板叠加起来得到的振幅反射率因而是

$$r(Q)=-\mathrm{i}\left(\frac{Q_c^2}{4Q}\right)\int_{-\infty}^{\infty}f(z)\mathrm{e}^{\mathrm{i}Qz}\,\mathrm{d}z=\mathrm{i}\,\frac{1}{\mathrm{i}Q}\left(\frac{Q_c^2}{4Q}\right)\int_{-\infty}^{\infty}f'(z)\mathrm{e}^{\mathrm{i}Qz}\,\mathrm{d}z=r_F(Q)\phi(Q)\qquad(3.27)$$

这里 $r_F(Q)$ 是菲涅耳反射率，$\phi(Q)$ 定义为

$$\phi(Q)=\int_{-\infty}^{\infty}f'(z)\mathrm{e}^{\mathrm{i}Qz}\,\mathrm{d}z$$

在(3.27)式的第二个等式中，我们已经使用了部分积分，在第三个等式中我们利用了(3.22)式给出的锐利界面的菲涅耳反射率在 $q\gg 1$ 极限下的表达式. 测量到的反射率是强度反射率，也就是 $r(Q)$ 绝对值的平方. 有梯度界面的强度反射率的主公式因此是

$$\boxed{\frac{R(Q)}{R_F(Q)}=\left|\int_{-\infty}^{\infty}\left(\frac{\mathrm{d}f}{\mathrm{d}z}\right)\mathrm{e}^{\mathrm{i}Qz}\,\mathrm{d}z\right|^2}\qquad(3.28)$$

也就是说:实际反射率和理想锐利界面的反射率的比率是穿过界面的、归一化密度梯度的傅立叶变换的绝对值的平方. 在附录E中,有兴趣的读者可以复习一下傅立叶变换的定义.

该主公式特别有用,因为它允许使用界面处密度梯度的解析表达式. 一个此处常用的函数是误差函数

$$f(z) = \operatorname{erf}\left(\frac{z}{\sqrt{2}\sigma}\right)$$

这里 σ 反映了有梯度区的宽度. 误差函数的导数是高斯函数

$$\frac{\mathrm{d}f(z)}{\mathrm{d}z} = \frac{1}{\sqrt{2\pi\sigma^2}}\mathrm{e}^{-\frac{1}{2}\left(\frac{z}{\sigma}\right)^2}$$

高斯函数的傅立叶变换是另一个高斯函数, $\mathrm{e}^{-Q^2\sigma^2/2}$ (见附录E). 这个模型的强度反射率可以写成以下简洁形式:

$$\boxed{R(Q) = R_{\mathrm{F}}(Q)\mathrm{e}^{-Q^2\sigma^2}} \tag{3.29}$$

Névot 和 Croce[1980]指出(3.29)式给出的反射率违反了时间反演,因此是不正确的. 正确的解也如 Dosch[1992]讨论过的,是

$$R(Q) = R_{\mathrm{F}}(Q)\mathrm{e}^{-QQ'\sigma^2}$$

这里 $Q=k\sin\theta$ 和 $Q'=k'\sin\theta'$. 在实践中,这其中的差别一般并不要紧.

3.8 粗糙界面和表面

真实的界面极少是或者从来不可能是完美的平整或者具有均匀一致的梯度,实际上可以预期界面的高度会有些随机性,或者说界面比较粗糙. 本节要来讨论粗糙度的存在会使X射线反射率有哪些独特的特征. 为了和3.7节中采取的方式一致,粗糙界面的反射率也会在运动学近似的框架下处理,即假设散射比较弱,可以忽略多次反射. 这个方式的优点是可以通过直接比较粗糙界面的结果和一个平整界面的菲涅耳反射率的极限情况(其在高角度时以 $(Q_c/2Q_z)^4$ 的形式变化),从而来理解粗糙度的效应.

本节中的形式与之前的不同之处是,界面现在由一个统计分布来描述[Wong, 1985; Sinha 等,1988; Cowley, 1994]. 而且,界面(或者表面)的高度在粗糙界面上的不同点是关联的,具体由某种特殊的粗糙方式决定. 这些关联存在的一个重要后果是反射率不一定像锐利界面或者有梯度的平整界面的菲涅耳反射率那样是严格镜面的. 相反地,会出现一个弥散的成分,被称为非镜面反射率.

图3.11(a)演示了一束X射线从一个粗糙界面的反射. 束流的强度是 I_0,掠入射角是 θ_1,反射束在掠出射角为 θ_2 的出射口观察. 入射束照亮了体积 V(如图中深色的阴影所示),其深度由吸收系数决定. 在运动学近似下,对体积 V 中的所有体积单元 $\mathrm{d}\boldsymbol{r}$ 所散射的束进行求和,并且考虑恰当的相位因子,即可计算出束流反射的振幅. 散射振幅是

$$r_V = -r_0\int_V(\rho\mathrm{d}\boldsymbol{r})\mathrm{e}^{\mathrm{i}\boldsymbol{Q}\cdot\boldsymbol{r}} \tag{3.30}$$

这里 r_0 是单个电子的汤姆孙散射长度，$(\rho d\boldsymbol{r})$是以 $\boldsymbol{r}$ 为中心的体积元中的电子数，被积函数中的最后一项是相位因子. 利用高斯定理，体积分可以变换到一个表面积分，即

$$\int_V (\nabla \cdot \boldsymbol{C}) d\boldsymbol{r} = \int_S \boldsymbol{C} \cdot d\boldsymbol{S}$$

这里 $\boldsymbol{C}$ 是矢量场，$\boldsymbol{S}$ 指表面，$d\boldsymbol{S}$ 在(x, y)处垂直于表面，其幅度等于 $dxdy$.

可以通过以下方式，利用高斯定理来把(3.30)式转换成一个面积分：令 $\boldsymbol{C}$ 是沿着 z 轴的单位矢量$\hat{\boldsymbol{z}}$ 乘以函数 $e^{i\boldsymbol{Q}\cdot\boldsymbol{r}}/(iQ_z)$. $\boldsymbol{C}$ 的散度于是有 $\nabla \cdot \boldsymbol{C} = e^{i\boldsymbol{Q}\cdot\boldsymbol{r}}/(iQ_z) \times (iQ_z) = e^{i\boldsymbol{Q}\cdot\boldsymbol{r}}$，这是(3.30)式中的被积函数. 散射幅度可表达为以下的面积分：

$$r_S = -r_0 \int_V (\rho d\boldsymbol{r}) e^{i\boldsymbol{Q}\cdot\boldsymbol{r}} = -r_0\rho\left(\frac{1}{iQ_z}\right)\int_S e^{i\boldsymbol{Q}\cdot\boldsymbol{r}}\, \hat{\boldsymbol{z}} \cdot d\boldsymbol{S}$$

点积$\hat{\boldsymbol{z}} \cdot d\boldsymbol{S}$ 是投影到 $x-y$ 平面上的粗糙表面的面积元，$\hat{\boldsymbol{z}} \cdot d\boldsymbol{S} = dxdy$，所以有

$$r_S = -r_0\rho\left(\frac{1}{iQ_z}\right)\int_S e^{i\boldsymbol{Q}\cdot\boldsymbol{r}} dxdy$$

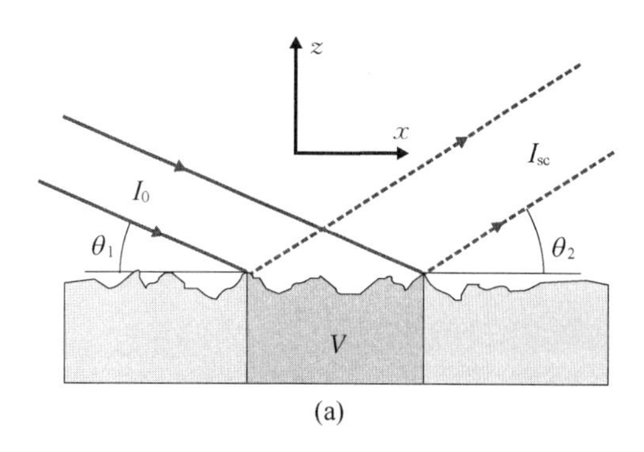

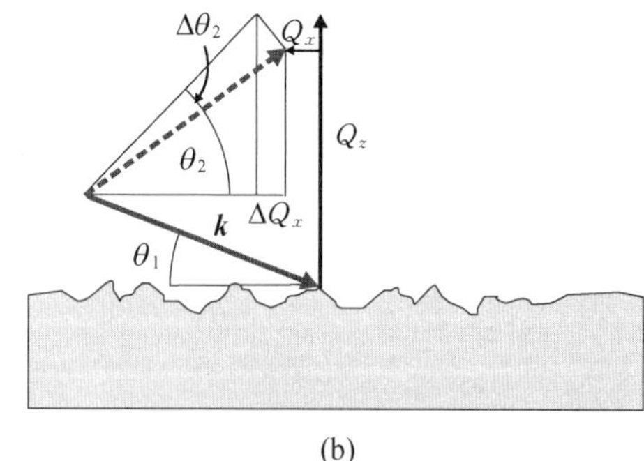

图 3.11 图(a)：粗糙表面的散射；图(b)：ΔQ_x 的定义.

应注意到粗糙表面并不是高斯定理中用到的包裹住体积 V 的整个表面. 但是 V 的下表面没有贡献，因为 V 的深度可以选得很深，以致当光束到达下表面时，吸收已经把它的强度降低到基本为零.

为了进一步推导，设粗糙表面的高度起伏为函数 $h(x, y)$，那么 $\boldsymbol{Q}$ 和 $\boldsymbol{r}$ 的标量积是$\boldsymbol{Q} \cdot \boldsymbol{r} = Q_z h(x, y) + (Q_x x + Q_y y)$，这样从表面散射的幅度就简单地写为

$$r_S = -r_0\rho\left(\frac{1}{iQ_z}\right)\int_S e^{iQ_z h(x, y)} e^{i(Q_x x + Q_y y)} dxdy$$

微分散射截面$(d\sigma/d\Omega)$是散射幅度的绝对值的平方(见附录 A)，

$$\left(\frac{d\sigma}{d\Omega}\right) = \left(\frac{r_0\rho}{Q_z}\right)^2 \int e^{iQ_z[h(x, y) - h(x', y')]} e^{iQ_x(x-x')} e^{iQ_y(y-y')} dxdx'dydy'$$

现在假设高度的变化 $h(x, y) - h(x', y')$只依赖于相对位置$(x-x', y-y')$，那么上面的四维积分就简化为两个两维积分的乘积，其中一个很简单的是 $\int dxdy = A_0/\sin\theta_1$，即被照射到的表面区域，那么我们得到

$$\left(\frac{d\sigma}{d\Omega}\right) = \left(\frac{r_0\rho}{Q_z}\right)^2 \left(\frac{A_0}{\sin\theta_1}\right)\int \langle e^{iQ_z[h(0, 0) - h(x, y)]} \rangle e^{i(Q_x x + Q_y y)} dxdy$$

尖括号代表了系综平均：对于一个给定的(x', y')，计算在所照射的区域中所有可能选择的原点下函数的平均值.（顺便提及，公式的右边具有面积的正确量纲.）现在引入另一个进一步的假设，即高度变化的统计是高斯函数，所以其截面可以写为

$$\left(\frac{d\sigma}{d\Omega}\right)=\left(\frac{r_0\rho}{Q_z}\right)^2\left(\frac{A_0}{\sin\theta_1}\right)\int e^{-Q_z^2\langle[h(0,\ 0)\ \ h(x,\ y)]^2\rangle/2}e^{i(Q_x x+Q_y y)}dxdy \tag{3.31}$$

这里使用了 Baker-Hausdorff 定理,它的证明在附录 D 中. 定义

$$g(x,\ y)=\langle[h(0,\ 0)-h(x,\ y)]^2\rangle$$

该函数描述了高度差的系综平均. 下文将计算在 $g(x,\ y)$函数取不同模型时的反射率.

3.8.1 菲涅耳反射率的极限情况

为了有助于理解,首先来对比(3.31)式和平整界面的菲涅耳反射率的运动学形式. 为此,我们对所有的$(x,\ y)$,令 $h(x,\ y)=0$,可得

$$\left(\frac{d\sigma}{d\Omega}\right)_{菲涅耳}=\left(\frac{r_0\rho}{Q_z}\right)^2\left(\frac{A_0}{\sin\theta_1}\right)\int e^{i(Q_x x+Q_y y)}dxdy \tag{3.32}$$

根据傅立叶变换的定义(见附录 E)可以看到,如果 $F(q)=2\pi\delta(q)$,那么 $f(x)=(1/2\pi)\int F(q)e^{-iqx}dq=1$,并且也因为根据定义 $F(q)=\int f(x)e^{iqx}dx=\int 1e^{iqx}dx$,上面的双重积分等于$(2\pi)^2\delta(Q_x)\delta(Q_y)$,因此有

$$\left(\frac{d\sigma}{d\Omega}\right)_{菲涅耳}=\left(\frac{2\pi r_0\rho}{Q_z}\right)^2\left(\frac{A_0}{\sin\theta_1}\right)\delta(Q_x)\delta(Q_y)$$

为了把这里推导出的截面与我们之前推导出的强度反射率的公式联系起来,我们回想起散射的强度和微分截面是通过下式联系起来的:

$$I_{sc}=\left(\frac{I_0}{A_0}\right)\left(\frac{d\sigma}{d\Omega}\right)\Delta\Omega$$

(见附录 A). 利用图 3.11(b),可以计算立体角单元 $\Delta\Omega$,该图表达了角度变量$(\theta_1,\ \theta_2)$和波矢变量$(\Delta Q_x,\ \Delta Q_y)$的关系. 此图清楚地表明,$k\Delta\theta_2\sin\theta_2=\Delta Q_x$,且由于 y 轴垂直于纸面的平面 $k\Delta\varphi=\Delta Q_y$,那么因为 $\Delta\Omega=\Delta\theta_2\Delta\varphi$,强度的表达式可写为

$$I_{sc}=\left(\frac{I_0}{A_0}\right)\left(\frac{d\sigma}{d\Omega}\right)\frac{\Delta Q_x\Delta Q_y}{k^2\sin\theta^2}$$

现在插入菲涅耳散射截面,可以看到 Q_x 和 Q_y 的 δ 函数意味着菲涅耳反射率限制在镜面反射方向,即 $\theta_1=\theta_2$. 而且我们注意到 $k^2\sin\theta_1\sin\theta_2=(Q_z/2)^2$,并从(3.21)式得到 $2\pi r_0\rho=Q_c^2/8$,这里色散修正项 f'/Z 已被忽略. 考虑到所有这些因素,强度反射率是

$$R(Q_2)=\frac{I_{sc}}{I_0}=\left(\frac{Q_c^2/8}{Q_z}\right)^2\left(\frac{1}{Q_z/2}\right)^2=\left(\frac{Q_c}{2Q_z}\right)^4$$

这就是菲涅耳反射率在运动学极限下的形式.

3.8.2 无关联的表面

现在假设不同点$(x,\ y)$处高度的变化没有任何关联:$(x',\ y')$处的高度与$(x,\ y)$处的高度无关,无论它们有多近. 对于相近的点,这显然是个不合理的假设,但是对此模型进行分析,不

管怎么说还是有启发性意义的. 就一个无关联的表面，高度差的系综平均(3.31)式就是

$$\langle[h(0,0)-h(x,y)]^2\rangle=2\langle h^2\rangle-2\langle h(0,0)\rangle\langle h(x,y)\rangle=2\langle h^2\rangle$$

这里 h 的平均值定义为和 $z=0$ 一致，那么截面具有以下形式：

$$\left(\frac{\mathrm{d}\sigma}{\mathrm{d}\Omega}\right)=\left(\frac{r_0\rho}{Q_z}\right)^2\left(\frac{A_0}{\sin\theta_1}\right)\mathrm{e}^{-Q_z^2\sigma^2}\int\mathrm{e}^{\mathrm{i}(Q_x x+Q_y y)}\,\mathrm{d}x\mathrm{d}y \tag{3.33}$$

这根据(3.32)式可以重新表达为

$$\boxed{\left(\frac{\mathrm{d}\sigma}{\mathrm{d}\Omega}\right)=\left(\frac{\mathrm{d}\sigma}{\mathrm{d}\Omega}\right)_{\text{菲涅耳}}\mathrm{e}^{-Q_z^2\sigma^2}} \tag{3.34}$$

这里 $\sigma=\sqrt{\langle h^2\rangle}$ 是均方根粗糙度. 因此可以推断出以下几点：

(1) 粗糙度造成的高度的涨落会减小菲涅耳反射率. (3.34)式给出了这种减小程度对于 $\boldsymbol{Q}$ 的依赖性，很像我们将在第 5 章中要讨论的和热振动相关的德拜-沃勒(Debye-Waller)因子.

(2) 由于高度的起伏是不关联的，散射仍然限制在镜面反射方向，就像对完美的锐利界面的散射一样.

(3) 这个结果和针对有梯度的、平整的表面所得到的(3.29)式一样. 这表明不同的模型能给出相同的反射率曲线，或者说反射率实验不能唯一地确定界面的真正性质.

3.8.3 关联表面

我们的出发点仍然是(3.31)式. 和 3.8.2 节不同的是现在高度的起伏之间是有关联的. 并且进一步假设关联在表面(或界面)的平面内是各向同性的，即 $g(x,y)$ 只依赖于 $r=|\boldsymbol{r}|=\sqrt{x^2+y^2}$. 对关联的表面而言，根据 $g(x,y)$ 在 $r\to\infty$ 的极限下的行为，就有可能区分两种情况.

要考虑的第一种情况是当 $g(x,y)$ 采取以下的形式时，

$$g(x,y)=\langle[h(0,0)-h(x,y)]^2\rangle=\mathcal{A}r^{2h}$$

此时高度的起伏在 $r\to\infty$ 时可不受限制地发展. 这种形式的粗糙度可由分形的表面来展示，指数 h 决定了表面的形貌：如果 $h\ll1$，表面非常参差不齐；而当 $h\to1$ 时，它变得更光滑. 为了计算这种情况下的反射率，我们令(3.31)式中的 $y=0$ 来简化数学. 如果 Q_y 方向的分辨率很宽，这就是合理的，因为强度正比于积分，

$$\int_{-\infty}^{\infty}\mathrm{e}^{\mathrm{i}Q_y y}\,\mathrm{d}Q_y\propto\delta(y)$$

问题就简化成计算一个一维的积分，而且因为 $g(x,y)$ 取决于 $|x|$，是个对称的函数，所以(3.31)式就成了

$$\left(\frac{\mathrm{d}\sigma}{\mathrm{d}\Omega}\right)=\left(\frac{r_0\rho}{Q_z}\right)^2\left(\frac{A_0}{\sin\theta_1}\right)\int_0^{\infty}\mathrm{e}^{-\mathcal{A}Q_z^2|x|^{2h}/2}\cos(Q_x x)\,\mathrm{d}x$$

一般来说，该积分值需要用数值计算来得到，除非 $h=1/2$ 或者 $h=1$，此时它可由附录 E 中的给出的结果来解析地获得：

$$h=\frac{1}{2}\quad\Rightarrow\quad\left(\frac{\mathrm{d}\sigma}{\mathrm{d}\Omega}\right)=\left(\frac{A_0r_0^2\rho^2}{2\sin\theta_1}\right)\frac{\mathcal{A}}{(Q_x^2+(\mathcal{A}/2)^2Q_z^4)} \tag{3.35}$$

$$h = 1 \quad \Rightarrow \quad \left(\frac{\mathrm{d}\sigma}{\mathrm{d}\Omega}\right) = \left(\frac{2\sqrt{\pi}A_0 r_0^2 \rho^2}{\sin\theta_1}\right)\frac{1}{Q_z^4}\mathrm{e}^{-\frac{1}{2}\left(\frac{Q_x^2}{\mathcal{A}Q_z^2}\right)} \tag{3.36}$$

第一个是具有洛伦兹线型的 Q_x 函数，其半高宽有 $\mathcal{A}Q_z^2/2$，而第二个具有高斯线型，其方差是 $\mathcal{A}Q_z^2$. 很清楚能够看到，当表面高度的关联是没有限制的时候，其反射是完全的漫反射，即缺少一个 x（或 y）的狄拉克 δ 函数的组分. 这和早先考虑的平的或者无关联的表面不同，那些情形具有纯粹镜面反射的反射率. 为了演示它，我们在图 3.12 中给出由(3.35)式计算得到的反射率. 在不同的给定 Q_z 下扫描 Q_x，显示出一个洛伦兹线型，而且宽度正比于 Q_z^2.

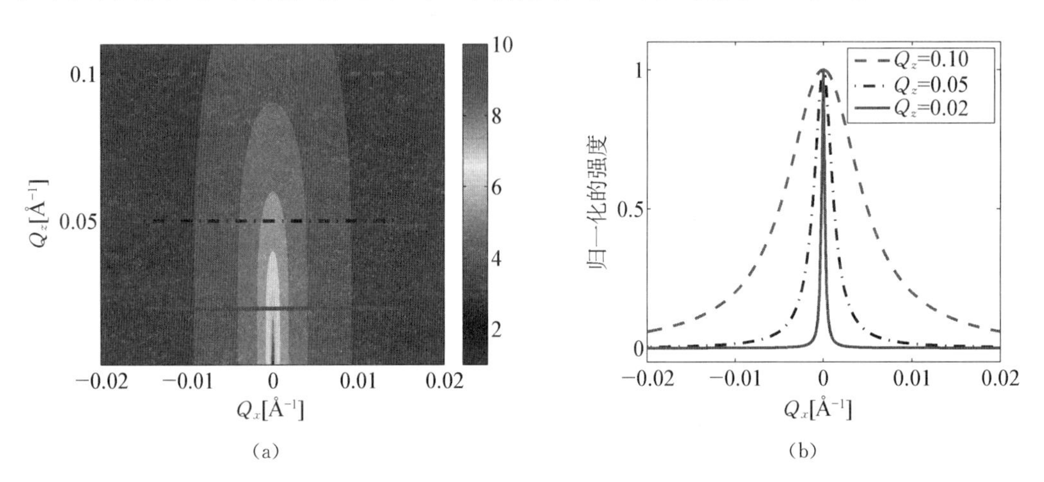

图 3.12 图(a)：粗糙表面的漫散射，其粗糙度由 $g(x, y) = \mathcal{A}r^{2h}$，$h = 1/2$ 来描述(见(3.35)式). 坐标系设为 Q_z 垂直于表面，而 Q_x 处在表面上. 强度由对数坐标表示. 图(b)：在不同 Q_z 值时扫描 Q_x 得到的强度，其扫描径迹一一对应地标在图(a)中. 为了表达清楚，强度都被归一化. 线型是洛伦兹式的，其宽度随着 Q_z 的增加而增大.（本图可参见彩图 2.）

第二种情况是在 $r \to \infty$ 时，高度的起伏仍然是有限的. 为了研究此种情况，可以选择

$$\begin{aligned} g(x, y) &= \langle [h(0, 0) - h(x, y)]^2 \rangle = 2\langle h^2 \rangle - 2\langle h(0, 0)h(x, y) \rangle \\ &= 2\sigma^2 - 2C(x, y) \end{aligned} \tag{3.37}$$

此处 $C(x, y) = \langle h(0, 0)h(x, y) \rangle$，就是所谓的高度-高度关联函数. 举例来说，如果 $C(x, y) = \sigma^2 \mathrm{e}^{-(r/\xi)^{2h}}$，那么可以看出当 $r \ll \xi$ 时，有 $g(x, y) \propto r^{2h}$，而当 $r \to \infty$ 时，就有 $g(x, y) \to 2\sigma^2$. 由(3.31)式和(3.37)式，截面变成

$$\left(\frac{\mathrm{d}\sigma}{\mathrm{d}\Omega}\right) = \left(\frac{r_0\rho}{Q_z}\right)^2 \left(\frac{A_0}{\sin\theta_1}\right) \mathrm{e}^{-Q_z^2\sigma^2} \int \mathrm{e}^{Q_z^2 C(x, y)} \mathrm{e}^{\mathrm{i}(Q_x x + Q_y y)} \mathrm{d}x\mathrm{d}y$$

通过把上式重新写成以下形式：

$$\left(\frac{r_0\rho}{Q_z}\right)^2 \left(\frac{A_0}{\sin\theta_1}\right) \mathrm{e}^{-Q_z^2\sigma^2} \int [\mathrm{e}^{Q_z^2 C(x, y)} - 1 + 1] \mathrm{e}^{\mathrm{i}(Q_x x + Q_y y)} \mathrm{d}x\mathrm{d}y$$

就可能把它分离为镜面反射和漫反射(或偏离镜面)两部分，因为在方括号中的最后一项显然是(3.33)式给出的从一个无关联的表面的镜面反射，那么总的截面就成为

$$\boxed{\left(\frac{\mathrm{d}\sigma}{\mathrm{d}\Omega}\right) = \left(\frac{\mathrm{d}\sigma}{\mathrm{d}\Omega}\right)_{\text{菲涅耳}} \mathrm{e}^{-Q_z^2\sigma^2} + \left(\frac{\mathrm{d}\sigma}{\mathrm{d}\Omega}\right)_{\text{漫反射}}} \tag{3.38}$$

这里的漫反射部分是

$$\left(\frac{\mathrm{d}\sigma}{\mathrm{d}\Omega}\right)_{\text{漫反射}} = \left(\frac{r_0\rho}{Q_z}\right)^2\left(\frac{A_0}{\sin\theta_1}\right)\mathrm{e}^{-Q_z^2\sigma^2}F_{\text{漫反射}}(\boldsymbol{Q})$$

其中

$$F_{\text{漫反射}}(\boldsymbol{Q}) \equiv \int\left[\mathrm{e}^{Q_z^2C(x,\ y)}-1\right]\mathrm{e}^{\mathrm{i}(Q_xx+Q_yy)}\,\mathrm{d}x\mathrm{d}y$$

因此,从一个高度起伏是有限的表面的散射具有两个部分. 作为 Q_x(或者 Q_y)的函数,散射具有一个尖锐的镜面反射的部分,叠加在一个漫反射的背景之上. 在实验中,这两部分之比依赖于仪器的分辨率,这已超出了这本介绍性图书的范围. 但是我们可以清楚地感受到,X 射线反射率是粗糙表面关联性的一个有用的测量手段.

3.9 反射率研究举例

本节给出两个反射率研究的实例. 第一个例子考虑了一个朗缪尔膜(Langmuir layer)的镜面反射率. 虽然这是一个复杂有机分子形成的不均匀结构,事实表明 X 射线反射率是表征这种膜总体形态的极佳工具. 第二个例子是液晶的反射率. 通过同时研究镜面的和偏离镜面的反射率,我们将知道怎样去理解这些体系中相变的临界涨落的细节特征.

3.9.1 朗缪尔膜

X 射线反射率可以用于研究衬底上一层或者多层原子(分子)形成的不均匀结构. 一个例子是所谓的朗缪尔膜. 这些膜是由不可溶的双亲性分子构成,其一端是亲水化学基团,另一端是疏水化学基团. 这些分子可溶于某些挥发性的溶剂中(如氯仿). 把一滴这样的溶液滴于水面,就可以分布在水面之上. 溶剂很快就挥发,如果其浓度合适,就可以在水面上得到一个单层的双亲性分子膜,即朗缪尔膜.

图 3.13 给出了一个例子. 疏水的部分是一个碳氢链 $(CH_2)_nCH_3$,由一个甲基终止,而亲水部分是羧基 COOH. 当膜下面的液体的 pH 值通过加入 NH_3 或 Na(OH)而增加时,羧酸就带电成为 COO^-. 如果下面的碱溶液里面还包含来自盐的正负离子,比如这里是 $CdCl_2$,正离子就会被吸引到带负电的 COO^- 头基团上.

我们现在来讨论图 3.13(b)中给出的分析反射率的模型. 作为近似的第一步,图 3.13(a)所示的分子中的电子密度可以模型化为一系列的盒子:上面是尾端疏水的盒子,长度为 ℓ_t,密度为 ρ_t;然后是头基团,用一个长度为 ℓ_h 的短一点的盒子来表示,但是密度 ρ_h 要高;最后是一个半无限大的盒子,对应于密度为 ρ_w 的水. 从不同界面反射的波有不同的位相. 选择代表头基团的盒子的中间为原点,尾端盒子的上界面给出的位相是 $\phi_1=Q(\ell_t+\ell_h/2)$,头基团盒子的上界面的相位是 $\phi_2=Q\ell_h/2$,而其下界面的相位是 $-\phi_2$. 利用(3.28)式给出的主要公式,我们可以很容易地考虑不同盒子之间不是完美锋锐界面的情况,只要假设不同盒子之间密度的改变,可以充分地被描述为一个误差函数的形式(见(3.29)式). 密度和其微分被简略地画在图 3.13(c). 密度梯度的傅立叶变换就呈现出一个简单的形式:

$$\phi(Q) = \int\frac{\rho'(z)}{\rho_w}\mathrm{e}^{\mathrm{i}Q_z}\,\mathrm{d}z = \mathrm{e}^{-Q^2\sigma^2/2}\,\frac{\left[\rho_t\mathrm{e}^{-\mathrm{i}\phi_1}+(\rho_h-\rho_t)\mathrm{e}^{-\mathrm{i}\phi_2}-(\rho_h-\rho_w)\mathrm{e}^{\mathrm{i}\phi_2}\right]}{\rho_w}$$

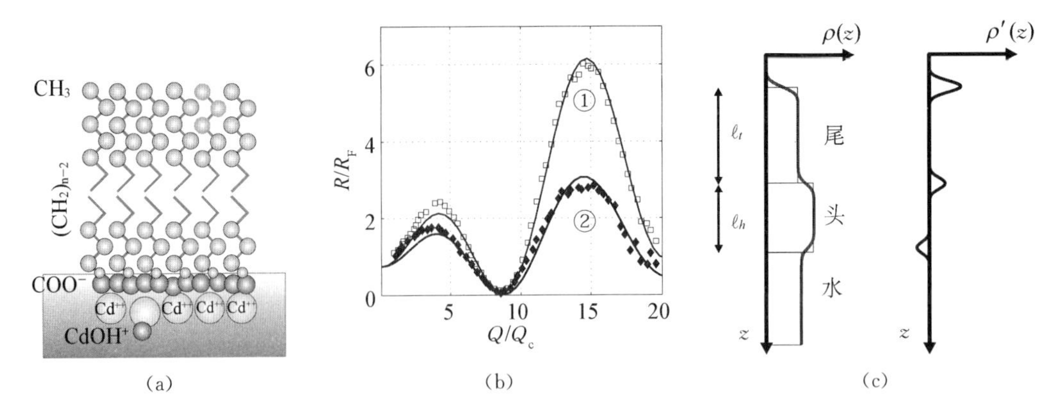

图 3.13 ★图(a):廿烷酸($n=20$)在 $CdCl_2$ 盐溶液上形成的朗缪尔膜. 图(b):测得的反射率数据,已归一化到菲涅耳反射率,并以 Q/Q_c 为横坐标,这里 $Q_c=0.0217$ Å^{-1} 是水的阈值波矢. 曲线①和②分别对应于用 NH_3 和 Na(OH)调节 pH 值的情况[Leveiller 等,1994]. 巨大的差异显示在第一种情况下单价的 $Cd(OH)^+$ 离子和单价的 COO^- 的头基团以近似 1∶1 的比例结合,而在第二种情况,二价的 Cd^{++} 离子与其结合的比例大约是 1∶2. 图(c):穿过水上的一个朗缪尔膜的界面的密度变化的"两盒"模型. 每个界面被以一个共同的参数 σ 来模糊化. 通过拟合数据得到的参数如下:①$\rho_h/\rho_w=2.28$, $\rho_t/\rho_w=1.08$, $\ell_h=6.2$ Å, $\ell_t=22.0$ Å, $\sigma=1.36$ Å; ②$\rho_h/\rho_w=3.35$, $\rho_t/\rho_w=1.01$, $\ell_h=2.7$ Å, $\ell_t=23.4$ Å, $\sigma=2.74$ Å. 在两种情况下单层的覆盖度都是 75%.(本图可参见彩图 3.)

对这个两盒模型,可以通过数据拟合得到 5 个参数;每个盒子两个(长度和密度),加上一个共同的模糊度参量. 然而,还可以根据分子化学的知识限制这个模型. 比如,如果水中没有相反的离子,那么尾部和头部基团中的总电子数根据化学式 $CH_3—(CH_2)_{18}—COO^-$ 是可以推得的. 数据的 $|\phi(Q)|^2 \equiv R(Q)/R_F(Q)$ 最小方差拟合是反射率图中的实线,拟合所得到的参数值在图注中.

当 pH 值改变时,反射率曲线的巨大变化是很明显的. 图 3.13(a)对应于加入 NH_3 来改变 pH 值,这导致单价的 $Cd(OH)^+$ 离子,其以 1∶1 的比例被吸引到 COO^- 头基团;图 3.13(b)这里的碱是 Na(OH),此时二价的 Cd^{++} 离子以 1∶2 的比例被吸引.

3.9.2 液晶的自由表面

液晶是由长的分子构成的,其典型的长度/直径的比值是 5∶1. 在图 3.14(a)和(b),我们展示了一个液晶分子的例子,为了简单起见标记为 nCB,是由两头是芳香环的碳氢链 C_nH_{2n+1} 构成的. 两个这样的分子头对头配对,就可作为一个棍状的基本构件,在不同温度下形成的一些不同结构. 需要区分这一基本构件的位置序和取向序. 在各向同性相(isotropic phase, I),分子的位置和取向都是无序的,而在向列相(nematic phase, N),位置是无序的,但是所有分子有一个平均取向. 对于层列 A 相(smectic-A phase, SmA),分子不但保持了共同的取向,而且分子在垂直于其长轴方向以层间有明确重复距离的层状形式来有序排列,但是此时在同一层中位置是无序的. 层列 A 相从结构的角度是一个特别有意思的研究对象,因为它沿着一个方向像是个固态晶体,但是在垂直于此方向的面内它像液体. 在这些相之间,可能发生不同的相变序列. 随着降温,可以观察到 I→SmA 或者 I→N→SmA 的相变. 这里的 I→N 相变是一阶相变,但是 N→SmA 相变可以是不连续的,也可以是连续的. 对于后者,随着趋近 N→SmA 的转变温度,在 N 的基质中的短程有序 SmA 区域的临界涨落越来越扩展.

我们在图 3.14(c)展示了 12CB 各向同性相在不同温度下的状态. 这个材料没有向列相,就直接通过一阶相变从 I 相进入 SmA 相. 反射率数据表明当逐步降低温度到相变点时,一些

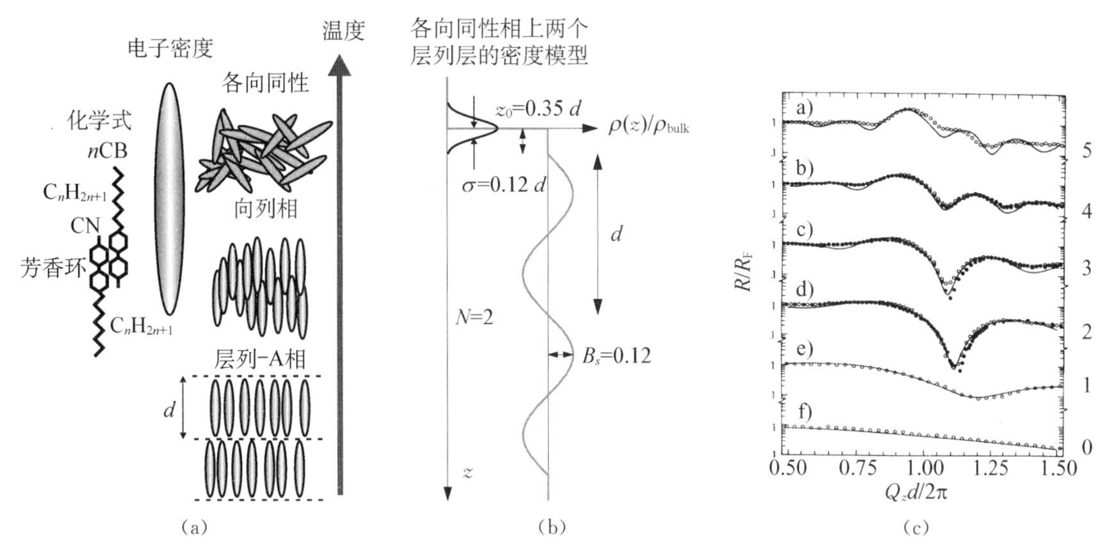

图 3.14 液晶由长的棍状的分子构成(图(a)). 不同的相由位置序和取向序来表征. 在各向同性相,两者均是无序的. 在向列相,原子的位置仍然是随机的,但是它们均有一个共同的平均取向,即所谓的指向场(director field). 在层列 A 相,分子沿着指向场的位置是以层的形式有序排列,并且其重复距离为 d. 但在每一层内分子的位置是随机的:它在某个方向上像是晶体,但是在两个与之垂直方向上像液体. 图(b)给出了在各向同性相之上的两层层列相的密度模型. 这个模型用来解释 12CB 分子的反射率数据(图(c)),随着降温,此系统从各向同性相直接进入层列 A 相[Ocko 等,1986]. 随着靠近相变温度,一些明确数量的层在表面形成. 在图(c)中,f)对应于零层,e)对应于一层,以此类推.

不连续的层逐步出现:最下面的曲线对应于没有层状化的情形,往上一条曲线对应于出现一层,再往上一条是两层,以此类推. 对两层的密度模拟如图 3.14(b)所示. 层列 A 相的分层行为就是对密度的调制,可以用一个正弦波来模拟,在此例中有两个振荡周期,每一个的长度是 d. 数据拟合中用到的可调参数是幅度 B_s(最佳值是体密度的 0.12 倍),正弦波相位相对于表面的位移(最佳值是 0.35d)和表面的模糊化参数(最佳方均根值是 0.12d). 事实上,所有这些参数除了层数 N(即正弦波形式的密度的周期数),对于图中所有实线是一样的.

要在 I 相和 SmA 相之间获得向列相,只需要把 nCB 分子的脂肪族的尾巴弄短,比如从n=12 到 n=8. 此时表面层状化就很不一样,相应地图 3.15 中的散射和反射率数据也大相径庭.

我们现在考虑图 3.15(d)所示的模型体系的散射,该模型可用来解释图 3.15(a)和(b)中的数据. 由于表面层状化具有明确的晶格间距 d,所以通常当 $Q_z=2\pi/d$ 时,它必须给出反射率曲线的一个峰. 如果层状结构在侧向延伸到很远处,这就意味着相应的散射在倒空间必须是非常局域的,即所示的表面层状化必须在镜面反射方向表现出来,有被调制的行为且在 $Q_0=2\pi/d$ 处有一个峰(如图 3.15(a)中的空心圆所示). 如果沿着在相同方向但稍微偏离镜面反射的线进行扫描,得到的反射强度就很不一样(见图 3.15(a)中的实心方块). 虽然峰是对称的,并且和镜面反射峰有着相同的宽度,但强度在这儿要小得多. 最后,固定 $Q_z=2\pi/d$,沿着侧向的扫描(见图 3.15(b))表现为一个非常窄的峰,对应于已经讨论过的表面层状化. 而窄峰叠加在一个要宽得多的峰之上,这反映了体内向列相基质中出现的 SmA 簇团. 这里的情况很不寻常,可以清晰地分开体的散射和靠近表面的散射. Q_x- 扫描的中心峰的宽度受限于分辨率,表明层状化在宏观的尺度上已经很完美地形成了. 而表面的 Q_z- 扫描的宽度和体的 Q_z- 扫描的相符这一事实,告诉我们表面层状化的渗透深度和临界涨落的范围一样,这是向列相另一个非同寻常的特点,且在所有温度都可以观察到. 读者可以参看原始论文来了解一下其原因.

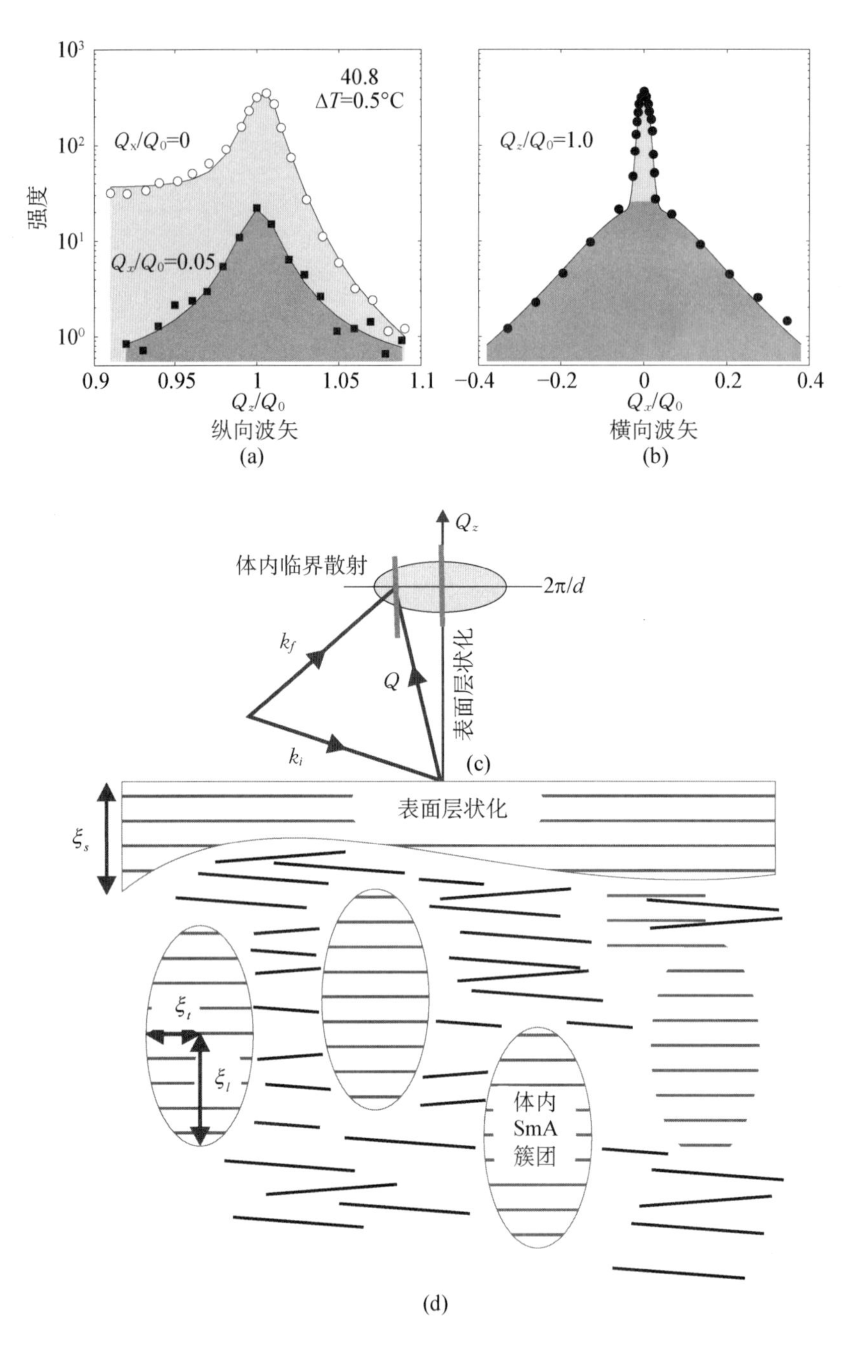

图 3.15　图(a)和(b):在自由表面几何结构下,8CB 液晶的 N→SmA 二阶相变附近的强度和转移波矢的关系. 图(a)是如散射示意图(c)中两条绿线所示的纵向扫描,而图(b)是由蓝线示意的横向扫描. Q_0 是 $2\pi/d$,而 d 是各晶面的间距[Pershan 等,1987]. 图(c):倒空间. 从体内的 SmA 簇团的临界散射由椭圆形的阴影表示. 从层状化表面的散射局限在 Q_z 轴上,峰的位置是在 $Q_z=Q_0$. 图(d):用来解释数据的表面层状化的模型示意. 水平线表示 SmA 相中分子构成的层. 两个 Q_z 扫描表明表面(层状化的)渗透深度 ξ_s 等于液晶体内临界涨落的纵向关联长度 ξ_l.(本图可参见彩图 4.)

3.10 X 射线光学

3.10.1 X 光折射光学

对于通常的光学来说，用透镜来控制可见光束是极为重要的. 用玻璃或者塑料制造出来的光学透镜工作得如此之好，是因为它们的折射率比 1 大许多，这使得光的传播在通过空气-透镜界面时会明显地改变方向. 而透镜是透明的，光束在穿过它们时几乎没有任何损失. 如我们已经看到的，X 射线也会在通过界面时发生折射，但和可见光有两个基本的区别：折射率和 1 的差别极小，是 10^{-5} 的量级；折射率小于 1，而不是像可见光那样大于 1. 后者意味着 X 射线会聚透镜的形状必须像普通光学中的发散透镜那样，正如图 3.16(a)和(b)所示.

X 射线区的折射率接近 1 的一个后果是单个透镜的焦距的量级就有 100 m，这对于几乎所有的应用来说都是不切实际的长. 然而，使用一系列的单个透镜，透镜组的整体焦距可按透镜数目成比例地下降[Snigirev 等，1996]，如图 3.16(c)所示，使得它大致达到约几十米，而一个 X 射线同步辐射光源的典型光束线是可以提供这个长度的.

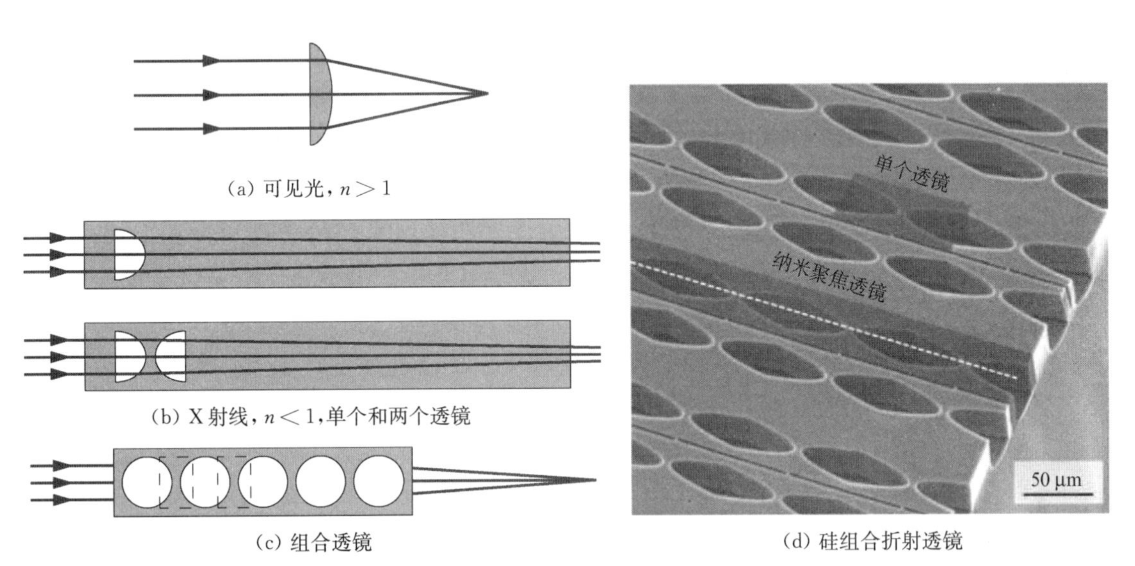

图 3.16 可见光(a)和 X 射线((b)和(c))的会聚透镜的比较. 阴影区表示材料，白色区表示空腔. 图(c)中的虚线代表如图(b)中下方所示的双透镜. 会聚 X 射线透镜的形状和可见光的发散透镜很像. 图(d)由硅制备而来的一排 X 射线透镜的图像. 在此例中，透镜是抛物线型的，作为理想椭圆的近似，它比圆要更好.（图像承蒙 Bruno Lengeler 提供.）

在成像的应用中(见第 9 章)，一个重要的品质因子是垂直于光轴的空间分辨 Δx. 对于一个直径是 D 的完美透镜，能分辨的最小对象通常采用瑞利判据给出：

$$\Delta x = 1.22\left(\frac{\lambda f}{D}\right) \tag{3.39}$$

因此对于给定波长，空间分辨率可以通过缩减焦距和/或增大透镜孔径来提高.

下面我们将推导为了获得聚焦所需的空气-透镜界面的理想形状，以及焦距和空间分辨率的公式.

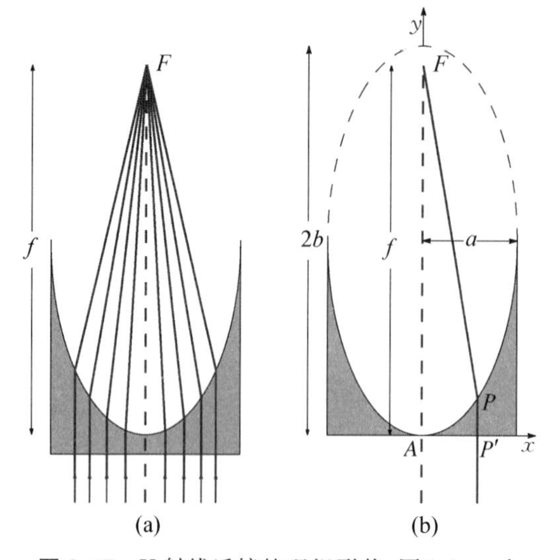

图3.17　X射线透镜的理想形状. 图(a)：一个平面波X射线束(用平行射线代表)正入射到一个固体材料(灰色区域). 根据离光轴(虚线)的远近,X射线在弯曲的界面折射之前穿过材料的厚度不同. 如果弯曲的界面是椭圆形的,那么所有的出射束线将被聚焦到 F 点. 图(b)：用来说明X射线透镜的理想界面是椭圆的图解,这里 a 和 b 分别是椭圆的半短轴和半长轴.

1. X射线透镜的理想形状

图3.17(a)展示了通过透镜聚焦入射的X光束. 假设入射束是平面波,因此可以用一系列平行线表示. X光束从下方平的界面垂直进入材料、穿过透镜,通过一个弯曲的界面折射出材料,从而所有入射光线聚焦到 F 点. 我们的目标是推导这个弯曲的界面形状的表达式. 为此最直接的方法是借助费马原理[Evans-Lutterodt等,2003]. 在目前的情况下,我们认为这意味着图3.17(a)中所有光线的光学路径长度(折射率和几何路径长度之积)是相同的,因为任何光线通过相同的最短时间到达焦点. 举例来说,中心处沿着光轴的光线,如图中的虚线所示,具有最短的几何路径,并且穿过材料的路径也最短. 其他光线有着更长的几何路径,但是它们和中心光线具有相同的光学路径,因为它们在 $n<1$ 的材料中穿过了更长的距离.

现在考虑图3.17(b),这里我们仅画了两条光线：一条在光轴上,在 A 处进入透镜,另一条在偏离光轴距离 x 处,在 P' 处进入透镜. 后者沿着几何距离 $y(x)$,平行于光轴穿过材料,因此具有光学路径长度 $P'P = ny = (1-\delta)y$. 根据费马原理,要求 $AF = P'P + PF$. 替代进去 $AF = f$ 和 $(PF)^2 = x^2 + (f-y)^2$,得到

$$x^2 + (2\delta - \delta^2)y^2 - 2f\delta y = 0 \tag{3.40}$$

这其实就是椭圆的方程

$$\frac{x^2}{a^2} + \frac{(y-b)^2}{b^2} = 1$$

因为它可以重新写为

$$x^2 + (a/b)^2 y^2 - 2(a^2/b)y = 0 \tag{3.41}$$

其中 a 和 b 是半轴. 通过比较(3.40)式和(3.41)式,我们得到椭圆半轴的表达式如下：

$$b = \frac{f}{2-\delta} \approx \frac{f}{2}$$

和

$$a = f\sqrt{\frac{\delta}{2-\delta}} \approx f\sqrt{\frac{\delta}{2}}$$

这就证明了会聚X射线的理想形状是椭圆,且其半轴由上述公式决定. 从(3.39)式和上面 a 和 b 的表达式,椭圆透镜的空间分辨率是

$$\Delta x = 1.22\left(\frac{\lambda f}{2a}\right) = 1.22\left(\frac{\lambda}{\sqrt{2\delta}}\right)$$

这仅依赖于X射线的波长和透镜材料的选择.

考虑图3.17(b)中A点附近的理想椭圆形状的近似往往是很有用的. 例如可以用圆$x^2+(y-R)^2=R^2$来近似. 通过和(3.41)式来比较,得到圆的半径

$$R = (a^2/b) = f\delta \tag{3.42}$$

作为另一种选择,也可以用抛物线来近似:

$$y = \frac{x^2}{2R} = \frac{x^2}{2f\delta}$$

2. 组合折射透镜

(3.42)式意味着要减小单个透镜的焦距就必须付出限制其孔径的代价,因此也就限制了它作为光学系统中聚焦元件的效率. 图3.16(c)中给出的组合折射透镜可以克服这个缺点,因为此时焦距的减小正比于透镜的数目. 在其最简单的形式,组合折射透镜可在实心的材料中打N个洞来简易地制得,这就创建了$2N$个透镜,其焦距是

$$\boxed{f_{2N} = \frac{R}{2N\delta}} \tag{3.43}$$

下面通过一个数值例子来演示,考虑在2 mm直径的铍($Z=4$)中打了一列30个洞制成的一排透镜,其中各洞中心之间相距2.1 mm. 对于10 keV光子能量,$\delta=3.41\times10^{-6}$,焦距是$f_N=4.9$ m. 虽然这看起来还有点长,其实它和一个典型的同步辐射光束线的长度匹配得很好,图3.16中展示的这种形式的透镜阵列已被成功地用于聚焦X射线[Snigirev等,1996]. 这种透镜的一个潜在的问题是吸收. 对于铍,10 keV处的吸收系数$\mu=1/(9\,589\ \mu\text{m})$,透光率是$\exp(-31\times0.1\times10^{-3}/9\,589\times10^{-6})$,即大约72%,对于大部分应用来说已经足够了. 对于束宽$R/2=0.5$ mm的入射波,透光率是65%. 把透镜的数目增加4倍,比如由此来缩短焦距以及得到更好的空间分辨率,将会大大减小透光率.

图3.16(d)给出了一排用硅制备的组合折射透镜的照片. 透镜被设计成抛物线的轮廓,而不是抛物面的形状,因此产生了一条聚焦线. 如果将一对透镜交叉放置,就可以获得两维的聚焦. 就这里展示的透镜来说,空间分辨可达$115\times160\ \text{nm}^2$ [Lengeler等,2005].

3. 相息图透镜和菲涅耳波带片

关于图3.17(a)中不同X射线所经过路径的一个重要性质,是透镜性能的变化对各条射线的光学路径相差整数倍波长时不敏感. 这里我们定义Λ是X射线在材料中传播时,比在真空中传播时少走一个波长的情况下走过的距离. 因此Λ由以下条件决定:

$$\Lambda = (N+1)\lambda_0 = N\lambda = N(1+\delta)\lambda_0$$

也就是

$$\Lambda = \frac{\lambda}{\delta}$$

对于硬X射线,δ是$10^{-5}\sim10^{-6}$的量级,所以Λ大约是$10\sim100\ \mu\text{m}$左右. 因此在透镜的某些

合适的区域,移除 Λ 那么厚的材料不会对它的功能造成不利的影响,但是却有降低 X 射线吸收的有利效果. 这就是所谓相息图透镜(kinoform lens)设计背后的基本想法,其草图如图 3.18(a)所示. 水平线代表穿过 $x=0$ 的中心射线和其他在材料内部的射线是同相位时的深度. 利用电子束刻蚀技术,制造硬 X 射线波段的相息图透镜的可行性已经被证明[Evans-Lutterodt 等,2003]. 图 3.18(c)给出了一个实例.

在可见光波段生产更紧凑的透镜,如图 3.18(b)所示,显然可以直接移除所有造成 2π 相移的区域. 这种结构就叫做相息图菲涅耳波带片(Fresnel zone plate, FZP). 但是生产结构与图 3.18(b)中的相息图一样,用于 X 射线的 FZP 超出了目前微加工技术的能力. 人们转而采取一种二元近似方法来实现 X 波段的应用.

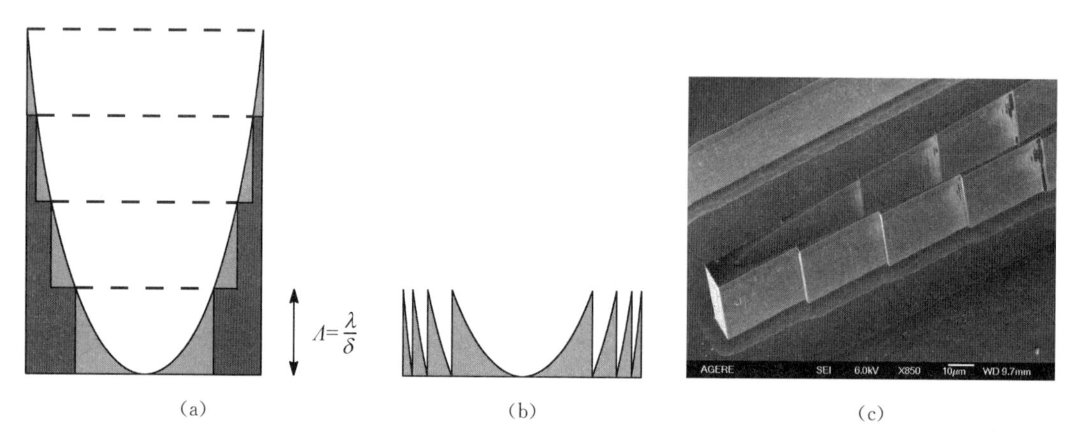

图 3.18 图(a):一个相息图透镜的制备是通过去除椭圆透镜上那些改变材料中波的相位的区域,相对于真空中传播的波来削薄波长的整数倍的厚度. 这些区域平行于光轴的长度是 $\Lambda=\lambda/\delta$ 的整数倍. 图(b):一个相息图菲涅耳波带片. 图(c):一个相息图透镜的电子扫描显微镜的照片,该透镜由硅制备而来,设计 X 射线工作波长是 1 Å. (图片承蒙 Kenneth Evans-Lutterodt 提供.)

在第 9 章有关成像的讨论中,我们继续深入讨论 X 射线透镜的性质与应用,包括二元 FZP.

3.10.2 曲面镜

X 射线反射的一个重要应用是 X 射线镜. 镜子的表面经常镀上重金属(如金或铂)来获得比较大的电子密度. 这就产生了一个相比而言较大的全反射临界角,从而降低镜子的长度. 这些镜子可以用于过滤利用单晶布拉格散射单色化了的光束中的高次谐波污染. 这从图 3.5 显而易见:当掠入射角 $\alpha\leqslant\alpha_c$,对于光束的基波波矢 $\boldsymbol{k}$,可以得到接近 100%的反射率,但第 ν 阶传递波矢是 $\nu(2k\sin\alpha)$,所以大于 Q_c 大约 ν 倍,反射率就降了大约 $(2\nu)^4$ 倍. 除了作为低通滤波器,镜子也可以是弯曲的,这样就可得到 X 射线的汇聚光学元件.

对于理想的镜子,所有从某个点出来的射线将被镜子反射并会聚到另一个点. 我们区分两种情况:在切向聚焦(也叫子午线聚焦)中,所有射线都在一个相同的面内,该面由入射和反射的射线确定;而在径向聚焦中,考虑具有垂直于此平面的成分的射线的会聚.

让我们首先考虑切向聚焦,这是一个比较简单的情况,因为只要考虑平面内的几何. 理想的反射镜曲率是椭圆. 椭圆可以被当作圆的投影,而投影的角度 u 决定了短轴 b 和长轴 a 的比例:

$$\frac{b}{a}=\cos u$$

从圆心发出的射线会被反射回它自己. 在椭圆中，圆心分裂成 F_1 和 F_2 两个焦点. 从一个焦点发出的任意方向的射线将被反射到另一个焦点①.

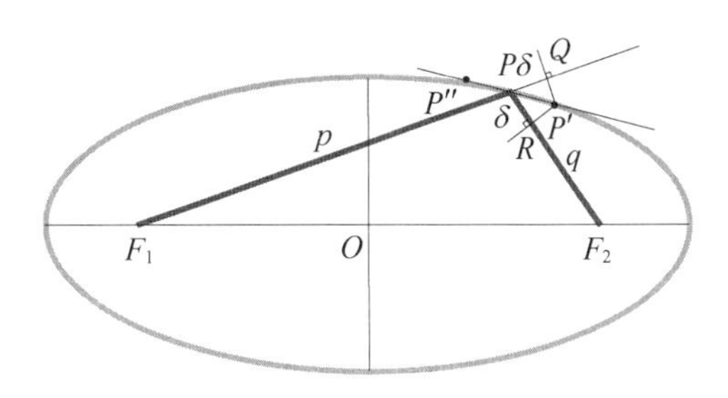

图 3.19 椭圆上一个点的切线把从两个焦点到此点的射线的夹角二等分的基本证明. $\angle RPP'=\angle QPP'$，因此从 F_1 发出的射线将被会聚到 F_2.

为了简单起见，下面我们限制 P 点是 F_1 和 F_2 之间对称的中心点，提供 1∶1 聚焦. 如图3.20所示，到两个焦点距离之和是个常数，等于长轴直径 $2a$，由于 $F_1A+F_2A=2a$，因此 $F_1B=F_2B=a$. 根据光学的一般方程：

$$\frac{1}{p}+\frac{1}{q}=\frac{1}{f}$$

这里 $p(q)$是焦距为 f 时源(像)到光学元件的距离，因此对于 $p=q=a$，有 $f=a/2$.

下面我们来考虑径向(sagittal)聚焦. 想象上述椭圆绕长轴旋转构成一个椭圆面，如图 3.20(b)和(c)所示. 在椭圆面中，从一个焦点发出的射线被会聚到另一个焦点. 特别是从 F_1 发出的、到垂直于过 B 点的中心射线构成的平面的线上任意一点的射线，都会被会聚到 F_2，如图 3.20(c)所示.

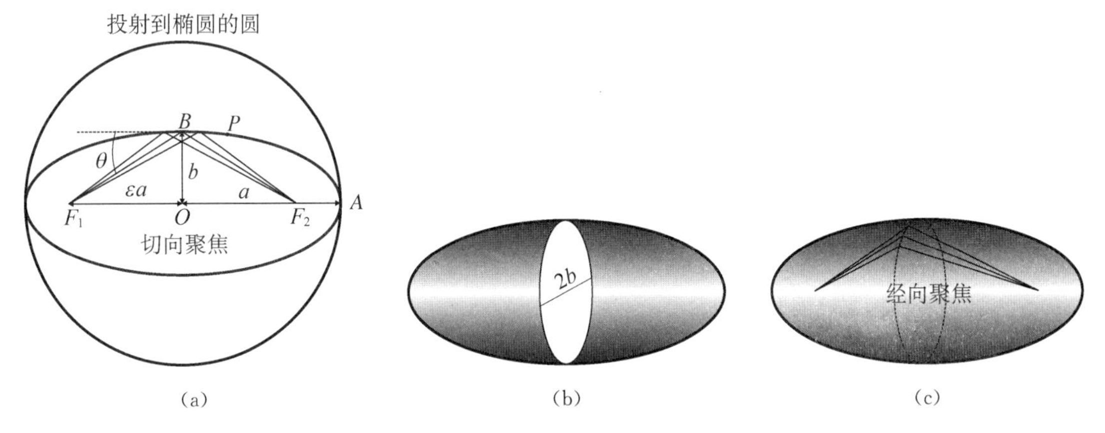

图 3.20 通过把椭圆当作圆的投影(图(a))，其等价于把垂直轴收缩为原来的(b/a)，就可以认识到 B 处的曲率半径一定是圆的半径 a 除以(b/a). 考虑椭圆面(图(b)和(c))，很清楚 B 处的最佳径向半径一定是 b.

下面我们讨论用圆来对椭圆面的切向和径向的切割面的最佳近似. 理由是生产圆柱面(cylindrical surface)和超环面(toroidal surface)比生产真正的椭圆面要简单和便宜得多. 问题是要决定作为最佳近似的圆的曲率半径 ρ.

① 虽然这些可能是熟知的，我们仍给出一个基本的证明. 考虑图 3.19 中椭圆上的一个点 P 距离焦点 $F_1(F_2)$有 $p(q)$. 椭圆的基本性质要求 $p+q$ 是个常数. 让我们找到一个邻近 P 的点，邻近意味着这个点是在 P 的切线上. 让 Q 点离 F_1 的距离比 P 要远上一小点 δ. 考虑距离 F_1 都要远上这么多的所有的点，它们必须在穿过 Q 的线上，该线垂直于 F_1P. 类似地，所有离 F_2 的距离都小上这么一点的点都在穿过 R 的线上，其垂直于 PF_2. 这两条线的交点因此就是邻近的 P'点，因为到 F_1 和 F_2 的距离之和保持常数. 从 F_1 发出的射线相对切线具有入射角 $P'PQ$，但因为三角形 $P'PQ$ 和 $P'PR$ 是全同的，这个入射角也等于$\angle P'PR$，所以反射射线将穿过 F_2.

B 处的掠入射角 θ 等于$\angle OF_1B$，即

$$\sin\theta = \frac{OB}{F_1B} = \frac{b}{a}$$

并且我们刚刚看到 $a = 2f$. 最佳的径向圆显然是半径为 b 的那个，正如图 3.20(b)所示：

$$\rho_{\text{径向}} = b = 2f\sin\theta$$

B 处椭圆的最佳切向圆近似要求圆的半径是

$$\rho_{\text{切向}} = a\,\frac{a}{b} = \frac{2f}{\sin\theta}$$

这在 $b = a$ 时显然是正确的，通过把该椭圆当作半径为 a 的圆的投影，显然 B 处的半径要以 $a : b$ 的比例增大.

如 3.10 节一开始所言，X 射线的入射角是越大越好，这样将降低反射镜的总长度，因而降低其造价. 达到此目的的一个办法是利用多层膜来做反射镜(见 3.6 节). 入射角此时则由第一主衍射极大值的位置决定，而它可以大到构成多层膜那些材料临界角的很多倍.

3.11 深入阅读材料

[1] *X-ray Reflectivity Studies of Liquid Surfaces*, J. Als-Nielsen, Handbook on Synchrotron Radiation (Eds. G. S. Brown, D. E. Moncton), **3**,471(1991).

[2] *X-ray and Neutron Reflectivity: Principles and Applications*, J. Daillant, A. Gibaud (Springer-Verlag, 1999).

[3] *Critical Phenomena at Surfaces and Interfaces: Evanescent X-ray and Neutron*, H. Dosch (Springer Tracts in Modern Physics, 126,1992).

[4] *Focus on Liquid Interfaces*, Synchrotron Radiation News, **12**,2 (1999).

3.12 习题

3.1 证明：考虑折射效应，布拉格定律被修改为

$$m\lambda \approx \left(1 - \frac{4d^2\delta}{m^2\lambda^2}\right)2d\sin\theta$$

其中 m 是一个整数，其他的符号具有其通常的含义.

3.2 证明：要让 X 光束的强度达到某个给定的穿透深度 Λ，需要的入射角 α 为

$$\alpha = \sqrt{\alpha_c^2 - \left(\frac{1}{2k\Lambda}\right)^2}$$

假设 $\alpha < \alpha_c$，并忽略吸收效应. 对于 10 keV 的光子入射到硅的界面，若 $\Lambda = 50$ Å，计算所需要的 α 的值. 光束在这种能量的最小穿透长度是多少？(取 $\delta = 4.84 \times 10^{-6}$.)

3.3 通过考虑从一个厚度为 t、自然站立的薄膜的正面和背面散射的波发生相长干涉的条件，证明观察到 Kiessig 干涉条纹最大值的入射角度为

$$\alpha^2 = \alpha_c^2 + m^2\left(\frac{\lambda}{2t}\right)^2$$

这里 m 是干涉条纹级数，其他量具有其通常的含义，并且已假设 $\lambda \ll t$，从而来解释如何从 Kiessig 条纹的观测位置获得 t 的准确值.

3.4 X 射线反射镜的一个重要应用是从入射光束移除不需要的高能量光子. 在某固定的入射角，反射镜将反射上至某个临界光子能量 ε_c 的入射 X 射线，反射率曲线随能量的变化可以从菲涅耳公式来计算，因为无量纲变量 $q = Q/Q_c \equiv \varepsilon/\varepsilon_c$ 等. 晶体单色器已被设置为选择光子能量 $\varepsilon = 0.8\varepsilon_c$，同时衍射能量是 $m\varepsilon$ 高阶的污染. 对于 $m = 2, 3, 4$，分别计算镜子将衰减多少高阶光的光强.

3.5 证明：反射镜在与入射光束的一个固定角度 α，其临界能量可以写成

$$\varepsilon_c[\mathrm{keV}] \approx \frac{12.398}{\alpha}\sqrt{\frac{\rho r_0}{\pi}}$$

对于一个长 200 mm 的铑(Rhodium)镜和 0.5 mm 高的光束，计算光全部照到反射镜的入射角，从而计算临界能量.（铑($Z=45$)以面心立方结构结晶，在 $a = 3.8$ Å，8 keV 时的吸收系数是 2.4×10^{-5} Å^{-1}.）

3.6 一束 X 射线穿过由 N 个球形孔形成的组合折射透镜的透过率可以大致写为 $e^{-2Nt_{av}\mu}$. 依据洞的直径 D，一个透镜的形状可近似地由一个抛物面来确定在距离光轴 r 处的厚度 $t(r)$，计算平均厚度 t_{av} 与光束直径 d 和 D 的比率 $(\alpha = d/D)$ 的函数关系.

3.7 X 射线透镜可以用来缩小源的尺寸，以便产生用于不同形式显微镜的精细聚焦光束. 如果 L_1 和 L_2 分别是源-透镜和透镜-样品的距离，缩小倍数由 $M = L_1/L_2$ 给出. 若要用一个铍的组合折射透镜来把一个 10 keV 的 X 射线束从 100 μm 的源尺寸，聚焦到 500 nm，且源位于 $L_1 = 100$ m. 假设球面透镜的直径 800 μm，几何孔径 400 μm，估计所需透镜的数量. 作出合理的假设，估计透镜系统的透过率.（10 keV 时，Be 具有 $\delta = 3.41\times10^{-6}$ 和 $\beta = 1.01\times10^{-9}$.）

3.8 考虑一个双聚焦的环面镜，它被一束掠入射角为 5 mrad、高度 1 mm 的光束照射. 从反射镜的中心到源和图像点的距离均为 10 m. 确定光束在反射镜上印迹的长度，以及切向和径向的曲率半径. 估算反射镜的轴必须如何准确地与光束的轴对准.

4

运动学散射 I:非晶态材料

X 射线的一个主要用途是利用衍射原理来确定材料原子尺度的结构. 本章我们将介绍这一课题的一些关键概念,并推导相关的重要公式. 我们的方法是在对已有 X 射线和单个电子相互作用的汤姆孙散射截面的认识之上逐步增加复杂度,直至建立起对真实材料相关的描述.

当 X 射线被一个材料散射时,一个经常使用的重要假设是把散射当作很弱的来处理. 这在多重散射效应可以被忽略时是适用的,并且大大简化了理论. 这种弱散射极限又被称为运动学近似. 当多重散射效应不能被忽略时,特别是在理想晶体的情形下,相关的数学运算就要更加复杂了. 和理想晶体相关的所谓动力学衍射理论将在第 6 章来探讨.

为描述衍射理论的发展和应用,事实证明把论述分为两部分会比较方便. 本章中,我们的讨论限制在那些可以宽松地认为具有短程结构序的体系;在第 5 章,我们将考虑具有长程晶格序体系的散射. 虽然晶格序的定义可以相当精确地表述(尽管一些叫做准晶的材料带来些新花样),但是对于那些具有短程序的材料就很难去做类似的表述. 在本章中,我们不去努力实现这样的定义,而是简单地将讨论范围限制在非晶材料内,包括分子、液体、玻璃、聚合物等. 理解这些非晶形态物质的结构显然非常重要,因为它们不但在自然界中广泛存在,而且也包含了在技术上具有重要性的大量材料.

4.1 两电子体系

4.1.1 两电子体系

最基本的散射单元是单个电子,它被认为是没有结构的,那么,可以想到最简单的结构就由两个电子构成. 定义其中一个电子的位置为坐标系原点,另一个电子的位置由矢量 $\boldsymbol{r}$ 给出. 决定这个系统的结构因此就等同于决定 $\boldsymbol{r}$. 为此我们设想用一束单色 X 射线束照射电子,而在 $\boldsymbol{k}'$方向观测弹性散射的辐射,如图 4.1 所示. 我们将进一步假设光源和探测器都离原点足够远,这样入射和散射 X 射线都可以用平面波来表示. 这被称为远场(far-field)极限,产生的衍射理论和“Fraunhofer”(夫朗禾费)这个名字联系在一起. 在第 9 章中,我们将讨论这个假设被打破时会发生什么.

入射波用波矢 $\boldsymbol{k}$ 来标识,在到达 $\boldsymbol{r}$ 处的电子时,它已受到原点处的电子散射,因此入射波的位相延迟,ϕ_{in}是 2π 乘以 z 和波长 λ 的比值,这里 z 是 $\boldsymbol{r}$ 在入射波方向的投影,因此我们可以写下 $\phi_{in}=\boldsymbol{k}\cdot\boldsymbol{r}$. 另一方面,在 $\boldsymbol{r}$ 处的电子所散射的波要比在原点的电子散射的波要超前 $|\phi_{out}|=\boldsymbol{k}'\cdot\boldsymbol{r}$. 由此可见最终的位相差是 $\phi=(\boldsymbol{k}-\boldsymbol{k}')\cdot\boldsymbol{r}\equiv\boldsymbol{Q}\cdot\boldsymbol{r}$, 这就给出了传递波矢(散射波矢)$\boldsymbol{Q}$ 的定义. 对于弹性散射,$|\boldsymbol{k}|=|\boldsymbol{k}'|$,且根据图 4.1 中的散射三角形,散射矢量 $\boldsymbol{Q}$ 的

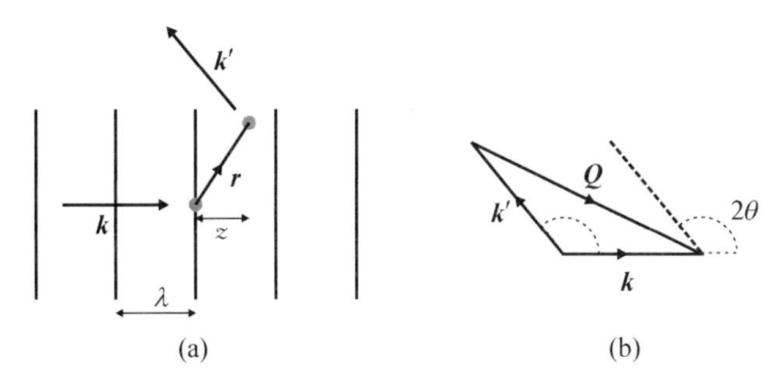

图 4.1 图(a)：一个两电子系统被一束单色 X 射线散射. 入射 X 射线用其波矢 $\boldsymbol{k}$ 来标注，其波前由垂直的线来代表. 而被散射的 X 射线被在 $\boldsymbol{k}'$ 方向上观测. 因为散射是弹性的，$|\boldsymbol{k}|=|\boldsymbol{k}'|$. 入射和散射 X 射线的位相差是 $\phi=(\boldsymbol{k}-\boldsymbol{k}')\cdot\boldsymbol{r}=\boldsymbol{Q}\cdot\boldsymbol{r}$，其中的传递波矢 $\boldsymbol{Q}$ 被定义在图(b)的散射三角形中.

幅度和散射角 2θ 有以下关系：

$$|\boldsymbol{Q}|=2k\sin\theta=\left(\frac{4\pi}{\lambda}\right)\sin\theta \tag{4.1}$$

两电子体系的散射振幅[①]可被写成

$$A(\boldsymbol{Q})=-r_0(1+\mathrm{e}^{\mathrm{i}\boldsymbol{Q}\cdot\boldsymbol{r}})$$

由此可得强度是

$$I(\boldsymbol{Q})=A(\boldsymbol{Q})A(\boldsymbol{Q})^*=r_0^2(1+\mathrm{e}^{\mathrm{i}\boldsymbol{Q}\cdot\boldsymbol{r}})(1+\mathrm{e}^{-\mathrm{i}\boldsymbol{Q}\cdot\boldsymbol{r}})=2r_0^2(1+\cos(\boldsymbol{Q}\cdot\boldsymbol{r})) \tag{4.2}$$

图 4.2(a)给出了强度 $I(\boldsymbol{Q})$在 $\boldsymbol{Q}$ 平行于 $\boldsymbol{r}$ 这一特殊情形下的行为. 自然地，如果 λ 的单位是 Å，$\boldsymbol{Q}$ 的单位就是 Å^{-1}. 但是在处理具体问题中，常常把它的单位用 2π 除以某个特征长度要更为方便. 比如此处就是键长 r. 强度的周期变化来自两个电子散射的波之间的干涉：它在两个波同相时取极大，而在它们反相时取极小. 显然通过测量 $I(\boldsymbol{Q})$作为 $\boldsymbol{Q}$ 的函数(此即衍射图样)，然后调节(4.2)式中的 $\boldsymbol{r}$ 来拟合数据，就可以决定这个两电子体系的"结构"，也就是 $\boldsymbol{r}$.

这些做法可以延伸到多于两个电子的体系，一个多电子系统的弹性散射振幅的结果可以很普遍地写为

$$A(\boldsymbol{Q})=-r_0\sum_j \mathrm{e}^{\mathrm{i}\boldsymbol{Q}\cdot\boldsymbol{r}_j} \tag{4.3}$$

这里 $\boldsymbol{r}_j'$是第 j 个电子的位置. 当然对于电子是连续分布的情况，求和就要换成积分. 这样就可以逐步建立起一个样品的衍射图样的模型，即首先考虑一个原子中所有电子的散射，然后考虑一个分子中的所有原子等，直至得到我们所感兴趣的材料散射的描述.

重要的是要意识到我们所遵循的程序，只在散射体积较小时成立，因而散射也比较弱. 问题仍然是线性的. 用量子力学的语言，这意味着样品只是对入射束进行了微扰，波恩近似(Born approximation)成立. 这个弱散射的要求也常被称为运动学近似，它和第 6 章中要处理的、更加复杂的动力学情况不同. 幸好运动学近似成立的条件在很多 X 射线衍射的应用中都能够满足. 在实际操作中，这意味着 X 射线衍射实验的结果要比那些强散射探针(比如电子)

---

① 此处我们假设入射束的偏振是垂直于 $\boldsymbol{k}$ 和 $\boldsymbol{k}'$所张开的散射面，从而电子完全的汤姆孙加速可以在所有散射角观测到. 否则的话，强度 I 的表达式必须乘以一个合适的偏振因子 P，正如在(1.9)式中所示.

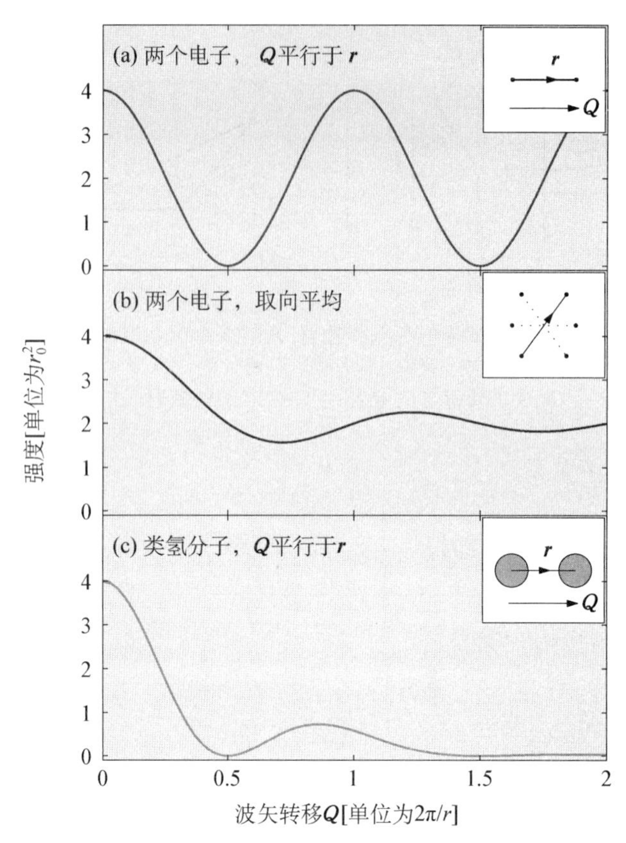

图 4.2　假设两电子体系的分布方式有以下几种散射图样：(a)两个电子由一个明确的矢量 $\boldsymbol{r}$ 分开. 强度由(4.2)式给出，为了明确起见，这里让 $\boldsymbol{r}$ 平行于动量转移 $\boldsymbol{Q}$. (b)两个电子的距离固定，$r=|\boldsymbol{r}|$，但是 $\boldsymbol{r}$ 的方向是随机取向的. 此时强度由(4.4)式和(4.5)式算出，其中取 $f_1=f_2=-r_0$. (c)电子分布在两个相距为 $r=|\boldsymbol{r}|$ 的电荷云之中，这就是比如说它们在哑铃状的双原子分子中的实际情形. 每个电子的波函数采用了氢原子 1s 态的波函数(见(4.8)式). 电子分布的有效半径由参数 a 给定，在此例中 $a/r=0.25$. 这里 $\boldsymbol{Q}$ 取平行于连接两个原子的化学键的方向.

的实验结果更易于解释. 当然这个优点也要付出代价：如果散射弱，那么散射信号就弱. 然而得益于当今同步辐射提供极强的 X 射线束，即使这个缺点也已被克服.

4.1.2　方向平均

为了画出图 4.2(a)中两电子体系的散射强度，需要给定动量转移 $\boldsymbol{Q}$ 和位置矢量 $\boldsymbol{r}$ 的夹角. 对很多感兴趣的体系来说，比如在溶剂中聚集的分子，$\boldsymbol{r}$ 相对于 $\boldsymbol{Q}$ 是随机取向的. 下面将要给出简单的两电子原型系统在其 $\boldsymbol{r}$ 的取向随机变化时，散射是如何变化的. 所推出的公式将帮助我们理解更加实际的体系的散射，比如本章下面要讨论的分子构成的气体.

X 射线散射是个"快"探针，即 X 射线穿过体系的时间要比构成体系的离子运动的特征时间要短得多. 因此在 X 射线实验中，相当于记录了体系的一系列快照，然后进行平均. 为了使形式更普适，我们假设有两个粒子，一个在原点，其散射振幅是 f_1，另一个在 $\boldsymbol{r}$ 的位置，其散射振幅是 f_2，两者均是实数. 单个快照的瞬时散射振幅是

$$A(\boldsymbol{Q})=f_1+f_2\mathrm{e}^{\mathrm{i}\boldsymbol{Q}\cdot\boldsymbol{r}}$$

强度是

$$I(\boldsymbol{Q}) = f_1^2 + f_2^2 + f_1 f_2 \mathrm{e}^{\mathrm{i}\boldsymbol{Q}\cdot\boldsymbol{r}} + f_1 f_2 \mathrm{e}^{-\mathrm{i}\boldsymbol{Q}\cdot\boldsymbol{r}}$$

如果 $\boldsymbol{r}$ 的长度仍是固定的,但是它的方向随时间随机变化,那么测量到的强度可以通过取一个球面或者取向平均来获得,这可写为

$$\langle I(\boldsymbol{Q})\rangle_{\text{取向平均}} = f_1^2 + f_2^2 + 2 f_1 f_2 \langle \mathrm{e}^{\mathrm{i}\boldsymbol{Q}\cdot\boldsymbol{r}}\rangle_{\text{取向平均}} \tag{4.4}$$

相位因子的取向平均是

$$\langle \mathrm{e}^{\mathrm{i}\boldsymbol{Q}\cdot\boldsymbol{r}}\rangle_{\text{取向平均}} = \frac{\int \mathrm{e}^{\mathrm{i}Qr\cos\theta}\sin\theta \mathrm{d}\theta\mathrm{d}\varphi}{\int \sin\theta\mathrm{d}\theta\mathrm{d}\varphi}$$

分母等于 4π,而分子是

$$\int \mathrm{e}^{\mathrm{i}Qr\cos\theta}\sin\theta\mathrm{d}\theta\mathrm{d}\varphi = 2\pi\int_0^{\pi} \mathrm{e}^{\mathrm{i}Qr\cos\theta}\sin\theta\mathrm{d}\theta = 2\pi\left(\frac{-1}{\mathrm{i}Qr}\right)\int_{\mathrm{i}Qr}^{-\mathrm{i}Qr}\mathrm{e}^x\,\mathrm{d}x = 4\pi\frac{\sin(Qr)}{Qr}$$

所以相位因子的取向平均是

$$\boxed{\langle \mathrm{e}^{\mathrm{i}\boldsymbol{Q}\cdot\boldsymbol{r}}\rangle_{\text{取向平均}} = \frac{\sin(Qr)}{Qr}} \tag{4.5}$$

可以直截了当地把(4.5)式推广到包含 N 个粒子的体系.令 N 个粒子的散射振幅分别是 f_1, …, f_N,结果是

$$\begin{aligned}\left\langle \left| \sum_{j=1}^{N} f_j \mathrm{e}^{\mathrm{i}\boldsymbol{Q}\cdot\boldsymbol{r}_j}\right|^2 \right\rangle_{\text{取向平均}} &= | f_1 |^2 + | f_2 |^2 + \cdots | f_N |^2 \\ &\quad + 2f_1 f_2 \frac{\sin(Qr_{12})}{Qr_{12}} + 2f_1 f_3 \frac{\sin(Qr_{13})}{Qr_{13}} + \cdots + 2f_1 f_N \frac{\sin(Qr_{1N})}{Qr_{1N}} \\ &\quad + 2f_2 f_3 \frac{\sin(Qr_{23})}{Qr_{23}} + \cdots + 2f_2 f_N \frac{\sin(Qr_{2N})}{Qr_{2N}} \\ &\quad \cdots + 2f_{N-1} f_N \frac{\sin(Qr_{N-1,N})}{Qr_{N-1,N}}\end{aligned} \tag{4.6}$$

这里 $r_{12} = |\boldsymbol{r}_1 - \boldsymbol{r}_2|$,以此类推.这个公式是德拜(Debye)于 1915 年最早推出的[Debye, 1915].

在 N 个全同粒子构成的气体中,所有的距离 r_{nm} 可以认为足够大,以致(4.6)式中所有的交叉项可以忽略,那么强度就是 N 乘以单个粒子散射强度的平方.如果粒子不是像电子那样是点状的,散射振幅可以仍然依赖于 Q.

图 4.2(b)给出了球面平均的两电子体系的强度随 Q 的变化,可以看出平均效应是抹平了衍射图样在高 Q 处的振荡.

但是大多数情况下,我们对束缚在原子中的电子的散射感兴趣,这样它们就不能被当成点电荷,而是要用一个分布来描述.事实上,原子中电子的分布在有限的空间范围会导致高 Q 处的衍射图样衰减,比如图 4.2(c)展示了一个类氢分子的情况就是如此.这也是 4.2 节的主题.

4.2 一个原子的散射

作为第一个真正有兴趣的系统，我们来考虑 X 射线被一个孤立的、静止的原子散射. 首先，原子中的电子被描述成一个经典的电荷分布，然后计算弹性散射. 这就引入原子形状因子的概念，也就是原子散射振幅. 然后通过一个简单的例子，来解释如何从电子的量子力学描述来计算原子形状因子.

4.2.1 弹性散射和原子形状因子

在经典图像中，原子中的电子被当作围绕着原子核的电荷云，其数密度(number density)是 $\rho(\boldsymbol{r})$. 在位置 $\boldsymbol{r}$ 处的体积元 $\mathrm{d}\boldsymbol{r}$ 中的电荷就是 $-e\rho(\boldsymbol{r})\mathrm{d}\boldsymbol{r}$，这里 $\rho(\boldsymbol{r})$ 的积分等于原子中所有电子的总数 Z. 要计算散射振幅，我们需要在 $\mathrm{d}\boldsymbol{r}$ 的贡献上加权一个位相因子 $\mathrm{e}^{\mathrm{i}\boldsymbol{Q}\cdot\boldsymbol{r}}$，然后再对 $\mathrm{d}\boldsymbol{r}$ 积分，这就有

$$f^0(\boldsymbol{Q}) = \int \rho(\boldsymbol{r})\mathrm{e}^{\mathrm{i}\boldsymbol{Q}\cdot\boldsymbol{r}}\mathrm{d}\boldsymbol{r} = \begin{cases} Z, \text{当 } Q\to 0 \\ 0, \text{当 } Q\to\infty \end{cases} \tag{4.7}$$

这里 $f^0(\boldsymbol{Q})$ 是原子形状因子，其单位是汤姆孙散射长度 r_0. $f^0(\boldsymbol{Q})$ 在 $Q\to 0$ 时的极限情况很清楚，因为位相因子此时趋于 1，而电子的总数就是它们数密度的积分. 在另一个极限下，我们需要考虑当辐射的波长比原子小很多时，从不同电子来的波的位相如何结合. 任意电子的位相因子可以用复平面的单位圆上一点来表示，因为 $\mathrm{e}^{\mathrm{i}\boldsymbol{Q}\cdot\boldsymbol{r}} = \cos(\boldsymbol{Q}\cdot\boldsymbol{r}) + \mathrm{i}\sin(\boldsymbol{Q}\cdot\boldsymbol{r})$. 现在，在大 Q 的极限下，位相要远大于 2π，因而不同电子的位相因子会绕着单位圆迅速变化. 因此这个积分，即使是被光滑变化的分布 $\rho(\boldsymbol{r})$ 加权以后也会趋于零. 换句话说，当辐射的波长比原子要小时，原子中不同电子散射的波会发生相消干涉.

对于原子中主量子数为 n 的电子，其量子力学描述是波函数 $\psi_n(\boldsymbol{r})$. 这里我们举一个简单的例子，讨论 K 壳层电子对原子形状因子的贡献. K 电子的波函数和氢原子的基态相似，由下式给出：

$$\psi_{1\mathrm{s}}(r) = \frac{1}{\sqrt{\pi a^3}}\mathrm{e}^{-r/a} \tag{4.8}$$

这里

$$a = \frac{a_0}{Z - z_\mathrm{s}}$$

$a_0 = \hbar^2/me^2$ 是玻尔半径. 因为原子核具有电荷 Z，1s 电子的有效半径 a 与 a_0 比变小. 但 Z 自己要被另一个 1s 电子部分屏蔽，一般来说 $z_\mathrm{s}\approx 0.3$. 1s 电子的密度分布是 $|\psi_{1\mathrm{s}}|^2$，因此形状因子是

$$f^0_{1\mathrm{s}}(\boldsymbol{Q}) = \frac{1}{\pi a^3}\int \mathrm{e}^{-2r/a}\mathrm{e}^{\mathrm{i}\boldsymbol{Q}\cdot\boldsymbol{r}}\mathrm{d}\boldsymbol{r}$$

为了计算这个积分，我们使用球极坐标(r, θ, ϕ)，而且注意到积分与方位角 ϕ 无关，因此体积元变成 $\mathrm{d}\boldsymbol{r} = 2\pi r^2\sin\theta\mathrm{d}\theta\mathrm{d}r$. 再由于 $\boldsymbol{Q}\cdot\boldsymbol{r} = Qr\cos\theta$ 对 θ 的积分可以用下面的方式来计算：

$$f_{1s}^{0}(\boldsymbol{Q})=\frac{1}{\pi a^{3}}\int_{0}^{\infty}2\pi r^{2}\mathrm{e}^{-2r/a}\int_{\theta=0}^{\pi}\mathrm{e}^{\mathrm{i}Qr\cos\theta}\sin\theta\mathrm{d}\theta\mathrm{d}r=\frac{1}{\pi a^{3}}\int_{0}^{\infty}2\pi r^{2}\mathrm{e}^{-2r/a}\frac{1}{\mathrm{i}Qr}[\mathrm{e}^{\mathrm{i}Qr}-\mathrm{e}^{-\mathrm{i}Qr}]\mathrm{d}r$$
$$=\frac{1}{\pi a^{3}}\int_{0}^{\infty}2\pi r^{2}\mathrm{e}^{-2r/a}\frac{2\sin(Qr)}{Qr}\mathrm{d}r$$

表 4.1　部分元素的原子形状因子 f^0 解析近似的系数((4.10)式)

	a_1	b_1	a_2	b_2	a_3	b_3	a_4	b_4	c
C	2.3100	20.8439	1.0200	10.2075	1.5886	0.5687	0.8650	51.6512	0.2156
O	3.0485	13.2771	2.2868	5.7011	1.5463	0.3239	0.8670	32.9089	0.2508
F	3.5392	10.2825	2.6412	4.2944	1.5170	0.2615	1.0243	26.1476	0.2776
Si	6.2915	2.4386	3.0353	32.3330	1.9891	0.6785	1.5410	81.6937	1.1407
Cu	13.3380	3.5828	7.1676	0.2470	5.6158	11.3966	1.6735	64.8200	1.5910
Ge	16.0816	2.8509	6.3747	0.2516	3.7068	11.4468	3.6830	54.7625	2.1313
Mo	3.7025	0.2772	17.2360	1.0958	12.8876	11.0040	3.7429	61.6584	4.3875

(来源:《国际晶体学表》.)

下一步就是把 $\sin(Qr)$ 写成一个复指数的虚部, $\sin(Qr)=\mathrm{Im}\{\mathrm{e}^{\mathrm{i}Qr}\}$,那么形状因子就成为

$$f_{1s}^{0}(\boldsymbol{Q})=\frac{4}{a^{3}}\frac{1}{Q}\mathrm{Im}\left\{\int_{0}^{\infty}\frac{r^{2}}{r}\mathrm{e}^{-2r/a}\mathrm{e}^{\mathrm{i}Qr}\mathrm{d}r\right\}=\frac{4}{a^{3}}\frac{1}{Q}\mathrm{Im}\left\{\int_{0}^{\infty}r\mathrm{e}^{-r(2/a-\mathrm{i}Q)}\mathrm{d}r\right\}$$

这就可以通过分部积分来得到最终结果

$$f_{1s}^{0}(\boldsymbol{Q})=\frac{1}{[1+(Qa/2)^{2}]^{2}}\tag{4.9}$$

图 4.3 给出了两个不同核电荷 Z 的波函数和形状因子,其中波函数随 r(以 a_0 为单位)变化,形状因子随 Q(以 $1/a_0$ 为单位)变化. 随着 Z 增大,波函数就更加局域在原子核周围,而形状因子相应地在 $\boldsymbol{Q}$ 空间更加延展. 因为 r 构成的实空间和 $\boldsymbol{Q}$ 构成的空间之间的关系,后者的空间被称作倒空间(reciprocal space). 图 4.3 用于演示在这两个空间中对物体的描述之间的关系:在实空间延展的物体,在倒空间是局域的,反过来也一样. 这对于那些熟悉傅立叶变换的读者是显而易见的,根据(4.7)式,原子形状因子很明显就是电子电荷分布的傅立叶变换.

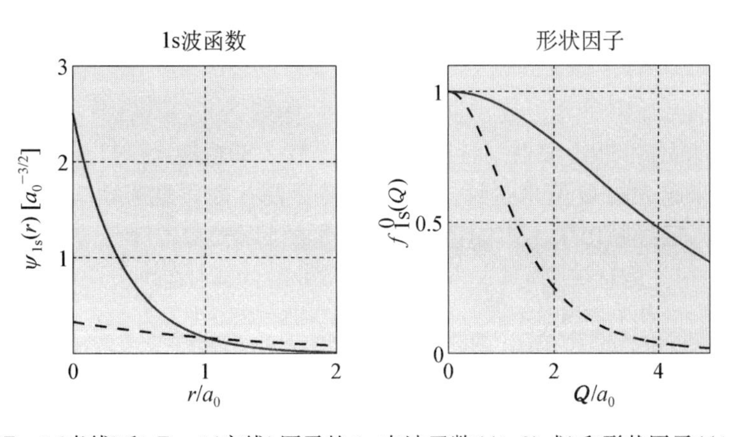

图 4.3　$Z=1$(虚线)和 $Z=3$(实线)原子的 1s 态波函数((4.8)式)和形状因子((4.9)式).

这么多年来，根据能够获得的最佳原子波函数，人们花了相当大的努力计算出所有自由原子的形状因子(以及大部分重要离子的). 并且把 $\sin\theta/\lambda = Q/4\pi$ 的不同值以表格的方式记录在《国际晶体学表》(*International Tables for Crystallography*)[①]中. 为了计算方便，算得的形状因子用一个解析的近似来拟合：

$$f^0\left(\frac{Q}{4\pi}\right) = \sum_{j=1}^{4} a_j \mathrm{e}^{-b_j \sin^2\theta/\lambda^2} + c = \sum_{j=1}^{4} a_j \mathrm{e}^{-b_j (Q/4\pi)^2} + c \tag{4.10}$$

这里的 a_j，b_j 和 c 是拟合参数. 在表 4.1 中，我们把几个以后会感兴趣的元素的值记入表格.

原子的总散射长度 f 是以下两部分之和：能量无关的部分 f^0 和色散修正因子 $f' + \mathrm{i}f''$，它的来源是由于电子实际上是束缚于原子的. 这些色散修正在第 1 章引入，我们还要在第 8 章作深入讨论.

4.2.2 非弹性散射

在图 4.3 中，可以看到当传递波矢变大时，弹性散射相关的原子形状因子趋于 0. 然而，就此推断光子散射在 $Q\to\infty$ 的极限下，因为某种原因被“禁止”了是不正确的. 事实上，当弹性、相干的散射减少了，原子中电子对光子的康普顿散射增强了. 康普顿散射是非弹性的，也是不相干的，因为在散射中光子能量发生了改变，不能够产生干涉效应(见第 83 页).

作为理解康普顿散射谱的第一步近似，可假设所有原子中的电子一开始是静止的，那么非弹性谱原则上应该包括一个 δ 函数的响应，如(1.15)式所给的那样，其能量相对于弹性响应有个偏离. 在它们的基态中，原子中的电子当然具有有限的动量. 如果电子的动量分布是各向同性的，那么可以证明动量守恒会导致对 δ 函数响应的展宽. 对康普顿散射谱的测量，因此可以确定基态电子动量分布. 图 4.4 给出一组数据来演示散射既存在弹性的，也存在非弹性的成分. 此时一束单色 X 射线被康普顿箔中的电子散射. 散射表现出一个弹性响应和一个很容易分辨的展宽了的非弹性响应. 这两者之间的相对权重，可以通过把总的原子散射截面写成一个弹性的部分

$$(\mathrm{d}\sigma/\mathrm{d}\Omega)_{\mathrm{el}} \sim r_0^2 \mid f(\boldsymbol{Q}) \mid^2$$

和一个非弹性的部分

$$(\mathrm{d}\sigma/\mathrm{d}\Omega)_{\mathrm{inel}} \sim r_0^2 S(Z, Q)$$

之和来确定.

从我们本节的开始部分就可以预期：当 $Q\to\infty$，函数 $S(Z, Q)$ 趋于 Z，因为在此极限下所有 Z 个原子中的电子都作非相干散射. 而且随着原子序数 Z 的增加，也可以合理地预期 $S(Z, Q)$ 的极限形式需要越来越大的 Q 值来达到，因为内层电子越来越紧地束缚. $S(Z, Q)$ 更详细的计算以及 $f(\boldsymbol{Q})$ 的计算，已经超出了本书的范围. 读者还是可以去参考《国际晶体学表》，在那里所有 $Z < 55$ 的元素的相关信息被列入，这很有用，使得可以计算任意原子在任意传递波矢 $\boldsymbol{Q}$ 时的弹性和非弹性散射的相对权重. 图 4.5 通过稀有气体的例子强调了上述有关对 $\boldsymbol{Q}$ 和 Z 的依赖关系的定性描述.

---

① 晶体学家们倾向于把传递波矢叫做散射矢，并且在给予其定义时，没有(4.1)式里前面的 4π 因子.

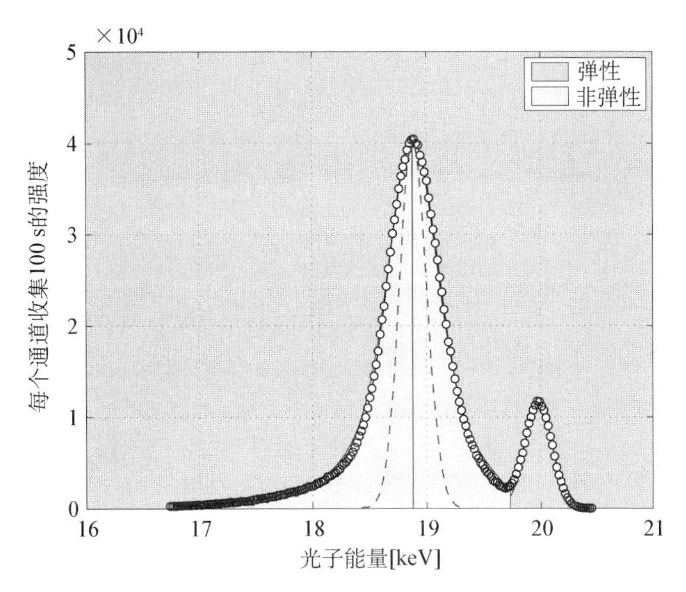

图 4.4 在一个康普顿箔上测得的总的散射(圆)包括弹性(绿色阴影)和非弹性散射(淡红色阴影). 弹性峰的宽度给出了探测器的能量分辨率. 非弹性散射的展宽超出了分辨率(红色虚线)的部分是由于康普顿箔中电子的动量分布. 入射能量是 20 keV,对应的光子波矢是 10.13 Å^{-1},散射角是 120°. 在此能量和角度,非弹性散射成为主导过程,这是由于康普顿箔由低 Z 元素构成(见图 4.5).(本图可参见彩图 5.)

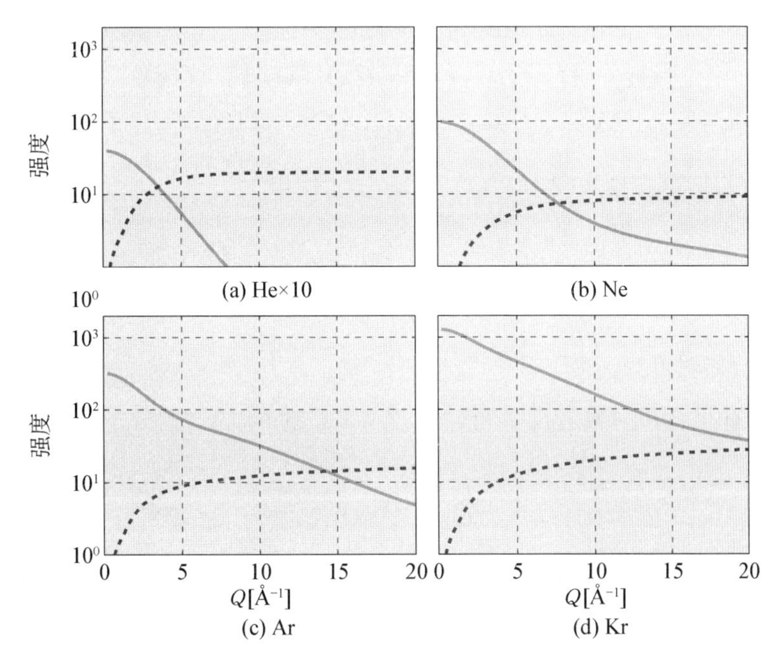

图 4.5 元素(a)He, (b)Ne, (c)Ar 和(d)Kr 计算出的散射强度被分成弹性散射的贡献(实线)和非弹性康普顿散射的贡献(虚线). 随着原子序数的增加,非弹性超出弹性散射的交叉点发生在越来越大的 Q. 计算使用了《国际晶体学表》提供的信息. 记住汤姆孙散射在 $Q\to 0$ 时达到 Z^2,而康普顿散射在 $Q\to\infty$时趋于 Z.

在本章的剩下部分,其实也是本书接下来的大多数部分,我们主要关心弹性散射. 因为正是利用这个过程,我们获得了对大多数材料的原子尺度结构的理解. 但是读者应该知道存在非弹性康普顿散射,以及理解在什么条件下它会成为影响实验的一个重要因素.

4.3 一个分子的散射

可以想象,复杂度更进一步的问题是考虑由多个原子构成的分子的散射.用 j 来标注原子,我们可以把分子的散射振幅写为(还是以 $-r_0$ 为单位)

$$F^{\text{分子}}(\boldsymbol{Q}) = \sum_j f_j(\boldsymbol{Q})\mathrm{e}^{\mathrm{i}\boldsymbol{Q}\cdot\boldsymbol{r}_j} \tag{4.11}$$

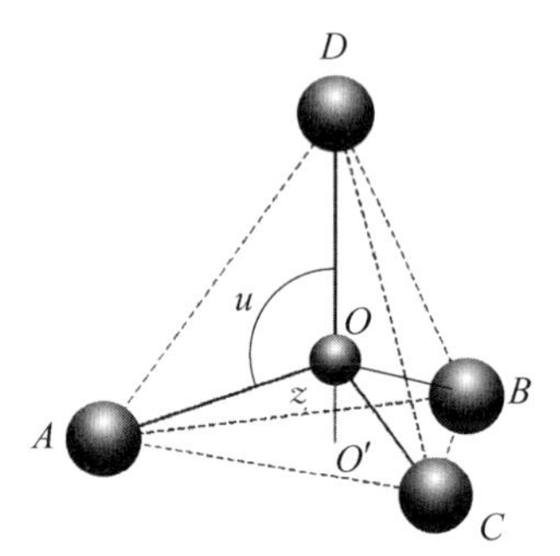

图 4.6 CF_4 分子. C-F 键长是 1.38 Å,几何结构与 OD 和 OO' 长度的比例是 3∶1.

举一个具体的例子,让我们考虑 CF_4 分子. 4 个氟原子围绕中心的碳原子(在原点 O),呈四面体占位(在 A, B, C, D 这 4 个点),如图 4.6 所示.

从 D 到 O 的连线经 O' 点穿过由 A, B 和 C 确定的平面. 假设图中的尺寸为 $OA = OB = OC = OD = 1$. 很容易证明 $OO' = z = \frac{1}{3}$, 并且从中心到任意两个顶点的连线之间的夹角 u 满足 $\cos u = -\frac{1}{3}$. 证明如下:矢量 $\boldsymbol{OA}$ 和 $\boldsymbol{OD}$ 的标量积是

$$\boldsymbol{OA}\cdot\boldsymbol{OD} = 1\cdot 1\cdot\cos u = -z$$

但根据对称性,我们还有

$$\begin{aligned}-z = \boldsymbol{OA}\cdot\boldsymbol{OD} &= \boldsymbol{OA}\cdot\boldsymbol{OB} = (\boldsymbol{OO'}+\boldsymbol{O'A})\cdot(\boldsymbol{OO'}+\boldsymbol{O'B})\\ &= z^2 + \boldsymbol{O'A}\cdot\boldsymbol{O'B} = z^2 + (O'A)^2\cos(120^\circ)\end{aligned}$$

从直角三角形 $OO'A$,可立刻发现 $(O'A)^2 = 1 - z^2$, 所以

$$-z = z^2 + (1-z^2)\cos(120^\circ) = z^2 - \frac{1}{2}(1-z^2) \tag{4.12}$$

据此可得 $z = \frac{1}{3}$,以及 $u = \mathrm{acos}(-z) = 109.5^\circ$.

在散射矢量 $\boldsymbol{Q}$ 平行(+)或者反平行(−)于 C-F 键时,CF_4 的分子形状因子都可以很容易算得:

$$F_{\pm}^{\text{分子}}(\boldsymbol{Q}) = f^{\mathrm{C}}(Q) + f^{\mathrm{F}}(Q)\left[3\mathrm{e}^{\mp\mathrm{i}QR/3} + \mathrm{e}^{\pm\mathrm{i}QR}\right] \tag{4.13}$$

这里 R 是 C-F 键长(1.38 Å). 在图 4.7 中,给出了 $|F_{\pm}^{\text{分子}}|^2$ 随 $\boldsymbol{Q}$ 的变化关系. 根据表 4.1 给出的系数,这里形状因子 $f^{\mathrm{C}}(Q)$ 和 $f^{\mathrm{F}}(Q)$ 的值已经从(4.10)式计算出来. $|F_{\pm}^{\text{分子}}|^2$ 幅度的振荡是从一个分子散射具有特点的特征. 它们是因为体系具有不同的长度尺度,此处即 C-F(1.38 Å) 和 F-F($1.38\sqrt{8/3}$)键长. 确实,$|F_{\pm}^{\text{分子}}|^2$ 在 $Q = 2\pi/(1.38\sqrt{8/3})$ 附近的第一个峰,可以辨认出来和后者(F-F 键长)相关. 显然,$|F_+|^2 = |F_-|^2$, 因此如果 $\boldsymbol{Q}$ 不和 C-F 平行,我们也并不预期数据和图 4.7 中的定性行为有多大不同. 我们在同一个图中也画出 $F^{\text{分子}}$ 的球面平均的平方,可以清楚地看到此事实情况. 这里的结果是用(4.6)式计算得来的,注意到有 4 个键长 $R = 1.38$ Å 的 C-F 键和 6 个键长 $\sqrt{8/3}R$ 的 F-F 键,所以总计有

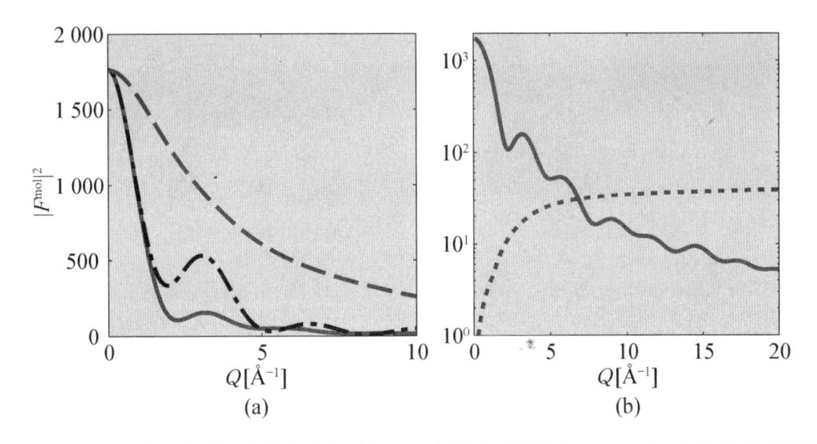

图 4.7 计算出 CF_4 分子的分子结构因子的平方. 图(a):点划线是根据(4.13)式;实线是结构因子的球面平均((4.14)式);虚线是钼原子的形状因子的平方,它和 CF_4 分子有一样多的电子. 图(b):实线是 CF_4 球面平均的结构因子,虚线是根据《国际晶体学表》提供的数据计算出的康普顿散射.

$$|F^{分子}|^2 = |f^C|^2 + 4|f^F|^2 + 8f^Cf^F\frac{\sin(QR)}{QR} + 12|f^F|^2\frac{\sin(Q\sqrt{8/3}R)}{Q\sqrt{8/3}R} \quad (4.14)$$

(作为参考,因为钼元素和 CF_4 有一样多的电子(总的 $Z=6+4\times9=42$),图 4.7(a)也给出了钼原子形状因子的平方.)图 4.7(b)给出了 CF_4 弹性散射和 Q 的关系,并与康普顿散射进行比较,可以看到后者在 Q 大于大约 7 $Å^{-1}$时起主导作用.

4.4 液体和玻璃体的散射

图 4.8(a)给出了一个典型的原子在晶态材料中的排布示意图,它具有长程结构序. 在这个阶段,原子配位的细节并不重要,因为事实上我们还把讨论限制在两维. 重要的是原子是在一个规则的阵列上(称作晶格). 这样所有原子相对于指定原点的精确位置就可推断出来. 另一方面,非晶态材料的结构特征是指原子位置的随机程度,如图 4.8(b)所示. 这个事实的含义是任何非晶态材料中的结构序如果存在的话,只能是在统计的意义上被描述. 确实第一眼看上去,在液体、气体或者其他形式的非晶态材料中讨论结构序好像是一件令人惊讶的事情. 然而,明确的短程结构不但在这些形态的材料中存在,而且如我们要看到的,它们可以用 X 射线散射技术来做详细的研究.

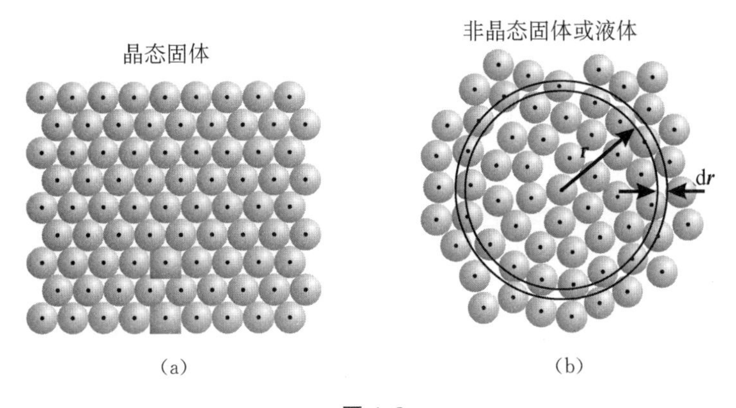

图 4.8

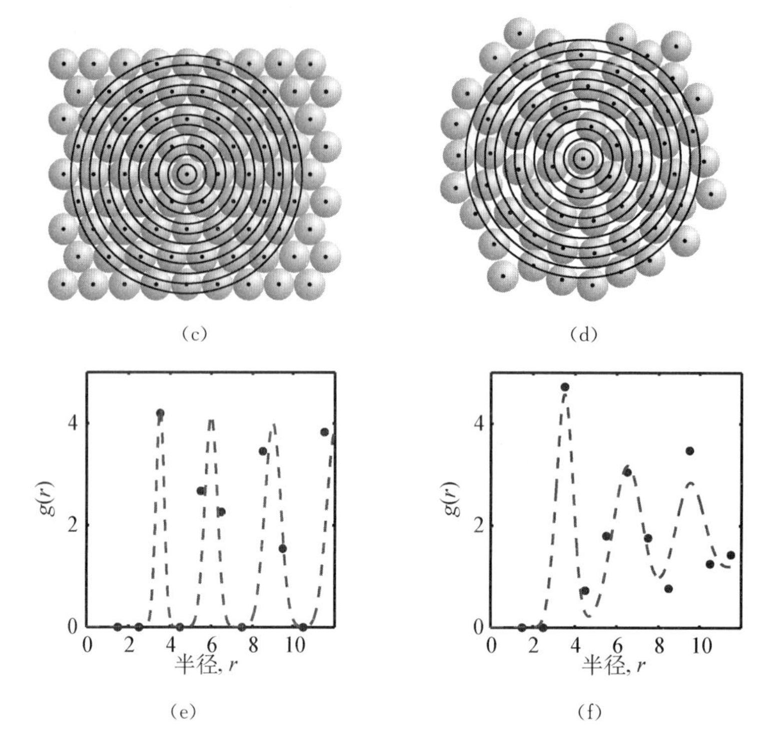

图 4.8 两维晶态(左侧的图)和非晶态(右侧的图)材料的径向分布函数 $g(r)$的构建. 径向分布函数是找到相距 r 的两个原子的几率密度. 由此可见在二维体系,$g(r)(2\pi r\mathrm{d}r)\rho_{\mathrm{at}}$是在半径为 r、厚度是 $\mathrm{d}r$ 的一个环上原子的数,这里 ρ_{at}是平均平面数密度. (e)和(f)中的虚线是为了方便观看.

4.4.1 径向分布函数

非晶态材料中原子的位置可以在一个令人难以置信的宽广的时间尺度内变化,从液体中的几个纳秒直到在玻璃中的上千年. 如我们已经在 4.1 节谈到的,X 射线是一种快速测量方法,因此我们可以获取如图 4.8 所示结构的快照. 任务就是要提供这个一瞬时材料结构的统计描述,然后对所有可能的排列取平均. 这两个目标中的第一个是通过引入径向分布函数 $g(r)$来实现的.

要构筑径向分布函数,首先选择一个原子为原点. 这个选择当然是任意的,因为在实验中要对一系列的快照进行平均. 在图 4.8 的两维样品中,通过 $\rho(r)=N(r)/(2\pi r\mathrm{d}r)$ 来计算径向分布函数,这里 $N(r)$是在一个半径为 r、厚度是 $\mathrm{d}r$ 的圆环上的平均原子数,$(2\pi r\mathrm{d}r)$是圆环的面积. 上面的分析拓展到三维去很直接,只需要把圆环替换成体积为$(4\pi r^2\mathrm{d}r)$的球壳.

在图 4.8 中,我们对比了晶态和非晶态物质两维模型的径向分布函数. 为了计算两种情况的 $g(r)$,我们画出一系列单位间距的、围绕原点的同心圆. 每个圆环上的原子数加起来就给出了 $N(r)$,再除以圆环面积和 ρ_{at}之积就给出了 $g(r)$,结果在图 4.8(e)和(f)中. 当不同层的间距趋于零,晶态和非晶态结构的 $g(r)$的差别就很明显. 对晶态材料来说,$g(r)$是一些尖锐、不互相重叠的峰,并且形成了直至无限大 r 的序列(图 4.8(e)). 非晶态材料的径向分布函数也可以看出有峰,但是它们变宽变弱,随着 r 的增加,$g(r)$快速收敛到 1(图 4.8(f)). 虽然我们建立的非晶态材料的"玩具模型"并不严格,但是其给出的径向分布函数的定性特征事实上很普遍,与真实的非晶态物质所表现出来的特征相似. 比如,$g(r)$第一个峰的位置是两个原子最近的距离的一个量度. 在液体中，运动的原子或者分子是相互排斥的，不能占据同一个位置(说到底是量子力学的后果)；在玻璃中，有一个最小的刚性的化学键的(平均)长度.

下面我们考虑非晶态材料 X 射线散射的显著特征，通过观测散射强度随传递波矢的变化，然后做傅立叶变换，就可以得到分布函数.

4.4.2 液体的结构因子

为了简单起见，我们先来考虑一个单原子或者单分子的系统，它们的散射强度在合适的无量纲单位之下，通常可以写作

$$I(\boldsymbol{Q}) = f(\boldsymbol{Q})^2 \sum_n \mathrm{e}^{\mathrm{i}\boldsymbol{Q}\cdot\boldsymbol{r}_n} \sum_m \mathrm{e}^{-\mathrm{i}\boldsymbol{Q}\cdot\boldsymbol{r}_m} = f(\boldsymbol{Q})^2 \sum_n \sum_m \mathrm{e}^{\mathrm{i}\boldsymbol{Q}\cdot(\boldsymbol{r}_n-\boldsymbol{r}_m)}$$

这里 $f(\boldsymbol{Q})$代表了原子或者分子形状因子. 进一步地把双求和中 $n = m$ 的项和 $n \neq m$ 的项分开，就有

$$I(\boldsymbol{Q}) = Nf(\boldsymbol{Q})^2 + f(\boldsymbol{Q})^2 \sum_n \sum_{m\neq n} \mathrm{e}^{\mathrm{i}\boldsymbol{Q}\cdot(\boldsymbol{r}_n-\boldsymbol{r}_m)}$$

下一步就是把对 $n \neq m$ 的求和替换成一个积分. 而且，因为 X 射线散射说到底是测量电子密度对其平均值的偏离，我们减去和加上一个正比于平均原子密度 ρ_{at} 的项. 散射强度的表达式则为

$$\begin{aligned} I(\boldsymbol{Q}) = & \overbrace{Nf(\boldsymbol{Q})^2 + f(\boldsymbol{Q})^2 \sum_n \int_V [\rho_n(\boldsymbol{r}_{nm}) - \rho_{\mathrm{at}}] \mathrm{e}^{\mathrm{i}\boldsymbol{Q}\cdot(\boldsymbol{r}_n-\boldsymbol{r}_m)} \mathrm{d}V_m}^{I^{\mathrm{SRO}}(\boldsymbol{Q})} \\ & + \underbrace{f(\boldsymbol{Q})^2 \rho_{\mathrm{at}} \sum_n \int_V \mathrm{e}^{\mathrm{i}\boldsymbol{Q}\cdot(\boldsymbol{r}_n-\boldsymbol{r}_m)} \mathrm{d}V_m}_{I^{\mathrm{SAXS}}(\boldsymbol{Q})} \end{aligned} \tag{4.15}$$

这里 $\rho_n(\boldsymbol{r}_{nm})\mathrm{d}V_m$ 是单位体积元 $\mathrm{d}V_m$ 中的原子数，以在 $\boldsymbol{r}_n$ 处的原子为参考，其相对位置是在 $\boldsymbol{r}_m - \boldsymbol{r}_n$ 处.

如图 4.8 所示，对于这里感兴趣的致密的无序材料而言，在几个原子间距之外就有 $\rho_n(\boldsymbol{r}_{nm}) \to \rho_a$. 上面等式的第二项因此对短程序(short range order, SRO)敏感，所以这一项包含了与原子间距离相关的结构信息. 然而最后一项只在 $Q\to 0$ 时对散射有贡献，因为有限的 Q 会导致位相因子快速振荡，产生相消干涉.(这点还要在第 5 章中从晶体材料散射的背景出发继续深入讨论.)

$Q\to 0$ 的极限对应于实空间中的长距离，因为 $Q \propto \sin(\theta)$，这种情况发生在小的散射角，即接近原来的传播方向. 小角散射(small angle X-ray scattering, SAXS)的领域事实上可提供大尺度结构(包括聚合物和胶体等在内)尺寸形态上的重要甚至唯一的信息(但不是单个原子的详细位置信息). 这在 4.5 节中将会继续讨论. 本节剩余部分关注的是理解如何获得无序系统中原子间相关性的信息，因此下面我们把(4.15)式中的小角散射项忽略掉.

我们通过以下几个步骤来进一步简化(4.15)式：首先来对不同原点的选择取平均，$\langle\rho_n(\boldsymbol{r}_{nm})\rangle \to \rho(\boldsymbol{r})$，这样我们可以写下

$$I^{\mathrm{SRO}}(\boldsymbol{Q}) = Nf(\boldsymbol{Q})^2 + Nf(\boldsymbol{Q})^2 \int_V [\rho(\boldsymbol{r}) - \rho_{\mathrm{at}}] \mathrm{e}^{\mathrm{i}\boldsymbol{Q}\cdot\boldsymbol{r}} \mathrm{d}V$$

其次，利用各向同性条件(对于液体或玻璃应该适用)，我们可以做代换 $\rho(\boldsymbol{r}) \rightarrow \rho(r)$，而且如第80页所述，它还有利于计算位相因子的角度平均. 于是散射的强度可写为

$$I^{\mathrm{SRO}}(\boldsymbol{Q}) = Nf(\boldsymbol{Q})^2 + Nf(\boldsymbol{Q})^2\int_0^{\infty}[\rho(r)-\rho_{\mathrm{at}}]4\pi r^2\,\frac{\sin(Qr)}{Qr}\mathrm{d}r$$

对此式稍作重排，就得到一个通常称为液体(或玻璃)结构因子(structure factor)的表达式①：

$$S(Q) = \frac{I^{\mathrm{SRO}}(\boldsymbol{Q})}{Nf(\boldsymbol{Q})^2} = 1+\frac{4\pi}{Q}\int_0^{\infty} r[\rho(r)-\rho_{\mathrm{at}}]\sin(Qr)\mathrm{d}r \tag{4.16}$$

考虑 $S(Q)$的极限形式往往很有启发意义. $Q\rightarrow\infty$的极限很容易推得，因为因子 $1/Q$ 乘以积分意味着对于短的空间距离，结构因子 $S(Q)\rightarrow 1$，即它不受任何粒子间关联效应的影响. 在长波极限下，$Q\rightarrow 0$，右手边的被积函数正比于 $[\rho(r)-\rho_a]$，这是因为 $Q\rightarrow 0$ 时，$\sin(Qr)/Q\rightarrow r$. 长波极限下的液体结构因子因此依赖于系统的密度涨落.

体系可压缩性比较大时，其密度涨落会特别强. 这个原因显而易见，如果外力很容易改变它的密度，那么热涨落也可以自发地这样做. 在临界点附近，液体的可压缩性发散，涨落扩展到宏观的距离. $S(0)$可以变得如此之大，以致液体不但变得对可见光不透明，对X射线也不透明. 这个现象(最早被 Andrews 观察到[1869]，而后由爱因斯坦解释[1910])被称为临界乳光. 等温压缩系数 κ_{T} 定义为恒定温度 T 下，密度在外部压力 P 下的相对改变. 或者更明确地为 $\kappa_{\mathrm{T}} = (\partial\rho/\partial P)_{\mathrm{T}}/\rho$. 对于理想气体，状态方程是 $P=\rho_{\mathrm{at}}/\kappa_{\mathrm{B}}T$，可压缩性是 $\kappa_{\mathrm{T}} = 1/(\rho_{\mathrm{at}}/\kappa_{\mathrm{B}}T)$，其随着密度平滑变化. 对于相互作用的气体粒子，如 van der Waals 从现象层面所描述的，可压缩性在 P-T 空间的临界点处发散. 可以严格地证明 $S(0) = \rho_{\mathrm{at}}\kappa_{\mathrm{T}}/\kappa_{\mathrm{B}}T$，这与理想气体的预期结果定量一致，即对于所有的 Q，$S(Q)=1$.

用文字陈述(4.16)式，就是结构因子依赖于原子密度对其平均值的偏离量的正弦傅立叶变换. 使这一陈述更清晰的方法是把(4.16)式重新写成

$$Q[S(Q)-1] = \int_0^{\infty}\mathcal{H}(r)\sin(Qr)\mathrm{d}r \tag{4.17}$$

其中 $\mathcal{H}(r) = 4\pi r[\rho(r)-\rho_0]$. 那么根据傅立叶变换的定义(见附录E)，通过反傅立叶变换可以得到$\mathcal{H}(r)$如下：

$$\mathcal{H}(r) = \frac{2}{\pi}\int_0^{\infty}Q[S(Q)-1]\sin(Qr)\mathrm{d}Q \tag{4.18}$$

重新整理，得到

$$g(r) = 1+\frac{1}{2\pi^2 r\rho_{\mathrm{at}}}\int_0^{\infty}Q[S(Q)-1]\sin(Qr)\mathrm{d}Q \tag{4.19}$$

因此液体或者玻璃的径向分布函数也就是描述了它的结构的函数，可以从测量到的结构因子利用(4.19)式的算法来算得.

---

① 这个术语可被视为有些不幸，因为液体结构因子是正比于其强度，而我们之前碰到的分子结构因子，以及晶体学中的结构因子均指幅度！

在推导非晶态结构因子((4.16)式)的过程中,隐含的假设是散射主要由弹性散射主导. 对刚性系统(如典型的结构用玻璃),这是一个合理的假设. 对液体就完全失效,因为液体没有严格的弹性散射. 然而,由于 X 射线的光子能量(约 10 keV)比液体中相关的激发模式的能量(对于扩散、声模(声子)等,是约 10 meV)要高得多,散射光子的能量的变化在大多数情况下,是感觉不到的小①. 从另一个角度看,也就是说在 X 射线散射实验中,等于对样品中所有可能的激发能量进行了积分. 在这种情况下,上面的等式就是严格的. 当这个等式不成立时,比如在中子散射中,入射中子的能量和体系元激发相当,就要进行修正.

虽然本节中的公式是在单种粒子系统发展出来的,它们可以很容易地拓展到更加复杂的,多组分的体系. 主要的概念性步骤是引入径向分布函数 $g_{ij}(r)$,它是用来描述原子种类 i 和原子种类 j 之间的关联. 这将导致所谓部分液体结构因子 $S_{ij}(Q)$的概念.

4.4.3 过冷液体的结构

液体凝固形成晶态固体时,其中一个最惊人的效应是过冷(supercooling):在远低于熔点的温度,其仍然有可能保持液体的亚稳相状态. 对于过渡金属镍的液态相,它的过冷可以低于熔点几百度,而对于水是几十度. 这一现象的解释由弗兰克在半个多世纪前提供[Frank, 1952]. 当从液体状态接近熔化温度可以预期的是,在液体中的原子会自发形成有序的团簇,团簇的结构显然将取决于所考虑的系统. 在这里我们专注于材料在固体相具有形式简单的密堆积结构,比如面心立方(fcc)或六方密堆积(hcp)结构(见第 5 章). 这些结构的每个原子有 12 个最近邻,因此可以合理地假设液体中的团簇也有类似的配位. 弗兰克的洞察是在 fcc 和 hcp 密堆之外,还有一个有 12 个近邻的堆积方式,即二十面体. 这个如图 4.10(a)所示的多面体包含 20 个等边三角形,它可以被看作在顶部和底部两个五角的金字塔,被一圈 10 个三角形支撑起来.

弗兰克认为,二十面体是由液体中原子所采用的最可能的排布,这是基于它以下的性质:二十面体 12 个顶点的笛卡儿坐标是$(0, \pm 1, \pm \phi)$及其两个循环排列,这里的 ϕ 为黄金分割数,$\phi=(1+\sqrt{5})/2$(见图 4.10(a)). 这些坐标给出每一个等边三角形边的长度为 2,读者可以很容易验证,但从原点到一个顶点的距离只有 1.902 1. 设想这些原子是球体,这个计算表明中心原子和其 12 个近邻相接触,但是其邻居之间互不接触,和 fcc 或者 hcp 的团簇不同. 这个结构因此更"开放",也因此是原子排列形成液体团簇的一个可能候选结构.

虽然原子的二十面体的排列对于一个孤立的团簇是允许的,但不可能试图通过堆叠二十面体的原子团簇来形成一个三维的填满空间的网络. 这最终是由于二十面体的五度对称性所决定的,这点在 5.2 节讨论准晶时还要深入探讨.

液-固相变因此不能简单地被当作二十面体的原子团的凝聚. 事实上在相变时必须要克服一个能量势垒,这起源于液体和固体倾向于不同的结构,这个势垒的存在解释了液体过冷现象的可能性. 用弗兰克自己的话来说,"(如果假设原子)成对地相互作用,其吸引能和排斥能项分别正比于 r^{-6} 和 r^{-12},可以算出一组 13 个原子的束缚能要比另外两种堆叠方式大 8.4%. 因此冷凝要涉及大量的重排,不仅仅是把相同种类的序从短程延伸到长程那么简单."

这里我们来描述两个金属液体的 X 射线研究,它们给弗兰克的建议提供了很强的实验

---

① 值得注意的是目前已开发出能够分辨亿分之一光子能量变化的 X 射线光谱仪,实际上,光子色散关系可以很常规地通过这样的仪器来测定.

支持.

1. 大块液体镍的散射

Lee 等人[2004]用同步辐射 X 射线衍射实验获得了足够的精度，从而推断出二十面体的团簇确实在大块镍的过冷液相出现.

从液体中获取准确散射数据的主要障碍之一，是实验必须设计为能够把盛放液体的容器的散射最小化. 这可不是一个微不足道的问题，但好在已经被用电力或者磁力悬浮样品的巧妙方法克服. 在图 4.9(a)和(b)中，我们展示了采用静电悬浮的金属液滴的图像. 这种不需要容器的技术也避免了任何对样品的沾污，特别是当样品保存在超高真空之中时. 凝结核也因此极少，有利于研究过冷液体. 样品的温度可以使用高功率激光加热来改变，如图 4.9(a)和(b)中的照片所示.

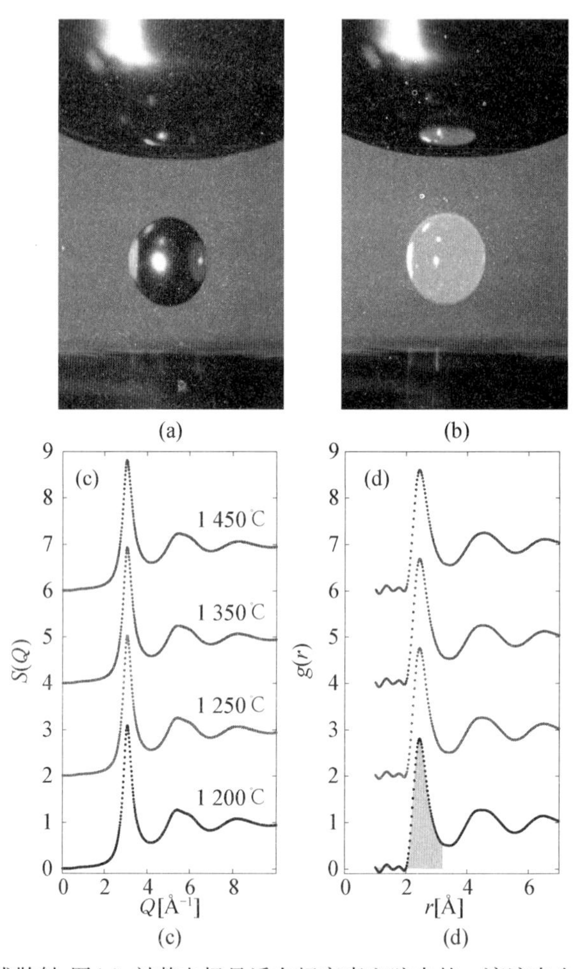

图 4.9　液态金属的 X 射线散射. 图(a)：被静电场悬浮在超高真空腔中的一滴液态金属的照片(直径约 2 mm). 图(b)：这样悬浮的液滴可以用激光加热，导致其灼发光. 图(a)和(b)中的金属样品是 $Ti_{39.5}Zr_{39.5}Ni_{21}$. 图(c)：不同温度下镍的液体 X 射线结构因子和波矢的关系，温度均低于其 1 455℃的熔点. 图(d)：用(4.19)式算出的液态镍的径向分布函数. 最下面曲线的阴影区对应于在最近邻壳层的配位数是 12.(照片承蒙美国航空航天局马歇尔太空飞行中心的 Jan Rogers 提供；数据承蒙华盛顿大学-圣路易斯分校的 K. F. Kelton 提供.)(本图可参见彩图 6.)

我们在图 4.9(c)给出了一滴用静电力悬浮着的液态镍的结构因子，它处于过冷的状态，低于它 1 455°的熔点[Lee 等，2004]. 很明显散射的总特征不改变，甚至在液体已经冷到比熔点低 200°. 同样明显的是这种方法产生的数据质量极高.

通过用(4.19)式来计算,可以把图 4.9(c)中的数据转换成图 4.9(d)中的径向分布函数.在给定温度,径向分布函数 $g(r)$随着 r 的改变呈现出一系列清晰的峰,并在较大的距离趋于1,正如预期的那样. $g(r)$的峰直接反映出液体中的某些特征距离处存在配位壳层,如图 4.8 所示意的.例如,$g(r)$第一个主要的峰来自 $r \approx 2.5$ Å 的 Ni 最近邻的壳层①.镍结晶于面心立方结构(见 5.1 节),在室温下的晶格参数有 $a = 3.52$ Å.在固相中其最近邻的距离因此是 $1a/\sqrt{2} \approx 2.5$ Å,接近在液体中看到的值.这说明虽然固体和液体是不同的相,但它们共享一些特性.对 fcc 结构,最近邻的数目正好等于 12.在液态镍的第一个配位壳层中最近邻的数目可以通过积分 $g(r)$的第一个峰来估算,如图 4.9(d)中在最底层的数据的灰色区域所展示的.显然,积分范围的选择在一定程度上是任意的.在最近邻壳层中的原子数目的平均值 N_{nn} 可以计算如下:

$$N_{nn} = \int_{r_1}^{r_2} \rho_{at} g(r) 4\pi r^2 \mathrm{d}r$$

这里 ρ_{at}是平均数密度.在图 4.9(d)中,下限 r_1 被选作 2,而上限 r_2 被选择为使得计算出的 $N_{nn} = 12$,这正是在固体中最近邻的数目,甚至是在一个二十面体中的数目.

对图 4.9(c)中数据更仔细的检查,揭示了散射在降温时表现出的微妙但重要的变化.特别是随着温度降低,在 $S(Q)$的第二个峰的右部(高 Q 侧)一个侧峰出现了.通过仔细比较数据与液体结构模型,可以证明这个侧峰反映了在过冷液体中的短程的二十面体序的形成[Lee 等,2004],正如弗兰克最早所建议的[1952].

2. 晶态硅表面上的液态铅的结构

取向的平均会使得原子团簇产生衍射图案模糊化,如在大团液体中发生过的.但这个问题被 Reichert 等人[2000]用巧妙的方法解决了.他们的想法是位于晶体界面处的液体,将感受到一个与晶体表面有同样对称性的势场的调制. Reichert 等人[2000]研究了和 Si(100)表面相接触的液态铅,这就对任何局域在界面附近的原子团簇施加了一个四度对称的势场(见图 4.10(b)).如果团簇具有五度对称,像在正二十面体或者其碎片中预期的那样,那么从与固体表面接触的液体的衍射应绕四度对称轴表现出周期性的变化,周期预计是 $2\pi/(4 \cdot 5) = 2\pi/20$.实现这个实验的主要挑战是要把衍射限制到只在和固体表面接触的液态上. Reichert 等人[2000]利用掠入射衍射实验布局来激发液体中的衰逝波(见第 3 章),从而实现了这一点.

Reichert 等人[2000]使用的实验布局在图 4.10(c)中示出,其中一个窄束的 X 射线以 0.032°的掠射角入射到硅单晶. X 射线能量选得足够高,这样光束事实上在和液铅作用之前已从侧面穿过了硅.根据(3.3)式,固液界面的临界角 α_c 正比于 Si 和 Pb 的电子密度差的平方根,亦即 $\alpha_c = \sqrt{4\pi r_0(\rho_{Pb} - \rho_{Si})}/k = 0.705(\mathrm{mrad}) = 0.04°$.根据(3.18)式,并为了简单起见,忽略吸收的影响,计算得衰逝波在铅的穿透深度为 $\Lambda = 32$ Å.这个值与入射光束的穿透有关,依赖于具体实验如何进行,实际实验中的穿透深度会和这个值有所不同,因为还要考虑出射波的影响.重要的事实是,X 射线束只对在硅界面附近几纳米的铅液进行了测量.

图 4.10(d)给出了从与晶体硅接触附近区域的铅液的衍射图案.强度随传递波矢的变化和对液体散射的预期一致.随着 Q 逐步从零增大,强度快速增加,并在 2.18 Å^{-1}附近形成一个尖锐的峰,和从大团液体的散射中看到的值接近.此后就观察到数个振荡,直到强度在大的动

① $g(r)$上在 $r < 2$ Å 一侧的振荡是个实验假象,其原因是 $S(Q)$只能测量到有限大的 Q 值.因为傅立叶变换的特性,对于 $r < 1/Q$, $g(r)$ 无法通过数据确定.

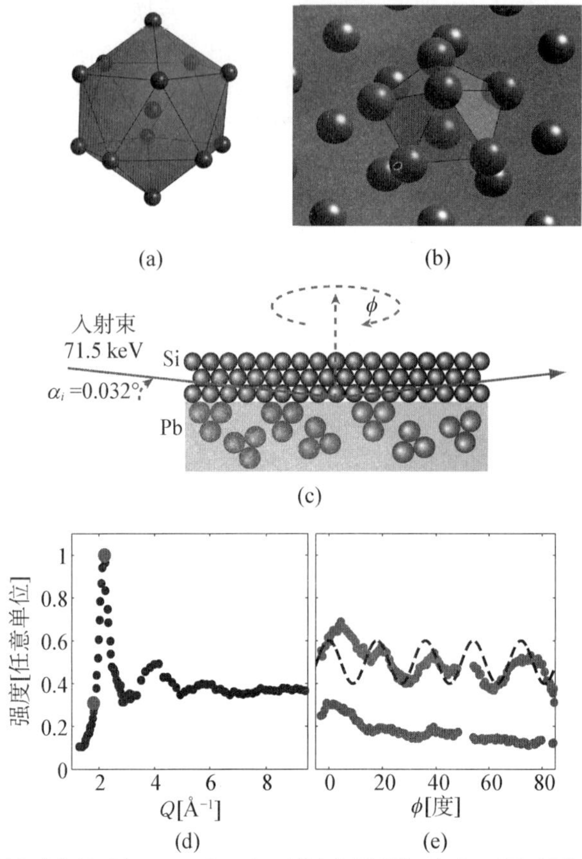

图 4.10 液态铅的五度局域对称性. 图(a):一个二十面体原子团簇,在中心原子周围有 12 个近邻. 图(b):硅的(100)面上液体片段的瞬时快照. 该片段由 5 个稍微扭曲的四面体构成,并且绕硅的(100)四度轴具有五度对称. 在这里给出的例子中,在旋转角 $\phi_n = 2\pi n/20$, n 是整数的时候,该片段和下面硅表面之间的电子密度的投影的重叠最小. 图(c):用来测量硅表面上液铅散射的布局示意图. 图(d):液态铅的结构因子和波矢的关系,测量中 X 射线的入射角 $\alpha_i = 0.032\,8°$,小于其临界角. 在红色和绿色的符号表示的 Q 值处,还进一步通过旋转样品改变 ϕ 来测量液体结构因子的各向异性. 图(d)硅上面液铅的液态结构随 ϕ 的改变.(数据承蒙 Harald Reichert 提供.)(本图可参见彩图 7.)

量转移处饱合成一个常数. Reichert 等人[2000]采用的实验装置的一个新功能是可以绕垂直轴(该轴在图 4.10(c)中标为 ϕ)旋转装有样品的整个超高真空腔体,进一步固定探测器角度 2θ,扫描 ϕ 来采集数据. 对大团液体来说,这样扫描得到的强度一定和 ϕ 无关. 但是对于和硅相接触的铅液来说,就看到了一个非常不同的结果,散射强度随着 ϕ 在 90°范围内扫描,表现出明显的五次振荡(图 4.10(e)). 对这些结果的拟合非常支持如图 4.10(b)中所示的液态铅团簇的存在. 因为 Si 表面的四度对称不可能引发有五度对称的 Pb 团簇,这个工作因此提供了在单一金属元素的液体中存在聚四面体团簇的明确证明.

4.5 小角 X 光散射(SAXS)

现在我们回头来研究(4.15)式右边的第三项,我们认为它在小传递波矢时对散射有贡献,或者等价地仅在低散射角时有贡献. 这一项以无量纲的形式给出了小角散射强度,可以改写为

$$I^{\mathrm{SAXS}}(\boldsymbol{Q})=f^2\sum_n\int_V\rho_{\mathrm{at}}\mathrm{e}^{\mathrm{i}\boldsymbol{Q}\cdot(\boldsymbol{r}_n-\boldsymbol{r}_m)}\mathrm{d}V_m=f^2\sum_N\mathrm{e}^{\mathrm{i}\boldsymbol{Q}\cdot\boldsymbol{r}_n}\int_V\rho_{\mathrm{at}}\mathrm{e}^{-\mathrm{i}\boldsymbol{Q}\cdot\boldsymbol{r}_m}\mathrm{d}V_m$$

和早些在第 89 页的分析类似,在上式右边的求和可由积分代替,得

$$I^{\mathrm{SAXS}}(\boldsymbol{Q})=f^2\int_V\rho_{\mathrm{at}}\mathrm{e}^{\mathrm{i}\boldsymbol{Q}\cdot\boldsymbol{r}_n}\mathrm{d}V_n\int_V\rho_{\mathrm{at}}\mathrm{e}^{-\mathrm{i}\boldsymbol{Q}\cdot\boldsymbol{r}_m}\mathrm{d}V_m$$

通过充分平均(正如在小角散射通常发生的),成为

$$I^{\mathrm{SAXS}}(\boldsymbol{Q})=\left|\int_V\rho_{sl}\mathrm{e}^{\mathrm{i}\boldsymbol{Q}\cdot\boldsymbol{r}}\mathrm{d}V\right|^2 \tag{4.20}$$

这里我们引入 $\rho_{sl}=f\rho_{\mathrm{at}}$,它再乘以 r_0 就得到了散射长度密度.

读者可能会根据之前讨论过的原子形状因子(见 4.2 节)辨认出(4.20)式的形式.虽然这些公式在形式上相同(理应如此,因为它们只不过都反映了散射强度是电荷密度傅立叶变换这一事实),但有个关键的区别是与典型原子间距相比,在这里我们关心的是很大物体的散射.这将把我们感兴趣的散射限制在小角度,并且允许通过一系列简化的假设来分析散射.

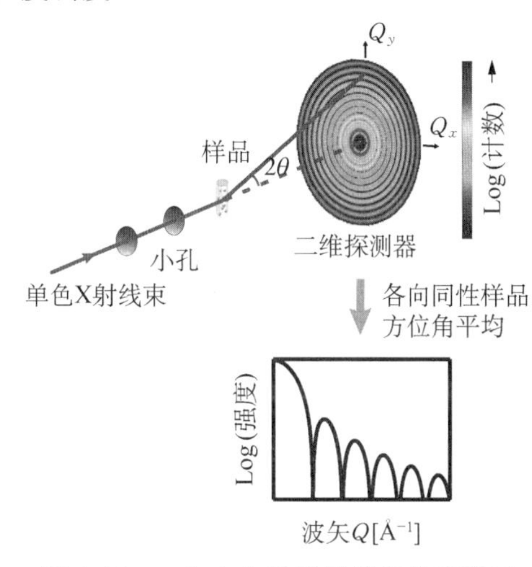

图 4.11 一个小角 X 射线散射光束线示意图.单色 X 射线束利用一套小孔来准直之后照射到样品上.散射束由一个两维的位置敏感的探测器(position sensitive detector,或 PSD)来探测.对于各向同性的样品,散射可以先对方位角取平均,从而得到一个散射强度对应于传递波矢的图.(本图可参见彩图 8.)

如图 4.11 所示,用来确定大尺度结构小角散射的典型光束线实验布置非常简单.X 射线先通过一个单色器(没有画出来),再用一系列的小孔来控制其角度发散.然后入射到样品上,最后它被样品以小角度散射到探测器上.现代的小角散射(small-angle X-ray scattering,或 SAXS)光束线,都使用两维位置敏感的探测器.这种探测器的每个像素点记录它在一个给定的时间内接收的散射光子数,因此,图像是由散射强度随传递波矢(大致垂直于入射束的两个分量)的变化构成.

4.5.1 孤立颗粒的形状因子

可以分析的最简单的例子是分子,或者更一般地说是颗粒的稀溶液,这样颗粒间的关联可以忽略不计.假设颗粒是一样的,每个颗粒散射长度、密度是均匀的,并且表示为 $\rho_{sl,p}$,而溶剂的是 $\rho_{sl,0}$,那么根据(4.20)式,单个颗粒的散射强度是

$$I_1^{\mathrm{SAXS}}(\boldsymbol{Q})=(\rho_{sl,p}-\rho_{sl,0})^2\left|\int_{V_{\mathrm{p}}}\mathrm{e}^{\mathrm{i}\boldsymbol{Q}\cdot\boldsymbol{r}}\mathrm{d}V_{\mathrm{p}}\right|^2$$

这里 V_{p} 是颗粒的体积.通过引入单颗粒形状因子①,

$$\mathcal{F}(\boldsymbol{Q})=\frac{1}{V_{\mathrm{p}}}\int_{V_{\mathrm{p}}}\mathrm{e}^{\mathrm{i}\boldsymbol{Q}\cdot\boldsymbol{r}}\mathrm{d}V_{\mathrm{p}} \tag{4.21}$$

① 在小角散射的文献中,形状因子经常被定义为 $\mathcal{P}(\boldsymbol{Q})=|\mathcal{F}(\boldsymbol{Q})|^2$.也就是说,它指的是强度,而不是振幅.

这就有

$$\boxed{I_1^{\mathrm{SAXS}}(\boldsymbol{Q}) = \Delta\rho^2 V_{\mathrm{p}}^2 \mid \mathcal{F}(\boldsymbol{Q}) \mid^2} \tag{4.22}$$

其中 $\Delta\rho = (\rho_{\mathscr{A},\,p} - \rho_{\mathscr{A},\,0})$.

形状因子依赖于颗粒的形态(包括尺寸和形状),通过在其体积 V_{p} 上的积分得到. 不幸的是,形状因子的计算只有在极少数情况下才能解析地进行. 当解析计算不可能时,相关的积分只能作数值计算. 可能最简单的情况是具有均匀电子密度的球,令其半径为 R,形状因子可以很容易地计算如下:

$$\begin{aligned}\mathcal{F}(\boldsymbol{Q}) &= \frac{1}{V_{\mathrm{p}}}\int_0^R\int_0^{2\pi}\int_0^{\pi} \mathrm{e}^{\mathrm{i}Qr\cos\theta} r^2 \sin\theta \mathrm{d}\theta\mathrm{d}\phi\mathrm{d}r = \frac{1}{V_{\mathrm{p}}}\int_0^R 4\pi\,\frac{\sin(Qr)}{Qr} r^2\,\mathrm{d}r \\ &= 3\left[\frac{\sin(QR) - QR\cos(QR)}{Q^3R^3}\right] \equiv \frac{3J_1(QR)}{QR}\end{aligned} \tag{4.23}$$

这里 $J_1(x)$是第一类贝塞尔函数. 在图 4.12(a)和(b)中,我们演示了 $|\mathcal{F}(\boldsymbol{Q})|^2$ 随着颗粒尺寸的变化,为此,我们给出了两个不同半径的球的数据.

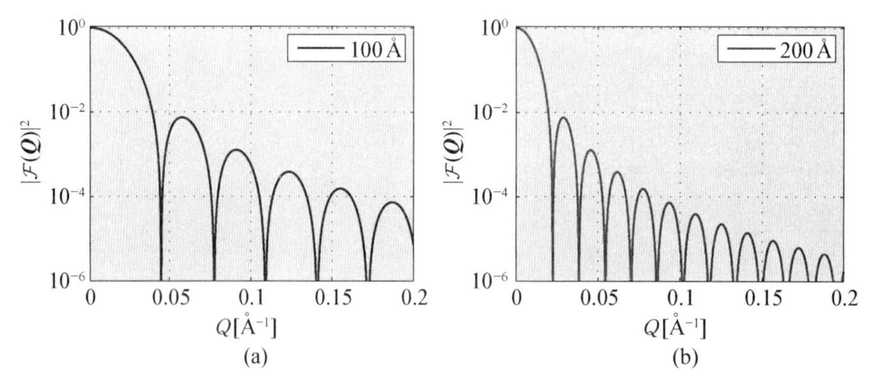

图 4.12 计算出的从一个球的小角散射((4.23)式). 图(a):半径 $R = 100$ Å;图(b):半径 $R = 200$ Å.

对于 $Q = 0$, $|\mathcal{F}(\boldsymbol{Q})|^2 = 1$,根据(4.22)式,单个颗粒的散射强度是 $I_1^{\mathrm{SAXS}}(0) = \Delta\rho^2 V_{\mathrm{p}}^2$. 这个结果正是预期的,因为所有前向散射的电子是同相的,介质中某颗粒的散射强度必然正比于超出介质本底的电子数的平方.(见第 82 页有关原子形状因子的讨论.)如果需要,强度可以以绝对单位确定,这需要引入额外的 r_0^2 因子,以及用入射光的强度 I_0 来归一化. 在有限的 Q,强度迅速下降,且 SAXS 强度明显具有很强的振荡,其振荡周期和球体的半径成反比. 第 241 页的图 9.20 给出一个二氧化硅微球的 SAXS 例子,在所观察到的散射强度中振荡清晰可见.

通过考虑$\mathcal{F}(\boldsymbol{Q})$的极限情况,可以更深入地了解颗粒形态的信息是如何体现在 SAXS 测量中的. 在第一个例子中,我们将使用一个球体的具体例子,然后指出所产生的概念可以推广到其他形状的颗粒.

4.5.2 长波极限:Guinier 分析

在长波极限下, $QR \to 0$, 把(4.23)式中的三角函数作适当展开,可得

$$\mathcal{F}(\boldsymbol{Q}) \approx \frac{3}{Q^3R^3}\left[QR - \frac{Q^3R^3}{6} + \frac{Q^5R^5}{120} - \cdots - QR\left(1 - \frac{Q^2R^2}{2} + \frac{Q^4R^4}{24} - \cdots\right)\right]$$

这可简化为

$$\mathcal{F}(\boldsymbol{Q}) \approx 1 - \frac{Q^2R^2}{10}$$

因此,根据(4.22)式,长波极限下的强度可以写成

$$I_1^{\mathrm{SAXS}}(\boldsymbol{Q}) \approx \Delta\rho^2 V_{\mathrm{p}}^2\left[1 - \frac{Q^2R^2}{10}\right]^2 \approx \Delta\rho^2 V_{\mathrm{p}}^2\left[1 - \frac{Q^2R^2}{5}\right]$$

这个等式表明,在长波极限下,散射强度随着波矢的增加而减少,可以用来决定颗粒的半径 R. 上式右边通常被写作指数形式[①],即

$$S_1^{\mathrm{SAXS}}(Q) \approx \Delta\rho^2 V_{\mathrm{p}}^2 \mathrm{e}^{-Q^2R^2/5},\ QR \ll 1 \tag{4.24}$$

然后通过画出 $\log_e(I_1^{\mathrm{SAXS}}(\boldsymbol{Q}))$ 随 Q^2 的变化,就可得到一条斜率等于 $-R^2/5$ 的直线,从而可以确定小球的半径. 上述公式最早是 Guinier 推导出来的,为了纪念 Guinier,在长波极限下的小角散射分析以他的名字命名. 在图 4.13(a)中,我们给出不同半径小球的 Guinier 图,这验证了如果恰当地作图,长波极限下的 SAXS 数据将渐近趋于一个斜率正比于颗粒半径平方的直线.

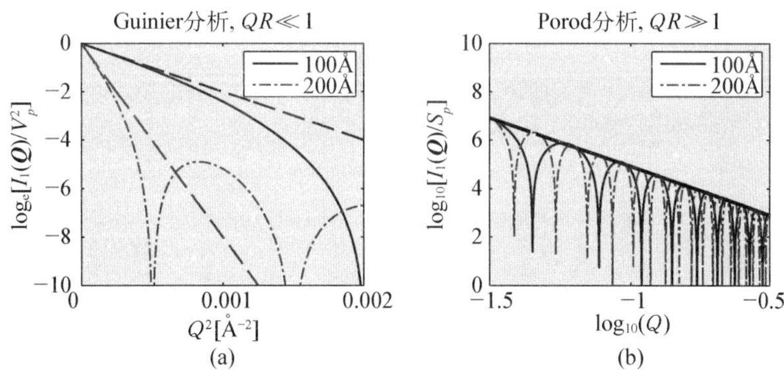

图 4.13 球体的小角散射的极限形式((4.23)式). 图(a):Guinier 分析适用于长波长极限($QR \ll 1$),此时,强度 $I_1(\boldsymbol{Q})$正比于 $\exp(-Q^2R^2/5)$((4.24)式). $I_1(\boldsymbol{Q})$对 Q^2 的图,因此应该产生一条梯度为$-R^2/5$ 的线,如虚线表示. 图(b):在短波长 $QR \gg 1$,即 Porod 区,对球体来说,强度以 $1/Q^4$ 的形式衰减((4.27)式). 在双对数坐标中,Q 的一个量级导致纵坐标减小 4 个量级,即幂律中的幂指数为 4. 为了简单起见,我们设图(a)和(b)中的 $\Delta\rho$ 等于 1.

Guinier 分析不仅适用于球体,而且适用于任意形状颗粒形成的稀疏体系的小角散射. 在这种情况下,小球半径应该替换成更广义的颗粒尺寸的度量,又被叫做回转半径(radius of gyration).

颗粒的回转半径 R_G 定义为到颗粒重心的均方根距离. 如果散射长度密度是均匀分布的,并且具有球对称,回转半径由下式给出:

$$R_g^2 = \frac{1}{V_{\mathrm{p}}}\int_{V_{\mathrm{p}}} r^2 \mathrm{d}V_{\mathrm{p}}$$

通常,散射长度密度在空间各点的值不同,要得到回转半径,首先计算

① $\mathrm{e}^{-x} \approx 1 - x$.

$$R_g^2 = \frac{\int_{V_p} \rho_{\mathscr{A},p}(\boldsymbol{r}) r^2 \mathrm{d}V_p}{\int_{V_p} \rho_{\mathscr{A},p}(\boldsymbol{r}) \mathrm{d}V_p} \tag{4.25}$$

然后进行一个取向平均.在大多数情况下,所需积分通常只能用数值方法计算.除非是球体,可以容易证明它的回转半径是 $R_G^2 = \frac{3}{5}R^2$. 这使得我们可以重新把(4.24)式写成

$$I_1^{\mathrm{SAXS}}(\boldsymbol{Q}) \approx \Delta\rho^2 V_p^2 \mathrm{e}^{-Q^2 R_g^2/3} \tag{4.26}$$

这可用来从 Guinier 图中提取回转半径.虽然(4.26)式是从一个密度均匀的球形颗粒的特殊情况推导出来的,但是可以证明它一般都正确.

4.5.3 短波极限:Porod 分析

对于和颗粒尺寸差不多大小的波长而言,即 $QR \gg 1$,但是仍然比原子间距要大,球体的形状因子可以展开为

$$\mathcal{F}(\boldsymbol{Q}) = 3\left[\frac{\sin(QR)}{Q^3R^3} - \frac{\cos(QR)}{Q^2R^2}\right] \approx 3\left[-\frac{\cos(QR)}{Q^2R^2}\right]$$

当 $QR \gg 1$, $\cos^2(QR)$ 随着 $\boldsymbol{Q}$ 快速振荡,其平均值为 1/2,那么强度可以写为

$$I_1^{\mathrm{SAXS}}(\boldsymbol{Q}) = 9\Delta\rho^2 V_p^2 \frac{\langle\cos^2(QR)\rangle}{Q^4R^4} = 9\Delta\rho^2 V_p^2 \frac{1}{2}\frac{1}{Q^4R^4}$$

注意到球体体积 V_p 和面积 S_p 的关系, $V_p^2 = [(4\pi/3)R^3]^2 = (4\pi/9)R^4 S_p$,于是有

$$I_1^{\mathrm{SAXS}}(\boldsymbol{Q}) = \frac{2\pi\Delta\rho^2}{Q^4} S_p \tag{4.27}$$

因此在短波极限下的 SAXS 强度也被称为 Porod 区间,正比于球体的表面积,反比于 Q^4. 这演示在图 4.13(b)中,我们把计算出的强度由表面积来归一.虽然两种球体对应的振荡有不同周期,因为它们必须如此,但在双对数坐标图上,两条曲线的平均值均以(−4)的梯度减小,如图 4.13(b)中的虚线所示.

事实上,在 Porod 区间的散射强度随传递波矢的变化对颗粒的形状很敏感,包括它的维度.这种依赖性要在 4.5.5 节来探讨.

4.5.4 形状因子随颗粒形状的变化

本节中我们继续讨论单个颗粒形状因子是如何依赖于颗粒形状的.形状因子必须随着颗粒形状改变在(4.21)式中就很清楚了,因为对于三维颗粒要牵涉对颗粒体积 V_p 的积分.如前所述,取向平均的形状因子的解析计算,只能对极少数的几种颗粒形状进行.除此之外,就需要用数值积分的方法来计算形状因子. Pedersen[2002]已经汇编了各种形状的颗粒的形状因子.

可以证明,形状因子对颗粒的维度比较敏感.要获得对这一事实的理解,无需通过详细计

算,只要研究三维积分元 dV_p 自己是怎么随着维度变化的.我们已经考虑过一个三维的物体,比如球体,它的积分元是 $dV_p = 4\pi r^2 dr$,因此(4.21)式中的被积函数以 r^2 形式变化.二维物体的一个例子是一个无限薄盘,令其半径为 R,它的积分元是面积 $dA_p = 2\pi r dr$.为了得到所有维度下的情况,我们再考虑一个长度为 L 的无限细的杆,作为一维物体的例子.在这种情况下,积分元是与 r 无关的常数.因此,当采样的长度尺度小于颗粒本身时,形状因子显示出特征的幂律关系 r^a,且幂指数依赖于颗粒的维度.因此,在改变传递波矢(正比于长度的倒数)的散射实验中,应该能看到 Q 的幂指数规律,并据此可以确定颗粒的维数.

在表 4.2 中,我们给出了上述 3 种不同维度代表性物体的形状因子表达式.无限薄盘和细杆的形状因子的推导没有在这里给出,因为就我们当前的目的而言,引用这些结果就已经足够了.表 4.2 中列出的几种形状因子画在图 4.14 中进行比较.为了便于比较,形状因子被表达为 Q 和回转半径 R_g 的积的函数.当画在线性坐标系中时(图 4.14(a)),形状因子在 QR_g 大于 2 时有明显的较大差别.当更大范围的形状因子画在双对数坐标系中时(图 4.14(b)),这些差别甚至更明显.在 Porod 区间形状因子对于 Q 的渐进依赖关系,对于 $d = 3, 2$ 和 1 维,分别是 $\mathcal{F}(\boldsymbol{Q}) \propto Q^{-4}$, Q^{-2} 和 Q^{-1}.

表 4.2 *SAXS* 单颗粒形状因子 $\mathcal{F}(Q)$、回转半径 R_g 和 Porod 指数随维度 d 的变化

	$\lvert\mathcal{F}(\boldsymbol{Q})\rvert^2$	回转半径 R_g	Porod 指数 n
球体 ($d=3$)	$\left(\frac{3J_1(QR)^2}{QR}\right)^2$	$\sqrt{\frac{3}{5}}R$	-4
薄圆盘 ($d=2$)	$\frac{2}{Q^2R^2}\left(1-\frac{J_1(2QR)}{QR}\right)$	$\sqrt{\frac{1}{2}}R$	-2
细杆 ($d=1$)	$\frac{2\mathrm{Si}(QL)}{QL}-\frac{4\sin^2(QL/2)}{Q^2L^2}$	$\sqrt{\frac{1}{12}}L$	-1

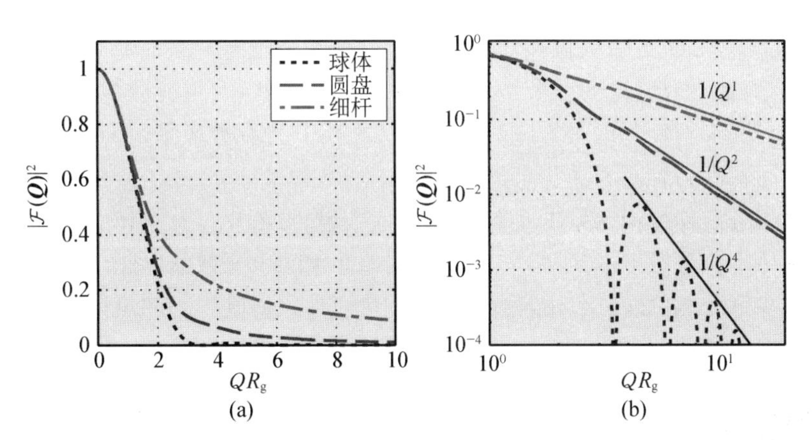

图 4.14 ★小角散射形状因子对颗粒维度依赖性的演示.这里 $|\mathcal{F}(\boldsymbol{Q})|^2$ 被画作波矢 $\boldsymbol{Q}$ 和回转半径 R_g 的积的函数形式.图(a):球体($d=3$)、薄盘($d=2$)和细杆($d=1$)的形状因子(见表 4.2).图(b):形状因子在大 Q 时的渐近行为是以幂律的形式,指数取决于维度:$\mathcal{F}(\boldsymbol{Q}) \propto Q^{-4}$, Q^{-2} 及 Q^{-1},分别对应 $d=3, 2$ 和 1.

很重要的是要意识到从实验推断出的表观维度可能会随着所考虑的散射矢的范围而改变.原因是不同的传递波矢探测不同的实空间长度尺度,一个物体如何体现其自身取决于研究它所采用的尺度大小. 例如,聚合物用小角散射技术广泛研究. 简单的多聚物是由一段段(单体)结合形成的长链分子. 在不同的溶剂里,分子链可以处在延展或者收缩的形态. 对于足够大的散射矢,前者的散射以 $1/Q$ 的形式下降,而后者是以 $1/Q^4$ 的形式. 在溶剂的某个临界浓度,聚合物的结构可被描述为在三维中的随机行走,此时会发现强度以 $1/Q^2$ 的形式变化. 无论聚合物采用何种整体结构,这个问题中存在一个最小的长度尺度(即一个单体的长度),因此在最高的传递波矢(对应最小的实空间长度尺度)附近,散射必须以 $1/Q$ 的形式下降,即一个刚性杆的特征行为.

4.5.5 多分散性

到目前为止,我们已经分析了一个稀疏(因而无相互作用)的相同颗粒集合的小角散射. 特别是我们假定所有的颗粒具有相同的大小. 这样一个集合被称为单分散的(monodispersed). 当这个假设不再成立时(在处理实际系统时或多或少常会发生),散射系统就叫做多分散的(polydispersed). 毋庸置疑,多分散性的存在确实让 SAXS 实验分析更为复杂,但反过来说,这个技术的优势就是它能够提供颗粒尺寸分布信息.

如果颗粒尺寸 R 的分布由函数 $D(R)$ 来表示,那么在体系具有多分散性时,(4.20)式必须改为

$$I(\boldsymbol{Q}) = \Delta\rho^2 \int_0^\infty D(R) V_{\mathrm{p}}(R)^2 \mid \mathcal{F}(\boldsymbol{Q},\ R) \mid^2 \mathrm{d}R \tag{4.28}$$

颗粒尺寸分布函数需满足归一化条件 $\int_0^\infty D(R)\mathrm{d}R = 1$. 虽然可以根据具体的问题,使用不同的函数来表示颗粒的尺寸分布,但一个特定的函数(Schulz 函数)在小角散射研究中特别受欢迎,其定义是

$$D(R) = \left[\frac{z+1}{\bar{R}}\right]^{z+1} \frac{R^z}{\Gamma(z+1)} \exp\left(-(z+1)\frac{R}{\bar{R}}\right) \tag{4.29}$$

这里 $\bar{R}$ 是平均颗粒尺寸,z 是颗粒尺寸分布的度量,$D(R)$ 在 $z\to\infty$ 时趋于 δ 函数. Schulz 函数受欢迎的原因是对于如细杆、薄盘和小球等简单的颗粒形状,有可能获得(4.28)式的半解析的表达式(可参见如[Kotlarchyk 和 Chen, 1983]以及其中的参考文献). 对于 Schulz 分布,多分散度百分比是 $p = 100/\sqrt{z+1}$.

定性地讲多分散性使得 SAXS 曲线上的特征变模糊. 在图 4.15 中,我们给出计算出的逐步增大一个球体集合分散度的效果. 实线给出预期之中的单分散球体体系显著的强度振荡. 引入颗粒尺寸的少许分散,如 $p = 10\%$($z = 99$, 虚线)导致强度振荡的迅速衰减,把分散度加倍到 $p = 20\%$($z = 24$, 点划线)时,强度振荡几近消失.

4.5.6 颗粒间相互作用

我们现在简短地讨论如何把发展到目前的理论进一步扩展,来描述高浓度颗粒系统的小角散射. 和 4.4 节中考虑过的致密原子液体的散射类比,颗粒间的关联可以通过引入结构因子 $S(\boldsymbol{Q})$((4.16)式)来计入,那么(4.22)式需要修改为

$$\boxed{I^{\mathrm{SAXS}}(\boldsymbol{Q}) = \Delta\rho^2 V_{\mathrm{p}}^2 \mid \mathcal{F}(\boldsymbol{Q}) \mid^2 S(\boldsymbol{Q})} \tag{4.30}$$

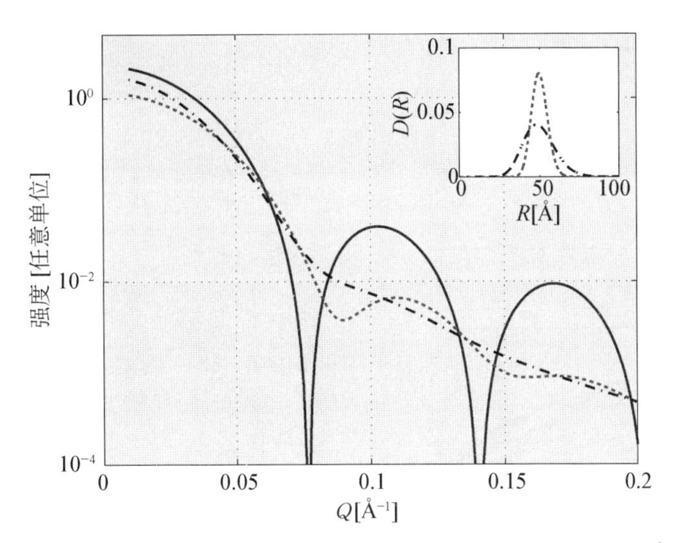

图 4.15 ★计算出的由多分散性对 SAXS 曲线的影响. 实线:球形颗粒,半径 $R=50$ Å((4.23)式). 虚线:由 Schulz 分布((4.29)式)所描述的颗粒的平均形状因子,$\bar{R}=50$ Å,多分散度 $p=10\%(z=99)$(见插图). 点划线:当 $\bar{R}=50$ Å 和 $p=20\%(z=24)$(见插图)时,颗粒体系的平均形状因子.

因此从最稀释的极限开始,增加颗粒浓度,会逐步导致强度对 Q 的曲线上出现额外的峰,与图 4.10和图 4.9 中类似.

在考虑 SAXS 应用实例之前,值得一提的是这一节中推导出的公式里只有很少几个是仅限于此技术的,它们大部分也适用于中子小角散射(small angle neutron scattering, SANS). 其中要做的最重要修改是在把测得的强度转换为绝对单位时. 对于 SANS 的情况,要使用适当加权的中子散射长度 b_i^2 来代替 r_0^2.

4.5.7 胶束到囊泡转变的动力学

某些类型的有机分子有自组织的倾向,形成各种各样有序结构的聚集体. 这种行为尤其会发生在具有表面活性的分子中,也被称为表面活性剂. 形成表面活性剂的有机分子有两亲性,由一个亲水性的头基团和疏水性的尾基团构成. 表面活性剂形成的结构范围多种多样,从简单的颗粒样的结构,包括胶束(micelle)和囊泡(vesicle),到延展的物体(如双层结构和膜),甚至晶态形式的物质. SAXS 和它的姊妹技术中子小角散射 SANS,是研究这些结构的理想技术.

在这里我们考虑一个用时间分辨的 SAXS 研究在两种不同类型的胶束混合之后,胶束向囊泡转变的例子[Weiss 等,2005]. 实验是在法国 Grenoble 的 ESRF 同步辐射 ID2 光束线进行. 这个实验的一个显著特征是结合了一种快速的二维探测器和高强度的入射光,这就允许在持续几毫秒的曝光时间内即可完成一个完整的 SAXS 测量.

图 4.16(a)的插图中给出在混合之前两种胶束的结构示意图. 胶束 M_1 和 M_2 分别是杆状和球状. (胶束的化学式等细节以及其他实验的重要信息可参见文献[Weiss 等,2005].)它们的形态可由图 4.16(a)中的 SAXS 数据确认. M_1 和 M_2 单独测量的数据和分别从柱体和球体小角散射的预期吻合得很好(如穿过数据的实线所示). 把 M_1 和 M_2 混合之后 5 ms 之内,M_1+M_2 的 SAXS 曲线显示结构发生了巨大的变化. 对数据的分析显示一个新的大得多的盘

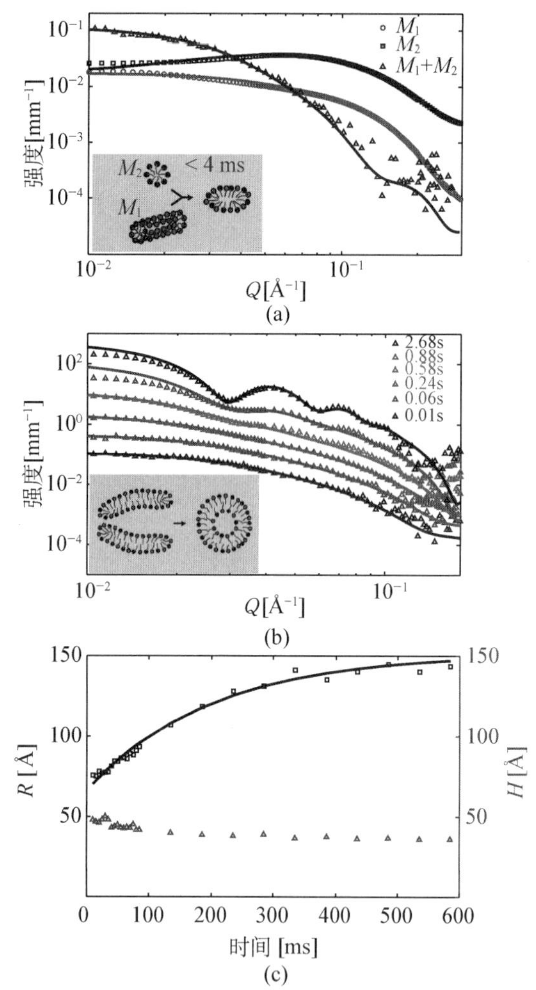

图 4.16 在表面活性剂混合物中胶束到囊泡转变的时间分辨的 SAXS 数据. 图(a):比较 3 种状况的 SAXS 数据. 分别是胶束 M_1(红色,小杆,半径 18.5 Å,长度 150 Å),M_2(黑色,小球,半径 10～12 Å),以及在 M_1+M_2 混合后 4 ms 内(蓝色). 穿过 M_1+M_2 数据的实线是从一个半径 $R=75$ Å 和高度 $H=48$ Å 的圆盘的散射((4.31)式). 图(b):M_1+M_2 的 SAXS 数据的时间演化. 这里不同时间数据的纵坐标使用了偏移量. 在大约 580 ms 以内的数据继续可以用(4.31)式(实线)来描述. 超出580 ms之后,SAXS 改变了形式,从而需要用从球壳的散射来描述((4.32)式). 图(c):圆盘参数在混合后 580 ms 内随时间的演化. 实线代表圆盘半径 R 指数生长的预期行为,时间常数$r=$ 198 ms.(数据承蒙 Theyencheri Narayan 提供.)(本图可参见彩图 9.)

状的胶束形成. 从半径 R 和高度 H 一个圆盘的小角散射强度是

$$I(\boldsymbol{Q})=V_{\mathrm{p}}^{2}\Delta\rho^{2}\int_{0}^{\pi/2}\left[\frac{2J_{1}(QR\sin\phi)}{QR\sin\phi}\right]^{2}\left[\frac{\sin(QH/2)\cos\phi}{(QH/2)\cos\phi}\right]^{2}\sin\phi\,\mathrm{d}\phi \tag{4.31}$$

其中 J_1 是第一类贝塞尔函数. 上式在 $R=75$ Å 和 $H=48$ Å 时对 M_1+M_2 数据拟合得很好. 图 4.16(a)中的拟合也表明胶束尺寸的多分散度比较小.

图 4.16(b)显示了两种胶束混合物的 SAXS 数据的时间演化. 直到混合后大约 580 ms,SAXS 数据一直在比较平稳地演化. 这在图 4.16(c)的数据分析中显而易见. 显然在这个时间段内,胶束形态的主要变化是其半径的平稳增长. 但 580 ms 之后,SAXS 数据出现了很清楚的振荡,而不能再用(4.31)式来拟合. 事实上,实际上此时 SAXS 数据表明胶束经历了一个转变,形成了囊泡,如图 4.16(b)的插图所示. 球壳状囊泡的小角散射表达式如下:

$$I(\boldsymbol{Q})=16\pi^{2}\Delta\rho^{2}\left[R_{2}^{2}\frac{J_{1}(QR_{2})}{Q}-R_{1}^{2}\frac{J_{1}(QR_{1})}{Q}\right]^{2} \tag{4.32}$$

这个等式由(4.23)式直接推广而来. 检查图 4.16(b)可见,(4.32)式再通过合适的修订来包含多分散性的影响,可以很好地解释 $t>$ 580 ms 的数据. 在这个时间段中,主要的结构变化是囊泡平均半径的增加,从数据上直接表现为强度振荡向低 Q 端移动. 实验数据和理论在低 Q 值上的偏差是由于颗粒间相互作用的重要性增加,而这没有包括在分析中. 紧接着混合之后,圆盘状胶束的生长由降低边缘能所驱动. 在后期当它们的尺寸超出临界值,双层结构的弯曲能倾向于把圆盘弯曲成囊泡.

这个例子不仅演示了 SAXS 实验可以给出详细的结构信息,而且展示了这个领域的未来方向,那时更亮的光源甚至能够提供更短时间尺度的数据,允许对化学和生物过程进行原位测量.

4.6 深入阅读材料

[1] *X-ray Diffraction*, B.E. Warren (Dover Publications, 1990)
[2] *International Tables of Crystallography* (Kluwer Academic Publishers)
[3] *Introduction to the Theory of Thermal Neutron Scattering*, G. L. Squires (Dover, 1996)
[4] *An Introduction to the Liquid State*, P. A. Egelstaff (Oxford University Press, 1994)
[5] *Small-angle X-ray Scattering*, O. Glatter amd O. Kratky (Academic Press, 1982)
[6] *Introduction to Polymer Physics*, M. Doi (Oxford University Press, 1996)

4.7 习题

4.1 考虑图 4.4 中所示数据的非弹性成分相对弹性部分的能量偏移,估算康普顿散射中电子动量分布的半高全宽.

4.2 通过假定总的散射强度(即弹性和非弹性贡献的总和)是常数,等于 r_0^2/每个电子,可以估算从一个原子的康普顿散射的强度 I_C. 即:以电子的单位 $1 = I_C + |f_n(Q)|^2$, 其中 $f_n(Q)$ 是第 n 个电子对总原子形状因子的贡献,证明对于氦原子, $I_C = 2-2/(1+(Qa/2)^2)^4$, 其中 $a = a_0/(Z-z_s)$, 这里的符号具有它们通常的含义. 比较这个结果和在图 4.5(a)所示的计算结果.

4.3 考虑一个双原子分子(两个相同原子相距 a),每个原子形状因子为 $Z/[1+(Qa/20)^2]^2$. 计算散射的 X 射线的强度作为 Qa 的函数,并决定前两个强度最大值的 Qa 值.

4.4 一个线性三原子分子的中心原子和它的两个"邻居"不同,计算该分子的 X 射线散射强度. 可以假设两个外侧的原子相同,并取该分子的总长度为 $2a$. 验证在中心原子具有可忽略的散射长度的极限情况下,三原子分子散射强度的表达式可简化为一个双原子分子的.

4.5 X 射线和中子形状因子之间的差异(后者是一个常数,因为核相互作用势类似于 δ 函数)可以从气体分子的散射明显地看出来,例如, HgI_2 这个三原子线性分子的 Hg-I 键长是 2.65 Å. 计算和绘制 X 射线和中子散射强度,直至 Q 达到 12 $Å^{-1}$,并在 $Q = 0$ 处归一化为 1. 提示:Hg 和 I 的中子散射长度分别为 12.7 fm 和 5.3 fm. 对于 X 射线,可使用(4.10)式展开,并分别采用下面的 I 和 Hg 参数: $a = [20.1472, 18.9949, 7.5138, 2.2735]$, $b = [4.3470, 0.3814, 27.76, 66.8776]$, $c = 4.0712$; $a = [20.6809, 19.0417, 21.6575, 5.9676]$, $b = [0.545000, 8.44840, 1.57290, 38.3246]$, $c = 12.6089$.

4.6 布基球分子 C_{60} 的电子密度 $\rho(r)$ 可以近似为一个半径为 R 的薄球壳的电荷,

$$\rho(r) = \frac{A}{4\pi R^2}\delta(R-r)$$

决定分子 A,并用此近似计算分子形状因子.

4.7 若 $QR < 1.33$, 证明 Guinier 近似和球状粒子精确解的强度之间的相对差小于 1%.

4.8 数值证明当 $p=10\%(20\%)$ 时,$R=1$ 的 Schulz 分布的均方根宽度是 0.1(0.2).

4.9 证明囊泡的小角散射形式因子由(4.32)式给出.

4.10 (4.26)式是就均匀密度球形颗粒的具体情况推导出的.通过在小角散射的极限下,展开形状因子的定义((4.21)式)中的相位因子以确立其普适性.

5

运动学散射 II:晶体序

在晶体材料中的原子表现出长程位置有序,这在今天已经广为人知. 事实上这个由冯·劳厄(von Laue)、布拉格父子(the Braggs)及其他人做出的发现是 X 射线衍射发展初期的一个重大成就. 早期对元素和简单化合物研究中给出的结构图像是原子在三维空间有规律的周期性堆叠. 在这些开拓性工作的基础上,X 射线衍射技术在不同方向都获得了极大的发展. 例如,现在可以常规地研究复杂材料中的原子排列(包括蛋白质和其他生物分子,或者低维物体),如在两维表面上的体系. 此外,现代 X 射线源的高亮度,使数据能够在极短的时间间隔内被采集,如使用目前的自由电子激光的话,可小于 100 fm. 这开辟了研究化学、生物和其他随时间变化的过程的可能性. 另外,随着一类被称为准晶的新材料的发现,X 射线衍射甚至导致晶态有了新的定义. 这些材料可产生尖锐的衍射斑点,但通常缺乏与传统周期性的晶体结构相关的平移对称性. 在这一章中,我们描述晶体材料的 X 射线散射,并说明不同类型的长程有序如何通过衍射实验来揭示. 在本章中默认的一个假设是 X 射线散射是弱的,允许对它在运动学近似的框架内进行分析.(参见第 4 章的开始部分,我们在那里更详细地讨论了这一近似).

5.1 晶体的散射

我们的阐述从考虑传统晶体材料的 X 射线散射开始,这些材料中原子(或分子)形成具有平移对称性的周期性结构. 晶体的细致分类在固态物理学和晶体学的许多课本中有介绍,这里就不赘述. 我们只提醒一下读者们少量的某些重要的随后要用到的事实.

5.1.1 晶体结构:晶格和基元

晶态物质可以通过有规律地重复一个基本的结构单元来构筑,这种基本结构又被称为晶胞(unit cell),用以填充三维空间. 这些晶胞原点所处的点就形成一个假想的格子称为晶格,其可以存在于一维、两维、三维,甚至在某些数学模型更高维度中. 因而晶体的构造是通过指定晶格,然后在晶格上的每一个点放上去一个晶胞的原子(或分子),这些晶胞原子(或分子)称作基元(basis).

1. 晶格和晶胞

为了演示方便,我们来考虑两维晶格,它可以用一组矢量 $\boldsymbol{R}_n$ 来确立:

$$\boldsymbol{R}_n = n_1\boldsymbol{a}_1 + n_2\boldsymbol{a}_2 \tag{5.1}$$

这里 $\boldsymbol{a}_1$ 和 $\boldsymbol{a}_2$ 是晶格矢量,也叫格矢(lattice vector),而 n_1 和 n_2 是整数. 如图 5.1(a)所示的两维长方晶格的情况,矢量 $\boldsymbol{a}_1$ 和 $\boldsymbol{a}_2$ 就定义了晶胞,重要的是要意识到格矢的选择(包括它们的

原点)基本上是随意的. 例如,对于这里的两维长方晶格的情况,我们也可以同样选择 $\boldsymbol{a}'_2 = 2\boldsymbol{a}_2$,如图 5.1(b)所示. 然而对于任意晶格,我们总能选择合适的格矢,使得导致的晶胞面积(或者对于三维体系的体积)最小. 这样的晶胞又叫做原胞(primitive unit cell),原胞是由原始格矢(primitive lattice vector)来定义的. 由此可见,原胞只包含单个格点,这可以通过稍许平移原点来看出. 当我们对图 5.1(a)中画的晶胞进行该操作时,显而易见它确实是原始的,然而图5.1(b)的晶胞是非原始的. 根据这些讨论,似乎我们应该一直使用原胞,因为那似乎将最有希望、最大程度地降低任何可能的模糊性. 然而,在很多情况下,用非原胞反而更方便,一般是因为这样更容易观察结构. 对于被广泛使用的某种结构的晶胞,人们又称其为惯用(conventional)晶胞. 举例来说,我们在图 5.1(c)中给出了一个确实是原始的晶胞,但是它不易反映长方晶格的特征.

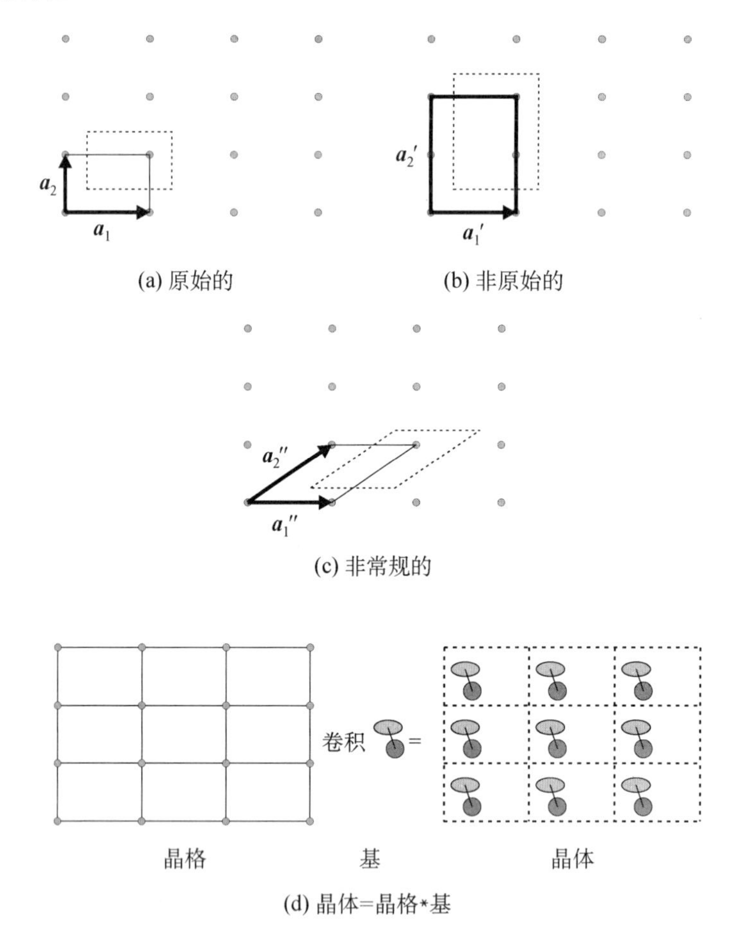

图 5.1 两维长方晶格的可能晶胞. 图(a):用 $\boldsymbol{a}_1$ 和 $\boldsymbol{a}_2$ 定义的原胞. 如果我们平移原点来产生一个新的晶胞(如虚线所示),那么显然此晶胞只包含一个格点,因此它是原始的. 这也是两维长方晶格常用的晶胞. 图(b):$\boldsymbol{a}'_1$ 和 $\boldsymbol{a}'_2$ 所定义的非原胞,这里 $\boldsymbol{a}'_2 = 2\boldsymbol{a}_2$. 通过平移其原点得到的晶胞看起来包含了两个格点. 图(c):$\boldsymbol{a}''_1$ 和 $\boldsymbol{a}''_2$ 所定义的原始的非常规的晶胞. 图(d):通过卷积(由符号"*"表示)晶格和基元来构筑两维晶体结构.

这些讨论当然同样适用于三维体系,在三维空间晶格可由一组格矢表达如下:

$$\boxed{\boldsymbol{R}_n = n_1\boldsymbol{a}_1 + n_2\boldsymbol{a}_2 + n_3\boldsymbol{a}_3} \tag{5.2}$$

这样确定的晶格具有反映其特征的对称性,不但包括了平移对称性,也包括了旋转对称性. 比如图 5.1 中的晶格具有一个穿过原点且垂直于纸面的两度旋转轴,这使得晶格可以被分类为不同的种类. 在 1845 年,布拉维(Bravais)指出两维体系有 5 种不同的晶格,能够满足(5.1)式(长方晶格只是其中之一),而三维体系有 14 种.

要完成晶体结构的描述,我们需要在每个格点放上一个由原子(或分子)构成的基元. 通过"晶格+基元"来构筑一个两维晶体,示意图可见图 5.1(d)中. 当基元可能的对称性与晶格的对称性结合在一起之后,结果发现所有的晶体结构可以被划分到 32 个可能的点群之一和 230 个可能的空间群(symmetry group)之一. 这些在晶体学的标准教科书中均有描述.

实空间中的晶格又叫做正晶格(direct lattice),用以与那些定义在其他空间中的格子区分.

2. 晶面和密勒指数

在图 5.2 中,我们标出了两维长方晶格的(10)和(21)面. 这个例子用来演示由密勒指数(Miller index)标志的晶面的两个重要性质. 第一个是格点的密度在给定的一组晶面上是相同的,且任何一组晶面都包含所有的格点;第二个是对于给定的一组晶面,相邻晶面是等间距的,因此就有可能定义晶格间距(lattice spacing)d_{hkl}. 比如,可以证明立方晶格的间距如下:

$$d_{hkl} = \frac{a}{\sqrt{h^2 + k^2 + l^2}} \tag{5.3}$$

这里 a 是晶格常数,我们会在后面证明.

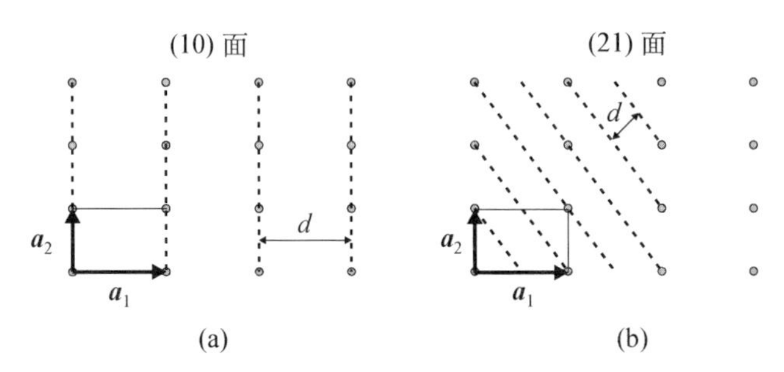

图 5.2 两维长方晶格的晶面和密勒指数. 图(a):(10)面;图(b):(21)面. 图中标注了这两种情况下晶面之间的 d 间距.

3. 晶体作为晶格和基元的卷积

从一个晶格和一个基元出发来合成晶体,在数学上可以很好地用两个函数的卷积来描述,卷积的定义见附录 E. 为了证明此事实,我们考虑晶格间距为 a 的一维晶体. 令函数$\mathcal{C}(x)$代表晶体,$\mathcal{L}(x)$和$\mathcal{B}(x)$分别描述晶格和基元. 使用数字语言,晶体结构可表示为函数

$$\mathcal{C}(x) = \sum_n \mathcal{B}(x - na)$$

这描述了一系列基元$\mathcal{B}(x)$的拷贝,它们之间的距离是 a. 晶格是一个纯粹数学构造,由一系列无限锐利的点构成,可以写为

$$\mathcal{L}(x) = \sum_n \delta(x - na) \tag{5.4}$$

这里 $\delta(x-na)$ 是狄拉克 δ 函数. 为了提醒读者,接下来有狄拉克 δ 函数的定义和性质. 代表晶

格和基元的函数的卷积就可以如下计算：

$$\mathcal{L}(x) * \mathcal{B}(x) = \int_{-\infty}^{\infty} \mathcal{L}(x_1)\mathcal{B}(x-x_1)\mathrm{d}x_1 = \int_{-\infty}^{\infty} \sum_n \delta(x_1 - na)\mathcal{B}(x-x_1)\mathrm{d}x_1$$
$$= \sum_n \int_{-\infty}^{\infty} \delta(x_1 - na)\mathcal{B}(x-x_1)\mathrm{d}x_1 = \sum_n \mathcal{B}(x-na) = \mathcal{C}(x)$$

这个证明可以很容易推广到高维.

5.1.2 散射振幅的分解

在介绍了描述晶体结构的一种方法之后，现在我们可以开始计算散射振幅. 从(4.3)式出发，由原子组成的晶态物质的散射振幅可以一般性地表述为

$$F^{\text{crystal}}(\boldsymbol{Q}) = \sum_{\ell}^{\text{所有原子}} f_\ell(\boldsymbol{Q})\mathrm{e}^{\mathrm{i}\boldsymbol{Q}\cdot\boldsymbol{r}_\ell}$$

这里 $f_\ell(\boldsymbol{Q})$是处于位置 $\boldsymbol{r}_\ell$ 处原子的原子形状因子，并且因子 r_0 已经被拿掉. 如图 5.1(d)所示，对于晶态材料，$\boldsymbol{r}_\ell = \boldsymbol{R}_n + \boldsymbol{r}_j$，其中 $\boldsymbol{R}_n$ 是格矢，而 $\boldsymbol{r}_j$ 标记了晶胞中一个原子的位置. 把原子中的位置矢量写成这种形式，便于把散射振幅分解成两项的乘积：

$$F^{\text{crystal}}(\boldsymbol{Q}) = \sum_{\boldsymbol{R}_n+\boldsymbol{r}_j}^{\text{所有原子}} f_j(\boldsymbol{Q})\mathrm{e}^{\mathrm{i}\boldsymbol{Q}\cdot(\boldsymbol{R}_n+\boldsymbol{r}_j)} = \overbrace{\sum_n \mathrm{e}^{\mathrm{i}\boldsymbol{Q}\cdot\boldsymbol{R}_n}}^{\text{晶格}} \overbrace{\sum_j f_j(\boldsymbol{Q})\mathrm{e}^{\mathrm{i}\boldsymbol{Q}\cdot\boldsymbol{r}_j}}^{\text{晶胞}} \tag{5.5}$$

其中的第一项是对晶格求和，而第二项是对基元中的原子求和，又称为晶胞结构因子，

$$F^{u.c.}(\boldsymbol{Q}) = \sum_j f_j(\boldsymbol{Q})\mathrm{e}^{\mathrm{i}\boldsymbol{Q}\cdot\boldsymbol{r}_j} \tag{5.6}$$

把晶态材料的散射振幅分解成晶格和基元两项的乘积的另一种方式是通过卷积定理. 在实空间(或正空间)中，如前所述，晶体结构可以描述为晶格和基元的卷积. 因为散射振幅其实就是晶体结构的傅立叶变换，根据卷积定理，它必须等于描述晶格和基元的两个函数的傅立叶变换的乘积. 而它们分别是晶格求和与晶胞结构因子，我们将在下面的章节分开来考虑.

狄拉克 δ 函数

一般来说，例如 e^x，$\sin(x)$等数学函数可以通过画图或者做表来表示. 但是狄拉克 δ 函数不行，它代表了某些函数的极限情况，这些函数具有峰值，可以是方形、三角形、高斯函数或洛伦兹函数，而当它们宽度趋于零时，面积保持不变.

狄拉克 δ 函数常用于有积分的场合. 当一个任意函数 $f(x)$乘以一个 δ 函数并且积分，根据定义，$f(x=0)$ 的结果是

$$f(0) = \int f(x)\delta(x)\mathrm{d}x$$

如果 δ 函数的变量不是 x，而是 x 的一个函数，比如说是 $t(x)$，那么可以使用下面的过程：

$$\int f(x)\delta(t(x))\mathrm{d}x = \int f(t(x))\delta(t)(\mathrm{d}t/\mathrm{d}x)^{-1}\mathrm{d}t = \left[f(t)(\mathrm{d}t/\mathrm{d}x)^{-1}\right]_{t=0}$$

举例来说，假设 $t(x) = x - a$，那么 $\mathrm{d}t/\mathrm{d}x = 1$，则有

$$\int f(x)\delta(x-a)\mathrm{d}x = f(a)$$

另一个线性函数是 $t(x) = x/a$:

$$\int f(x)\delta(x/a)\mathrm{d}x = af(0)$$

为了与洛伦兹因子的推导联系起来,我们应使用和计算

$$F(k) = \int x^2\delta(x^2 - k^2)\mathrm{d}x,\text{当 } k > 0$$

其中 $t = x^2 - k^2$,我们得到 $\mathrm{d}t/\mathrm{d}x = 2x$,因而有

$$F(k) = \left[\frac{x^2}{2x}\right]_{t=0} = \frac{k}{2}$$

或者换句话说,

$$1 = \frac{2}{k}\int x^2\delta(x^2 - k^2)\mathrm{d}x,\text{当 } k > 0$$

5.1.3 劳厄条件

虽然从概念上来讲,对晶格求和是计算晶态材料总散射振幅的其中一步,但在实践中,它和所有至今为止我们考虑过的求和有很大的不同. 其原因是在此求和中,项的数目是巨大的. 一个小的晶粒,每边可以为 1 μm 左右,大约是一个基矢(basis vector)长度的 10^4 倍,从而项的数量可达到 10^{12} 或以上. 每一项是复数 $e^{i\phi_n}$,位于单位圆的某处. 相位因子之和是 1 的量级,除非所有的相都是 2π 或其倍数,在这种情况下,和将等于项的巨大总数. 问题就成了要解

$$\boldsymbol{Q}\cdot\boldsymbol{R}_n = 2\pi\times\text{整数} \tag{5.7}$$

要找到解,假设我们现在用基矢($\boldsymbol{a}_1^*$, $\boldsymbol{a}_2^*$, $\boldsymbol{a}_3^*$)来构造一个波矢空间的晶格,其量纲是长度的倒数. 它们满足下式:

$$\boxed{\boldsymbol{a}_i\cdot\boldsymbol{a}_j^* = 2\pi\delta_{ij}} \tag{5.8}$$

这里 δ_{ij} 是克罗内克(Kronecker)δ 函数,定义为 $\delta_{ij} = 1(i = j)$,否则为零. 这个倒易晶格上的点可以由下面的矢量给定:

$$\boxed{\boldsymbol{G} = h\boldsymbol{a}_1^* + k\boldsymbol{a}_2^* + l\boldsymbol{a}_3^*} \tag{5.9}$$

这里 h, k, l 都是整数. 显然倒格矢(reciprocal lattice vector)$\boldsymbol{G}$ 满足(5.7)式,因为 $\boldsymbol{G}$ 和 $\boldsymbol{R}_n$ 的标量积是

$$\boldsymbol{G}\cdot\boldsymbol{R}_n = 2\pi(hn_1 + kn_2 + ln_3)$$

因为所有括号中的变量都是整数,它们之积的和也是个整数. 换句话说,只在 $\boldsymbol{Q}$ 和倒格子重叠时,一个小晶粒的散射振幅才不是非零的. 这就是观察到 X 射线衍射的劳厄条件:

$$\boxed{\boldsymbol{Q}=\boldsymbol{G}} \tag{5.10}$$

值得强调的是，该劳厄条件为矢量方程，要求传递波矢的每个分量等于倒格矢相应的分量. 只有当这个条件满足时，所有散射波的相位才能相干地相加，产生强烈的信号. 劳厄条件提供了一个数学上优雅但又强大的方式来看待衍射，正如我们将看到的[①]. 为了计算强度，当然有必要明确地计算对晶格的求和，我们将在 5.1.6 节再回来探讨.

5.1.4 倒格子

1. 倒格子的构造

倒格矢是通过利用(5.8)式来产生的. 在一维倒格子的构造很简单，因为 $\boldsymbol{a}_1 \cdot \boldsymbol{a}_1^* = a_1 a_1^* = 2\pi$，这意味着 $a_1^* = 2\pi/a_1$，如图 5.3 的顶图所示. 在二维用(5.8)式也很简单明了. 如果我们在一个合适的坐标系中，给出 $a_1^* = (\alpha, \beta)$ 和 $a_2^* = (\delta, \gamma)$，然后替代进(5.8)式，将产生 4 个等式，从而可以确定 α，β，δ 和 γ 等 4 个未知量. 图 5.3 的第二和第三行，显示了二维平方和六角晶格用这种方法生成的倒格子. 六角晶格用来说明如果正空间的轴不正交，那么实空间和倒空间的基矢也不一定平行. 在三维实践证明用倒格子的基矢的表达式更为方便，其由下式给出：

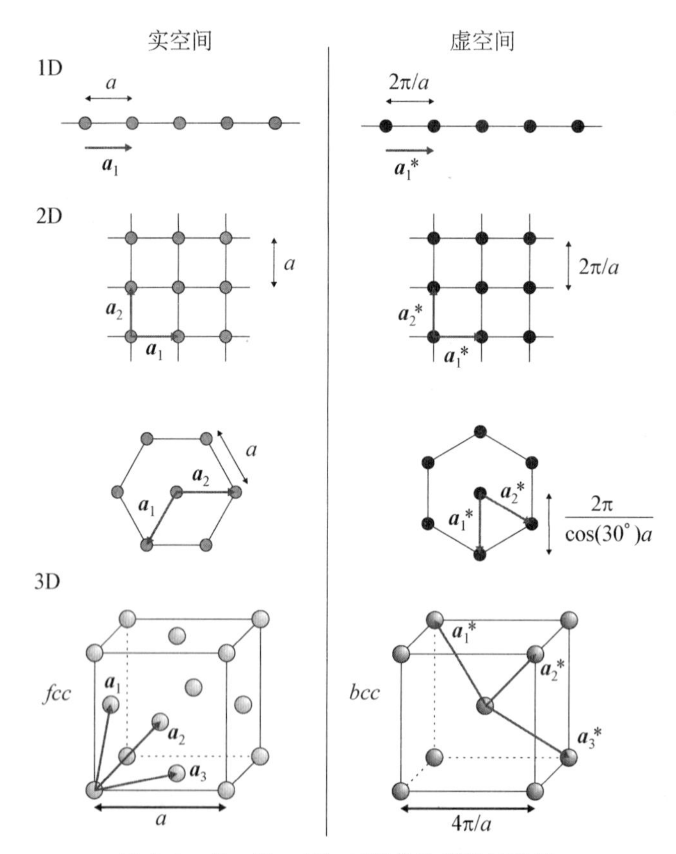

图 5.3 在一维、二维、三维构造倒格子实例.

---

① 我们定义了传递波矢为 $\boldsymbol{Q}=\boldsymbol{k}-\boldsymbol{k}'$，隐含着 $\boldsymbol{Q}$ 指向倒格子的原点，那么劳厄条件应当是 $\boldsymbol{Q}=-\boldsymbol{G}$，但是这里符号的改变不会影响任何讨论.

$$\boldsymbol{a}_1^* = \frac{2\pi}{v_c}\boldsymbol{a}_2 \times \boldsymbol{a}_3,\ \boldsymbol{a}_2^* = \frac{2\pi}{v_c}\boldsymbol{a}_3 \times \boldsymbol{a}_1,\ \boldsymbol{a}_3^* = \frac{2\pi}{v_c}\boldsymbol{a}_1 \times \boldsymbol{a}_2$$

这里 $v_c = \boldsymbol{a}_1 \cdot (\boldsymbol{a}_2 \times \boldsymbol{a}_3)$ 是晶胞的体积,可以通过直接替换到(5.8)式中来证明. 在图 5.3 的最下面一行,我们以面心立方晶格作为三维的例子,其原始格矢是

$$\boldsymbol{a}_1 = \frac{a}{2}(\hat{\boldsymbol{y}} + \hat{\boldsymbol{z}}),\ \boldsymbol{a}_2 = \frac{a}{2}(\hat{\boldsymbol{z}} + \hat{\boldsymbol{x}}),\ \boldsymbol{a}_3 = \frac{a}{2}(\hat{\boldsymbol{x}} + \hat{\boldsymbol{y}})$$

这里已经选择了一组平行于立方体的边的笛卡儿坐标轴. 晶胞的体积是 $v_c = \boldsymbol{a}_1 \cdot (\boldsymbol{a}_2 \times \boldsymbol{a}_3)$,倒格子的基元是

$$\boldsymbol{a}_1^* = \frac{4\pi}{a}\left(\frac{\hat{\boldsymbol{y}}}{2} + \frac{\hat{\boldsymbol{z}}}{2} - \frac{\hat{\boldsymbol{x}}}{2}\right),\ \boldsymbol{a}_2^* = \frac{4\pi}{a}\left(\frac{\hat{\boldsymbol{z}}}{2} + \frac{\hat{\boldsymbol{x}}}{2} - \frac{\hat{\boldsymbol{y}}}{2}\right),\ \boldsymbol{a}_3^* = \frac{4\pi}{a}\left(\frac{\hat{\boldsymbol{x}}}{2} + \frac{\hat{\boldsymbol{y}}}{2} - \frac{\hat{\boldsymbol{z}}}{2}\right)$$

事实上这些是边长为 $4\pi/a$ 的体心立方晶格的原始基矢.

2. 倒格子:正晶格的傅立叶变换

在下面的 5.1.5 节我们会证明劳厄条件,从被晶体散射的波相长干涉的角度来看,它等价于布拉格定律. 此等价性的证明依赖于正格子和倒格子之间的一个具体关系:正空间的一族面 (h, k, l) 可以用倒易空间的倒格矢 $\boldsymbol{G}_{hkl}$ 来表示. 正晶格和倒易晶格之间的一般关系,可以通过考虑一维晶格函数((5.4)式)的傅立叶变换来理解:

$$\begin{aligned}\int_{-\infty}^{\infty} \mathcal{L}(x)\mathrm{e}^{\mathrm{i}Qx}\,\mathrm{d}x &= \int_{-\infty}^{\infty}\sum_n \delta(x-na)\mathrm{e}^{\mathrm{i}Qx}\,\mathrm{d}x = \sum_n \int_{-\infty}^{\infty}\delta(x-na)\mathrm{e}^{\mathrm{i}Qx}\,\mathrm{d}x \\ &= \sum_n \mathrm{e}^{\mathrm{i}Qna} = a^* \sum_h \delta(Q - ha^*)\end{aligned}$$

其中最后一步用到了我们将在 5.1.6 节中导出的结果. 因此格点间距为 a 的一维正晶格的傅立叶变换就是另一个间距为 $a^* = 2\pi/a$ 的一维格子,即其倒格子. 当扩展到更高的维度时,可以得到一般性的结果,倒易晶格就是正晶格的傅立叶变换.(如需要读者可以参考附录 E,我们在附录 E 定义了傅立叶变换,并提供了它作用于各函数的例子.)

5.1.5 劳厄和布拉格条件的等价性

可以证明劳厄条件完全等价于布拉格定律. 图 5.4(a)给出了这个等价性在两维正方晶格中的体现. 图 5.4(a)的左边演示了推导布拉格定律的草图. X 射线从间距为 d 的原子面上作镜面反射,路径长度差为波长的整数倍的要求,导致众所周知的布拉格定律:$\lambda = 2d\sin\theta$. 相同的散射事件被绘制在 5.4(a)右边的倒易空间中. 劳厄条件要求 $\boldsymbol{Q} = \boldsymbol{G}$,此时倒格子也是正方的,格点间距是 $2\pi/d$,并且在图中我们已选择 $\boldsymbol{Q} = \frac{2\pi}{d}(0, 1)$. 根据几何关系 $Q = 2k\sin\theta$,因为 $|\boldsymbol{k}| = |\boldsymbol{k}'|$,因此有 $2\pi/d = 2k\sin\theta$,通过重排就得到布拉格定律[①].

劳厄和布拉格表述等价性的一般证明,是基元与倒易空间的点和正晶格的面之间的紧密关系. 我们现在证明,对于倒易晶格由(5.9)式给出的每个点,存在一组正晶格的晶面,使得

(1) $\boldsymbol{G}_{hkl}$ 垂直于密勒指数为(h, k, l)的晶面;

---

① 译者注:因为这两者之间的等价性,人们常常习惯性地把某个散射峰或者倒格矢也都叫做"反射".

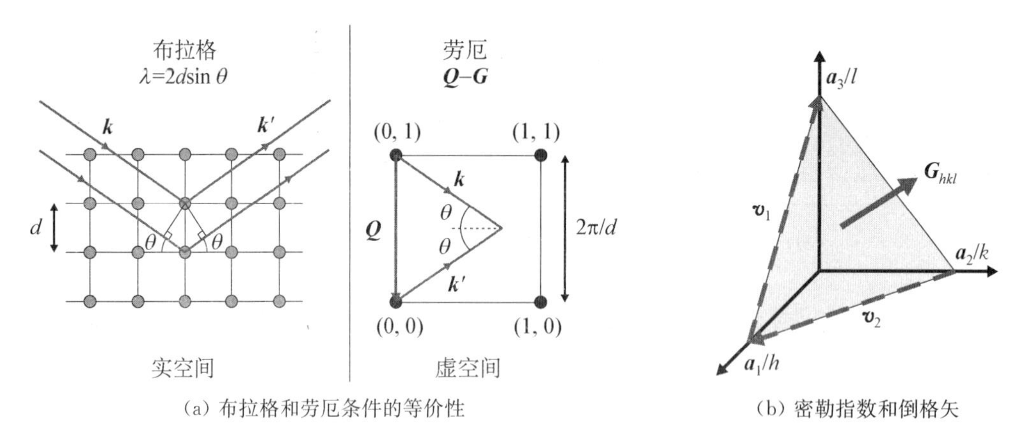

(a) 布拉格和劳厄条件的等价性　　(b) 密勒指数和倒格矢

图 5.4　图(a):在二维正方晶格特例下的布拉格定律和劳厄条件的等价性. 图(b):用于证明倒格矢 $\boldsymbol{G}_{hkl}$ 垂直于 (h, k, l) 晶面的草图,其大小等于 $2\pi/d_{hkl}$.

(2) $|\boldsymbol{G}_{hkl}| = \dfrac{2\pi}{d_{hkl}}$, 其中 d_{hkl} 是 (h, k, l) 晶面的面间距.

考虑图 5.4(b)所绘制的密勒指数为 (h, k, l) 的晶面. 面内的两个矢量为

$$\boldsymbol{v}_1 = \frac{\boldsymbol{a}_3}{l} - \frac{\boldsymbol{a}_1}{h},\ \boldsymbol{v}_2 = \frac{\boldsymbol{a}_1}{h} - \frac{\boldsymbol{a}_2}{k}$$

因此这个面内的任意一点由 $\boldsymbol{v} = \epsilon_1 \boldsymbol{v}_1 + \epsilon_2 \boldsymbol{v}_2$ 给定,其中 ϵ_1 和 ϵ_2 是参数. 根据(5.8)式,$\boldsymbol{G}$ 和 $\boldsymbol{v}$ 的标量积是

$$\boldsymbol{G} \cdot \boldsymbol{v} = (h\boldsymbol{a}_1^* + k\boldsymbol{a}_2^* + l\boldsymbol{a}_3^*) \cdot \left((\epsilon_2 - \epsilon_1) \frac{\boldsymbol{a}_1}{h} - \epsilon_2 \frac{\boldsymbol{a}_2}{k} + \epsilon_1 \frac{\boldsymbol{a}_3}{l} \right) = 2\pi(\epsilon_2 - \epsilon_1 - \epsilon_2 + \epsilon_1) = 0$$

这样就建立了第一个结论. 面间距 d 是从原点到晶面的距离,它等于沿着 $\boldsymbol{G}$ 方向的单位矢量 $\hat{\boldsymbol{G}} = \boldsymbol{G}/|\boldsymbol{G}|$ 和任何一个原点到晶面的矢量(比如 $\boldsymbol{a}_1/h$)一旦分母等于零的标量积. d 间距因此是

$$\boxed{d = \frac{\boldsymbol{a}_1}{h} \cdot \frac{\boldsymbol{G}}{|\boldsymbol{G}|} = \frac{2\pi}{|\boldsymbol{G}|}}$$

正如所要求的那样.

要完成等价的一般证明,我们注意到劳厄条件可以被重新写成下面的形式: $\boldsymbol{k} = \boldsymbol{G} + \boldsymbol{k}'$. 两边取平方,并且考虑到散射是弹性的($|\boldsymbol{k}| = |\boldsymbol{k}'|$),可以得到结果

$$G^2 = 2\boldsymbol{G} \cdot \boldsymbol{k} \tag{5.11}$$

这里我们还利用了如下事实:如果 $\boldsymbol{G}$ 是倒格矢,那么 $-\boldsymbol{G}$ 也是. 根据散射三角形(图 5.4(a)),显然 $\boldsymbol{G} \cdot \boldsymbol{k} = Gk\sin\theta$, 而且因为上面已经得到 $G = 2\pi/d$, (5.11)式可以重排为 $\lambda = 2d\sin\theta$, 因此完成了证明.

$|\boldsymbol{G}|$ 和 d 的关系极为有用,因为一旦知道了所感兴趣的布拉格散射峰的 $\boldsymbol{G}$,就可以计算出 d. 比如对于简单立方晶格, $\boldsymbol{G} = \dfrac{2\pi}{a}(h, k, l)$, 据此可得 $|\boldsymbol{G}| = \dfrac{2\pi}{a}\sqrt{h^2 + k^2 + l^2}$, 因而有 $d = a/\sqrt{h^2 + k^2 + l^2}$, 正如(5.3)式所给出的.

5.1.6 一维、二维和三维中的对晶格求和

在计算给定的布拉格反射的强度之前,需要考虑的一个关键因素是(5.5)式中定义的对晶格求和.

$$S_N(\boldsymbol{Q}) = \sum_n e^{i\boldsymbol{Q}\cdot\boldsymbol{R}_n}$$

在本节中,我们计算一维、二维和三维中的对晶格求和. 提醒读者,下标 n 指的是格矢 $\boldsymbol{R}_n$ 由一系列反映晶格维度的整数指定. 在三维中,我们需要一组整数(n_1, n_2, n_3). 由于我们的主要目的是得出一个强度的表达式,我们也会计算对晶格求和的模的平方 $|S_N(\boldsymbol{Q})|^2$.

1. 一维

一维的格点可由 $R_n = na$ 指定,其中 n 是一个整数,a 是晶格常数. 对于有 N 个晶胞的一维晶格,求和可以写为

$$S_N(Q) = \sum_{n=0}^{N-1} e^{iQna}$$

这个几何序列的计算具体在第 35 页中已经讨论过,我们因此可以得到

$$|S_N(Q)| = \left|\frac{\sin(NQa/2)}{\sin(Qa/2)}\right|$$

对于大的 N,一旦分母等于零,$|S_N(Q)|$ 表现为一个尖锐的峰. 这个条件要求 $Qa/2 = h\pi$(h 是整数),或者换句话说,$Q = h(2\pi/a) = ha^* = G_h$,其中 G_h 是倒格矢. 正如我们预期的,对晶格求和的直接计算给出了劳厄条件,在这之前我们在 5.1.3 节是通过合理的推断来导出的.

要研究当劳厄条件几乎满足、在单个倒格子格点附近时对晶格求和的行为,我们引入一个小参量 ξ,其定义如下:

$$Q = (h + \xi)a^*$$

那么对晶格求和的模就是

$$|S_N(\xi)| = \left|\frac{\sin(N\pi\xi)}{\sin(\pi\xi)}\right| \to N(\text{当 } \xi \to 0 \text{ 时})$$

通过假设 $\xi = 1/(2N)$,可以估算它在大 N 时的宽度如下:

$$\left|S_N\left(\xi = \frac{1}{2N}\right)\right| \approx \frac{1}{\pi/(2N)} = \left(\frac{2}{\pi}\right)N \approx \frac{N}{2}$$

峰高等于 N,半高全宽大约是 $1/N$,所以峰的面积大约等于 1. 事实上可以证明,该区域面积严格等于 1,在 $N \to \infty$ 的极限下,可以把对晶格求和的模写成如下形式:

$$|S_N(\xi)| \to \delta(\xi)$$

这里 $\delta(\xi)$是狄拉克 δ 函数. 以传递波矢 Q 为变量,该结果可以被重写成更一般的形式:

$$|S_N(Q)| \to a^* \sum_{G_h} \delta(Q - G_h) \tag{5.12}$$

这里的求和是对所有的倒格点. 出现一个 a^* 因子是因为 $\delta(Q - G_h) = \delta(\xi a^*) = \delta(\xi)/a^*$ (见

第108页的方框).

在衍射实验中,人们对晶格求和的模的平方感兴趣. 通过类似上述推理,可以直接地证明

$$|S_N(\boldsymbol{Q})|^2 \to Na^* \sum_{G_h} \delta(Q - G_h) \tag{5.13}$$

这也已画在第35页的方框中.

2. 二维和三维

图5.1给出了一个二维晶格,两个基矢 $\boldsymbol{a}_1$ 和 $\boldsymbol{a}_2$ 构成晶胞. 一个特殊情况是当宏观晶体具有平行六面体的形状时,晶胞沿着 $\boldsymbol{a}_1$ 方向的总数总是 N_1,和它处于第几排 1, 2, …, N_2 无关. 参照上面所概述的处理一维情况的方法,很明显在(N_1, N_2)较大的时候,

$$|S_N(\xi_1, \xi_2)|^2 \to N_1 N_2 \delta(\xi_1)\delta(\xi_2)$$

再次利用狄拉克 δ 函数,把此式写成下面的形式:

$$|S_N(\boldsymbol{Q})|^2 \to (N_1 a_1^*)(N_2 a_2^*) \sum_{\boldsymbol{G}} \delta(\boldsymbol{Q} - \boldsymbol{G}) = NA^* \sum_{\boldsymbol{G}} \delta(\boldsymbol{Q} - \boldsymbol{G}) \tag{5.14}$$

其中 $\boldsymbol{G} = h\boldsymbol{a}_1^* + k\boldsymbol{a}_2^*$, A^* 是倒易空间中晶胞的面积, $N = N_1 N_2$ 是晶胞总数. 在一般情况下,不能解析计算此求和,并随后取其平方再看在晶胞数目很大的极限下的行为. 然而,只要在两个方向上的晶胞数目都比较大,δ 函数的特征在任何晶体形状下都会得到保持.

推广到三维很直接:对于一个平行六面体,求和可以解析地进行,但是对于一般的形状就不行. 当晶胞数目在3个方向上都比较大时,那么与实际晶体形状无关,有

$$|S_N(\boldsymbol{Q})|^2 \to N v_c^* \sum_{\boldsymbol{G}} \delta(\boldsymbol{Q} - \boldsymbol{G}) \tag{5.15}$$

其中 $\boldsymbol{G} = h\boldsymbol{a}_1^* + k\boldsymbol{a}_2^* + l\boldsymbol{a}_3^*$, N 是晶胞总数, v_c^* 是倒易空间中晶胞的体积.

5.1.7 晶胞结构因子

我们现在来考虑怎么计算(5.6)式中所定义的晶胞结构因子的问题. 首先必须要选择一种晶格,从而也就选择了晶胞,因为这将影响到晶胞中原子构成基元的定义. 我们用几个简单的例子来说明.

第一个例子是图5.3中底部的面心立方(fcc)结构. 这里选取了传统立方晶胞,因为它更直接地反映了问题的对称性. 选择了晶胞之后,晶格就是个简单立方,其晶格间距是 a,基元由4个原子构成,分别处于

$$\boldsymbol{r}_1 = 0,\ \boldsymbol{r}_2 = \frac{1}{2}(\boldsymbol{a}_1 + \boldsymbol{a}_2),\ \boldsymbol{r}_3 = \frac{1}{2}(\boldsymbol{a}_2 + \boldsymbol{a}_3),\ \boldsymbol{r}_4 = \frac{1}{2}(\boldsymbol{a}_3 + \boldsymbol{a}_1)$$

这里的 $\boldsymbol{a}_1$, $\boldsymbol{a}_2$ 和 $\boldsymbol{a}_3$ 平行于立方体的边. 晶胞如此选定也就意味着倒格子也是简单立方,格点间距为 $2\pi/a$,从而倒格矢具有如下形式: $\boldsymbol{G} = \left(\frac{2\pi}{a}\right)(h, k, l)$. 为了简单起见,假设晶胞中所有的原子是相同的. 原子散射因子可以拿到(5.6)式中的求和之外,那么问题就成为要对位相因子求和. 晶胞结构因子可计算如下:

$$F_{hkl}^{fcc} = f(\boldsymbol{G})\sum_j e^{i\boldsymbol{G}\cdot\boldsymbol{r}_j} = f(\boldsymbol{G})(1+e^{i\pi(h+k)}+e^{i\pi(k+l)}+e^{i\pi(l+h)})$$

$$= f(\boldsymbol{G})\times\begin{cases}4，\text{如果 } h，k，l \text{ 均为偶数或者均为奇数}\\ 0，\text{其他情况}\end{cases}$$

(1, 0, 0)反射是最短倒格矢，因为 h 是奇数，但 k 和 l 是偶数，其具有消失的结构因子，这个反射也叫做是禁戒的. 具有最短倒格矢允许的反射是(1, 1, 1)反射，所有的指数都是奇的；下一个是(2, 0, 0)反射，这里所有指数都是偶的.

要考虑的第二个例子是图 5.5(a)所示的金刚石结构. 这是由单质硅和锗所采用的结构，当然也是碳在其钻石形态的结构. 金刚石结构可以以不同的方式来对待. 选择一个传统立方晶胞，意味着基元将包含 8 个原子(读者应能验证). 金刚石结构或可被当成两个交错的 fcc 格子，它们相互之间错开了$\frac{1}{4}$个体对角线长度. 这就意味着根据 5.1.2 节中卷积定理的讨论，金刚石结构可被当作 fcc 晶格和两原子基元的卷积，其中一个原子选在原点，另一个在$(1/4, 1/4, 1/4)a$. 这个方案的优点是金刚石的结构因子可写为 fcc 晶格的结构因子和两原子之基元的积，或者为

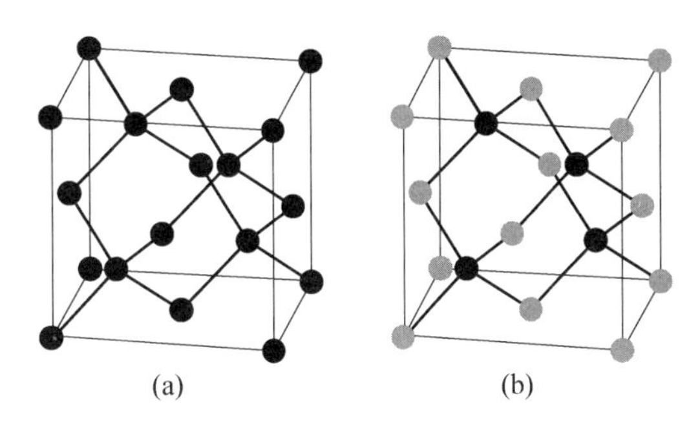

图 5.5 金刚石晶格. 图(a)：由两个交错的 fcc 晶格构成，其相距$\left(\frac{1}{4}\ \frac{1}{4}\ \frac{1}{4}\right)$. 对于硫化锌(也称为闪锌矿)结构(b)，这两个晶格由不同种类的原子占据.

$$F_{hkl}^{\text{金刚石}} = (1+e^{i\pi(h+k)}+e^{i\pi(k+l)}+e^{i\pi(l+h)})\times(f^{C}(\boldsymbol{G})+f^{C}(\boldsymbol{G})e^{i2\pi(h/4+k/4+l/4)})$$

通过检查可见，(1, 1, 1)反射具有 $4(1-i)$ 的结构因子，而(2, 0, 0)反射是禁戒的，(4, 0, 0)反射的结构因子是 8，(2, 2, 2)反射是禁戒的①，等等.

要考虑的最后一个例子是金刚石结构的重要变体，即两个面心立方晶格由不同类型的原子占据. 这就是所谓的硫化锌(或闪锌矿)结构，见图 5.5(b)，这个结构也是许多半导体材料，如 GaAs，InSb，CdTe 等的结构. 具体以 GaAs 为例，其结构因子是

$$F_{hkl}^{GaAs} = (1+e^{i\pi(h+k)}+e^{i\pi(k+l)}+e^{i\pi(l+h)})\times(f^{Ga}(\boldsymbol{G})+f^{As}(\boldsymbol{G})e^{i2\pi(h/4+k/4+l/4)})$$

可以看到(2, 0, 0)反射的结构因子，在金刚石结构中曾是禁戒的，在这里是

$$F_{200}^{GaAs} = 4(f^{Ga}(2, 0, 0)-f^{As}(2, 0, 0))$$

这是非零的，因为 Ga 和 As 具有不同数目的电子，$f^{Ga}(\boldsymbol{G})\neq f^{As}(\boldsymbol{G})$.

5.1.8 Ewald 球面

看待倒易空间衍射事件的一个有用方法是通过构筑 Ewald 球面，或者对于两维的情况就是 Ewald 圆. 首先考虑一束单色光入射到样品的情况. 图 5.6(a)给出了一个两维倒格子的一

① 然而如图 5.6(d)所示，人们可以意外地通过多重散射事件，用谱仪观察到如(2, 2, 2)那样的禁戒反射. 例如，禁戒的(2, 2, 2)反射可以当作两个允许的反射之和，$(3, 1, 1)+(\bar{1}, 1, 1)$，如果这两个倒格点正好都落在 Ewald 球面上，那么就可以观察到散射强度.

部分. 劳厄条件要求传递波矢 $\boldsymbol{Q}$ 等于一个倒格矢,即 $\boldsymbol{G}=h\boldsymbol{a}_1^*+k\boldsymbol{a}_2^*$. 在图 5.6(b)中,入射 X 光束被标记为 $\boldsymbol{k}$,其始于 A,终于原点 O. 以 A 为中心画一圆,其半径为 k,所以穿过原点. 如图 5.6(c)所示,如果有任何倒格点落在该圆上,那么它就满足劳厄条件,如果把探测器置于 $\boldsymbol{k}'$ 方向,就可以观察到衍射峰. 在图 5.6(b)的例子中,我们选择了 $h=1$ 和 $k=2$ 的点落在圆上. 旋转样品(等价于绕原点 O 旋转 Ewald 圆)将把其他倒格点放到 Ewald 圆上. 这个做法可以推广到三维,产生 Ewald 球面的概念.

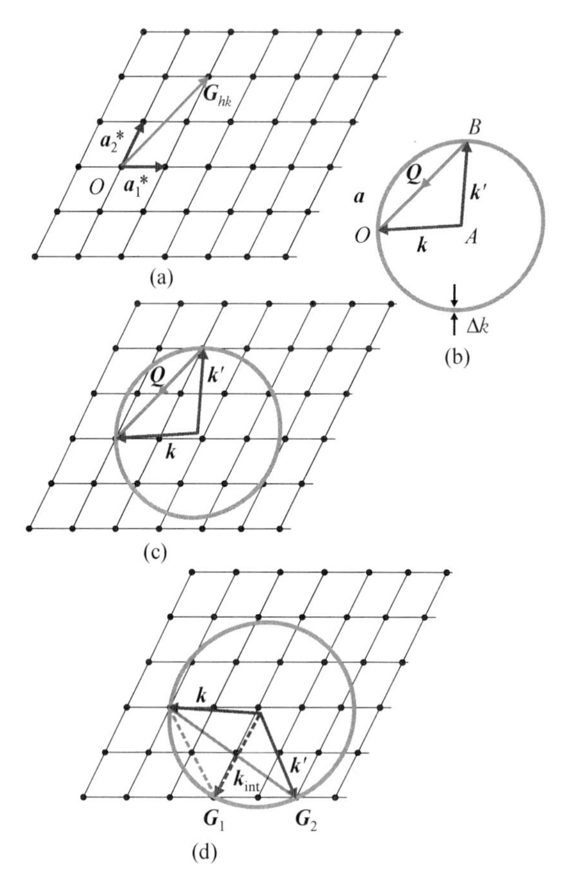

图 5.6 二维的 Ewald 圆. 图(a):三维的倒格子可以由倒格基矢($\boldsymbol{a}_1^*$, $\boldsymbol{a}_2^*$, $\boldsymbol{a}_3^*$)的整数坐标(h, k, l)来生成. 为了简单起见,这里展示了由 $\boldsymbol{G}=h\boldsymbol{a}_1^*+k\boldsymbol{a}_2^*$ 来确定各点的二维格子. 图(b):散射三角形. 由 $\boldsymbol{k}=\boldsymbol{AO}$ 标记的单色入射辐射可以被散射到任意波矢 $\boldsymbol{k}'=\boldsymbol{AB}$,其终止于以 k 为半径的球面. 入射辐射的带宽由圆的厚度 Δk 来表示. 散射矢量定义为矢量 $\boldsymbol{Q}=\boldsymbol{BO}$. 图(c):Ewald 圆(或者三维的 Ewald 球面)是(a)和(b)的叠加,其中 $\boldsymbol{k}$ 终于倒格子的原点. 图(d):如果两个或者更多的倒格点落在 Ewald 球面上,多重散射将会发生. 晶体和探测器的转角被设置为记录 $\boldsymbol{G}_2$ 反射,但因为 $\boldsymbol{G}_1$ 在圆上,入射波将也被散射到 $\boldsymbol{k}_{int}$. 在晶体中,$\boldsymbol{k}_{int}$ 被 $\boldsymbol{G}_2-\boldsymbol{G}_1$ 反射,散射到了 $\boldsymbol{k}'$,强度可在 $\boldsymbol{k}'$ 方向上出现,即便该反射的晶胞结构因子为零.

在某些状况下,也可能发生不止一个倒格点在同一时间落在 Ewald 圆上,导致同时观察到几个反射(图 5.6(d)). 这被称为多重散射. 一束不完全单色的光可通过允许 Ewald 圆具有有限的宽度来表示. 显然,在入射束是"白光"的极限下,将会看到所有在以 $\boldsymbol{k}$ 矢量的极大值和极小值为半径的圆之间的反射,如图 5.7 所示. Knipping, Friderich 和劳厄就是通过这样的实验发现了 X 射线衍射. 他们使用了 X 射线管发出的连续谱的轫致辐射,来记录 ZnS 单晶的衍射图案. 用白光束拍摄的衍射数据现在被称为劳厄图案. 此方法特别适合于复杂的结构(如蛋白质)的研究,因为有可能需要记录成千上万布拉格反射的强度.它对于研究化学或生物过程的动力学也是可取的,这可以通过监测这些过程进行中发生的结构演化来实现.利用现代的 X 射线源,用储存环中单个束团电子发出的辐射就可以收集到完整的劳厄图案(图 5.8).这使得对动力学可以 100 ps 的时间尺度来进行研究.

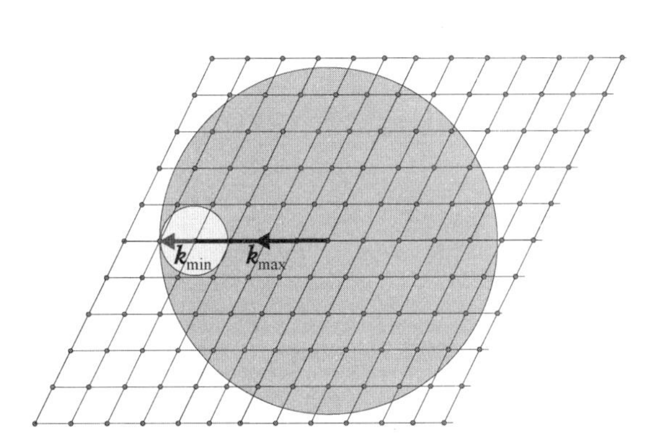

图 5.7 包含从 $\boldsymbol{k}_{\min}$ 到 $\boldsymbol{k}_{\max}$ 所有波矢的一束白光的 Ewald 球面构造.所有在阴影区的倒格点将同时作布拉格反射.Knipping,Friderich 和劳厄就是使用 X 射线管的连续谱的轫致辐射,并以照相底片作为探测器,以这种方式发现了硫化锌单晶的 X 射线衍射.曝光时间有几个小时.利用今天的第三代同步辐射光源,人们可以在电子束团的单个脉冲的时间内(即约 100 ps),用面探测器记录数千个反射斑点.

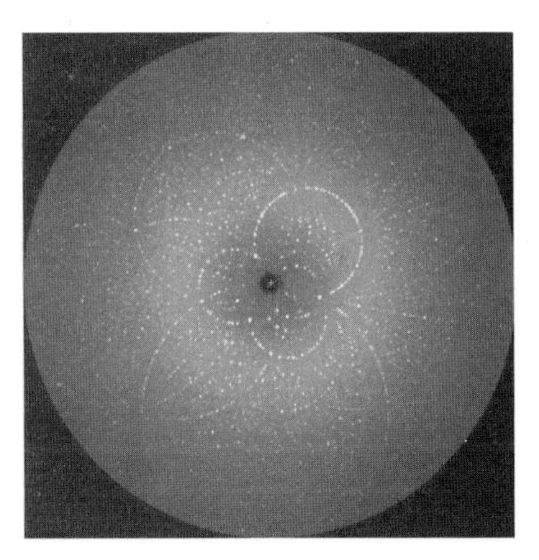

图 5.8 具有光活性的黄色蛋白的脉冲劳厄衍射图.衍射图案的收集是通过平均超过 10 次曝光的数据,每个持续 100 ps 的时间.此图片包含 3 700 可用反射,据此可以获得该蛋白质的结构.(数据承蒙 European Radiation Facility 的 Michael Wulff 和芝加哥大学的 Benjamin Perman 提供.)(本图可参见彩图 10.)

5.2 准周期结构

相对于液体或气体,晶体的定义属性是它在原子水平上显示长程有序.至此,长程有序被解释为晶体结构是周期性的.这使得它能够用一个晶胞的点阵来描述,而格矢由(5.2)式给出.周期性的要求限制了可用于晶格变换的集合,这些变换必须保证晶格的属性不变.如果我们考虑到可能的旋转,那么周期性晶格如果要在 n 度旋转下保持不变,n 就只能等于 2, 3, 4 或 6.比如在两维,事实上不可能有一个 5 度轴,对应于众所周知的不可能试图用五边形拼贴出两维表面而不留孔这一事实.

可以毫不夸张地说,晶体学的整个大厦建立在周期性的假设之上,因此,当 1982 年 Shechtman 和同事们发现了一类具有 10 度旋转轴、尖锐的衍射图样的新材料时,这一发现造成相当大的震撼,也遭到了很大程度的怀疑.的确,该结果花了两年多时间才被接受发表在科学期刊上[Shechtman 等,1984].由这些材料带来的悖论是它们有一个 10 度旋转轴,这对于周期性的材料是禁止的,而同时它们又能生产尖锐的布拉格峰,这只在系统具有原子水平上的长程有序时才会发生.这些材料现在被称为准晶,而悖论的解决方案是它们具有长程准周期序(quasiperiodic).准晶的发现导致对“什么构成晶体”的深刻的重新定义,我们将要在下面对这点进行解释.

5.2.1 被非公度调制的晶体

在继续讨论之前值得指出的是，即使在发现准晶之前，人们早就知道某些晶态材料不是周期性的. 在这些材料中，原子的位置是被调制的，而调制波长不是晶格常数的一个有理分数. 这些材料叫做非公度的或者被调制的. 图 5.9(a)演示了一维晶格的情况. 原子位置由

$$x_n = an + u\cos(qan) \tag{5.16}$$

给出，其中 a 是晶格常数，n 是正整数，u 是位移幅度，$q = 2\pi/\lambda_m$ 是其波矢. 对于非公度材料，调制波长为 $\lambda_m = ca$，而 c 是个无理数. 如果该波长可表示为一个有理分数，像有时碰到的那样，那么该材料被认为是具有公度调制. 公度和非公度调制的例子已给在图 5.9(a)中.

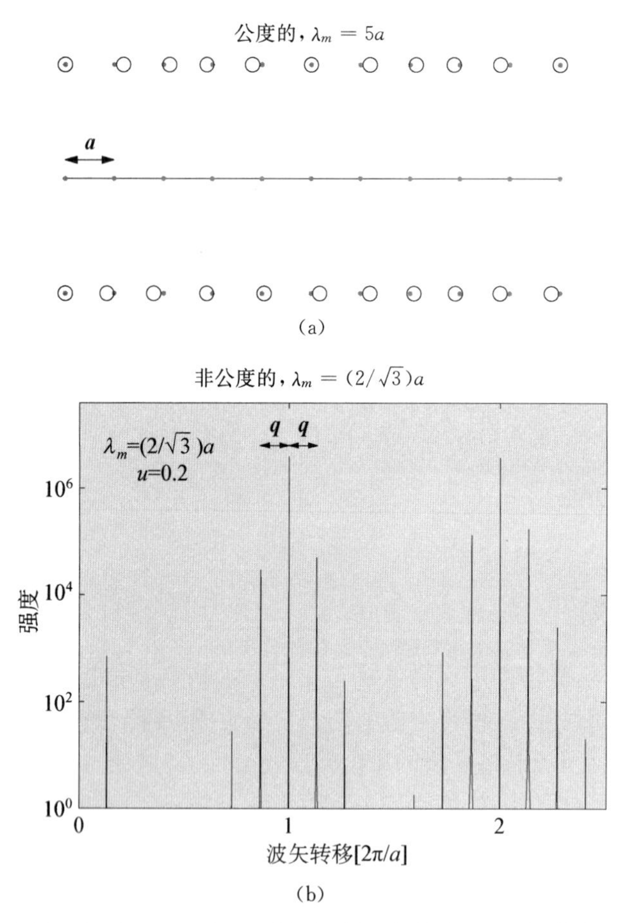

图 5.9 从一维非公度链的散射. 图(a)显示了一维链的原子位置，其具有公度的 $\lambda_m = 5a$ 和非公度的 $\lambda_m = (2/\sqrt{3})a$调制波矢. 图(b)是对于一个有 $N = 2\,000$ 个原子的链计算出的散射强度，其中原子的位置由(5.16)式给定，具体的调制波长取 $\lambda_m = (2/\sqrt{3})a$，以及位移振幅取 $u = 0.2$. 为了简单起见，假设原子的散射长度是 1，且独立于传递波矢 $\boldsymbol{Q}$.

对于非公度的材料，仍然有可能定义一个平均的周期性晶格，那么散射中既有从平均晶格而来的布拉格峰，又有从调制来的布拉格峰，叫做卫星反射(峰). 这很容易验证，只需通过数值计算从一个非公度链上位置由(5.16)式给定的 N 个原子的散射强度. 图 5.9 给出了这种计算的一个例子，为了简单起见，原子散射长度已经被设为 1. 著布拉格峰出现在倒格矢($2\pi/a$)整

数倍的地方,而卫星峰距离主峰有调制波矢 $q = 2\pi/\lambda_m$ 的整数倍.

解析地来证明调制可产生均匀间隔的卫星峰,也不算是个困难的练习.一维非公度链的散射振幅是

$$A(Q) = \sum_{n=0}^{N-1} e^{iQx_n} = \sum_{n=0}^{N-1} e^{iQ(an+u\cos(qan))} = \sum_{n=0}^{N-1} e^{iQan} e^{iQu\cos(qan)}$$

为了简单起见,原子的散射长度再次被置为 1. 现在做近似,假设位移 u 很小,这允许对第二个相位因子进行展开,那么振幅成为

$$A(Q) \approx \sum_{n=0}^{N-1} e^{iQan}(1 + iQu\cos(qan) + \cdots) = \sum_{n=0}^{N-1} e^{iQan} + i\left(\frac{Qu}{2}\right)\sum_{n=0}^{N-1}[e^{i(Q+q)an} + e^{i(Q-q)an}]$$

在 N 变得很大的极限下,散射强度是

$$I(Q) = N\left(\frac{2\pi}{a}\right)\sum_h \delta(Q-G_h) + N\left(\frac{Qu}{2}\right)^2\left(\frac{2\pi}{a}\right)\sum_h[\delta(Q+q-G_h)+\delta(Q-q-G_h)] \tag{5.17}$$

这里 $G_h = (2\pi/a)h$ 是倒格矢,h 是一维晶格的密勒指数,而 5.1.6 节中推导出的结果已经被用来把对晶格求和的平方替换成狄拉克 δ 函数. 第一项给出了在 $Q = G_h$ 处的主布拉格峰,而第二项给出了在 $Q = G_h \pm q$ 处的卫星反射. 在图 5.9 中的数值例子中,$\pm 2q$ 处的卫星峰很明显. 这些在(5.17)式的解析计算中没有出现,因为指数项的展开在第二项之后就被截断.

要标记某个非公度的系统的布拉格峰,首先必须指定与这个峰相关的主布拉格峰. 在三维空间中,这通常需要 3 个密勒指数(h, k, l). 卫星峰就需要额外的指数. 在图 5.9 中所示的一维调制的例子,一个额外的指数就足够了. 实际上如果在抽象的、数学上的高维空间中进行描述,非公度体系可以重新获得周期性. 对于三维晶体中的一维调制所需维度是四,实际的物理结构可通过在这个四维空间做一个特定的三维切割获得.

5.2.2 准晶

准晶和非公度的晶体有着根本的不同,最主要的是因为它们没有任何可以识别为平均的周期性的晶格. 为了说明这一点,我们将讨论斐波那契链(Fibonacci chain)的性质. 这是一个准周期系统的示例,并且经常被用来作为准晶的一维模型.

可用几种方法来得到一个斐波纳契链. 其中一种方法是使用所谓的置换规则来生成由两种类型的对象(或拼块)组成的链,这里标记"S"代表短,"L"代表长. 我们通过以下迭代过程来创造一个字母"L"和"S"的金字塔:通过用"L"替换"S",以及用两个字母"L"和"S"替换"L",于是一个新行的字母就从上一行产生(见图 5.10). 令"L"的数目以及一行中所有单元的总数分别标记为 n_L 和 N. 通过检查可以看出,比值 n_L/N 在相继的各行中有下列值:1/1, 1/2, 2/3, 3/5, 5/8, 8/13, 13/21, …. 这显然与斐波那契数列 1, 2, 3, 5, 8, 13, 21, …是相关的,其中任意一个数是前两个的总和. 可以证明该分数序列的极限值是 $\tau-1$,这里 τ 是黄金比例 $(1+\sqrt{5})/2$. 通过示例的方式,一个 21 个单元的一维斐波纳契晶格,可以使用金字塔第七行中给出的"S"和"L"作为晶格间距构造出来.

现在考虑一个 N 比较大的一维斐波纳契晶格的衍射图案. 关键的问题是它的衍射图样是否具有尖锐的峰,并且其宽度像对周期晶格所预期的那样正比于 $1/N$. 这个问题的答案是肯

L

L S

L S L

L S L L S

L S L L S L S L

L S L L S L S L L S L L S

图 5.10 用文中描述的替代规则产生斐波那契链.

定的,如在图 5.11 中所示. 图 5.11(a)展示了从两维正方形格子生成一个一维斐波纳契晶格的方法. 一个宽为 $\Delta=1+\tau$,斜率为 $1/\tau$ 的细条被绘制在两维晶格上. 所有落在细条区域内的格点均被投影到标记为 x_n 的直线上,投影点则有一系列和斐波纳契链相同的间距. 读者可以比较金字塔的最后一排(图5.10)和第二到第十四点之间的间距(图 5.11(a)),来检查这个说法的真实性. 由于二维晶格具有尖锐的布拉格峰,因此投影在线上的点也有,如图 5.11(b)所示. 一般来说,由一个无理数的斜率画出的细条会生成一个准周期晶格,选择 $1+\tau$ 的斜率是为了获得斐波纳契链.

图 5.11 给出了从一个 10×10 两维晶格所衍生的

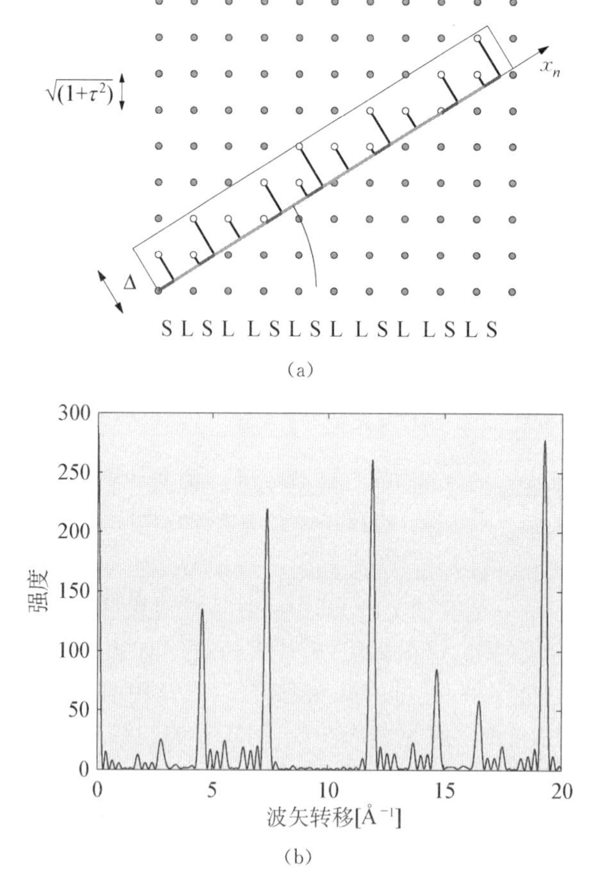

图 5.11 ★斐波纳契链. 图(a)演示了如何用细条-投影方法从两维正方晶格获得斐波纳契链. 细条的斜率是无理数,等于 $1/\tau$,这里 $\tau=(1+\sqrt{5})/2$ 是黄金比例. 细条区域内的格点向下投影到 x_n 轴上,那么链就可以由两种拼块 S(短)和 L(长)形成,如图中的序列所示. 图(b)画出了从上面晶格衍生出的斐波纳契链通过计算得到的散射强度. 主要的各峰很规则地相隔,和周期晶格的情况一样. 随着晶格尺寸的增大,峰会更尖锐,表明长程准周期序会产生尖锐的布拉格峰.

斐波纳契链的散射强度. 随着晶格尺寸的增加，主要的峰将变得更尖锐，但是它们的位置保持不变. 因此很明显，一个准周期晶格即使无法被识别为平均的、周期性的晶格，仍然会产生尖锐的衍射图案. 继准晶的发现，国际晶体学家联盟(International Union of Crystallographers)在1991年决定改变晶体的定义，加入声明“……晶体是指任何具有基本上离散的衍射图的任何固体……”，该定义因此从强调晶体是实空间的周期结构，转移到强调它可产生倒易空间的尖锐的衍射峰.

准晶有许多迷人的性质，读者可以参考 Janot 的书以了解更多信息[Janot, 1992].

5.3 晶体截断棒

在 5.1.6 节中我们证明，对于无限的三维晶体，对晶格求和将产生 δ 函数. 散射事件就被劳厄条件限制在 $\boldsymbol{Q}=\boldsymbol{G}$, 并且因为这是一个矢量方程，适用于 $\boldsymbol{Q}$ 的所有 3 个分量. 对于一个有限尺寸的晶体，这个条件要放宽，散射则延伸到和晶体尺寸成反比的倒易空间的体积中. 这被演示在图 5.12(a)中. 我们现在想象晶体被解理，从而产生了一个平坦的表面. 散射将不再是各向同性的，条纹状的散射分布出现在沿平行于表面的法线方向，如图 5.12(b)所示. 这些就是所谓的晶体截断棒(crystal truncation rods, CTR)[Andrews 和 Cowley, 1985; Robinson, 1986].

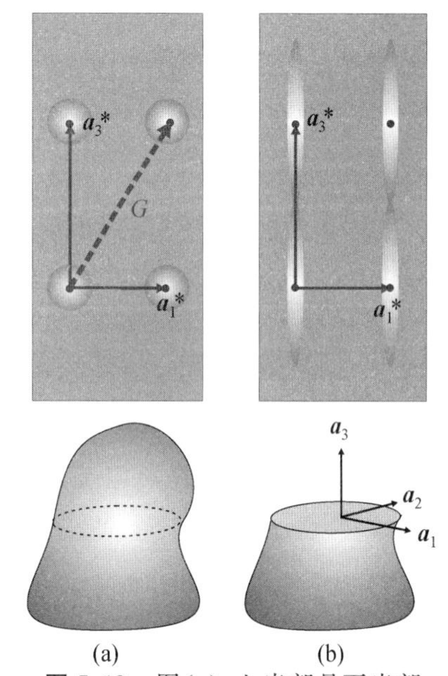

图 5.12 图(a)：上半部是下半部绘出的晶体在 $\boldsymbol{a}_1^*$ 和 $\boldsymbol{a}_3^*$ 展开的平面内的倒空间的图. 图(b)和(a)相同，除了晶体已经被解理、产生了一个垂直于 $\boldsymbol{a}_3$ 轴的表面. 这将导致沿着垂直于表面的方向上条纹状的散射，称为晶体截断棒穿过所有的布拉格峰.

一旦意识到解理晶体的行为可以在数学上表示为晶体原来的密度 $\rho(z)$ 和阶梯函数 $h(z)$ 的乘积，便可以洞察 CTR 的起源.(这里坐标系的 z 选择为垂直于表面.)散射振幅正比于 $\rho(z)$ 和 $h(z)$ 乘积的傅立叶变换. 根据卷积定理(见附录 E)，这等价于 $\rho(z)$ 和 $h(z)$ 的傅立叶变换的卷积. 而如附录 E 所描述的，$\rho(z)$ 和 $h(z)$ 的傅立叶变换分别是一个 δ 函数和 i/q_z. 偏离布拉格峰时，散射振幅因而正比于 $1/q_z$，强度则正比于 $1/q_z^2$. 因此，表面的效果是在表面法线方向上产生散射的条痕，又称为晶体截断棒.

为了得到 CTR 强度分布的表达式，我们只需要考虑在表面的法线方向($\boldsymbol{a}_3$)对晶格求和；其他两个方向上的求和会导致通常数个 δ 函数的乘积，$\delta(Q_x-ha_1^*)\delta(Q_y-ka_2^*)$. 如果 $A(\boldsymbol{Q})$ 是某层原子的散射振幅(这里完美简洁地假设所有原子层的都一样)，则从这些层无限堆叠的散射振幅是

$$F^{\mathrm{CTR}}=A(\boldsymbol{Q})\sum_{j=0}^{\infty}\mathrm{e}^{\mathrm{i}Q_z a_3 j}\,\mathrm{e}^{-\beta j}=\frac{A(\boldsymbol{Q})}{1-\mathrm{e}^{\mathrm{i}Q_z a_3}\,\mathrm{e}^{-\beta}} \tag{5.18}$$

这里 $\beta=a_3\mu/\sin\theta$ 是每一层的吸收参数. 沿着晶体截断棒的强度分布是

$$I^{\mathrm{CTR}}=|F^{\mathrm{CTR}}|^2=\frac{|A(\boldsymbol{Q})|^2}{(1-\mathrm{e}^{\mathrm{i}Q_z a_3}\,\mathrm{e}^{-\beta})(1-\mathrm{e}^{-\mathrm{i}Q_z a_3}\,\mathrm{e}^{-\beta})} \tag{5.19}$$

为了研究强度在靠近布拉格峰附近如何下降，把传递波矢写成 $Q_z=q_z+2\pi l/a_3$，其中 q_z 是传

递波矢对劳厄条件的偏离.因为 q_z 较小,上面公式简化为

$$I^{\text{CTR}} \approx \frac{|A(\boldsymbol{Q})|^2}{q_z^2 a_3^2 + \beta^2}$$

因此 I^{CTR} 正比于 $1/q_z^2$,正如本节开始时所作的介绍性评论所预期的.如果我们暂时忽略吸收的效应,那么(5.19)式简化为

$$I^{\text{CTR}} = \frac{|A(\boldsymbol{Q})|^2}{4\sin^2(Q_z a_3/2)} = \frac{|A(\boldsymbol{Q})|^2}{4\sin^2(\pi l)}$$

计算出的晶体截断杆的强度随着 l 的变化绘制在图 5.13(a)中,l 的量纲是倒格子单位(reciprocal lattice unit, r. l. u.). I^{CTR} 的表达式显然只在偏离布拉格峰时有效,即 l 不是整数,否则 $\sin(\pi l)$ 为零,强度要发散.吸收的效果可以从(5.19)式来计算,并且也被画在了图 5.13 中,其中显而易见的是它主要改变了在布拉格峰附近的强度分布.

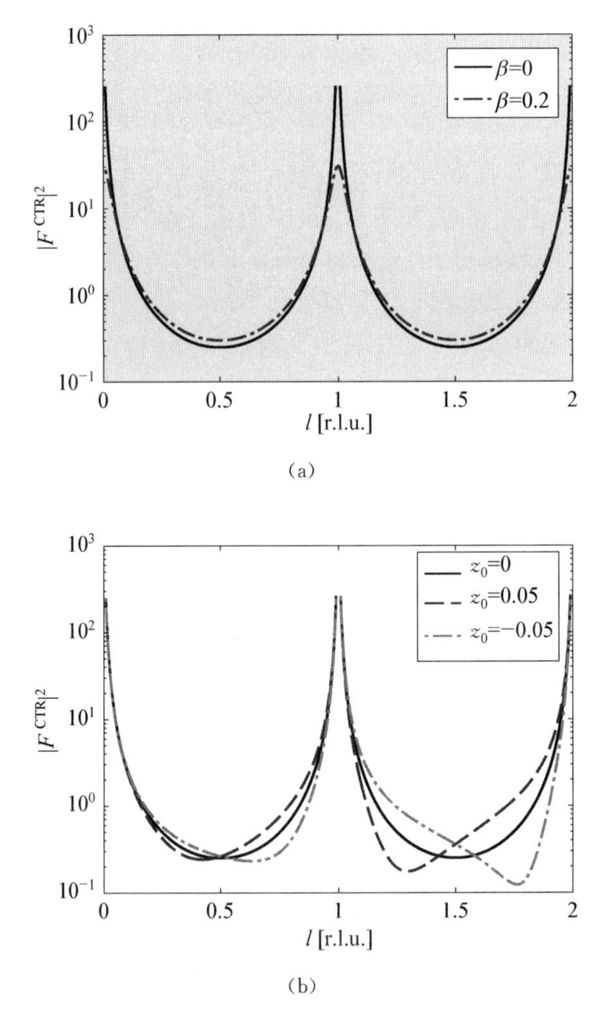

图 5.13 ★图(a):一个完美的平整表面的晶体截断棒.实线表示没有吸收($\beta=0$);点划线表示有吸收.典型的 β 约为 10^{-5} 的量级,这可以从表 3.1 中所列的吸收系数 μ 值看出.这里令 β 为 0.2,这是一个不现实的高的值,但其旨在说明吸收的效果.为了简单起见,令 $A(\boldsymbol{Q})$ 为 1.图(b):从有一个覆盖层的平整表面的晶体截断棒($\beta=0$).覆盖层对体晶格间距的相对偏移由 z_0 给出.该层的偏移的影响在较高传递波矢时看起来更加明显.

沿 CTR 的强度分布取决于其表面被终止的确切方式,CTR 的测量已经成为单晶的表面和近表面区域结构的一种非常有用的探针. 这可以通过想象晶体最上面的顶层,(5.18)式中 $j=-1$ 的晶格间距和在体中的值不同来进行说明,那么总的散射振幅就可以写成

$$F^{\text{总}}=F^{\text{CTR}}+F^{\text{顶层}}=\frac{A(\boldsymbol{Q})}{1-\mathrm{e}^{\mathrm{i}2\pi l}}+A(\boldsymbol{Q})\mathrm{e}^{-\mathrm{i}2\pi(1+z_0)l} \tag{5.20}$$

其中 z_0 是顶层对体的晶格间距 a_3 的相对偏离量. 当 $z_0=0$ 时,就得了和以前一样沿着 CTR 方向的强度分布. 如果 z_0 不是零,那么从顶层的散射和晶体其余部分的散射之间的干涉将导致 CTR 上的特征,如图 5.13(b)所示. 在 5.6.3 节中,通过氧沉积在铜(110)面的例子,说明到底 CTR 的确定是如何帮助解出表面结构的.

在推导(5.18)式的过程中,为了简洁我们假设了一个镜面散射的情况,使入射角等于反射角. 这里给出的论点可以推广,表明所有布拉格峰都有 CTR,且晶体截断棒的方向平行于表面的法线.

5.4 晶格振动,德拜-沃勒因子和 TDS

到目前为止,考虑的晶格都被假设为完全刚性的. 而实际上排列在晶格上的原子会振动,这里我们探讨这些振动对散射强度的影响. 振动来源于两个不同的原因:第一种的起源是纯粹量子的,来自不确定性原理. 这些振动与温度无关,即使在绝对零度时也会发生. 出于这个原因,它们被称为零点涨落. 而在有限温度下,弹性波(或声子)在晶体中被热激发,从而增加了振动的振幅.

首先,我们来考虑从一个简单的晶体结构的散射,其中每个格点都只有一种类型的原子. 根据(5.5)式,散射振幅是

$$F^{\text{晶体}}=\sum_n f(\boldsymbol{Q})\mathrm{e}^{\mathrm{i}\boldsymbol{Q}\cdot\boldsymbol{R}_n}$$

为了把振动的效果包括进来,可把原子的瞬时位置写成 $\boldsymbol{R}_n+\boldsymbol{u}_n$,其中 $\boldsymbol{R}_n$ 是对时间的平均位置,而 $\boldsymbol{u}_n$ 是相对位移. 根据定义,$\langle \boldsymbol{U}_n\rangle=0$,尖括号$\langle\cdots\rangle$表示对时间取平均. 散射强度的计算是通过先对散射振幅和它的复数共轭值求积,然后计算其时间平均得到. 因此强度是

$$I=\left\langle \sum_m f(\boldsymbol{Q})\mathrm{e}^{\mathrm{i}\boldsymbol{Q}\cdot(\boldsymbol{R}_m+\boldsymbol{u}_m)}\sum_n f^*(\boldsymbol{Q})\mathrm{e}^{-\mathrm{i}\boldsymbol{Q}\cdot(\boldsymbol{R}_n+\boldsymbol{u}_n)}\right\rangle=\sum_m\sum_n f(\boldsymbol{Q})f^*(\boldsymbol{Q})\mathrm{e}^{\mathrm{i}\boldsymbol{Q}\cdot(\boldsymbol{R}_m-\boldsymbol{R}_n)}\langle \mathrm{e}^{\mathrm{i}\boldsymbol{Q}\cdot(\boldsymbol{u}_m-\boldsymbol{u}_n)}\rangle \tag{5.21}$$

为了方便,(5.21)式右侧的最后一项可以重新写作

$$\langle \mathrm{e}^{\mathrm{i}\boldsymbol{Q}\cdot(\boldsymbol{u}_m-\boldsymbol{u}_n)}\rangle=\langle \mathrm{e}^{\mathrm{i}Q(u_{Qm}-u_{Qn})}\rangle$$

这里 u_{Qn} 是第 n 个原子平行于传递波矢 $\boldsymbol{Q}$ 的位移分量. 这个表达式可以用 Baker-Hausdorff 定理来进一步简化,该定理是在第 62 页上的 3.8 节讨论粗糙表面的散射时引入的. (附录 D 给出了 Baker-Hausdorff 定理的证明.)该定理指出,如果 x 是由一个高斯分布来描述的,则

$$\langle \mathrm{e}^{\mathrm{i}x}\rangle=\mathrm{e}^{-\frac{1}{2}\langle x^2\rangle}$$

利用这个结果,对时间平均成为

$$\langle e^{iQ(u_{Qm}-u_{Qn})}\rangle = e^{-\frac{1}{2}\langle Q^2(u_{Qm}-u_{Qn})^2\rangle} = e^{-\frac{1}{2}Q^2\langle(u_{Qm}-u_{Qn})^2\rangle} = e^{-\frac{1}{2}Q^2\langle u_{Qm}^2\rangle}e^{-\frac{1}{2}Q^2\langle u_{Qn}^2\rangle}e^{Q^2\langle u_{Qm}u_{Qn}\rangle}$$

根据平移不变性，$\langle u_{Qm}^2\rangle = \langle u_{Qn}^2\rangle$，为了简洁，我们把它记为 u_Q^2，并把 $e^{-\frac{1}{2}Q^2\langle u_Q^2\rangle}$ 写成 e^{-M}. 继而，我们把上面表达式的最后一项(即时间平均)写为

$$e^{Q^2\langle u_{Qm}u_{Qn}\rangle} = 1 + \{e^{Q^2\langle u_{Qm}u_{Qn}\rangle} - 1\} \tag{5.22}$$

这使得散射强度可以分成两项：

$$I = \sum_m\sum_n f(\boldsymbol{Q})e^{-M}e^{i\boldsymbol{Q}\cdot\boldsymbol{R}_m}f^*(\boldsymbol{Q})e^{-M}e^{-i\boldsymbol{Q}\cdot\boldsymbol{R}_n} + \sum_m\sum_n f(\boldsymbol{Q})e^{-M}e^{i\boldsymbol{Q}\cdot\boldsymbol{R}_m}f^*(\boldsymbol{Q})e^{-M}e^{-i\boldsymbol{Q}\cdot\boldsymbol{R}_n}\{e^{Q^2\langle u_{Qm}u_{Qn}\rangle} - 1\} \tag{5.23}$$

第一项可以认出是受到一个晶格的弹性散射，除了原子形状因子被替换成

$$\boxed{f^{\text{原子}} = f(\boldsymbol{Q})e^{-\frac{1}{2}Q^2\langle u_Q^2\rangle} \equiv f(\boldsymbol{Q})e^{-M}} \tag{5.24}$$

这里的指数项又被称为德拜-沃勒因子(Debye-Waller factor). 就第一项包含的贡献而言，对于大的 $|\boldsymbol{R}_m - \boldsymbol{R}_n|$ 值，它仍然导致散射中的 δ 函数. 这表明弹性布拉格散射会由于原子振动而减小强度，但它的宽度不增加. (5.23)式中最后一个因子的贡献具有非常不同的特点. 它的强度实际上随着均方位移的增加而增大，且其宽度由不同原子位移的关联函数 $\langle u_{Qm}u_{Qn}\rangle$ 决定. 这些位移结果只在短程时有较强的关联，所以对晶格求和只扩展到少数格点，并且这些散射具有较大的宽度，比一个布拉格峰的宽度大得多. 因为这些原因，这项贡献被称为热漫散射(thermal diffuse scattering)或者简称为 TDS. 在晶体学实验中，TDS 引起的背景信号有时需要从该数据中减去. 另外，TDS 的研究也可能本身就是有趣的，因为它提供了在晶格中的低能量的弹性波的信息. 在这种情况下，TDS 的弥散的特征要求在较大体积的倒易空间中扫描出该散射的分布. 为了比较实验结果与理论，有必要计算(5.23)式的第二项. 这可以通过计算晶格的动力学来进行，它将给出原子位移 $\boldsymbol{u}_n$，因此也就给出关联项 $\langle u_{Qm}u_{Qn}\rangle$.

图 5.14[Holt 等，1999]给出了一个硅的 TDS 散射的例子. 数据(图(a)和(c))是在透射模式下记录的，其中图(a)和(c)分别对应于(111)和(100)轴平行于入射束. 数据以对数刻度绘制，这样使得弱漫散射增强，而且其峰值沿着连接倒易格点的高对称性方向. 在右侧的图(b)和(d)则给出了由晶格动力学的模型拟合数据获得的相应图像. 人们也发现从这个模型所推导出的声子色散曲线和更早的中子散射实验吻合得很好.

在存在热振动时，总的衍射强度可分离成一个尖锐的布拉格成分和一个漫反射成分，这可以类比为粗糙界面的反射率可分离成镜面反射和漫反射成分，如 3.8 节描述的那样. 事实上，每当有原子随机偏离其晶格位置，无论是静态还是动态的，这种分离讨论非常有用. 这里我们考虑的是由弹性波造成的动态位移的情况，但例如由晶格缺陷引起的静态的畸变，可通过漫散射进行研究.

在本节的其余部分，我们考虑德拜-沃勒因子的性质. 可以直截了当地把上述结果推广到晶胞中有几种不同类型原子的晶体的情况. 在这种情况下，晶胞结构因子((5.6)式)成为

$$F^{\text{晶胞}} = \sum_j f_j(\boldsymbol{Q})e^{-M_j}e^{i\boldsymbol{Q}\cdot\boldsymbol{r}_j}$$

这里

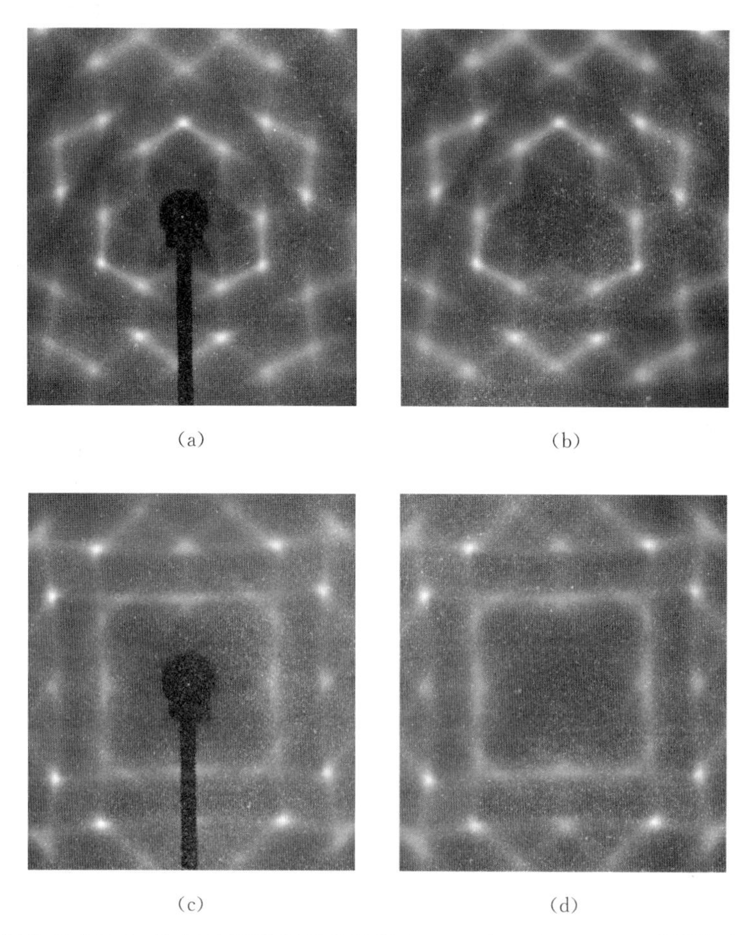

(a) (b) (c) (d)

图 5.14 硅的热漫散射(TDS). 数据是用影像版探测器(image plate detector)以透射模式来采集(光子能量 28 keV)数据,是在先进光子源(advanced photon source)的 UNI-CAT 光束线上采集的,曝光时间约为 10 s. 图(a)和(c)分别给出了(111)和(100)晶轴平行于入射束的数据,这些数据是以对数刻度绘制. 因为劳厄条件从来不是严格满足的,此处的亮斑并不是布拉格峰,而是在要出现布拉格峰的位置附近的 TDS 的积聚. 图(b)和(d)是相应计算出的图像,它们是基于对数据同时的逐个像素点的拟合[Holt 等,1999]. (本图可参见彩图 11.)

$$M_j = \frac{1}{2}Q^2\langle u_{Qj}^2\rangle = \frac{1}{2}\left(\frac{4\pi}{\lambda}\right)^2\sin^2\theta\langle u_{Qj}^2\rangle = B_T^j\left(\frac{\sin\theta}{\lambda}\right)^2$$

所指的是晶胞中第 j 个原子,并且 $B_T^j = 8\pi^2\langle u_{Qj}^2\rangle$. 之所以写成这种形式,是因为晶体学家更愿意把传递波矢表达为 $\sin\theta/\lambda$,而不是 $Q = 2k\sin\theta$. 如果原子振动各向同性,那么 $\langle u^2\rangle = \langle u_x^2 + u_y^2 + u_z^2\rangle = 3\langle u_x^2\rangle = 3\langle u_Q^2\rangle$,那么就有

$$B_{T,\text{各向同性}} = \frac{8\pi^2}{3}\langle u^2\rangle \tag{5.25}$$

振动的影响可以被看作等同于在 $\boldsymbol{R}$ 一点周围的电子分布,被以高斯分布的形式模糊化,其半径是 σ, $\langle u^2\rangle/6 = \sigma^2/2$. 如果振动是各向异性的,它们可以通过一个具有 3 个不同大小的主轴的"振动椭球"来描述.

在化合物中,不同种的原子一般有不同的德拜-沃勒因子,因为显然较轻的原子振动通常要超过较重的原子. 德拜-沃勒因子也不必是各向同性的,因为化学键也将限制沿着某些方向的振动. 例如,通常改变键角要比改变键长要消耗更小的能量,所以在化学键端部的原子的振

动,在垂直于该键的方向比沿着键的方向有更大的幅度.把这些细微之处考虑在内,通常是在数据分析中包括额外的拟合参数.然而这里为了简化讨论,限制自己只考虑立方对称性下只有一种类型原子的情形,使得振动是各向同性的,那么在简谐近似内,德拜-沃勒因子只取决于$\langle u^2\rangle$.这样单原子晶格的激发模式可以如图 5.15(a)那样直观表示.给定波矢 q 和偏振(横向或纵向)的一个模式只可以存在于一个特定的频率 ω,这两个量之间的关系由图 5.15(b)所示的色散关系来联系.在真实的晶格中,纵模比横模硬.这可以考虑进来,但为了简单起见,我们将忽略这个细节.我们的任务是计算对所有声子模式取平均的均方振幅$\langle u^2\rangle$,这些模式的能量是谐振子式的,即以$\hbar\omega$ 等间隔,并且基态能量是$\hbar\omega/2$.对于谐振子,单一模式的平均能量是动能和势能各一半,这允许我们写下

$$\frac{1}{2}\varepsilon_{\mathrm{ph}}=\frac{1}{2}Nm_{A}\omega^{2}\langle u^{2}\rangle$$

其中 $\varepsilon_{\mathrm{ph}}$是声子能量,上式右边是 N 个原子的模式的动能,每个原子的质量是 m_A.对所有模式取平均后的声子能量 $\bar{\varepsilon}_{\mathrm{ph}}$,由下式给出:

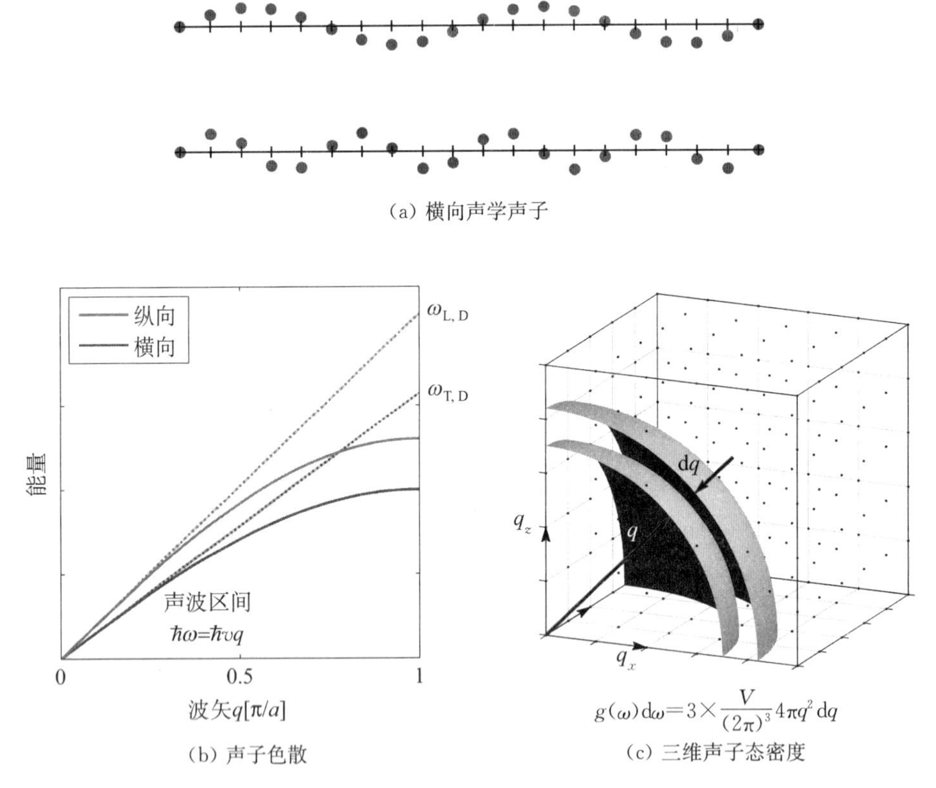

图 5.15 图(a):计算出的与两个不同波矢的横向声子相关的原子位移的代表性快照.图(b):单原子晶体的声子色散关系.声子极化方向可以或是一个纵向,或是两个横向之一.在德拜模型中,色散关系被假设为线性的,$\omega=vq$,直至某个截止频率 ω_{D}.在三维空间,截止频率定义为$\int_0^{\omega_{\mathrm{D}}}g(\omega)\mathrm{d}\omega=3N$,其中 $g(\omega)$是态密度,N 是原子数.图(c):周期性边界条件导致可允许的波矢的量子化,$\boldsymbol{q}=(2\pi/L)(l,m,n)$,而 l, m 和 n 是整数,这里展示于全正的八分之一象限中.一般来说,考虑这 3 种可能极化的态密度是 $g(\omega)\mathrm{d}\omega=3V/(2\pi)^3 4\pi q^2\mathrm{d}q$.对于德拜模型,$g(\omega)=9N\omega^2/\omega_{\mathrm{D}}^3$,而 $\omega_{\mathrm{D}}^3=6N\pi^2v^3/V$.

$$\bar{\varepsilon}_{\text{ph}} = \int_0^\infty g(\omega)\left[\frac{\hbar\omega}{e^{\hbar\omega/k_B T}-1} + \frac{\hbar\omega}{2}\right]d\omega$$

这里 $g(\omega)$是声子态密度随模式频率的变化. 对所有模式取平均后的均方幅度因此是

$$\langle u^2 \rangle = \frac{1}{Nm_A}\int_0^\infty \frac{g(\omega)}{\omega^2}\left[\frac{\hbar\omega}{e^{\hbar\omega/k_B T}-1} + \frac{\hbar\omega}{2}\right]d\omega$$

可以很方便地用德拜模型计算出态密度,其中的色散关系被假定为线性的,直至截止频率 ω_D(见图 5.15(b)). 这个模型的态密度是

$$g(\omega) = 9N\frac{\omega^2}{\omega_D^3}$$

(见图 5.15(c)),因此均方位移的表达式变为

$$\langle u^2 \rangle = \frac{9\hbar^2 T^2}{m_A k_B \Theta^3}\int_0^{\Theta/T}\left[\frac{1}{e^\xi - 1} + \frac{1}{2}\right]\xi d\xi$$

其中德拜温度 $\Theta = \hbar\omega\omega_D/k_B$. 结合这个结果和(5.25)式,由德拜模型计算出热因子 B_T 的明确表达式是

$$B_T = \frac{6h^2}{m_A k_B \Theta}\left\{\frac{\phi(\Theta/T)}{\Theta/T} + \frac{1}{4}\right\} \tag{5.26}$$

而

$$\phi(x) \equiv \frac{1}{x}\int_0^x \frac{\xi}{e^\xi - 1}d\xi$$

这里 Θ 和 T 的单位是 K. 参数 B_T 具有长度平方的量纲,用实用的单位 Å^2 来表示,就是

$$B_T[\text{Å}^2] = \frac{11\,492T[\text{K}]}{A\Theta^2[\text{K}^2]}\phi(\Theta/T) + \frac{2\,873}{A\Theta[\text{K}]} \tag{5.27}$$

其中 A 是原子的质量数. 函数 $\phi(x)$被画在图 5.16(a). 当接近于绝对零度时,(5.26)式的第一项可以忽略,但是 B_T 依旧是有限的,由于第二项是 1/4,这一项来自零点运动,是一个纯量子效应,和不确定性原理一致. 随着温度的升高,从(5.26)式可以看出一旦温度和 Θ 可比,B_T 就增大.

为了说明德拜-沃勒因子如何改变散射,让我们选择铝作为例子,它的晶体具有面心立方结构(见图 5.3),有立方的边 $a = 4.04$ Å, $\Theta = 428$ K, 以及 $A = 27$. 值得一看的是,均方根振动振幅随着温度升高直到熔点(933 K)变化,这显示在图 5.16(b),其中我们已经把 $\sqrt{\langle u^2 \rangle}$ 用最近邻的距离 $a/\sqrt{2}$ 来归一了. 我们注意到刚刚在熔点以下,$\sqrt{\langle u^2 \rangle}$ 除以最近邻距离约等于 0.1,这和固体熔点的 Lindemann 经验判据一致:当热振动达到大约是最近邻距离的 10%,固体将熔化. 图 5.16(c)给出了德拜-沃勒因子随着 Q^2 的变化,当散射矢量的长度增大时,对散射强度有极大的影响. 在表 5.1 中,给出一些具有立方对称性元素的德拜温度,以及在不同温度下计算出的 B_T 值.

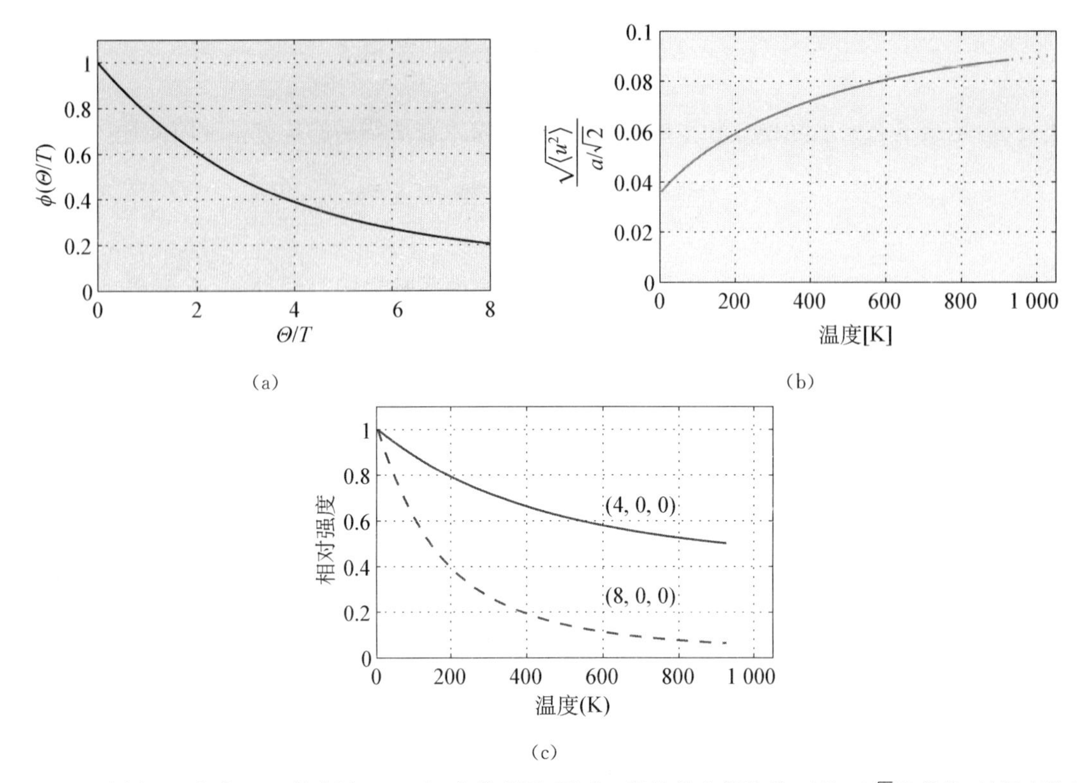

图 5.16 ★图(a):积分 $\phi(x)$的值随 $x=\Theta/T$ 变化的图. 图(b):铝的均方根涨落 $\boldsymbol{u}$(以 $a/\sqrt{2}$ 为单位)的温度依赖关系. 图(c):从铝的散射的相对强度作为温度的函数. 曲线分别是为(4, 0, 0)(实线)和(8, 0, 0)(虚线)布拉格峰计算的结果. 铝的熔点是 933 K.

表 5.1 某些具有立方对称性的元素的德拜温度 Θ 和在 4.2, 77 与 293 K 时的德拜-沃勒因子 B_T

	A	Θ (K)	$B_{4.2}$	B_{77} (Å^2)	B_{293}
Diamond	12	2 230	0.11	0.11	0.12
Al	27	428	0.25	0.30	0.72
Si	28.1	645	0.17	0.18	0.33
Cu	63.5	343	0.13	0.17	0.47
Ge	72.6	374	0.11	0.13	0.35
Mo	96	450	0.06	0.08	0.18

德拜-沃勒因子是根据给出的德拜温度用(5.27)式计算出的.

5.5 小晶粒的散射强度

本节对小晶体布拉格反射的积分强度进行计算,因为这是很容易被实验测定的一个量. 这就要求我们指定积分强度究竟是如何测量的. 起点是把前面章节中建立起的各相关表达式组合成一个强度的单一表达式. 然而,这里我们不用强度,而是更精确地使用微分截面($d\sigma/d\Omega$),它在附录 A 中有较完整的讨论. 在当前的情况下,样品被光束完全地辐照,微分截面定义为

$$\left(\frac{d\sigma}{d\Omega}\right)=\frac{\text{每秒散射进入 } d\Omega \text{ 的 X 光子数}}{(\text{入射通量})(d\Omega)}$$

其中 dΩ 是立体角. 根据(1.8),(5.5),(5.6)和(5.15)式,我们有

$$\boxed{\left(\frac{\mathrm{d}\sigma}{\mathrm{d}\Omega}\right)=r_0^2P\mid F(\boldsymbol{Q})\mid^2 Nv_c^*\delta(\boldsymbol{Q}-\boldsymbol{G})} \tag{5.28}$$

这里我们忽略了 $F(\boldsymbol{Q})$上标中的晶胞结构因子,P 是极化因子((1.9)式).

通常用于测定布拉格峰积分强度的实验装置的示意图如图 5.17 所示. 入射光束被假定为完全单色和准直的. 因为散射是弹性的,散射光束也将是完美的单色. 然而,它并不一定是完全准直的. 在 5.1.6 节中已经表明,一个布拉格峰的宽度反比于 N,即晶胞的个数,并且因为 N 不是无限的,布拉格峰具有有限的宽度. 这意味着要让一个可测量的强度能够被记录到,劳厄条件不必精确地满足. 在图 5.18 中,这被表达为存在一个椭圆形的轮廓线:如果 $\boldsymbol{Q}$ 落在这个轮廓线之内,那么可以得到可观的强度,并且该散射光束会有一些发散. 我们假设实验的设定是让所有稍微发散的散射都被探测器探测到. 因此,根据图 5.18,所有 $\boldsymbol{k}'$终止于粗黑线上的散射过程都将被记录. 不过,我们感兴趣的是 $\boldsymbol{Q}$ 终止于模糊了的布拉格点轮廓线范围内(或附近)的所有散射过程的总和. 这意味着该晶体必须相对于入射光束进行少许旋转(或摆动),同时重复测量(对应于图 5.18 的其他浅颜色线之一). 通过这种方式,积分强度被累积起来.(顺便提一下,在扫描中改变 $\boldsymbol{k}$ 和 $\boldsymbol{G}$ 的夹角,相当于允许入射光束不是完全准直的.)

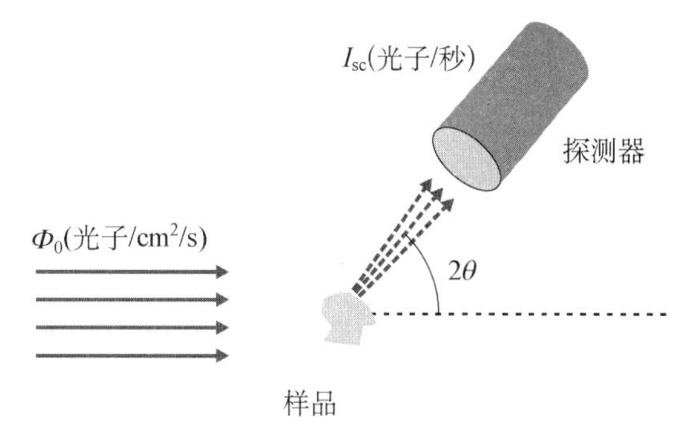

图 5.17 从一个小的晶体的散射. 入射光束被假设为完全准直和单色的,并辐照在整个晶体上. 散射强度 I_{sc} 正比于光通量 Φ_0 和样品的微分截面(dσ/dΩ).

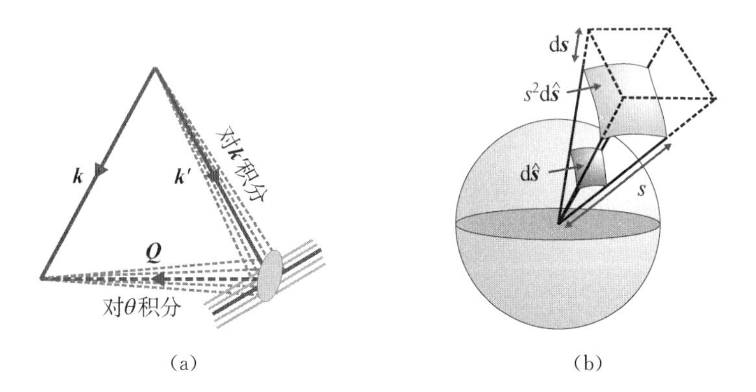

图 5.18 图(a):从一个小的晶粒的散射由灰色的椭圆来表示,这反映了倒易空间中晶体的形状. 对于一个给定的晶体取向,探测器接受所有散射波矢 $\boldsymbol{k}'$落在粗黑线上的信号. 随着晶体的旋转,积分就对应于其他浅颜色线条. 图(b):立体角元 d$\hat{\boldsymbol{s}}$和体积元 d$\boldsymbol{s}$ 之间的关系是 d$\boldsymbol{s}$ = s^2d$\hat{\boldsymbol{s}}$ds.

因此,通过转动晶体改变 θ,积分强度被记录下来. (5.28)式只适用于仪器的某一种设置,为了比较它和实验中测量的积分强度,我们必须对 $\boldsymbol{k}'$和 θ 进行积分. 这样就产生了一个附加项,被称为洛伦兹因子,它的推导在 5.5.1 节中. 重要的是要意识到洛伦因子依赖于强度究竟是如何积分得到的,即它依赖于实验的细节.

5.5.1 洛伦兹因子

1. 对 $\boldsymbol{k}'$ 的积分

沿着 $\boldsymbol{k}'$ 的单位矢量用一个帽形上标来表示. 立体角元 $\mathrm{d}\hat{\boldsymbol{k}}'$ 是两维的,因此对 $\boldsymbol{k}'$ 方向的积分等价于对 $\mathrm{d}\hat{\boldsymbol{k}}'$ 的积分. 我们不用 $\hat{\boldsymbol{k}}'$,而是引入矢量 $\boldsymbol{s}=k'\hat{\boldsymbol{s}}$,其中 $\hat{\boldsymbol{s}}$ 是单位矢量(图 5.18(b)),那么,问题就成为把等式(5.28)中的 δ 函数对 $\mathrm{d}\hat{\boldsymbol{k}}'$ 积分,即

$$\int \mathrm{d}\hat{\boldsymbol{k}}'\delta(\boldsymbol{Q}-\boldsymbol{G})=\int \mathrm{d}\hat{\boldsymbol{k}}'\delta(\boldsymbol{k}-\boldsymbol{k}'-\boldsymbol{G})$$

积分可以重新写成

$$\int \mathrm{d}\hat{\boldsymbol{k}}'\delta(\boldsymbol{k}-\boldsymbol{k}'-\boldsymbol{G})=\overbrace{\frac{2}{k'}\int s^2\delta(s^2-k'^2)\,\mathrm{d}s}^{1}\int\delta(\boldsymbol{k}-\boldsymbol{s}-\boldsymbol{G})\,\mathrm{d}\hat{\boldsymbol{s}}$$

右边第一个积分是 1,这已经在第 108 页讨论 δ 函数的方框中证明,并且在第二个积分里面的 $\boldsymbol{k}'$ 已经被替换成 $\boldsymbol{s}$,因为根据定义,它们是等价的. 这一方法的要点是把二维的积分变换成一个三维的. 为了更清楚地看出这一点,上式可重新排成

$$\int \mathrm{d}\hat{\boldsymbol{k}}'\delta(\boldsymbol{k}-\boldsymbol{k}'-\boldsymbol{G})=\frac{2}{k'}\int\delta(s^2-k'^2)\delta(\boldsymbol{k}-\boldsymbol{s}-\boldsymbol{G})s^2\,\mathrm{d}\hat{\boldsymbol{s}}\mathrm{d}s=\frac{2}{k'}\int\delta(s^2-k'^2)\delta(\boldsymbol{k}-\boldsymbol{s}-\boldsymbol{G})\,\mathrm{d}^3\boldsymbol{s}$$

这里 $\mathrm{d}^3\boldsymbol{s}=s^2\mathrm{d}\hat{\boldsymbol{s}}\mathrm{d}s$ 是三维体积元. 为了继续进行,利用第二个 δ 函数来要求 $\boldsymbol{s}=\boldsymbol{k}-\boldsymbol{G}$,可把它替换进第一个 δ 函数,则积分变为

$$\int \mathrm{d}\hat{\boldsymbol{k}}'\delta(\boldsymbol{k}-\boldsymbol{k}'-\boldsymbol{G})=\frac{2}{k'}\delta((\boldsymbol{k}-\boldsymbol{G})\cdot(\boldsymbol{k}-\boldsymbol{G})-k'^2)=\frac{2}{k}\delta(G^2-2kG\sin\theta)\quad(5.29)$$

在第二个方程中,利用了散射是弹性的这一事实,即 $k'=k$. 当对 $\boldsymbol{k}'$ 的方向进行积分,截面是

$$\left(\frac{\mathrm{d}\sigma}{\mathrm{d}\Omega}\right)_{\text{对}\boldsymbol{k}'\text{积分}}=r_0^2P\mid F(\boldsymbol{Q})\mid^2 Nv_c^*\ \frac{2}{k}\delta(G^2-2kG\sin\theta)$$

2. 对 θ 的积分

积分强度的计算是通过对角度变量 θ 的积分来完成的. 余下的 δ 函数本身就是 θ 的函数,而利用第 108 页方框中给出的结果,积分是

$$\int\delta(G^2-2kG\sin\theta)\,\mathrm{d}\theta=\int\delta(t(\theta))\,\mathrm{d}\theta=\left[\left(\frac{\mathrm{d}t}{\mathrm{d}\theta}\right)^{-1}\right]_{t=0}$$

δ 函数的变量的导数是

$$\frac{\mathrm{d}(G^2-2kG\sin\theta)}{\mathrm{d}\theta}=-2kG\cos\theta$$

可得到结果

$$\int\delta(G^2-2kG\sin\theta)\,\mathrm{d}\theta=\left[\frac{-1}{2kG\cos\theta}\right]_{t=0}=\frac{-1}{2k^2\sin 2\theta}$$

因此在 $\boldsymbol{k}'$ 和 θ 两个方向上来积分的微分散射截面是

$$\left(\frac{\mathrm{d}\sigma}{\mathrm{d}\Omega}\right)_{\text{对}\boldsymbol{k}',\theta\text{积分}} = r_0^2 P \mid F(\boldsymbol{Q}) \mid^2 N v_c^* \frac{2}{k} \frac{1}{2k^2 \sin 2\theta} = r_0^2 P \mid F(\boldsymbol{Q}) \mid^2 N \frac{\lambda^3}{v_c} \frac{1}{\sin 2\theta}$$

在上式第二个方程中,引入了晶胞在实空间的体积 v_c,而不是晶胞在倒空间的体积 v_c^*,并且我们已经使用了 $2\pi/k = \lambda$.

然后通过把上式乘以入射通量 Φ_0 以产生积分强度 I_{sc},最终结果是

$$\boxed{I_{sc}\left(\frac{\text{光子}}{\text{秒}}\right) = \Phi_0\left(\frac{\text{光子}}{\text{单位面积}\times\text{秒}}\right) r_0^2 P \mid F(\boldsymbol{Q}) \mid^2 N \frac{\lambda^3}{v_c} \frac{1}{\sin 2\theta}} \tag{5.30}$$

(5.30)式是晶体学的主方程,因此我们将停下简要讨论一下各项的意义. 晶胞内每个电子具有微分散射截面 $r_0^2 P$,其中 P 是极化因子.

一个晶胞的微分散射截面是 $r_0^2 P|F(\boldsymbol{Q})|^2$,其中,在 $Q\to 0$ 的极限下,$F(\boldsymbol{Q}) = \sum_j Z_j$ 是晶胞中的电子数. 对于一般 $Q > 0$ 的情况,如 $F(\boldsymbol{Q})$所指出的,散射由于不同的光路长度而减弱. 总散射正比于晶胞的个数 N. 求和与适当的积分产生最后两个因子,其中最后面的一个因子有时又被称为洛伦兹因子. 最后,公式左右两边的量纲理所当然是相同的,即光子/秒.

5.5.2 消光

(5.30)式适用于单个理想的“小”而在其他方面都很完美的晶体,并且所有的衍射平面都有确定位置. 实际上真实的宏观晶体往往不完美,但可以被看作由许多完美的小块晶体所组成,只是它们的取向是围绕着某个平均值的分布. 该晶体于是可以说是“拼接”的(或“马赛克”的,mosaic),因为它被认为是许多小块镶嵌而成的“马赛克”,如图 5.19 所示. 典型的马赛克块取向的角度分布范围在 0.01°和 0.1°之间.

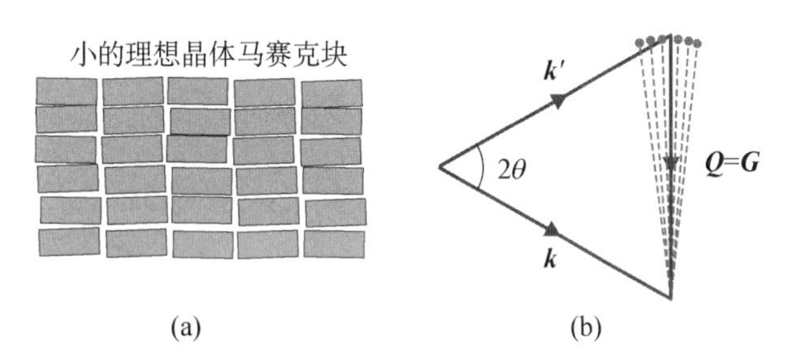

图 5.19 图(a):真正的单晶往往是由小的理想的晶粒构成,它们也被称为马赛克块,其取向有较窄的分布,称为马赛克分布. 图(b):对于给定的(h, k, l)反射,旋转晶体对应于参照原点来旋转 $\boldsymbol{G}$. 以这种方式,每个马赛克块的积分强度被累计下来.

每个块都是“小”的意思,衍射光束在离开该块之前被重新散射的可能性极低,因此运动学近似适用. 当块的尺寸变大时,这个近似就不成立,就需要考虑多重散射的效应. 这些内容将在第 6 章中讨论,那里会证明(6.34)式从宏观的完美晶体散射的积分强度采取的形式,和(5.30)式会非常不同. 事实上,由于将在第 6 章讨论,宏观完美晶体的积分强度一般要比不完美的低. 因此,如果马赛克块不足够小,给定的布拉格反射测出的积分强度将小于(5.30)式所预言的. 此时,该反射就被说成是由于主要消光(primary extinction)效应而减弱.

一个马赛克晶体的散射,还有第二种方式使得它比(5.30)式给出的要小. 对于马赛克晶体,可能发生一个或多个马赛克块处于具有相同取向的其他块的阴影之下,那么入射到处于阴

影之下块上的光束必然要弱一些，因为光束的一部分已经被处于它上边那些块衍射到出射光束中去了. 如果是这种情况，那么就说存在次要消光(secondary extinction). 倘若主要消光和次要消光均可以忽略不计，该晶体就是理想的不完美.

一个理想的不完美晶体的散射图如图 5.19 所示. 每个马赛克块由倒格矢扇面上的一个小点表示，标记为 $\boldsymbol{G}$. 谱仪先设置于一个给定的(hkl)反射，散射角为 $2\theta_{hkl}$. 然后旋转晶体，或穿过劳厄条件 $\boldsymbol{Q}=\boldsymbol{G}$ 在足够大的角度范围内进行扫描以捕获整个马赛克扇形，得以记录积分强度. 然后就可以用公式(5.30)式来计算马赛克晶体的积分强度. 仅需要把晶胞数 N 替换为 $N'N_{\mathrm{mb}}$，即单个马赛克块中的晶胞数 N' 和晶体中马赛克的总数 N_{mb} 的乘积. 这也是因为不同块的散射波之间没有明确的相位关系，只需要把强度加起来就足够了. 这与单个块的情况不同，单个块首先要把振幅加起来，然后将此结果乘以它的复共轭，从而得到散射强度.

把一个不完美的晶体当作由马赛克块组成过于简单化. 虽然位错等缺陷产生布拉格峰的展宽是事实，但是一个不完美晶体的微观结构很少类似于图 5.19(a)所显示的那样. 由此可见，把消光效应划分为主要和次要的起因并不总是有效的. 事实上在许多情况下，使用一个马赛克模型来描述一个不完美的晶体只是权宜之计，并且其合理性的唯一理由是因为它允许对消光效应进行数学处理，然后可以被用来校正数据. 完全避免消光效应的一种方法是把试样制成很细的粉末，粉末衍射将在 5.6.1 节中进一步考虑.

5.5.3 吸收效应:延展面几何设置

公式(5.30)的推导忽略了吸收的影响. 应该很清楚，这些一般取决于样品的形状，在实践中需要应用各种近似以校正测得的强度. (《国际晶体学表》中有对积分强度的吸收效应校正的描述.)一个特别有用和简单并可以找到其解析解的几何设置，是从具有延展的平坦面的晶体衍射，如图 5.20 所示，其中假设该晶体足够大以便截获整个光束. 如果 N 是被入射束照到的晶胞的总数，那么对于一个马赛克晶体，我们可写下 $N=N'\times N_{\mathrm{mb}}$，其中 N' 是在一个马赛克块中的晶胞数，N_{mb} 是马赛克块的数量. 在 z 和 $z+\mathrm{d}z$ 之间，被横截面积为 A_0 的光束照射到的马赛克块数量是

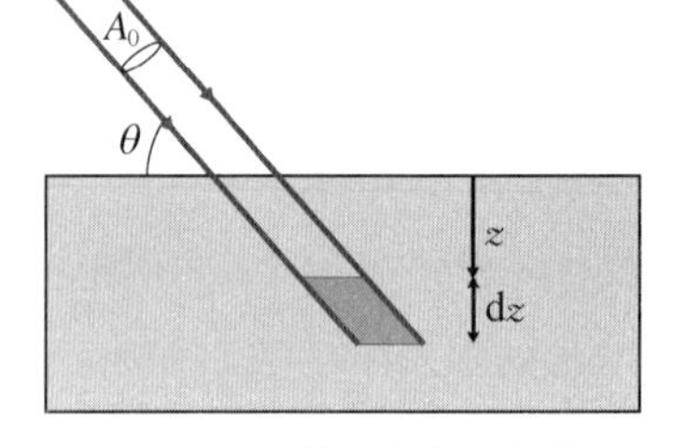

图 5.20 延展面几何设置. 一个 X 射线光束以一定角度 θ 入射到晶体平坦的表面上. 光束的横截面面积为 A_0，被辐照样品的体积距表面深度为 z，体积为$(A_0/\sin\theta)\mathrm{d}z$.

$$N_{\mathrm{mb}}=\frac{A_0\,\mathrm{d}z}{\sin\theta}\times\frac{1}{V'}$$

这里 V' 是马赛克块的体积，z 是光束在晶体中的深度. 在距离表面 z 的深度，吸收把强度降低到了 $\mathrm{e}^{-2\mu z/\sin\theta}$，其中 2 倍的因子是考虑了入射和出射光束通过晶体的路径长度，可得积分强度

$$\begin{aligned}I_{\mathrm{sc}}&=\frac{\Phi_0 r_0^2 P\mid F(\boldsymbol{Q})\mid^2\lambda^3}{v_c\sin 2\theta}N'\int_0^{\infty}\mathrm{e}^{-2\mu z/\sin\theta}\,\frac{A_0\,\mathrm{d}z}{V'\sin\theta}=\frac{\Phi_0 r_0^2 P\mid F(\boldsymbol{Q})\mid^2\lambda^3}{v_c\sin 2\theta}\,\frac{A_0 N'}{V'}\left[\frac{-1}{2\mu}\mathrm{e}^{-2\mu z/\sin\theta}\right]_0^{\infty}\\&=\left(\frac{1}{2\mu}\right)\frac{\Phi_0 A_0 r_0^2 P\mid F(\boldsymbol{Q})\mid^2\lambda^3}{v_c^2\sin 2\theta}\end{aligned}\tag{5.31}$$

散射强度正比于入射光束的强度，即通量 Φ_0 和入射光束横截面面积 A_0 的乘积，这源于在推

导上述公式时已经假定晶体的面是足够延展的,以致它可截取整个光束(也可参见附录 A 中有关微分截面定义的讨论). 上述结果是包括吸收影响后、一个具有延展面的马赛克晶体的积分强度,我们将在第 6 章把它和一个具有延展面的完美晶体散射进行比较.

5.5.4 二维下的洛伦兹因子

在本节中,我们简要地考虑 5.5.3 节中由三维晶体推导出来的洛伦兹因子在二维情形的等价量. 微分截面在二维的形式为

$$\boxed{\left(\frac{\mathrm{d}\sigma}{\mathrm{d}\Omega}\right)^{2\mathrm{D}} = r_0^2 P \mid F_{hk} \mid^2 N A^* \delta(Q_x - h a_1^*)\delta(Q_y - k a_2^*)} \tag{5.32}$$

这里 N 是二维晶格中的晶胞数,A^* 是晶胞在倒空间的面积(见(5.5),(5.6)和(5.14)式). 狄拉克 δ 函数把散射限制在二维面内,只限于二维倒格子上的点,即由 $\boldsymbol{G}_{hk} = h a_1^* + k a_2^*$ 给出. 而对于垂直于二维方向上的散射没有限制,这意味着散射由恒定强度通过 $\boldsymbol{G}_{hk}$ 点的杆构成,如图 5.21 所示.

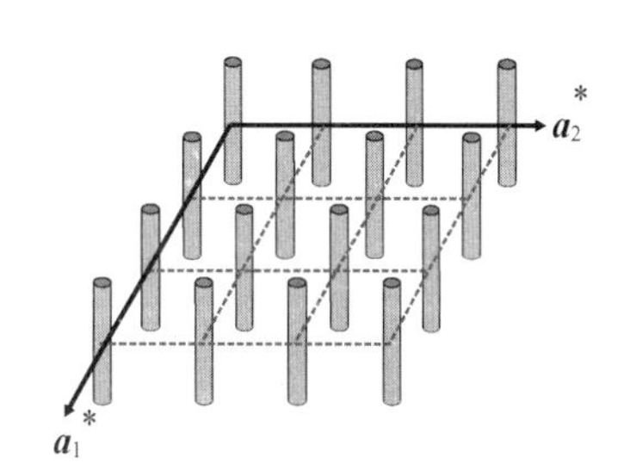

图 5.21 从二维晶体的散射截面由恒定权重的杆构成,这些杆穿过二维倒易晶格的点,$\boldsymbol{G}_{hk} = h\boldsymbol{a}_1^* + k\boldsymbol{a}_2^*$.

在三维的情况下,(5.29)式中的 δ 函数是三维的,为了推导出散射强度(5.30)式,有必要进行三次积分:一是对角度 θ,还有是对立体角元的二维积分. 后者和二维的情况不同. 这里只有立体角的面内部分涉及对 δ 函数的积分,立体角的面外部分必须被分开考虑.

让我们首先进行面内积分,并且为了使得标记保持简单,我们默认下面的等式中所有矢量局限于二维平面上. 利用恒等式

$$\int x\delta(x^2 - k^2)\mathrm{d}x = \left[\frac{x}{2x}\right]_{x=k} = \frac{1}{2}$$

我们得到

$$\begin{aligned}\int \mathrm{d}\hat{\boldsymbol{k}}'\delta(\boldsymbol{k} - \boldsymbol{k}' - \boldsymbol{G}) &= 2\overbrace{\int s\delta(s^2 - k^2)\mathrm{d}s}^{1}\int\delta(\boldsymbol{k} - k\hat{\boldsymbol{s}} - \boldsymbol{G})\mathrm{d}\hat{\boldsymbol{s}} = 2\int\delta(s^2 - k^2)\delta(\boldsymbol{k} - \boldsymbol{s} - \boldsymbol{G})\mathrm{d}^2\boldsymbol{s} \\ &= 2\delta((\boldsymbol{k} - \boldsymbol{G})\cdot(\boldsymbol{k} - \boldsymbol{G}) - k^2) = 2\delta(G^2 - 2kG\sin\theta)\end{aligned}$$

这里 $\mathrm{d}^2\boldsymbol{s} = s\mathrm{d}\hat{\boldsymbol{s}}\mathrm{d}s$ 是二维体积元. 对 θ 的积分可以和三维的情况类似进行,给出

$$\int 2\delta(G^2 - 2kG\sin\theta)\mathrm{d}\theta = \frac{-1}{k^2\sin 2\theta}$$

导致

$$\left(\frac{\mathrm{d}\sigma}{\mathrm{d}\Omega}\right)_{\text{对}k'_{xy},\ \theta\text{积分}} = r_0^2 P \mid F_{hk} \mid^2 N \frac{\lambda^2}{A}\frac{1}{\sin 2\theta}$$

这里 A 是正空间中晶胞的面积,N 是被辐照到的晶胞的数目. 散射波矢被写成带有下标"xy",强调它是到目前为止一直在考虑的二维的部分.

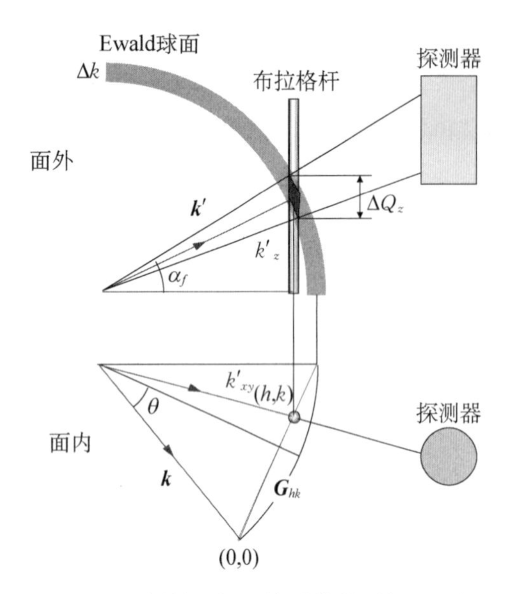

图 5.22 倒易空间二维系统的图解，显示了 Ewald 球面的一部分和布拉格杆（Bragg rod）相交. 倒空间的面内投影显示在底部，而面外的投影在顶部.

已经做了对散射波矢面内部分 k'_{xy} 的积分之后，现在需要对立体角的面外部分进行积分，演示如图 5.22所示，其中给出了倒易空间在面内和面外的投影. 和三维的情况不同，投影的散射三角形不再是等腰的，因为 $\sqrt{(k'_{xy})^2+(k'_z)^2}=|\boldsymbol{k}|$，所以就有 $|k'_{xy}|\leqslant|\boldsymbol{k}|$，其中 k'_{xy} 和 k'_z 分别是散射波矢的面内和面外分量. 面外的投影在图 5.22 的顶部. 因为散射是弹性的，$\boldsymbol{k}'$ 的投影必须落在 Ewald 球面的圆壳层之内，该圆壳层的有限厚度代表了入射束的带宽 Δk. 只有面外分量在 ΔQ_z 区间内的散射波矢才是允许的，立体角元的相应分量是 $\Delta\Omega_z=\Delta Q_z/k$，所以散射强度是

$$\boxed{I_{\mathrm{sc}}^{\mathrm{2D}}\left(\frac{\text{光子}}{\text{秒}}\right)=\Phi_0\left(\frac{\text{光子}}{\text{单位面积}\times\text{秒}}\right)r_0^2P\,|F_{hk}|^2N\frac{\lambda^2}{A}\frac{1}{\sin 2\theta}\left(\frac{\Delta Q_z}{k}\right)} \tag{5.33}$$

5.6 运动学散射的应用

X 射线衍射实验的目的是要决定结构，这对于晶态材料来说就是要确定晶胞和基元. 到目前为止，在本章中得出的公式主要适用于单晶衍射. 在有利的情况下，确实可能得到单晶材料. 那么材料的三维结构通过测定尽可能多的布拉格峰作为米勒指数(h, k, l)的函数从而解出. 粗略地讲，晶胞的大小和对称性可以从布拉格峰的位置定出来，而基元的性质和其中的原子（或分子）的位置决定布拉格峰的强度. 现在人们已经开发出复杂的技术用于从测量到的强度来得到最终的结构，而对于含有适当数量的原子的晶胞，利用单晶来解结构的整个流程，现在已经是很常规的了，并且高度自动化.

许多重要的材料不能获得单晶，而代之以粉末或纤维的形式存在. 或者人们感兴趣的可能是晶体表面的二维结构，而不是体材料的三维结构. 理解在这些情况下的衍射图案需要建立起进一步的概念. 在本节中这些概念将被引入，并且利用实例来说明它们是如何应用在实践中的.

5.6.1 粉末衍射

好的晶态粉末包括成千上万、随机取向的小晶粒. 让我们把兴趣集中在由其密勒指数(h, k, l)指定的特定倒格矢 $\boldsymbol{G}_{hkl}$. 在理想的粉末样品中，$\boldsymbol{G}_{hkl}$ 矢量的方向是在图 5.23 中球面上各向同性分布. 相对于入射波矢 $\boldsymbol{k}$，有一些晶粒具有可产生布拉格散射的正确取向，在图中它们用圆圈来表示，该圆圈由垂直于 $\boldsymbol{k}$ 的平面切割球面而来. 散射波矢 $\boldsymbol{k}'$ 因此均匀分布在以 $\boldsymbol{k}$ 为中轴、顶点半角为 2θ 的锥面上. 这个锥体被称为德拜-谢勒锥（Debye-Scherrer cone），以这两位最先正确解释了粉末的 X 射线散射的物理学家来命名.

乍一看从作为二维投影的粉末衍射图来解出三维晶体结构,似乎是一个不可能完成的任务. 然而,人们已经开发了好几种方法来实现这一点. 可能最常用的是 Rietveld 精修[Rietveld, 1969]. 这个方法寻求使用整个衍射曲线,而不仅仅是粉末衍射亮线的积分强度以限制或精修结构模型中的参数. 虽然 Rietveld 精修是该方法的名称,其实它是整个过程中的最后一步. 第一步被称为索引,包括找到晶胞的大小和对称性,使得粉末线可被标记为适当的(h, k, l)值. 第二步是提取测得的强度,并将其转换成结构因子. 第三步是用测量到的结构因子建立起一个结构模型. 最后,用整个衍射曲线来精修此结构模型.

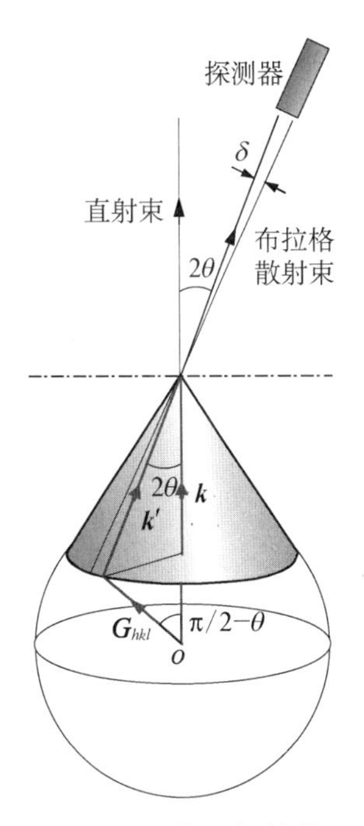

图 5.23 在理想的粉末,晶粒的方位具有各向同性分布,如球面所表示,它代表了所有晶粒的倒格矢 $\boldsymbol{G}$ 的终点. 对于给定入射波矢 $\boldsymbol{k}$,所有终止于圆上的 $\boldsymbol{G}$ 矢量将被布拉格反射,从而使散射波矢 $\boldsymbol{k}'$ 张开一个锥体,即所谓的德拜-谢勒锥. 探测器的接收角是 δ.

在这里,我们只限于说明在粉末衍射实验测得的强度和结构因子的关系是什么. 对于某些固定的(h, k, l)反射,具有合适取向、可以反射的粉末颗粒的数量正比于图 5.23 中德拜-谢勒锥的基圆的周长. 周长由 $G_{hkl}\sin\left(\frac{\pi}{2}-\theta\right)=G_{hkl}\cos\theta$ 给出. 然而,(h, k, l)的不同排列组合可具有一样的 $\boldsymbol{G}_{hkl}$ 矢量的球面,这可以通过引入反射多重性(multiplicity)m_{hkl} 而考虑进来. 举例来说,对于立方晶格,$(h, 0, 0)$反射的多重性是 6,因为$(\pm h, 0, 0)$, $(0, \pm h, 0)$和$(0, 0, \pm h)$反射都会对相同的 2θ 产生布拉格反射,因此对于一个给定的 $\boldsymbol{G}_{hkl}$,强度必须正比于 $m_{hkl}\cos\theta$. 在不同的 $\boldsymbol{G}_{hkl}$,因而也是不同的 2θ 值,探测器会看到基圆的不同部分. 这个圆的周长是 $2\pi k\sin 2\theta$,独立于 $\boldsymbol{G}_{hkl}$. 因此,探测器测量到的部分是 $k\delta/(2\pi k\sin 2\theta)$,其正比于 $1/\sin 2\theta$. 最后,对于一个小晶粒而言,观察到的强度将会正比于我们已经推出的洛伦兹因子 $1/\sin 2\theta$. 这些因素全算在一起,则观察到强度将正比于

$$L_{\text{粉末}}=m_{hkl}\cos\theta\frac{1}{\sin 2\theta}\frac{1}{\sin 2\theta}=\frac{m_{hkl}}{2\sin\theta\sin 2\theta} \tag{5.34}$$

结构因子的平方的相对大小可通过观察到的衍射强度来获得. 举个例子,假如要确定 fcc 晶体的(1, 1, 1)和(2, 0, 0)面反射的结构因子平方之间的比例,除了上面给出的联合洛伦兹因子,也需要考虑极化因子 P,其取决于散射角,从而强度之比是

$$\frac{I_{111}}{I_{200}}=\frac{|F_{111}|^2}{|F_{200}|^2}\frac{L_{\text{粉末}}(\theta_{111})}{L_{\text{粉末}}(\theta_{200})}\frac{P(\cos 2\theta_{111})}{P(\cos 2\theta_{200})} \tag{5.35}$$

晶粒取向的各向同性分布假设在实践中并不容易达成. 如果这个条件不能满足,粉末就叫做具有偏好取向(preferred orientation). 在金属锭中的晶粒,比如说可能由于机械碾压而具有高度织构取向,纹理实际上对金属的机械性能很重要,并且它可以通过样品适当的旋转来确定. 在其他情况下,粉末样品是通过把材料粉碎成粉末并将其装载到玻璃毛细管来制备. 各向同性分布是通过在曝光过程中围绕毛细管的轴线来旋转它而保证的. 粉末衍射研究在极端条件下的材料的结构特别有用,如研究相变随着压力的变化.

图 5.24 给出了半导体材料锑化铟(InSb)的衍射数据随着压力的演化. 这些数据是通过在

金刚石砧中加载少量的锑化铟粉末，然后用影像板探测器记录粉末衍射图案来获得的．图 5. 24(a)中的数据是在常压下记录的，此时 InSb 采用硫化锌结构(见图 5. 5(b))，晶格常数为 6. 48 Å. X 射线波长是 0. 447 Å，德拜-谢勒锥在散射角 $2\theta = 6.81°$，$11.15°$，$13.06°$，$15.78°$，$17.12°$，… 等处被观察到，分别对应于(1，1，1)，(2，2，0)，(3，1，1)，(4，0，0)，(3，3，1)，…等布拉格峰. 压力被施加到该体系，当压力达到 4. 9 GPa 时，一个相变发生，如图 5. 24(b)所示，晶体结构转变为正交结构.

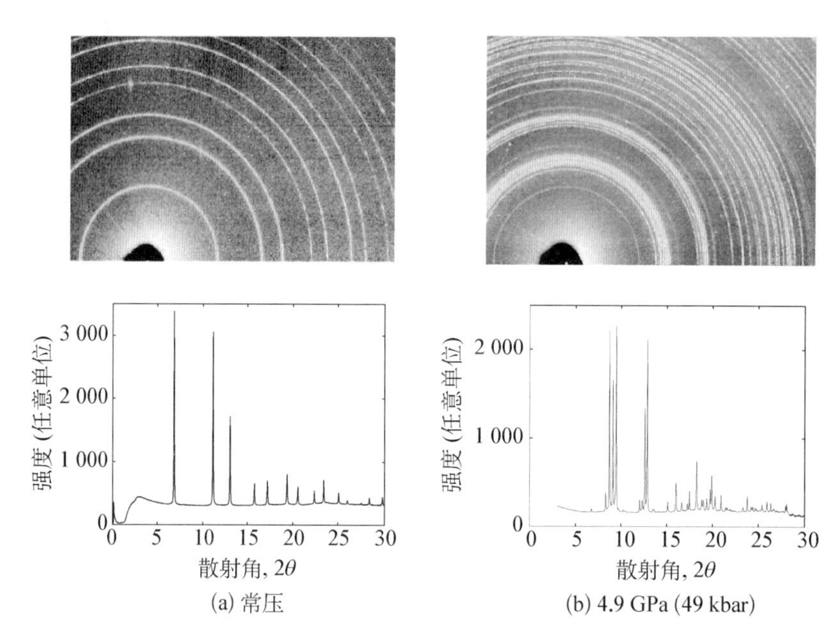

图 5. 24 InSb 粉末的衍射图案. 图(a)在常压下采集，图(b)在 4. 9 GPa 压力下采集. 用影像版探测器记录的图案显示在上面，并且在探测器和多个德拜-谢勒锥的相交处显示出亮环. 用于记录数据的入射波长为 $\lambda = 0.447$ Å. 在图片的下面，径向平均的图案以 2θ 函数的形式显示. 结果表明，InSb 经历了一个从硫化锌结构的相到4. 9 GPa之上正交相结构的相变.(数据承蒙爱丁堡大学的 Malcolm McMahon 提供.)(本图可参见彩图 12.)

5. 6. 2 纤维的衍射

1. 纤维的衍射

从晶体学的观点，纤维可以被认为是粉末的各向异性的极致情况：在所有晶粒的晶轴中，取向沿着纤维取向的轴可标记为 c 轴沿纤维轴取向，而在 $a-b$ 面内的方位角是随机的. 纤维在自然界中经常出现，例如在肌肉和骨胶原中，而人造纤维被广泛应用于工业. 如衍射研究所揭示的纤维的结构，因此是大家普遍感兴趣的，并且也是本节的主题.

在纤维衍射实验设置的几何结构中，波矢为 $\boldsymbol{k}$ 的单色入射光束垂直于纤维竖直轴，如图 5. 25所示. 布拉格反射发生在水平(赤道)面内，这是由于该样品中每根单独的纤维是由一束更加细的长纤维构成，它们紧紧地挤在垂直于纤维轴线的二维晶格内. 每根纤维沿轴的方向也可能会出现周期性，从而在竖直(经)面内引起布拉格反射.

图 5. 25(c)显示了倒空间. 散射矢量 $\boldsymbol{Q}$ 分解为竖直分量 Q_z 和水平分量 Q_h. 对于布拉格散射，$\boldsymbol{Q}$ 必须终止在 $Q_z = lc^*$ 的层中，这里 $l = 0, \pm 1, \pm 2, \cdots$ 等，$c^* = 2\pi/c$，其中 c 是沿着长丝轴向的周期. 而且，如果构成该纤维的丝被布置在二维晶格，布拉格反射将发生在不同 l 层的经向轴(子午线)之外. $l = 0$ 的层称为赤道层. 对于某个 l 层，角度 β 是恒定的. 散射波矢 $\boldsymbol{k}'$

必须终止于 l 层上的一个圆,因为散射是弹性的;散射角 2θ 随着方位角 α 按照 $\cos 2\theta = \cos\alpha \cos\beta$ 的关系而变化,因此对于某个 α 值,布拉格条件 $\lambda = 2d_{hkl}\sin\theta$ 将被满足. 许多纤维组成的一束样品,总是会有一个具有正确的(a^*, b^*)取向从而产生布拉格反射,而且对称性意味着该布拉格点在 $+\alpha$ 处的子午面周围是对称的,这一点不依赖纤维的结构.

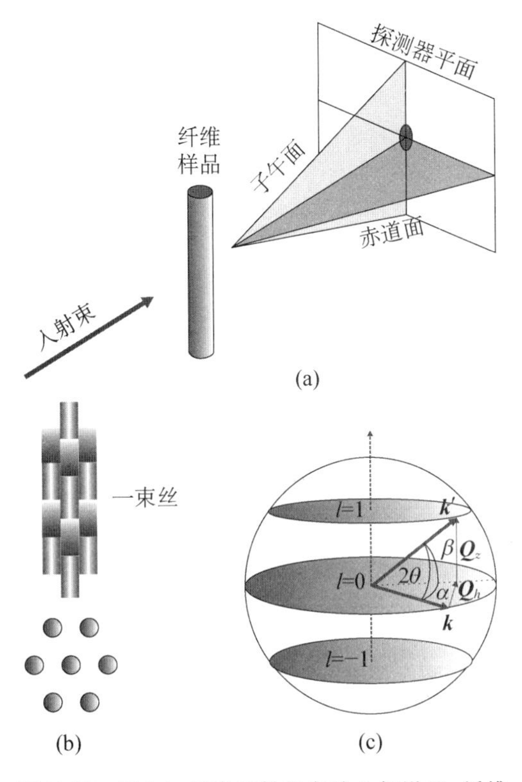

图 5.25 图(a):纤维衍射的实验几何设置. 纤维样品垂直于入射单色光束. 图(b):纤维样品包含大量的长丝,在方位角任意取向. 图(c):沿纤维方向的周期性意味着布拉格反射被限制在层内.

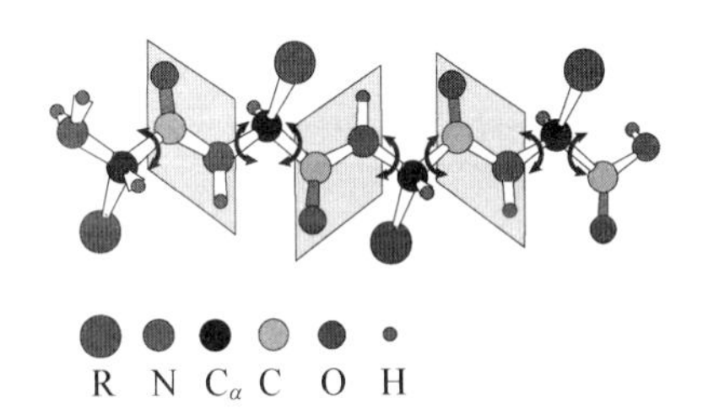

图 5.26 多肽链是由羰基和酰胺基的平面基团构成. 这些平面基团可以绕 N—C_α 或 C_α—C 键旋转. N—H 和 C═O基团之间的氢键导致链折叠成螺旋结构,根据 Pauling 的定义,它又称为 α 螺旋. 这里 R 代表一个氨基酸残基.(本图可参见彩图 13.)

2. 实例:在生物学中的螺旋和 DNA 结构

如图 5.26 中描述得那样,蛋白质的一级结构是多肽主链,由一系列的氨基酸组成. 1950 年前后,莱纳斯·鲍林(Linus Pauling)就蛋白质的结构构思出一个开创性的想法,产生了深远的影响[Pauling 等,1951]. 在鲍林的实验室,他们一直在研究多肽链的构成单元. 根据这项工作的结果,鲍林开始相信蛋白质是由结构单元构成的,这些单元可以被认为是刚性的和平面的,或至少近似这样. 这演示在图 5.26 中,其中平行四边形阴影表明羰基和酰胺基团是平面的. 由此可见,当该多肽链折叠形成蛋白质结构,其主要的结构自由度是绕这些刚性结构单元之间链接的旋转角度. 鲍林最重要的一个直觉是某个单元的羰基 C═O 和沿着链 4 个单元之后的氨基 N—H 基团之间形成的氢键会导致链卷曲成螺旋. 该结构被命名为 α 螺旋,并对于一个周期的旋转,具有 3.7 的残基. 随后的实验证实鲍林确实是正确的,据目前所知,α 螺旋是许多蛋白质的重要结构组成部分.

受鲍林的观点的启发,Cochran 等人计算了螺旋线衍射的一般图案[Cochran 等,1952]. 因为螺旋的散射在结构生物学中具有重要的意义，这里给出该计算的概要. 其出发点是想象一个周期是 P 的无限长的螺旋线，其上材料的分布是均匀和连续的. 计算衍射图案的问题就是把沿着螺旋每个不同单元的相位因子加起来. 因为材料均匀分布于其上，散射振幅可通过计算以下积分得到：

$$A(\boldsymbol{Q}) \propto \int \mathrm{e}^{\mathrm{i}\boldsymbol{Q}\cdot\boldsymbol{r}} \mathrm{d}z$$

其中 z 取为沿螺旋线的轴线. 对于周期为 P 和半径为 R 的螺旋线，其上任意一个点 $\boldsymbol{r}$ 由下式给出：

$$\boldsymbol{r} = \left(R\cos\left(\frac{2\pi z}{P}\right),\ R\sin\left(\frac{2\pi z}{P}\right),\ z\right)$$

由于螺旋是周期性的，积分可分解成一个对所有周期（或晶格点）的求和乘以一个周期的结构因子. 散射振幅就成为

$$A(\boldsymbol{Q}) \propto \sum_{m=0}^{\infty} \mathrm{e}^{\mathrm{i}Q_z mP} \int_{z=0}^{z=P} \mathrm{e}^{\mathrm{i}\boldsymbol{Q}\cdot\boldsymbol{r}} \mathrm{d}z \propto \int_{z=0}^{z=P} \delta\left(Q_z - \frac{2\pi n}{P}\right) \mathrm{e}^{\mathrm{i}\boldsymbol{Q}\cdot\boldsymbol{r}} \mathrm{d}z \tag{5.36}$$

这里 n 是整数，并且已经使用了(5.12)式，其允许把对晶格的求和写作一个 δ 函数.

要计算相位 $\boldsymbol{Q}\cdot\boldsymbol{r}$，用圆柱坐标系比较方便，可把散射矢量表示为

$$\boldsymbol{Q} = \left(Q_\perp \cos(\Psi),\ Q_\perp \sin(\Psi),\ Q_z\right) = \left(Q_\perp \cos(\Psi),\ Q_\perp \sin(\Psi),\ \frac{2\pi n}{P}\right)$$

这里 Q_z 是轴向分量，$Q_\perp$ 是径向分量，Ψ 是方位角. 一个螺旋线的散射振幅具有的形式如下：

$$\boxed{A_1(Q_\perp,\ \Psi,\ Q_z) \propto \mathrm{e}^{\mathrm{i}n\Psi} J_n(Q_\perp R)}$$

其中 $J_n(Q_\perp R)$是第一类 n 阶贝塞尔函数，$Q_\perp R$ 是无量纲变量. 在第 139 页的方框中，有对给出这个表达式的数学解释. 下标“1”提醒该表达式是指来自单个螺旋线的散射. 上述公式给出的散射强度被绘制在图 5.27 中.

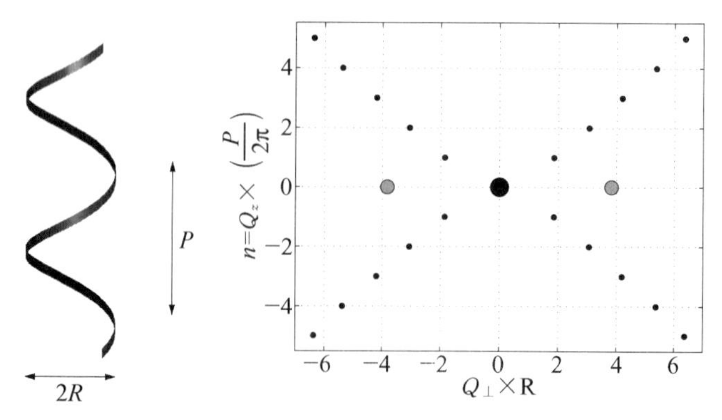

图 5.27 半径为 R 和周期为 P 的单个无限长螺旋的散射. 结构因子的平方具有从贝塞尔函数的峰值所产生的主极大，并在倒易空间形成一个交叉，如黑色圆圈所示. 在赤道轴线的灰色圆圈是零阶贝塞尔函数的次最大值. 这里 Q_z 和 $Q_\perp$ 分别是散射矢量平行和垂直于该螺旋线的轴线的分量.

螺旋线的结构因子和贝塞尔函数 $J_n(\xi)$

由(5.36)式,从周期为 P 和半径为 R 的一个螺旋线的散射振幅是

$$A(\boldsymbol{Q}) \propto \int_{z=0}^{z=P} \delta\left(Q_z - \frac{2\pi n}{P}\right) e^{i\boldsymbol{Q}\cdot\boldsymbol{r}} dz$$

在圆柱坐标下,散射矢量 $\boldsymbol{Q}$ 和位置 $\boldsymbol{r}$ 的标量积是

$$\begin{aligned}\boldsymbol{Q}\cdot\boldsymbol{r} &= Q_\perp \cos(\Psi) R\cos\left(\frac{2\pi z}{P}\right) + Q_\perp \sin(\Psi) R\sin\left(\frac{2\pi z}{P}\right) + Q_z z \\ &= Q_\perp R\cos\left(\frac{2\pi z}{P} - \Psi\right) + \left(\frac{2\pi z}{P}\right) n\end{aligned}$$

可以很方便地把它重写为

$$\boldsymbol{Q}\cdot\boldsymbol{r} = \xi\cos\varphi + n\varphi + n\Psi$$

其中,$\xi = Q_\perp R$, $\varphi = (2\pi z/P - \Psi)$. 那么散射振幅可以写为以下形式:

$$A(\boldsymbol{Q}) \propto e^{in\Psi} \int_0^{2\pi} e^{i\xi\cos\varphi + in\varphi} d\varphi$$

第一类 n 阶贝塞尔函数的积分形式如下:

$$J_n(\xi) = \frac{1}{2\pi i^n} \int_0^{2\pi} e^{i\xi\cos\varphi + in\varphi} d\varphi$$

显然,从单个螺旋线的散射振幅具有的形式是

$$A_1(Q_\perp, \Psi, Q_z) \propto e^{in\Psi} J_n(Q_\perp R)$$

也许最有名的结构生物学中的螺旋结构是 DNA(deoxyribose nucleic acid,脱氧核糖核酸)的双螺旋. DNA 的结构最早是 Watson 和 Crick 解出来的[Watson 和 Crick, 1953],他们主要通过立体化学的论证来构建一个模型,从而帮助他们推断出正确的结构. 他们的工作得到了 Wilkins 等人[Wilkins 等,1953]以及 Franklin 和 Gosling[Franklin 和 Gosling, 1953]大约在同一时间进行的 X 射线衍射实验的极大帮助. 这些实验确定了 DNA 分子的螺旋特征,并提供了决定性的结构参数,例如其周期和半径. 双螺旋的发现可以被列为 20 世纪最重要的科学进展之一. 正如作者指出:“我们注意到了,我们推测出的特定的配对方式立即指明了遗传物质的一个可能的复制机制.”因此研究双螺旋结构的散射更加有意义.

一个 DNA 纤维衍射图案的照片显示在图 5.28(a). 这是从 B 相得到的,类似于 Franklin 和 Gosling 所报道的原始图案之一[Franklin 和 Gosling, 1953]. 与从单晶记录下来的那种图案不同,这个衍射图案来自大量的小晶粒,且它们绕着链轴的取向是无规则的. 该反射弥散成弧状,这是因为小晶粒沿链轴的对齐方式不完美. 虽然圆柱形的平均经常发生在纤维体系,导致系统性相关的反射斑点之间的重叠,但是信息的损失一般并不严重. 此类衍射方法已被用于测定 5 种主要 DNA 构象结构其中的 4 种. 它也被用来研究其他生物分子,包括丝状病毒、纤维素、胶原蛋白、鞭毛等. 结合中子衍射和 X 射线方法是非常强大的,因为它能够帮助我们洞悉这些分子的水合作用.

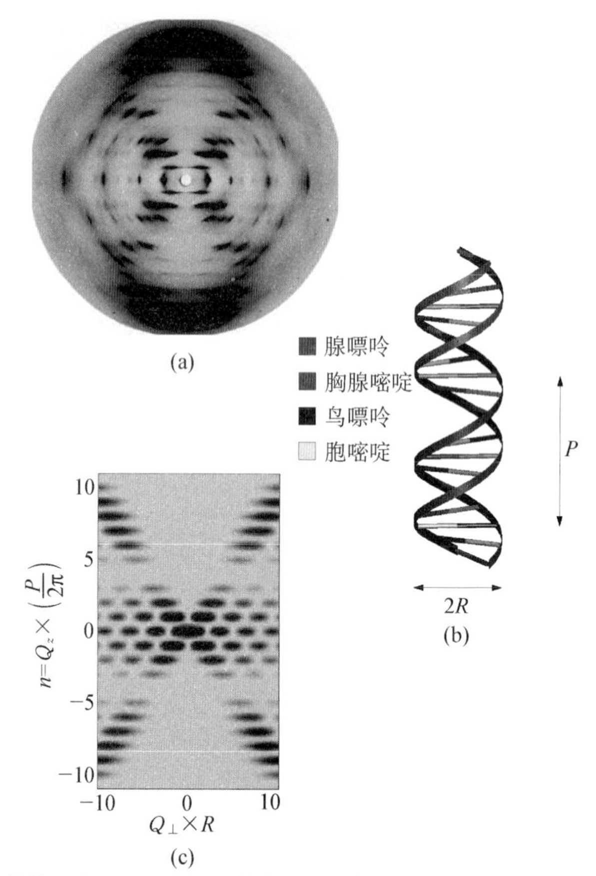

图 5.28 ★DNA双螺旋结构. 图(a):DNA的B构象的纤维衍射数据.(照片承蒙Watson Fuller(University of Keele, UK)提供.)图(b):DNA的结构由两条相互缠绕的螺旋结构在轴向相对位移3/8个周期而构成. 螺旋的主链是由糖-磷酸的聚合物链形成的,而"台阶"是由氢键结合的碱基对构成的,即腺嘌呤与胸腺嘧啶以及鸟嘌呤与胞嘧啶的配对. 图(c):从(5.37)式计算出的两个错位了3/8个周期的螺旋的散射强度.(本图可参见彩图14.)

显而易见的是DNA的衍射图案具有一些由科克伦等人所预测的螺旋线散射的特征. 特别是布拉格峰有个特征的交叉行为. 根据这些峰沿经向(垂直)轴的位置,可以得到螺旋线的周期是34 Å,而从交叉的角度可以推断,该螺旋线的半径是10 Å. 螺旋线的双重性只有通过对图案的详细分析才能阐明. 最具说服力的是,从第4级的层上的反射在相片上是缺失的,虽然第3级和第5级的很清晰地出现了. 的确Rosalind Franklin她自己也意识到,衍射图案的这个特点可以通过假定DNA是由两个缠绕的螺旋构成来自然地解释,如图5.28(b)所示. 如果两个螺旋沿公共的z轴错开一个量Δ,那么这对应于一个方位角$\Psi = 2\pi(\Delta/P)$,散射振幅变为

$$\boxed{A_2(Q_\perp, \Psi, Q_z) \propto (1+e^{in\left(\frac{2\pi}{P}\right)\Delta})J_n(Q_\perp R)} \tag{5.37}$$

其中$Q_z = n(2\pi/P)$. 由两个螺旋散射的波发生干涉,导致在$\Delta/P = 1/8$, $3/8$, $5/8$等时,第4层的反射强度变得微乎其微. 在图5.28(c)给出了根据这个公式计算出的强度. 可以看出,它解释了大部分衍射图案中央部位的定性特征. 为了获得更好的一致,显然有必要指定结构中所有分子的位置及其散射因子. 这里所描述的简单模型没有能解释的一个特点是在子午轴上第

10 层附近存在很强的漫反射,而这是由于双螺旋结构的每个周期具有 10 对碱基.

5.6.3 二维晶体学

1. 二维晶体学

使用 X 射线散射研究表面,是大大受益于由同步辐射光源产生高通量 X 射线的一个领域. 虽然 X 射线只很弱地被单层的原子或分子散射,但事实上其灵敏度仍然足够高,从而有可能很详细地研究表面结构. 此外,散射较弱的事实也相当程度地简化了数据的解释,因为运动学近似此时也就适用. 这和强相互作用的探针如电子的情况相反,那里的数据分析由于需要诉诸一个完整的多重散射理论而变得非常复杂.

在进行表面的 X 射线散射实验时,入射和出射光束的角度接近临界角 α_c,即外部全反射的角度,因为这限制了光束的穿透深度,从而降低从晶体体内散射的背景信号. 这样做的一个后果是需要考虑折射效应来校正上述公式. 在 3.4 节中,已经表明入射束的透射率 $t(\alpha_i)$ 在角度接近 α_c 时会增强(图 3.5). 根据(3.17)式,幅度透射率是

$$t(\alpha_i) = \frac{2\alpha_i}{\alpha_i + \alpha'}$$

这里 α' 指透射束. 可以证明,类似的论证也适用于从晶体内散射的光束,这便引入了一个依赖于 $t(\alpha_f)$ 的因子,其中 α_f 是出射光束和表面的夹角. 考虑这些折射的影响之后,(5.33)式给出的积分强度变成

$$I_{\mathrm{sc}}^{\mathrm{2D}} \to I_{\mathrm{sc}}^{\mathrm{2D}} \mid t(\alpha_i) \mid^2 \mid t(\alpha_f) \mid^2 \tag{5.38}$$

一个独立的二维晶体在自然界中是难以实现的,人们代之以研究在晶体表面的准二维结构. 该结构当然可以是晶体本身的表面,因为在表面原子键合的差异往往导致表面重构. 另外,它也可以是吸附的一层原子或分子的结构. 不管是哪种情况,在表面上的实验总是分两个不同的步骤进行. 第一是研究表面面内的结构,换句话说,表面的平面内的最上层原子的位置坐标. 这和传统的晶体学定结构类似,要求定出尽可能多的布拉格峰的结构因子 $|F_{hk}|$,因此处有 $l \approx 0$. 这些接着就可以和用不同表面模型计算出的结构因子进行比较. 当来自表面层的布拉格峰和体的那些出现在不同位置时,面内的结构是最容易确定的. 换句话说,即当表面和体相比具有不同的面内周期性时,这通常出现在重构的表面或吸附层的情形. 第二个步骤是研究面外结构. 此时,要研究散射的光强分布随着 l 的变化,而把 h 和 k 的值设置为与某个二维布拉格峰重合. 我们已经看到(5.3 节),对于一个理想终止的表面,散射沿着 l 延伸以形成晶体截断棒,并且沿着棒所观察到的光强分布对近表面区域的任何变化敏感.

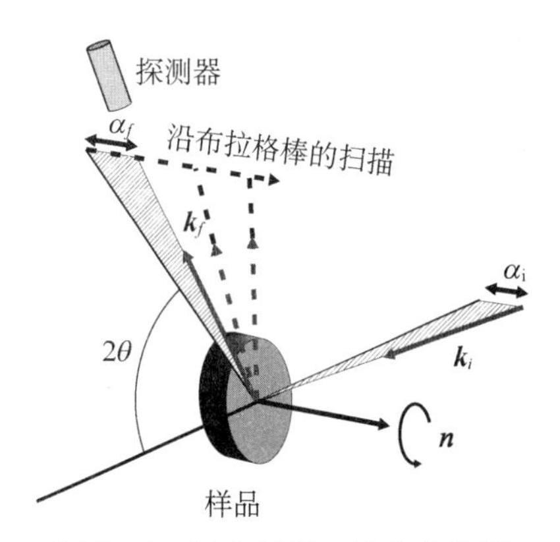

图 5.29 同步辐射实验室中的固体单晶表面的掠入射衍射(grazing incidence diffraction, GID)实验的几何布局. 表面能绕表面法线 $\boldsymbol{n}$ 进行旋转,而探测器可以既在竖直平面内绕 $\boldsymbol{n}$ 旋转,也可以垂直于它移动,以便沿着晶体截断棒进行扫描.

以掠入射几何设置,测量从表面散射的实验原理图绘于图 5.29 中. 这里的样品是个圆盘,其表面法线是在水平面上的 $\boldsymbol{n}$. 入射单色光束是水平的,入射波矢 $\boldsymbol{k}_i$ 以掠射角

α_i 到表面. 掠入射角接近全反射的临界角,因此只有一个薄的表面层(厚度为 Λ)暴露于X射线下,如3.4节所讨论过的. 当样品围绕 $\boldsymbol{n}$ 旋转,掠入射角应保持固定,这可通过要求镜面反射光束具有恒定强度来进行监测. 对于一个特定的(h, k, 0)布拉格反射,其倒格矢是 $\boldsymbol{G}_{hk}$,通过 $2k\sin\theta = G_{hk}$ 可计算出布拉格角 θ. 探测器臂绕 $\boldsymbol{n}$ 转到角度 2θ,对于 $l \approx 0$,探测器将沿表面法线方向移动一个小角度 α_f(在 α_i 的量级). 样品的晶格可绕 $\boldsymbol{n}$ 转动,从而(h, k)反射面把 $\boldsymbol{k}_i$ 和 $\boldsymbol{k}_f$ 的夹角二等分. 为了获得沿CTR的强度,探测器沿表面法线移动使 α_f 远远大于 α_i.

2. 举例:Cu(110)表面吸附的氧

我们将用铜(110)表面上化学吸附的氧原子的结构为例[Feidenhans'l 等,1990],来说明许多上面引入的概念.

铜的晶体为面心立方结构,如图5.30(a)所示. Cu原子位于立方体的面中心和角上. 切割铜晶体让(110)面成为表面. 被截断的(110)表面的前视图显示在图5.30(b)中. 在顶层中的Cu原子被示出为填充的大圆圈,而在第二层中的Cu原子被表示为较小一些的. 在第三层中的Cu原子位于顶层Cu原子的正下方,等等.

立方晶胞对于描述表面层中的原子并不方便. 对表面来说,我们更愿意选择图5.30的阴影所示的晶胞. 显然,$\boldsymbol{a}$ 的长度是 $a_c/\sqrt{2}$, $\boldsymbol{b}$ 的长度是 a_c. 晶胞的第三个轴 $\boldsymbol{c}$ 垂直于表面,且长度是 $a_c/\sqrt{2}$. 在此选择中,每个晶胞有两个原子:一个在(0, 0, 0),而另一个在(1/2, 1/2, 1/2). 我们定义整个单层的Cu原子为那些顶层的. 参照此晶胞,倒格子($\boldsymbol{a}^*$, $\boldsymbol{b}^*$)被绘制于图5.30(d). $\boldsymbol{a}^*$ 和 $\boldsymbol{b}^*$ 的长度分别是 $2\pi/(a_c/\sqrt{2})$ 和 $2\pi/a_c$,从而表面平面内的任意一个倒格矢是 $\boldsymbol{G}_{hk} = h\boldsymbol{a}^* + k\boldsymbol{b}^*$.

如果裸露的Cu(110)表面以保持体材料结构那样终止,允许的(hk)反射要求 h 和 k 之和为偶数,因为 $F_{hk} \propto 1 + e^{i\pi(h+k)}$. 这些反射在图5.30中的倒格子上被标记为菱形. 然而,当暴露在氧气之后,表面经历了一个重构,不再是截断的体晶格. 通过低能电子衍射(low energy electron diffraction, LEED),可以立刻看到表面晶胞的对称性,或者更确切地说,是倒格子的对称性. 对于一定剂量的氧气,结果沿 k 轴的晶胞和截断晶胞完全一样,但沿 h 轴就只有原来的一半,如图5.30(d)中 h' 指标所示. 这意味着在正空间的晶胞肯定已经沿着 $\boldsymbol{a}$ 方向加倍,如图5.30(c)所示,重构的晶胞一般又称为(2×1)晶胞. 此外,还可以通过其他表面技术(如扫描隧道显微镜,scanning tunnelling microscopy, STM)来确定顶层只存在半个单层的Cu原子和半个单层的氧原子. 最后,我们知道在 Cu_2O 的体材料结构中,氧位于两个铜原子的中间,Cu—O键长1.852 Å,只略超过 $b/2 = a_c/2 = 1.8075$ Å. 因此,它是建立模型的一个很好的起点,其中沿 $\boldsymbol{b}$ 方向的Cu原子,每隔一行就缺失一行(因为这给出了半个单层),而半个单层的氧原子是由氧原子沿 $\boldsymbol{b}$ 方向占据相邻的Cu原子中间的位置而形成. 因为Cu—O—Cu键要略大于 $a_c/2 = 1.8075$ Å,O也有可能是在铜平面的上方或下方偏离 z Å,这里 z 由 $(1.8075^2 + z^2) = 1.852^2$ 给出. 作为精修,人们可以进一步设想,下一层中的铜原子被以 δ 那么多推向缺失的行. 该模型被画在图5.30(c).

在实验中观察到的强度被列于表5.2,其中已经对洛伦兹因子 $1/\sin 2\theta$ 以及光束穿过的面积作了修正,后者也正比于 $1/\sin 2\theta$. 这些数据作为倒易空间阴影的圆圈也标在图5.30中. 每个圆的面积正比于所测得的强度,并计入洛伦兹因子和散射面积校正. 在倒格子上,允许的体材料的反射由菱形来表示.

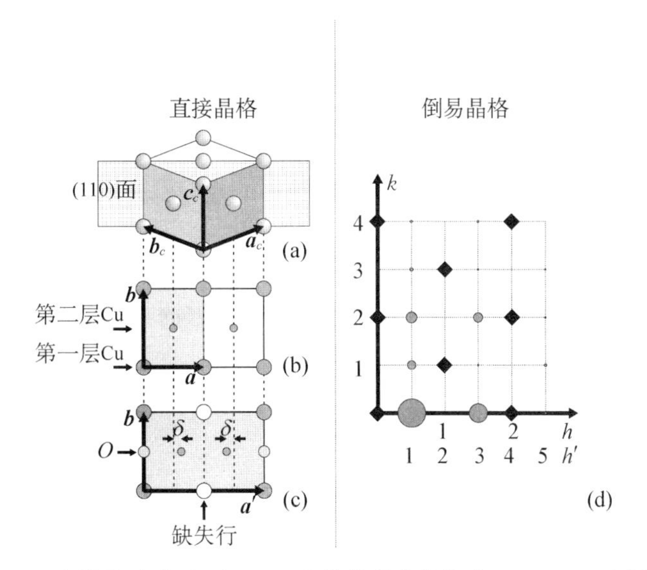

图 5.30 图(a):Cu 的面心立方结构,并标出了(110)面. 传统晶胞的格式($\boldsymbol{a}_c$, $\boldsymbol{b}_c$, $\boldsymbol{c}_c$)也标了出来. 图(b):(110)表面层的结构,其晶胞由 $\boldsymbol{a}$ 和 $\boldsymbol{b}$ 来定义. 图(c):暴露在氧中的铜表面的模型,其中表面层中沿着 $\boldsymbol{a}$ 方向缺失了一半的 Cu 原子. 图(d):暴露在氧之后的铜表面的倒格子. 晶胞沿 $\boldsymbol{a}$ 方向加倍而导致的反射(显示于图(c))由实心圆代表,且它们的半径正比于测量到的布拉格强度. 菱形表示允许的、从铜体内的布拉格反射.(本图可参见彩图 15.)

表 5.2 ★观察到的 Cu(110)面上的氧的(h', k, l)反射强度,且 $l=0$. 从文中所描述模型计算出来的强度在括号中. 单位为任意单位.

		k				
		0	1	2	3	4
h'	1	10.7(10.7)	3.29(3.85)	4.13(4.23)	1.27(1.01)	0.86(0.75)
	3	7.09(7.04)	0.39(0.68)	3.58(3.72)	0.32(0.15)	0.84(0.96)
	5	0.16(0.52)	1.02(1.23)	0.21(0.23)	0.41(0.48)	—

让我们首先讨论表 5.2 给出的面内的数据 ($l \approx 0$). 对于奇数的 h' 和整数的 k,前两层(即晶胞的顶层)的结构因子是 3 项之和:

$$F_{h'k} = F^{\mathrm{Cu1}} + F^{\mathrm{O}} + F^{\mathrm{Cu2}}$$

这里 Cu1 和 O 是第一层的,Cu2 指第二层的 Cu. 用图 5.30(c)所示晶胞,结构因子是

$$\begin{aligned}
F^{\mathrm{Cu1}} &= f^{\mathrm{Cu}} \mathrm{e}^{-M_{\mathrm{Cu1}}} \\
F^{\mathrm{O}} &= f^{\mathrm{O}} \mathrm{e}^{\mathrm{i}2\pi(k/2)} \mathrm{e}^{-M_{\mathrm{O}}} = (-1)^k f^{\mathrm{O}} \mathrm{e}^{-M_{\mathrm{O}}} \\
F^{\mathrm{Cu2}} &= f^{\mathrm{Cu}} \mathrm{e}^{\mathrm{i}2\pi(k/2)} \mathrm{e}^{\mathrm{i}2\pi(h'/4)} [\mathrm{e}^{\mathrm{i}2\pi h'\delta} - \mathrm{e}^{-\mathrm{i}2\pi h'\delta}] \mathrm{e}^{-M_{\mathrm{Cu2}}} = f^{\mathrm{Cu}} \mathrm{e}^{\mathrm{i}\pi k} \mathrm{e}^{\mathrm{i}\pi h'/2} 2\mathrm{i}\sin(2\pi h'\delta) \mathrm{e}^{-M_{\mathrm{Cu2}}} \\
&= (-1)^{h'/2+k+1/2} f^{\mathrm{Cu}} 2\sin(2\pi h'\delta) \mathrm{e}^{-M_{\mathrm{Cu2}}}
\end{aligned}$$

在计算第二层铜原子的贡献时,我们已经利用了对于奇数 h',如我们在表 5.2 中所处理的,有 $\mathrm{e}^{\mathrm{i}2\pi(3h'/4)} = -\mathrm{e}^{\mathrm{i}2\pi(h'/4)}$. 我们也考虑了热振动(德拜-沃勒)因子 e^{-M} 对于第一层的 Cu 和第二层的 Cu 可能不同,因为第二层要比第一层结合得更紧. 在 $\delta = 0.00606$ 时,获得了对数据的最佳拟合,对应位移是 0.031 Å,德拜-沃勒因子是 $B_T^{\mathrm{Cu1}} = (1.7 \pm 0.2)$ Å^2 和 $B_T^{\mathrm{O}} = (0 \pm 0.4)$ Å^2. (对于第二层的 Cu, B_T^{Cu2} 被设为和铜体材料的值 0.55 Å^2 一样.)德拜-沃勒因子在 5.4 节已有讨论,

对于目前的例子，一个元素 X 的参数 M_X 和 B_T^X 的关系是

$$M_X = B_T^X\left(\frac{\sin\theta}{\lambda}\right)^2 = B_T^X\left(\frac{G_{h'k}}{4\pi}\right)^2 = B_T^X\left(\frac{1}{4\pi}\right)^2\{(h'a^*/2)^2+(kb^*)^2\}$$

用这些参数，观察到的和计算出的(列在表 5.2 的括号中)面内反射的强度看起来吻合得很好.

除了这些测量之外，也测量了沿着 $(h=1,\ k=0,\ l)$ 和 $(h=1,\ k=1,\ l)$ 的 CTR，其结果在图 5.31 中. CTR 数据模型的建立，可以通过首先考虑晶体是理想终止的，然后在模型中添加各种复杂性，直到与所述数据达成一致. 沿表面法线方向相继的各层有相位因子 $e^{i\Psi}$ 其中 $\Psi=\pi(h+k+l)$，那么从理想终止的表面的 CTR 结构因子由下式给出：

$$F_{hk}^{\text{CTR}}(l) = f^{\text{Cu}}e^{-M_{\text{Cu}2}}\sum_{n=0}^{\infty}e^{in\Psi} = f^{\text{Cu}}e^{-M_{\text{Cu}2}}\frac{1}{1-e^{i\Psi}} \tag{5.39}$$

这是图 5.31 中的点划线，和数据不甚吻合. 这个模型中缺少的是对表面结构的描述，这里记为 $F_{hk}^{\text{S}}(l)$，因此总的结构因子是

$$F_{hk}^{\text{总}}(l) = F_{hk}^{\text{CTR}}(l) + F_{hk}^{\text{S}}(l)$$

对该模型最简单的修改是通过添加半个单层的 Cu 原子，考虑缺行结构

$$F_{hk}^{\text{S}}(l) = \frac{1}{2}f^{\text{Cu}}e^{-M_{\text{Cu}1}}e^{i\pi(h+k)}e^{-i\pi l}$$

最后两个相位因子是因为(5.39)式中的原点取为 $n=0$，因此上一层在负 z 方向位移了半个晶胞，并且在面内偏移了(1/2, 1/2)(见图 5.30(b)). 当把这个加到 F_{hk}^{CTR}，就导致了图 5.31 中的虚线. 通过允许最上面的 Cu 层向外弛豫以及包括进氧(图 5.32)，实现了与数据更好的吻合. 表面结构因子成为

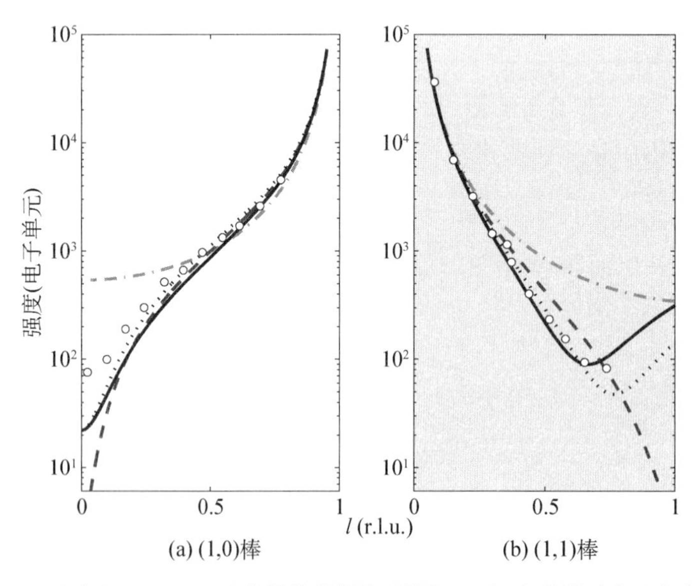

图 5.31 ★$(h=1,\ k=0)$和$(h=1,\ k=1)$的晶体截断棒(见图 5.30). 点划线对应于文中给出的 $F_{hk}^{\text{CTR}}(l)$的表达式. 虚线对应于铜的缺行结构，且 $z_0=0$(即没有位移). 实线是最佳拟合，其中 O 是在弛豫之后的缺失行之下 0.34 Å($z_1=0.0115$)，而点线是 O 位于缺失行之上 0.34 Å($z_1=0.2775$)，该行相对于体材料弛豫了 $z_0=0.1445$.

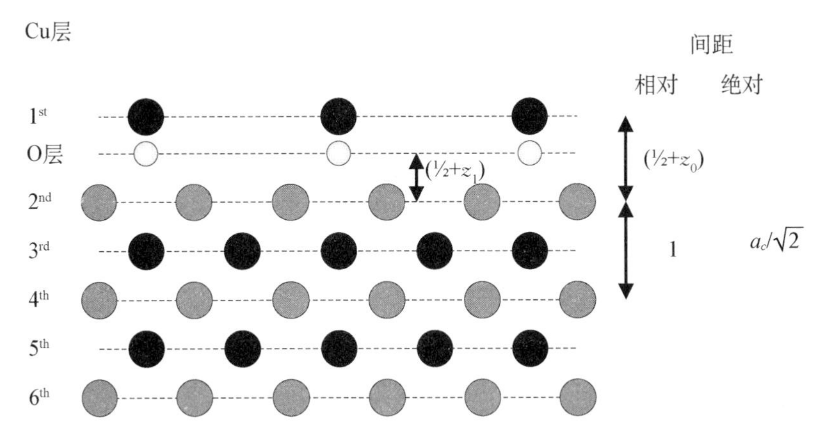

图 5.32 氧在 Cu(110)面上的侧视示意图,显示了氧原子和铜原子垂直于表面的可能位移分别是 z_1 和 z_0. 该视图是沿图 5.30 中的 $\boldsymbol{b}$ 轴线,位移没有按比例来画.

$$F_{hk}^{S}(l)=\frac{1}{2}e^{i\pi(h+k)}\left(f^{Cu}e^{-M_{Cu1}}e^{-i2\pi(1/2+z_0)l}+f^{O}e^{i\pi k}e^{-i2\pi(1/2+z_1)l}\right)$$

发现在 $z_0=0.1445$ 和 $z_1=0.0115$ 时,对数据的拟合最佳.

5.7 深入阅读材料

晶体学

[1] *An Introduction to X-ray Crystallography*, M. M. Wolfson (Cambridge University Press, 1997).

[2] *X-ray Diffraction*, B. E. Warren (Dover Publications, 1990).

[3] *International Tables for Crystallography* (Kluwer Academic Publishers).

固体物理

[1] *Solid State Physics*, J. R. Hook, H. E. Hall (John Wiley & Sons, 1991).

[2] *Introduction to Solid State Physics*, C. Kittel (John Wiley & Sons, 1996).

表面晶体学

[1] *Surface Structure Determination by X-ray Diffraction*, R. Feidenhans'l, Surface Science Reports **10**, 105(1989).

[2] *Surface X-ray Diffraction*, I. K. Robinson, D. J. Tweet, Rep. Prog. Phys., **55**, 599(1992).

[3] *Critical Phenomena at Surfaces and Interfaces: Evanescent X-ray and Neutron*, H. Dosch (Springer Tracts in Modern Physics, 1992).

5.8 习题

5.1 二维六角布拉维晶格的原始格矢可以在笛卡儿坐标系写成 $\boldsymbol{a}_1=a(1, 0)$, $\boldsymbol{a}_2=a(-1/2, \sqrt{3}/2)$, 其中 a 是晶格常数.

(1) 画出直接晶格的草图,标出(1, 0)和(1, 1)面,并利用草图计算它们的 d 间距.

(2) 证明二维六角布拉维晶格的倒易晶格矢量 $\boldsymbol{G}$ 可写为 $\boldsymbol{G} = h(2\pi/a)(1, 1/\sqrt{3}) + k(2\pi/a)(0, 2/\sqrt{3})$，其中$(h, k)$是密勒指数.

(3) 画出倒格子的草图.

(4) 在二维维格纳-赛茨(Wigner-Seitz)原胞被定义为在原点的格点和其最近邻格点间连线的垂直平分线所围成的区域. 作出直接和倒易点阵的维格纳-赛茨原胞的草图.

(5) 利用(2)中的结果，找到 d 间距的表达式，并据此计算(1, 0)和(1, 1)晶面的 d 间距.(你应该得到和(1)一样的结果.)

5.2 在某立方晶体的衍射实验中，采用单色 X 射线的波长是 1.0 Å，发现前 8 个粉末线出现在下面这些散射角：19.2°, 27.3°, 33.6°, 38.9°, 43.8°, 48.2°, 56.3°, 60.0°. 试推导出布拉维晶格类型.

5.3 试想一下，习题 5.2 中的数据是用中子记录的，而不是 X 射线散射. 画出预期的粉末衍射图案的草图，用正确的相对强度画出布拉格峰. 注意：对于中子，一个核的散射长度是恒定的，并且也没有极化因子 P 需要考虑. 你也可以忽略热振动的影响.

5.4 氢化钠(NaH)结晶在氯化钠结构. 实验表明，用 X 射线研究时，(h, k, l)全奇或全偶的反射是可见的，而当用中子研究时，(h, k, l)都是偶数的反射，是可以忽略不计的弱. 请解释这一结果.

5.5 在三维空间，六角布拉维点阵的原始格矢可写成笛卡儿坐标：$\boldsymbol{a}_1 = a(1, 0, 0)$, $\boldsymbol{a}_2 = a(1/2, \sqrt{3}/2, 0)$ 和 $\boldsymbol{a}_3 = c(0, 0, 1)$. 证明：任意的倒易格矢的模是

$$|\boldsymbol{G}| = 2\pi\left(\frac{4}{3a^2}(h^2 + hk + k^2) + \frac{l^2}{c^2}\right)^{1/2}$$

并使用该结果来推导出晶格间距 d_{hkl} 的一般表达式.

5.6 六角密堆结构可视为由两个原子构成的基和六角布拉维点阵的卷积. 基中原子的坐标可选作 $\boldsymbol{r}_1 = (0, 0, 0)$ 和 $\boldsymbol{r}_2 = (a/3, a/3, c/2)$，现在是相对于上面给出的直接格矢$(\boldsymbol{a}_1, \boldsymbol{a}_2, \boldsymbol{a}_3)$来写的. 证明：该晶胞结构因子是

$$F_{hkl} = 1 + \mathrm{e}^{2\pi\mathrm{i}(h/3+k/3+l/2)}$$

钬(Holmium)结晶在 hcp 结构，其晶格常数是 $a = 3.57$ Å 和 $c = 5.61$ Å. 假设 X 射线的波长是 1 Å，计算最接近原点的两个可观察布拉格反射的散射角 2θ.

5.7 证明：对于一个立方材料，德拜-沃勒因子可写为

$$\mathrm{e}^{-M} = \mathrm{e}^{-B_T(h^2+k^2+l^2)/(4a^2)}$$

硅具有德拜温度 645 K，晶格常数是 5.43 Å. 把硅从 0 K 升温，哪个布拉格峰在室温最早损失 5%的强度?

5.8 证明：对于一维晶体，平均平方原子位移发散，造成德拜-沃勒因子为零.

5.9 考虑一个表面粗糙度的简单模型，其中 $z = 0$ 层中的所有晶格位置完全被原子占据，但其外面一层 $(z = -1)$ 的占据比是 η，其中 $\eta \leqslant 1$，而 $z = -2$ 层的占据比是 η^2 等. 证明在布拉格点之间的中间，即所谓的反布拉格点，其晶体截断棒的强度由下式给出：

$$I^{\mathrm{CTR}} = \frac{(1-\eta)^2}{4(1+\eta)^2}$$

一个小的但有限的粗糙度参数 η 值会对 I^{CTR} 造成什么样的影响?

5.10 半个单层被随机地加到晶体的表面上,且这半个单层和体材料中的成分一致.计算这种情况下晶体截断棒的强度,并确定在反布拉格点的 CTR 强度.这个结果对于用实验方法来监视晶体逐层生长有何启示?

6

完美晶体的衍射

同步辐射光源发出的 X 射线束是多色的，其能量带宽的典型值在 1 keV 的一小部分（波荡器光源）到大约几百千电子伏（弯铁光源）之间变化. 许多实验需要单色光束，并且能量和带宽可方便地设置. 迄今为止，最常见的单色器类型是一个晶体，它通过布拉格反射来反射入射光束中的某个能量带或等价的波长带. 该带以波长 λ 为中心，大小取决于布拉格定律 $m\lambda = 2d\sin\theta$，其中 d 是晶格间距，θ 是入射光束和晶面之间的角度，m 是一个正整数.

单色器晶体的一个要求是它能保持同步辐射光束优良的内在准直度在 0.1 mrad 量级. 因此，经常使用的是完美晶体（即基本上没有任何缺陷或位错的晶体）. 然而，即使是完美晶体也没有无限锐利的响应，而是具有一个固有宽度. 这个宽度根据实验需要可以用不同的方式来定义. 在这里，我们将先考虑完美晶体从一束平行入射的白光中反射出来的相对带宽 $\zeta = (\Delta\lambda/\lambda)$.

作为单色器的材料不仅要完美，而且在受到入射的多色光束施加的大功率加热时还应保持这种完美. 在实践中很少有材料能满足这些严格的要求. 大多数单色器都是选硅、金刚石或锗制成，根据不同的应用，每个都具有其自身的优点，这些将在后面讨论.

要发展完美的晶体的 X 射线衍射理论，有必要超越第 5 章中用过的运动学近似. 这个近似适用于由许多马赛克块构成的不完美的晶体（见第 131 页的图 5.19）. 这些块的大小被视为足够小，即在某个块的厚度之内，X 射线波场的幅度不发生明显变化[①]. 然后就可以把所有散射波的振幅求和来算出散射振幅，当然还包括适当的相位因子. 宏观完美的晶体衍射与这种情况有根本的不同. 随着入射波深入晶体向下传播，其振幅减小，因为一小部分入射波在原子平面上被反射到出射光束. 另外，可能是因为在反射光束离开晶体之前，它还会被重新散射到入射光束的方向，已经发展起来的考虑这些多重散射的理论称为动力学衍射理论（dynamical diffraction theory）.

一开始就明确指定散射构型非常重要，因为它也就隐含了对完美的晶体衍射轮廓产生深远影响的信息. 衍射可以以反射或透射的方式进行，它们分别被称为布拉格或劳厄构型，如图 6.1所示. 物理表面和反射原子平面的夹角也是一个重要因素. 如果表面法线垂直（平行）于布拉格（劳厄）构型的反射面，反射是对称的. 否则，它就是不对称的. 在运动学近似的框架内，散射不依赖于构型. 用一个突出的例子来说明一个完美的晶体衍射轮廓是如何受构型的影响，我们考虑对称的布拉格与劳厄的情况（图 6.1），想象的入射光束是白色的且完全准直，即它包含连续分布的波长. 正如我们将要看到的在布拉格构型的情况下，光束的准直性被保留，而劳厄构型则赋予反射光束一个角度发散，即使入射光束是完全平行的. 首先，我们应审查对称的布拉格情形，而后再解释当晶体被置于非对称式布拉格或劳厄构型时结果如何改变.

---

① X 射线束当然可通过吸收而衰减.

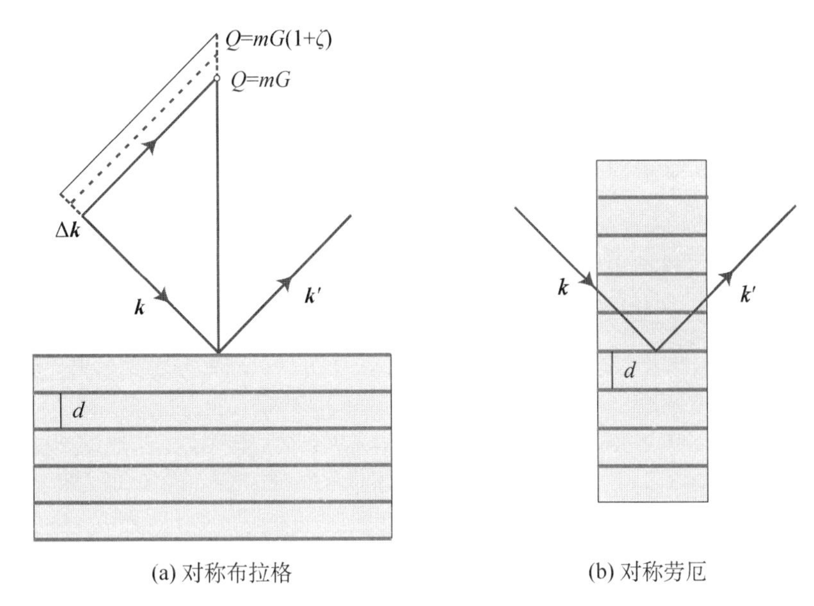

图 6.1 一个晶格间距为 d 的晶体的衍射:图(a)布拉格反射,图(b)劳厄透射的构型.这两种情况都是对称的,因为入射和出射光束相对于物理表面成相同的角度.入射光束被认为是白色且平行的.晶体波矢的带宽由 $\Delta \boldsymbol{k}$ 给出.小变量 ζ 定义为 $\zeta = \Delta G/G \equiv \Delta k/k$.相对能量带宽或波长带宽也等于 $\Delta k/k$.

这里遵循的方法和由达尔文(C. G. Darwin)首先在1914年建立的方法基本相同.达尔文是把晶体当成原子面的无限堆叠,其中每一个面产生一个小的反射波,随后可被重新散射到入射光束的方向. Ewald(1916—1917)发展了另一种方法,而后被劳厄(1931)重新整理.他们把晶体作为一个具有周期性介电常数的介质,然后求解麦克斯韦方程,得到的结果与达尔文早期推导出的结果一致.

在推导动力学理论之前,我们先提醒读者们有关薄板反射率的几个重要结果.然后计算一叠薄板的运动学衍射.因为包含了折射的效应,这不同于在第5章的讨论.运动学近似是很重要的,因为任何动力学理论必须在弱散射的极限下得到与之相同的结果.

6.1 单原子层:反射和透射

考虑一束X射线入射到密度为 ρ、厚度为 d 的一个薄层的电子上,且 $d \ll \lambda$,如图6.2所示.入射波 T 既被该层部分地镜面反射,也部分地穿透它.根据第3章中的(3.24)式,我们知道反射波相对于入射波相移了 $-\frac{\pi}{2}$(即一个因子 $-\mathrm{i}$),且其幅度 g 为

$$g = \frac{\lambda r_0 \rho d}{\sin \theta}$$

为了推广这个表达式,让它也适用于单层晶胞的

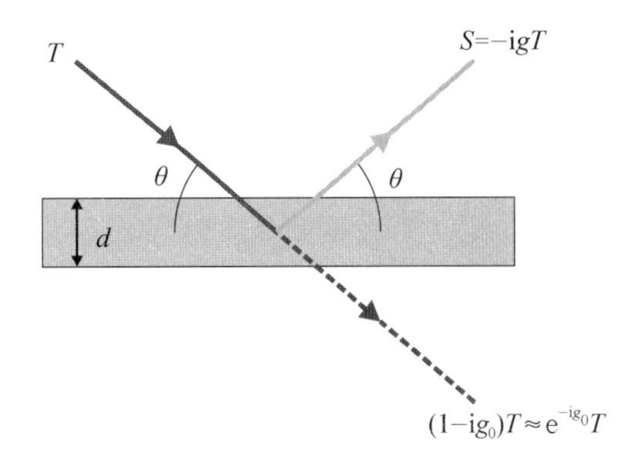

图 6.2 一个波 T 入射到单层晶胞上,将会部分反射和部分透射.反射波是 $-\mathrm{i}gT$,透射波是 $T(1-\mathrm{i}g_0)$,其中 g 和 g_0 是文中描写的小参量.

散射,密度 ρ 被替换成 $|F|/v_c$,其中 F 是晶胞的结构因子,v_c 是它的体积. 这是一个必要的步骤,因为不能再假定 d 与波长相比是个小量,因此破坏性干涉将减少在较高散射角处的散射(见 4.2 节). 利用布拉格定律,$m\lambda = 2d\sin\theta$,上面的公式变为

$$\boxed{g = \frac{[2d\sin\theta/m]r_0(|F|/v_c)d}{\sin\theta} = \frac{1}{m}\left(\frac{2d^2 r_0}{v_c}\right)|F|} \tag{6.1}$$

因为 v_c 是 d^3 的量级,g 是 $r_0/d \simeq 10^{-5}$ 的量级,所以即使一千层晶胞的反射率也仅是 10^{-2} 的量级[①]. 为了简单起见,已经假定入射波是极化的,其电场垂直于包含入射光束和反射光束的波矢平面,使得偏振因子 P 是 1(见 1.9 式).

图 6.2 中的透射波可以写作 $(1-\mathrm{i}g_0)T \approx \mathrm{e}^{-\mathrm{i}g_0}T$,因为 g_0 是第 52 页上的(3.6)式给出的小实数. 该方程可以用 g 来改写为

$$\boxed{g_0 = \frac{|F_0|}{|F|}g} \tag{6.2}$$

这里 F_0 是前向的晶胞结构因子,即 $Q = \theta = 0$. 我们注意到,对于前向散射的偏振因子总是等于 1,与入射光束的偏振无关.

6.2 少数层原子的运动学反射

单层原子对 X 射线束的反射非常微弱. 要推导出 N 层原子的反射率也很直接,只要满足 N 和每层的反射率 g 之积比较小,即 $Ng \ll 1$ 即可. 在这种情况下,只需把不同厚度的层反射射线的振幅加起来,考虑进相位因子 $\mathrm{e}^{\mathrm{i}Qdj}$,其中 j 标记层号. 这就是所谓的运动学近似,则 N 层原子的振幅反射率可以表示为

$$r_N(\boldsymbol{Q}) = -\mathrm{i}g\sum_{j=0}^{N-1}\mathrm{e}^{\mathrm{i}Qdj}\,\mathrm{e}^{-\mathrm{i}g_0 j}\,\mathrm{e}^{-\mathrm{i}g_0 j} = -\mathrm{i}g\sum_{j=0}^{N-1}\mathrm{e}^{\mathrm{i}(Qd-2g_0)j} \tag{6.3}$$

相移是 $2g_0$ 而不只是 g_0,因为每一层都被穿过了两次,一次在 T 的方向,一次在 S 的方向.

这些间距为 d 的原子层的倒格子是由一条直线上的一系列点构成,它们是倒空间 $G = 2\pi/d$ 的整数 m 倍. 通常,我们对散射矢量 Q 小的相对偏离感兴趣,所以令

$$Q = mG(1+\zeta) \tag{6.4}$$

这里的 ζ 就是小的相对偏离(见图 6.1). 它也等价于能量(或波长)的相对带宽,因为

$$\boxed{\zeta = \frac{\Delta Q}{Q} = \frac{\Delta k}{k} = \frac{\Delta\varepsilon}{\varepsilon} = \frac{\Delta\lambda}{\lambda}} \tag{6.5}$$

在(6.3)式指数上的相位,因此可以重新用 ζ 表述为

$$Qd - 2g_0 = mG(1+\zeta)\frac{2\pi}{G} - 2g_0 = 2\pi\left(m + m\zeta - \frac{g_0}{\pi}\right)$$

求和就变成

---

① 把布拉格定律写成 $m\lambda = 2d\sin\theta$,意味着对于一族 (h, k, l) 晶面来说,d 是最长的晶格间距. 比如,考虑(220)反射,那么 d 间距用(110)面来计算,合适的 m 值是 2.

$$\sum_{j=0}^{N-1} e^{i(Qd-2g_0)j} = \sum_{j=0}^{N-1} e^{i2\pi mj} e^{i2\pi(m\zeta - g_0/\pi)j} = \sum_{j=0}^{N-1} e^{i2\pi(m\zeta - g_0/\pi)j}$$

这是一个几何级数,可以求和(见第 35 页),得到

$$|r_N(\zeta)| = g\left|\frac{\sin(\pi N[m\zeta - \zeta_0])}{\sin(\pi[m\zeta - \zeta_0])}\right| \tag{6.6}$$

这里的 ζ_0 是布拉格峰的位移,其定义是

$$\boxed{\zeta_0 = \frac{g_0}{\pi} = \frac{2d^2\,|F_0|}{\pi m v_c} r_0} \tag{6.7}$$

要推导上述 ζ_0 的明确表达式,我们已经用了(3.6)式中定义的 g_0 表达式,且 $\Delta = d$, $\sin\theta = m\lambda/(2d)$ 以及 $\rho_a f^0(0) = |F_0|/v_c$.

根据(6.6)式,当 $\zeta = \zeta_0/m$,振幅反射率取极大值 Ng. 因此反射率的极大值并不在倒格子点上,而是偏离了一个相对量 ζ_0/m. 依据(6.4)式,可知绝对偏离量是 $mG(\zeta_0/m) = G\zeta_0$,它根据(6.7)式以 $1/m$ 方式变化. 这个位移来自入射波进入晶体时的折射,这个效应在推导布拉格定律时通常是被忽略的. X 射线的折射率小于 1,并且在晶体内的 X 射线波矢的模要比在晶体外的值小. 对于一个给定的入射角,晶体外的 k 值肯定比 $mG/(2\sin\theta)$ 大,为了得到最大的相长干涉,即 $\zeta_0 > 0$,这点在(6.7)式中也很清楚.

要让运动学近似成立,需要 $Ng \ll 1$. 增加越来越多的每层反射率为 g 的原子层将增加峰值反射率,当然不可能超过 100%. 在 $\zeta = \zeta_0/m$ 附近,线型开始偏离(6.6)式给出的 $|r_N(\zeta)|^2$,就进入了动力学衍射,如图 6.3 中深色阴影所示. 然而,当远离布拉格条件时,即当 ζ 和 ζ_0/m 相差较大,即使有很多原子层,运动学近似仍然成立. 当 N 很大时,函数 $|r_N(\zeta)|^2$ 的旁瓣紧密地间隔,并且其快速变化的分子 $\sin^2(N\pi[m\zeta - \zeta_0])$ 可以通过其平均值 1/2 来近似,从而得到

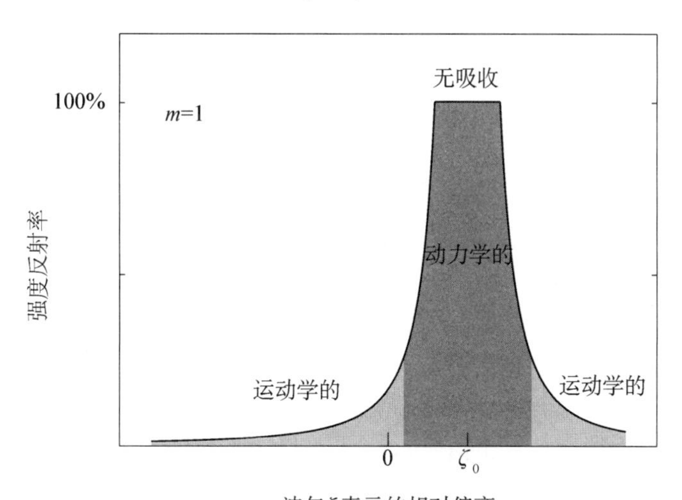

图 6.3 N 个原子层的强度反射率. 对布拉格条件的相对偏离由参数 ζ 给出. 由于 X 射线束在晶体内的折射,反射率的峰值并不在 $\zeta = 0$,而是在 $\zeta_0 = g_0/(m\pi)$. 当 $|\zeta - \zeta_0|$ 较大时,反射率就变小,于是我们就在运动学区间,由浅色阴影所示. 当 $|\zeta - \zeta_0| \to 0$,运动学近似不再成立,反射率就由动力学理论来描述.

$$|r_N(\zeta)|^2 \rightarrow \frac{g^2}{2\sin^2(\pi[m\zeta-\zeta_0])} \approx \frac{g^2}{2(\pi[m\zeta-\zeta_0])^2} \tag{6.8}$$

这一结果的意义在于一个正确的动力学衍射理论必须在 $|\zeta-\zeta_0|$ 较大时达到这一极限形式. 在图 6.3 中,运动学区间被用浅色阴影来表示.

动力学反射发生一个倒格点附近,并且一定要能连续地过渡到运动学反射区间. 在 5.3 节已经证明,在表面上会产生垂直于物理表面方向上的散射棒. 连续性则要求动力学衍射区间和这些所谓的晶体截断棒的区间必须以连续的方式连接在一起. 这会导致令人惊讶的结果,即非对称切割的晶体的反射不再是镜面的,镜面反射只发生于对称切割晶体的布拉格构型情形. 我们将在本章的结尾回到这个议题.

6.3 达尔文理论和动力学衍射

现在我们将注意力转移到如何计算无限堆叠的原子平面的散射,其中每一层都根据 6.1 节中给出的公式来产生反射和透射波. 这些面用 j 来标识,其中表面的原子平面定义为 $j=0$ (图 6.4(a)). 目的是要计算振幅反射率,也就是总的反射波场 S_0 与入射场 T_0 的比率.

在晶体内外都有两个波场:沿入射束方向传播的 T 场和沿反射束方向传播的 S 场. 这些场穿过原子面时产生突变的原因有两个. 首先,等于 $-ig$ 的一小部分波被反射. 其次,透射波相移了 $(1-ig_0)$. 布拉格定律的推导就是使 $j+1$ 层的反射波和第 j 层的反射波同相,如果它们的路径长度相差波长的整数倍的话,在图 6.4(b)中,这对应于要求距离 AMA' 等于 $m\lambda$[①] 或等价地从 A 走到 M 的相移是 $m\pi$. 因为我们感兴趣的是推导反射区域的(小)带宽,相位被限制为只对 $m\pi$ 有小的偏差,则相位由下式给出:

$$\phi = m\pi + \Delta$$

这里的 Δ 是一个小参数. 因此相位的相对偏差是 $\Delta/(m\pi)$,它必须等于对应的散射矢量的相对偏差 ζ((6.4)式),因此有

$$\Delta = m\pi\zeta \tag{6.9}$$

在我们建立达尔文理论的过程中,Δ 将被当成独立变量使用. 我们提醒读者,这里正在考虑的是一个完全准直的入射光束,因此 Δ 的变化是通过入射能量(或波数)的变化来体现(参照(6.5)式). 在我们完成整个数学推导之后,结果将被改写成 ζ 的表达式,这更有利于和实验结果进行比较.

6.3.1 基本差分方程

令刚好在 j 层之上且在 z 轴上的 T 场记为 T_j,类似地也有 S_j. 而刚好在 $j+1$ 层之上且在 z 轴上的一个点的 S 场为 S_{j+1} (即在图 6.4 的 M 点). 在 A' 点,它是 $S_{j+1}e^{i\phi}$,而事实上它在通过 A' 的波前的任何一点必须都是这个值,包括在 z 轴上的、刚好在第 j 个平面之下的那个点. 穿过第 j 层后,它的相位改变了一个小量 $-ig_0$,因此刚好在第 j 层之上的 S 场,根据定义也就是 S_j,可被写为 $(1-ig_0)S_{j+1}e^{i\phi}$. 要得到总的场,我们还必须添加由于波 T_j 被反射的部分,那么可以得出

① 这里应当理解,λ 是晶体内的波长,而不是在晶体外的入射光束的波长.

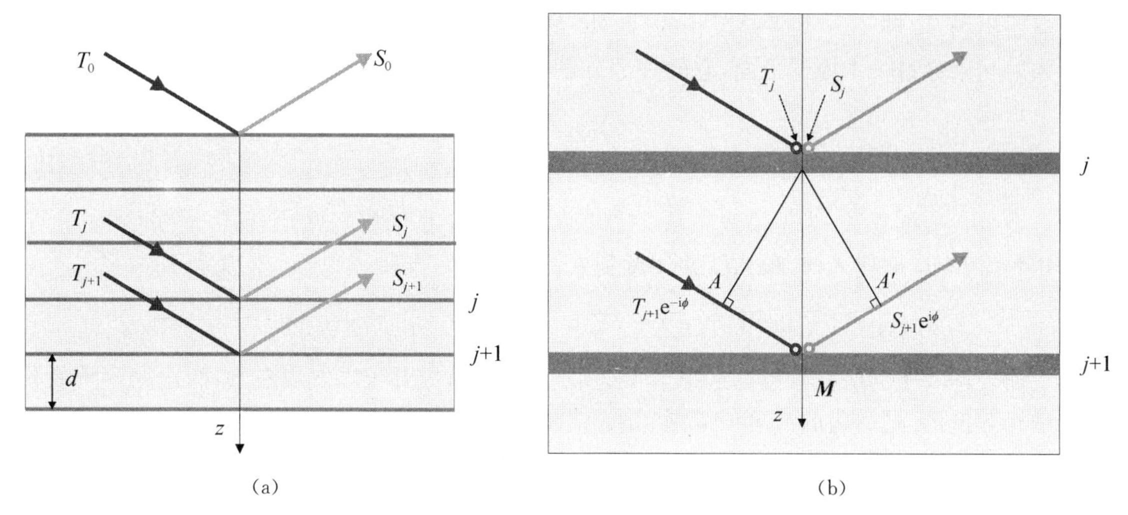

图 6.4 T 和 S 波场的定义. 图(a)振幅反射率由 S_0/T_0 给出. 图(b)用于推导差分方程的示意图. 在 A'的 S 场与刚好在M 处的原子平面之上的 S 场差一个位相因子 $e^{i\phi}$. 场 $S_{j+1}e^{i\phi}$于是和刚好在第j 层之下的S_j 场相同. 在第 j 层之上,它从 T 场的反射获得了一个额外的贡献($-igT_j$). 类似的论证对 T 场也成立.

$$S_j = -igT_j + (1-ig_0)S_{j+1}e^{i\phi} \tag{6.10}$$

下面考虑在第 j 层之下的 T 场. 这必须就是在 M 点离开的场,除了它的相位被移动了,即 $T_{j+1}e^{-i\phi}$ 对应于从M 到A 的距离. 对这个场的贡献包括了穿过了第j 层之后的T_j 场和被第j 层的底部反射之后的波 $S_{j+1}e^{i\phi}$. 这导致了第二个差分方程

$$T_{j+1}e^{-i\phi} = (1-ig_0)T_j - igS_{j+1}e^{i\phi} \tag{6.11}$$

下一步我们来分离(6.11)和(6.10)式中耦合的 T 场和 S 场.

6.3.2 分离 T 场和 S 场

我们把(6.11)式重新写成

$$igS_{j+1} = (1-ig_0)T_je^{-i\phi} - T_{j+1}e^{-i2\phi} \tag{6.12}$$

该方程的有效性不依赖于标记,尤其是它也必须对 S_j 场成立. 把 $j+1$ 替换成 j, j 换成 $j-1$,给出

$$igS_j = (1-ig_0)T_{j-1}e^{-i\phi} - T_je^{-i2\phi} \tag{6.13}$$

(6.12)和(6.13)式给出的 igS_{j+1} 和 igS_j 的表达式现在可以代入(6.10)式(在把它乘以因子 ig 之后),从而得到一个只有 T 场的项的方程:

$$(1-ig_0)T_{j-1}e^{-i\phi} - T_je^{-i2\phi} = g^2T_j + (1-ig_0)[(1-ig_0)T_j - T_{j+1}e^{-i\phi}]$$

把 T_{j+1}, T_j 和 T_{j-1} 的系数收集在一起,会发现

$$(1-ig_0)e^{-i\phi}[T_{j+1}+T_{j-1}] = [g^2 + (1-ig_0)^2 + e^{-i2\phi}]T_j \tag{6.14}$$

6.3.3 T 场和 S 场的尝试解

现在考虑 T 场方程的可能解. 因为 ϕ 约等于 $m\pi$,且 g_0 和 g 是小参数,所以从(6.11)式可

以明显看出场 T_j 和 T_{j+1} 几乎是反相的. 此外,可以预期 T 场将随着它深入晶体而衰减,因为每当入射光束穿过一个原子平面,它的一部分就会被反射出晶体. 因此,一个合适的尝试解应有如下形式:

$$T_{j+i} = e^{-\eta} e^{im\pi} T_j \tag{6.15}$$

其中 η 是个一般的复数. 为了使光束从一个平面到下一个平面仅轻微地衰减,η 的实部必须是小的正数. 把尝试解代入(6.14)式,并注意到 $e^{-i\phi} = e^{-im\pi}e^{-i\Delta}$ 和 $e^{\pm i2m\pi} = 1$,就得到

$$(1 - ig_0)e^{-i\Delta}[e^{-\eta} + e^{\eta}] = g^2 + (1 - ig_0)^2 + e^{-i2\Delta}$$

利用上面表达式中的所有参数都远小于1这个事实,通过展开可以发现左、右两边的零阶项和一阶项相互抵消. 把两边的二阶项等同起来,就有如下 η 的表达式:

$$\eta^2 = g^2 - (\Delta - g_0)^2$$

它的解是

$$\boxed{i\eta = \pm\sqrt{(\Delta - g_0)^2 - g^2}} \tag{6.16}$$

对于 S 场,其尝试解是

$$S_{j+1} = e^{-\eta} e^{im\pi} S_j$$

可以证明,它可给出与上面相同的 η 的方程.

6.3.4 振幅反射率,S_0/T_0

我们现在可以来计算振幅反射率 r,即 S_0/T_0 的比率. 先令上述公式中的 $j = 0$,得到 $S_1 = e^{-\eta}e^{im\pi}S_0$. 把这些代入(6.10)式,也令其中 $j = 0$,给出

$$S_0 = -igT_0 + (1 - ig_0)S_0 e^{-\eta} e^{im\pi} e^{im\pi} e^{i\Delta} \tag{6.17}$$

重新排列,得到

$$\frac{S_0}{T_0} \approx \frac{-ig}{1 - (1 - ig_0)(1 - \eta)(1 + i\Delta)} \approx \frac{-ig}{ig_0 + \eta - i\Delta} = \frac{g}{i\eta + (\Delta - g_0)}$$

为了方便,定义一个新变量 ϵ 如下:

$$\epsilon = \Delta - g_0 = m\pi\zeta - \pi\zeta_0$$

在 S_0/T_0 的表达式中代入 $i\eta$ 的解,引出

$$\boxed{r = \frac{S_0}{T_0} = \frac{g}{i\eta + \epsilon} = \frac{g}{\epsilon \pm \sqrt{\epsilon^2 - g^2}}} \tag{6.18}$$

这就完成了我们对达尔文反射率曲线的推导. 还剩一点需要澄清,就是上面的平方根到底取什么符号. 要解决这一点,我们注意到,如果在 ϵ 为正时选择正号,那么在 $\epsilon \gg g$ 的极限下,强度反射率以 $(g/(2\epsilon))^2$ 的形式下降. 对于负的 ϵ,我们选择负号,因为这样的选择会使得 $|\epsilon| \gg g$ 时,强度反射率还是以 $(g/(2\epsilon))^2$ 的形式下降. 对于 $|\epsilon| < g$,平方根是纯虚数,强度反射率等于

S_0/T_0 乘以它的复数共轭，其值为 1，即为全反射的区间. 在图 6.5 中，我们画出强度反射率随 ϵ/g 的变化. 这条曲线有许多有趣的地方，将在 6.4 节中讨论.

6.4 达尔文反射率曲线

为了得到达尔文反射率曲线的明确公式，引入变量 x，其定义为

$$x=\frac{\epsilon}{g}$$

它与变量 ζ 通过下式相关联：

$$x=\frac{\epsilon}{g}=\frac{\Delta-g_0}{g}=m\pi\frac{\zeta}{g}-\frac{g_0}{g} \tag{6.19}$$

其中 m 是反射的阶数，即 $m=1$ 是一阶，$m=2$ 是二阶，等等. 根据(6.18)式，用 x 来表示的振幅反射率曲线是

$$r(x)=\left(\frac{S_0}{T_0}\right)=\begin{cases}\dfrac{1}{x+\sqrt{x^2-1}}=x-\sqrt{x^2-1},\ x\geqslant 1\\ \dfrac{1}{x+\mathrm{i}\sqrt{1-x^2}}=x-\mathrm{i}\sqrt{1-x^2},\ |x|\leqslant 1\\ \dfrac{1}{x-\sqrt{x^2-1}}=x+\sqrt{x^2-1},\ x\leqslant -1\end{cases} \tag{6.20}$$

强度反射率如下：

$$\boxed{R(x)=\left(\frac{S_0}{T_0}\right)\left(\frac{S_0}{T_0}\right)^*=\begin{cases}(x-\sqrt{x^2-1})^2,\ x\geqslant 1\\ 1,\ |x|\leqslant 1\\ (x+\sqrt{x^2-1})^2,\ x\leqslant -1\end{cases}} \tag{6.21}$$

如图 6.5 所示，达尔文反射率曲线的一个重要特点是 T_0 和 S_0 场之间的相移. 如图 6.6 所示，它给出了振幅反射率 r 的相位随 x 的变化. 对于 $x\leqslant -1$，两个场恰好反相，相差 $-\pi$（或等价 π）；而对 $x\geqslant 1$，则为同相. 对于 $x\gg 1$，$R(x)$ 的渐进形式是

$$R(x)=\left(\sqrt{x^2\left(1-\frac{1}{x^2}\right)}-x\right)^2\approxeq\left(x\left(1-\frac{1}{2x^2}\right)-x\right)^2=\frac{1}{4x^2},\ x\gg 1 \tag{6.22}$$

这应和在 6.2 节中讨论过的运动学区间所预期的渐近形式进行比较. 把那里的(6.8)式用变量 x 来表达，就是

$$|r_N(\zeta)|^2\rightarrow\frac{1}{2x^2},\ x\gg 1 \tag{6.23}$$

即是动力学理论给出结果的两倍. 这个差别的原因比较微妙. 在 6.2 节中，推导公式的假设是散射来自有限数目的原子层，因此波和其顶部和底部这两个界面相遇. 相比之下，达尔文的推导假定了无限厚的原子层只有表面这一个界面，因此，这两个渐近形式是一致的.

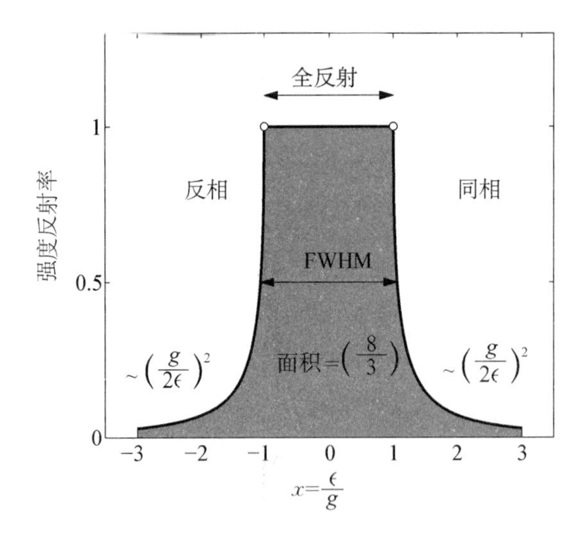

图 6.5 从(6.21)式计算出的达尔文反射率曲线. 对于 x 在 -1 和 1 之间,反射率是 100%. 这被称为全反射区间. 对于大的 $|x|$,强度以 $1/(2x)^2$ 形式衰减. 在 $x=1$, X 射线波场在原子面上达到最大,而对于 $x=-1$,波场的节点和原子平面重合.

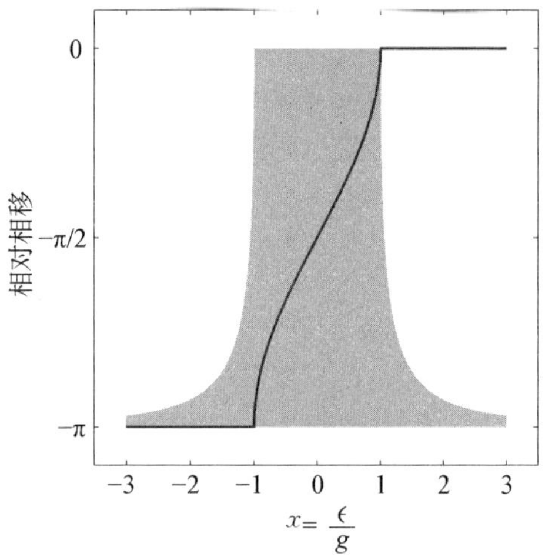

图 6.6 由(6.20)式计算的入射 T_0 和发射 S_0 波场的相对相移. 作为参考,达尔文曲线被画成图中的背景阴影. 对于 $x\leqslant -1$, 这两个波场反相,这里选为差 $-\pi$;而对 $x\geqslant 1$, 则为同相.

6.4.1 达尔文宽度

我们有兴趣的一个关键参数是达尔文反射率曲线宽度的度量. 从图 6.5 可以看出有数种可能. 首先有全反射本身的区域($|x|<1$),它的宽度由 x 来表示是 2. x 和变量 ζ 的关系已经由(6.19)式给出. 重新整理一下,就有

$$\zeta=\frac{gx+g_0}{m\pi} \tag{6.24}$$

因此,由 x 来表示是 2 的宽度,转化为由 ζ 来表示的宽度是 $2g/(m\pi)$. 因此全反射区间的宽度 $\zeta_{\mathrm{D}}^{全反射}$ 是

$$\boxed{\zeta_{\mathrm{D}}^{全反射}=\frac{2g}{m\pi}=\frac{4}{\pi}\left(\frac{d}{m}\right)^2\frac{r_0\,|F|}{v_c}} \tag{6.25}$$

这里 g 已经由(6.1)式给出的表达式替换. 另外,有时候用半高全宽(FWHM)更为方便,根据(6.21)式,这可由下式给出:

$$\zeta_{\mathrm{D}}^{\mathrm{FWHM}}=\left(\frac{3}{2\sqrt{2}}\right)\zeta_{\mathrm{D}}^{全反射} \tag{6.26}$$

对于一个给定的材料和布拉格反射,达尔文宽度 ζ_{D}((6.25)式)是个常数,与波长无关[①]. 相同的说法对于角度达尔文宽度就是不正确的. 推导宽度 ζ_{D} 的表达式时,我们假设入射光是一束完美准直的白光. 而另一个极端情况是考虑晶体对完美的单色光束的反射率随入射角变

① 这里当然忽略了对晶胞结构因子的色散修正中较小的能量依赖.

化. 要做到这一点也很简单,只需使用布拉格方程的微分形式:

$$\frac{\Delta\lambda}{\lambda}=\frac{\Delta\theta}{\tan\theta} \tag{6.27}$$

表 6.1 在布拉格构型下计算出的钻石、硅和锗的(111),(220)和(400)反射的达尔文宽度. 对于每个反射, $f^0(Q)$, f', f''的值也被列出. $f^0(Q)$的值是利用表 4.1 给出的系数计算出来的,而 f'和 f''的值取自《国际晶体学表》中波长 1.540 5 Å 对应的值. 这里假设入射束的偏振方向垂直于散射面($\hat{\sigma}$ 偏振). 对于 $\hat{\pi}$ 偏振宽度需要乘以因子 $\cos(2\theta)$.

	$\zeta_D^{FWHM}\times 10^6$								
		(111)			(220)			(400)	
钻石		61.0			20.9			8.5	
$a=3.5670$ Å	3.03	0.018	−0.01	1.96	0.018	−0.01	1.59	0.018	−0.01
硅		139.8			61.1			26.3	
$a=5.4309$ Å	10.54	0.25	−0.33	8.72	0.25	−0.33	7.51	0.25	−0.33
锗		347.2			160.0			68.8	
$a=5.6578$ Å	27.36	−1.1	−0.89	23.79	−1.1	−0.89	20.46	−1.1	−0.89

立即可以得到如下的角度达尔文宽度:

$$\boxed{w_D^{\text{全反射}}=\zeta_D^{\text{全反射}}\tan\theta} \tag{6.28}$$

和

$$w_D^{FWHM}=\left(\frac{3}{2\sqrt{2}}\right)\zeta_D^{\text{全反射}}\tan\theta \tag{6.29}$$

角度达尔文宽度从而通过 $\tan\theta$ 的变化而随能量变化:随着波长减小,布拉格角也变小,因此角达尔文宽度也变小.

同步辐射光束线中的单色器通常是由硅制成的. 因为半导体工业已为无缺陷的完美单晶提出了巨大的需求,确保了低的单位成本,且硅可以被加工成复杂的光学元件(聚焦单色器等). 此外硅还具有另一个特性,它的热膨胀系数在液氮的沸点附近时穿过零点. 这样虽然同步辐射强白色光束照射会产生大量热量,但其可能产生的形变可以通过低温冷却而被最小化. 硅当然绝不是唯一的选择,金刚石在近年已经成为一种流行的选择,因为它是所有固体中热导率最高的,且吸收较低. 这两个因素保证了入射白光束所产生的任何热形变被最小化. 在表 6.1 中,列出了金刚石、硅和锗的达尔文宽度 ζ_D^{FWHM}. 这些值是通过(6.26)式计算出的,并忽略了色散修正 f'和 f''. 典型的达尔文宽度大约是 100×10^{-6} 的量级,或对于 1 Å 波长来说是 0.1 mrad,和第 2 章中描述的同步辐射光源的自然张角($1/\gamma$)匹配得很好.

6.4.2 消光深度

X 射线穿过晶体时会逐渐变弱,因为每当它穿过一个原子面,它的一部分就被散射. 根据(6.15)式,入射光穿过一个原子单层后被衰减掉 $e^{-\mathrm{Re}(\eta)}$,这里 $\mathrm{Re}(\eta)$是变量 η 的实部. 通过 N 个原子面之后,它衰减了 $e^{-N\mathrm{Re}(\eta)}$,这样可以定义一个入射光束衰减的特征长度. 我们定义反射层的有效数量 N_{eff}为

$$\mathrm{e}^{-N_{\mathrm{eff}}\mathrm{Re}(\eta)} = \mathrm{e}^{-1/2} \tag{6.30}$$

或

$$N_{\mathrm{eff}} = \frac{1}{2\mathrm{Re}(\eta)} \tag{6.31}$$

光束穿入晶体中的深度即所谓消光深度(extinction depth)，由 N_{eff} 和晶格面间距 d 的乘积给出. 消光深度 Λ_{ext} 的表达式是

$$\Lambda_{\mathrm{ext}} = N_{\mathrm{eff}}d = \frac{d}{2\mathrm{Re}(\eta)} \tag{6.32}$$

Λ_{ext} 的值不是常数，而是在达尔文反射率曲线的不同地方而不同. 这可以从(6.16)式看出来，该式还可以重新写成

$$\eta = g\sqrt{1-x^2}$$

当 $x\to\pm1$，$\eta\to0$，消光深度 Λ_{ext} 发散到无穷大. 这意味着对于 $|x|\geqslant1$，由于吸收过程造成的衰减(我们迄今忽视了的过程)，单独决定了入射波穿入晶体的深度. 在任何 Λ_{ext} 的计算中，需要指出它指的是达尔文反射率曲线上的哪个点. 这里选定了 $x=0$ 这个点，就有 $\eta=g$，那么消光深度定义为

$$\boxed{\Lambda_{\mathrm{ext}}(x=0) = \frac{d}{2g} = \frac{1}{4}\left(\frac{m}{d}\right)\frac{v_c}{r_0\,|F|}} \tag{6.33}$$

这里 Λ_{ext} 指的是强度 1/e 的衰减，而不是振幅.

(6.33)式中定义的消光深度反比于结构因子 $|F|$ 的模. 对于中等或很强的反射，它比吸收长度小得多. 例如，GaAs 的(4, 0, 0)反射，具有晶胞结构因子如下：

$$\begin{aligned}F_{\mathrm{GaAs}}(4,0,0) &= 4\times[f_{\mathrm{Ga}}(4,0,0)+f_{\mathrm{As}}(4,0,0)] = 4\times[f^0_{\mathrm{Ga}}(4,0,0)+f'_{\mathrm{Ga}}+\mathrm{i}f''_{\mathrm{Ga}}\\&\quad+(f^0_{\mathrm{As}}(4,0,0)+f'_{\mathrm{As}}+\mathrm{i}f''_{\mathrm{As}})]\\&= 4\times[25.75-1.28-\mathrm{i}0.78+(27.14-0.93-\mathrm{i}1.00)]\\&= 154.0-\mathrm{i}7.1\end{aligned}$$

(见第114页的5.1.7节). 这里给出的色散修正的理论值 f' 和 f'' 对应于 X 射线波长 $\lambda=1.540\,56$ Å. 晶胞体积是 $v_c=180.7$ Å^3，(4, 0, 0)具有 1.413 35 Å 的 d 间距. 利用这些值可算出 GaAs 的(4, 0, 0)反射的消光深度是 0.74 μm. 而吸收深度是 $\sin\theta/(2\mu)=7.95$ μm，其中 $\mu=0.035\,5\ \mu\mathrm{m}^{-1}$ 是吸收系数，$\theta=33.02°$ 是布拉格角. 显然，对于这个很强的反射，消光深度比吸收深度小约10倍. 与此相反的是，(2, 0, 0)反射很弱，因为此时 Ga 和 As 原子的散射反相. (2, 0, 0)的结构因子是

$$\begin{aligned}F_{\mathrm{GaAs}}(2,0,0) &= 4\times[f_{\mathrm{Ga}}(2,0,0)-f_{\mathrm{As}}(2,0,0)] = 4\times[f^0_{\mathrm{Ga}}(2,0,0)\\&\quad+f'_{\mathrm{Ga}}+\mathrm{i}f''_{\mathrm{Ga}}-(f^0_{\mathrm{As}}(2,0,0)+f'_{\mathrm{As}}+\mathrm{i}f''_{\mathrm{As}})]\\&= 4\times[19.69-1.28-\mathrm{i}0.78-(21.05-0.93-\mathrm{i}1.00)]\\&= -6.96+\mathrm{i}0.91\end{aligned}$$

消光深度是 8.1 μm，比吸收深度(3.9 μm)的两倍还大.

6.4.3 积分强度

计算达尔文反射率曲线的积分强度也很有意义，并且可将其与第 5 章中(5.31)式给出的运动学结果进行比较. 用变量 x 来表示，根据(6.21)式，图 6.5 中达尔文曲线下的面积是

$$2+2\int_{1}^{\infty}(x-\sqrt{x^{2}-1})^{2}\mathrm{d}x=\frac{8}{3}$$

利用(6.19)式，可以转化成用变量 ζ 表示的积分强度，结果如下：

$$I_{\zeta}=\frac{8}{3}\frac{g}{m\pi}=\frac{8}{3}\frac{1}{m\pi}\frac{2d^{2}\mid F\mid r_{0}}{mv_{c}}=\frac{8}{3}\frac{1}{m\pi}2\left(\frac{m\lambda}{2\sin\theta}\right)^{2}\frac{\mid F\mid r_{0}}{mv_{c}}=\left(\frac{8}{6\pi}\right)\frac{\lambda^{2}r_{0}\mid F\mid}{v_{c}\sin^{2}\theta}$$

运动学结果的推导假设了入射光束是单色的，并且其强度是通过在劳厄条件下转动晶体进行积分而获得的. 因此有必要把上面的表达式乘以因子 $\tan\theta$，从以 ζ 为单位转换到以角度为单位(见(6.28)式). 这里还进一步假设该晶体足够大，可截取整个光束，那么散射强度正比于入射光束的通量 Φ_0 和横截面面积 A_0. 因此，通过在劳厄条件下摇摆完美的晶体而记录下来的积分强度是

$$I_{\mathrm{sc}}^{P}=\Phi_{0}A_{0}I_{\zeta}\tan\theta=\Phi_{0}A_{0}\left(\frac{8}{6\pi}\right)\frac{\lambda^{2}r_{0}\mid F\mid}{v_{c}\sin^{2}\theta}\tan\theta=\left(\frac{8}{3\pi}\right)\frac{\Phi_{0}A_{0}\lambda^{2}r_{0}\mid F\mid}{v_{c}\sin2\theta}$$

为了完整起见，还必须考虑入射光束的偏振态. 由于上面给出的积分强度正比于 $|F|$，极化因子应为 $(1+|\cos2\theta|)/2$. 类似地，还要考虑德拜-沃勒因子 e^{-M}. 考虑这些因素后，最后得到来自完美晶体的散射积分强度是

$$\boxed{I_{\mathrm{sc}}^{P}=\left(\frac{8}{3\pi}\right)\frac{\Phi_{0}A_{0}\lambda^{2}r_{0}\mid F\mid}{v_{c}\sin2\theta}\left(\frac{1+\mid\cos2\theta\mid}{2}\right)\mathrm{e}^{-M}} \tag{6.34}$$

可见完美晶体的积分强度取决于 $r_0|F|$，而不是像运动学的结果那样取决于 $r_0^2|F|^2$. 这乍一看可能会有些奇怪，但事实上检查一下图 6.5 和(6.25)式，其原因是显而易见的. 达尔文曲线的中心区域具有 100%的反射率，并且宽度正比于 $|F|$，所以积分的区域也会这样.

把完美晶体的积分强度的表达式与利用运动学近似推导出的相应公式进行比较，是有启发性的. 这种比较已经在第 5 章中定性地讨论过. 在讨论消光的 5.5.2 节中(第 131 页)，我们指出晶体很少像马赛克晶体模型要求的那样理想地不完美，并且测得的强度几乎总是小于运动学理论预测的. 其中一个原因是马赛克块具有有限尺寸，动力学(或多次)散射效应在一定程度上将存在. 动力学效应引起的强度减小称为主要消光(primary extinction)，我们下面要定量地比较运动学和动力学理论预测的强度.

我们想象测量一个完美晶体的反射，其消光深度远远小于由吸收造成的消光深度，那么积分强度由(6.34)式给出. 现在把该晶体变形产生马赛克结构，这可以做到. 例如，通过把它加热到略低于其熔点的温度，然后令其发生塑性形变[①]. 在该变形晶体接近理想不完美马赛克晶体的极限下，X 射线束的穿透深度将通过吸收来确定. 对于有延展表面的马赛克晶体，积分强度

---

① 这一技术有很多用途，它可被用于生产中子散射仪器中的单色晶体. 接近完美的锗单晶晶片被反复变形，产生约为 0.25°的马赛克宽度.

由(5.31)式给出,

$$I_{sc}^{M}=\left(\frac{1}{2\mu}\right)\frac{\Phi_0 A_0\lambda^3 r_0^2\mid F\mid^2}{v_c^2\sin 2\theta}\left(\frac{1+\cos^2 2\theta}{2}\right)e^{-2M} \tag{6.35}$$

其中 μ 是吸收系数. 因此,马赛克晶体的积分强度大于完美晶体,它们的比例是

$$\frac{I_{sc}^{M}}{I_{sc}^{P}}=\left(\frac{3\pi}{16}\right)\frac{\lambda r_0\mid F\mid}{\mu v_c} \tag{6.36}$$

为了简单起见,已忽略极化因子和德拜-沃勒因子.

为了给出一个明确的例子,再来考虑 GaAs 的(4, 0, 0)反射. 用在讨论消光深度一节给出的参数值,上面积分强度的比例是 $I_{sc}^{M}/I_{sc}^{P}\approx 6$. 这说明马赛克晶体的反射积分强度要比完美晶体通常要大这一事实,其比例正比于$|F|$. 这就提出了一个问题,即进行一个晶体学研究以确定材料的结构时,必须确定是使用运动学还是动力学散射理论. 在实践中,大多数晶体既不是完全完美的,也不是理想的不完美,而是产生介于这两种理论预测值之间的积分强度. 晶体学研究的数据几乎总是使用运动学近似进行分析,然后考虑消光效应对数据的修正.(有关如何进行消光修正的深入讨论,读者可参考《国际晶体学表》.)要完成这里的讨论,我们也计算 GaAs(2, 0, 0)反射的强度比例. 用上面给出的参数,强度比例是 $I_{sc}^{M}/I_{sc}^{P}\approx 0.2$. 有点令人惊讶的是,在此非常弱的布拉格反射的情况下,运动学理论似乎预测了一个比动力学理论要小的强度. 其原因是到目前为止,吸收的影响被动力学理论忽略了. 一旦这些都包含在内,可以证明在弱散射极限下(小$|F|$),动力学和运动学的理论产生相同的结果. 吸收效应将在 6.4.6 节中进一步考虑.

6.4.4 驻波

晶体上方总的波场构成是入射的 T 波(正比于 $e^{ik_y y}e^{ik_z z}$)和衍射的 S 波(正比于 $e^{ik_y y}e^{-ik_z z}$),如图 6.4 所示. 这里 y 轴沿着晶体的表面指向右侧,z 轴垂直向下. 在 $z=0$ 处,两个波的增幅是 T_0 和 S_0,其比例为(6.20) 式给出的复数 r. 因此在表面之上,$z<0$, 波的总振幅是

$$A_{total}=T_0 e^{ik_y y}\left[e^{ik_z z}+re^{-ik_z z}\right]$$

通常 $r=|r|e^{i\phi}$,其中模 $|r|$ 和相位 ϕ 取决于变量 $x=\epsilon/g$,如图 6.5 和图 6.6 所示. 令晶体表面之上的 $T_0=1$, 由此被归一化的强度 $I(z, x)$如下:

$$\begin{aligned}I(z, x)=|A_{total}|^2&=\left[e^{ik_z z}+|r|e^{i\phi}e^{-ik_z z}\right]\left[e^{-ik_z z}+|r|e^{-i\phi}e^{ik_z z}\right]\\&=1+|r|^2+|r|e^{i\phi}e^{-i2k_z z}+|r|e^{-i\phi}e^{i2k_z z}\end{aligned}$$

这里读者应注意,z 是具有长度量纲的空间变量,而 $x=\epsilon/g$ 是我们引入来描述达尔文反射率曲线的无量纲独立变量. 由于这里考虑的构型中传递波矢的模量是由 $Q=2k_z$ 给出,上述$I(z, x)$的等式可简化为

$$\boxed{I(z, x)=1+|r|^2+2|r|\cos(\phi-Qz)} \tag{6.37}$$

该方程描述了晶体表面上方的驻波强度. 对于 $x=1$,入射和衍射的波同相($\phi=0$), $I(z, x=1)=$

$2(1+\cos(Qz))$. 对于 $x=-1$,这两个波场反相($\phi=-\pi$), $I(z, x=-1)=2(1-\cos(Qz))$. 所以作为 Qz 的函数,在 $x=-1$ 和 $x=1$ 处驻波的强度正交地振荡. 对于 $x=1$,驻波的强度在 $Qz=2p\pi$(p 为整数)时,其值最大(即当 $z=pd$ 时),而对于 $x=-1$,强度在 $z=(p+1)d/2$ 时最大. 在晶体内的波场也是一个驻波,但其振幅随穿透的深度衰减.

驻波的存在产生了一些有趣的结果:

(1) 对于同相的点,强度在原子平面处是最大的,即可以吸收 X 射线的电子密度较高的地方. 对于异相的点正好相反. 因此与异相时相比,同相时在 X 射线波场的吸收的影响更为明显. 当吸收被忽视时,达尔文曲线(图 6.5)是对称的,但是这种对称性在考虑吸收后将被打破该曲线的右侧将比左侧更为衰减,即导致反射率曲线在较高的散射矢量处更为压制.

(2) 驻波场继续延伸到晶体之外,如在图 6.7 中所示. 当 x 被扫描穿过劳厄条件,在晶体之上 $I(z, x)$的极大值移动了半个晶格间距. 因此,如果和体材料内部不一样的一层原子数在表面上被吸附,那么在覆层上的原子通过它们时会在 $I(z, x)$的最大值被扫描发出荧光. 作为一阶近似,可以合理地假定荧光产额正比于 $I(z, x)$. 在图 6.8 中,我们绘出了在不同 Qz 值时的 $I(z, x)$((6.37)式),从中可以明显看出,荧光产额敏感地依赖于覆层在晶体之上的距离 z. 这为 X 射线驻波提供了一个灵敏的方法,用于测量沉积在完美晶体表面的其他原子层和该晶体表面的间隔. [Batterman, 1964; Andersen 等,1976].

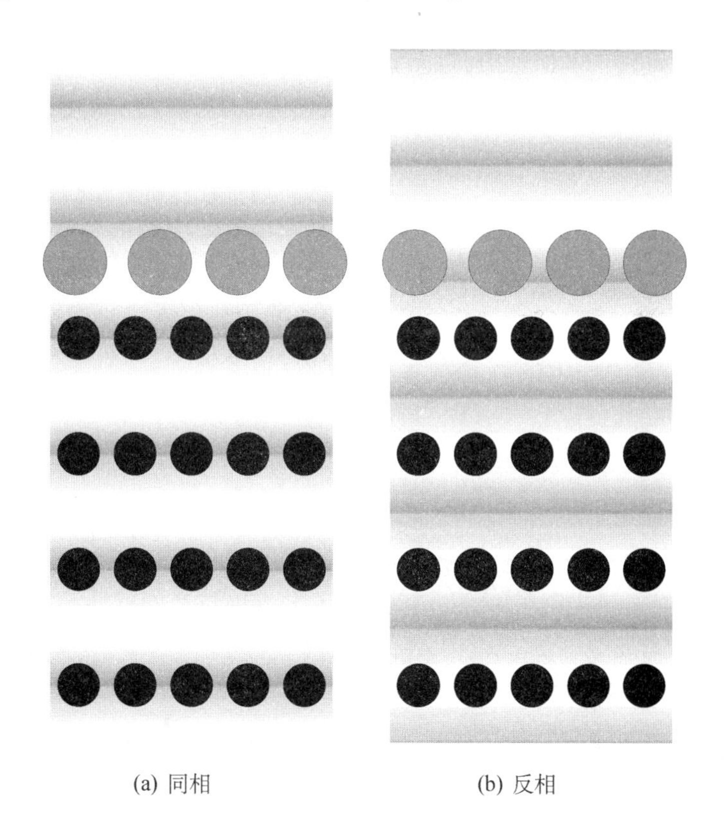

图 6.7 在整个全反射区间,驻波场相对于晶面改变相位. 图(a)在一侧($x=1$, 图 6.5)驻波具有晶面之间的节点,而在另一侧图(b)($x=-1$)节点在晶面. 驻波场延伸到了晶体表面之外,吸附层的高度(由大圆圈表示)可以通过它们的荧光产额和驻波相位之间的关系来确定.

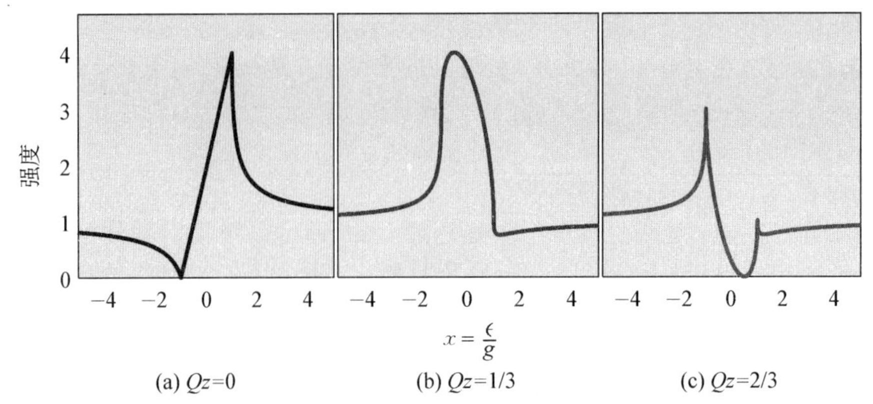

图 6.8 X射线驻波的强度对 Qz 的敏感依赖. 实线是从(6.37)式计算出的,其中使用了从(6.20)式得到的相位 ϕ 和振幅反射率的模 $|r|$.

6.4.5 高阶反射

在6.2节中已经表明达尔文反射率曲线的中心相对于倒易晶格点 $G=m2\pi/d$ 偏移了一个正比于 $1/m$ 的量((6.7)式). 而在6.4.1节中,已经证明达尔文宽度改变得比 $1/m^2$ 要快((6.25)式),这是由于原子的形状因子随 Q 增加而减小、$|F|$ 随 m 的增大而减小所导致. 这些效应在图6.9中展示.

当考虑到单色器晶体的高阶反射时,ζ_D 的变化和 ζ_0 随着 m 的偏移有重要的含义. 根据布拉格定律,被准直的白色光束照射的晶体不仅会反射所设计的工作波长 $\lambda=2d\sin\theta$,而且还会反射所有 λ/m 的波长. 这是进行实验时的主要烦恼来源,我们常常需要采取措施来降低高阶谐波的污染[①]. 但如图6.9所示,完美晶体的情况并不像它一开始看起来那么糟糕. ζ_D 和 ζ_0 对级次 m 的不同依赖关系可确保抑制高阶分量的贡献. 一个可用来降低高阶谐波污染的方法是使用双晶单色器. 把第二个晶体的角度偏一个大约是 $g_0/(2\pi)$ 量级的小量,将进一步降低高阶分量的反射率,而对基波的反射率没有显著影响.

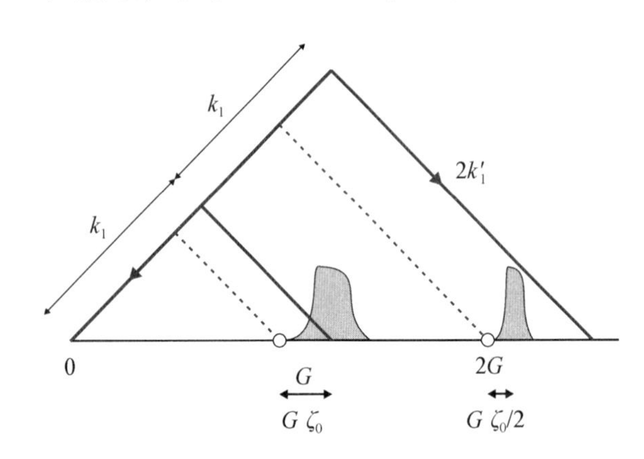

图 6.9 相距为 d 的原子层的倒格子是一条线上的点,其位置是 $mG=m2\pi/d$,其中 m 是整数. 达尔文反射率曲线的中心对这些点的偏移量是 $G\zeta_0$,随 m 按 $1/m$ 而变,而达尔文宽度 ζ_D 改变得比 $1/m^2$ 要快. (注:刻度被夸大.) 晶体被设为反射一个中心波长 $\lambda_1=2\pi/k_1$. 如果入射谱包含 $\lambda_1/2\equiv 2k_1$,那么 ζ_D 和 $G\zeta_0$ 对 m 的不同依赖,保证了这个分量的反射率比较小.

根据(6.7)式和(6.25)式,折射偏移和达尔文宽度之间的明确关系是

$$\zeta^{\text{offset}}=\frac{\zeta_0}{m}=\frac{\zeta_D^{\text{全反射}}}{2}\frac{|F_0|}{F} \quad (6.38)$$

以度为单位的角度偏移 $\Delta\theta$ 为

$$\Delta\theta=\frac{\zeta_D^{\text{全反射}}}{2}\frac{|F_0|}{|F|}\tan\theta\frac{360^\circ}{2\pi} \quad (6.39)$$

① 这包括使用X射线反射镜,如在第3章中讨论过的.

例如，Si(111)反射具有达尔文宽度 $w_{\mathrm{D}}^{\text{全反射}}=0.0020^{\circ}$，折射偏移 0.0018°. 偏移 $\Delta\theta$ 的替代表达式用 δ，即折射率和 1 的差别((3.1)式)来表示，

$$\Delta\theta=\frac{2\delta}{\sin 2\theta}\frac{360^{\circ}}{2\pi} \tag{6.40}$$

这可以证明等价于(6.39)式.

6.4.6 吸收效应

对于一个真正的晶体，吸收必须包含在任何达尔文反射率曲线的计算中. 为此，需要再来考虑图 6.2. 如果吸收是不可忽略的，则透射波不仅经历相位变化，其正比于 g_0，而且也要被衰减. 因此吸收效应可以包括进来使 g_0 变成复数，其中 g_0 的虚部正比于吸收截面. 类似的考虑也适用于反射波. (6.1)式和(6.2)式因此可替换为

$$g_0=\left(\frac{2d^2r_0}{mv_c}\right)F_0 \tag{6.41}$$

其中

$$F_0=\sum_j(Z_j+f'_j+\mathrm{i}f''_j) \tag{6.42}$$

和

$$g=\left(\frac{2d^2r_0}{mv_c}\right)F \tag{6.43}$$

其中

$$F=\sum_j(f_j^0(\boldsymbol{Q})+f'_j+\mathrm{i}f''_j)\mathrm{e}^{\mathrm{i}\boldsymbol{Q}\cdot\boldsymbol{r}_j} \tag{6.44}$$

这里 f'_j和 f''_j是原子散射长度 $f^0(\boldsymbol{Q})$色散修正的实部和虚部，j 是晶胞中原子的标记.

做了这些变化之后的反射率公式基本和原来一样，除了(6.19)式中的变量 x 现在是复数 x_c，可由下式给出：

$$x_c=m\pi\frac{\zeta}{g}-\frac{g_0}{g} \tag{6.45}$$

其中 g_0 和 g 是复数. 要计算某个 ζ 值下的反射率曲线，可以把该结果对 x_c 的实部作图，从而振幅反射率可以写成

$$r(\mathrm{Re}(x_c))=\left(\frac{S_0}{T_0}\right)=\begin{cases}\dfrac{1}{x_c+\sqrt{x_c^2-1}}=x_c-\sqrt{x_c^2-1}, & \text{对于 } \mathrm{Re}(x_c)\geqslant 1\\[2ex] \dfrac{1}{x_c+\mathrm{i}\sqrt{1-x_c^2}}=x_c-\mathrm{i}\sqrt{1-x_c^2}, & \text{对于 } |\mathrm{Re}(x_c)|\leqslant 1\\[2ex] \dfrac{1}{x_c-\sqrt{x_c^2-1}}=x_c+\sqrt{x_c^2-1}, & \text{对于 } \mathrm{Re}(x_c)\leqslant -1\end{cases}$$

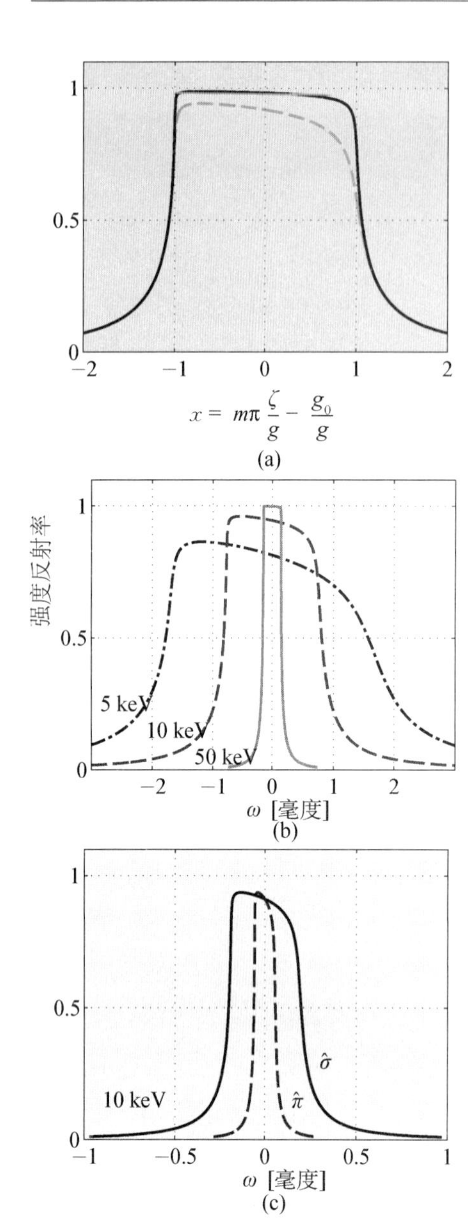

图 6.10 ★吸收和极化效应对 Si(hhh)反射的达尔文曲线的影响. 图(a)在 $\hat{\sigma}$ 偏振下,Si(111)随变量 x 的变化(见(6.19)式). 实线对应 $\lambda = 0.709\ 26$ Å, $F_0 = 8 \times (14 + 0.082 - i0.071)$, $F = 4 \mid 1 - i \mid \times (10.54 + 0.082 - i0.071)$. 虚线对应 $\lambda = 1.540\ 5$ Å, $F_0 = 8 \times (14 + 0.25 - i0.33)$, $F = 4 \mid 1 - i \mid \times (10.54 + 0.25 - i0.33)$. 图(b) 在不同能量下, 偏振为 $\hat{\sigma}$ 时, Si(111) 反射随晶体旋转角度的变化,这里的单位是毫度(millidegree)(见(6.28)式). 图(c)Si(333) 在 $\hat{\sigma}$(实线) 或 $\hat{\pi}$(虚线) 偏振的情况.

和往常一样,强度反射率可由 $r(\mathrm{Re}(x_c))$的绝对值的平方来获得.

吸收对达尔文反射率曲线的影响展示于图 6.10(a)中,这里以 Si(111)反射作为具体例子. 正如预期的那样,吸收的效果在 $x \approx 1$ 附近比在$x \approx -1$ 附近更加显著. 因为在 $x \approx 1$ 附近,X 射线波场和原子平面的位置同相. 随着光子能量增加,吸收的效果被削弱. 在图 6.10(b) 中,不同能量下的达尔文曲线对晶体的旋转角(以毫度为单位) 作图. 该图的这部分也说明虽然相对带宽 ζ(根据(6.45) 式,其正比于 x) 与能量无关,但是角度达尔文宽度并非如此.

在图 6.10(c)中,我们提供了达尔文宽度如何依赖于入射光偏振的例子. 到目前为止,我们大部分时候都假定了入射光的偏振垂直于散射面,即所谓 $\hat{\sigma}$ 偏振,由图 2.5 可见,此时极化因子 $P = 1$. 如果极化方向在散射平面内,即 $\hat{\pi}$ 偏振,散射振幅将减少到原来的 $\cos(2\theta)$倍. 在后一种情况下,主光束因此更深地穿透进晶体,导致较窄的达尔文宽度,这一点在图 6.10(c)中反映得很清楚. 反射率曲线的偏振相关性的另一种描述是,完美晶体的达尔文曲线尾部具有双折射性(birefringence),即表现为波的两个正交偏振方向的折射率有差别. 这个双折射性允许构造 X 射线相位板,用于操纵光束的偏振. 例如,四分之一波片可以用于把偏振从线偏转换为圆偏.

6.4.7 非对称式布拉格构型

一般晶体的表面不会平行于反射入射束的原子平面,如图 6.11 所示. 令 α 是表面和反射平面的夹角. 掠入射角 θ_i 和出射角 θ_e 由 $\theta_i = \theta + \alpha$ 和$\theta_e = \theta - \alpha$ 给出. 对于一个反射的构型而言,要求θ_e 和θ_i 均大于零,换句话说 α 满足条件 $0 < |\alpha| < \theta$. 在图 6.11 中,α 已经被选为大于零. 这意味着对出射束宽度的压缩. 非对称参数 b 的定义是

$$\boxed{b = \frac{\sin\theta_i}{\sin\theta_e} = \frac{\sin(\theta + \alpha)}{\sin(\theta - \alpha)}} \tag{6.46}$$

对称的布拉格衍射对应的设置是 $b = 1$. 对于图6.11 中给出的特别情况,$b > 1$. 入射束的宽度 H_i 和出射束的宽度 H_e 通过下面的方程相关:

$$H_i = bH_e$$

事实上,对出射光束的宽度的压缩意味着增加其角度发散. 这是刘维尔定理(Liouville's theorem)的结果①. 通过同样的推理可知,入射光束的接收角必须减小,以补偿增加的入射光束的宽度. 令入射束的接收角是 $\delta\theta_i$,反射束的发散角是 $\delta\theta_e$. 我们现在即可断定 $\delta\theta_i$ 和 $\delta\theta_e$ 可用非对称参数 b 和达尔文宽度 ζ_D 来表示为以下等式:

$$\delta\theta_e = \sqrt{b}(\zeta_D \tan\theta) \tag{6.47}$$

和

$$\delta\theta_i = \frac{1}{\sqrt{b}}(\zeta_D \tan\theta) \tag{6.48}$$

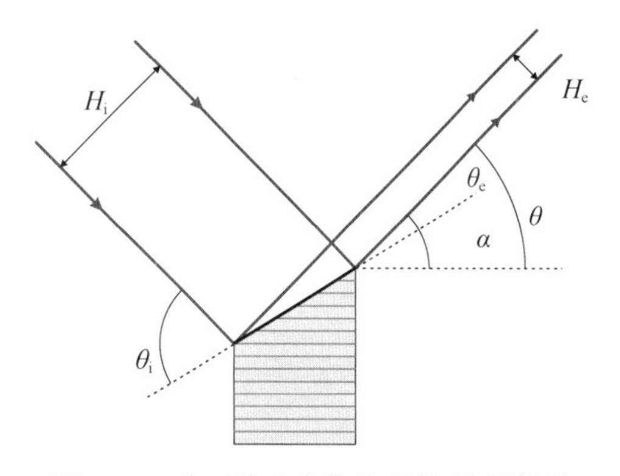

图 6.11 非对称式布拉格反射. 该晶体的表面与反射原子平面的夹角是 α,因此入射和散射光束的宽度不同. 在这种情况下,参数 b 大于 1.

这些公式在对称的情况下($b=1$)肯定是正确的(见(6.28)式). 此外,因为

$$\delta\theta_i H_i = \frac{1}{\sqrt{b}}(\zeta_D \tan\theta) bH_e = \sqrt{b}(\zeta_D \tan\theta) H_e = \delta\theta_e H_e$$

所以对于入射和出射光束,其宽度和发散的乘积是相同的,这正是刘维尔定理所要求的.

非对称晶体的一个有趣应用是测量达尔文反射率曲线. 角度达尔文宽度通常角度较小,一般是约为 0.002°左右(参见图 6.10). 反射率曲线的测量则要求探测器系统的角度分辨率要比此值好得多. 这也是因为得到的测量曲线是晶体的达尔文反射率曲线与探测器或分析器系统的角度分辨率的卷积. 因此,如果分析器的角度发散比第一个晶体的要小得多,那么所测量的曲线仅由第一个晶体的达尔文反射率来决定. 实现分析器高角分辨率的一种方法是使用非对称晶体. 根据(6.47)式,通过减少 b 的值,它的接收角可以做到任意小. 使用两个完美晶体的双晶谱仪将在 6.5 节探讨杜蒙德图(DuMond diagram)时,做进一步讨论.

在图 6.12 中,我们展示从双晶衍射仪的数据,它由两个完美的不对称硅晶体组成. 用两个不对称的晶体,有 4 种可能的配置衍射仪方式. 要记录最窄的曲线,第一个晶体布置为 $b<1$,而第二个为 $b>1$. 在这种情况下,从第一个晶体的衍射光束具有可能达到的最小的角发散,这和第二个晶体的窄的接收角相匹配.

6.5 杜蒙德图

插入到 X 射线束的光学元件会修改该光束的某些性质,比如它的宽度、发散度、波长范围等. 而用传递函数来描述光束的改变通常很有用,传递函数把入射光束的输入参数和光束通过该光学元件之后的输出参数联系起来.

当该光学元件是一个完美的晶体时,有关的束参数包括光束发散角和波长范围. 杜蒙德图是传递函数的图形表示. 在该图中,水平轴是光束发散,输入束的在左侧,输出束的在右侧. 垂

① 刘维尔定理指出,对于粒子束,这里是光子束,束宽和发散角的乘积是一个常数.

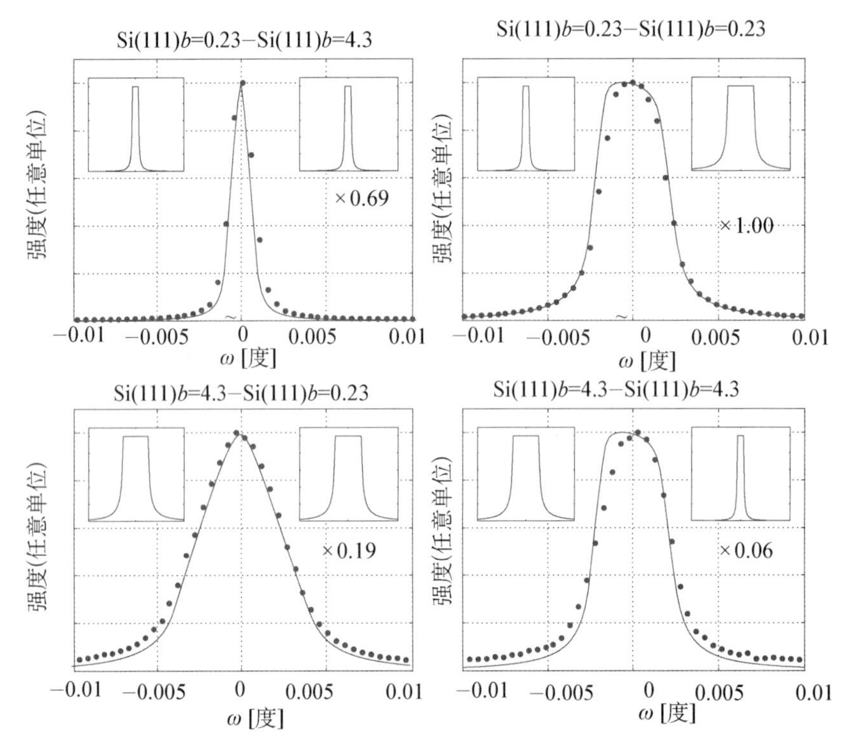

图 6.12 从由两个不对称的完美硅晶体构成的双晶体衍射仪测量到的摇摆曲线. 实线代表计算给出的两个达尔文曲线的卷积,其宽度由两个非对称晶体的配置方式来确定.

直轴被共用,是 $\lambda/2d$,即由晶格间距 d 的两倍来归一化的波长. 在粗略近似中,达尔文曲线的有限宽度和折射的影响被忽略,只有在 $(\theta_i,\ \lambda/2d)$ 面上的入射参数空间中,满足 $\lambda/2d = \sin\theta_i$ 的点将被反射. 对于白色且落在角度窗口 $\theta_{i,\min} < \theta_i < \theta_{i,\max}$ 中的入射束,杜蒙德图的输出侧就是一条线,其满足 $\lambda/2d = \sin\theta_e$,而且 $\theta_{i,\min} < \theta_e < \theta_{i,\max}$.

6.5.1 一块晶体

根据布拉格定律,从一个无限大晶体散射的波发生相长干涉要求入射角 θ_B 和波长 λ 严格地遵守

$$m\lambda = 2d\sin\theta_B$$

表示这个关系的一个方法是画一个图,用 $\lambda/2d$ 为纵坐标,θ_B 为横坐标,则正弦曲线上的任意点给出的 $\lambda/2d$ 和 θ_B 将满足布拉格定律. 完美晶体的衍射发生在一个小而有限的角度和波长范围内. 因此在处理完美晶体的情况时,有必要考虑入射角 θ_i 在 θ_B 左右的偏离,以及波长在 $2d\sin\theta_B$ 给定的值附近的偏离. 对于非对称的晶体,也有必要考虑反射束的出射角 θ_e.

杜蒙德图是衍射的一种图形表示,它由两部分组成:一部分是一个 $\lambda/2d$ 对 $\theta_i - \theta_B$ 的图,且 θ_i 向左为增大方向;另一部分是 $\lambda/2d$ 对 $\theta_e - \theta_B$ 的图,且 θ_e 向右为增大方向. 在稍微偏离布拉格条件的情况下,$\lambda/2d$ 的正弦依赖关系近似于一条直线,其斜率是 $\cos\theta$. 图 6.13(a) 是一个晶体在对称式反射构型中根据布拉格定律进行衍射的杜蒙德图. 当忽略有限的达尔文宽度时,反射率只有在标出来的这条线上才不为零,而波长的相对改变 $\Delta\lambda/\lambda$ 和对布拉格角度的偏离 $\Delta\theta$ 之

间的关系是

$$\frac{\Delta\lambda}{\lambda}=\frac{\Delta\theta}{\tan\theta}$$

这里假定对称式的布拉格构型，表面刚好与反射面相同：反射是镜面反射，因而波长与出射角度的关系也遵循和上述相同的条件.

图 6.13(b)给出了对称式布拉格构型的杜蒙德图，但是包括了有限的达尔文带宽：所有从一个完美准直的白光源出射的波长，在相对带宽 ζ_D 之内的，都有 100%的反射率. 反射率在该带以外快速下降，即我们从动力学区间移动到了运动学区间(见图 6.3 和图 6.5). 在运动学区间，散射沿晶体截断棒分布，它与表面法线平行(5.3 节). 用杜蒙德图的纵坐标 $\lambda/2d$ 来表示，中心带的宽度是

$$w_0=\frac{\Delta\lambda}{2d}=\left(\frac{\lambda}{2d}\right)\left(\frac{\Delta\lambda}{\lambda}\right)=\left(\frac{\lambda}{2d}\right)\zeta_D=\sin\theta_B\zeta_D \tag{6.49}$$

其中 $\zeta_D=\Delta\lambda/\lambda$ 是(6.25)式给出的达尔文宽度. 如图 6.13 所示，对称意味着一个完全准直的入射光束被反射到一个完全准直的出射光束.

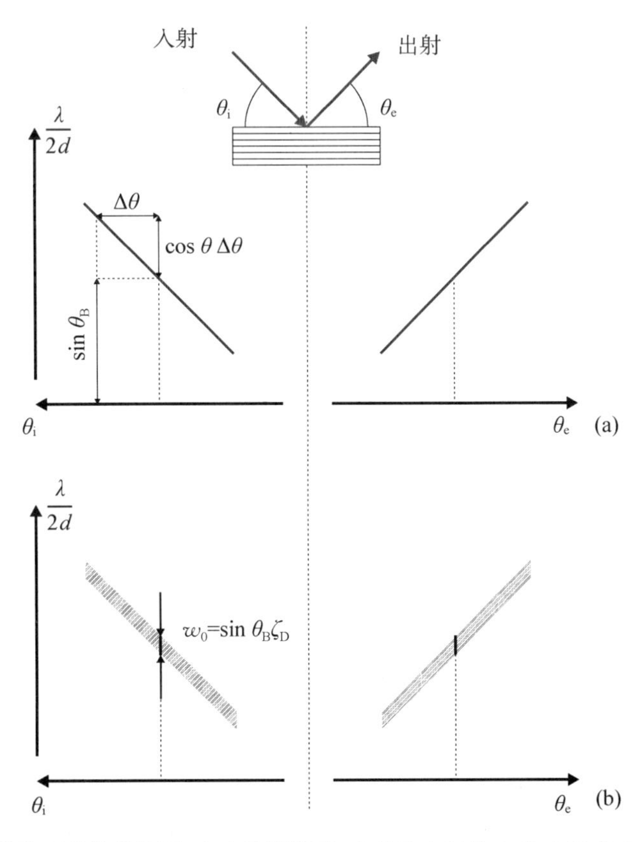

图 6.13 对称式布拉格构型的杜蒙德图. 在这种情况下，光束的入射角 θ_i 和出射角 θ_e，相对于晶体表面的角度是相同的. 该杜蒙德图是布拉格反射条件的图形表示，它的轴分别是相对于布拉格角 θ_B 的角度和 $\lambda/2d$. 在图(a)中，达尔文宽度被忽略了. 只有在线上的点的强度不为零. 图(b)有限的达尔文宽度把线展开为一个带，其沿纵坐标的宽度是 $w_0=\sin\theta_B\zeta_D$.

非对称晶体就并非如此，其表面不与反射面重合，如图 6.14 所示. 出射光束的宽度现在比入射光束的要小. 在 6.4.7 节中已经说明，这意味着入射光束的带宽减少到原来的 $1/\sqrt{b}$ 倍，而出射光束的带宽被增加到了原来的$\sqrt{b}$倍. 重要的是要注意到晶体的截断棒不再平行于倒格矢，因为它垂直于表面. 这些考量的结果被表示在图 6.14(b). 一个完美准直的入射光束，在 AB 带中被反射. 散射是弹性的，所以点 $A(B)$ 被转移至杜蒙德图中出射部分的点 $A'(B')$. 由于点 A' 和 B' 有不同的横坐标，相距 α_e，一个完全准直的入射光束就会在布拉格反射后，获得一个有限的发散角.

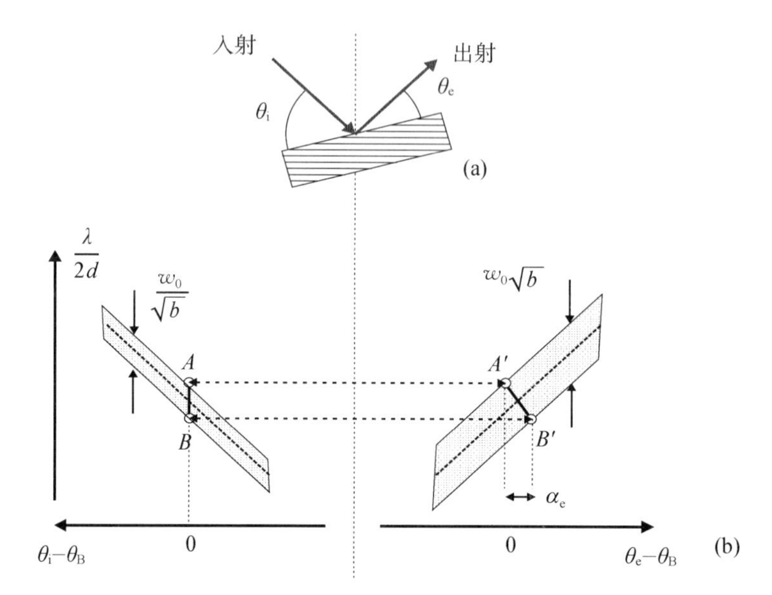

图 6.14 非对称式布拉格构型的杜蒙德图. 入射和出射光束的宽度的比值由参数 b 给出. 这意味着入射光束的接收角被降低到原来的 $1/\sqrt{b}$ 倍，而出射光束的则增加到了相同的倍数. 因此在杜蒙德图中，入射带宽减小，出射的则增加. 入射一侧的 A 点和 B 点与出射一侧的 A' 点和 B' 点相关. 这表明入射的平行白光束在被处于非对称式布拉格构型的晶体衍射后，会具有由 α_e 给出的有限张角.

在对称式和非对称式布拉格构型的例子中，还剩一个模糊的问题要解决. 这涉及如何把杜蒙德图上入射光束与出射光束的点联系起来. 对于非对称式布拉格的情况，如图 6.14 所示，入射带上端的点 A 和出射带上端的点 A' 连在一起.（因为散射是弹性的，这条线和 $\lambda/2d$ 轴成直角.）这样做的原因表示在图 6.15 中，它必须和图 6.1 进行对照. 从动力学到运动学区间的过渡必须是连续的. 在运动学区间，散射沿晶体截断棒分布. 如果入射光束是白色的平行光，那么晶体把入射光束中的一个带 Δk 反射出去. 入射束中给定的一个波矢（比如 $\boldsymbol{k}_1$），被散射到末态波矢 $\boldsymbol{k}_1'$，且 $|\boldsymbol{k}_1|=|\boldsymbol{k}_1'|$. $\boldsymbol{k}_1'$的方向可以由用圆弧表示的 Ewald 球面与晶体截断棒相交来定出. 对于非对称式布拉格的情况，截断杆不沿传递波矢的方向，它垂直于物理表面. 根据图 6.15(b)，这意味着出射光束的散射角必须随着 $|\boldsymbol{k}'|$ 增加而增加. 这和选择把 B 与 B' 联系起来是一致的. 动力学和运动学区间之间的连续性，也意味着前者的中央带不沿传递波矢分布. 换句话说，反射不是镜面的.

同样，对称劳厄构型下的杜蒙德图也被构造在图 6.15(c) 中. 从图中可以清楚地看出，以对称式劳厄构型进行衍射的晶体，将赋予平行入射的白光束一个有限的角度发散.

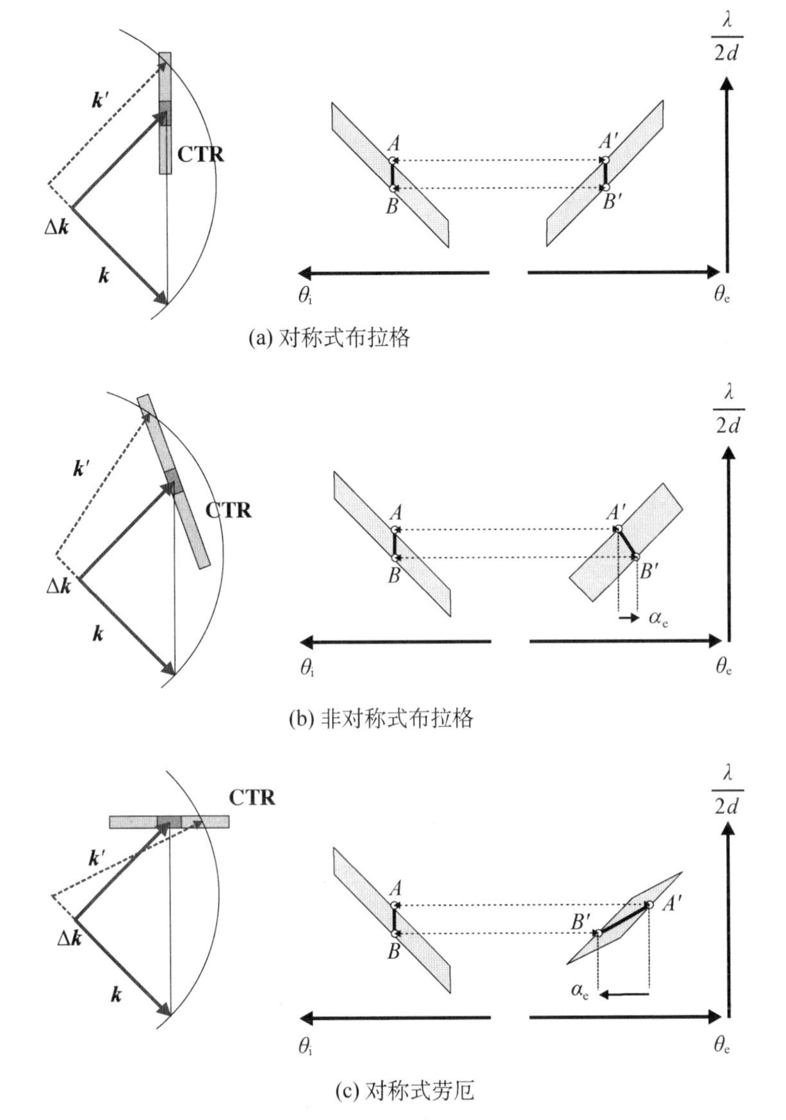

图 6.15 图(a)对称式布拉格,图(b)非对称式布拉格和图(c)对称式劳厄构型的散射三角形(左)和杜蒙德图(右).在散射三角形中,晶体截断棒(CTR)由矩形框来表示,更深的阴影部分是中央动力学带.运动学和动力学区间的连续性使杜蒙德图中入射束的点 A, B 和出射束的点 A', B',可以明确的方式彼此相联.

6.5.2 以对称式布拉格构型排布的两块晶体

在图 6.16 中,一束白光以某个布拉格角入射到一个晶体.为了简化讨论,和在 6.5.1 节一样,我们假设该达尔文反射率曲线可以用方框函数来近似.入射到第一块晶体的光束,因此是图 6.16(c)和(d)的杜蒙德图中垂直的、浅色阴影的带,其角度宽度是 $2\Delta\theta_{in}$.第二个晶体被设置来反射中央射线.这可以通过两种方式来完成.

如果第二块晶体中的布拉格平面平行于第一块晶体中的那些,一根偏离中央射线 $\Delta\theta_{in}$ 的射线(虚线),将以与中央射线相同的设置被反射.在杜蒙德图中,这意味着第二块晶体的响应带是平行于第一块晶体的.当扫描第二块晶体的角度时,对于所示的 4 种设置,都和第一块晶体提供的强度没有重叠.仅当第二块晶体的角度设置处于那些标记为 2 和 3 之间时,第二块晶

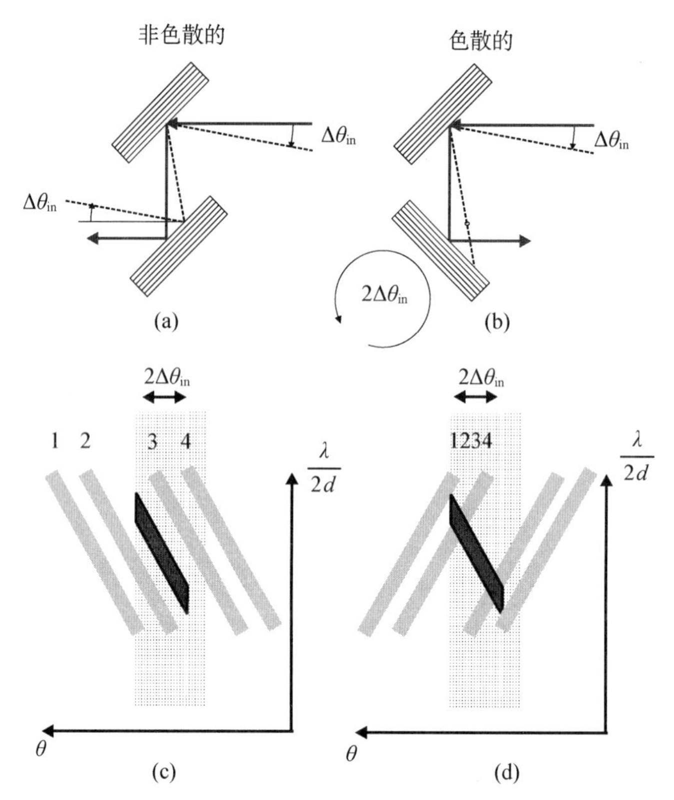

图 6.16 非色散构型(左):从一个白色光源发出的 X 射线入射在同一方位对齐的两个晶体上. 中心射线(实线)将被两个晶体布拉格反射,并会出现在平行于原来射线的方向上. 以比中央射线更高的角度入射的射线,只有当它有较长的波长时,才会被布拉格反射. 此射线与第二块晶体的入射角,和它与第一个晶体的入射角相同,从而将被布拉格反射. 下方的杜蒙德图表明,第二块晶体的扫描所给出的宽度等于两个晶体达尔文宽度的卷积,且和入射角的发散度无关. 色散构型(右):在第一块晶体上,以比中央射线更高的角度入射的射线,将会以较低的角度入射到第二块晶体. 第二块晶体必须旋转 $2\Delta\theta_{in}$ 以满足布拉格定律. 因此,该构型具有波长色散.

体之后才会有散射强度. 由于这些带被假设为方框型,其强度与角度的关系将是三角形的,其 FWHM 等于其中一个晶体的角度达尔文宽度w_1,与入射角度带宽无关. 此外,从第二块晶体反射的波长范围等于第一块晶体之后的,并由角度分布 $2\Delta\theta_{in}$ 决定. 因此,该取向被称为非色散的.

在另一个晶体取向的方案中,第二块晶体的响应带和第一块晶体的具有相反的斜率. 角宽度依赖于入射的宽度:在非常小的达尔文宽度 w_1 的极限下,它实际上等于入射的宽度. 在杜蒙德图中,在第二块晶体之后,对于从 2 到 4 的所有位置都会有散射. 在位置 3 的第二块晶体后的波长的带宽,要比第一块晶体之后的波长带宽要小得多,因此该取向被称为色散的. 显然,这些有关色散设置的定性讨论,可以进一步地转化为被第二块晶体散射之后的角度宽度和波长带宽的定量估计.

6.6 深入阅读材料

[1] *X-ray Diffraction*, B. E. Warren (Dover Publications, 1990).
[2] *The Optical Principles of the Diffraction of X-rays*, R. W. James (Ox Bow Press, 1982).

[3] *Dynamical Theory of X-ray Diffraction*, A. Authier (Oxford University Press, 2001).

[4] *X-ray Monochromators*, T. Matsushita, H. Hashizume, Handbook of Syn-chrotron Radiation (North Holland, 1983).

6.7 习题

6.1 考虑一个厚的硅晶体,其表面法线是(100)方向.

(1) 在对称式布拉格构型中,最低的布拉格角对应的反射的密勒指数是什么?

(2) 该反射的每层原子的反射率是什么?

(3) 对于 1.54 Å 的波长,若要反射率减小 100 倍,样品的旋转角需从布拉格角偏离多少?

6.2 根据(6.20)式,证明 r 的相位在 $x \leqslant -1$ 时,等于 $-\pi$;在 $|x| \leqslant 1$ 时,是 $-\mathrm{acos}\, x$;在 $x \geqslant 11$ 时,是 0.

6.3 证明(6.26)式.

6.4 解释为什么(6.33 式)中的消光深度指的是强度的 1/e 衰减,而不是振幅.

6.5 证明(6.40)式.

6.6 声子能量的一般范围是 0~100 meV. 非弹性 X 射线散射提供了测量声子色散曲线的可能性. 然而,由于 X 射线能量为 10 keV 的量级,这需要研制具有非常高能量分辨率的光谱仪来检测创建(或破坏)一个声子时,相对小的光子能量变化.

(1) 从布拉格定律出发,推导出分辨率用布拉格角 θ 的一般表达式 $\Delta\varepsilon/\varepsilon$,在什么条件下可得到最大分辨率?

(2) 计算实现 Si(12, 12, 12)单色器的最佳分辨率所需的能量.

(3) 通过计算在适当能量处的达尔文宽度来计算 Si(12, 12, 12)单色器所能提供的分辨率.

6.7 估计金刚石、硅和锗的(111)反射的消光深度,忽略原子形状因子对 Q 值和能量的依赖.

6.8 考虑 GaAs 在 12.4 keV 时的(200)反射,比较其消光深度和吸收深度,讨论摇摆扫描的积分强度是正比于$|F|$还是$|F|^2$.

6.9 计算和比较图 6.10(b)和(c)中的(111)和(333)反射的宽度之比.

6.10 考虑如下的实验安排:其中一束白光被一个完美晶体单色化,其使用对称式布拉格构型,布拉格角是 30°. 单色的光束然后照射到第二个非对称切割的完美晶体,此晶体的晶面和表面夹角为 15°. 若要衍射第二个光束,光束在第二块晶体的入射角需要是(1) 15°或(2) 45°(根据它的取向). 对于这两种情况,画出从第二块晶体衍射的光束的强度随着角度转过布拉格条件的演化图.(为了简单起见,假设达尔文曲线可以用礼帽函数来表示,并忽略折射效应.)

7

光电吸收

几乎每一个人都或多或少地受益于X射线吸收截面的特性.例如,大多数人都有这样的经历,在牙科医生那儿嘴里含上一片照相胶片,几秒钟左右就可记录下可疑病牙的影像.这种摄取影像或称射线照相的功能,依赖于吸收过程的两个基本性质.首先是X射线吸收同原子序数Z有明显的依赖关系,近似地按Z^4变化.这个性质提供了区分不同密度的材料(如皮肤、骨质等)所必需的对比度.第二是关系到X射线束的穿透能力,对于一个给定的元素,它近似地与光子能量的负三次方成正比.调节射线束的能量,就可以控制进入材料的穿透深度.

原则上每个原子的吸收截面σ_a是一个容易测量的量.在一个透射实验中,记录下有样品和无样品时X射线束的强度(分别是I和I_0)的比值.对一个厚度为z的样品,透射率T由下式给出:

$$T=\frac{I}{I_0}=e^{-\mu z} \tag{7.1}$$

吸收系数μ和σ_a的关系如下:

$$\mu=\left(\frac{\rho_m N_A}{M}\right)\sigma_a$$

其中N_A,ρ_m和M分别为阿伏伽德罗常数、质量密度和原子质量数((1.18)式).然而由于其他的一些过程也会衰减X射线束的强度,实践中就需使用细致的修正.在X射线的能量范围,这些过程主要是汤姆孙和康普顿散射,而对于能量超过两倍电子静止质量(1.02 MeV)的光而言,电子对的产生导致截面就变得非常重要.

图7.1是说明上述σ_a对Z和ε关系的一个有指导性的例子.这里实验测定的σ_a值都是除以Z^4,并乘以ε^3来重新标度的.选取了Z在13到82范围内的5种元素,对应于Z^4的依赖范围为$(82/13)^4\approx 1\,500$倍.能量范围为10倍,所以σ_a对Z和ε依赖关系的总跨度大于60倍.对于$Z<47$(Ag)及$\varepsilon \geq 25$ keV,所有重新标度了的截面缩并成一根曲线,差值约为0.02 barn (1 barn $\equiv 10^{-24}$ cm^2).低于某个特征能量时(对Ag近似为25 keV,对Kr为14 keV,对Fe为7 keV),被重新标度的截面下降到另一个数值,差不多降了1/10,然后与这里最重的元素Pb在$\varepsilon>16$ keV时的高度相衔接.元素特征能量在吸收截面上的不连续突变称为吸收边,它们出现的物理原因很简单.因为电子被束缚在原子上,它具有分立的能量.例如,Kr中的K电子其结合能为14.32 keV.当光子大于14.32 keV时,光子就有可能和原子相互作用,过程中移走一个K电子,同时光子被湮灭.这就是人们熟知的光电吸收.当光子的能量降落到阈值14.32 keV以下时,从能量上看这个特定的过程不再能实现,光电吸收的这一通道被关闭,因此吸收截面会减少一定的数值.

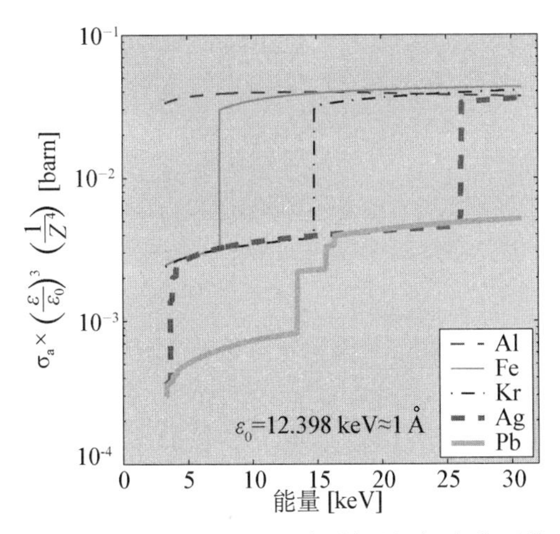

图 7.1 对一组选定的元素，被重新标度的吸收截面作为光子能量的函数的图. 单个原子的吸收截面 σ_a 被先除以原子序数 Z 的四次方，再乘以光子能量 ε 的三次方.（本图可参见彩图 16.）

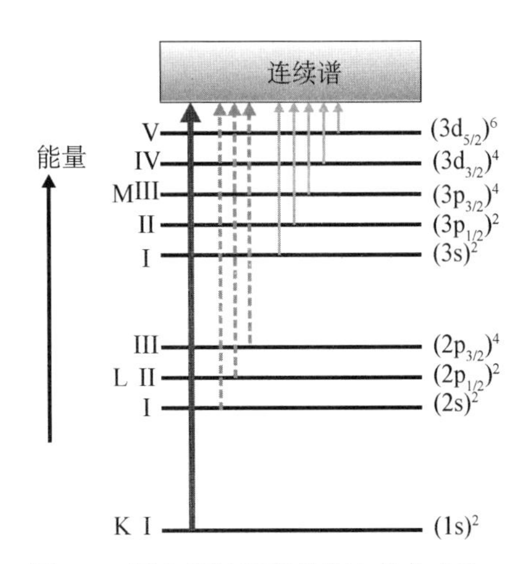

图 7.2 用来标记元素吸收边的命名法一览. K 边对应于把一个电子从 1s 壳层移到自由态连续谱所需的能量，等等. 电子壳层用 $(n\ell_j)^{2j+1}$ 来标记，其中 n, ℓ 和 j 分别为单电子态的主量子数、轨道角动量量子数和总角动量量子数. 其多重度为 $2j+1$.

Pb 的 K 边是 88 keV，超过了图 7.1 中所画的能量范围. 然而，Pb 有其他 3 个明显的不连续性落在 13～16 keV 范围中. 这些都是 L 边，对应于从 L 壳层移去电子. L 边有明显的结构，这是因为有两个机制消除了 L 壳层中电子能量的简并度. 第一是由于核电荷被内壳 K 电子所屏蔽，其自洽单电子势比纯粹库仑势下降得更快，结果 2s 电子的能量就比 2p 电子的低. 通常将 2s 能量标记为 L_{I}. 其次，2p 能级因为自旋-轨道耦合，分裂成标记为 L_{II} 和 L_{III} 的能级. 图 7.2 中概括了用来标记吸收边的命名法.

从实际出发，定量光电吸收的最有效方法不是依据吸收截面，而是质量吸收系数 μ/ρ_m. 这是由于在固定的光子能量下对于给定的元素 μ/ρ_m 是一个常数，不依赖于被考虑物质的形态，因而混合物的总质量吸收系数（包括化合物、合金、溶解物等）可以用下式来计算：

$$\boxed{\left(\frac{\mu}{\rho_m}\right)_{\text{mixture}} = \sum_j w_j \left(\frac{\mu}{\rho_m}\right)_j} \tag{7.2}$$

其中 w_j 是第 j 种组分所占的分数比重.

光电吸收有时被称为真正的吸收. 这是用来和其他同样会减弱光子束强度的过程加以区分. 除了对最轻的少数元素之外，光电吸收通常在吸收截面中占主导. 但可能在极高的 X 射线能量（$\gtrsim$100 keV），光电吸收会减弱，继而与汤姆孙和康普顿散射产生的截面可比拟①. 本章 7.1节的初始目的是研究由第一性原理计算得到的吸收截面 σ_a 是否不仅能够说明实验观察到的 σ_a 对 Z 与 ε 的依赖关系，还能给出在 K 边处 σ_a 突变的绝对数值. 然后在 7.2 节我们进一步概述就在吸收边上所观察到的 σ_a 振荡的理论描述. 这一现象被称为广延 X 射线吸收精细结构（extended X - ray absoprtion fine structure, EXAFS），在第 1 章的图 1.13 中就给出了 Kr 晶体的例子. 接下来在 7.3 节我们介绍了正交偏振光子态的 X 射线的二向色性吸收差异在磁性

① 只有在能量超过 $2mc^2 = 1.02$ MeV 的 γ 射线时，产生电子对导致的截面才会变得重要.

材料研究中的应用. 最后为完整起见,我们在 7.4 节讨论角分辨光电子能谱技术,通过光电子能量和动量的研究推断出材料电子结构的独特信息.

与汤姆孙散射不同,光电吸收不能用经典物理来解释,必须要借助于量子力学来描述 X 射线光场和光电子. 读者如果不熟悉这个方法,可以参阅附录 C. 在学习本章时,读者值得花时间将联系吸收和前向散射振幅虚部的光学定理牢记在心(参见 3.3 节,特别是(3.10)式). 这个定理的重要性会在第 8 章讨论共振散射时被更加全面地探讨.

7.1 孤立原子的 X 射线吸收

为了确定起见,选取吸收原子放出一个 K 电子的吸收过程,如果考虑其他壳层的电子,其实计算方法是一样的.

我们的出发点是附录 A 中推导的吸收截面公式((A.8)式):

$$\sigma_a = \frac{2\pi}{\hbar c}\frac{V^2}{4\pi^3}\int |M_{if}|^2\delta(\varepsilon_f - \varepsilon_i)q^2\sin\theta \mathrm{d}q\mathrm{d}\theta\mathrm{d}\varphi \tag{7.3}$$

这个方程是由一级微扰直接得到的. 在吸收过程中,一个以 $\boldsymbol{k}$, $\hat{\boldsymbol{\varepsilon}}$($\boldsymbol{k}$ 和 $\hat{\boldsymbol{\varepsilon}}$ 分别为波矢和偏振方向)来表征的 X 射线光子从初态$|i\rangle$中被湮灭,同时一个光电子被激发并终止于连续态中的$|f\rangle$,其动量为 $\boldsymbol{p}=\hbar\boldsymbol{q}$,能量 $\varepsilon_f=\hbar^2q^2/2m$. 由于光电子可以被激发到任意方向,因此必须对整个立体角 4π 积分,在积分中引进 δ 函数,使 q^2 的值受能量守恒定律约束. 图 7.3 中给出了 $\boldsymbol{q}$ 相对于($\boldsymbol{k}$, $\hat{\boldsymbol{\varepsilon}}$) 的角度($\theta$, φ). 同时为了使波函数归一化,系统被约束在一个体积为 V 的盒子中.

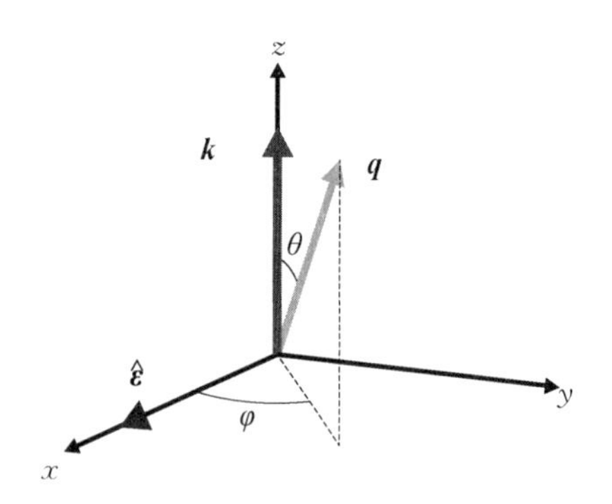

图 7.3 表示光电子波矢 $\boldsymbol{q}$ 的角度(θ, φ)和入射光子的波矢和偏振方向($\boldsymbol{k}$, $\hat{\boldsymbol{\varepsilon}}$)之间关联. 其中光子是沿 z 方向传播的,它的电场沿 x 方向偏振.

σ_a 的公式中关键的量是矩阵元 $\boldsymbol{M}_{if}=\langle f|\mathcal{H}_I|i\rangle$,其中$\mathcal{H}_I$是引起初态$|i\rangle$和末态$|f\rangle$间跃迁的相互作用哈密顿量. 按照附录 C, $\mathcal{H}_I$可方便地用入射光子场的矢势$\mathbf{A}$ 来表示. 电场和磁场都可以由 $\mathbf{A}$ 直接推导出来,因此对电磁场的量子化相当于对矢势 $\mathbf{A}$ 量子化. 对于平面波,表示矢势的不含时间的算符是

$$\mathbf{A} = \hat{\varepsilon}\sqrt{\frac{\hbar}{2\epsilon_0 V\omega}}\left[a_k \mathrm{e}^{\mathrm{i}\boldsymbol{k}\cdot\boldsymbol{r}} + a_k^\dagger \mathrm{e}^{-\mathrm{i}\boldsymbol{k}\cdot\boldsymbol{r}}\right] \tag{7.4}$$

其中 a_k 和 $a_k^\dagger$ 为湮灭和产生算符,它们作用在光子场的本征态上,表示湮灭或产生一个标记为($\boldsymbol{k}$, $\hat{\boldsymbol{\varepsilon}}$)的光子.

忽略任何磁相互作用后,相互作用哈密顿量$\mathcal{H}_I$包含两项,即 $\mathbf{A}$ 的线性项和随 A^2 变化的项((C.7)式). 现在可以看到,在一级微扰理论中线性项引起吸收,而二次项引起光子的汤姆孙散射(参见附录 C)等其他效应. 线性项的矩阵元可以明确地表示为

$$M_{if} = \langle f|\frac{e}{m}\boldsymbol{p}\cdot\mathbf{A}|i\rangle \tag{7.5}$$

在估算这个矩阵元时，先忽略光电子和正离子之间的库仑相互作用，这个作用留在后面再考虑. 也就是说假定光电子是自由电子. 它的波函数必须归一，所以正比于 $V^{-1/2}$. 再考虑 $\boldsymbol{A}$ 的 $V^{-1/2}$ 依赖关系，使 M_{if} 正比于 V^{-1}，所以按照(7.3)式，σ_a 与 V 无关，就像所要求的那样.

7.1.1 自由电子近似

初态 $|i\rangle$ 含有一个用波矢和偏振方向 $(\boldsymbol{k},\ \hat{\boldsymbol{\varepsilon}})$ 来标记的光子，以及一个处于基态的 K 电子. 这个初态 $|i\rangle$ 是光子态和电子态的乘积，因此可以写为 $|i\rangle=|1\rangle_x|0\rangle_e$. 类似地，末态可以写为 $|f\rangle=|0\rangle_x|1\rangle_e$，其中光子湮灭了而光电子从原子中被激发. 由(7.5)式和(7.4)式，吸收过程的矩阵元可以写为

$$M_{if}=\frac{e}{m}\sqrt{\frac{\hbar}{2\epsilon_0 V\omega}}\left[{}_e\langle 1|_x\langle 0|(\boldsymbol{p}\cdot\hat{\boldsymbol{\varepsilon}})a\mathrm{e}^{\mathrm{i}\boldsymbol{k}\cdot\boldsymbol{r}}+(\boldsymbol{p}\cdot\hat{\boldsymbol{\varepsilon}})a^{\dagger}\mathrm{e}^{-\mathrm{i}\boldsymbol{k}\cdot\boldsymbol{r}}|1\rangle_x|0\rangle_e\right]$$

为了便于估算这个矩阵元，让算符作用于左端的末态. 好处是末态的电子是自由电子，所以末态是电子动量算符 $\boldsymbol{p}$ 的本征态，其本征值为 $\hbar\boldsymbol{q}$. 对光子部分，记住算符向左作用时，湮灭算符就转变为产生算符，如此类推，结果是 ${}_x\langle n|a=(\sqrt{n+1})_x\langle n+1|$ 及 ${}_x\langle n|a^{\dagger}=(\sqrt{n})_x\langle n-1|$，其中 n 是光子数. 我们感兴趣的项为

$${}_e\langle 1|_x\langle 0|(\boldsymbol{p}\cdot\hat{\boldsymbol{\varepsilon}})a=\hbar(\boldsymbol{q}\cdot\hat{\boldsymbol{\varepsilon}})_e\langle 1|_x\langle 1|$$

及

$${}_e\langle 1|_x\langle 0|(\boldsymbol{p}\cdot\hat{\boldsymbol{\varepsilon}})a^{\dagger}=0$$

上面第二个式子中末态没有光子可以湮灭，故为零. 由此吸收矩阵元可以简化为

$$\begin{aligned}M_{if}&=\frac{e}{m}\sqrt{\frac{\hbar}{2\epsilon_0 V\omega}}\left[(\hbar\boldsymbol{q}\cdot\hat{\boldsymbol{\varepsilon}})_e\langle 1|_x\langle 1|\mathrm{e}^{\mathrm{i}\boldsymbol{k}\cdot\boldsymbol{r}}|1\rangle_x|0\rangle_e+0\right]\\&=\frac{e\hbar}{m}\sqrt{\frac{\hbar}{2\epsilon_0 V\omega}}(\boldsymbol{q}\cdot\hat{\boldsymbol{\varepsilon}})_e\langle 1|\mathrm{e}^{\mathrm{i}\boldsymbol{k}\cdot\boldsymbol{r}}|0\rangle_e=\frac{e\hbar}{m}\sqrt{\frac{\hbar}{2\epsilon_0 V\omega}}(\boldsymbol{q}\cdot\hat{\boldsymbol{\varepsilon}})\int\psi_{e,f}^{*}\mathrm{e}^{\mathrm{i}\boldsymbol{k}\cdot\boldsymbol{r}}\psi_{e,i}\mathrm{d}\boldsymbol{r}\end{aligned}$$

积分是对光电子的所有位矢 $\boldsymbol{r}$ 积分，并包含了入射光子场((7.4)式)的平面波 $\mathrm{e}^{\mathrm{i}\boldsymbol{k}\cdot\boldsymbol{r}}$. 这里电子的初始波函数 $\psi_{e,i}$ 取为 1s 束缚态，而末态波函数 $\psi_{e,f}$ 则取为自由电子波函数，分别写为

$$\psi_{e,i}=\psi_{1s}(\boldsymbol{r})$$

和

$$\psi_{e,f}=\frac{1}{\sqrt{V}}\mathrm{e}^{\mathrm{i}\boldsymbol{q}\cdot\boldsymbol{r}}$$

因此光电吸收过程的矩阵元为

$$M_{if}=\frac{e\hbar}{m}\sqrt{\frac{\hbar}{2\epsilon_0 V\omega}}(\boldsymbol{q}\cdot\hat{\boldsymbol{\varepsilon}})\int\frac{e^{-\mathrm{i}\boldsymbol{q}\cdot\boldsymbol{r}}}{\sqrt{V}}\mathrm{e}^{\mathrm{i}\boldsymbol{k}\cdot\boldsymbol{r}}\psi_{1s}(\boldsymbol{r})\mathrm{d}\boldsymbol{r}\tag{7.6}$$

定义传递波矢 $\boldsymbol{Q}=\boldsymbol{k}-\boldsymbol{q}$，于是积分可以写为

$$\phi(\boldsymbol{Q})=\int\psi_{1s}(\boldsymbol{r})\mathrm{e}^{\mathrm{i}(\boldsymbol{k}-\boldsymbol{q})\cdot\boldsymbol{r}}\mathrm{d}\boldsymbol{r}=\int\psi_{1s}(\boldsymbol{r})\mathrm{e}^{\mathrm{i}\boldsymbol{Q}\cdot\boldsymbol{r}}\mathrm{d}\boldsymbol{r}$$

这就是电子在初始状态下波函数的傅立叶变换. 在一特定过程中光电子发射到极角(θ, φ)方向,其矩阵元的模的平方为

$$|M_{if}|^2 = \left(\frac{e\hbar}{m}\right)^2 \frac{\hbar}{2\epsilon_0 V^2 \omega}(q^2 \sin^2\theta\cos^2\varphi)\phi^2(\boldsymbol{Q})$$

从图 7.3 可知, $(\boldsymbol{q}\cdot\hat{\boldsymbol{\varepsilon}}) = q\sin\theta\cos\varphi$.

将上面的矩阵元代入(7.3)式,就得到每个 K 电子的吸收截面

$$\sigma_a = \frac{2\pi}{\hbar c}\frac{V^2}{4\pi^3}\left(\frac{e\hbar}{m}\right)^2 \frac{\hbar}{2\epsilon_0 V^2\omega} I_3 = \left(\frac{e\hbar}{m}\right)^2 \frac{1}{4\pi^2\epsilon_0 c\omega} I_3 \tag{7.7}$$

其中三维积分 I_3 的定义为

$$I_3 = \int \phi^2(\boldsymbol{Q}) q^2 \sin^2\theta\cos^2\varphi\,\delta(\varepsilon_f - \varepsilon_i) q^2 \sin\theta \mathrm{d}q\mathrm{d}\theta\mathrm{d}\varphi \tag{7.8}$$

要求出 I_3 就必须有 $\phi(\boldsymbol{Q})$的函数形式,首先要有 $\psi_{1s}(\boldsymbol{r})$. 这里将后者取为氢原子的 1s 态,但其核电荷为 Z. 这样,波函数为

$$\psi_{1s}(\boldsymbol{r}) = \frac{2}{\sqrt{4\pi}}\kappa^{\frac{3}{2}} \mathrm{e}^{-\kappa r} \tag{7.9}$$

其中 $\kappa = Z/a_0$, 而 a_0 是玻尔半径. 可以用 82 页上求 $|\psi_{1s}|^2$ 的傅立叶变换的方法来计算 ψ_{1s}的傅立叶变换,其结果是

$$\phi(\boldsymbol{Q}) = \int \psi_{1s}(\boldsymbol{r})\mathrm{e}^{\mathrm{i}\boldsymbol{Q}\cdot\boldsymbol{r}}\mathrm{d}\boldsymbol{r} = \frac{4\sqrt{4\pi}\kappa^{\frac{5}{2}}}{[Q^2 + \kappa^2]^2} \tag{7.10}$$

现在(7.8)式定义的积分 I_3 就可以计算了. 对 φ 的积分是直截了当的: $\cos^2\varphi$ 在一个周期中的积分为 π. 其次,考虑对 δ 函数的积分. 初态的能量为 $\varepsilon_i = \hbar\omega - \hbar\omega_K$,即等于入射光子的能量和 K 电子的结合能$\hbar\omega_K$ 之差. 末态的能量等于光电子的动能, $\varepsilon_f = \hbar^2 q^2/2m$. 为了方便起见,引进 $\tau = q^2$ 作为积分变量,而不用 $\mathrm{d}q$ 本身. 于是微分元 $\mathrm{d}q$ 变为 $\mathrm{d}\tau/(2q) = \mathrm{d}\tau/(2\sqrt{\tau})$. 在对 θ 的积分中,用一个代换 $\mu = \cos\theta$, 于是得到

$$I_3 = \pi\int \phi^2(\boldsymbol{Q})\tau^2(1-\mu^2)\delta\left(\left(\frac{\hbar^2}{2m}\right)\tau - (\hbar\omega - \hbar\omega_K)\right)\frac{1}{2\sqrt{\tau}}\mathrm{d}\tau\mathrm{d}\mu$$

估算积分 I_1 及其在 $\hbar\omega \gg \hbar\omega_K$ 时的极限值

(7.12)式给出的积 I_1 可以表示如下:

$$I_1 = g\int_{-1}^{1} \frac{(1-\mu^2)}{(a\mu - b)^4}\mathrm{d}\mu = \left(\frac{4}{3}\right)\frac{g}{(a^2-b^2)^2}$$

参数 g, a 和 b 分别定义如下:

$$\begin{aligned}
g &= \tau_0^{\frac{3}{2}}\kappa^5 &&= c^{-3}[\omega_c(\omega-\omega_K)]^{\frac{3}{2}}c^{-5}\omega_A^5 &&\to c^{-8}\omega_A^5[\omega_c\omega]^{\frac{3}{2}} \\
a &= 2k\sqrt{\tau_0} &&= 2c^{-2}\omega[\omega_c(\omega-\omega_K)]^{\frac{1}{2}} &&\to 2c^{-2}\omega[\omega_c\omega]^{\frac{1}{2}} \\
b &= k^2+\tau_0+\kappa^2 &&= c^{-2}[\omega^2+\omega_c(\omega-\omega_K)+\omega_A^2] &&\to c^{-2}[\omega_c\omega]
\end{aligned}$$

在第二个方程中，对能量(或者圆频率)引入如下的定义：$\tau_0 = \dfrac{2m}{\hbar}(\omega - \omega_K) = c^{-2}\omega_c(\omega - \omega_K)$，$\hbar\omega_c = 2mc^2$ 和 $\hbar\omega_A = \hbar c\kappa = Z\hbar c/a_0$(参见图 7.4). 此外图中的箭头表示 $\hbar\omega \gg \hbar\omega_K$，而保持 $\hbar\omega \ll \hbar\omega_c$ 情况下的极限值. 在此极限下 $b \gg a$，于是有

$$I_1 \rightarrow \left(\frac{4}{3}\right)\frac{g}{b^4} = \left(\frac{4}{3}\right)\left[\frac{\omega_A^2}{\omega\omega_c}\right]^{\frac{5}{2}}$$

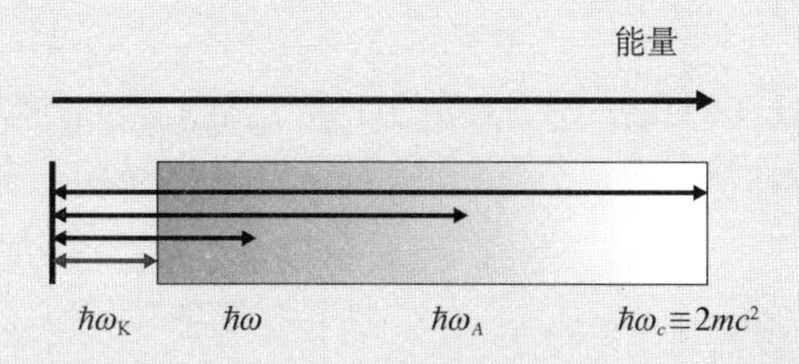

图 7.4 在计算吸收截面时所涉及的不同能量标度的示意图. 吸收边的能量为 $\hbar\omega_K$，在简单的类氢原子模型中它正比于 Z^2. 能量 $\hbar\omega_A$ 和波函数 ψ_{1s} 长度尺度的倒数 κ 有关((7.9)式). 其关系式是 $\hbar\omega_A \equiv \hbar c\kappa$，因此 $\hbar\omega_A$ 正比于 Z. 最高的特征能量是 $\hbar\omega_c$，它定义为电子静止质量能量的两倍，即 2×511 keV.

利用 δ 函数的性质(参见 108 页方框中的说明)可以得到对 τ 的积分. 这导致了一个 $(2m/\hbar^2)$ 因子，而被积函数是在

$$\tau = \tau_0 = \left(\frac{2m}{\hbar^2}\right)[\hbar\omega - \hbar\omega_K] \tag{7.11}$$

时的值. 因为 $Q^2 = (\boldsymbol{k} - \boldsymbol{q}) \cdot (\boldsymbol{k} - \boldsymbol{q}) = k^2 + q^2 - 2\boldsymbol{k} \cdot \boldsymbol{q} = k^2 + \tau - 2k\sqrt{\tau}\mu$，$\phi(\boldsymbol{Q})$ 的平方用积分变量表示可以写为

$$\phi^2(\boldsymbol{Q}) = \frac{64\pi\kappa^5}{[k^2 + \tau - 2k\sqrt{\tau}\mu + \kappa^2]^4}$$

因此三维积分 I_3 可以约化为一个一维积分 I_1，

$$I_3 = 32\pi^2\left(\frac{2m}{\hbar^2}\right)I_1(\tau_0, \kappa)$$

及

$$I_1(\tau_0, \kappa) = \int_{-1}^{1}\frac{\kappa^5(1-\mu^2)\tau_0^{\frac{3}{2}}}{[k^2 + \tau_0 - 2k\sqrt{\tau_0}\mu + \kappa^2]^4}\mathrm{d}\mu \tag{7.12}$$

考虑所有上述结果，(7.7)式给出的吸收截面变为

$$\sigma_a = \left(\frac{e\hbar}{m}\right)^2\frac{1}{4\pi^2\epsilon_0 c\omega}32\pi^2\left(\frac{2m}{\hbar^2}\right)I_1(\tau_0, \kappa) = \frac{e^2}{4\pi\epsilon_0 mc\omega}32(2\pi)I_1(\tau_0, \kappa)$$

考虑到汤姆孙散射长度为 $r_0 = e^2/(4\pi\epsilon_0 mc^2)$，而 $\omega = 2\pi c/\lambda$，上式还可以简化. 因此，一个 K 电子的原子吸收截面为

$$\boxed{\sigma_a = 32\lambda r_0 I_1(\tau_0, \kappa)} \tag{7.13}$$

其中 τ_0 由(7.11)式给出，而 $\kappa = Z/a_0$. 在此应关注以下3点：

(1) 如果无量纲积分 I_1 的数值变为1的数量级，比如在吸收边处就是这样，那么每个K电子的吸收截面就比散射截面大很多，这是因为后者的数量级为 r_0^2，而 $\lambda \gg r_0$.

(2) 正如所预期，吸收截面的量纲是长度的平方.

(3) 又如所预期，为了归一化的目的而引进的盒子的体积 V，在最后的表示式中是不出现的.

在176页的方框中给出了对积分 $I_1(\tau_0, \kappa)$的计算，还给出了光子能量远大于K电子的结合能，但仍远小于电子的静止质量能量极限情况下的渐进行为. 按图7.4中定义的能量，得到

$$\boxed{\sigma_a = 32\lambda r_0\left(\frac{4}{3}\right)\left[\frac{\omega_A^2}{\omega\omega_c}\right]^{\frac{5}{2}}，对于\hbar\omega_K \ll \hbar\omega \ll \hbar\omega_c} \tag{7.14}$$

显然通过 ω_A 可以知道 σ_a 随 Z^5 变化，而通过 I_1 对 $\omega^{-5/2}$的依赖关系及因子 $\lambda = 2\pi c/\omega$，可以知道 σ_a 随 $\omega^{-7/2}$ 变化. 这个行为和图7.1中概括的实验结果有些不同，实验得到的 σ_a 近似地正比于 Z^4 和 ω^{-3}. 引起这个差异的原因是本节开始时所作的近似，忽略了光电子和带正电荷的离子之间的相互作用. 好处是不用花太大的力气就可以得到 σ_a 的解析表达式. 然而付出的代价也是很高的，因为结果不够精确. 因此需要考虑一个比自由电子近似更好些的处理方法.

7.1.2 优于自由电子近似的方法

1. 优于自由电子近似的方法

这里不给出在离子的库仑场中光电子修正波函数的全部计算. 取而代之的是我们未加证明地给出20世纪30年代Stobbe推导的结果[Stobbe，1930]. Stobbe引进一个无量纲的光子能量变量

$$\xi = \sqrt{\frac{\omega_K}{\omega - \omega_K}}$$

他的结果可以很方便在上面的(7.14)式积分 I_1 渐进表示式中引进一个修正因子 $f(\xi)$. 于是在考虑光电子和离子间的库仑相互作用后，一个K电子的吸收截面为

$$\boxed{\sigma_a = 32\lambda r_0\left(\frac{4}{3}\right)\left[\frac{\omega_A^2}{\omega\omega_c}\right]^{\frac{5}{2}} f(\xi)} \tag{7.15}$$

Stobbe修正函数 $f(\xi)$与 Z 和$\hbar\omega$ 两者都有关系. 在 σ_a 的公式中包含这个因子后，实验和理论得到的对 Z 和$\hbar\omega$ 的依赖关系就吻合得很好，而截面的绝对值也符合得比较合理. 修正函数的明确形式是

$$f(\xi) = 2\pi\sqrt{\frac{\omega_K}{\omega}}\left(\frac{e^{-4\xi\operatorname{arccot}\xi}}{1 - e^{-2\pi\xi}}\right)$$

有两个极限情况要特别阐明，就是当光子能量远大于结合能 $\hbar\omega \gg \hbar\omega_K$，即相当于 $\xi \to 0$，以及当光子能量从高端趋近于阈值能量$\hbar\omega \to \hbar\omega_K^+$ 时，这相当于 $\xi \to \infty$. 在高光子能量时，有

$\operatorname{arccot}\xi \to \pi/2$,因此 $e^{-4\xi\operatorname{arccot}\xi} \to e^{-2\pi\xi}$. 所以修正因子的高能极限为

$$f(\xi) \to 2\pi\xi\left(\frac{e^{-2\pi\xi}}{1-e^{-2\pi\xi}}\right) \to 1, 对 \hbar\omega \gg \hbar\omega_K$$

这个结果在物理上比较合理.当光子能量高时,光电子能量也高,所以不管光电子是自由的,还是在较弱的正离子的吸引场中运动,其差别很小.当光子能量趋于阈值时 ($\hbar\omega \to \hbar\omega_K^+$ 或 $\xi \to \infty$), $\operatorname{arccot}\xi \to 0$($1/\xi$ 趋于零),所以乘积 $\xi\operatorname{arccot}\xi \to 1$, 及

$$f(\xi) \to \left(\frac{2\pi}{e^4}\right), 对 \hbar\omega \to \hbar\omega_K^+$$

因此在阈值处,单个 K 电子的吸收截面有一个不连续跳跃

$$\boxed{\sigma_a = 32\lambda r_0\left(\frac{4}{3}\right)\left[\frac{\omega_A^2}{\omega_K\omega_c}\right]^{\frac{5}{2}}\left(\frac{2\pi}{e^4}\right)} \tag{7.16}$$

为了计算 σ_a 对能量的依赖关系((7.15)式),或者在 K 边处 σ_a 台阶的高度((7.16)式),就需要知道如何计算 ω_A 和 ω_K. 最简单的方法是取一个氢原子模型为出发点.一个带有 Z 个电子的原子,其 K 壳层的电离能 $\hbar\omega_K$ 可以近似地等于氢原子的结合能乘以 Z^2,因此 $\hbar\omega_K = Z^2e^2/(4\pi\epsilon_0 2a_0)$. 我们引进的能量 $\hbar\omega_A$ 是以 $Z\hbar c/a_0$ 计算的,它以 Z 为标度.在类氢原子的模型中,比值 $\omega_A^2/(\omega_K\omega_c)$ 与 Z 无关,且因为 $a_0 = 4\pi\hbar^2\epsilon_0/(me^2)$, 比值等于 1. 因此单个 K 电子的吸收边跳跃值为

$$\sigma_a(\lambda_K) \approx 32\lambda_K r_0\left(\frac{4}{3}\right)\left(\frac{2\pi}{e^4}\right) = \left(\frac{256\pi}{3e^4}\right)\lambda_K r_0 \tag{7.17}$$

由(7.15)式可知,在这个近似下单个 K 电子 σ_a 对能量的依赖关系可以写成一个特别方便的形式:

$$\boxed{\sigma_a \approx 32\lambda r_0\left(\frac{4}{3}\right)\left[\frac{\omega_K}{\omega}\right]^{\frac{5}{2}} f(\xi)} \tag{7.18}$$

2. 与实验的比较

选取惰性气体元素 Ar(Z=18), Kr(Z=36)及 Xe(Z=54)的吸收截面为例.图 7.5 中给出在 K 边附近 σ_a 的能量依赖关系,3 个元素的 K 边分别在 3.20, 14.32, 34.56 keV 处.点划线是在自洽 Dirac-Hartree-Fock 框架下完成的最新计算结果[Chantler, 1995](又见[Henke 等, 1993].

这里是将图 7.5 中的吸收截面和由我们较简单模型给出的结果(7.18)式作一个比较.推导用的是原子的类氢模型,它只有一个自由参量,就是 K 边的能量 $\hbar\omega_K$. 对于类氢原子, $\hbar\omega_K$ 是由 Z^2 乘以氢原子的结合能 13.60 eV 得到的.对于所选的 3 个元素计算得到的 K 边分别为 4.41, 17.63, 39.66 keV. 这些数据明显比实验值大.稍许调整一下近似,例如用(Z−1)来代替 Z,也就是允许核电荷被一个 K 电子屏蔽,这样做对 $\hbar\omega_K$ 的估算修正不大,虽然莫塞莱在 1915 指出它和 K_α 荧光能量 $\hbar(\omega_K-\omega_L)$ 相符甚好(见(1.20)式).类氢模型可能对于研究荧光的情况比吸收的情况工作得更好,因为前者涉及内层电子的能量差,而后者依赖于能否正确地计算出结合能的绝对数值.当 Z 更大时,由于多电子效应和相对论效应,这个模型对上述两种情

况都不合适.

另外一个计算$\hbar\omega_K$的方法是假定 Z 标度近似正确，而把$\hbar\omega_K$看作理论中一个由实验决定的参量. 这个方法曾用于 Ar, Kr 和 Xe，由(7.18)式给出的光电子截面 σ_a 在图 7.5 中用实线表示，计算中$\hbar\omega_K$取为实验值. 对所有 3 种原子这里采用的理论方法都能给出很好的 σ_a 的能量依赖关系. 而在 σ_a 绝对值的符合程度上，对 Ar 还是合理的，但是对 Kr 和 Xe 就变得越来越差. 这和类氢模型对较高的 Z 值近似更差的预期是一致的. 然而，我们这里的目的并不是要推导 σ_a 的精确数值，而是要指出怎样用一个光电子吸收过程较为简单的模型来解释主要的实验现象. 用于分析实验数据所需的计算 σ_a 值的精确方法在不少地方都有叙述或列成表格形式，如《国际晶体学表》.

为了完整起见，图 7.5 中还包括了光电效应之外其他过程的截面. 在所示的能量范围内包括了汤姆孙和康普顿散射：在较高能量处，电荷对的产生变得很重要. 感兴趣的是对不同的元素，比较这些散射过程对渐进行为的贡献. 在 Ar 的情形，由于光子能量远大于电子结合到原子

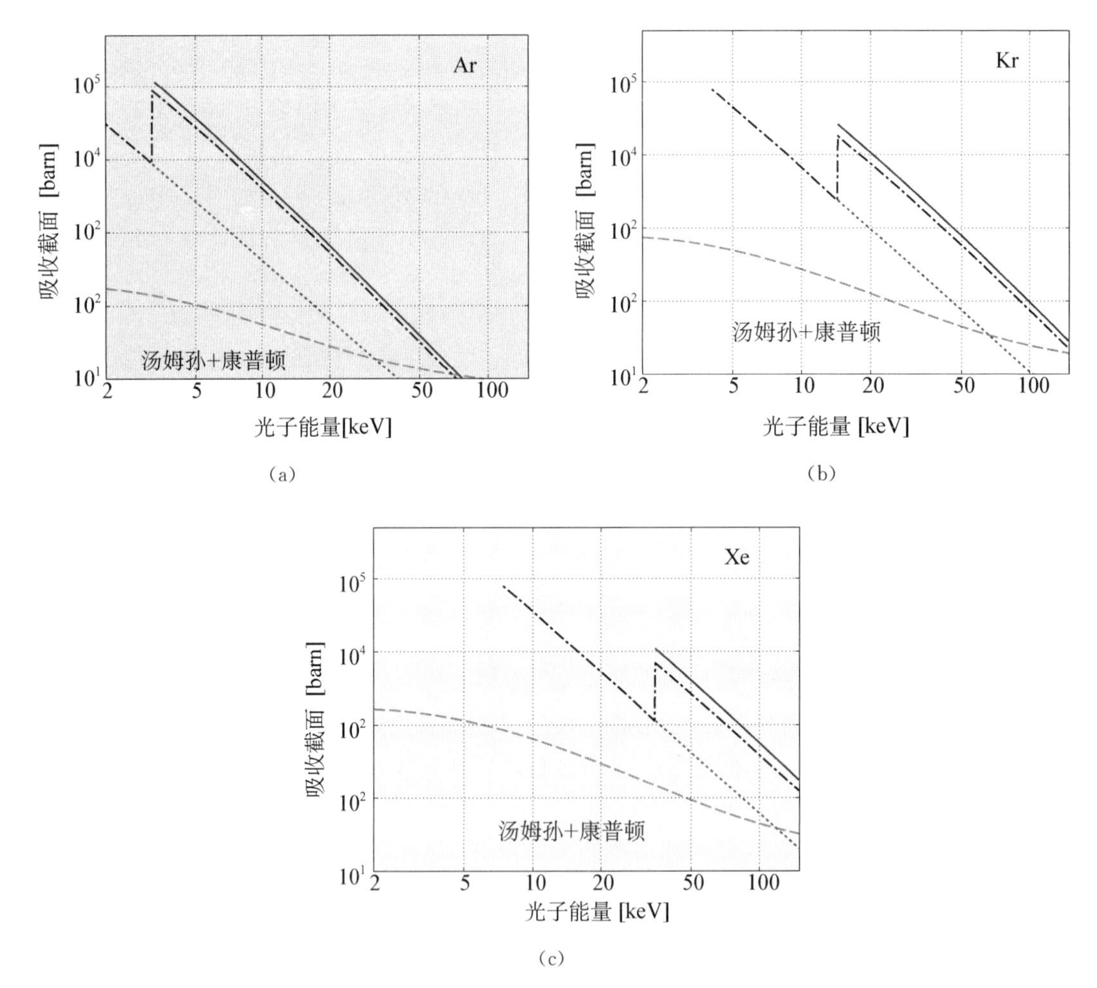

图 7.5 Ar, Kr 和 Xe 在 K 边附近的光电吸收截面对能量的双对数图. 点划线表示在自洽 Dirac-Hartree-Fock 框架下的计算结果[Chantler, 1995]. 实线是由(7.18)式计算得到的，其中$\hbar\omega_K$分别取为实验观察值 3.20, 14.32 和34.56 keV. 每种情形的结果都乘以 2，以允许包含两个 K 电子的贡献，再加上外推得到的 L 电子的贡献(点线)以给出最终结果. 为了完整起见，还用虚线画出了汤姆孙和康普顿散射的截面. 为了简明起见，没有画出 Kr 和 Xe 的 L 边，它们分别是在～2 keV 和～5 keV 附近.

中的能量，在所示的最高光子能量处可以有效地把电子看作自由的. 于是截面应该趋近于对含 Z 个电子的气体的预期值，即 $18\times0.667=12$ barn/原子，类似于图 7.5 中所示的数值.（每个电子的总散射截面是 0.667 barn，参见第 256 页上的(B.5)式.）另一个极端是在低能处的 Xe，其电子是紧束缚的. 在这样的能量下得到的传递波矢 $\boldsymbol{Q}$ 很小，因此原子形状因子的平方可以很好地近似等于 Z^2((4.7)式). 在这个情况下，极限截面应该是 $54\times54\times0.667=1\,945$ barn/原子，也接近于所示的数值.

7.2 EXAFS 和近边结构

在 X 射线吸收截面 σ_a 上出现简单的台阶式变化，只是对于孤立原子而言的行为. 对于原子集合(分子、晶体等)而言，在吸收边附近的能量时 X 射线吸收截面会表现出一定的结构. 例如在图 1.13 中画出了 Kr 原子在不同环境下的吸收截面. 比较处于气相的 Kr 和吸附在石墨表面的 Kr 的截面，可以清晰地看出吸收依赖于吸收原子的环境. 由不同的物理过程导致 σ_a 内出现的结构，均被称为 X 射线精细结构(X-ray absoption fine strucure, XAFS). 贡献 XAFS 信号的过程可以通过相对吸收边的光子能量加以区分. 对于靠近吸收边 ±10 eV 范围内的能量处，吸收截面可能会出现超越台阶式行为，这被称为 X 射线吸收近边结构(X-ray absoption near edge strucure, XANES)区域. 从物理上看，它对应于芯态电子跃迁到刚好在自由电子连续谱下面未填充束缚态的过程. 由于近边处这种束缚态的密度可以比非束缚态的密度高，因此吸收会有一个峰.（由于历史的原因，常把这个现象称为“白线”(white line)，因为在早期 X 射线实验的相机胶片上看到的就是这样.）对更高的光子能量，光电子被释放，从源原子处以球面波向外传播. 这个出射波被邻近原子背散射，继而导致在 σ_a 上出现振荡. 在吸收边 10～50 eV 范围内的能量处，经历多重散射的低能电子就会产生这种结果. 这就是熟知的近边 X 射线吸收精细结构(NEXAFS)机制. 继续往更高的能量吸收边以上的 50～1 000 eV 处，光电子具有足够的能量以致单次散射占主导，这就是广延 X 射线吸收精细结构(extended X-ray absoprtion fine structure, EXAFS)区域. EXAFS 振荡的来源是出射波和被散射波之间的干涉，如图 7.6 所示. 单次散射占主导的 EXAFS 机制比以多重散射为特征的 NEXAFS 更容易分析，这就解释了为什么 EXAFS 被广泛使用于确定材料的局部结构，也是本节重点讨论 EXAFS 的原因.

7.2.1 实验考虑

在分析 EXAFS 谱时，人们习惯于引进无量纲量 $\chi(q)$，它定义为

$$\boxed{\chi(q(\varepsilon))=\frac{\mu_\chi(\varepsilon)-\mu_0(\varepsilon)}{\mu_0(\varepsilon)}} \tag{7.19}$$

这里 $\mu_0(\varepsilon)$ 是孤立原子的吸收系数(它显然不会表现出 EXAFS)，而 $\mu_\chi(\varepsilon)$ 是所关注材料中原子的吸收系数. 用作独立变量的是光电子的波数 q，而不是光子能量 ε：

$$\frac{\hbar^2q^2}{2m}=\varepsilon-\hbar\omega_{\mathrm{K}} \tag{7.20}$$

图 7.7 中给出 EXAFS 实验的典型设备. 用一个双晶单色器(如在第 6 章中所描述的)从

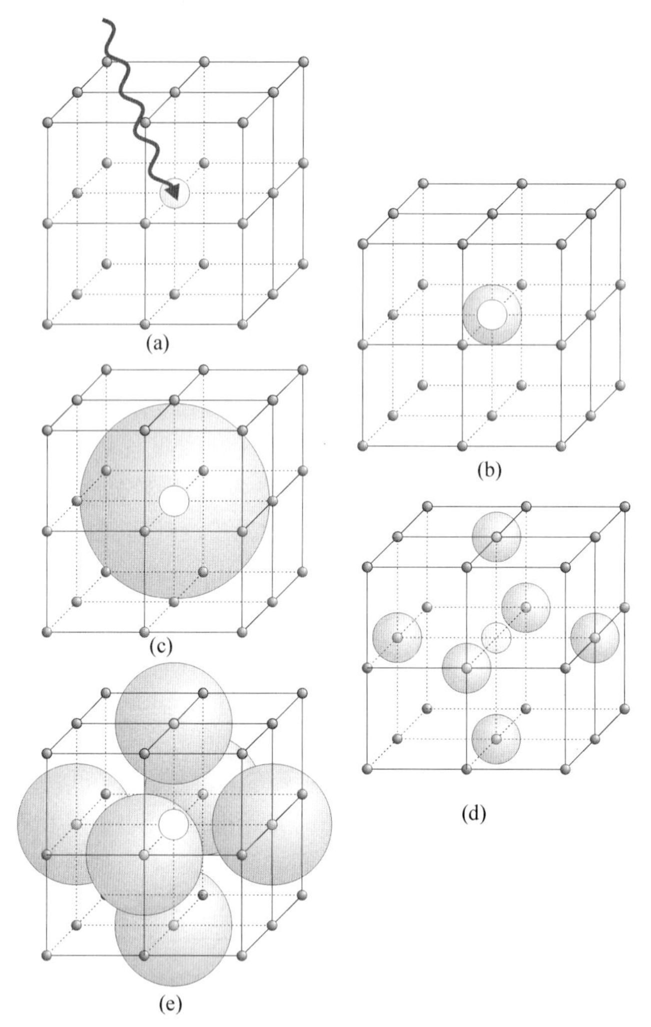

图 7.6 EXAFS过程的示意图. 图(a):一个X射线光子入射到晶格中的一个原子上. 光子的能量足够大,它使原子芯态的一个电子被释放,而光子在过程中被吸收. 图(b)和(c):光电子的出射波函数是以吸收原子为出发点、以球面波形式传播出去,直到它到达了相邻原子. 图(d)和(e):光电子的波函数被相邻原子散射,于是产生一个反向的散射波. 出射波和背散射波函数之间的干涉,引起了吸收截面中的EXAFS振荡[Stern, 1976].

同步辐射的"白色"光束中产生一个单色光束. 对于较低的X射线能量,发现由Si(111)反射所提供的能量分辨率最为合适,而对于更高的能量,可能需要用Si(311)或Si(511)反射. 对所有这些反射,其二阶衍射是禁戒的,但很重要的是要保证排除线束中更高阶光的干扰,这可以靠像第162页中所描述的那样,稍微偏离一下第二个晶体的角度,或者是用反射镜来消除.

如图7.7所示的吸收谱可以用在透射几何布局下测量. 透射率定义为射入样品前、后的强度(分别为I_0和I_1)之比,它在光子能量为ε时,同吸收系数$\mu(\varepsilon)$之间的关系为

$$T=\frac{I_1}{I_0}=\mathrm{e}^{-\mu(\varepsilon)d}$$

其中d为样品的厚度(参见(7.1)式). 于是从上式可以通过测量透射率对ε的函数关系得到吸收系数$\mu(\varepsilon)$.

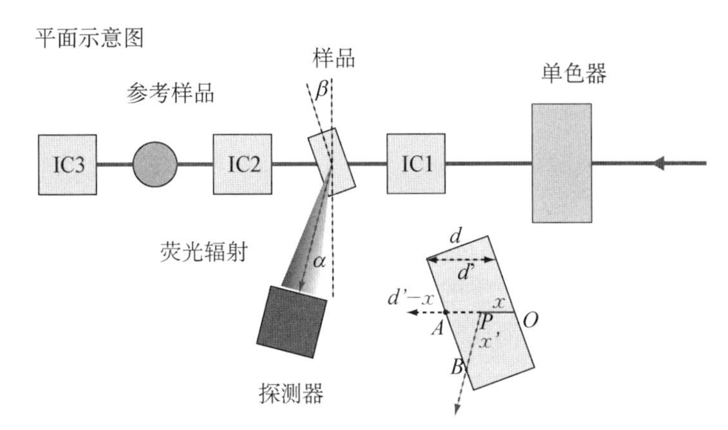

图 7.7 EXAFS 实验布局的平面示意图. 入射光束的能量由一个双晶单色器来确定，入射和透射光束的强度则由电离腔 IC1 和 IC2 来记录. 也可以用一个能量敏感探测器测量其荧光产额以获得 EXAFS 信号. 图中也给出了样品的放大视图. 从几何结构中可以得到 $\angle ABP = \alpha+\beta$ 和 $\angle BAP = \pi/2-\beta$. 由正弦定理可得到 $x'/\sin(\pi/2-\beta) = (d'-x)/\sin(\alpha+\beta)$. 在这个过程中假设了 X 射线经过包含 O 点的面入射到样品，而且从包含 A 点的面出射离开样品，也就是样品两端引起的效应忽略不计.

测得的吸收系数可以分成所关注的原子的贡献 $\mu_\chi(\varepsilon)$ 和样品中所有其他原子的贡献 $\mu_A(\varepsilon)$，因此可以写为

$$\mu(\varepsilon) = \mu_A(\varepsilon) + \mu_\chi(\varepsilon) = \mu_A(\varepsilon) + \mu_0(\varepsilon)[1+\chi(q)] \tag{7.21}$$

在感兴趣的 EXAFS 范围内，$\mu_A(\varepsilon)$ 和 $\mu_0(\varepsilon)$ 两者随 ε 变化的函数关系都很光滑，可以结合理论知识和数值曲线模拟方法，从数据中提取出两者，从而求得 $\chi(q)$. 如图 7.7 所示，最好同时用一个参考样品进行测量.

另外一个求得 $\chi(q)$ 的可行方法是测量光电吸收之后的荧光辐射(图 7.7). 在这一情况下最好能有一个对能量灵敏的探测器将荧光辐射(它是单色的)分离出来. 把探测器放在与水平面上入射光束成 90°的位置，可以进一步减小由散射过程引起的不必要的贡献，因为此时极化因子会使散射振幅最小(见(1.8)式). 如图 7.7 中的平面状样品，其表面法线相对于入射光具有 β 的倾角，荧光探测器所在轴与入射光垂直方向成 α 角，并且我们考虑吸收过程发生在表面 x 到 $x+\mathrm{d}x$ 的距离. 能达到这个深度的 X 射线的几率为 $\mathrm{e}^{-\mu x}$， 并且一旦 X 射线光子到达这个深度，其发生吸收过程的几率为 $\mu\mathrm{d}x$. 因此发生这部分过程的总几率为 $\mathrm{e}^{-\mu x}\mu\mathrm{d}x$. 吸收后原子可能会释放俄歇电子或是荧光 X 射线，发生后者过程的几率用 ϵ 表示. 在到达接收立体角为 $\Delta\Omega$ 的探测器之前，荧光 X 射线会在样品内穿过 x' 的距离. 因此荧光被探测器记录的总几率为 $\mathrm{e}^{-\mu x}\mu\mathrm{d}x\mathrm{e}^{-\mu_f x'}(\Delta\Omega/4\pi)$. 这里 μ_f 表示荧光射线的反吸收长度 $\mu_f = \mu\Phi\epsilon_f\Psi$. 为了获得每个入射光子的荧光产额 I_f/I_0，就必须对所有的深度积分，所以积分的区间是 $d' > x > 0$，其中 d' 是样品厚度除以 $\cos\theta$，即 $d'/\cos\theta$. 根据图 7.7 中图注的说明，可以得到 $x' = a(d'-x)$，而 $a = \cos\beta/\sin(\alpha+\beta)$. 最终的结果为

$$\begin{aligned}\frac{I_f}{I_0} &= \mu\epsilon\left(\frac{\Delta\Omega}{4\pi}\right)\int_0^{d'}\mathrm{e}^{-\mu x}\,\mathrm{d}x\,\mathrm{e}^{-\mu_f x'} \\ &= \epsilon\left(\frac{\Delta\Omega}{4\pi}\right)\mathrm{e}^{-a\mu_f d'}\,\frac{\mu}{\mu-a\mu_f}\left[1-\mathrm{e}^{-(\mu-a\mu_f)d'}\right]\end{aligned} \tag{7.22}$$

7.2.2 理论概述

本章中已经说明了如何用一个比较简单的光电过程模型就能够解释一个孤立原子吸收截面的主要特征. 这个模型的关键部分就是(7.5)式的相互作用哈密顿量矩阵元$\langle f|\mathcal{H}_I|i\rangle$. 相互作用哈密顿$\mathcal{H}_I$是个基本的算符,并不依赖于相邻原子的具体情况. 初态$|i\rangle$描写的是吸收原子最内层的电子,也不会对原子的环境有很大的依赖关系. 因此 EXAFS 振荡一定是由末态的变化引起的,对这点应该没有什么好奇怪的. 我们已经看到真正自由的光电子的这个假设只是在高能极限下渐进正确:对于在已电离原子的吸收场中运动着的非束缚的电子末态,得到的结果与实验相符很好.

设相邻原子对自由原子末态$|f_0\rangle$的较小修正为$|\Delta f\rangle$,则末态变为$|f_0+\Delta f\rangle$. 于是矩阵元的模平方变为

$$\begin{aligned}|\langle f_0+\Delta f\mid\mathcal{H}_I\mid i\rangle|^2 &= [\langle f_0\mid\mathcal{H}_I\mid i\rangle+\langle\Delta f\mid\mathcal{H}_I\mid i\rangle][\langle f_0\mid\mathcal{H}_I\mid i\rangle+\langle\Delta f\mid\mathcal{H}_I\mid i\rangle]^* \\ &\approxeq|\langle f_0\mid\mathcal{H}_I\mid i\rangle|^2+\{\langle f_0\mid\mathcal{H}_I\mid i\rangle^*\langle\Delta f\mid\mathcal{H}_I\mid i\rangle+\text{c. c.}\} \\ &= |\langle f_0|\mathcal{H}_I|i\rangle|^2\left(1+\left\{\frac{\langle f_0|\mathcal{H}_I|i\rangle^*\langle\Delta f|\mathcal{H}_I|i\rangle}{|\langle f_0|\mathcal{H}_I|i\rangle|^2}+\text{c. c.}\right\}\right)\end{aligned}$$

其中 c. c. 表示复数共轭. 与(7.21)式比较可以看到第一项表示自由原子的吸收系数$\mu_0(\varepsilon)$. 可以推断第二项一定表示 EXAFS 振荡,其

$$\chi(q)\propto\langle\Delta f\mid\mathcal{H}_I\mid i\rangle \tag{7.23}$$

初态波函数很强地局域在吸收原子上,它的范围可以近似地由玻尔半径$a_0=0.53$ Å 除以Z来确定. 所以在考虑修正时电子的初始波函数高度局域可以用δ函数来近似. 把相邻原子引起的光电子波函数的变化用$\psi_{\text{背散射}}(\boldsymbol{r})$来表示. 从物理上来看,EXAFS 的变化是由相邻原子引起的光电子的背散射所致,如图 7.6 所示. 回顾(7.6)式,可以看到矩阵元的适当形式为

$$\langle\Delta f\mid\mathcal{H}_I\mid i\rangle\propto\int\psi_{\text{背散射}}(\boldsymbol{r})\mathrm{e}^{\mathrm{i}\boldsymbol{k}\cdot\boldsymbol{r}}\delta(\boldsymbol{r})\mathrm{d}\boldsymbol{r}=\psi_{\text{背散射}}(0)$$

与(7.6)式比较可以看到光子场保持为平面波$\mathrm{e}^{\mathrm{i}\boldsymbol{k}\cdot\boldsymbol{r}}$,电子的初态波函数$\psi_{1s}(\boldsymbol{r})$被简化为一个$\delta$函数,而对末态的微扰$\delta(\boldsymbol{r})$用了$\psi_{\text{背散射}}$,因此我们断言

$$\chi(q)\propto\psi_{\text{背散射}}(0)$$

现在来一步一步地建立$\psi_{\text{背散射}}$的表示式.

从吸收原子发射出来的光电子的波函数是一个出射球面波,即具有$(\mathrm{e}^{\mathrm{i}qr}/r)$的形式,其中$r$是以吸收原子中心为起点的. 让我们先假定吸收原子周围只有一个相距为R的相邻原子. 这个相邻原子对入射波散射形成一个新的球面波,它的振幅正比于入射波的振幅和一个散射长度$t(q)$. 总的来说,在$r=0$处的背散射波正比于$t(q)(\mathrm{e}^{\mathrm{i}qR}/R)\times(\mathrm{e}^{\mathrm{i}qR}/R)$,或者$t(q)(\mathrm{e}^{\mathrm{i}2qR}/R^2)$. 在这一论述中,自由电子波函数$\mathrm{e}^{\mathrm{i}qr}/r$忽略了带负电的电子与晶格离子之间的静电势. 从形式上看,可以用一个相移$\delta(q)$来计入这个电势,结果是把波函数修正为$\mathrm{e}^{\mathrm{i}[qr+\delta(q)]}/r$的形式. 计算这一相移是固体物理这个分支中的一个核心问题,它涉及电子在晶格离子的周期性势场中的运动,在 7.2.3 节图 7.10 中,将看到这种计算结果的一个例子. 在本文讨论的 EXAFS 中,我们一定要分清产生吸收的原子产生的相移$\delta_a(q)$和由背散射原子发出的相移$\delta_{\text{背散射}}(q)$. 总的相移

$\delta(q)$ 当然是两者之和. 因此作为求背散射波函数表示式的第一步,写出

$$\psi_{\text{背散射}}^{(1)}(0)=t(q)\frac{\mathrm{e}^{\mathrm{i}(2qR+\delta)}+\mathrm{c.c.}}{qR^2}\propto\frac{t(q)\sin(2qR+\delta)}{qR^2}$$

按常规在分母中包含了一个 q 因子,如果没有别的更好理由的话,至少对 $\psi_{\text{背散射}}^{(1)}(0)$得到一个无量纲表示式.

相邻原子当然不是固定的,而是在平衡位置附近振动. 如果平行于 $\boldsymbol{q}$ 的位移的方均根数值为σ,则背散射波的振幅要减小一个德拜-沃勒因子 $\mathrm{e}^{-\frac{Q^2\sigma^2}{2}}$(参见 5.4 节). 当散射矢量 $Q=2q\sin 90^\circ=2q$ 时,有

$$\psi_{\text{背散射}}^{(2)}(0)\propto\frac{t(q)\sin(2qR+\delta(q))}{qR^2}\mathrm{e}^{-2(q\sigma)^2}$$

这是考虑了背散射原子相对于吸收原子的振动. 因为两个原子是近邻,声学长波长的声子对 σ 不会有贡献,所以这里的 σ 比由晶体学定出来的要小.

一个光电子和一个在 K 壳层中留下一个空穴的原子加在一起的状态不是一个稳定态,它的寿命是有限的. 我们上面的讨论是假定背散射电子看到的原子是处于其初态,但由于寿命有限,K 壳层的空穴就有一定的几率同时被填充. 而且,光电子在往返中也可能被其他电子散射,因此引进一个唯象的平均自由程长度 Λ,从而得到

$$\psi_{\text{背散射}}^{(3)}(0)\propto\frac{t(q)\sin(2qR+\delta(q))}{qR^2}\mathrm{e}^{-2(q\sigma)^2}\mathrm{e}^{-2R/\Lambda}$$

最后,假定吸收原子被相邻原子所包围,在距离 R_j 处的第 j 个壳层上有 N_j 个原子. 各个壳层可能含有不同类型的原子,所以背散射振幅 $t(q)$也需要加上下标 j,写为

$$\boxed{q\chi(q)\propto\sum_j N_j\frac{t_j(q)\sin(2qR_j+\delta_j(q))}{R_j^2}\mathrm{e}^{-2(q\sigma_j)^2}\mathrm{e}^{-2R_j/\Lambda}}\tag{7.24}$$

这是用来分析 EXAFS 数据的标准表示式. 目的是要求出相邻壳层的半径 R_j 及其填充数 N_j. 背散射振幅 $t_j(q)$和相移 $\delta_j(q)$的 q 依赖关系比较微妙,常使分析复杂化. 克服这个困难通常需要结合理论和利用已知 R_j, N_j, σ_j 的参考样品.

7.2.3 实例:CdTe 纳米晶体

现在 EXAFS 已成为确定材料结构的有力方法. 要强调的是 EXAFS 只是一个局域的探测手段,它只能得到最近几个相邻层的信息. 这本身并不能看成是这个方法的一个严重局限性,因为它意味着 EXAFS 不仅能用来研究十分有序的单晶,也能够研究诸如玻璃等无序材料. 第 5 章中讨论的衍射方法也能够用来研究有序和无序两类材料,因此 EXAFS 和衍射可以相辅相成. 在这里考虑的实例中,对半导体 CdTe 的很小晶体,即所谓纳米晶体,就采用了这种相互补充的方法. 选择这个实例的理由有好几个. 首先,它的数据比其他大部分 EXAFS 数据容易解释. 因为在这一情况下只有最近邻壳层发出的 EXAFS 信号才是重要的,避免了(7.24)式中复杂的对相邻壳层的求和. 其次,人们对 CdTe 纳米晶体的固体物理学感兴趣,它很可能有技术上的重要性.

CdTe 是一个 II - VI 族半导体化合物. (相应的 III - V 族化合物是 InSb.)读者可能从照相机光电池和电子电路中二极管的应用知道它的同系化合物 CdS. 或许 CdTe 纳米晶体最重要的特征是其电子带隙决定了它在其他电磁谱的可见光部分的光敏程度,当晶体的尺寸小到

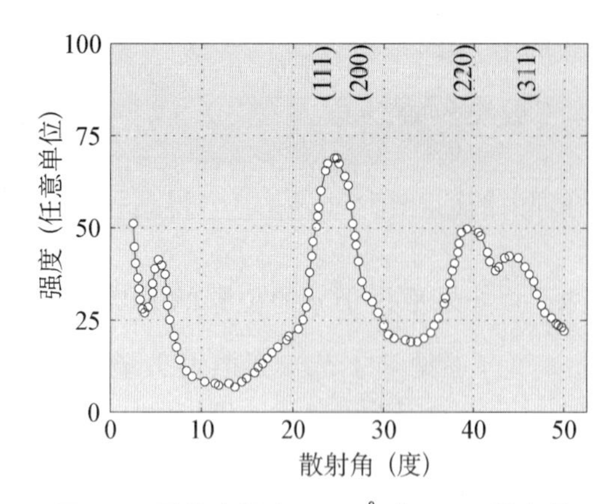

图 7.8 平均直径为 1.54 Å 的 CdTe 纳米晶体的粉末衍射数据. X 射线波长为 1.54 Å. 曲线图是由 Rogach 等人的数据数字化后制作的[Rogach 等,1996].

纳米尺度时,其电子带隙强烈地依赖于晶体的尺寸. 这简单地是由在纳米晶体中电子的量子力学限域效应引起的. 纳米晶体可以看作一个大分子,它有分立的电子能级,而不像在大块晶体中电子允许形成能量连续的能带. 用化学方法可以产生尺寸限定得很好的 CdTe 纳米晶体[Rogach 等,1996]. 纳米晶体的核心是 Cd 和 Te 原子按立方闪锌矿结构堆砌而成的四面体,四面体表面 Cd 原子上连系着一个有机分子 SCH_2CH_2OH. 这些 CdTe 纳米晶体的吸收谱在电磁谱的 UV 部分(详见原始文章)2.9 eV (425 nm)和 2.7 eV (460 nm)处展现出两个明显的峰. 与之不同的是,CdTe 体材料的带隙是 1.5 eV (827 nm).

图 7.8 表示了 CdTe 纳米晶体粉末的衍射谱. 这里稍许离开一下本章的主题来讨论这个衍射图样. 可以用它来很好地说明第 5 章中已经处理过的几个问题,而且和稍后要考虑的对 EXAFS 谱的解释有关. 衍射数据是 X 射线波长为 1.54 Å 时得到的,并列于表 7.1 中.

表 7.1 图 7.8 中 CdTe 纳米晶体的衍射数据分析. 数据取自[Rogach 等,1996].

2θ(度)	相对强度	波矢 Q(Å^{-1})	峰宽 FWHM (度)	原胞数 N	密勒指数 (h, κ, l)	$\frac{Q}{\sqrt{h^2+k^2+l^2}}$
5.2	—	0.370 16	3.17	—	—	—
24.6	1	1.738 3	6.3	3.5	(1, 1, 1)	1.0
39.0	0.7	2.723 9	8.5	4	(2, 2, 0)	0.96
46.0	0.5	3.188 4	9.5	4	(3, 1, 1)	0.96

衍射图样中的第一个峰出现在散射角 $2\theta = 5.2°$ 处. 这个小角散射的特征来自相距为 R 的粒子的干涉峰(参见 4.1 节). 平均距离 R 由 $QR = 2\pi$ 给出. (回忆一下,对弹性散射而言,传递波矢的模与散射角的关系为 $Q = (4\pi/\lambda)\sin\theta$.) 在这一特定情况中 X 射线波长为 1.54 Å 时,5.2°处的峰意味着纳米晶体之间分开约 17Å. 如果纳米粒子在形貌上可以粗略看成球形的,那么这也就是每个球的直径. 现在再来考虑在较大散射角处的 3 个峰,它们对应于 CdTe 纳米晶体无序取向时的粉末衍射峰. 为此先要标记出粉末图样,即给每个大角衍射峰定出密勒指数. CdTe 体材料具有闪锌矿结构,它的强布拉格反射的密勒指数按散射角增加的次序为(1, 1, 1), (2, 2, 0)和(3, 1, 1). 对一组给定(h, k, l)的平面,传递波矢的模与平面间隔 d 有关,而 $d = a/\sqrt{h^2+k^2+l^2}$,其中 a 是晶格常数. 由于 $Q = 2\pi/d$,意味着如果表 7.1 中所指定密勒指数是正确的话,那么 Q 与 $\sqrt{h^2+k^2+l^2}$ 的比值应该是一个常数,等于 $2\pi/a$. 显然,这个比值在误差范围内的确几乎是一个常数,其值约为 1.0. 因此形成纳米晶体的 CdTe 的晶格常数为 $a \approx 2\pi/1.0 \approx 6.3$ Å,它比大块晶体相应的数值 6.48 Å 稍微小一点. 把大角度峰的强度和 CdTe 体态的粉末预期的数值进行比较也很重要. 用(5.35)式可以算出体态 CdTe 几个峰的相对强度比为 1∶0.78∶0.42,与表 7.1 中给出的比值相近.

从图 7.8 所给出的数据中明显看到衍射峰很宽,它们实际上比仪器的分辨率要宽很多. 这个宽度是因为每个纳米晶体是由很少几个 Cd 和 Te 原子构建而成的缘故. 衍射峰的宽度反比于产生相干散射的原胞的数目 N. 从第 35 页的方框中得知相对宽度(FWHM)等于 $0.88/N$,因此由表 7.1 可知纳米晶体的原胞数目约为 4. 由此可以预计纳米晶体的尺寸大约是原胞长度的 4 倍,即 $4\times 6.3 = 25.2(\text{Å})$,这个数值和小散射角度的干涉峰估计的纳米晶体尺寸合理相近.

现在来看 EXAFS 数据. 图 7.9 的(a)和(b)给出了体材料和纳米晶体 CdTe 在 Te 的 K 边附近的吸收谱. 数据分析的第一步是根据(7.19)式的定义求出信号的 EXAFS 部分 $\chi(q)$. 吸收系数 μ_0 的光滑部分是由图 7.9(a)和(b)中的透射曲线的倒数求得,并用虚线来表示. 下一步要定下 K 边能量的位置(这里是 31.813 keV),用(7.20)式将光子能量的标度由千电子伏特转换为电子波数 Å^{-1}. 于是可以由式(7.19)得到 $\chi(q)$. 结果在图 7.9(c)和(d)中,这里有些任意地加上了权重因子 q^3. 即使不作进一步的分析,就可以明显地看到纳米晶体和体态的 CdTe 之间是有差异的. 纳米晶体有一个主频率(或波长),意味着 EXAFS 是由原子到最近邻壳层的距离来决定的. 相反,体态的 $q^3\chi(q)$ 数据显示至少有两个频率叠加. 显然要了解体态的数据,就必须考虑比最近邻更多的壳层. 作 $q^3\chi(q)$ 的傅立叶变换,就可以使这些观察到的结果立足于更加定量的分析之上. 图 7.9(e)和(f)给出了这些结果. 这些径向分布函数有一些峰值对应于 Te 原子邻近壳层的位置. 纳米晶体在距离 2.79 Å 处有一个壳层,这与 CdTe 体材料中 Te - Cd 间的距离 $6.48\times\sqrt{3}/4 = 2.806$ Å 可比. 纳米晶体中微小的收缩可能是由四面体表面上的 Cd 离子和有机层中的 S 离子之间的相互作用所引起的外延应变所致.

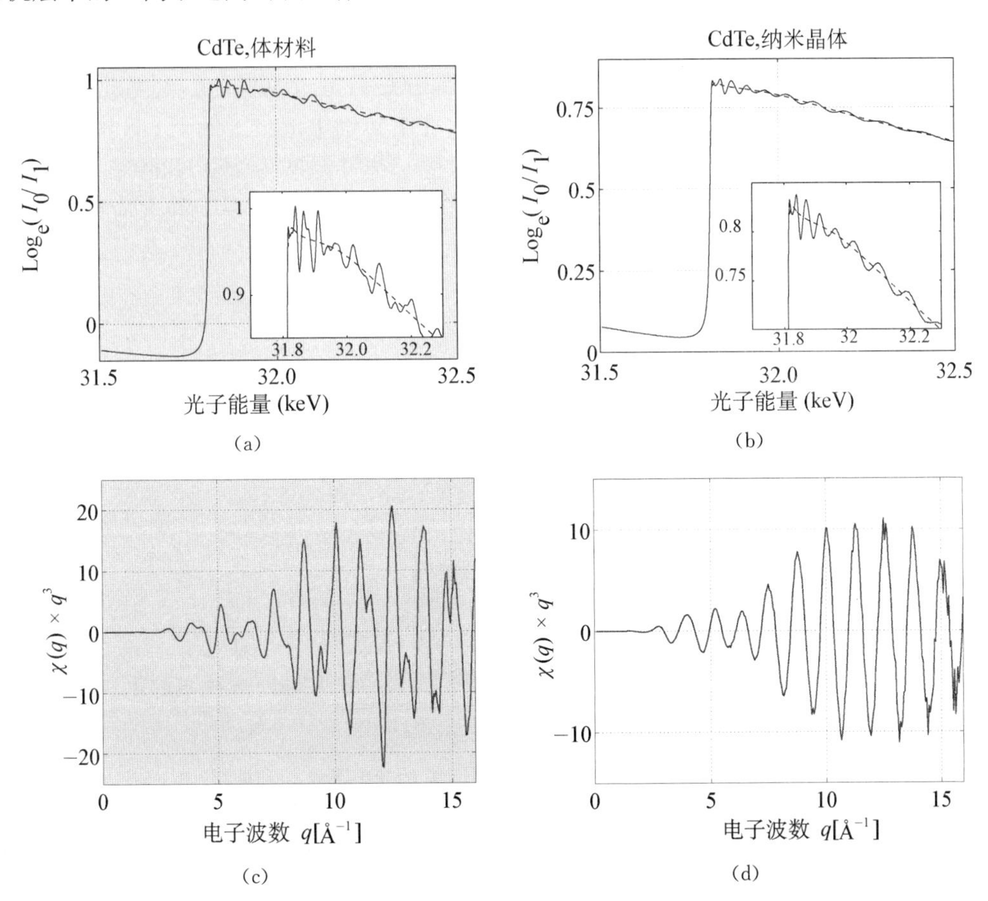

图 7.9

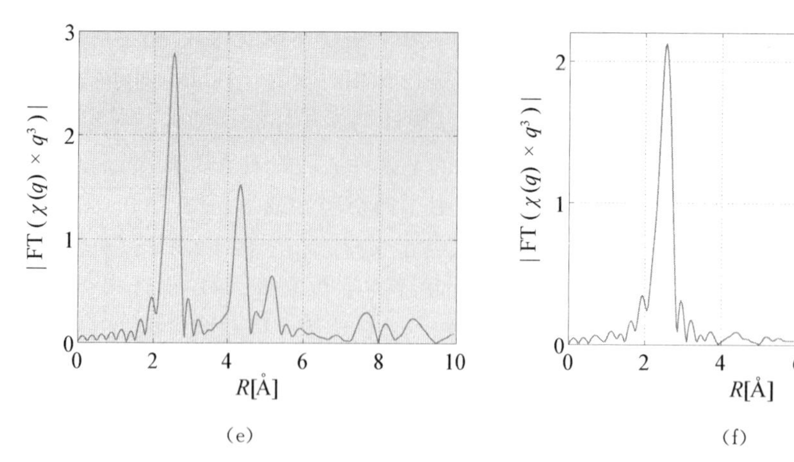

图 7.9 对 CdTe 晶体和纳米晶体 EXAFS 谱的比较. 数据是在 8 K 温度下在 Te 的近 K 边(31.813 keV)处取得的. 图(a)和(b):吸收谱. 虚线表示从一个孤立 Te 原子应该得到的光滑信号. 图(c)和(d):$\chi(q)$乘以 q^3 与电子波数 q 的关系. 图(e)和(f):图(c)和(d)中数据的傅立叶变换. 得到的径向分布函数中的一些峰,对应于以 Te 原子为中心的各相继壳层的位置. 纳米晶体在 2.79 Å 处就有一个这样的壳层.(数据是由 J. Rockengerger, L. Tröger, A. L Rogach, M. Tischer, M. Grundmann, A Eychmüller 和 H. Weller 提供的 [Rockengerger 等, 1998]).

应用(7.24)式除了知道吸收原子 Te 到最近邻壳层的距离之外,还可以从 EXAFS 谱中取得更多的信息,只要把(7.24)式和数据拟合就能得到,为此我们需要知道相移 $\delta(q)$及背散射波的散射长度 $t(q)$与 q 的依赖关系. 这些可以十分可靠地用固体物理学中复杂而精确的方法计算得出. 图 7.10 中给出了 CdTe 的结果. 剩下的部分是德拜-沃勒因子,通常把它作为一个参数来处理,可通过用完整的模型拟合数据来确定. 在本实例中记录了低至 8 K 的几个不同温度的数据. 这样就能够把德拜-沃勒因子分为一个对应于德拜温度为 260 K 的(参见 5.4 节)与温度有关的部分 (12.6×10^{-3} Å^2)、一个零点运动(3.5×10^{-3} Å^2) 和一个静态应变场($\langle u^2\rangle = 1\times10^{-3}$ Å^2).

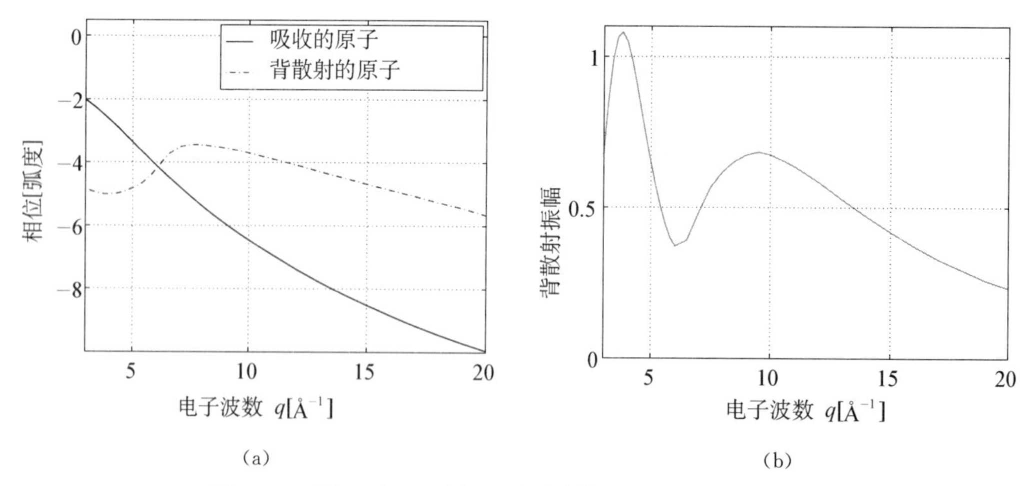

图 7.10 CdTe 中 Te 元素 K 边处计算的光电子位相和振幅.

通过模型对数据的拟合可以推断一个 Te 原子的最近邻壳层中平均包含 3.55 个 Cd 原子,这比大块晶体中的配位数 4 要稍许小一点. 这个数字可以和纳米晶体的简单模型相比较,发现下面的叙述和已知的实验事实能合理地符合. 纳米晶体是由一个 CdTe 核和一个有机层构成. 该 CdTe 核的模型是 Cd 和 Te 原子的四面体，与在体材料中一样，这个四面体只对一系列特定的"幻数"才是完整的、例如，54 个 Cd 原子和 32 个 Te 原子，其有机部分 $S—CH_2—CH_2—OH$ 是由 S 原子与核表面上的 Cd 原子结合而成. 因此纳米晶体可以看成是化学式为 $Cd_{54}Te_{32}(SCH_2CH_2OH)_{52}^{8-}$ 的一个大分子. 这个模型给出一个 Te 原子的平均配位数为 3.63，与 EXAFS 的数据相符甚好.

7.3 X 射线二向色性

线性二向色性定义为对两个正交的光子偏振态之一的选择吸收. 对可见光而言，这是一个熟知的现象. 可能最熟悉的例子就是偏振片，它可以用来做太阳眼镜和其他东西. 偏振片包含着一些沿特定方向排列的长聚合分子. 当受到线性偏振光照射时，发现平行于分子的偏振光比垂直方向的吸收更强. 因此，由于电荷的各向异性，偏振片显示出线性二向色性. 特别感兴趣的是铁磁材料所显示的圆二色性，它是右手和左手圆偏振光的吸收差异.

现在人们知道，材料在 X 射线波段也会显示二向色性[Erskine 和 Stern，1975；Thole 等，1985；van der Laan 等，1986；Schütz 等，1987]. 利用这个性质，近年来开发了几个很有效的方法来研究磁性材料. 本节中对这些方法中最受欢迎的，即用来研究铁磁材料的 X 射线磁圆二色性(X - ray magnetic circular dichrosim，XMCD)方法，作一个简单的介绍. 正如它的名称所示，XMCD 实验包括对左右手圆偏振 X 射线吸收差异的测量. 可以用这个差异(即磁二向色性信号)来导出材料的磁化强度. 和其他方法相比，XMCD 有几个引人注意的特点. 首先，XMCD 实验可以分别提供自旋和轨道磁化的信息，而大多数其他方法(块材的磁化测量、中子散射等)都是只对总磁化敏感. 其次，通常实际应用时是在吸收边附近研究二向色性，所以这个方法是含元素特征的. 最后，XMCD 十分敏感，可以用来测定极小的磁矩和研究很少量的材料. 例如，XMCD 最重要的应用之一就是研究纳米结构(如多层膜和薄膜)，它们是现代数据存储器件的基础. 实际上 XMCD 可以灵敏到探测每个原子 0.001 μ_B 的磁矩.

我们讨论 XMCD 物理的出发点是对圆偏振电磁波的描述. 在圆偏振状态下，一个电磁波的电场描写是一个绕着传播方向 $\boldsymbol{k}$ 的螺旋形路径，它在每个波长内旋转一次. 旋转方向可以是顺时针的，也可以是逆时针的，如图 7.11 所示. 定义右圆偏振(RCP)电磁波的电场沿 $\boldsymbol{k}$ 方向看是顺时针旋转的，而左圆偏振(LCP)电磁波的旋转方向是逆时针的. 在量子力学描述中，圆偏振电磁波仍然是由光子组成，但这时光子处于其角动量算符 J_z 一个确定的本征态，这里 z 指传播方向 $\boldsymbol{k}$. 对 RCP(LCP)，光子的 J_z 的本征值为 $+\hbar(-\hbar)$. 对线性偏振的光子，因为它们是 RCP 和 LCP 光子的叠加，期望值 $\langle J_z \rangle = 0$. 圆偏振光子仅处于 J_z 的一个本征态，这意味着在电子跃迁中角动量守恒的选择定则变得特别简单.

以原子模型为出发点，考虑电子从芯态向一个能量较高的束缚态跃迁，这样来理解 XMCD 信号的起源最容易. 由原子物理可知，电子的跃迁几率是由描写初态和末态量子数变化的选择定则所控制. 驱动电子跃迁的主要机理是光子的电场和电偶极矩的相互作用. 这个算符是电荷与距离的乘积，因此是一个奇函数. 因为初态和末态的宇称是由它们相应的轨道量子数 ℓ 给出，所以只有当

$$\Delta\ell = \pm 1$$

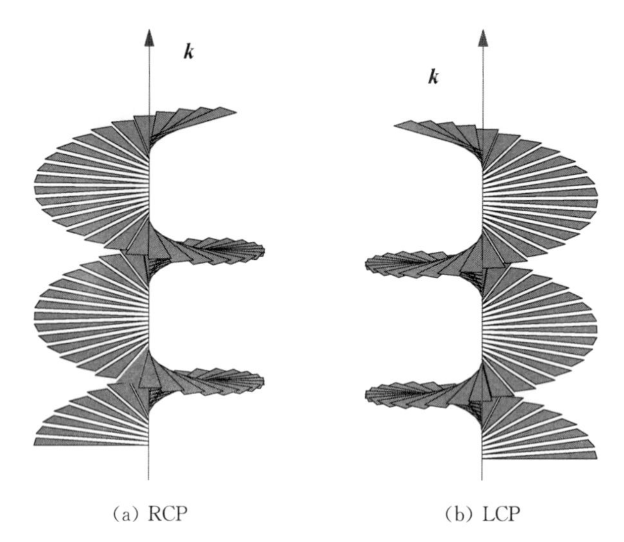

图 7.11 圆偏振 X 射线可以用一个螺旋形楼梯来描绘，楼梯的台阶表示电场矢量. 两个可能的偏振态分别对应于沿着传播方向 $\boldsymbol{k}$ 来看楼梯是顺时针旋转的(右圆偏振，RCP)，还是逆时针旋转的(左圆偏振，LCP).

时矩阵元才不为零. 这是偶极跃迁选择定则①. 既然在吸收过程中光子湮灭了，那么它的角动量一定是传递给了样品，所以对圆偏振光子有

$$\Delta m = \begin{cases} +1, \text{ RCP 光子} \\ -1, \text{ LCP 光子} \end{cases}$$

要说明为什么这些选择定则会产生左圆、右圆偏振光吸收上的差异，可以看图 7.12(a). 这里的能级图显示一个原子有 8 个电子：两个在 1s 态，两个在 2s 态，4 个在 2p 态，并留有两个未占据的 2p 能级. 磁场是外加在平行于光子传播的方向 $\boldsymbol{k}$，如图 7.12(b)所示；这是常规 XMCD 的几何布局. 由于 Zeeman 效应，磁场把 2p 态的轨道简并消除，分裂为 3 个态 $|\ell, m\rangle = |1, -1\rangle$，$|1, 0\rangle$ 和 $|1, 1\rangle$. 这里为了使问题尽量简化，只表示出轨道量子数而忽略了自旋-轨道相互作用. 现在再来看 XMCD 在选择定则的起源就很清楚了. 当受到 RCP 辐射照射时，从 1s 芯态 $|0, 0\rangle$ 到未占据态 $|1, 1\rangle$ 的跃迁满足两个选择定则. 相反，对 LCP 光子，由于唯一的允许末态 $|1, -1\rangle$ 已经被占据，所以跃迁是被禁戒的②.

在上面的例子中磁场是起着分裂末态的作用. 在一个典型铁磁材料中，磁矩的内场比外磁场要大得多，这时外场只是用来确定磁化的方向.

图 7.13 画出了做 XMCD 实验所需的关键部件. 在穿过厚度为 d 的样品之后，用“+”或“−”号表示两个偏振态的强度分别为

$$I_1^+(\varepsilon) = I_0^+(\varepsilon)\mathrm{e}^{-\mu^+(\varepsilon)d}$$

和

$$I_1^-(\varepsilon) = I_0^-(\varepsilon)\mathrm{e}^{-\mu^-(\varepsilon)d}$$

① 这种选择定则的一个实例是荧光 $K_{\alpha 1}$ 和 $K_{\alpha 2}$ 线的强度比. K_α 荧光是由电子从 L 到 K 壳层的转变中产生的. 如图 7.2 所示的简并的 L 壳层被分裂成 3 个子能级. 电偶极的选择定则限制了可以的跃迁 $2p_{3/2} \to 1s(K_{\alpha 1})$ 和 $2p_{1/2} \to 1s(K_{\alpha 2})$，而 $2s \to 1s$ 是禁戒的. 由于 $2p_{3/2}$ 能级的状态数是 $2p_{1/2}$ 的两倍，导致 $K_{\alpha 1}$ 荧光是 $K_{\alpha 2}$ 的两倍大，与实验观察很好地符合.

② 这并不是指参与 LCP 的所有吸收过程都是被禁戒的. 例如，2s 态跃迁到连续谱就是允许的.

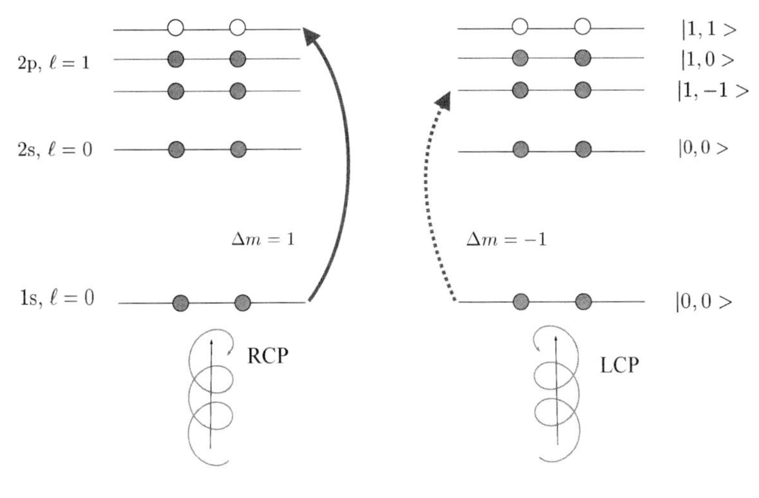

(a) 简化能级图

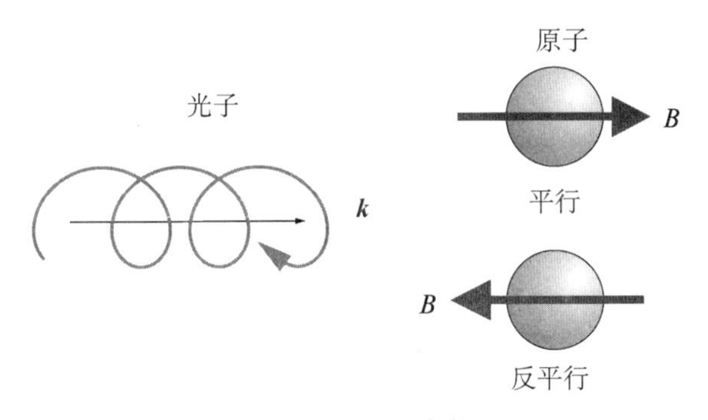

(b) 常规 XMCD 几何构型

图 7.12 (a)一个含有 8 个电子的原子的简化能级图. 泡利不相容原理限制每个态只能占有两个电子. 可能的跃迁由偶极选择定则($\Delta\ell=\pm1$),以及对 RCP 光子的选择定则($\Delta m=+1$)和对 LCP 光子的选择定则($\Delta m=-1$)来限制. 在后一种情况下,由于 $m=-1$ 的态已经被完全填满,因此跃迁不能进行,会得到一个大的 XMCD 信号[Lovesey 和 Collins, 1996]. (b)XMCD 实验的常规几何布局. 一个圆偏振光子与磁对称轴平行或反平行于 **k** 的原子间的相互作用. XMCD 信号是当 X 射线的旋向性或者场的方向反转时吸收的差异.

XMCD实验布局

I_0 I_1 样品 k B

圆偏振X射线 监控器 磁体 探测器

图 7.13 用透射几何结构的 XMCD 实验布局示意图. 入射圆偏振光束的强度 I_0 由监控器记录. 用一个磁场来使铁磁样品极化,极化的方向平行或反平行于光子传播的方向. 当光束通过样品后用探测器来测量其强度 I_1. XMCD 信号是当入射光的旋向性或者磁场的方向反转时吸收的差异.

其中 $\mu^{\pm}$ 为吸收系数. 吸收系数是通过下式由测得的强度决定：

$$\mu^{+}(\varepsilon)=\left(\frac{1}{d}\right)\log_{e}\left(\frac{I_0^{+}(\varepsilon)}{I_1^{+}(\varepsilon)}\right) \tag{7.25}$$

对其他偏振态有类似的表示式. 当光子的能量处于吸收边附近时，XMCD 的灵敏度大大增强. 如果电子被光子激发所到达的末态是强烈磁极化的，这将尤为显著. 对第一行过渡金属，光子是把电子激发到 3d 态，对稀土元素则是激发到 4f 态. 对偶极跃迁 ($\Delta\ell=\pm 1$)，耦合到这些态中的吸收边在过渡金属情形为 $L_{II}(2p_{1/2}\rightarrow 3d)$ 及 $L_{III}(2p_{3/2}\rightarrow 3d)$，而对于稀土元素，则是 $M_{IV}(3d_{3/2}\rightarrow 4f)$ 及 $M_{V}(3d_{5/2}\rightarrow 4f)$.（建议读者回到图 7.2，参阅用来标记吸收边的命名法.）

根据 X 射线源的性质和所考虑的吸收边的能量，XMCD 实验的实施可以从几个不同的方法中选用其一. 正如第 2 章第 26 页所说的那样，可以从偏离电子轨道平面来观察光源点，从而通过弯铁来得到圆偏振辐射. 根据是从轨道平面的上面还是下面来观察光源，决定所看到的电子是顺时针还是逆时针方向旋转的. 这个环形的旋转给光子一个角动量，所以可以用它来作 XMCD 测量. 另一种方法是现在可以用螺旋形波荡器来产生很强的圆偏振 X 射线束，如第 37 页所述. 在上述两个情况中，或是通过反转光子的螺旋性，或是反转磁极化的方向来得到二向色性的信号. 两者完全等价，也都在实际中应用. 在高光子能量下，通常用一个透射的几何结构来做 XMCD 实验，而对于软 X 射线，则通常是记录荧光辐射或是测量光电子产额来得到 XMCD 信号.

XMCD 之所以成为如此普遍的方法，原因之一就是目前已经确立了轨道矩 m_{orb} 和自旋矩 m_{spin} 可以由求和规则得到，它把二向色性信号在相关吸收边处的积分直接和 m_{orb} 及 m_{spin} 联系起来[Thole 等，1992；Carra 等，1993]. 按照 Chen 等人所述 [Chen 等，1995]，我们把 3d 金属求和规则写为

$$m_{\mathrm{orb}}[\mu_B/\text{原子}]=-\frac{4q(10-n_{3d})}{r} \tag{7.26}$$

和

$$m_{\mathrm{spin}}[\mu_B/\text{原子}]\approx-\frac{(6p-4q)(10-n_{3d})}{r} \tag{7.27}$$

其中 n_{3d} 为电子在 3d 态中的数目，p, q 和 r 分别由下式给出：

$$\begin{aligned} p&=\int_{L_{III}}(\mu^{+}-\mu^{-})\,d\varepsilon \\ q&=\int_{L_{III}+L_{II}}(\mu^{+}-\mu^{-})\,d\varepsilon \\ r&=\int_{L_{III}+L_{II}}(\mu^{+}+\mu^{-})\,d\varepsilon \end{aligned} \tag{7.28}$$

对自旋求和规则，(7.27)式给出的表示式只是近似的，因为我们忽略了所谓 $\langle T_z\rangle$ 项，它对 3d 金属将引入百分之几的误差.

求和规则的可靠性已由一系列实验所证实. 图 7.14 给出了 Chen 等人对铁得到的数据 [Chen 等，1995]，他们作了迄今为止对求和规则最精确的测试. 3d 元素的 L 边处于软 X 射线谱段. 这通常意味着二向色性的信号要靠测量荧光辐射或光电子产额来求得. 这两种方法都会

引进难以进行适当修正的系统误差. Chen 等人研究生长在聚对二甲苯衬底上的铁薄膜，他们的实验可以在透射几何结构下进行，因此避免了那些复杂性. 在平行构型时的吸收谱 μ^+ 和反平行构型时的吸收谱 μ^- 如图 7.14(b)所示. 在 L_{III} 和 L_{II} 边的位置处有明显的强白线，分别对应于($2p_{3/2}\to3d$)和($2p_{1/2}\to3d$)跃迁. 在图 7.14(c)中给出了二向色性的信号，还标出了求和规则(7.26)式和(7.27)式中出现的积分 p, q 和 r 的数值. 在图 7.14(d)中画出了对 μ^+ 和 μ^- 之和的 X 射线吸收谱. 用这里给出的 p, q 和 r 的数值，以及由理论得到的 $n_{3d}=6.61$，发现所得结果和其他实验方法及求自旋与轨道矩数值的理论相符甚好(在 7%以内).

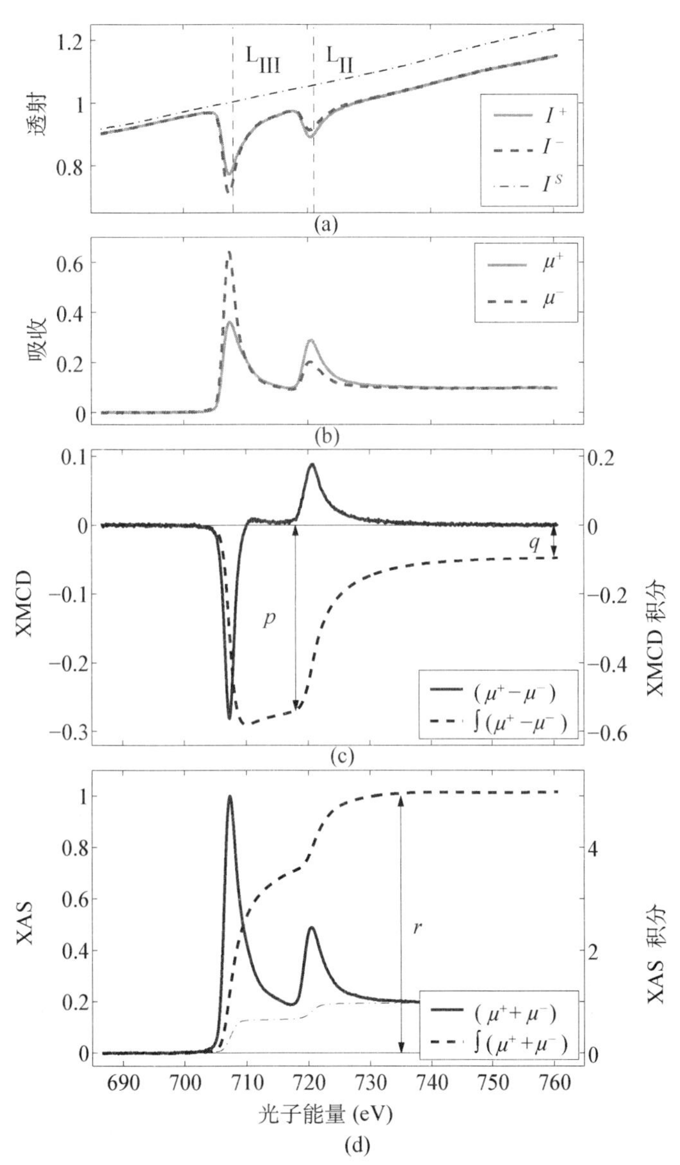

图 7.14 在铁的 L 边附近 X 射线的吸收谱. 采用圆偏振光，记录下入射光子的自旋平行于(I^+，实线)和反平行于(I^-，虚线)Fe 3d 电子自旋方向时的吸收谱. 图(a)：在相反的饱和磁化强度下，Fe/聚对二甲苯薄膜，以及聚对二甲苯衬底自身的透射谱；图(b)：由图(a)中的透射数据计算得到的 X 射线吸收谱；图(c)：XMCD 谱；图(d)：X 射线吸收谱的总和. 在图(c)和(d)中，用虚线画出了求和规则中出现的积分 p, q 和 r 的数值. 图(d)中的点划线表明了在 L_{III} 和 L_{II} 边处吸收截面的两个台阶，而这些在对谱作积分之前已从数据中扣除. [Chen 等，1995].

除了XMCD之外，材料还可以显示X射线磁线性二向色性(X-ray magnetic linear dichroism, XMLD)[van der Laan等，1986]. 它类似于在X射线波段的Faraday旋转效应. 虽然原则上它可以用来提取类似于XMCD的信息，但从实验的角度来看它要求甚高，还没有得到广泛的应用.

值得简短地考虑一下，光学定理和观察到XMCD结果的含义是什么. 光学定理阐明吸收正比于前向散射长度的虚部((3.10)式). 也就是说，一个特定类型的吸收一定意味着某个散射长度的虚部：散射和吸收是同一个硬币的两个面. 在第8章中要讲到，由Kramers-Kronig关系可以知道一定还有一个对散射长度的实部的贡献，因此XMCD就意味着在某个吸收边存在有增强的或共振的磁性散射. 这已经超出了本书的范围，不过在第8章的结尾处，我们会对共振磁散射作一点评述.

7.4 角分辨光电子能谱

在最根本的层面，一个材料的物理性质可以根据其中电子的传播行为来理解和划分. 电子能带理论显示电子在晶体中的运动由色散关系来描述，即材料中电子的束缚能 $\varepsilon_B(q)$ 与波矢 q 的函数关系. 角分辨光电子能谱(angle resolved photoemission spectroscopy, ARPES)现在已经确立成为勘查固体中电子色散关系最强大的技术. 我们将在本节简介ARPES技术.(有兴趣的读者可以参考[Damascelli等，2003]的综述论文，它提供了一个较完整的描述.)尽管在绝大多数情况下(但不是所有)，ARPES使用波长(100～600 Å)刚好在X射线波段之外的光子，我们仍然把ARPES包括在这里. 除了其在决定电子结构中扮演的关键角色外，另一个原因是在绝大多数同步辐射都能找得到ARPES光束线，而且ARPES可以用在7.1节中发展出来的光电吸收截面的相同理论来描述. ARPES的基本想法是通过测量固体之外真空中自由传播的光电子的能量和动量，利用能量和动量守恒定律推得固体中的色散关系 $\varepsilon_B(q)$.

光电发射过程的能量关系示意图为图7.15. 这里晶体中紧束缚的局域电子态，与更为松弛地结合的价电子能带的电子态都被表示出来. 把最高能量的占据态电子移到真空中所需要的最小能量就是所谓的功函数 ϕ，它的值是材料的一个特征①. 图7.15(a)的左侧演示了金属的情况，其中最高能量的占据态被称作费米能级(Fermi level). 一般来说，电子可以从费米能量以下的任何态中被移走. 根据此过程中的能量守恒，光电子的动能 $\varepsilon_{\mathrm{kin}}$ 如下：

$$\varepsilon_{\mathrm{kin}}=\frac{\hbar^2 q_v^2}{2m}=\hbar\omega-\phi-\varepsilon_{\mathrm{B}} \tag{7.29}$$

这里 q_v 是释放到真空中的电子的波矢，$\hbar\omega$ 是光子能量，而 ε_{B} 是电子相对于 ε_{F} 的束缚能，即 $\varepsilon_{\mathrm{B}}=\varepsilon_{\mathrm{F}}-\varepsilon_{\mathrm{i}}$(见图7.15(b)).

因此，获得了$\hbar\omega$ 和 ϕ 的信息之后，ε_{B} 就可以通过测量 $\varepsilon_{\mathrm{kin}}$ 来推出. 对于局域的内壳层电子态，ε_{B} 的确定自身就足以提供样品靠近表面附近区域化学组分的指纹. 这就是X射线光电子能谱(X-ray photoelectron spectroscopy, XPS)的基础，XPS在各种表面科学的分析技术中有广泛的应用. 在ARPES实验中，光电子的能量和动量都被确定下来. 真空中光电子的动量是$\hbar q_v$，

① 在最简单的处理中，人们假设光电发射过程在系统弛豫之前就完成，并忽略固体中电子之间的多体相互作用. 这些被分别称为突发近似(sudden approximation)和独立电子近似(independent electron approximation).

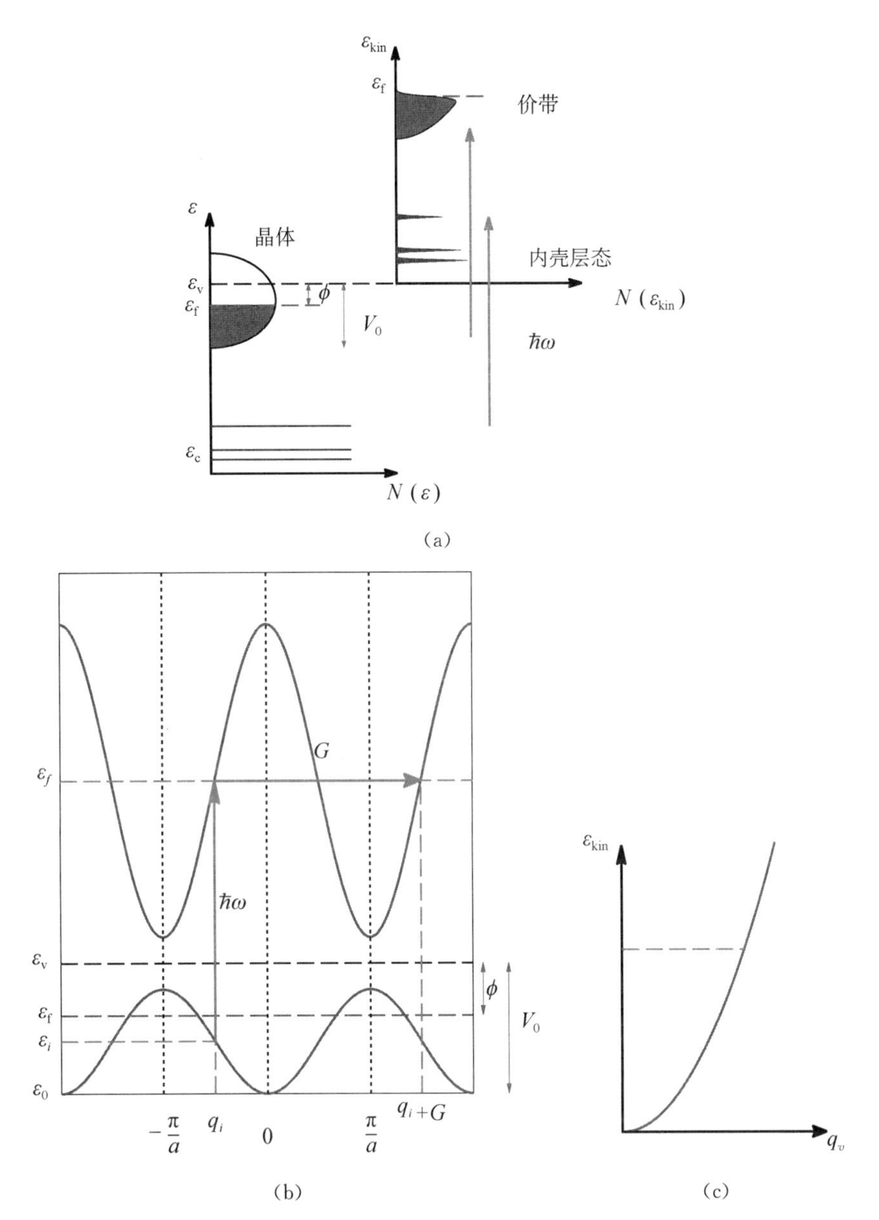

图 7.15 图(a)左侧:固体中能级的示意图,包括紧束缚的原子内壳层的局域电子态(ε_c)和更为松弛地结合的价带,后者一直填到费米能量 ε_F. 功函数 ϕ 是把填到价带顶部的电子移到真空(真空最低能级是 ε_v)中所需要的最小能量. 内势 V_0 对应于价带底相对于 ε_v 的束缚能. 右侧:在光电发射过程中,一个能量为$\hbar\omega$ 的光子把电子移出固体. 光电子的动能 ε_{kin}依赖于$\hbar\omega$ 和电子所处的初态的束缚能. (改编自[Hüfner, 1995].)图(b):能带中的电子的光电发射过程,这里展示了包括了晶体提供的动量的直接跃迁. 图(c):对应的光电子的自由电子色散关系. (改编自[Pilo, 1999].)

为了方便计,可以分解成垂直和平行于表面的分量:

$$\hbar q_{\perp,v} = \sqrt{2m\varepsilon_{kin}}\cos\theta,\ \hbar q_{/\!/,v} = \sqrt{2m\varepsilon_{kin}}\sin\theta \tag{7.30}$$

(参见图 7.3 中的坐标系统,但注意到对光子传播方向的限制在此不适用.)因此光电子动能的测量以及它的传播方向足以决定它的运动学信息. 在现代 ARPES 光束线上,这可以用多角度同时探测的电子透镜系统结合半球型电子能量分析器来实现,如图 7.16(a)所示.

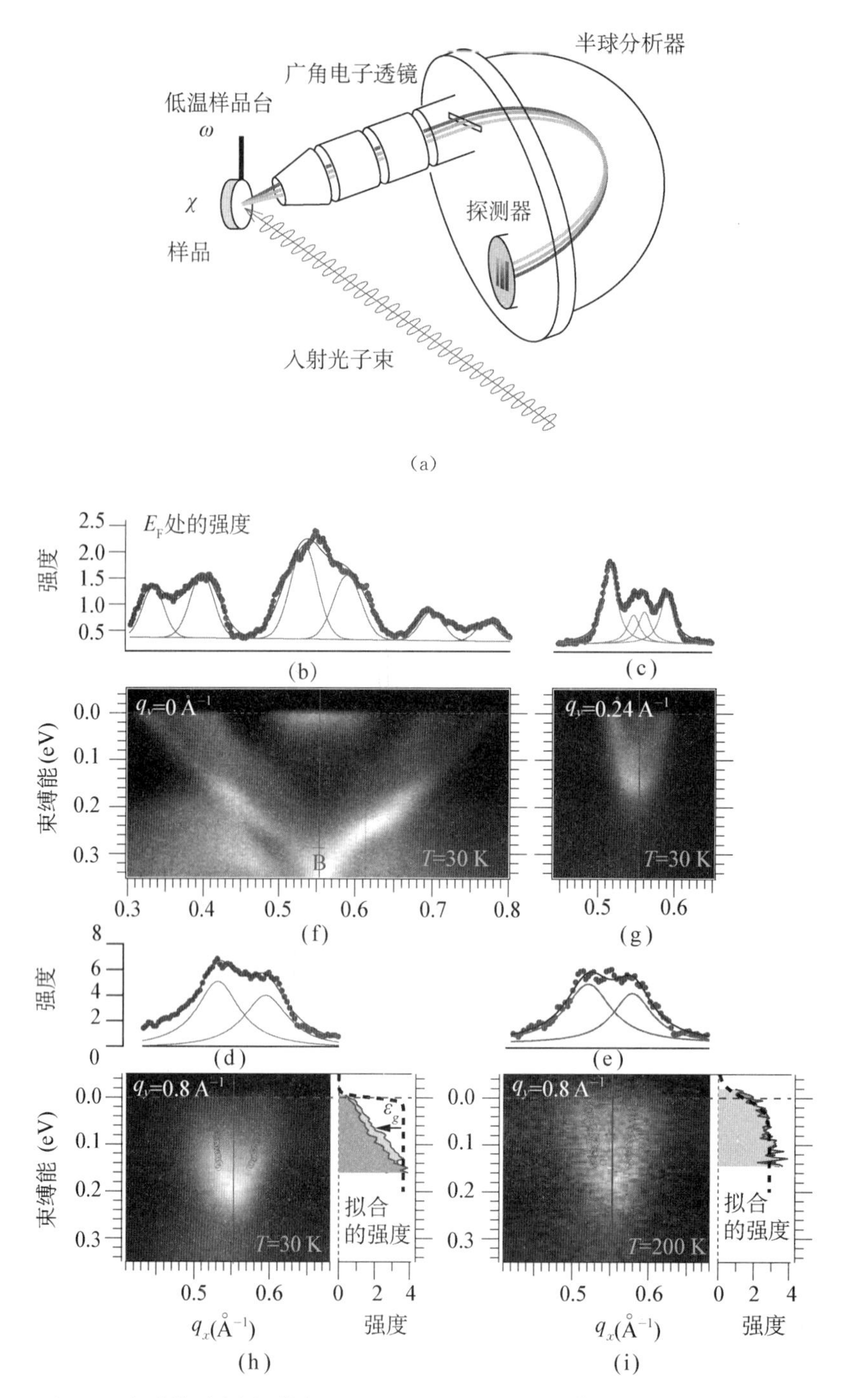

图 7.16 图(a):ARPES 实验的示意图,其中电子吸收一个光子,从固体中释放出来.光电子的能量和动量可以分析出来,从而可以应用守恒定律来推出电子在固体中的色散.图(b)至(i):$ZrTe_3$ 中电荷密度波(charge density wave, CDW)能隙打开的 ARPES 数据[Hoesch 等,2009].布里渊区边界从 $\overline{B}$ 到 $\overline{D}$ 这 3 个不同位置的色散图,其中图(f)至(h)对应于 T = 30 K,图(i) 对应于 T = 200 K. 图(b)至(e):费米能量 ε_F 处的动量分布曲线(momentum distribution curve, MDC).在图(h)至(i)中,色散是通过用两个等宽的洛伦兹函数拟合 MDC 获得的.这些拟合的强度被画在图的右侧,与相应温度的费米分布函数画在一起(虚线).图(h)中的箭头给出了 CDW 打开的能隙的值.(本图由 Moritz Hoesch 提供.)(本图可参见彩图 17.)

作为对概念的辅助理解，光电子发射过程经常被分成 3 个分立的步骤，虽然现实中不可能进行这样的区分：一个光子把一个电子从初态激发到末态；该电子传播到表面；该电子通过表面势垒，被释放到真空中. 对于能带中的电子来说，这 3 步里的第一步被演示在图 7.15(b)中. 这种情况下的光电子发射过程，或者可被描述成简约布里渊区图像下的一个直接跃迁($q_f = q_i$)，或者是扩展布里渊区图像下的间接跃迁($q_f = q_i + G$)，其中晶体提供了动量$\hbar G$，使得这个过程可以发生. 图 7.15(c) 展示了第三步之后光电子在真空中像自由电子一样传播时的能量与电子在固体中的末态能量 ε_f 的关系.

决定电子的色散，需要知道 ε_B 和 q 两者的信息. 前者可从测得的光电子能量得到((7.29)式)，而后者可通过 ARPES 过程的动量守恒推得. 在当前讨论的情形下，首先注意到的是典型的 ARPES 实验中的光子波长比原胞尺寸 a 要大得多. 光子的动量比电子的动量($\hbar(2\pi/a)$量级)要小得多，因此可以忽略. 其次，电子动量平行于表面的分量是严格守恒的，因而有 $\hbar q_{/\!/} = \hbar q_{/\!/,v}$. 最后，表面势垒的存在意味着$\hbar q_{\perp}$不守恒. 这就需要更多的近似，或者求助于计算的结果来得到它的值. 举例来说，如果固体中电子的末态可以用一个自由电子模型来近似，

$$\hbar q_{\perp} = \sqrt{2m(\varepsilon_{\mathrm{kin}} \cos^2 \theta + V_0)} \tag{7.31}$$

这里 V_0 是内势(inner potential)，等于价带底相对于真空的能量(图 7.15(b)).

现代 ARPES 技术能够获得电子结构详细信息的一个实例展示在图 7.16(b)至(i)中[Yokoya 等，2005；Hoesch 等，2009]. 这个例子中的材料是 $ZrTe_3$，这个材料之所以有趣，是因为它有一个电荷密度波(charge density wave, CDW)相变，相变温度 $T_{\mathrm{CDW}} = 63$ K，而且在更低的 2 K 温度下成为超导体. CDW 相变通常发生在低维体系，周期性的晶格畸变在电子结构的费米能量 ε_F 处打开一个能隙，从而降低了电子能量，这不但可以抵消晶格能量的增加量，而且还有富余. 这类材料的一个重要挑战是理解观察到的相变是如何从其电子结构出现的. 在图 7.16(f)至(i)中，此处有选择地在靠近布里渊区边界的一些条状区域，给出了电子色散作为 q_x 的函数的数据. 通过对比 CDW 相变之上(200 K)和之下(30 K)的数据(图 7.16(h)至(i))，可以看到在布里渊区边界上 $\overline{D}$ 点处部分地打开了一个能隙.

7.5 深入阅读材料

[1] *The Analysis of Materials by X - ray Absorption*, E. A. Stern, Scientific American, **234**, 4(1976).

[2] *The Quantum Theory of Light*, R. Loudon (Oxford University Press, 1983).

[3] *The Quantum Theory of Radiation*, W. Heitler (Dover Publications, 1984).

[4] *X - ray Scattering and Absorption by Magnetic Materials*, S. W. Lovesey, S. P. Collins (Oxford University Press, 1996).

[5] *Angle-resolved Photoemission Studies of the Cuprate Superconductors*, A. Damascelli, Z. Hussain, Z.-X. Shen, Rev. Mod. Phys. **75**, 473(2003).

7.6 习题

7.1 证明(7.2)式.

7.2 计算 10 keV 的 X 射线束在化合物 GaAs 中的吸收长度.(Ga:μ/ρ_m(10 keV) = 34.21 cm^2/g, M=69.723 g/mol; As:μ/ρ_m(10 keV)=41.15 cm^2/g, M=74.922 g/mol.)

7.3 在 X 射线能量为 15 keV 时,重新计算在 GaAs 中的吸收长度,并解释为什么它比10 keV 时要短.(Ga:μ/ρ_m(15 keV)=85.37 cm^2/g; As:μ/ρ_m(15 keV)=98.56 cm^2/g.)

7.4 在标准温度和压强下,估算空气中 10 keV X 射线束的吸收长度 ($\rho_m = 1.29 \times 10^{-3} g/cm^3$),可使用下列数据:重量 % = 76.7, 23.3, 1.29; M = 28, 32, 40 g/mol; $\rho_m = 1.3 \times 10^{-3}$, 1.4×10^{-3}, 1.8×10^{-3};对于 N_2, O_2 和 Ar,分别有 f'' = 0.022 4, 0.041 4, 0.585.

7.5 使用上述的结果,计算在标准温度和压强下空气中 1 keV X 射线束的吸收长度.

7.6 证明:

$$\sigma_a[\text{巴} / \text{原子}] = 1.66M[\text{g/mol}]\left(\frac{\mu}{\rho_m}\right)[\text{cm}^2/\text{g}]$$

7.7 证明(7.10)式中给出的关系.

7.8 证明:当吸收和汤姆孙散射的截面相等时,相应的能量 ε 由下式给出:

$$\varepsilon^{7/2} = 32\left(\frac{12.398}{Z\pi r_0}\right)\varepsilon_K^{5/2}$$

其中 ε_K 是 K 边的能量.此处能量单位是 keV, r_0 单位是 Å.估算铍的 ε(铍的 K 边能量是 0.11 keV).

7.9 电离室(ion chamber)经常被用来记录入射光的强度.证明:长度为 L、内含气体气压为 P 的一个电离室在室温下的透射率 T 可写为

$$T = e^{-\mathcal{N}\sigma_a}, \ \mathcal{N} = \frac{PLN_A}{24.0 \times 10^3}$$

其中$\mathcal{N}$是单位面积的原子数,σ_a 是吸收截面(单位是 cm^2).如果入射光子能量是 10 keV,电离室的长度 L = 5 cm,若要透过 99% 入射束,电离室中需要用多大压力的氩气?(σ_a(10 keV) = 3.71×10^3 巴 / 原子.)

7.10 参考 7.2.3 节有关 CdTe 的内容,确定体材料中一个 Te 原子的第二近邻壳层的半径,并把结果和图 7.9(e)的数据进行比较.

7.11 莫塞莱定律把荧光辐射的能量和原子数 Z 联系起来(见(1.20)式),就吸收边能量的 Z 依赖性也可以建立类似的关系.在一个类氢离子中,电子结合能的变化形式是 $\varepsilon_H Z^2$,其中 ε_H = 13.6 eV.一个 K 电子的结合能 ε_K 因此可粗略估计为 $\varepsilon_K \approx \varepsilon_H(Z-1)^2$,此处考虑到另一个 K 电子把原子核电荷屏蔽掉一个单位.定义估算 ε_K 的相对误差是 $\epsilon(Z)$,即

$$\varepsilon_K = \varepsilon_H(Z-1)^2[1+\epsilon(Z)]$$

(1) 利用以下数据:Z = 26, 36, 47, 57, 69, 79; ε_K[eV] = 7 111, 14 324, 25 516, 38 924, 59 390, 80 725,找到 $\epsilon(Z)$ 在 $20 < Z < 90$ 区间的半经验表达式.

(2) 利用(1)的结果,估算 Ga(Z = 31) 和 As(Z = 33) 的 K 边(见习题 7.2).

8

共振散射

在前几章中，我们用经典的汤姆孙散射方法讨论了 X 射线的散射，它用的是一个扩展的自由电子分布. 在这个近似方法中，一个原子的散射长度可以写为$-r_0 f^0(\boldsymbol{Q})$，其中 $f^0(\boldsymbol{Q})$是原子的形状因子，而 r_0 则是一个单电子的汤姆孙散射长度. 原子的形状因子不是别的，就是电荷分布的傅立叶变换，因此它是一个实数. 在第 3 章中我们看到，如果包含吸收过程，那么原子的散射长度必须扩展为复数，其虚部正比于吸收截面 σ_a(参见 3.3 节). 因此为了采用经典模型来描述散射，同时需要用一个复数的散射振幅，显然必须要构造一个比自由电子云更复杂些的模型. 一个显而易见的扩展是允许电子可以束缚在原子上. 在经典的图像中，它们对 X 射线驱动场的响应，可以看作一个阻尼谐振子，相应的共振频率为 ω_s，阻尼常数为 Γ.

我们可以看到，强迫振子模型对原子散射长度的确会给出一个虚部，并且对实部也给出一个修正. 总之，原子的散射振幅可以写为如下形式(以$-r_0$ 为单位)：

$$\boxed{f(\boldsymbol{Q},\ \omega) = f^0(\boldsymbol{Q}) + f'(\omega) + \mathrm{i}f''(\omega)} \tag{8.1}$$

其中 f'和 f''是色散修正的实部和虚部. 显然，色散修正是依赖于能量的(或者等价地说依赖于频率的).

当这些散射项取吸收边的极端值时，也常被称为共振散射项. 它们曾经被广泛地称为反常散射修正，但现在对它们有了基本了解后，发现它们其实并没有什么反常的地方. 色散修正主要是由 K 壳层中的电子决定的；可能重元素例外，因为对于重元素，L 和 M 壳层变得重要. 这些壳层中的电子在空间中很受约束，以致可以忽略它们对 $\boldsymbol{Q}$ 的依赖关系，这也说明在(8.1)式中为什么可以忽略 $\boldsymbol{Q}$. 另一方面，汤姆孙项 $f^0(\boldsymbol{Q})$不依赖于光子能量，只与散射矢量 $\boldsymbol{Q}$ 有关. 对 $\boldsymbol{Q}$ 的依赖关系是由于非共振散射是原子中所有电子产生的，它们的空间范围和 X 射线波长有相同的数量级(参见第 83 页关于原子形状因子的讨论).

强调共振散射是弹性的这点很重要，就是说被散射的 X 射线和原来入射的射线有相同的能量. 在共振散射的量子力学描述中入射光子将一个电子激发到一个较高的能级，然后电子衰变回初始能级，同时发出一个和入射时能量相同的光子. 这类过程通过某个中间态，需要用二阶微扰理论来描述，而共振行为就是由理论中出现的能量分母引起.

到这个阶段，我们应暂停一下，先来预估一下振子模型的一个局限. 色散修正的虚部 f''代表系统中的耗散，或者换句话说就是吸收. 其实在第 53 页上的(3.10)式中已经给出了 f''和 σ_a 之间的明确关系. 从基本原理可以知道，对一个强迫谐振子，当驱动频率接近自然频率时，其响应的虚部显示出一个共振，而且这个共振的宽度对小阻尼而言是很窄的. 于是可以预期单振子模型最多是在 f''中产生一个峰，同时也在 σ_a 中产生一个峰. 这显然同图 8.1(a)中画的原子吸收截面大不一致. 如第 7 章关于吸收的讨论所述，它在一个吸收边处有一个不连续的跳跃，接下来是按 ω^{-3} 衰减. 为了模拟这个行为，必须假定体系是带有相应权重的振子的叠加，这些权重也称为振子强度(oscillator strength)$g(\omega_s)$，它正比于 $\sigma_a(\omega=\omega_s)$.

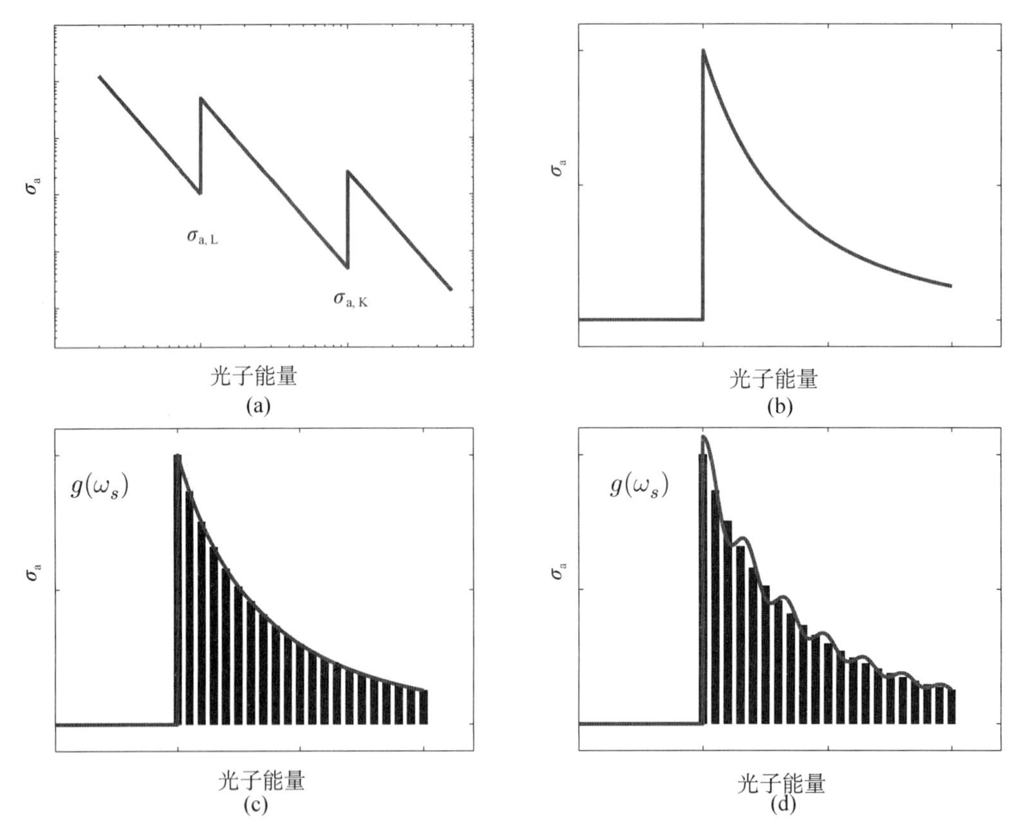

图 8.1 图(a)：吸收截面作为光子能量函数的双对数图. σ_a 吸收截面有特征边. 在这些边之间，近似地按照能量的负三次方变化. 图(b)：在线性标度下，一个 K 电子的吸收截面. 图(c)：一个孤立原子的吸收截面可以用一系列的谐振子来模拟，而它们是由一个光滑的权重函数 $g(\omega_s)$ 来描述的. 图(d)：这通常并不是一个恰当的近似，因为它没有考虑近边结构，诸如白线(white line)，或由相邻原子产生的 EXAFS 振荡.

在复杂系统的晶体学中，例如要决定大分子的结构等，共振散射项特别重要. 原因是在衍射实验中，人们测量到的是晶胞结构因子的模的平方，因此从不同原子散射的相对相位的信息就丢失了. 这就是晶体学中的相位问题. 这使得唯一确定一个可能含有几千个原子的原胞的结构变得非常困难，即便它不是不可能. 然而通过记录其中某个原子(通常取一个重原子)的吸收边附近的几组光子能量的数据，就可以找到相位问题的解. 利用这种方法的技术叫做 MAD，是多波长反常衍射(multi-wavelength anomalous diffraction)的缩写. 实际上有可能用 MAD 来求解晶体学中的相位问题. 这一技术的成功依赖于对色散修正的精确了解.

在本章中我们将说明求解 f' 和 f'' 背后的基本原理. 下面几节把原子中的电子看作谐振子来推导色散修正的表示式. 这显然是一个粗糙的近似，但它仍然使得我们能够探究 f' 和 f'' 相互之间的关系，以及它们和吸收截面之间关系的概貌.

8.1 强迫的带电振子

考虑原子上一个束缚电子的经典模型. 假定电子受到一个入射 X 射线束的电场的作用，电场为 $\boldsymbol{E}_{\text{in}}=\hat{x}E_0\text{e}^{-\text{i}\omega t}$，沿着 x 轴偏振，振幅为 E_0，频率为 ω，电子的运动方程是

$$\ddot{x}+\Gamma\dot{x}+\omega_s^2x=-\left(\frac{eE_0}{m}\right)\text{e}^{-\text{i}\omega t}$$

$\Gamma\dot{x}$是与速度有关的阻尼项，表示外场的能量耗散，主要是由于再辐射而引起. 阻尼常数 Γ 有频率的量纲，通常比共振频率 ω_s 要小得多. 将试探解 $x(t)=x_0\text{e}^{-\text{i}\omega t}$ 代入上式，得到强迫振荡振幅 x_0 的表达式如下：

$$x_0=-\left(\frac{eE_0}{m}\right)\frac{1}{(\omega_s^2-\omega^2-\text{i}\omega\Gamma)} \tag{8.2}$$

8.1.1 色散修正:实部和虚部

频率依赖的色散修正的精确表达式可以通过 1.2 节中类似的讨论给出，在那里我们计算了单个自由电子的散射截面. 在这里我们处理束缚的电子，两种情况下的推导均取决于辐射强度. 在距离 R 处，t 时刻的辐射通常是由一个较早时刻 $t'=t-R/c$ 的加速度项 $\ddot{x}(t-R/c)$ 所决定的，

$$E_{\text{rad}}(R,\ t)=\left(\frac{e}{4\pi\varepsilon_0Rc^2}\right)\ddot{x}(t-R/c)$$

为了方便起见，我们设偏振因子 $\hat{\varepsilon}\cdot\hat{\varepsilon}'=1$. 将 $\ddot{x}(t-R/c)=-\omega^2x_0\text{e}^{-\text{i}\omega t}\text{e}^{\text{i}(\omega/c)R}$ 代入，其中 x_0 由(8.2)式给出，得到

$$E_{\text{rad}}(R,\ t)=\frac{\omega^2}{(\omega_s^2-\omega^2-\text{i}\omega\Gamma)}\left(\frac{e^2}{4\pi\varepsilon_0mc^2}\right)E_0\text{e}^{-\text{i}\omega t}\left(\frac{\text{e}^{\text{i}kR}}{R}\right)$$

或者等价地有

$$\frac{E_{\text{rad}}(R,\ t)}{E_{\text{in}}}=-r_0\frac{\omega^2}{(\omega^2-\omega_s^2+\text{i}\omega\Gamma)}\left(\frac{\text{e}^{\text{i}kR}}{R}\right)$$

原子的散射长度 f_s 定义为出射的球面波($\text{e}^{\text{i}kR}/R$)的振幅. 以$-r_0$ 为单位，它是

$$f_s=\frac{\omega^2}{(\omega^2-\omega_s^2+\text{i}\omega\Gamma)} \tag{8.3}$$

其中的下标“s”提醒我们这是单一振子的结果. 当频率远大于共振频率时，$\omega\gg\omega_s$，电子可以看作自由的，于是回到了汤姆孙散射的表示式，即 $f_s=1$.

由(8.3)式可以把自由电子的结果推广到束缚电子的情况，把总截面写为

$$f_s=\frac{\omega^2-\omega_s^2+\text{i}\omega\Gamma+\omega_s^2-\text{i}\omega\Gamma}{(\omega^2-\omega_s^2+\text{i}\omega\Gamma)}=1+\frac{\omega_s^2-\text{i}\omega\Gamma}{(\omega^2-\omega_s^2+\text{i}\omega\Gamma)}\approx 1+\frac{\omega_s^2}{(\omega^2-\omega_s^2+\text{i}\omega\Gamma)} \tag{8.4}$$

上式的最后一行是因为 Γ 通常远小于 ω_s. 写成这个形式之后，就可以明显地看出第二项是对

散射因子的色散修正. 色散修正于是写为 $\chi(\omega) = f'_s + \mathrm{i} f''_s$, 因而

$$\chi(\omega) = f'_s + \mathrm{i} f''_s = \frac{\omega_s^2}{(\omega^2 - \omega_s^2 + \mathrm{i}\omega\Gamma)} \tag{8.5}$$

其实部为

$$\boxed{f'_s = \frac{\omega_s^2(\omega^2 - \omega_s^2)}{(\omega^2 - \omega_s^2)^2 + (\omega\Gamma)^2}} \tag{8.6}$$

而虚部为

$$\boxed{f''_s = -\frac{\omega_s^2\omega\Gamma}{(\omega^2 - \omega_s^2)^2 + (\omega\Gamma)^2}} \tag{8.7}$$

图 8.2 给出了用单个振子模型所得到的色散修正对频率的依赖关系.

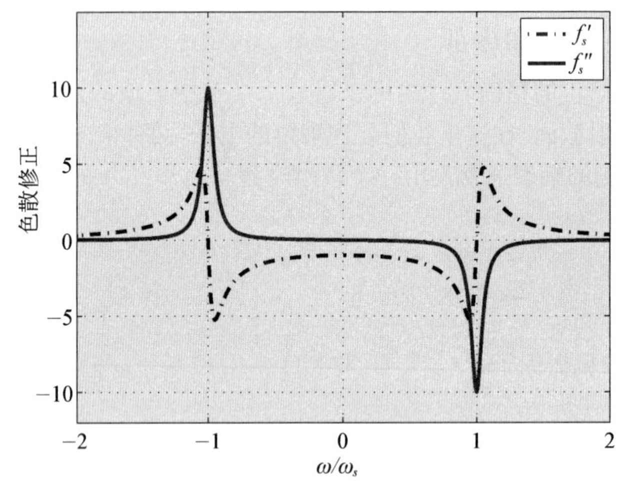

图 8.2 单振子模型. 色散修正的实部 f'_s 和虚部 f''_s 作为驱动频率 ω 与共振频率 ω_s 之比的函数关系. 在这个实例中 Γ 取为 $0.1\omega_s$.

8.1.2 总散射截面

回顾第 254 页上附录 B 中的推导,电磁波被一个自由电子散射的总截面为

$$\sigma_T = \left(\frac{8\pi}{3}\right) r_0^2$$

由(8.3)式可以把自由电子的结果推广到束缚电子的情况,总截面可写为

$$\boxed{\sigma_T = \left(\frac{8\pi}{3}\right) \frac{\omega^4}{(\omega^2 - \omega_s^2)^2 + (\omega\Gamma)^2} r_0^2} \tag{8.8}$$

总散射截面的频率依赖关系展示在图 1.8(a)中,可以看到在 $\omega = \omega_s$ 时出现一个峰.

在 $\omega \ll \omega_s$ 的极限情况下,且当 $\Gamma \to 0$ 时,截面变成

$$\sigma_T = \left(\frac{8\pi}{3}\right)\left(\frac{\omega}{\omega_s}\right)^4 r_0^2$$

这是在可见光波段的电磁辐射散射时适用的极限形式，即熟知的瑞利(Rayleigh)定律①. 因此原子对 X 射线散射也称为瑞利散射. 在另一个极限时，$\omega \gg \omega_s$，总的散射长度与自由电子散射的数值接近.

8.1.3 色散修正与折射率

在前几章中(例如 3.1 节)已经强调了散射和折射是对同一物理现象的两种不同描述方式. 共振散射项来源于色散关系修正，因此它的存在导致了折射率 n 对频率的依赖.

为了理解这个依赖关系的具体形式，我们考虑电极化率 $\chi = (\varepsilon/\varepsilon_0 - 1)$ 的介质对随时间变化的电场强度 $\boldsymbol{E}(t)$ 的响应. 假设外界电场的效应导致介质的极化 $\boldsymbol{P}(t)$，用公式表示为

$$\boldsymbol{P}(t) = \epsilon_0 \chi \boldsymbol{E}(t) = (\epsilon - \epsilon_0)\boldsymbol{E}(t)$$

在体积为 V、位移量为 $x(t)$ 的 N 个电子系统中，定义电极化密度 $\boldsymbol{P}(t)$ 为

$$P(t) = \frac{-Nex(t)}{V} \equiv -e\rho x(t)$$

由(8.2)式上式可以写为

$$P(t) = -e\rho\left(-\frac{e}{m}\right)\frac{E_0 \mathrm{e}^{-\mathrm{i}\omega t}}{(\omega_s^2 - \omega^2 - \mathrm{i}\omega\Gamma)}$$

重新整理得到

$$\frac{P(t)}{E(t)} = \epsilon - \epsilon_0 = \left(\frac{e^2\rho}{m}\right)\frac{1}{(\omega_s^2 - \omega^2 - \mathrm{i}\omega\Gamma)} \tag{8.9}$$

极化率和反射率可以通过下面的定义式来联系：

$$n^2 = \frac{c^2}{v^2} = \frac{\epsilon}{\epsilon_0}$$

利用(8.9)式可以得到

$$\boxed{n^2 = 1 + \left(\frac{e^2\rho}{\epsilon_0 m}\right)\frac{1}{(\omega_s^2 - \omega^2 - \mathrm{i}\omega\Gamma)}} \tag{8.10}$$

图 1.8(b)和(c)分别画出了折射率的实部和虚部. 虚部表示了吸收或者耗散，其峰值在 $\omega = \omega_s$. 当频率小于 ω_s，$n > 1$，这就是通常在电磁波谱中的光学部分. 当频率超过 ω_s，$n < 1$，即属于 X 射线范围. 在该极限下，$\omega \gg \omega_s \gg \Gamma$，折射率可以简单表示为

$$n \approx 1 - \frac{1}{2}\frac{e^2\rho}{\epsilon_0 m\omega^2} = 1 - \frac{2\pi\rho r_0}{k^2}$$

---

① 截面的 ω^4 的依赖关系可以解释很多事情，包括为什么在中午时天是蓝色的，而日出或者日落时变为红色. 蓝光的波长比红光短，因此散射更强. 太阳发出的光被大气中的粒子所散射. 白天到达观察者的光部分来自日漫散射，因此主要是光谱的蓝光部分. 当观察靠近地平线的太阳时，蓝光被散射离开直接射来的阳光，产生了天边的红色.

与(3.2)式相符.

8.1.4 吸收截面

吸收截面的频率依赖关系可以通过将(8.7)式给出的 f_s'' 代入(3.10)式中得到. 注意到 $\omega/k = c$, 单个振子模型的吸收截面可以写为

$$\boxed{\sigma_{a,s}(\omega) = 4\pi r_0 c \frac{\omega_s^2 \Gamma}{(\omega^2 - \omega_s^2)^2 + (\omega\Gamma)^2}} \tag{8.11}$$

由于阻尼常数 Γ 比共振频率 ω_s 小,因此在 $\omega = \omega_s$ 处吸收截面有一个尖峰,峰宽为 $\Delta\omega_{\mathrm{FWHM}} \approx \Gamma$. 有效吸收截面可以表示为中心在 $\omega = \omega_s$ 处的一个 δ 函数,

$$\sigma_{a,s}(\omega) = 4\pi r_0 c \frac{\pi}{2} \delta(\omega - \omega_s) \tag{8.12}$$

其中的 $\frac{\pi}{2}$ 因子保证了由(8.12)式对所有 ω 积分时得到的结果和积分(8.11)式的结果相同,它们积分的范围都是从0到∞.

8.2 原子作为振子的一个集合

图8.1(a)给出了原子的X射线吸收截面作为光子能量函数的示意图,从中可以看出它具有特征吸收边. 例如,一个能量大于K边能量的X射线光子可以把原子K壳层上的一个电子打出去. 这给吸收打开了一个新的通道,使得截面陡然增加. 在第7章关于吸收的讨论中,我们已经指出怎样从第一性原理来计算吸收边的值,也指出各个边之间的吸收近似地按 ω^{-3} 变化. 图8.1(b)表明,在一个线性坐标系中画出的K吸收边显然不是(8.12)式所预言的单个振子的简单谱线,因此需要更加复杂的模型.

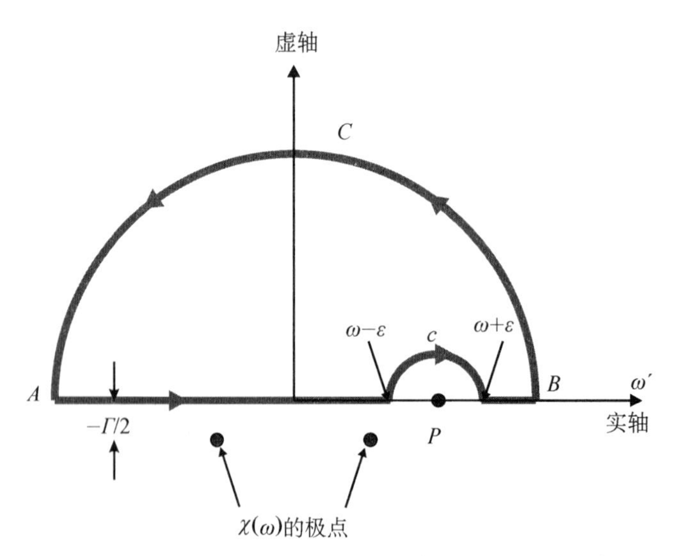

图8.3 Kramers-Kronig 关系可由柯西定理,用图中所示复平面上的回路积分求得.

如果电子只能激发到一个分立的量子态，那么经典的单个振子的谱线可以描述再辐射过程. 然而，电子也可以被激发到吸收边以上能量连续分布的自由态中去. 这些态中每一个都有不同的特征频率 ω_s. 显然，(8.12)式给出的吸收截面应推广为

$$\sigma_a(\omega) = 2\pi^2 r_0 c \sum_s g(\omega_s)\delta(\omega - \omega_s)$$

其中 $g(\omega_s)$是每个跃迁的相对权重，而窄的吸收线用 δ 函数来近似. 色散修正实部 f' 的表达式也变成许多单个振子的加权叠加：

$$f'(\omega) = \sum_s g(\omega_s) f'_s(\omega_s, \omega)$$

8.3 Kramers-Kronig 关系

当我们试图解释实验数据时，有时最好不要依赖于色散修正的理论值. 因为它们可能还不够精确. 一个更加严重的困难是它不能直接应用于某些效应，诸如白线的存在，或者广延 X 射线吸收精细结构(EXAFS)中的 σ_a 振荡，它依赖于共振散射原子所处的特定环境(参见图 8.1(d))，于是发展了一个由吸收截面 $\sigma_a(\omega)$来求解 $f'(\omega)$的间接替代方法. 出发点是从实验来确定 $\sigma_a(\omega)$，

Kramers-Kronig 关系

对 Kramers-Kronig 关系的推导是基于柯西(Cauchy)定理，涉及在复平面 z 上对解析函数 $F(z)$进行逆时针方向的回路积分. 如果 $F(z)$在 z_0 处有一个单极点，它被回路积分所包围，那么回路积分之值就等以 $2\pi i$ 乘以留数，对一个单极点留数等于$(z-z_0)F(z_0)$. 让我们对函数$\chi(z)/(z-\omega)$应用上述定理，其中 $\chi(z) = \omega_s^2/(z^2 - \omega_s^2 + iz\Gamma)$，由(8.5)式给出. 可以直接看出$\chi(z)$ 的极点都位于复平面的下半部，$\mathrm{Im}(z) = -\Gamma/2$，如图 8.3 所示. 于是我们考虑把回路的路径取为沿实轴 $z = \omega'$ 由 $A(\rightarrow -\infty)$ 到$(\omega - \epsilon)$，然后顺时针沿半圆 c 绕行，再沿实轴由$(\omega + \epsilon)$ 到 $B(\rightarrow +\infty)$，最后沿大的半圆 C 回到 A.

在实轴上，函数 $\chi(z)/(z-\omega)$ 在 $\omega' = \omega$ 处有一个极点，其留数等于$\chi(\omega)$. 但回路并不包含这个极点，整个回路积分必须等于零，大的半圆 C 的贡献也是零，这是因为对于大 z 我们的函数按 $|z|^{-3}$ 衰减，而路径长度正比于 $|z|$. 总而言之，主值积分$\mathcal{P}\int \chi(z)/(z-\omega)d\omega'$ 和沿 c 的积分$\int_c \chi(z)/(z-\omega)d\omega'$ 之和为零.

因为根据柯西定理，围绕极点 P 沿着整个圆周逆时针绕行的回路积分应等于 $+2\pi i\,\chi(\omega)$，所以沿着小的半圆顺时针绕行的积分是$-\pi i\,\chi(\omega)$. 把$\chi(z)$分成实部和虚部分量((8.6)式和(8.7)式)，最后得到

$$i\pi(f'_s(\omega) + i f''_s(\omega)) = \mathcal{P}\int_{-\infty}^{\infty} \frac{f'_s(\omega') + i f''_s(\omega')}{\omega' - \omega} d\omega'$$

将上式左端和右端的实部等式和虚部等式写出来，就得到单个振子的 Kramers-Kronig 关系.

既然 $f'(\omega)$和 $f''(\omega)$是单个振子的线性叠加，Kramers-Kronig 关系对它们也适用.

再通过下式来求得 f''①：

$$\boxed{f''(\omega) = -\left(\frac{\omega}{4\pi r_0 c}\right)\sigma_{\mathrm{a}}(\omega)} \tag{8.13}$$

(参见(3.10)式). 下一步就是利用 f'和 f''之间存在的普遍关系式,它们可以写为

$$f'(\omega) = \frac{1}{\pi}\mathcal{P}\int_{-\infty}^{+\infty}\frac{f''(\omega')}{(\omega'-\omega)}\mathrm{d}\omega' = \frac{2}{\pi}\mathcal{P}\int_{0}^{+\infty}\frac{\omega' f''(\omega')}{(\omega'^2-\omega^2)}\mathrm{d}\omega' \tag{8.14}$$

$$f''(\omega) = -\frac{1}{\pi}\mathcal{P}\int_{-\infty}^{+\infty}\frac{f'(\omega')}{(\omega'-\omega)}\mathrm{d}\omega' = -\frac{2\omega}{\pi}\mathcal{P}\int_{0}^{+\infty}\frac{f'(\omega')}{(\omega'^2-\omega^2)}\mathrm{d}\omega' \tag{8.15}$$

这就是熟知的 Kramers-Kronig 关系. 这些关系式的意义是如果已知吸收截面对于能量的依赖关系,那么可以从(8.13)式中求得 $f''(\omega)$,

将它代入(8.14)式中就可以求得相应的散射振幅色散修正的实部. 在 8.4 节中将采用第 7 章中对一个 K 边附近 σ_{a} 的变化所引进的简单模型,说明这个由 σ_{a} 求 f'的方法.

对联系 f'和 f''的 Kramers-Kronig 方程组还需要作进一步的评述. 首先,积分号前面的符号$\mathcal{P}$表示"主值". 意思是对 ω'的积分实际上是从 $-\infty$到$(\omega-\epsilon)$的积分加上从$(\omega+\epsilon)$到$+\infty$的积分,然后令 $\epsilon\to 0$ 取极限得到. 其次,把分子分母都乘以$(\omega'+\omega)$,并利用(8.6)式和(8.7)式可知 $f'(\omega')$为偶函数,$f''(\omega')$为奇函数(见图 8.2),可以得到 $f'(\omega)$和 $f''(\omega)$的另一种形式.

Kramers-Kronig 关系的正确性可以由直接代入(8.6)式和(8.7)式给出的单个振子表达式来建立,也可以在讨论 Kramers-Kronig 关系的方框中所给出的更普遍的推导得出.

8.4 对 f'的数值估算

8.4.1 简单模型

在本节中,对光子能量在 K 吸收边附近色散修正的实部 f'进行估算. 利用(8.13)式和(8.14)式,可以将 f'和吸收截面的能量依赖关系相联系起来,

$$f'(\omega) = \frac{2}{\pi}\mathcal{P}\int_{0}^{+\infty}\frac{\omega' f''(\omega')}{(\omega'^2-\omega^2)}\mathrm{d}\omega' = -\frac{2}{\pi}\frac{1}{(4\pi r_0 c)}\mathcal{P}\int_{0}^{+\infty}\frac{\omega'^2\sigma_{\mathrm{a}}(\omega')}{(\omega'^2-\omega^2)}\mathrm{d}\omega' \tag{8.16}$$

要估计这一积分,引入 $x_{\mathrm{K}}=\omega/\omega_{\mathrm{K}}$ 作为独立变量,将频率 ω 归一到 K 边的数值,于是积分变量变为 $x=\omega'/\omega_{\mathrm{K}}$. 在第 7 章中曾讨论过吸收截面对能量的依赖关系,这使我们可以把 $\sigma_{\mathrm{a}}(\omega')$ 写为如下的形式:

$$\sigma_{\mathrm{a}}\left(\frac{\omega'}{\omega_{\mathrm{K}}}\right) \approxeq \begin{cases} \sigma_{\mathrm{a}}\left(\frac{\omega'}{\omega_{\mathrm{K}}}=1\right)\left(\frac{\omega'}{\omega_{\mathrm{K}}}\right)^{-3}, & \text{当}\left(\frac{\omega'}{\omega_{\mathrm{K}}}\right)\geqslant 1 \\ 0, & \text{当}\left(\frac{\omega'}{\omega_{\mathrm{K}}}\right)< 1 \end{cases}$$

① 由于 σ_{a} 是正实数,因此 f''是负数. 在其他文献中由于符号规则不同,f''可能是正数.

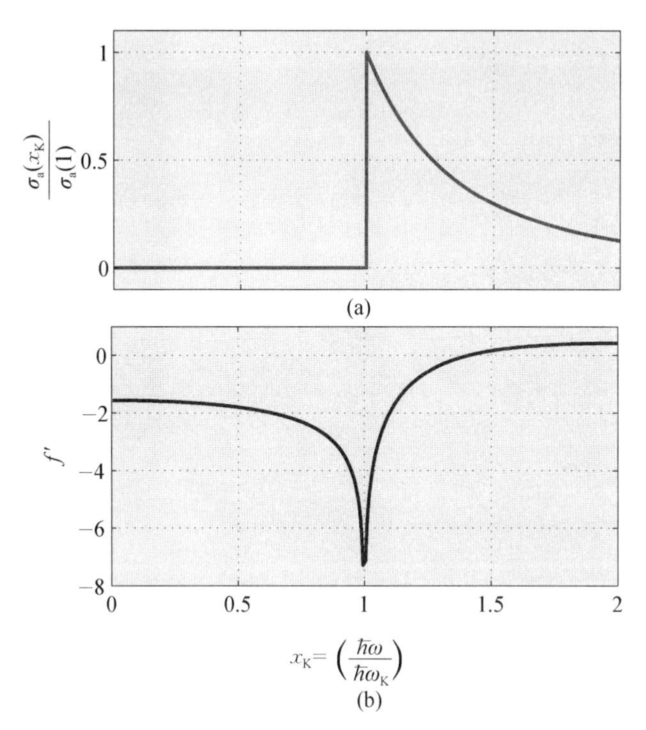

图 8.4 估计 K 边附近的色散修正. 图(a):色散修正的虚部 f''正比于吸收截面 σ_a,这里假定 σ_a 在吸收边以上按 $1/\omega^3$ 变化. 在现实中, $x_K=1$ 处的跳变会被有空穴的芯态的激发态寿命来展宽(即所谓的芯态空穴寿命(core-hole lifetime),如文中所讨论的). 能量的展宽反比于芯态空穴寿命,在文中由参数 η 代表. 图(b):对一个原子中含有两个K壳层电子的情况,数值估算了其色散修正的实部 f'. f' 曲线是由(8.18)式得出的,它由 f'' 的 Kramers-Kronig 变换得到. 在 $x_K=1$ 的共振附近, f' 的行为也由芯态空穴寿命效应决定. 这里为了更明显地显示出来,我们令能量展宽参数 $\eta=0.004$.

这画在图 8.4(a)中. 用 $\sigma_a(\omega')$的这一函数形式,(8.16)式的主值积分变为

$$\mathcal{P}\int_0^\infty \frac{\omega'^2\sigma_a(\omega')}{(\omega'^2-\omega^2)}\mathrm{d}\omega' \approxeq \sigma_a(1)\,\mathcal{P}\int_1^\infty \frac{x^2x^{-3}}{(x^2-x_K^2)}\omega_K\,\mathrm{d}x = \sigma_a(1)\omega_K\,\mathcal{P}\int_1^\infty \frac{1}{x(x^2-x_K^2)}\mathrm{d}x$$
$$= \sigma_a(1)\omega_K I(x_K)$$

其中积分 $I(x_K)$定义为

$$I(x_K) = \mathcal{P}\int_1^\infty \frac{1}{x(x+x_K)(x-x_K)}\mathrm{d}x \tag{8.17}$$

结合这些结果,色散修正实部的表达式变为

$$f'(\omega) = -\frac{2}{\pi}\frac{1}{(4\pi r_0 c)}\sigma_a(1)\omega_K I(x_K) = -\frac{1}{\pi\lambda_K r_0}\sigma_a(1)I(x_K)$$

可以由(7.17)式求出在边缘处吸收截面不连续的数值 $\sigma_a(1)$,对于两个 K 电子,它是

$$\sigma_a(1) = 2\times\left(\frac{256\pi}{3\mathrm{e}^4}\right)\lambda_K r_0$$

为了得到 f'的数值,就需要求出(8.17)式中的主值积分,结果表示在第 208 页的方框中. 于是在接近 K 边处,图 8.4 所示的色散修正的实部为

积分 $I(x_K)$ 的计算((8.17)式)

首先被积函数 $f(x)$ 可以通过下面的方法因式分解为

$$f(x)=\frac{1}{x}\frac{1}{(x+x_K)}\frac{1}{(x-x_K)}=\frac{1}{2x_K^2}\left[\left(\frac{1}{(x+x_K)}-\frac{1}{x}\right)+\left(\frac{1}{(x-x_K)}-\frac{1}{x}\right)\right]$$

其正确性可以直接查验. 通过将被积函数分解为上面的形式,我们可以计算下面类型积分的极限形式:

$$\lim_{\Lambda\to\infty}\int_1^{\Lambda}\left(\frac{1}{(x+x_K)}-\frac{1}{x}\right)\mathrm{d}x=\log\frac{(\Lambda+x_K)}{(1+x_K)}-\log\Lambda$$
$$=\log(1+x_K/\Lambda)-\log(1+x_K)\underset{\Lambda\to\infty}{\rightarrow}-\log(1+x_K)$$

换句话说,暂时忽略主值积分的规则,(8.17)式的积分可以写为

$$2x_K^2I(x_K)=-\log[(1+x_K)(1-x_K)]=-\log(1-x_K^2)$$

但是,积分 $I(x_K)$ 在 $x_K=1$ 处发散,这可以通过取主值的方式避免掉. 其做法是在 x_K 上加上非常小的一个虚部,然后整个式子取实部. 因此,设 $z=x_K+\mathrm{i}\eta$, 这样可以得到

$$2x_K^2I(x_K,\eta)=-\Re\log(1-z^2)$$

$$\boxed{f'(\omega)=-\left(\frac{512}{3\mathrm{e}^4}\right)I(x_K,\eta)=-3.13I(x_K,\eta)=\frac{3.13}{2x_K^2}\Re\log(1-z^2)}\tag{8.18}$$

式中 $z=x_K+\mathrm{i}\eta$. 可以证明这个曲线有正确的渐进行为. 由(8.17)式,对于 $x_K\to\infty$,积分 $I(x_K\to\infty)\to 0$,这同高光子能量下色散修正趋于零相符合. 在 $x_K\to 0$ 的极限下,有 $I(x_K\to 0)=\int_1^{\infty}x^{-3}\mathrm{d}x=1/2$,所以在低能端,$f'(\omega\ll\omega_K)$ 趋于 -1.565. 换句话说,两个K电子对汤姆孙散射的贡献部分被抑制了. 因此预计在 $x_K=1$ 附近,$f'(x_K)$ 对 x_K 的曲线关系是不对称的,恰如我们在图8.4中所看到的.

需要认识到的是,我们的简单模型并不能获得在 $x_K=1$ 的不连续变化点附近共振散射项的行为. 其原因是在共振附近,通过在内壳层中移除一个电子后形成的芯态空穴的激发态具有有限寿命,这会导致 f' 和 f'' 能量上的展宽,该展宽的倒数正比于芯态空穴的寿命. 芯态空穴的寿命依赖于电子结构的细节,因此它会被原子周围的环境所影响(如化学键等). 在我们的处理中,通过引入一个展宽参数 η 去描述上述重要而复杂的展宽. 在图8.4中,我们选取 $\eta=0.004$. 在实验中还需要卷积实验的能量带宽所带来的额外展宽.

8.4.2 更实际的方法

人们当然希望能计算比上述更加精确的色散修正. 在晶体学的许多分支中都需要有色散修正的精确数值,包括诸如求电子密度分布图等. 图8.5给出了对于稀有气体Ar和Kr,其色散修正对能量的依赖关系的例子. 这些是在自洽的Dirac-Hartree-Fock框架下计算的结果([Chantler, 1995]),还可以参阅[Henke等,1993]. 对于Ar, K边出现在3.203 keV处. 将图8.5(a)和(c)中的曲线和图8.4进行比较,可以看到我们这个更为简单的模型抓住了色散

修正对能量依赖关系的基本特征.

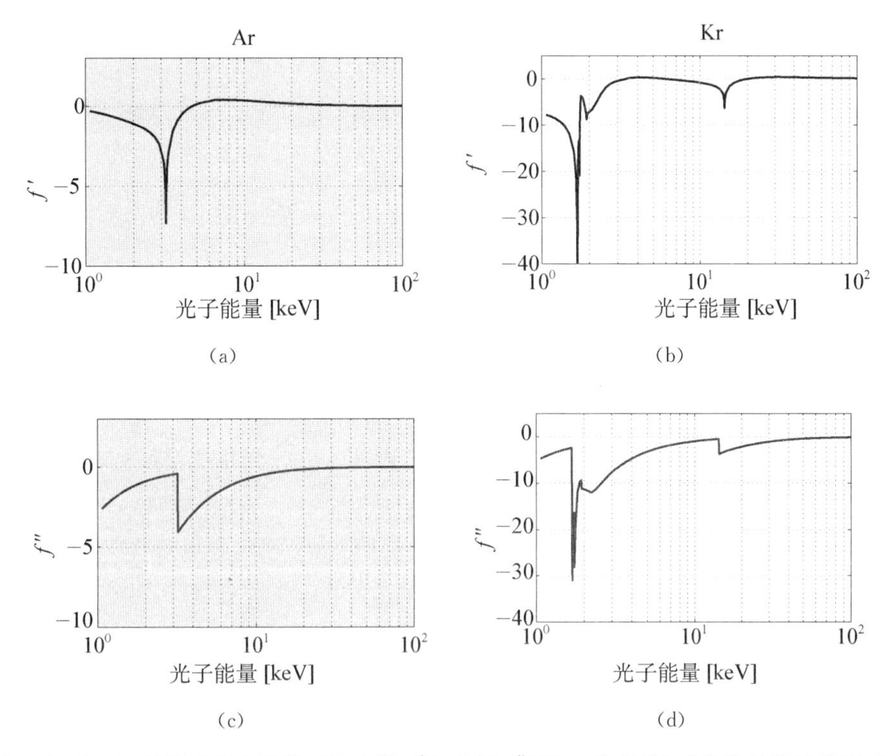

图 8.5 对于 Ar 和 Kr,计算出的色散修正的实部 f'和虚部 f''(以 r_0 为单位)对能量的依赖关系.计算是在自洽的 Dirac-Hartree-Fock 框架下进行的,在文中已作了论述.很清楚地看到 Ar 的 K 边在 3.203 keV 处.对于 Kr,其 K 边出现在 14.32 keV 处,而 L 边中心在 1.8 keV 附近.

实际上即使是用最复杂的理论方法,也未必总是恰当的.原因是接近吸收边时,色散修正对原子共振散射环境的详情变得很灵敏.例如,在第 7 章中已经讲述过吸收截面是如何被 EXAFS 振荡修正的.在这些情况下,最好的做法是对所研究的特定晶体,在边缘附近的一个能量范围内,测量感兴趣原子的吸收截面,然后用普适的 Kramers-Kronig 关系,从 $\sigma_a(\omega)$来求 $f'(\hbar\omega)$.这样,芯态空穴寿命的效应以及实验的分辨率等都自动地包括进去.

概括地说,总的原子散射振幅是

$$\boxed{f(\boldsymbol{Q},\hbar\omega)=f^0(\boldsymbol{Q})+f'(\hbar\omega)+\mathrm{i}f''(\hbar\omega)}$$

其中 $f^0(\boldsymbol{Q})$是对原子中所有 Z 个电子的形状因子(也包括 K 电子),两个额外的项是色散修正.由于 $f^0(\boldsymbol{Q})$是原子中电子密度的傅立叶变换,在 $\boldsymbol{Q}=0$ 处对 Z 归一,所以它与光子能量无关.另一方面,在我们的模型中,色散修正只是由 K 电子引起.这些 K 电子局域在核的附近,所以它们的波函数的傅立叶变换实际上是常数.这解释了为什么色散修正与散射矢量 $\boldsymbol{Q}$ 无关会是一个好的近似.对于光子能量低于 K 边的情况,K 电子被紧紧地束缚着,入射 X 射线的电磁场不能使它们充分振荡.换句话说,整个原子的散射振幅相较于汤姆孙的值减少了,因而 $f'(\hbar\omega)$ 是个负数.因为 $f(\boldsymbol{Q})$ 随着 $\boldsymbol{Q}$ 的增大而减小,而 $f'(\hbar\omega)$ 是个常数,所以 $f'(\hbar\omega)$ 对总的原子散射振幅的相对贡献是随着 $\boldsymbol{Q}$ 的增大而增大的.因此在大散射角时,色散修正更为重要.

对于较重的元素(La 及更重的元素),L 边落在 X 射线范围内.因为 L 壳层含有 6 个 2p 电子,而K壳层只有两个电子,所以L壳层的散射修正要近似地大3倍.

8.5 Friedel 定律的失效和 Bijvoet 对

在第4章开始时我们就已指出,材料的X射线衍射的几个重要概念可以通过被一个简单的双电子系统散射的波的干涉来理解.这里采用类似的方法来解释在衍射实验中因存在色散修正而具有的几个重要推论.如图8.6所示,散射系统不再是两个电子,而是由两个不同的原子构成.

考虑的第一个问题是可否能用一个衍射实验来决定一个系统绝对的组成形态.这里我们把讨论归结为是否能够推断出哪个原子位于左面、哪个原子在右面的问题.一个明显的尝试方法是做两个不同的散射实验:一个是传递波矢向右(a),另一个是传递波矢向左(b).令散射振幅分别为 f_1 和 f_2,以汤姆孙散射长度 $-r_0$ 为单位.开始先忽略色散修正,即以散射振幅均为正的实数.然后,令两个原子间的距离为 x,在情况(a)中散射矢量沿着两个原子间距方向的分量为 $+Q$,在情况(b)为 $-Q$.对情况(a),总的散射振幅是

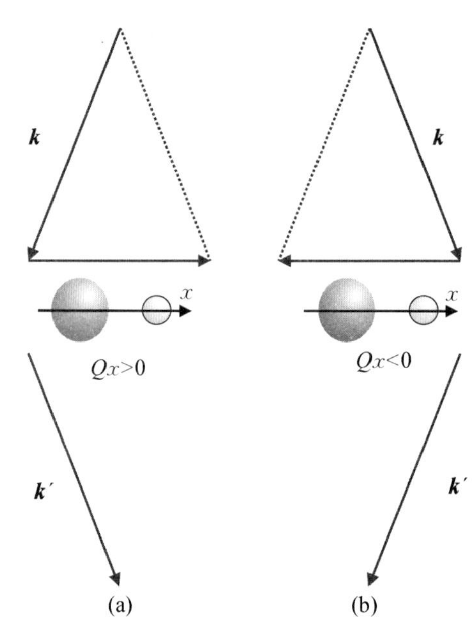

图8.6 两个不相同的原子引起的衍射.当散射矢量平行于连接大原子和小原子的方向或其反方向时,衍射强度的分析指出,如果考虑色散修正的话,就可以判断大原子究竟是在较小原子的右边还是左边.

$$A(Q) = f_1 + f_2 e^{iQx}$$

其强度为

$$I(Q) = (f_1 + f_2 e^{iQx})(f_1 + f_2 e^{-iQx}) = f_1^2 + f_2^2 + 2f_1 f_2 \cos(Qx) \tag{8.19}$$

在上述假设下,对波矢为 $-Q$ 的情况(即情况(b)),显然得到的散射强度是相同的,因为 $\cos(Qx) = \cos(-Qx)$.所以从一个衍射实验是不可能决定原子的绝对位置.这一讨论可以推广到原子对是构成晶胞的基的三维晶体.此时,结果可以写为

$$\boxed{I(\boldsymbol{Q}) = I(-\boldsymbol{Q})} \tag{8.20}$$

这就是熟知的 Friedel 定律.

现在去掉单个原子的散射振幅为正实数的假定,也就是说允许有色散修正的效应存在.于是两个原子的散射长度写为如下形式:

$$f_j = f_j^0 + f'_j + if''_j,\ j = 1,\ 2$$

可以将它更加方便地表示为

$$f_j = r_j e^{i\phi_j}$$

其中 $r_j = |f_j|$.于是在情况(a)中,振幅 $A(Q)$ 变为

$$A(Q)=r_1\mathrm{e}^{\mathrm{i}\phi_1}+r_2\mathrm{e}^{\mathrm{i}\phi_2}\mathrm{e}^{\mathrm{i}Qx}$$

且有如下形式：

$$I(Q)=|f_1|^2+|f_2|^2+2|f_1||f_2|\cos(Qx+\phi_2-\phi_1)$$

通常 $\phi_1=\phi_2$，由于 $\cos(Qx+\phi_2-\phi_1)\neq\cos(-Qx+\phi_2-\phi_1)$，因此，

$$I(Q)\neq I(-Q)$$

换句话说，考虑了色散修正后，Friedel 定律不再成立. 因此通过测量得知 $I(Q)$ 比 $I(-Q)$ 大还是小，就可以决定在图 8.6 中哪个原子在左面、哪个在右面.

然而，要由此得出结论说 Friedel 定律再也不能满足了是不对的. 如果原胞是中心对称的，比方说它包含了在 $\pm x_1$ 处的两个一类原子和在 $\pm x_2$ 处的两个二类原子，则原胞的结构因子是

$$\begin{aligned}F&=r_1\mathrm{e}^{\mathrm{i}(\phi_1+Qx_1)}+r_1\mathrm{e}^{\mathrm{i}(\phi_1-Qx_1)}+r_2\mathrm{e}^{\mathrm{i}(\phi_2+Qx_2)}+r_2\mathrm{e}^{\mathrm{i}(\phi_2-Qx_2)}\\&=[r_12\cos(Qx_1)]\mathrm{e}^{\mathrm{i}\varphi_1}+[r_22\cos(Qx_2)]\mathrm{e}^{\mathrm{i}\varphi_2}\end{aligned}\tag{8.21}$$

其强度为

$$\begin{aligned}I(Q)=|F|^2=&4|f_1|^2\cos^2(Qx_1)+4|f_2|^2\cos^2(Qx_2)\\&+8|f_1||f_2|\cos(Qx_1)\cos(Qx_2)\cos(\phi_2-\phi_1)\end{aligned}\tag{8.22}$$

在这个情况下，强度显然是 Q 的偶函数，或者说对于中心对称的结构，Friedel 定律又可以重新建立起来.

这里的算法可能有点复杂. 如果只做定性讨论，常常在一个所谓的 Argand 图中画出散射振幅就足以说明. Argand 图是一个复数的图示，它将实部和虚部分别画在 x 轴和 y 轴上. 开始时假定原胞中有一个原子，并忽略色散修正. 原胞的结构因子是一个复数，如图 8.7(a)所示. 进行 $\boldsymbol{Q}\to-\boldsymbol{Q}$ 的操作就等价于使 $\phi_1\to-\phi_1$. 从图 8.7 中可以明显地看到，将 F_{hkl} 对实轴做反射可以得到 $(\bar{h},\bar{k},\bar{l})$ 反射的结构因子. 这一操作不影响 $|F_{hkl}|$ 的长度，换句话说，$|F_{hkl}|=|F_{\overline{hkl}}|$.

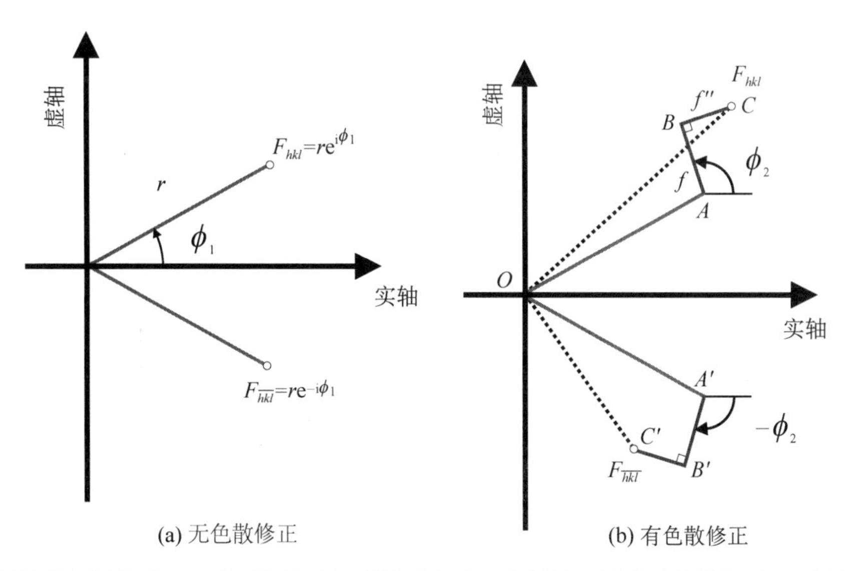

图 8.7 原胞结构因子的 Argand 图. 图(a)：每个原胞中仅含一个原子，而且忽略色散修正. 这时 $|F_{hkl}|=|F_{\overline{hkl}}|$. 图(b)：原胞中再加上一个原子，并考虑色散修正，则结构因子变为 $F_{hkl}=OC$，而 $F_{\overline{hkl}}=OC'$. 这时 $|F_{hkl}|\neq|F_{\overline{hkl}}|$.

现在设想对此结构再加上一个原子，由于存在共振散射项，它有显著的色散修正. 令这个原子的散射长度为 $f+\mathrm{i}f''$，其中散射长度的实部为 $f=f^0+f'$，而虚部为 f''. 放入原胞中去，它应有一个相位因子 $e^{i\boldsymbol{Q}\cdot\boldsymbol{r}_2}$，或者简写为 $e^{i\phi_2}$. 图 8.7(b) 中给出了原胞总结构因子的构建. 首先考虑 f 的贡献. 它是作为一根起始于 A 点、长度为 f、与实轴夹角为 ϕ_2 的线加上去的. 在加上 $\mathrm{i}f''$(即 BC 一段) 的贡献时，必须记住 f'' 是负的，所以 BC 相对于 AB 是顺时针旋转的. 于是总的结构因子 F_{hkl} 就是 OC. 用类似的方法可以构建 $F_{\overline{hkl}}$，记住此时 $\phi_2\to-\phi_2$. 从这个几何结构可以明白 $|F_{hkl}|\neq|F_{\overline{hkl}}|$.

8.5.1　实例：ZnS 中的绝对极化方向

1930 年左右两个小组 [Nishikawa 和 Matsukawa, 1928; Coster 等, 1930] 独立地得到上述推论一个惊人而简单的实例例证. 在 ZnS 晶体的(111)面上，他们可以定出相对的两个面中哪一个是 Zn 端面、哪一个是 S 端面. ZnS 有图 5.5所示的闪锌矿结构，它包含两个相互套构的 fcc 格子，其中一个由 Zn 原子占据，另一个由 S 原子占据. 两个格子沿立方体的空间对角线相对位移 $\frac{1}{4}$ 对角线长度，沿着结构的对角线看，它可以看作 Zn 和 S 的双层结构，如图 8.8 所示. 这个结构显然不是中心对称的，Friedel 定律不成立，强度 $I_{(111)}$ 和 $I_{(\overline{111})}$ 之间有一个差值. 由此就可以判断晶体哪一个面是 Zn 面、哪一个是由 S 原子构成的平面. 从这种 X 射线实验得到的结论，已经被其他方法(如离子散射)所证实.

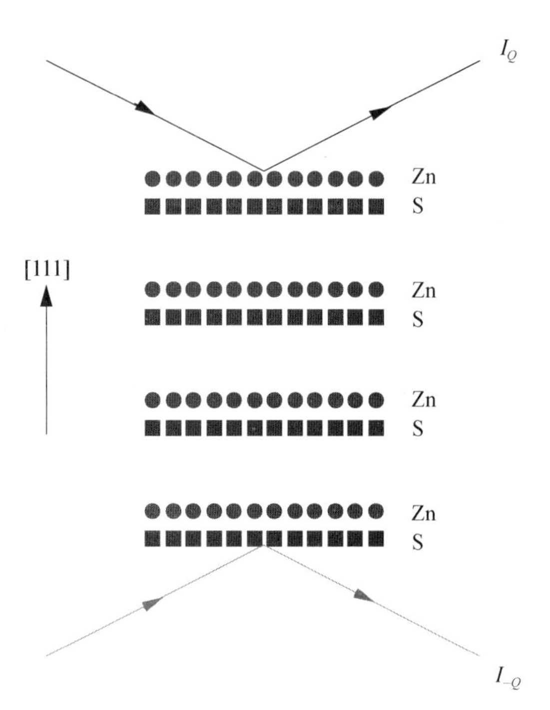

图 8.8　从{111}ZnS 晶体作对称布拉格反射时，其强度的大小依赖究竟是从“Zn”(上面)还是“S”(下面)上反射，由此可以决定极性的绝对方向.

8.5.2　手性晶体的 Bijvoet 实验

既然已经表明可以通过比较极性晶体的 Friedel 对偶的反射强度来决定它的绝对取向，那么就会自然地产生一个问题：是否也可以决定一个分子的绝对手性？对 ZnS 的实验花了将近 20 年的时间，直到 1950 年前后才由 Bijvoet 和他的同事证实可以实现. 在描述这个重要的实验之前，应先对手性(chirality)概念作一些评述. 手性结构的准确数学定义是“一个结构如果它的镜像不能通过旋转和平移来与原来的结构相重合，它就是手性的”. 日常生活中一个熟悉的例子就是你的手：如果你作一个右手手套的镜像，它便是一个左手的手套，不管你怎样扭曲或者滑移，它都不会适合你的右手. 另一个容易理解的例子是螺丝可以用一个进入或者退出螺槽的方向和一个旋转方向来表征. 比方说要作顺时针旋转才能进入螺槽，就被称为右手螺丝.

螺丝的图像可以应用于一类很普遍的手性分子，它是一个中心碳原子连接 4 个组分，它们构成四面体结构(参见图 4.6). 于是定义其方向为从中心碳原子指向最轻的原子，通常是氢原子的方向. 图 8.9(a)表明四面体沿着那个方向看去的四角形图像在这个特定的投影中，轻原子和中心碳原子重合于 O 点. 现在,设想碳原子是和 3 个不同的原子成键:即图 8.9(a)中的 ***Ol*, *Om*, *Os***;或者等价地说,图 4.6 中的 ***OA*, *OB*** 和 ***OC***. 这里"l"指大的,"m"指中的,"s"指小的. 于是按 $l-m-s$ 顺序转就可能有两个不同的旋转方向,即顺时针或者逆时针方向. 按通常的规则是把第一类情况的分子称为 R 分子,第二类情况的分子称为 S 分子. Bijvoet 考虑的问题是对一个给定手性的分子(R 或者 S)而言,向右散射(散射矢量为 $+Q$)或向左散射($-Q$)时,其衍射强度有没有差别;或者等价地说,对一个给定的散射方向(比如说 $+Q$),R 和 S 分子会不会有不同的强度. 我们不去用适当的公式来解答这个问题,而是用几何构建的方法,因为它还能进一步说明通过 Argand 图来作出结构因子是非常有用的.

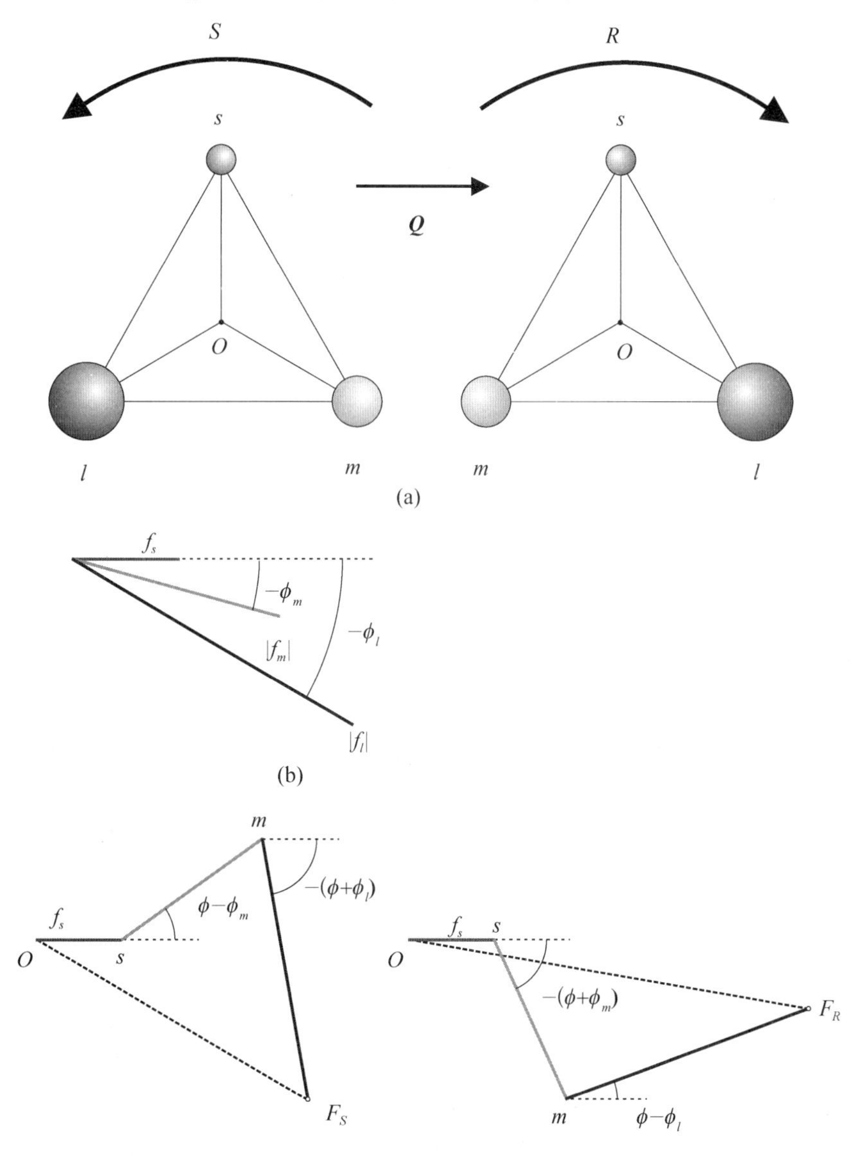

图 8.9 从手性分子上散射时色散修正的效应. 图(a):对于一个 S 类分子以及它的对映体 R 分子的手性的定义. 图(b):单个小、中、大原子的散射长度(f_s, f_m, f_l)的 Argand 图. 图(c):对 R 和 S 分子分别构建其总的散射长度. 显然 $|F_S|<|F_R|$,因此通过测量反射的 Friedel 配对,就可以决定一个分子的绝对手性.

图8.9中画出了S和R形分子的Argand图. 为了使问题尽量简化,假定散射矢量$\boldsymbol{Q}$平行于$\boldsymbol{lm}$方向. 这样对于s原子就没有相位因子$e^{i\boldsymbol{Q}\cdot\boldsymbol{r}}$,因为$\boldsymbol{Os}$垂直于$\boldsymbol{Q}$. 用了这个假定后,与$l$原子和$m$原子相关的相位因子$e^{i\boldsymbol{Q}\cdot\boldsymbol{r}}=e^{\pm i\phi}$也变成对称的了. 在图8.9(b)中画出了$s$, m和l这3个原子的散射长度. 因为假定所有原子都有一个有限的吸收截面,所以散射长度是复数. 既然$-f''$正比于吸收截面,而它本身是正的(见(3.10)式),所以从实部到全复数值在复平面上就需要作顺时针旋转. 随着原子序数Z的增加,顺时针旋转的角度也增大. 因为对实部有主要贡献的项f^0正比于Z变化,但虚部是正比于Z^4而变化. 3个复数散射长度必须表示为图8.9(b)那样,即其数值按$s-m-l$顺序沿顺时针增大. 这套散射长度的绝对相位并不重要,而f_s在复平面上被选为平行于实轴方向. 明确了这几点以后,我们就可以对分子结构的S和R变量来构建Argand图了,这些都表示于图8.9(c)中.

"s"原子的散射长度是用长度为$|f_s|$的线$\boldsymbol{Os}$来表示的,这个线沿实轴方向,因为散射矢量$\boldsymbol{Q}$垂直于$\boldsymbol{Os}$,所以对两个变量从"s"原子的散射都不带有相因子. 接下来考虑从"m"原子的散射,它的散射长度为$|f_m|e^{-i\phi_m}$,在S情况下,合适的相位因子$Qx=+\phi>0$,因为$\boldsymbol{Om}$和$\boldsymbol{Q}$的标积是正的,这意味着f_m必须沿着逆时针方向旋转. 在R情况下则正好相反,即f_m必须沿顺时针方向旋转相同的量值$+\phi$. 包括"s"和"m"原子贡献的合成散射振幅由图8.9(c)中的$\boldsymbol{Om}$来表示. 对于m点,现在需要加上带有合适相位因子的"l"原子的散射长度. 首先考虑S情况. 由于$\boldsymbol{Ol}$和$\boldsymbol{Q}$的标积为负数,因此相位小于零. 这意味着mF_S线与实轴间的夹角为$-(\phi+\phi_l)$. 对于R情况,相位大于零,mF_R线与实轴间的夹角为$(\phi-\phi_l)$. 从这一构建可以明显地看到$|F_S|<|F_R|$. 换句话说,对于R和S分子,3个原子的总散射长度是不同的. 因此通过分析许多对反射的系统差别,就可以决定分子的绝对手性. Friedel定律不成立的一对反射被称为Bijvoet对.

8.6 晶体学中的相位问题

本节概要介绍如何利用共振散射项来求解晶体学中的相位问题. 虽然这里叙述的方法可以用来求解任何原胞的结构,而最有应用价值的是大分子晶体学(如蛋白质),在一个原胞中可以有几千个原子.

大分子晶体学的目的是要在原子的长度尺度上来定出大分子的结构,这可以用衍射技术来完成. 被衍射的X射线束的振幅正比于分子的结构因子,

$$F^{\text{mol}}(Q)=\sum_j f_j(\boldsymbol{Q})e^{-M_j}e^{i\boldsymbol{Q}\cdot\boldsymbol{r}_j}=\sum_j(f_j^0+f_j'+if_j'')e^{-M_j}e^{i\boldsymbol{Q}\cdot\boldsymbol{r}_j}=|F^{\text{mol}}(\boldsymbol{Q})|e^{i\phi} \quad (8.23)$$

这里和前面一样,$\boldsymbol{Q}$是传递波矢(常称为散射矢量),$f_j(\boldsymbol{Q})$是原子的形状因子,而e^{-M_j}是分子中位于$\boldsymbol{r}_j$处的第j个原子的德拜-沃勒温度因子(参见第5章). 在上面的最后一个等式中,我们强调分子的结构因子是一个模量为$|F^{\text{mol}}(\boldsymbol{Q})|$、相位为$\phi$的复数. 有了分子结构因子,就可以决定分子中原子的位置矢量(或者说分子的结构).

即使用最强的X射线束,一个单分子的衍射功率也不足以得到可测量的衍射图样. 然而当分子在晶体中聚集排成阵列时,每当散射矢量$\boldsymbol{Q}$与一个倒格矢$\boldsymbol{G}$重合时,每个分子的衍射波将发生增强干涉;换句话说,对某些散射矢量值,晶体起着一个衍射放大器的作用. 为了简单起见,假定晶体结构中每个原胞只有一个分子. 在$\boldsymbol{G}$附近$\boldsymbol{Q}$处布拉格点的总强度为

$$I(\boldsymbol{G}) \propto | F_{\text{mol}}(\boldsymbol{G}) |^2$$

所以测量强度而不是测量衍射线束的振幅时，就会失去分子结构因子的相位信息. 对于小分子，有可能从多个反射强度的统计关系中得到相位问题的直接解. 然而，这些所谓的直接方法并不能用于一个典型大分子的大量原子上.

8.6.1 MAD 方法

有一个求解相位问题的方法是利用色散修正，它通过测量分子中一类原子吸收边附近几个波长处的衍射图样来决定. 这种方法被称为多波长反常衍射(multi-wavelength anomalous diffraction)，或者简称为 MAD. 应用这一技术很明显有一个要求，就是共振散射中心的 K 边或者 L 边应该处于 X 射线范围内，因此这只能是中等质量的原子. 例如，它可以是金属化蛋白质中的一个金属离子，或者是天然分子衍生物中一个同形替代原子(如硒或硫)，甚至也可以是替代钙原子的一个重稀土金属原子. 在任何偶发事件中，很可能分子中共振散射原子的数目远小于分子中原子的总数. 然而，当共振原子的散射功率在吸收边附近能够按可控的方式改变时，它就可以调节分子的总散射功率以便于决定相位. 这里将用一些比较简单的代数运算来说明这一可能性.

(8.23)式中的求和项分为两项：一项是对共振(或者说反常)的散射原子 A 的求和，另一项是对所有其他原子 B 的求和，后者产生一个非共振结构因子 $F_B(\boldsymbol{G})$. 假定共振散射中心都是相同的，对它们的求和可以写成

$$\begin{aligned}\sum_{j'}(f_A^0 + f'_A + \mathrm{i}f''_A)\mathrm{e}^{\mathrm{i}\boldsymbol{G}\cdot\boldsymbol{r}_{j'}} &= (f_A^0 + f'_A + \mathrm{i}f''_A)\sum_{j'}\mathrm{e}^{\mathrm{i}\boldsymbol{G}\cdot\boldsymbol{r}_{j'}} = f_A^0\sum_{j'}\mathrm{e}^{\mathrm{i}\boldsymbol{G}\cdot\boldsymbol{r}_{j'}} + (f'_A + \mathrm{i}f''_A)\sum_{j'}\mathrm{e}^{\mathrm{i}\boldsymbol{G}\cdot\boldsymbol{r}_{j'}} \\ &= F_A(\boldsymbol{G}) + F_A(\boldsymbol{G})\left[\frac{f'_A(\lambda)}{f_A^0} + \mathrm{i}\frac{f''_A(\lambda)}{f_A^0}\right]\end{aligned}$$

上述等式右边第二项是 A 原子的共振贡献，而第一项是反常散射中心 A 的非共振贡献. 后者可以加到 $F_B(\boldsymbol{G})$中，给出总的非共振结构因子：

$$F_T(\boldsymbol{G}) = F_A(\boldsymbol{G}) + F_B(\boldsymbol{G})$$

分子的结构因子包括共振和非共振两者的贡献，可写为

$$F^{\text{mol}}(\boldsymbol{G}) = | F_T | \mathrm{e}^{\mathrm{i}\phi_T} + | F_A | \mathrm{e}^{\mathrm{i}\phi_A}\left[\frac{f'_A(\lambda)}{f_A^0} + \mathrm{i}\frac{f''_A(\lambda)}{f_A^0}\right]$$

因此，由测量强度所决定的结构因子平方为

$$\begin{aligned}| F^{\text{mol}}(\boldsymbol{G}) |^2 = &| F_T |^2 + a(\lambda) | F_A |^2 + b(\lambda) | F_A || F_T | \cos(\phi_T - \phi_A) \\ &+ c(\lambda) | F_A || F_T | \sin(\phi_T - \phi_A)\end{aligned}$$

其中，

$$a(\lambda) = \frac{(f'_A)^2 + (f''_A)^2}{(f_A^0)^2},\ b(\lambda) = \frac{2f'_A}{f_A^0},\ c(\lambda) = \frac{2f''_A}{f_A^0}$$

$a(\lambda)$，$b(\lambda)$和 $c(\lambda)$3 个系数由以下方法来确定：首先，$f''_A(\lambda)$是由假定它正比于荧光产额来确定的. 这样用 Kramers-Kronig 关系，就可以从 $f''_A(\lambda)$来计算 $f'_A(\lambda)$. 有了这个信息，就可以估算 3 个系数 $a(\lambda)$，$b(\lambda)$和 $c(\lambda)$，因为 $f_A^0(\boldsymbol{G})$在许多地方的数值都有表可查. 于是这个问题中还剩下

3个未知数：$|F_T|$，$|F_A|$和$(\phi_T-\phi_A)$. 至少要对3个波长记录下完整的反射数据组，才能定出这3个未知数. 接下来就可以求解结构. 用适用于小分子的直接方法，从$|F_A|$的几个数值就可以找到原胞中几个A原子的位置，由此又可以计算相位ϕ_A. 既然已经得到$|F_T|$和$(\phi_T-\phi_A)$，就可以确定整个复数分子结构因子，因此就容易求解分子的结构.

用Argand图来说明MAD方法如图8.10所示，其中包括刚刚在吸收边之下、在吸收边上和刚刚超出吸收边的结构因子的Argand图，展示了它的能量依赖. 图8.11则展示了一个用这个方法可以解出的美丽而复杂的蛋白质结构类型.

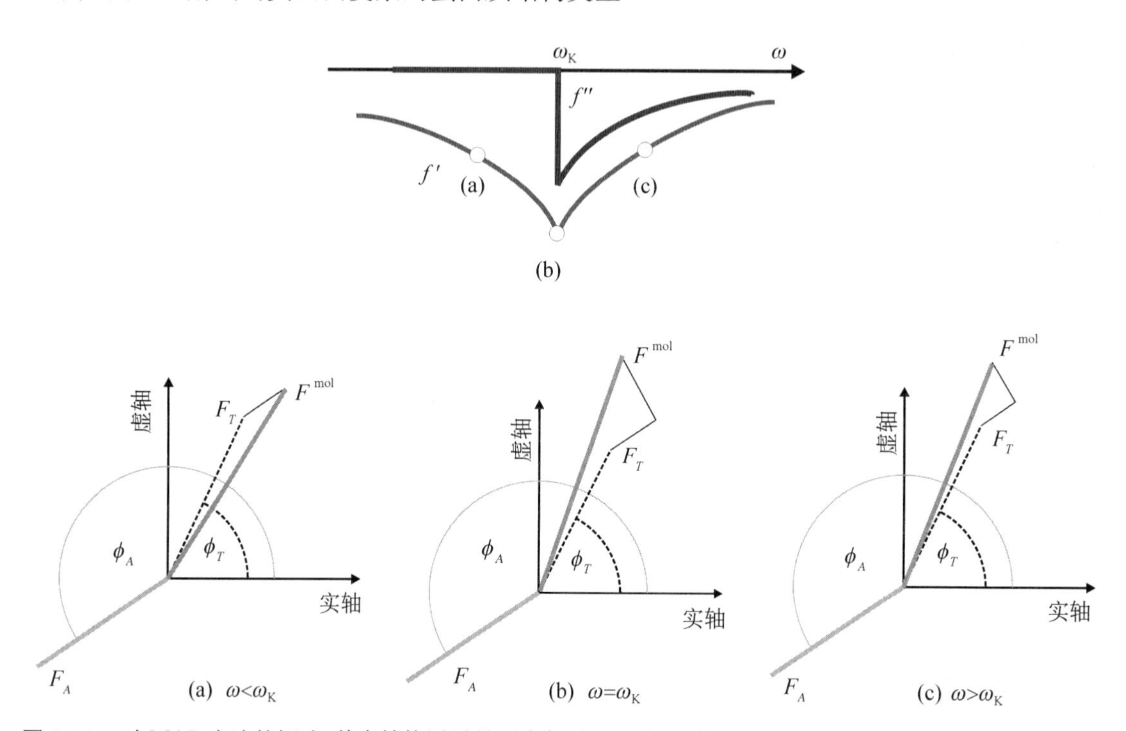

图8.10 对MAD方法的概述，其中结构因子是画在复平面上的. 晶体中的原子分为两组：产生共振散射或者反常散射的A原子和所有其他原子. A原子的非反常贡献具有结构因子F_A（实线）和相位ϕ_A. 把所有其他原子的结构因子加到F_A上，就得到总的非共振散射的结构因子F_T（虚线）及其相位ϕ_T. 要得到分子的散射因子，就必须把A原子的反常项加到F_T上去. 这个反常项贡献平行于F_A的分量值为$|F_A|(f'/f^0)$，而垂直于F_A的分量值$|F_A|(f''/f^0)$.（注意f'和f''都是负数.）这里说明了对所选3个入射能量会得到什么样的总的分子结构因子. 图(a)：首先，当光子能量低于吸收边时，f''为零，F^{mol}由F_T减去$|F_A||f'/f^0|$得到. 图(b)：其次，当光子能量等于吸收边能量时，f'和f''都有极大值，结果F^{mol}和F_T相差很远. 图(c)：第三，光子能量高于吸收边，f'和f''效应减弱，但对F^{mol}仍有重要的影响.

8.7 量子力学描述

本节简单介绍共振散射的量子力学描述. 目的是说明如何把共振散射纳入本书所描述的X射线和物质相互作用的一般框架中，并了解为什么共振散射可以为研究凝聚态系统的有序现象提供新的信息.

用量子力学推导截面时，感兴趣的量是跃迁几率W，在一阶微扰理论中它由下式给出：

$$W=\frac{2\pi}{\hbar}|\langle f|\mathcal{H}_I|i\rangle|^2\rho(\varepsilon_f) \tag{8.24}$$

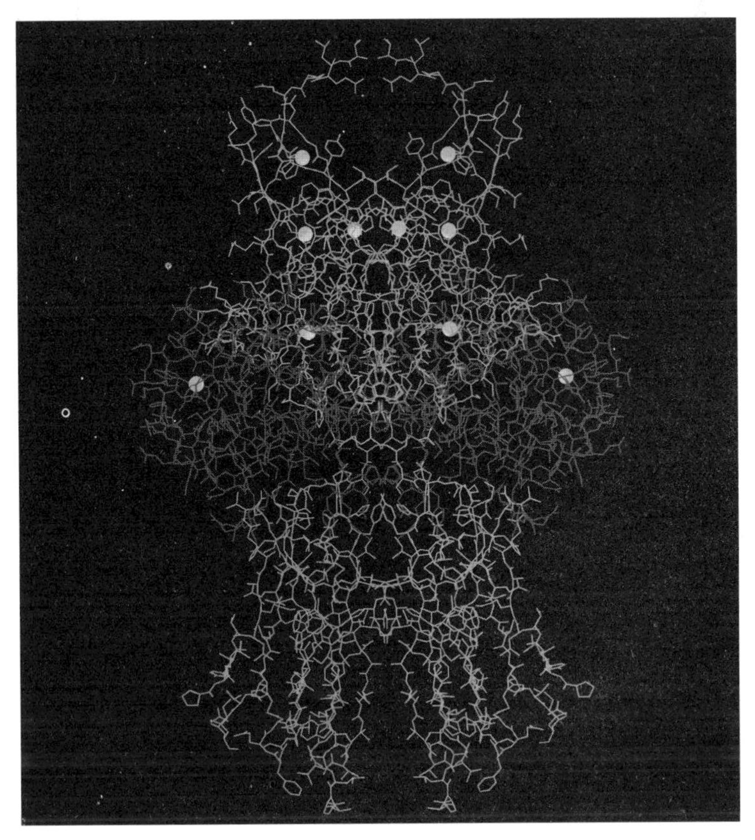

图 8.11 由 MAD 方法定出的蛋白质染色体组的原子模型. 这是在成纤维细胞生长因子(FGF1)和受体酪氨酸激酶的配体结合部分 FGFR2 之间的一个二聚染色体组的结构. 晶体是从变异体蛋白质之间的染色体组生长出来的,这些变异体蛋白质中蛋氨酸残基全部被硒化的蛋氨酸所代替,衍射数据是从 Se 的 K 吸收边附近 4 个波长中测量得到的. 这些 MAD 数据首先用来寻找硒原子的位置(每个不对称单元有 5 个),然后估算相位,并产生一个图像用来定出这个二聚化染色体组中所有 6 162 个非氢原子的位置(D. J. Stauber, A. D. DiGabriele, W. A. Hendrickson, Proc. Natl. Acad. Sci. USA 97,49,2000). 硒原子画为黄色的球,FGF 配体用红色的原子间的共价键来表示,受体用蓝色的键来表示.(本图可参见彩图 18.)

其中$|i\rangle$和$|f\rangle$分别是 X 射线光子和靶电子复合系统的初态和末态. 哈密顿量$\mathcal{H}_I$描述光子和电子的相互作用. 不考虑电子的自旋,如附录 C 中所述,相互作用哈密顿量由下式给出:

$$\mathcal{H}_I = \frac{e\mathbf{A} \cdot \boldsymbol{p}}{m} + \frac{e^2 A^2}{2m} \tag{8.25}$$

光子场的矢势 $\mathbf{A}$ 对光子的产生和湮灭算符是线性关系. $\mathcal{H}_I$中的第一项是 $\mathbf{A}$ 的线性贡献,说明它能够产生或者湮灭一个光子,而不是产生或者湮灭同时发生. 第 7 章中曾指出这一项引起光电吸收. $\mathcal{H}_I$中的第二项是 $\mathbf{A}$ 的二次项的贡献,它可以先湮灭再产生一个光子,从而使电子处于相同的状态,比如说$|a\rangle$.(这里要注意的是$|a\rangle$是电子的初态,而$|i\rangle$是光子加电子这一复合系统的基态.)因此这一项描述的是弹性汤姆孙散射. 在图 8.12(a)和(b)画出了这些一阶过程.

要得到共振散射项,就需要计算更高级的微扰. 在二阶微扰理论中,跃迁几率由下式给出:

$$W = \frac{2\pi}{\hbar} \left| \langle f \mid \mathcal{H}_I \mid i \rangle + \sum_{n=1}^{\infty} \frac{\langle f \mid \mathcal{H}_I \mid n \rangle \langle n \mid \mathcal{H}_I \mid i \rangle}{E_i - E_n} \right|^2 \rho(\varepsilon_f) \tag{8.26}$$

其中的求和遍及所有可能的态的能量 E_n. 现在可以看到产生和湮灭算符的线性项 $\boldsymbol{A}\cdot\boldsymbol{p}$ 项，可以通过一个中间态来产生散射. 把第二项分子中的矩阵元从右到左来看，散射过程可以描述如下：首先入射光被湮灭，电子从基态 $|a\rangle$ 跃迁到某个中间态 $|n\rangle$. 在弹性散射的情况下，电子又从 $|n\rangle$ 跃迁到 $|a\rangle$，同时产生一个散射光子. 当分母趋近于零时发生共振行为，而当总的入射能量 $E_i=\hbar\omega+E_a$ 等于中间态的能量时，这就会发生. 换句话说，当入射光子的能量等于中间态和基态能量之差时，$\hbar\omega=E_n-E_a$，共振就会发生. 图 8.12(c)中画出了共振散射过程的示意图.

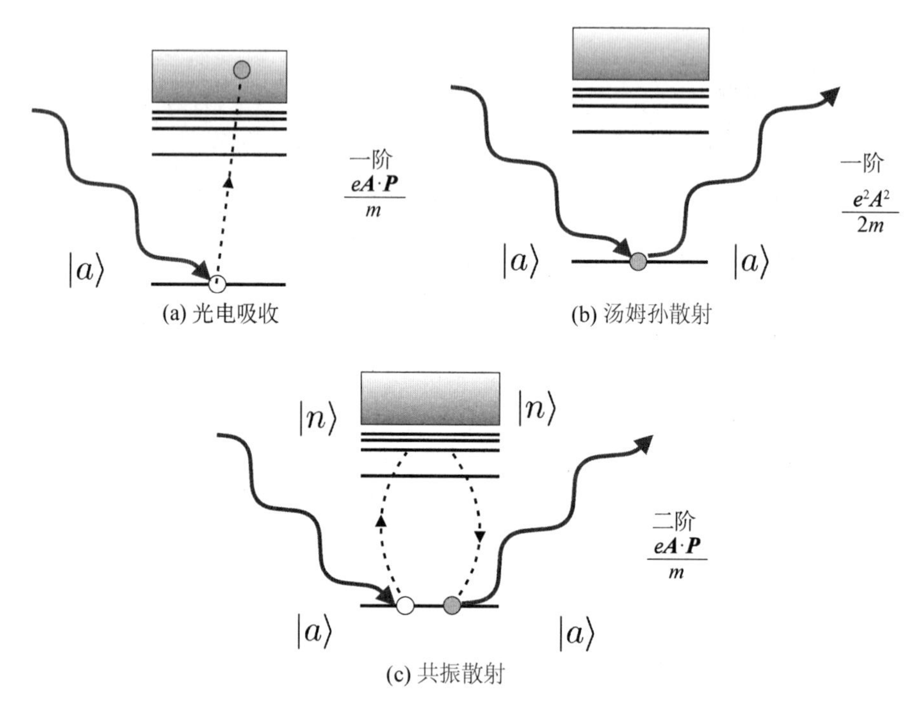

图 8.12 光子与原子中一个电子之间相互作用的量子力学概述. 相互作用哈密顿分别依赖于 $\boldsymbol{A}\cdot\boldsymbol{p}$ 和 A^2，对相互作用哈密顿的项应用一阶微扰理论可以解释光电吸收(a)和汤姆孙散射(b). 共振散射(c)是一个二阶过程，是通过一个居间的电子态来实现的. 然而这个图像不能过于从字面上来理解，因为共振散射是个虚过程，并不出现在这里提出的两个分立步骤中.

共振散射可以认为是对原子中间态的一种探测手段. 中间态的跃迁需要考虑两方面的因素. 泡利不相容原理要求只有非占据的中间态才能跃迁上去，而通常的量子力学选择定则指出电子的偶极跃迁是主要的(如第 189 页所述). 当原子结合成分子或固体时，中间态的性质改变，从而产生了一些有趣的效应. 例如，如果中间态牵涉化学键时，它的对称性可以降低. 在这种情况下，色散修正依赖于实验所用的极化的几何构型情况，而原来禁戒的布拉格反射可能变为可观察的，这可以提供原胞中原子的相位信息[Templeton 和 Templeton, 1982]. 另外，磁相互作用可能导致中间态能级劈裂，于是共振散射又变成对固体中磁有序的探测手段[Namikawa 等，1985; Blume, 1985; Gibbs 等，1988]. 这些和共振散射的其他方面(包括非弹性过程)，都是目前实验和理论 X 射线学科的前沿课题，仍在迅速发展之中[可参见如 Lovesey 和 Collins, 1996].

8.8 深入阅读材料

[1] *Resonant Anomalous X-ray Scattering: Theory and Applications*, G. Materlik, C. J. Sparks, K. Fischer (Elsevier, 1994).

[2] *Determination of Macromolecular Structures from Anomalous Diffraction of Synchrotron Radiation*, W. A. Hendrickson, Science, **254**,51 (1991).

[3] *A Link Between Macroscopic Phenomena and Molecular Chirality: Crystals as Probes for the Direct Assignment of Absolute Configuration of Chiral Molecules*, L. Addadi, Z. Berkovitch-Yellin, I. Weissbuch, M. Lahav, L. Leiserowitz, Topics in Stereochemistry, **16**,1(1986).

8.9 习题

习题说明:在所有这些习题中计算散射强度时,应使用运动学近似.

8.1 证明:

$$\mu[\mu\mathrm{m}^{-1}] \approx 4.214\left(\frac{\rho_m[\mathrm{g/cm^3}]}{M[\mathrm{g/mol}]\varepsilon[\mathrm{keV}]}\right)|f''|$$

8.2 β-黄铜合金具有等量的 Cu 和 Zn. 在室温下该合金是有序的,其结构可以被看作两个互相穿透的简单立方晶格,它们中的任意一个分别由 Cu 或 Zn 原子完全填充,相互之间错开半个立方体的体对角线. 在高温下该合金是无序的,Cu 和 Zn 原子随机地分布于两个晶格,形成一个平均的 *bcc* 晶格.

(1) 用 f_{Cu}和 f_{Zn}来计算高温无序相的结构因子 F_{hkl},由此推导出用密勒指数(h, k, l)表示允许的布拉格峰的选择规则.

(2) 计算室温下结构的结构因子 F_{hkl},并探讨其对(h, k, l)的依赖.

(3) 忽略共振散射项,估算(100)峰相对于(200)峰的强度.(可以忽略 f_{Cu}和 f_{Zn}随 Q 的变化.)

8.3 本题探讨当光子能量被调整为接近铜的 K 边(8.978 9 keV)时,β-黄铜弱的(100)布拉格反射的强度变化. 为了简化计算,我们将假设锌的原子散射形状因子在感兴趣的能量间隔不变,等于(f^0+f', f'')=(23.223, −0.568). 当能量相对于铜的 K 边能量为 −100, −1, 1 和 100 eV 时,Cu 的(100)反射的原子散射因子是(20.580, −0.493); (15.666, −0.483); (15.645, −3.902)和(20.749, 0.545). β-黄铜的晶格常数是 2.96Å.

(1) 计算这 4 个能量下无量纲形式的吸收系数 $a\mu$,其中 a 为晶格常数.

(2) 假设(100)反射的强度是在对称布拉格几何布局下从一个延展面的样品测定的,计算在这 4 个光子能量下的结构因子和以任意单位的强度.

(3) 对相对于铜的 K 边−100 和 100 eV 两个能量,画出用能量分辨探测器观察到的能谱草图.

8.4 这里我们考虑当光子的能量被调到接近吸收边时,分离弹性散射的 X 射线荧光的问题(习题 8.3(3)). 这种分离需要使用一个能量分辨探测器,我们假设它具有 1 mm 直径的小孔.再设想实验中入射光同时在垂直和水平方向有 1 mrad 的发散,并在样品上被聚焦到 0.1×0.1 mm^2 尺寸的光斑.

(1) 若要该探测器仍然有可能全部地积分整个(100)布拉格峰,求它可以放置到离样品的最大距离 L.

(2) 求距离 L 处的探测器张开的立体角的大小.

(3) 估计距离 L 处的探测器检测到的散射强度和荧光强度的比例,假设入射光子的能量在铜的K边以上 100 eV.假设荧光相对于总的产出大约是 0.3.

8.5 参照图 8.8 中的硫化锌结构,证明 F_{111} 和 $F_{\overline{111}}$ 这个 Friedel 对的结构因子之比可由下式给出:

$$\frac{F_{111}}{F_{\overline{111}}}=\frac{(f'_{Zn}+f''_{S})-i(f'_{S}-f''_{Zn})}{(f'_{S}+f''_{Zn})-i(f'_{Zn}-f''_{S})}$$

其中 Zn 和 S 的原子形状因子已经用它们的实部(f')和虚部(f'')分量给出.

8.6 证明(111)和($\overline{111}$)反射的强度差 $\Delta I_{111-\overline{111}}$ 正比于 $4(f'_{Zn}f''_{S}-f''_{Zn}f'_{S})$.

8.7 推导比值的表达式 $F_{222}/F_{\overline{222}}$ 和 $F_{333}/F_{\overline{333}}$,并证明 $\Delta I_{222-\overline{222}}=0$ 和 $\Delta I_{333-\overline{333}}=-\Delta I_{111-\overline{111}}$.

8.8 γ-CuI 结晶于闪锌矿结构,其晶格常数是 5.4 Å. Friedel 定律在此化合物中的失效已经被 Bhalla 和 White [1971]用 5.414 7 keV 的 X 射线进行了研究.(111),(222)和(333)类型的反射积分强度之比被发现分别是 1.51, 0.983 和 0.470.判断这些观察是否与理论一致.(铜在这 3 种反射的原子形状因子是(24.25, −1.19),(18.40, −1.19)和(13.42, −1.19);对于碘,它们分别是(39.21, −12.54),(29.90, −12.54)和(23.05, −12.54).)

9

X 光成像

9.1 X 光成像简介

X 光成像的发展包括了很多领域的努力，但是除了它们的目的都是想获得肉眼不可见的研究对象实空间图像这一点之外，往往很难看出这些领域的共通之处(如果它们还有共通之处的话). 这些不同领域的成像方法都以某种不同的方式利用 X 光的特别性质. 与通常的光学成像方法相比，X 光有两个显然的优势：一是它能够穿透物质；二是它的波长要小得多，因此能够获得更好的空间分辨率. 其中前者与吸收造成的对比度相结合(据第 7 章，不同物质的吸收正比于 Z^4)，使得 X 光照相术非常有用，也使它广泛应用在从医学到材料科学等各种领域中. 另一方面，因为许多结构有散射(或等价为折射)X 射线的能力，X 光的波动性又导致若干先进的成像技术允许对这些结构成像. 特别地，这里的成像是基于分析被材料散射的 X 射线振幅和相位之上的，因而可以合理地推断它应该比常规射线照相术有一定的优势. 正如我们将在本章中要描述的，这确实是事实. 虽然 X 射线成像可追溯到 X 射线的发现，许多这些新的成像技术依赖于现代同步辐射光源的高亮度和可调性，因而也仅在最近几年才被建立起来.

要理解 X 光成像的广泛应用，需要回顾一下它和物质相互作用的特点. 简单来说，X 光要么被散射，要么被吸收. 这些效应体现在其折射率公式 $n=1-\delta+i\beta$ 之中，其中 δ 与散射长度密度成正比，β 和吸收截面成正比(见第 3 章). 一般来说，成像对比度取决于 n 在样品内的空间变化，它还可以通过调到合适的吸收边，因为在吸收边附近 δ 和 β 将迅速变化，从而实现对特定元素敏感的成像. 除了用 X 射线对电子的电荷密度成像之外，也可以利用相互作用哈密顿量中依赖于自旋和轨道磁化密度的项，从而允许对磁畴进行成像.

我们的很多讨论将涉及散射波的相位，事实上为了理解某些现代成像方法，我们需要重新审视整本书或多或少默认的两个假设：其一，被照射样品的体积小于光束的相干体积，因此从结构不同部分的振幅应加起来后再平方，从而得到强度；其二，从研究对象到探测器的距离足够大，从而衍射光束可以由一个平面波来近似.

光束相干性的问题将推迟到本章的后面讨论. 让我们先考虑从物体到探测器的距离的问题，因为这已被证明有助于建立起成像技术的一般分类. 图 9.1 描绘了一个入射的相干平面波与在 P 和 O 处的两个物体相互作用. 它们可能是不同的物体，也可以具有无限小的体积，这样以后可以积分到样品的总尺寸. 每个物体就如球面波的一个点源. 在检测点 D，这两个球面波由于其不同的路径长度会产生相位差. 在远场极限下，两个球面波可近似为波矢是 $\mathbf{k}'$ 的平面波，如我们在前面的章节中仔细论述过的，它们的相位差就简单地是 $\mathbf{Q}\cdot\mathbf{r}$，其中 $\mathbf{Q}=\mathbf{k}'-\mathbf{k}$，$\mathbf{r}$ 是连接这两个点的矢量. 在图 9.1 中，$\mathbf{k}$ 垂直于 $\mathbf{r}$，因此远场极限下的相位差是 $\mathbf{k}'\cdot\mathbf{r}$. 远场极限

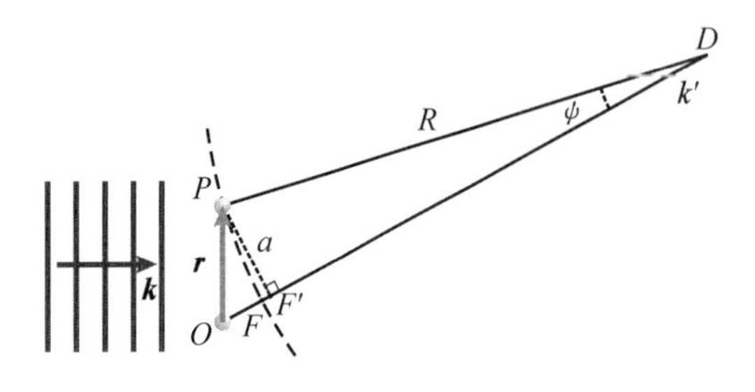

图9.1 推导从点 O 和 P 始发的两个球面波在它们到达检测点 D 时的相位差的两个表达式，它们的精度逐个提高. 在远场极限下(也称为夫琅禾费区间)，这两个波可以近似为平面波，而从 O 和 P 散射的波的相位差是 $\boldsymbol{Q}\cdot\boldsymbol{r}$，其中 $\boldsymbol{Q}$ 是波矢的差别($\boldsymbol{k}-\boldsymbol{k}'$). 为了简单起见，令 $\boldsymbol{k}$ 垂直于 $\boldsymbol{r}$，因此远场近似下的相位差是 $\boldsymbol{k}'\cdot\boldsymbol{r}$，对应于路径长度的差别 $OF'=\hat{\boldsymbol{k}}'\cdot\boldsymbol{r}$，这里的帽子代表单位矢量. 然而，真正的路径长度差为 OF. 路径长度差中的误差 Δ 是 $OF'-OF$，所以有 $\Delta=R-R\cos\psi\approx R(1-(1-\psi^2/2))=a^2/(2R)$. 当 Δ 和波长 λ 可比，即所谓的菲涅耳区间，远场近似就会产生较大的误差. 如果 $R\ll a^2/\lambda$，就到了接触区间，研究物体的图像仅由 O 和 P 之间光吸收的差异形成.

又称为夫琅禾费区间(Fraunhofer regime). 如果探测点离散射物体很近，需要一个更精确的算法来计算相位差. 这是因为路径长度差被缩短了图9.1中的 $\Delta=OF'-OF$ 这么多，其中 $\Delta\approx a^2/(2R)$. 如果 Δ 和 λ 同量级，那么远场近似就失效了，我们就到了所谓的菲涅耳或者近场区间(Fresnel regime 或 near-field regime). 当探测器更靠近样品，再考虑散射波之间的相位差就变得毫无意义. 这就到了接触区间(contact regime)，此时成像的衬度仅来自 O 和 P 之间吸收的差异.

用这里研究课题中的3个长度尺度 a，R 和 λ 来表达，

$$
\begin{aligned}
&\text{夫琅禾费区间}:R\gg a^2/\lambda\\
&\text{菲涅耳区间}:R\approx a^2/\lambda\\
&\text{接触区间}:R\ll a^2/\lambda
\end{aligned}
$$

探测器所处的位置显然和人们预期观察到的图像的类型有关. 想象一下，例如我们希望用X射线对相距 $a=1$ Å 的物体成像，为此应采用 $\lambda=1$ Å. 那么比值 a^2/λ 也等于1 Å，基于实践需要，对物体的原子分辨的成像都被限制在远场极限下. 现在考虑如果我们让 $a=1\ \mu\text{m}$ 会发生什么. 比值 a^2/λ 变成了10 mm，从而允许实验者通过适当放置探测器来选择不同的成像模式. 最后，如果 $a=1$ mm，此时比值等于10 km. 显然在这种情况下，将难以逃离接触区间.

这些想法在图9.2中被更具体地来阐明，这里展示了可从直径为5 μm的一些圆盘散射的简单模型计算的例子. 如图9.2的图注所述，考虑两种理想化的圆盘，一个是完美的吸收体(红

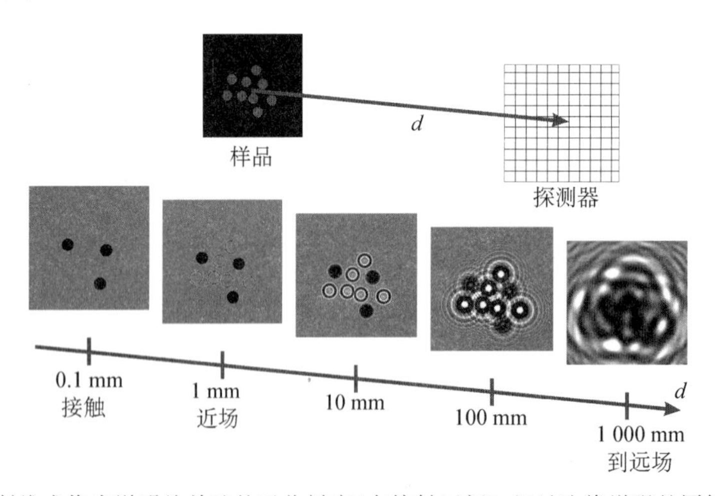

图9.2 模拟的X射线成像来说明从单纯的吸收衬度(在接触区间)，经过边缘增强的同轴相衬(in-line phase contrast，在近场区间)，到强相衬(在菲涅耳区间)，朝向远场区间(虽然没有给出夫琅禾费图像)的过渡. 在该模拟中所用的仿真物体是小的圆盘状物体，其中一些被视为理想的吸收体(零穿透，红色)，而其余的是理想相位物体(没有吸收，相移 π，蓝色). 每个圆盘的直径为5 μm. 灰度图像显示仿真物体的模拟X光片，其在波长为1 Å的X射线单色平面波的照射之下，样品和探测器之间取不同的距离(0.1，1，10，100和1 000 mm). 波阵面传播的模拟使用了XWFP传播代码[Weitkamp，2004]，其中像素的大小选为100 nm.(图像承蒙Timm Weitkamp提供.)(本图可参见彩图19.)

色),另一个是完美的相位物体(蓝色). 在接触区间,成像仅源自吸收对比度. 当我们移动到近场以外,相位物体变得可见. 一旦从物体到探测器的距离远远超出菲涅耳区间,衍射图像的形状不会再改变,虽然单位面积的探测器接收到的强度当然会变弱,因为它和距离的平方成反比,并相应地覆盖更多的探测器面积.

9.2 吸收衬度成像

9.2.1 造影和断层成像术

X射线医学成像的第一次革命在1895年始于伦琴的实验室. 第二次一直等到20世纪70年代,Godfrey Hounsfield发明了计算机轴向断层扫描的技术(Computer Axial Tomography),现在通常被称为CAT或CT扫描. CT的理论基础在此前的十年中已被Allan McLeod Cormack独立完成,Hounsfield和Cormack于1979年被授予了诺贝尔医学奖[①]. 与伦琴原来的发现相同,临床医生们立刻认同了CT扫描对诊断的益处,所以到Hounsfield和Cormack在1979年进行他们诺贝尔演讲的时候,全球各地的医院里已有超过一千台的CT系统在工作.

CT扫描克服了常规造影明显的主要限制,常规造影只能测得三维物体在两维平面上的投影,因此损失了空间信息. CT技术在一个宽的投影角度范围内记录物体的放射线投影,据此,就可以重建完整的三维结构. 要理解这是如何工作的,我们考虑一束完美的窄的X射线在图9.3所示两维物体平面的吸收. 沿着y'轴的光束相对于固定的$x-y$坐标系以夹角θ来照射物体. 我们通常假设物体的吸收系数$\mu(x, y)$不均匀. 在样品之后的探测器记录的强度是

$$I = I_0 e^{-\int \mu(x, y) dy'}$$

这可重新排成

$$\log_e\left(\frac{I_0}{I}\right) = \int \mu(x, y) dy'$$

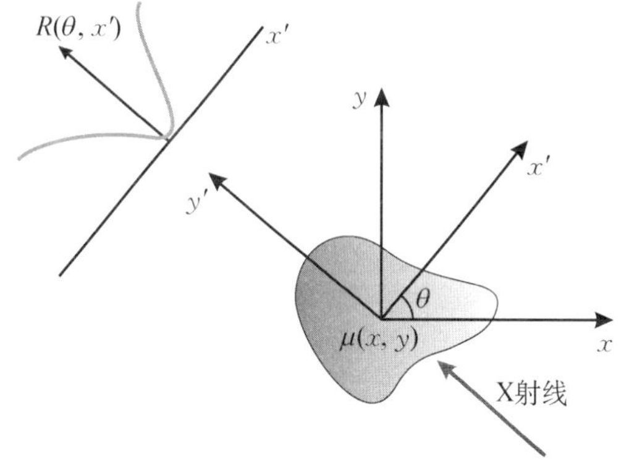

图9.3 在造影实验中,物体是通过吸收系数在两个维度上的分布$\mu(x, y)$来表示. 当一个狭窄的X射线束入射到物体上,探测器记录到的强度是沿束的传播方向上吸收系数的线积分的度量. 线积分$R(\theta, x')$被称为Radon变换,是视角θ和垂直于该线积分进行方向的坐标x'的函数.

因此可以根据入射束的强度和探测到的强度的比例推断出吸收系数的线积分,其定义了函数$R(\theta, x'=0)$. 假设现在X线束以固定的θ平行于x'进行扫描,这个过程会产生强度分布$R(\theta, x')$,其取决于x'和视角θ. 函数$R(\theta, x')$又被称为Radon变换. CT扫描因此可以被当作一系列以不同视角采集的Radon变换.

从Radon变换来重建物体的二维图像可以用代数方法来完成,但是计算效率很低,目前最广泛采用的方法是用傅立叶分析技术. 它使用了下面将要推导的傅立叶切片定理(Fourier slice theorem).

---

① 读者可以参考http://nobelprize.org处,Cormack的和Hounsfield的诺贝尔奖演讲稿.

1. 傅立叶切片定理

考虑一个一般的二维函数 $f(x, y)$，它被沿着 y 轴投影，或者更精确地说是被积分，来产生一个新的仅是 x 的函数，其定义是

$$p(x) = \int f(x, y)\mathrm{d}y$$

$p(x)$的傅立叶变换是

$$P(q_x) = \int p(x)\mathrm{e}^{\mathrm{i}q_x x}\mathrm{d}x$$

人们很自然地要问投影之后函数的傅立叶变换和初始函数 $f(x, y)$的傅立叶变换有什么关系. 重复一下，根据定义，$f(x, y)$的傅立叶变换是

$$F(q_x, q_y) = \iint f(x, y)\mathrm{e}^{\mathrm{i}(q_x x + q_y y)}\mathrm{d}x\mathrm{d}y$$

现在我们设 $q_y = 0$，这定义了 $F(q_x, q_y)$的一个切片，即为

$$F(q_x, q_y = 0) = \int\left[\int f(x, y)\mathrm{d}y\right]\mathrm{e}^{\mathrm{i}q_x x}\mathrm{d}x$$

容易看出，方括号中的积分就是 $p(x)$，从而允许我们写下

$$F(q_x, q_y = 0) = \int p(x)\mathrm{e}^{\mathrm{i}q_x x}\mathrm{d}x = P(q_x)$$

换句话说，二维函数 $f(x, y)$沿着某条线投影的傅立叶变换，等同于从穿过原点且垂直于投影方向的线来切割 $f(x, y)$的傅立叶变换而得到的切片. 这就是傅立叶切片定理，在图 9.4 中我们以 $f(x, y)$是二维礼帽(top hat)函数的特殊情况进行演示.

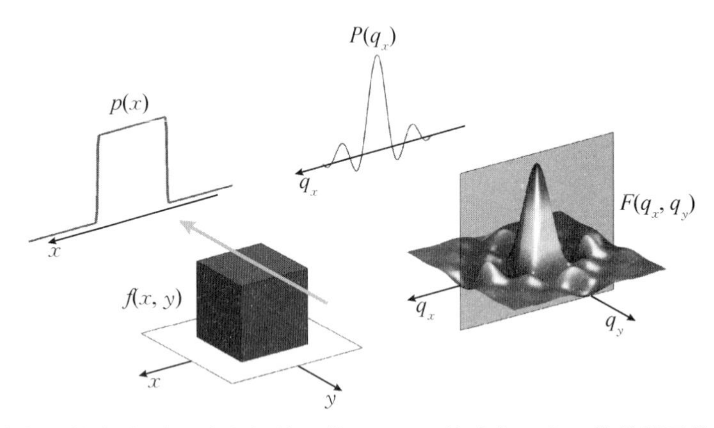

图 9.4　傅立叶切片定理的演示. 这里实空间的函数 $f(x, y)$被选作一个二维礼帽函数，其傅立叶变换是 $F(q_x, q_y) = [\sin(q_x x)/(q_x x)][\sin(q_y y)/(q_y y)]$. 当 $f(x, y)$ 被顺着 y 轴投影(积分)，这产生了一维的礼帽函数 $p(x)$，其只依赖于 x. 投影函数 $p(x)$ 的傅立叶变换是 $P(qx) = \sin(q_x x)/(q_x x)$，这就是 $F(q_x, q_y)$ 的 $q_y = 0$ 的切片. 这些考量可以很容易地推广到 $f(x, y)$ 绕着一个垂直于 x-y 平面的轴任意旋转的情况. 比如，对于 45° 的旋转角，$p(x)$ 成了三角形，其傅立叶变换是 $P(qx) = [\sin(q_x x)/(q_x x)]^2$，经检验可以看出此式的确是 $F(q_x, q_y)$ 的一个 45° 角切片的等式.

2. Radon 变换的实施和它的逆变换

基于上述考虑,CT 扫描的过程可以被看作包括 3 个主要步骤. 首先是采集一系列 X 光片的数据. 这些数据用数学的语言被描述为在不同视角采集的一个 Radon 变换 $R(\theta, x')$ 的集合. 其次,数据 $R(\theta, x')$ 被作傅立叶变换. 根据傅立叶切片定理,物体的傅立叶变换可以被建立起来. 最后,进行一个傅立叶逆变换来重建物体图像. 在图 9.5 中,我们就一个测试物体给出这个流程的一个数值例子,在成像技术中该物体常常被称为仿真物体(phantom). 在图 9.5(a)和(b)中是两个特别视角 θ 下 Radon 变换的计算结果. 图 9.5(d)给出了对于整个视角范围的 Radon 变换,其被表示为 θ 和 x' 的函数,后者是探测器上的位置. 当以这种方式作图时,物体的强烈吸收特征在 Radon 变换上产生正弦轨迹. 由于这个原因,这个图被称为正弦图(sinogram). 从 Radon 变换,可以构造出物体的二维傅立叶变换,然后通过傅立叶逆变换获得重建的图像. 在这个简单的例子中,原始物体和重建图像之间有极好的对应. 对于现实生活中的数据分析,复杂的平滑和滤波算法是必需的,用以改善重建图像的保真度.

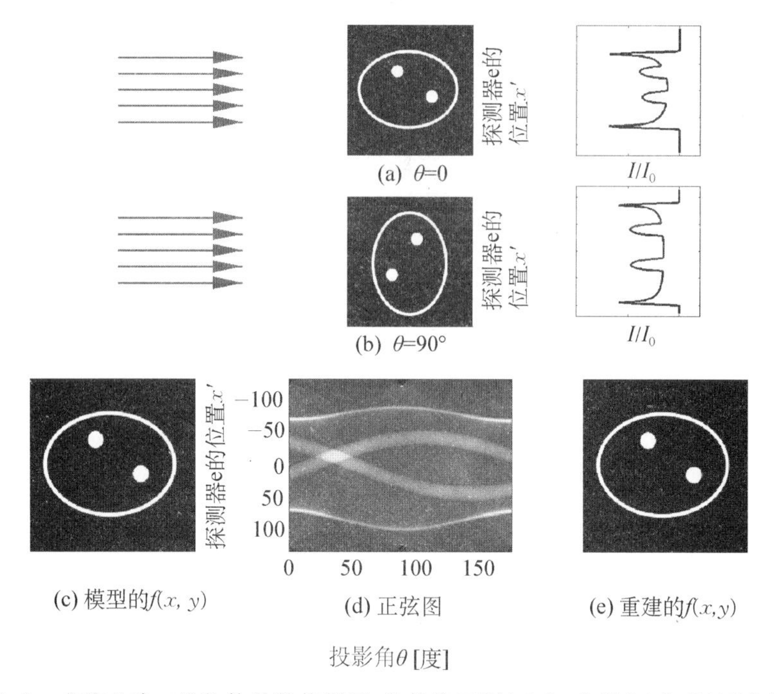

图 9.5 ★从 Radon 变换重建二维物体的数值例子. 物体绘于图(c)中. 在图(a)和(b)两个特别选出视角的 Radon 变换被计算出来,并画在最右侧的一列中. 图(d)θ 在 0 到 180°之间的正弦图. 图(e)重建的图像. 本数值例子是利用函数 radon.m 和 iradon.m 计算出来的,它们是 MATLAB 图像处理工具箱的一部分.

3. 医用 CT 扫描

一个在医院中常见的 CT 扫描仪的原理如图 9.6 所示. 病人坐在一个旋转轴的中心 X 射线源和探测器围绕该轴旋转. CT 最简单的实现如下(实际上也接近于最初由 Hounsfield 用过的那种):考虑对于固定的旋转角,X 射线源产生一系列平行的 X 射线束. 这些束以特定的高度照在患者上,而 Radon 变换被位置敏感探测器记录下来. 源-探测器转盘然后旋转到它的下一个设定,重复进行测量过程,直到整个正弦图被收集. 然后可用类似于上文中讨论过的数值方法,计算出来被照射到的一片身体内部结构的二维图像. 然后可调整病人相对于 X 射线束的高度,获得新的一片图像. 如此往复,直到获得一个完整的、由一系列二维图像堆叠而成的三维图像.

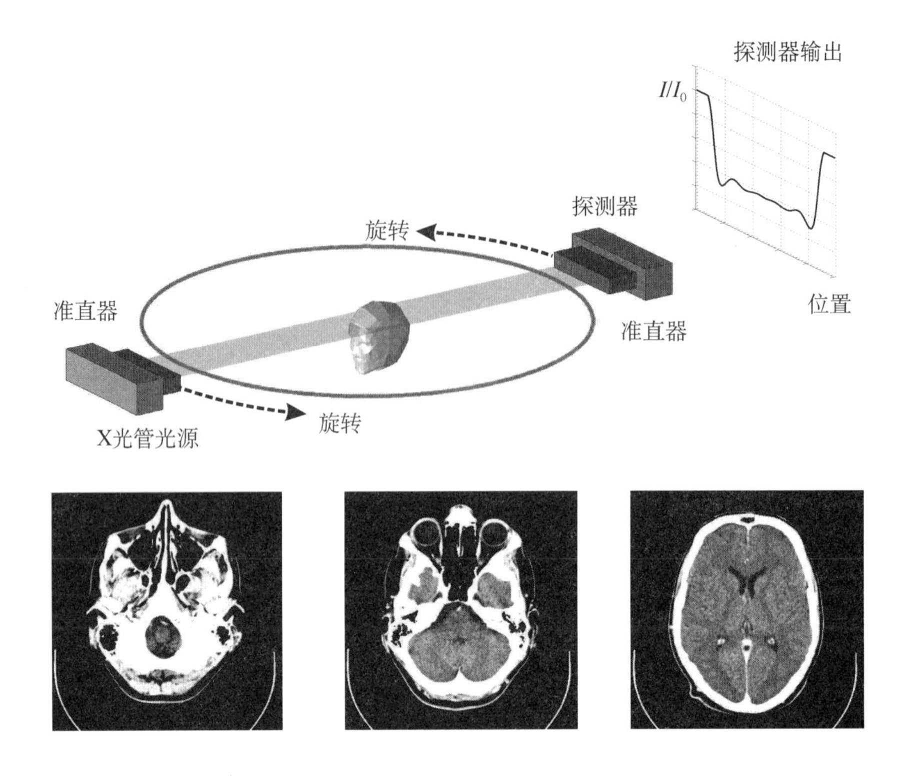

图 9.6 CT 扫描的医学应用示意图. X 光管光源和探测器被置于一个圆的直径的相反两端，而病人在它们中间. 在一个固定的转角，X 光源产生一系列的光束，且它们被准直为平行的. 这些光束和病人在某个高度相交(这里是颅骨的上部)，穿过病人的光束的强度随探测器上位置的变化被记录下来. 联合光源—探测器系统然后可以旋转进行另一个测量. 一旦完整的正弦图被收集齐，就可以对它如文中所述那样处理以产生吸收系数的两维图. 在某患者的头部，在 3 个不同高度上截取的 CT 扫描的例子示于下方的 3 张相片. (CT 图像承蒙 Mikael Häggström 提供.)

自从首台扫描仪于 1972 年诞生以来，多年来很多基本 CT 方案的改进方案也相继出台. 其中包括许多创新技术，如能够分辨低到 0.5 mm 解剖细节的高分辨率医用 CT 扫描，通过单次的旋转即可收集到一大块内脏数据的能力，还有螺旋 CT 扫描等. 这些发展的一个关键动力是提高数据质量的同时，最大限度地减少给病人的放射辐射剂量①.

CT 扫描方法的应用并不只限于临床环境. 事实上 X 射线透视成像被广泛地应用到材料和生命科学中的许多问题，以致它现在已经成为不可或缺的分析工具. 图 1.14 给出了用三维 CT 重建人类椎骨的一个例子. 事实上，优化于不同应用的商业显微 CT 扫描仪已经有售，并提供了优于 10 μm 的空间分辨率.

9.2.2 显微术

一般来说，X 射线显微镜允许成像结构的长度尺度介于那些基于光学(≥1 μm)和电子(～Å)探测技术所探测的距离之间. 所有显微术的共同之处是需要高效的聚焦光学系统②. 对于 X 射线，我们在第 3 章中已经看到聚焦可以使用反射镜或者透镜来实现，即使折射率非常

---

① 在医学 CT 扫描中，患者接受的放射辐射剂量在 1～10 mSv 之间，具体取决于扫描类型.

② 这里我们不涉及基于针孔的简单显微术以及阴影投影的方法. 后者其实对 X 射线显微术领域一直有重要的历史意义，虽然在现代背景下它的能力比较有限. 基于衍射的显微术是“无透镜”成像的一个新兴类型，将在本章晚些时候探讨.

接近于 1. 在 X 射线显微术领域的一个重要里程碑是 Patrick Kirkpatrick 和 Albert Baez 在 1948 年的开创性工作,他们展示了基于一对曲面镜的系统,它们被布置成先后在两个正交的平面内聚焦[Kirkpatrick 和 Baez, 1948]. 这一通常被称为“KB”镜的系统一直沿用至今,通常部署在显微镜中,把光束聚焦到约 $100\times100\ nm^2$ 左右.

对基于透镜系统实现 X 射线束的聚焦,可以使用复合折射透镜[Snigirev 等,1996],或菲涅耳波带片(如在第 71 页中所讨论的). 由于吸收,复合折射透镜在光子能量约高于 10 keV 时工作效果最好,并可实现低于 100 nm 的横向分辨率. 另一方面,菲涅耳波带片的性能并不怎么受初级光束衰减的影响,可以被设计成工作在很宽的光子能量范围,包括 X 射线谱较软的区间,这有利于对生物组织成像. 在本节中,我们讨论菲涅耳波带片在 X 射线显微术中的应用.

在第 73 页中,我们从折射的角度描述了菲涅耳波带片的基本工作原理. 我们讲过,虽然相息图波带片的某些特性有一定的吸引力,但许多时候二元近似是一个更可行的解决方案. 图 9.7(a)示意了一个二元菲涅耳波带片如何作用于入射的平行光束,并把它聚焦到一个点. 菲涅耳区半径 r_m 的定义要求,从该区域辐射的波到达 f,相对于入射束,会有 $m\pi$ 的累计相移,等价于 $m\lambda/2$. 从相继的区辐射的波因此往往相消干涉. 因此,要想大大增加到达 f 处辐射的量,可以通过在交替的区中引入某种材料,使其可以完全吸收入射束或者产生一个 π 相移. 这两种可供选择的方法有时分别被称为吸收和相位波带片. 从图 9.7(a),我们有

$$r_m^2+f^2=\left(f+\frac{m\lambda}{2}\right)^2$$

从中可得出,对于 X 射线,第 m 个菲涅耳区半径的表达式为

$$r_m\approx\sqrt{m\lambda f}$$

二元波带片的一个重要参数是最外面的区的宽度 Δr_M:

$$\Delta r_M=\sqrt{\lambda f}\,(\sqrt{M}-\sqrt{M-1})\approx\sqrt{\lambda f}\left(\sqrt{M}-\sqrt{M}\sqrt{\left(1-\frac{1}{M}\right)}\right)\approx\frac{\sqrt{\lambda f}}{2\sqrt{M}}$$

用 Δr_M 来表示的波带片的焦距是

$$f=4M\frac{(\Delta r_M)^2}{\lambda}$$

其半径 D 是

$$D=2r_M=2\sqrt{M\lambda f}=2\sqrt{M}\sqrt{\lambda f}=4M\Delta r_M$$

回顾瑞利判据,其中规定,一个完美的镜头可分辨的最小尺度由下式给出:

$$\Delta x=1.22\frac{\lambda f}{D}$$

我们看到,对于一个工作在 X 射线波长的二元菲涅耳波带片,其分辨率由下式给出:

$$\Delta x=1.22\Delta r_M$$

因此,最佳的分辨率通过让最外面区域的宽度最小化来实现. 在实践中,X 射线波带片是

用电子束光刻技术制造的. 图9.7(b)给出了以这种方式制造的、具有30 nm宽最外区的二元菲涅耳波带片的一个例子. 迄今为止,人们演示过的基于二元菲涅耳波带片的X射线显微镜的最高空间分辨率达15 nm[Chao等,2005];据信还可以进一步降低到纳米量级.

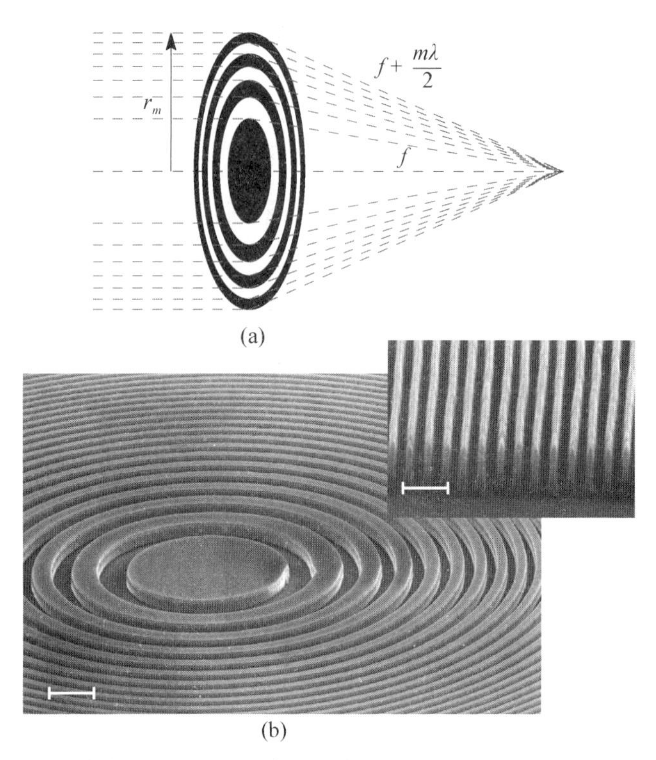

图9.7 图(a):由菲涅耳吸收波带片聚焦平行光束的示意图,它是由一系列同心环构成,环从透明到不透明交替排列. 第m个环的半径由$r_m \approx \sqrt{m\lambda f}$给出,其中$f$是透镜的焦距. 图(b):菲涅耳波带片的扫描电子显微镜(SEM)照片,它是用电子束光刻制备的. 主图像上的白色水平线对应于1 μm的标尺,细部的则对应于150 nm,展示了波带片最外侧的区域. 该菲涅耳波带片被设计使用于一个软X射线显微镜上,其设计工作光子能量低于1 keV. 菲涅耳波带片是从一个单晶硅膜制备而来的. 最外圈的宽度为$\Delta r_M = 30$ nm,这决定了其空间分辨率. 波带片直径$D = 4M\Delta r_M = 100$ μm,对于1 keV光子,焦距$f = 2\,400$ μm. (SEM照片由Christian David和Joan Vila-Comamala提供.)

二元菲涅耳波带片也可以看作一个变周期的衍射光栅. 上面推导的公式对应的只是第一级,且为正的衍射级次. 而二元波带片的任何实际应用必须考虑其他衍射级的存在. 在图9.15中,我们比较了完整计算出的二元波带片的波场,它的交替的波带区中或使用吸收、或使用导致相位差π的材料来产生聚焦的光束. 菲涅耳波带片可以以两种不同的方式部署在透视显微镜中. 波带片既可以用来把平行光束聚焦到一个小的焦斑,又可以用来放大图像. 前者是扫描透射X射线显微镜(scanning transmission X - ray microscope, STXM)的基础. 在一个STXM中,样品被置于一个机械台子上,允许它被来回地通过聚焦的束扫描以建立起图像(见图9.8(a)). STXM图像可以通过透射几何布局的吸收衬度,或者更通常地通过收集荧光来实现,在这种情况下的STXM图像有元素特征.

把波带片用作放大透镜的另一种几何布局导致了透射X射线显微镜(transmission X - ray microscope, TXM),如图9.8(b)所示. 在TXM中,样品的全景图像通过单次曝光被收集到一个二维的像素化的X射线探测器上. 全景TXM因此比STXM具有速度上的优势,并且

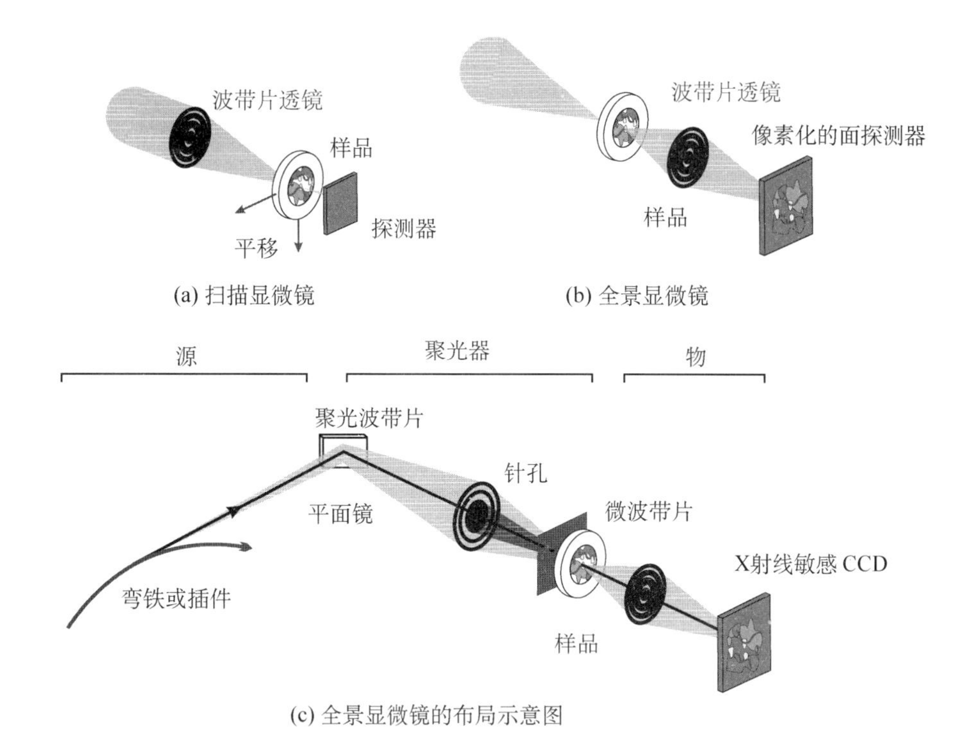

图 9.8 基于菲涅耳波带片的 X 射线显微镜. 图(a):在扫描透射 X 射线显微镜(scanning transmission X-ray microscope, STXM)中,用波带片来把入射平行光束聚焦到一个小的焦斑,样品穿过光束来回扫描以产生图像. 图(b):全景透射 X 射线显微镜(transmission X-ray microscope, TXM)使用一个波带片作为物镜,它把一个放大的图像投影到一个二维的像素化的探测器上. 放大倍数由物镜-探测器和样品-物镜的距离的比例决定,这个比例可以超过 1 000. 图(c):TXM 的布局示意图. 该示意图是基于劳伦斯伯克利国家实验室先进光源的 XM-1 软 X 射线显微镜,但其基本布局可被认为对现代的 TXM 均是通用的,包括那些旨在用硬 X 射线进行操作的显微镜.(仿自 David Attwood 创建的图像.)从源发出的光束首先被一个平面镜偏转,之后打到一个多功能的聚光波带片上. 它不仅把样品处的光斑聚焦到几微米的尺寸,而且和针孔相结合之后它还是一个单色器. 由样品发射出的光束,再被一个微波带片收集,从而把光投影到一个二维的像素化的探测器,该探测器一般基于电荷耦合器件(charge-coupled device, CCD)技术.(本图可参见彩图 20.)

不需要高度平行(即横向相干)的入射光束. 而另一方面,扫描显微镜通过收集荧光允许特定元素的成像,包括可在反射几何中来分析大块样品,并具有较少受光学元件制约的视场.

9.2.3 举例:X 射线透射显微术

在图 9.8(c)中,我们展示了在同步辐射光源的全景 X 射线显微镜光束线的典型布局. 用这种显微镜拍摄到的一个例子被示于图 9.9(a)中. 图像捕获到单细胞酵母粟酒裂殖酵母细胞分裂的时刻,清晰地捕捉到细胞器组成的精致细节,以及它们在隔膜两侧的复制,该隔膜最终将会关闭以产生两个子细胞. 与电子显微镜相比,TXM 应用于生物材料具有无需切片即可显露细胞内部结构的优点,并且除了在成像前急冻之外无需特别准备样品.

图 9.9(b)给出用 STXM 采集数据的一个例子. 此例中的样品是 Co/Pt 多层膜,这里 Co 的铁磁序分裂成一系列的蠕虫状的畴,其中磁矩指向或者为"上"或者为"下". 要获得这两种可能类型的畴之间的对比度,可以调到 Co L_3 边测量 XMCD 信号(见 7.3 节). 虽然还存在其他几种观察磁畴的技术,但 STXM 结合 XMCD 是唯一一个同时具有非常高空间分辨率(几十纳米)和元素敏感性的.

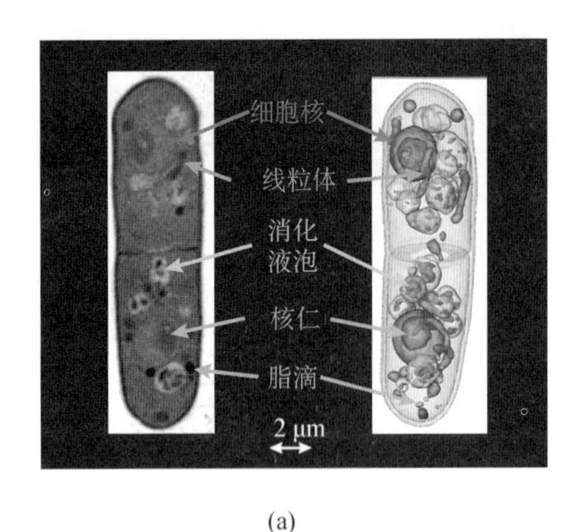

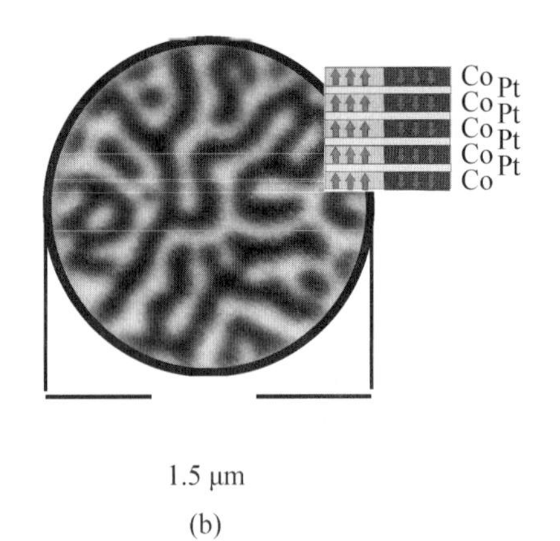

(a) (b)

图 9.9 X射线显微术图像. 图(a):单细胞酵母粟酒裂殖酵母细胞分裂的透射X射线显微术(TXM)图像. 数据采集使用了先进光源(ALS)上的X射线显微镜XM-1,波长$\lambda=24.0$ Å. 选择此波长是因为它在“水窗”的中间,在此窗口中,有机材料的X射线吸收超过水的吸收大约一个量级,从而大大提高了图像对比度. 左:单次X光照相投影的图像揭示了在分裂细胞内细胞器组成的亚微米级的详细信息. 右:用断层重建的细胞的三维图像. 单次投影的典型曝光时间为1 s左右,而一个断层数据集需要3 min或更少.(图像由Carolyn Larabell提供.)图(b):Co/Pt多层膜的扫描X射线显微图像. 图像是在ALS的光束线11上采集的,它揭示了蠕虫状磁畴的图案. 磁畴的成像利用了XMCD(见7.3节)提供的对比度. 这里给出的图像是用相反的光子螺旋度采集的图像之差,并且光子能量被调到Co L_3边($\lambda=15.9$ Å). 这里黑色和白色区域对应于不同磁畴,其中磁矩指向与入射光束平行或反平行方向. 空间分辨率小于50 nm.(图像由Joachim Stöhr提供.)(本图可参见彩图21.)

9.3 相衬成像

有一大类重要的成像方法并不依赖X射线的吸收或衍射,而是因为当X射线打到材料时会被折射. 虽然X射线被折射时只会经历一个极小的角度偏移α,因为折射率对于1的偏差δ非常小. 事实证明,如我们在本节就要描述的,可以用很多方法来精确地测定α. 利用材料折射特性的成像方法通常被称为相位衬度成像或者相衬成像(phase contrast imaging),由于角度偏差α直接和折射光束的相位$\phi(\boldsymbol{r})=\boldsymbol{k}'\cdot\boldsymbol{r}$的梯度成正比. 这可以通过折射光束的方向很容易看出来,其可由单位矢量$\hat{\boldsymbol{n}}=\boldsymbol{k}'/k'=(\lambda/2\pi)\nabla\phi(\boldsymbol{r})$来给定. 由此可见,角度偏差作为垂直于入射光束传播方向平面内的坐标(x, y)的函数如下:

$$\alpha_x=\frac{\lambda}{2\pi}\frac{\partial\phi(x, y)}{\partial x},\ \alpha_y=\frac{\lambda}{2\pi}\frac{\partial\phi(x, y)}{\partial y}$$

因此通过测量α随(x, y)的变化可以定出相位的梯度,并据此积分算出$\phi(x, y)$.

折射能够提供用于X射线成像的足够的对比度,这可以通过研究图9.10看出来,在该图中,我们画出了n对于1的偏离量的实部(δ)和虚部(β)的能量依赖关系. 图9.10中是水的

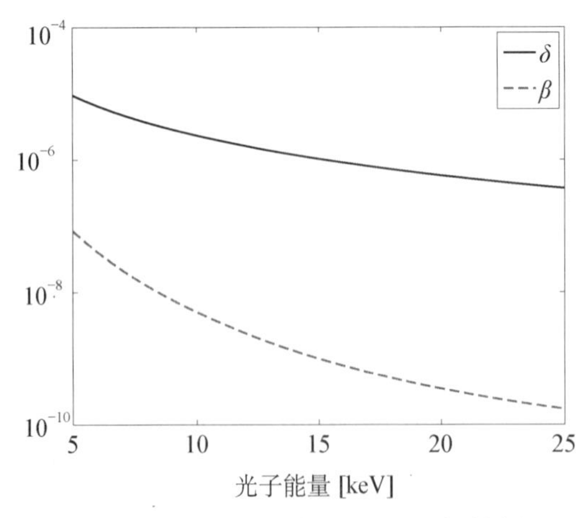

图 9.10 实部(δ)和虚部(β)对水的折射率的贡献的能量依赖关系. 虽然可以预期水的β较低(因为吸收截面很弱),事实上在硬X射线区间(大约5 keV以上),所有材料的δ都超过β.

数据，很明显 δ 大大超过 β. 因此对于弱吸收的生物样品，通过折射来成像似乎是比通过吸收成像更有效. 事实上即使是重元素，其对于硬 X 射线的 δ 通常大于 β，这表明 X 射线相衬成像原则上对所有材料都是可行的.

我们在图 9.11 中来更详细地考虑由于折射引起角度的变化. 图 9.11(a)显示了一个由均匀电子密度的材料制成的楔形. 楔形的角度被表示为 ω. 楔形左边角落的波前通过材料到真空中. 选择合适的楔形宽度 Δx，使得在右上角的波前也刚好传递到真空.（这里我们使用名词波前来表示波的某个相位，比如波峰其相位是 2π 的某个整数倍.）图中所示的一些几何分析表明出射射线通过楔形后稍许改变了方向，角度偏离量有 $\alpha = \delta\tan\omega$. 图 9.11(b) 显示了具有恒定厚度的一片材料，但具有如阴影所示的不同密度. 随着密度从左到右增加，波长也逐步增大，透射射线被折射一个角度 $\alpha = \lambda\partial\delta(x)/\partial x$. 因此一般来说，角度偏离 α 直接和 δ 的空间导数有关，而 δ 自己就正比于电子数密度.

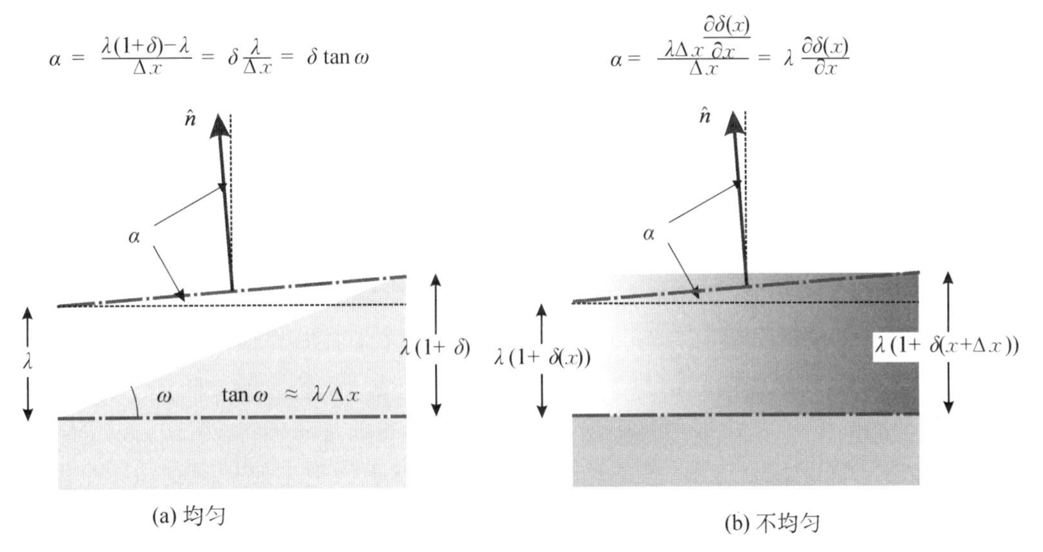

图 9.11 折射引起的角度偏差 α 和 δ 的关系. 从垂直方向入射的 X 射线束穿过一个密度均匀的楔形样品(a)或者一块密度从左到右稳步增大的板(b). X 射线波的波峰是由点划线表示. 真空中波长 λ 的大小在材料中 x 的地方增加到 $\lambda(1+\delta(x))$，因此通过材料后的波峰不再是水平的.

相衬成像的基本要求很清楚，即需要准确测定 α. 实现它的大多数方法可划分为以下 3 类：自由空间传播；基于干涉仪的技术；或分析器系统. 这些方法的最后一种是采用分光晶体（往往是基于第 6 章所描述的完美晶体的光学），并用小的接收角以选择特定角度折射光线. 在这里，我们先考虑通过自由空间传播的成像，其次是通过光栅干涉法的成像.

9.3.1 自由空间传播

1. 自由空间传播实现相衬成像

也许实现相衬成像最简单的方法就是当折射光线离开薄的（可忽略吸收）样品后，被允许自由地传播，如图 9.12 所示. 这里入射 X 射线光束被聚焦到一个小点，以打到所研究的样品上 (x, y) 平面内某个选出的点. 该光束穿过样品被折射，使得其以相对于入射光束方向的小角度 α 离开样品. 一个两维的、像素化的探测器被置于样品下游距离 L 处，用来记录折射光束的偏转. 然后在垂直于入射光束的方向来平移样品的 (x, y)，重复实验，以确定偏转作为 x 和 y

的函数如图 9.12 中所示，偏转正比于 α 乘以 L，使得可以得到 $\delta(x, y)$ 的图像，因此也就得到电子数密度 $\rho(x, y)$.

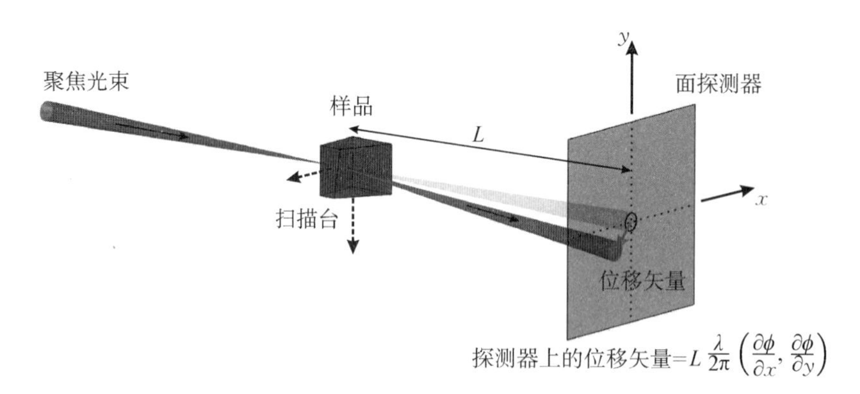

图 9.12 通过自由空间传播的相位衬度成像. 被聚焦得很细的 X 射线束入射到样品，且其具有可忽略的吸收. 折射使 X 射线束偏转一个角度 $\alpha_x=(\lambda/2\pi)\partial\phi(x, y)/\partial x$，等等，其中 $\phi(x, y)$ 是垂直于入射光束方向平面上折射光线的相位. 样品下游 L 处的一个位置敏感面探测器，它所记录的折射光线的偏转量是 αL. 图中面探测器上的蓝点对应于没有样品时，光束直接打到的位置，而红点对应的是样品在相对于入射光束焦点 (x, y) 的固定位置时，光束被偏转到的位置. 在 (x, y) 面内扫描样品，可建立起相位梯度的分布图，据此可以计算出 $\delta(x, y)$ 的图像.（本图可参见彩图 22.）

现在考虑通过自由空间传播实现相衬成像的两个例子. 第一个例子是从刻蚀的硅晶片制造的样品，其截面如图 9.13(a)中底部面板所示. 350 μm 厚的(100)晶片的中央区域被刻蚀，以便消除由虚线表示的部分区域. 单晶 Si 的刻蚀过程是非常各向异性的，导致了一些倾斜的(111)型的面，其与(100)面成一角度 ω，满足 $\tan\omega=d_{100}/d_{110}=\sqrt{2}$. 以这种方式刻蚀的硅晶片形成一个方便的基板，其边框既厚且坚固，而底部可以做得非常薄(通常为 10 μm)，因此，就吸收而言，基本上对 X 射线是透明的. 完美的单晶结构意味着散射主要被限制在一个倒格矢的达尔文宽度以内(见第 6 章)，再加上弱得多的热漫散射. 因此就散射而言，衬底可以被认为基本上是透明的. 在第二个例子中，样品被放置在这样一个硅晶片上，但首先让我们来看看晶片本身的折射成像. 若沿 x 方向扫描样品，窄的 X 射线束沿着图 9.13(a)中白色箭头扫描. 从 1 号点到 2 号点，光束遇到一个向下倾斜的面，如蓝色的色条所示. 从 2 号点到 3 号点，X 射线束穿过样品薄的部分，且具有恒定的厚度，由绿色的色条表示. 然后从 3 号点到 4 号点，有一个向上倾斜的面用红色表示. 若沿着和白线平行，但是在南-北坡上的扫描，就没有颜色改变，因为入射束并没有沿着扫描方向打到南-北坡上. 另一方面，如图 9.13(b)所示，在南北方向扫描(即 y 方向)，确实可以得到那个面斜坡的图像. 因此，刻蚀的硅晶片代表了通过观察入射光束方向的细微变化来成像的一个很简单的例子，虽然通常并不这样做，而是一般会放一个束流阻挡器(beam stop)来挡住入射光束.

图 9.14 中所示的第二个例子，说明了这种技术具有分析生物重要性样品结构的潜力. 这里的图像是单个红血细胞，对比了完好的细胞与已感染了疟原虫的细胞.

2. *波场传播的数学*

我们在这里概述波场传播的一个数学方法. 一方面使我们领会对该问题更严格的解法，另外当我们在下面讨论光栅干涉仪时，还会直接使用这里推导出的结果.

考虑一个单色的平面波沿着 z 轴传播(e^{ikz}). 波前是垂直于 z 轴的一些平面，它们之间的间

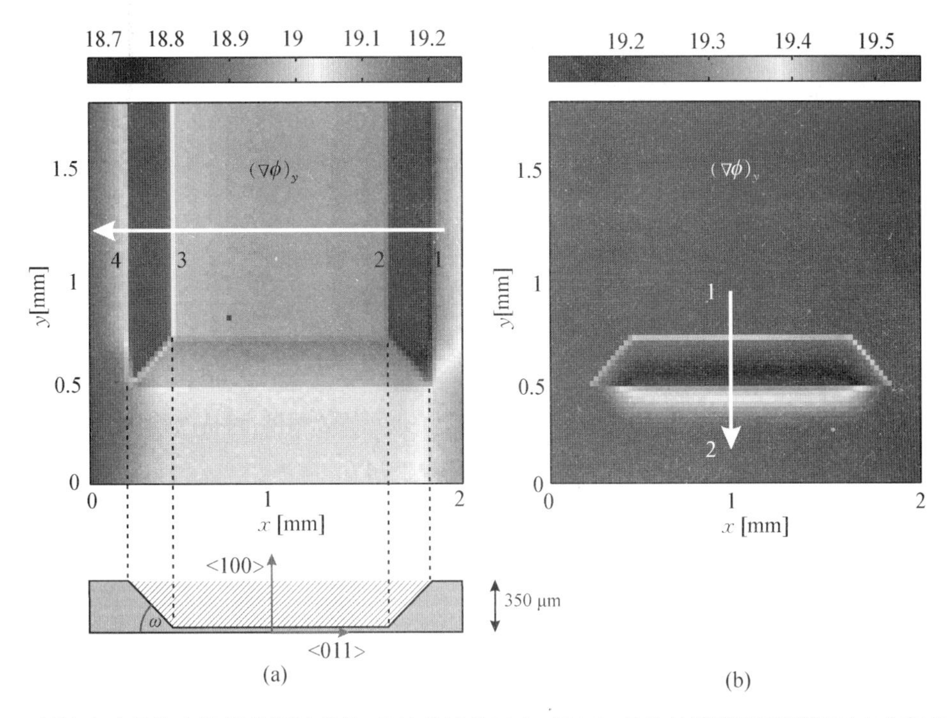

图 9.13 刻蚀在硅晶片上的槽的相衬成像，具体描述见正文. 图(a)：晶片的横截面是彩图下方由灰色勾勒出的部分. X 射线束照射在槽的斜坡部分，以固定角度 α 被折射，这里 α 正比于在扫描方向相位的梯度. 当晶片被沿着 x 方向扫描，斜坡位于 1 和 2，以及 3 和 4 之间. 光束被记录在置于样品下游 7.15 m 处的探测器的像素点上，而伪彩色的刻度是平均像素位置的编码. 像素大小为 172 μm. 当光束打到 2 号和 3 号点之间的任意一点时，光束就被记录在 19.00 位置的像素(见颜色条刻度). 当它穿过该槽的斜坡时会被折射，从而被探测于稍高一点的、或者稍低一点的平均像素数，具体取决于斜坡梯度的符号. 根据几何学，可容易地计算出 α，据此推出斜坡的角度 ω(见图 9.11). 图(b)：给出了沿着 y 方向扫描样品的结果，其中此处只有槽的倾斜端被成像出来.(数据由 Martin Bech 和 Torben Jensen 提供.)(本图可参见彩图 23.)

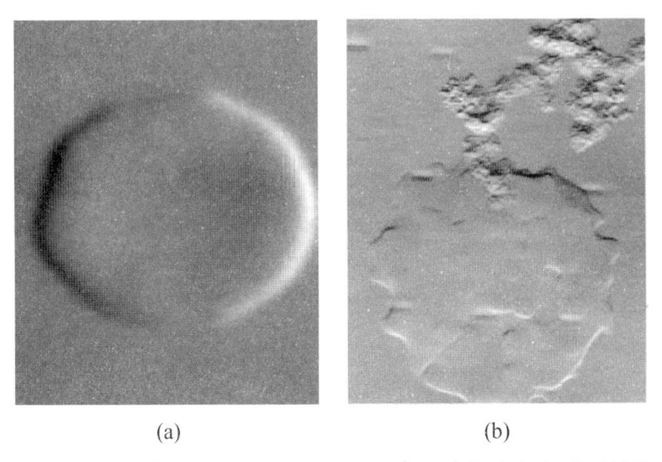

图 9.14 人红血细胞的微分相衬图像. 图(a)：硅衬底上的一个正常健康的细胞(见图 9.13). 图(b)：一个感染了疟疾寄生虫的红血细胞. 寄生虫消耗了细胞中的血红蛋白，只剩下中央血红素分子，其在游离形式是有毒的，但在结晶形式是无害的，也被称为疟原虫色素. 寄生虫在细胞中复制数次后，红血细胞破裂，释放出寄生虫，并在细胞外留下了一些亚微米尺寸的疟原虫色素晶体(右上方). 两个图像中的视场均约为 10×10 μm^2. 这些图像是通过以 20 nm 步长移动样品来记录的，每个图的拍摄时间约为 12 h.(图像由 Martin Dierolf，Martin Bech 和 Torben Jensen 提供.)

隔为 $\lambda = 2\pi/k$. 让该平面波穿过一个样品或者光学元件(例如光栅). 于是波前被扭曲,在垂直于 z 轴的某平面内的波场(例如在 $z=0$ 处)就变成 x 和 y 的函数 $\psi_0(x, y)$. 通过建立一个传播算符 $\hat{D}_z$,我们可计算在更远处的距离为 z 处的波场,其定义是 $\psi_z(x, y) = \hat{D}_z\psi_0(x, y)$. 为了更便利地实现这一点,可以使用 $\psi_0(x, y)$的傅立叶变换. 为了表达简单,我们只明确保留对 x 坐标的依赖,如有需要,我们可以随时恢复到完整的对(x, y)的依赖形式. 通过定义有

$$\psi_0(x) = \frac{1}{2\pi}\int \widetilde{\psi}_0(\mathrm{k}_x)\mathrm{e}^{-\mathrm{i}k_x x}\mathrm{d}k_x \tag{9.1}$$

这个等式指出在 $z=0$ 处波场是一些平面波的叠加,而每一个平面波取决于波矢 $\boldsymbol{k} = (k_x, k_z)$,而 $k_z = \sqrt{k^2 - k_x^2}$. 我们现在假设 $k_x \ll k$,从而有 $k_z \approx k - k_x^2/(2k)$. 这些平面波中任意一个 $\widetilde{\psi}_0(k_x)\mathrm{e}^{-\mathrm{i}k_x x}$ 传播到z,通过乘以相位因子 $\mathrm{e}^{\mathrm{i}k_z z}$ 或者把k_z 展开,相位因子变为 $\mathrm{e}^{\mathrm{i}[kz - k_x^2 z/(2k)]}$①. 由此我们可以按下面的若干步骤来理解算符的操作:

(1) 对 $z=0$ 处的波场进行傅立叶变换,得到单个平面波分量

$$\widetilde{\psi}_0(k_x) = \mathcal{FT}[\psi_0(x)] = \int \psi_0(x)\mathrm{e}^{\mathrm{i}k_x x}\mathrm{d}x$$

(2) 把平面波分量$\widetilde{\psi}_0(k_x)$乘以传播子 $\mathrm{e}^{\mathrm{i}kz}\mathrm{e}^{-\mathrm{i}k_x^2 z/(2k)}$ 可以得到$\widetilde{\psi}_z(k_x)$.

(3) 从傅立叶逆变换建立起完整的传播到 z 的波如下:

$$\psi_z(x) = \mathcal{FT}^{-1}[\widetilde{\psi}_z(k_x)] = \frac{1}{2\pi}\int \widetilde{\psi}_z(k_x)\mathrm{e}^{-\mathrm{i}k_x x}\mathrm{d}k_x$$

现在让我们回到完整的二维表达,可以明确地给出传播后的波场如下:

$$\psi_z(x, y) = \hat{D}_z\psi_0(x, y) = \mathrm{e}^{\mathrm{i}kz}\,\mathcal{FT}^{-1}[\mathrm{e}^{-\mathrm{i}z(k_x^2+k_y^2)/(2k)}\,\mathcal{FT}[\psi_0(x, y)]]$$

注意到最后的傅立叶变换$\mathcal{FT}^{-1}$,涉及两个在 k 空间的函数的积,即 $\mathrm{e}^{-\mathrm{i}z(k_x^2+k_y^2)/(2k)}$ 和$\mathcal{FT}[\psi_0(x, y)]$,因此根据卷积定理,结果是两个$(x, y)$ 空间中函数的傅立叶变换的卷积. 后者其实就是输入函数$\psi_0(x, y)$自己. 第一个函数的傅立叶变换 $\mathrm{e}^{-\mathrm{i}z(k_x^2+k_y^2)/(2k)}$,可以作如下计算. 对于简化的一维形式,我们把它的傅立叶变换写为

$$P(x) = \frac{1}{2\pi}\int_{-\infty}^{\infty}\mathrm{e}^{-\mathrm{i}k_x^2 z/(2k)}\mathrm{e}^{-\mathrm{i}k_x x}\mathrm{d}k_x = \frac{1}{2\pi}\mathrm{e}^{-\mathrm{i}x^2(2k/z)/4}\int_{-\infty}^{\infty}\mathrm{e}^{-\mathrm{i}(k_x/(2k/z)^{\frac{1}{2}} + x(2k/z)^{\frac{1}{2}}/2)^2}\mathrm{d}k_x$$

这个形式的积分已经在第 50 页上的方框内考虑过,即

$$I(a) = \int_{-\infty}^{\infty}\mathrm{e}^{-\mathrm{i}at^2}\mathrm{d}t = \mathrm{e}^{-\mathrm{i}\pi/4}\sqrt{\frac{\pi}{a}}$$

而对于这里的情况 $a = z/(2k)$. 在两维下,该傅立叶变换可以写成

$$P(x, y) = P(x)P(y) = \frac{1}{4\pi^2}\frac{-\mathrm{i}\pi}{a}\mathrm{e}^{-\mathrm{i}k(x^2+y^2)/(2z)} = -\mathrm{i}\frac{k}{2\pi z}\mathrm{e}^{-\mathrm{i}k(x^2+y^2)/(2z)}$$

---

① 对于一个周期结构,如周期为 p 的光栅,k_x 是 $2\pi/p$ 的整数倍. 在这种情况下,入射波场在下游会被重复,条件是 z 的值满足$(z/2k)(2\pi/p)^2 = 2\pi m$,这里 m 是个整数,即 $z = m(2p^2/\lambda)$,其中 $2p^2/\lambda$ 就是所谓的光栅的 Talbot 长度. 如果光栅周期是 1 μm, X 射线波长是 1 Å,那么 Talbot 长度就是 20 mm.

因此传播后的波场可以从下面的卷积(由符号“ * ”表示)得到:

$$\psi_z(x, y) = -\mathrm{i}\frac{e^{ikz}}{\lambda z}\left[\mathrm{e}^{-ik(x^2+y^2)/(2z)}\right] * \psi_0(x, y) \tag{9.2}$$

用波场传播方法进行计算的一个例子如图 9.15 所示,其中比较了入射平面波照射到两种不同类型的二元菲涅耳波带片所产生的波场. 二元菲涅耳波带片的基本工作原理及其在 X 射线显微术的应用实例已经在 9.2.2 节讨论过. 图 9.15 的左侧和右侧的列分别对应位相和吸收型的波带片. 对于相位波带片,平行于光轴的相位片的厚度已被选择使得深色条纹相对于白色条纹引入相移 π. 二元菲涅耳波带片对于入射光束的作用可以描述为一个衍射光栅:第一个正衍射级将光束聚焦在主焦距 f 处;更高的正衍射级的焦距相比 f 越来越短;负的衍射级是发散的. 对吸收波带片,光束的聚焦仍是显而易见的(其各衍射级表现出和相位波带片定性的相似行为),但可以看出这种情况的效率大约是相位波带片的二分之一.

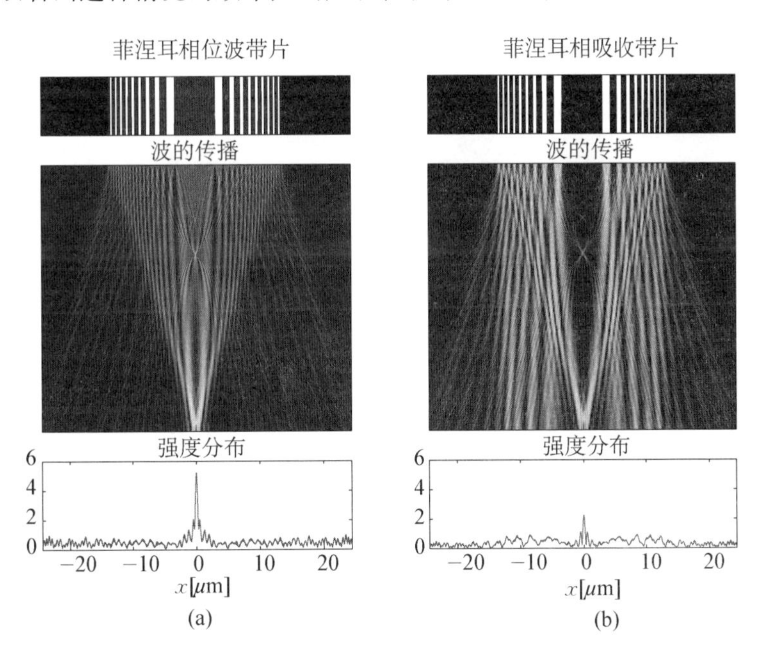

图 9.15 ★波场传播方法的例子(见(9.2)式). 图像展示了计算出的菲涅耳波带片的波场,此时入射波是从上方照射下来的. 左侧一列是对应于菲涅耳相位波带片,而右侧的一列是对应于菲涅耳吸收波带片. 计算中用到的参数如下:焦距 $f = 10$ cm, X 射线波长 $\lambda = 1$ Å,透镜宽度等于 100 μm. 收敛 $m = 3$ 和发散 $m = -1$ 波场虽然比较弱,也可以看得到.(本图可参见彩图 24.)

9.3.2 光栅干涉法

和 9.3.1 节描述的扫描相衬成像方法不同,基于干涉仪的成像系统能够产生全视野的图像. 用于相衬 X 射线成像的不同类型干涉仪已经被开发出来. 在图 9.16(a)中,我们展示了基于光栅的 X 射线干涉仪的布局图. 其操作背后的基本想法是它可以被配置成使得光栅(G_1)之后建立的干涉条纹的横向位置(即垂直于光轴),对由放置在 G_1 前方的样品折射所产生的入射 X 射线波场的任何角度扰动极其敏感. 干涉条纹位置的改变由第二块光栅(G_2)来分析,从而提供了 X 射线波场的相位梯度信息. 这种特殊类型的干涉仪往往和 Talbot 这个名字联系在一起，此人在19世纪对光学光栅的菲涅耳衍射做出过一些重要的观察. 用于相衬X射线成像的Talbot干涉仪的第一个演示直到20世纪初才出现[David等，2002；Momose等，2003；Weitkamp等，2005]. 这里我们选择关注这种特殊类型的干涉仪，是由于其相对简单和机械的稳定性. 这些属性让相位衬度成像可以空前地造福于更广泛的用户群体，其中特别是临床医生.

要详细了解Talbot干涉仪的操作，我们回头来考虑图9.16(a)，这里将先忽略样品对波前的扰动. 入射平面波打到周期为p_1的光栅(G_1)，被不同级次地衍射到不同的方向上，并且围绕光轴是对称的. 第一级的角度分裂是$\pm\lambda/p_1$，因为$\lambda\sim 1$ Å并且$p_1\sim 1$ μm，所以比较小，从而这些光束会重叠和干涉. 如Talbot曾发现的，所产生的横向图案在下游$d_T = 2p_1^2/\lambda$的整数倍处会重复，所以这也被称为Talbot长度(见第234页的脚注). 图9.16(c)针对3种不同类型的光栅的情况，吸收光栅(上)和相移光栅(中和下)演示了在一个Talbot长度中图案的重复. 事

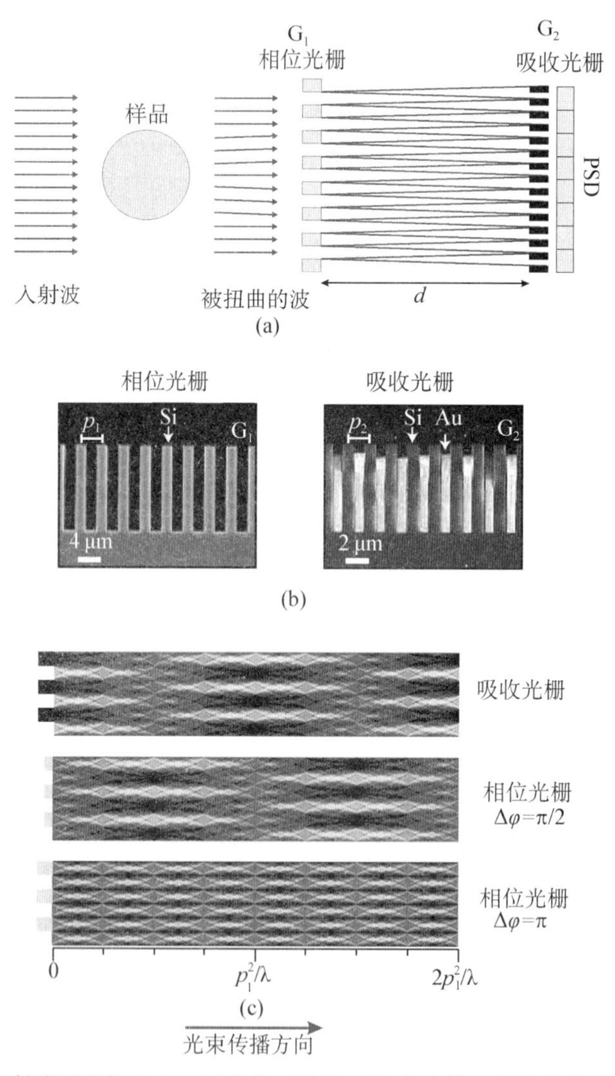

图9.16 图(a)：Talbot X射线干涉仪的布局示意图. 图(b)：用于Talbot干涉仪的光栅的扫描电子显微镜(SEM)图像. 光栅是用硅光刻制造的. 选用硅是因为它可以非常精确地进行加工，也由于其对硬X射线较低的吸收. 这意味着G_1实际上是纯相位光栅一个很好的近似；吸收光栅G_2必须通过在光栅的沟渠中沉积金来形成.(照片由Franz Pfeiffer提供.)图(c)：计算出的一个理想的吸收光栅的波场(上)，一个理想的$\pi/2$相位光栅(中)和理想的π相位光栅(下). 这些波场的计算采用了9.2节中概括的公式.(仿自Weitkamp等的图像[Weitkamp等，2006].)(本图可参见彩图25.)

实证明，对于特定的相移，图案在Talbot长度的某个有理分数处被重复. 此外，对于一个π相位光栅，其横向周期变成入射光栅周期的一半. 对于这种类型的光栅，G_1 下游特定距离的强度可以用图9.17中顶部的粉色方框示意性地表示. 若把一个周期为 $p_1/2$ 的吸收光栅置于此处，如果吸收的条纹和方框图案一致，就会完全阻塞这些强度图案，而如果它们正好错开，就会完全透过这些强度图案，或在两个极端情况之间时，部分透过强度图案. 透射率和吸收光栅横向位置 x_g 的关系是一个三角形的图案，如图9.17的底部所示.

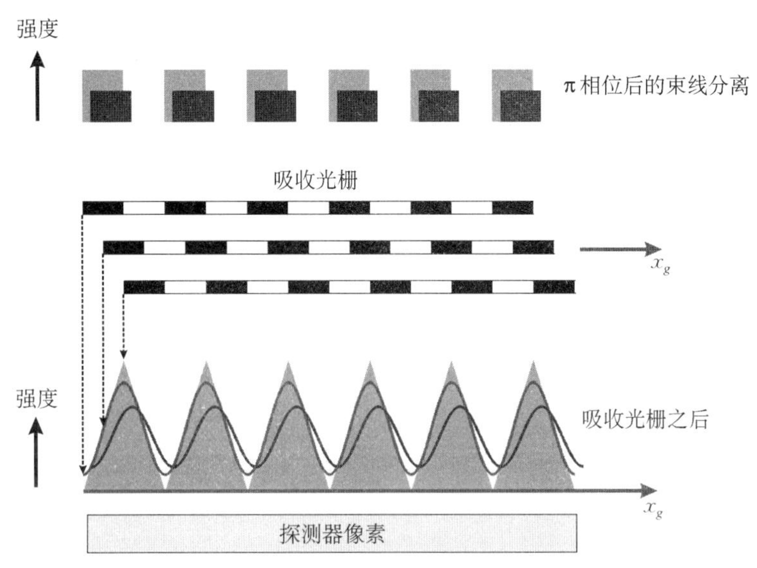

图9.17 Talbot剪切干涉仪中分析器光栅 G_2 的相位步进的演示. 最上面一排表示在一个π相位光栅下游距离 $d = p_1^2/8\lambda$ 处方框状的强度图案随垂直于光轴的横向坐标 x_g 的变化. 粉色(蓝色)指的是没有(有)样品时的波场. 中间部分的黑色(无透过)和白色(无吸收)的矩形代表吸收光栅，并且被画在3个不同横向位置.(它也在平行于光轴的方向平移，但这里只是为了说明的目的.)在理想状况下，吸收光栅后面但刚好在探测器像素之上的强度图案呈三角形. 考虑光栅的不完美、光束的有限相干长度等，它变成正弦状.(本图可参见彩图26.)

实际上对位置敏感的面探测器被置于吸收光栅 G_2 之后，而该光栅在垂直于光轴的 x_g 方向，以 p_2 为周期来扫描或者说剪切.(在这种类型的剪切干涉仪中，众所周知的扫描 G_2 的动作被称为相位扫描，因为它提供了干涉条纹图案的相位信息.)这种成像的空间分辨率最终由像素的大小决定，在写作本书的时期，其最小可达10 μm.

图9.17中强度随 x_g 的三角形变化代表了一个点源和完美的锋利的光栅的理想情况，后者其实在实践中很好地被实现了，因为光栅是用Si单晶刻蚀出来的(图9.16(b)). 另一方面，有限的源的大小限制了入射光束的横向相干长度，如1.5节中讨论过的. 假设理想的点光源坐落在距离 R 处，被放偏离了距离 D(见图1.16). 于是，离第一个光栅距离为 d 的光栅 G_2 处的强度图案就要移动 $d(D/R)$，这通常在同步辐射光源与周期 p_1 比起来会比较小. 一个真实的源可以被认为是一系列点光源的高斯叠加，所以应在理想的框状分布上叠加一个均方根宽度为 $\sigma = d(D/R)$ 的高斯函数，D 是源的均方根尺寸. 理想三角形传输曲线随之被修改成正弦状曲线，由图9.17中的红色实线表示. 特别地，当最大强度被减小时，而最小强度会大于零这个理想值. 定量地可以引入能见度 V，定义为

$$V = \frac{I_{\max} - I_{\min}}{I_{\max} + I_{\min}}$$

这显然对于理想三角形的剪切图案是 1. 对于上面所讨论的高斯模糊化了的模型，可以留作一个练习，证明在模糊较小时，即 $\sigma/p_1 \ll 1$，有

$$V \approx 1 - \frac{8}{\sqrt{2\pi}}\frac{\sigma}{p_1}$$

当在光束中无样品时的剪切图案就讨论到这里. 现在我们考虑具有吸收和折射的样品如何修改剪切图案，从而使样品的几种成像模式成为可能. 首先考虑样品的一部分，小到和探测器中一个像素一样大的尺寸. 由于吸收，样品的这一部分会按一定比例减弱光束，并且它会按一定的角度折射入射光束的方向. 结果是在第二个光栅的光束轮廓，在理想情况下将看起来像是在图 9.17 上部的蓝色框：由于吸收，高度降低了；并且由于折射，位置移动了. 包括进方框图案的模糊效应，剪切图案将类似于图 9.17 底部的蓝色曲线. 通过在 3 个 x_g 的设置下探测器像素测得的强度，可以完全地决定此曲线，因此通过简单的算法（在实践中是快速傅立叶变换分析），可以得到图案的吸收(a)、相移(b)和能见度移动(c). 这适用于探测器的每个像素，因此产生 3 种图像：吸收，相位梯度，以及“暗场”（即从能见度的改变而来的术语）. 其中最后一个对应的是光学显微术. 在 Talbot X 射线干涉仪中，能见度的降低是因为由于光束穿过样品的第三个效应（即散射），它在剪切图案中显示为一个总体的背景. 换句话说，低能见度是散射的一个测量，正如光学显微术的暗场图像一样.

根据我们迄今为止所讨论的 Talbot 干涉仪显然具有许多功能，使其成为很有吸引力的 X 射线成像系统. 其光栅长度可以做到几英寸长，由此提供大的视场，在医学应用中特别有用. 它还具有另外一个功能：我们注意到，可能通过旋转样品采集一系列图像，从而它可以在断层成像模式进行操作（见 9.2.1 节）. 这允许样品折射率的实部和虚部的三维图像可以从一个单一的数据集来确定. 最后，我们注意到通过将第三个光栅放在样品的前面，意味着 Talbot 干涉仪甚至可使用常规的 X 射线管源来产生高质量的相位衬度图像[Pfeiffer 等，2006].

用光栅干涉仪记录下来的 3 种成像模式的例子如图 9.18 所示.

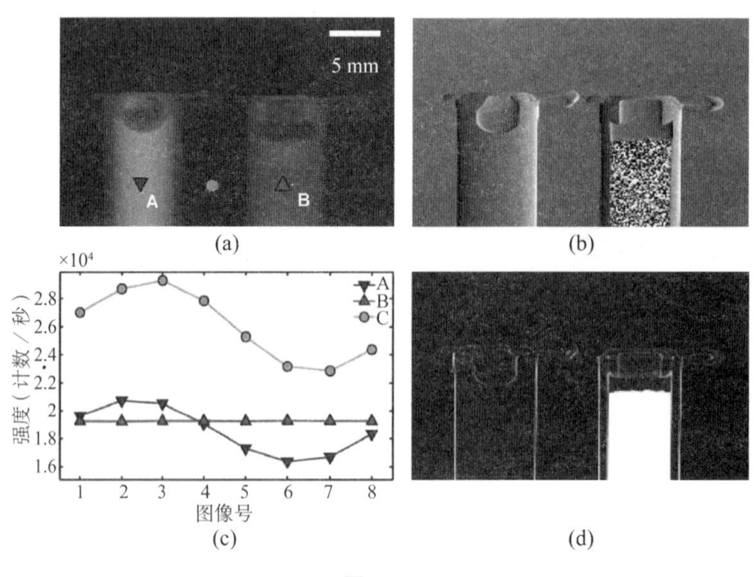

图 9.18

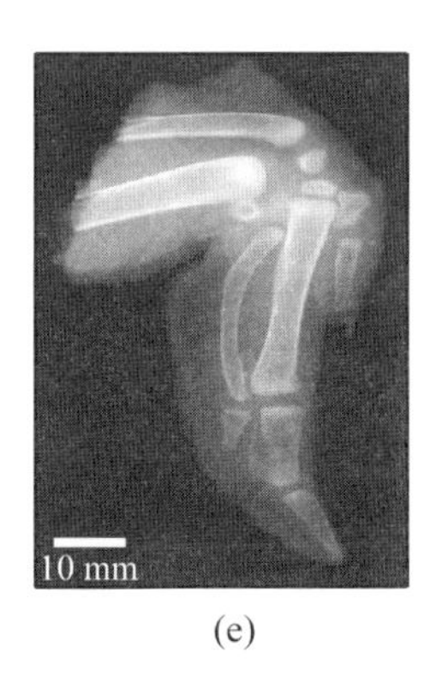

(e)

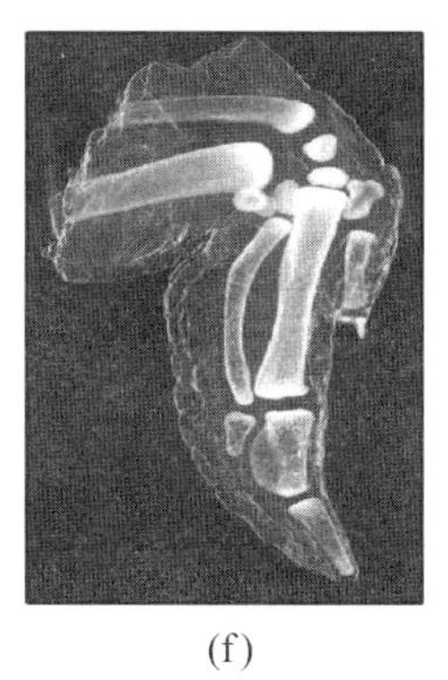
(f)

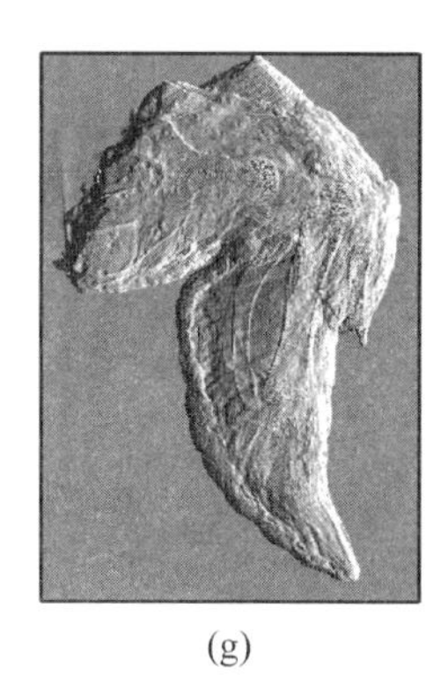
(g)

图 9.18 用 Talbot X 射线干涉仪获得的图像举例. 图(a)至(d)填充有液体(水,左,A)和粉末(糖,右,B)的两个塑料容器试验样品. 图(a)通常的 X 射线透射图像,图(b)微分相位衬度图像,图(d)暗场图像. 图(c)探测器像素观察到的,在样品中被标识的 3 个区域强度的振荡,数据是从一系列在 8 个不同 x_g 采集的图像中抽取出来的(对 50 个像素进行平均). 图(e)至(g)生物(烹饪)标本的成像:一个鸡翅膀. 图(e)X 射线透射图像,图(f)暗场图像,图(g)微分相位衬度图像. 光子的能量为 28 keV,像素大小为 172 μm,这些结果用到了 8 个图像,每个的曝光时间为 5 s. 图(b)中右侧容器的内部图像显示为黑白像素的一个随机阵列. 这是由于样品的这部分强度振荡的能见度为零,如图(c)中的 B 曲线所示. (照片由 Martin Bech 和 Franz Pfeiffer 提供.)

9.4 相干散射成像

我们在前面的章节中已经看到,在远场极限下(夫琅禾费)采集的衍射图形是如何直接联系到样品电子密度的傅立叶变换的[①]. 应该明确的是,因为相位问题,在正常情况下是不可能通过进行衍射图案的傅立叶逆变换来得到电子密度图像的. 然而,如果用相干辐射照到一个具有有限大小的小物体,那么事实证明可以获取相位信息,样品的实空间图像可以通过傅立叶逆变换重建. 这种类型的成像被称为相干 X 射线衍射成像(CXDI,或者简称为 CDI). 它是"无透镜"成像技术的一个例子,其明显的好处是避免了制造复杂光学元件的需求. 另一个好处是它已被证明对晶态和非晶态材料的成像都有效.

在描述获取相位的方法之前,我们先考虑用相干辐射照射物体的效果.

9.4.1 相干光束和散斑图案

当写下从一个点状物体集合衍射强度的表达式 $I=|\sum_j e^{i\mathbf{Q}\cdot\mathbf{r}_j}|^2$ 时,一个隐含的假设是入射光束在这些物体占据的体积内是完全相干的. 在相反的极限下,光束完全不相干,首先要计算从每一个对象的散射强度,然后所有个体的贡献加到一起获得的总强度. 在许多实验情况下,光束的相干性介于这两个极端之间,即是部分相干的. 在实验中,可以通过置于样品上游的小孔来控制横向相干性的程度,而这就是相干 X 射线衍射成像中一直使用至今的方法.

在图 9.19 中,我们描述了在相干照明的条件下计算出的从球体的小角 X 射线散射图案. 在第 4 章中,我们已经详细讨论过单个球体的 SAXS,并把它绘于图 9.19(a)中,它看起来是由一系列环上的强度最大值,其间距和球的直径成反比. 在图 9.19(b)和(c)中,我们展示来自 7 个随机放置的球的散射. 面板(b)中的结果是纯粹从球体的质心坐标(以"+"表示)计算出来

① 这句话严格地只适用于非吸收的弱相位物体. 更准确地讲,衍射振幅正比于样品的 X 射线光学复数传输函数的傅立叶变换.

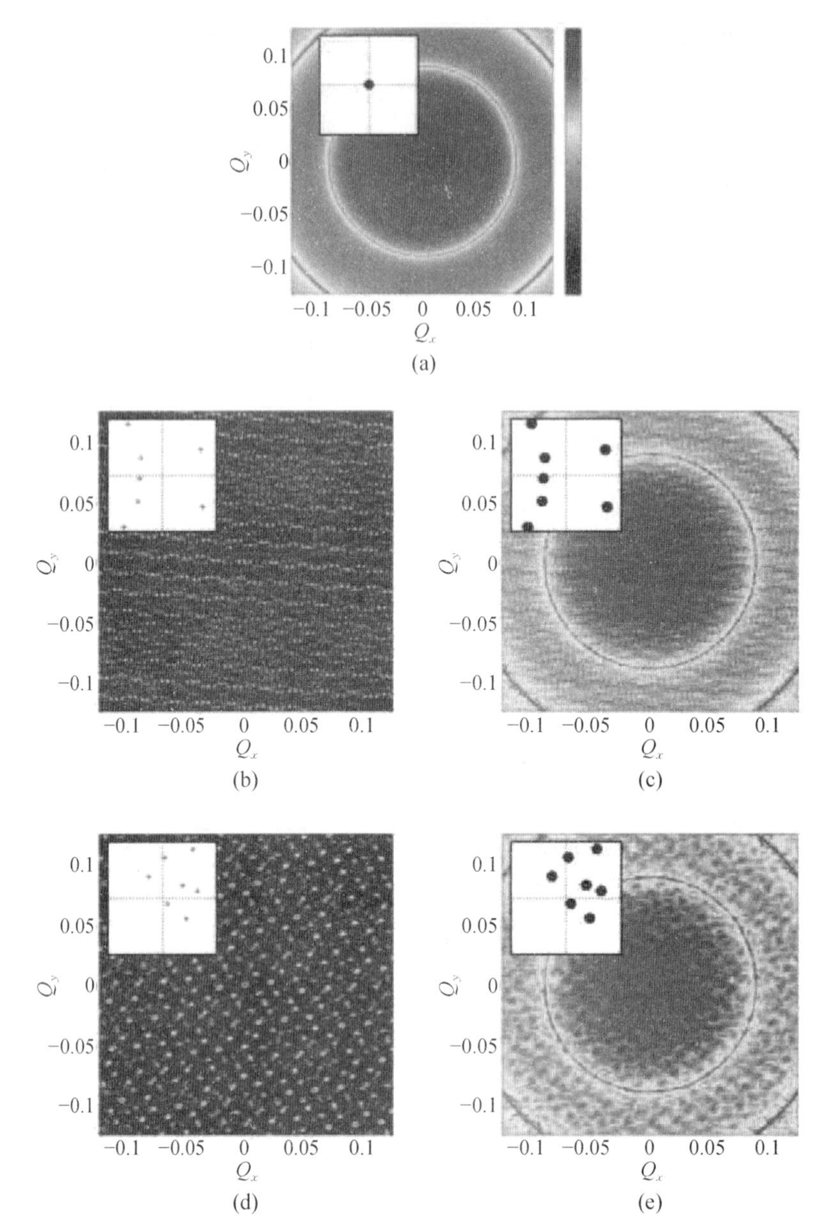

图 9.19 相干 X 射线束和散斑. 图(a)给出计算得出的孤立球体的 SAXS 图案. 图(b)至(c)从 7 个随机放置的球的散射. 在图(b)中,散射强度 I 是从球体的质心坐标 $\boldsymbol{r}_j$ 计算来的,对于一个完全相干的 X 射线束是 $I=\left|\sum_j e^{i\boldsymbol{Q}\cdot\boldsymbol{r}_j}\right|^2$. 这个结果是一个有很细纹理但是非随机的衍射图案,被称为散斑图案. 图(c)由单个球体形状因子的平方乘以散斑图案所获得的总的衍射图. 图(d)至(e)与图(b)至(c)相同,除了球体的排布不同,在面板(a),(c)和(e)中的模拟数据画在对数坐标.(本图可参见彩图 27.)

的,其中衍射图案看起来由众多的散斑(speckle)构成. 然而散斑图案是不完全随机的,而是反映了散射中心的位置. 这通过比较图 9.19 的(b)和(d)就很清楚,这里(b)是对不同的球体中心位置算出来的,散斑图案相当明显. 面板(c)和(e)给出了完整的衍射图案,它们是通过(a)乘以合适的散斑图案计算出来的①. 这两组图案可以和用非相干光束照射的结果进行对比,在后

① 卷积定律的又一个例子.

者只能观测到(a)中那样的平均图案.

SAXS实验测量散斑图案的一个例子如图 9.20 所示. 样品是二氧化硅微球(500 nm 直径)的稀悬浮液,它被相干的 X 射线束照射,而此相干束是通过把波荡器发出的 X 射线穿过一个$10\times10\ \mu m^2$ 的小孔来产生的. 二维探测器被用来记录衍射图案. 在图 9.20(a)和(b)中,对 200 次曝光,每次 0.7 s 长,进行平均以产生探测器的图像. 在室温附近,图 9.20(a)中硅珠基本上在悬浮液中自由扩散. 虽然每次曝光的散斑图案不同,对不同的球位置的配置求平均后产生一个平滑变化信号. 这通过在插图中给出的一个对所有径向方向进行平均之后的径向分布截线(空心圆)就可以看清楚,其中强度看起来紧密地跟随一个孤立球体所预期的形状因子. 样品冷却后如图 9.20(b)所示,悬浮液和球体位置冻结. 散斑图案现在是完全静态的,这可以直接在探测器输出的图像上以及在径向截线数据中很容易地看出来,甚至对数次曝光的结果平均之后也是如此.

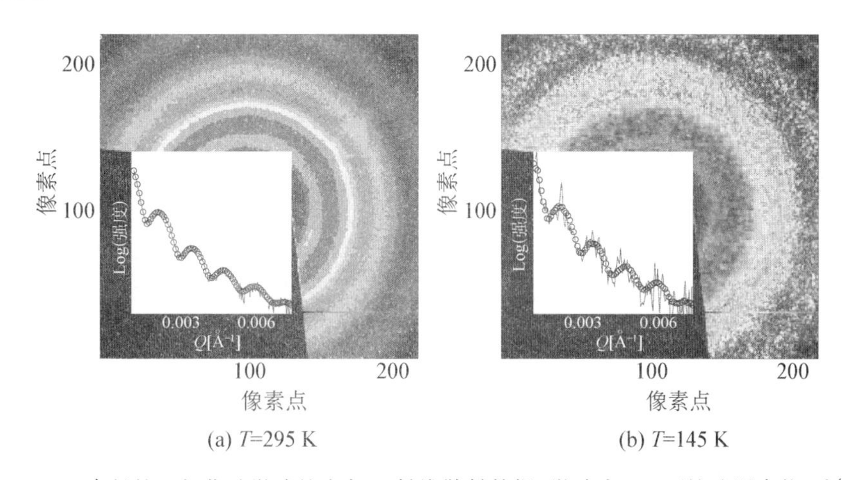

图 9.20 从 500 nm 直径的二氧化硅微球的小角 X 射线散射数据,微球占 H_2O/甘油混合物 2%体积. 测量是在 ESRF 的 ID10C 进行的,使用相干光束($10\times10\ \mu m^2$),光子的能量是 8.02 keV. 这些图像是 200 次曝光的平均,每次持续 0.7 s,即总共 140 s. 插图:圆圈表示的是对方位角平均的强度;红线是一条代表性的径向截线. CCD 探测器在样品下游 2.41 m,像素尺寸是 22.5 μm. 图像(a)是记录于玻璃化相变之上,此时二氧化硅球的运动产生动态散斑图案. 如果对 200 次曝光进行平均,得到的结果会和用非相干束照射样品产生的一样. 图像(b)是记录于玻璃化相变之下,此时二氧化硅球的运动被冻结,散斑图案也相应是静态的.(数据由 Anders Madsen 提供.)(本图可参见彩图 28.)

9.4.2 通过过采样获取相位

使用相干 X 射线衍射成像解决相位问题,首先依靠衍射图案过采样的概念.

我们从劳厄条件知道,从一个扩展的三维晶体衍射图案由倒空间的一系列的 δ 函数 $\delta(Q-G)$ 组成. 因此只有在 $Q=G$ 时,可以被测量或者说采样. 在倒易空间的采样频率为 $|G|=2\pi/d$,正比于晶格常数的倒数. 在信号处理的语言中,以系统尺寸的倒数为频率的采样与"Nyquist"这个名字是联系在一起的. 当用 Nyquist 频率采样时,衍射图案仅可提供一半可能的信息:从测得的强度的平方根得到 $|A(Q)|$,但没有相位信息. Sayre[Sayre, 1952, 1980]在香农(Shannon)早期工作的基础上[Shannon, 1949],证明如果衍射图案可以以 Nyquist 频率的一半来采样,换句话说就是过采样,那么就有可能同时获取 $|A(Q)|$ 和相位的信息,从而使电子密度可被重建出来. 对空间有限大小的物体(即不要是晶体)的情况,Miao 等人提供了一种过采

样的解释[Miao等,1998],他们建议采样的范围包括样品周围没有电子密度的区域,并且一旦这个区域的体积超过电子密度不为零的区域的体积,就可以撷取相位的信息.

要让过采样成为可能,衍射图案本身必须在倒易空间中是延展的. 对于任何有限大小的单个物体来说,这自然地会发生,不论它是非晶态的,还是晶态的. 例如,对于单个分子中的情况,不存在布拉格峰,而衍射图案是个连续函数(如在第4章中讨论的),因此可在任何的 Q 进行采样. 从晶态材料的衍射图案进行过采样也是可能的,只要晶体本身是有限的,因为在正空间体积为 L^3 的晶体产生的衍射图案在倒易空间围绕每个布拉格峰占据的体积正比于 $1/L^3$.

虽然过采样提供了一个明确的解决方案(至少在二维或三维情况下),它并没给出一个实用的方法. 通过计算机算法,可简炼地把过采样作为实空间限制采纳进来. Fienup[Fienup,1982]描述了数值上实现用不同方法施加限制的相位获取算法. 在这里我们简要介绍这些算法中的一种,即误差减少迭代算法的原理和应用.

图9.21给出了误差减少迭代算法的工作原理图,其用于从过采样的衍射图样获取相位. 该算法连续傅立叶变换在实空间和倒易空间之间的数据,并在迭代的每一步中在两个空间施加约束. 因为这需要处理大量数值的数据,可利用快速傅立叶变换(FFT)算法,以及它的反算法(IFFT)最有效地进行. 施加约束的效果是逐步减少相位估计值的误差. 要启动算法,有必要形成一个电子密度的初始猜测 $\rho'(r)$①. 这可通过进行散射振幅的傅立叶逆变换实现,而散射振幅由所测量的强度的平方根和一个随机相位因子相乘来估计. 然后实空间的约束条件被应用到 $\rho'(r)$. 这些可能包括要求 $\rho'(r)$ 是实的和正的(虽然并不总是如此),并且施加一个"掩模",也称为"支撑"(support),即令 $\rho'(r)$ 在通过强度自相关函数的空间分布估计出的区域以

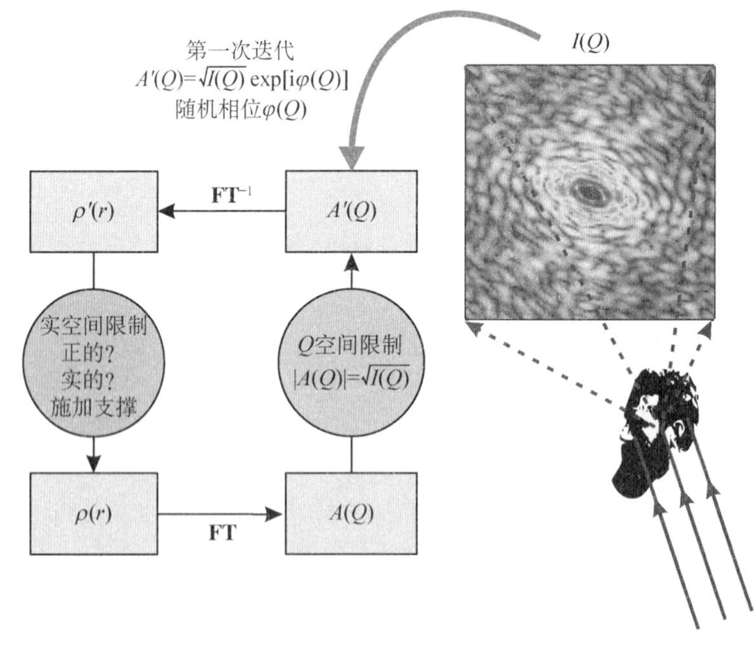

图9.21 迭代的相位获取算法的原理图,用于从相干X射线衍射图像重建真实空间图像. 在右侧面板,测试物体被一个相干的X射线束照射,而衍射强度 $I(\boldsymbol{Q})$ 被记录在一个安置在远场的位置敏感面探测器. 此处是伦琴肖像的衍射图案.(本图可参见彩图29.)

① 此处的撇号并非指微分,而是标志着施加实空间约束之前的电子密度的估计值.

外为零. 然后对新估计出的电子密度 $\rho(r)$ 进行傅立叶变换，以获得复散射振幅的新的估计. 然而，只有相位信息被保留下来，因为倒易空间的约束要求复散射振幅的模数必须等于所测量强度的平方根. 然后开始迭代过程的下一个循环，如此往复，直到达到收敛.

逐步获取测试物体(图 9.21)相位的一些循环过程被总结在图 9.22 的具体案例中. 在第一步中，复散射振幅由随机相位因子和所测量强度的平方根相乘来估计. 下一步就进行傅立叶逆变换，从而产生物体电子密度的重建图像. 不出所料在此阶段的电子密度和测试物体的并不相似. 然后执行迭代的相位获取算法. 到了第 10 次循环，由模拟和测量的强度之间的对应关系可见，相位已被部分地取出，并且在重建的图像中出现的结构开始类似于测试物体. 在这个例子中，通过算法的 374 次循环达到收敛.

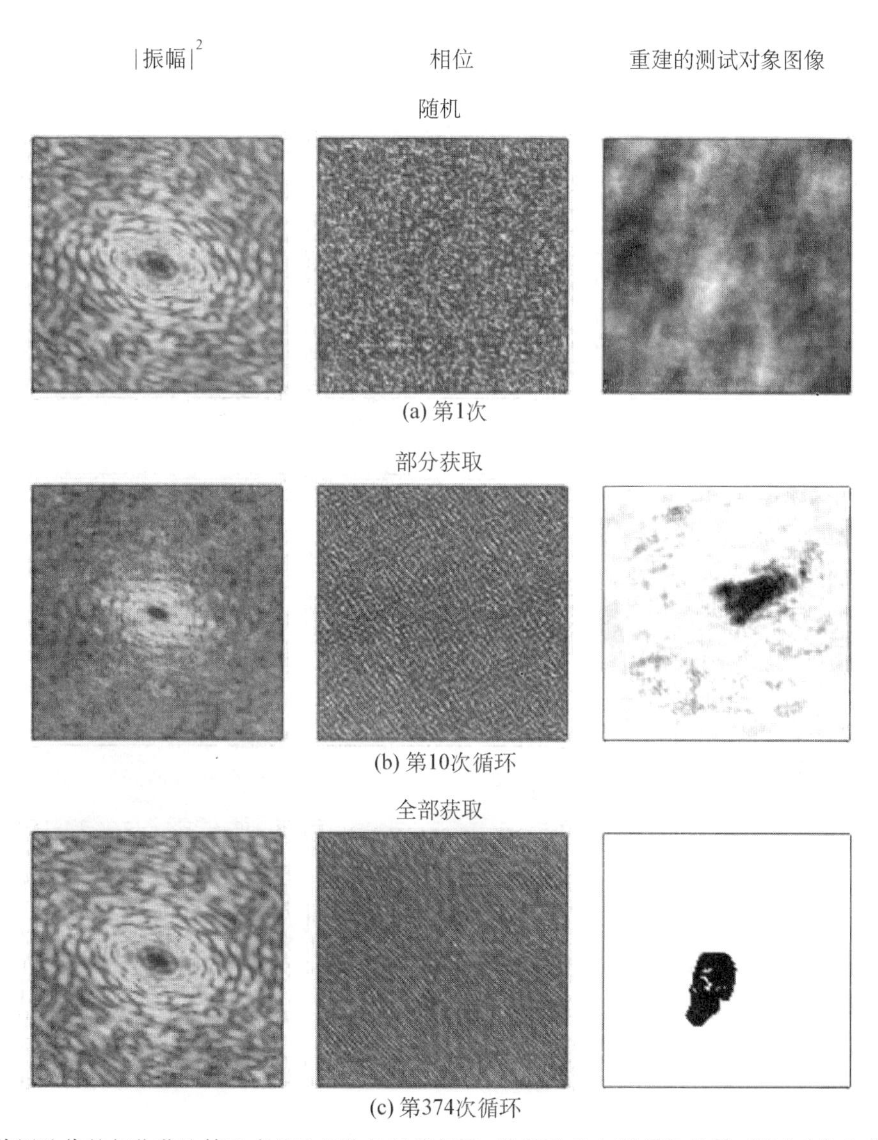

图 9.22　使用迭代的相位获取算法来获取相位的数值例子，进行了多次循环的结果. 测试对象和其计算的衍射图已经在图 9.21 中给出.（本图可参见彩图 30.）

9.4.3 举例:金的纳米颗粒成像

通过采样方法获取相位进行相干X射线衍射成像的第一个演示是Miao等人[Miao等,1999],他们使用SAXS的几何布局来对一个微米大小的非晶态样品成像.

Robinson等人后来[Robinson等,2001]把这个技术推广到晶态材料,他们用相干辐射来照射纳米尺寸的金的晶体,然后对从具有有限倒格矢的布拉格峰发出的延展衍射图案进行过采样,即没有用SAXS几何布局.应用相干X射线衍射成像对晶态材料的成像演示在图9.23中.在实空间中,有限尺寸的晶体可以在数学上描述为代表无限晶格的函数和代表晶体形态的函数$S(\boldsymbol{r})$的乘积.根据卷积定理,散射是无限正晶格的傅立叶变换(即倒易晶格)和$S(\boldsymbol{r})$的傅立叶变换的卷积.由此可见,每一个倒格点都缀饰有一个$S(\boldsymbol{r})$傅立叶变换的拷贝,如图9.23(a)所示.在这种类型的成像中,数据通常用被一个二维位置敏感探测器收集,其设置为记录一

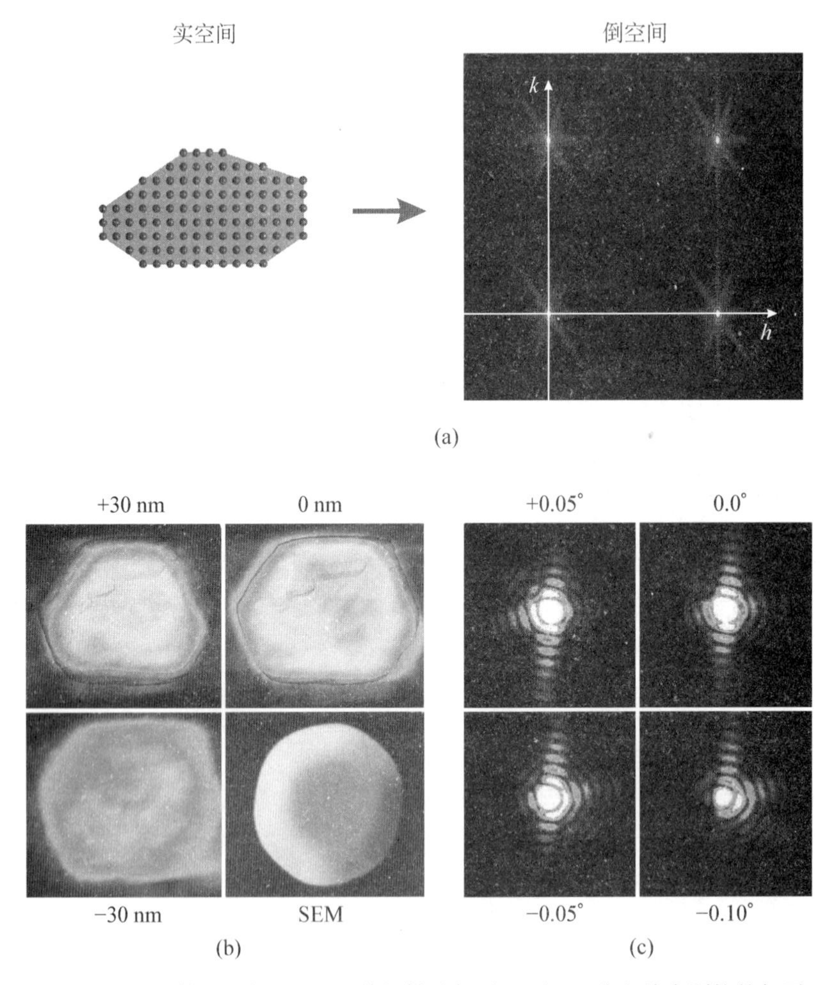

图9.23 图(a):有限大小的晶体的示意图(左)和其衍射图案(右).图(c):从金纳米颗粒的相干X射线衍射.数据是在Advanced Photon Source的光束线34-ID-C收集的.这4个图像是通过(111)反射的一个摇摆扫描来收集的,该反射由标签0.0°来标记.以这种方式收集的数据提供了关于晶体的三维结构信息.每个衍射图样的范围大约是0.07×0.07 Å^{-2},图(a)和(c)的强度标度是对数的.图(b)彩色图像:从图(c)中所示的衍射数据重建的金纳米颗粒实空间的图像.各个图像对应纳米颗粒不同高度的电子密度的二维切片,此处以伪彩色渲染图绘出.这些图像被叠加在晶体的半透明等值面(三维轮廓)上.该纳米粒子大约180 nm宽、70 nm深.灰度图像:金纳米颗粒的SEM图像,它是从和用于衍射实验样品同一批次的一个样品拍摄的.(数据由Ian Robinson提供.)(本图可参见彩图31.)

个特定布拉格峰附近延展的衍射图案.通过经由布拉格条件来旋转样品角度采集一系列的图案,可获取一个三维数据集,如图 9.23(c)所示.然后这个数据集可使用上述的相位获取算法进行处理,以产生完整的三维电子密度分布.通过展示一些不同高度的两维切片,图 9.23(b)给出这个纳米颗粒的电子密度的渲染图.作为比较,我们还展示了和 X 射线分析所用相同批次金纳米颗粒样品的常规扫描电子显微镜图像.值得强调的是,相干 X 射线衍射成像探测整个样品体积内的电子密度,而扫描电镜大多只对表面敏感.

像所有形式的显微镜一样,相干 X 射线衍射成像可达到的空间分辨率,原则上最终受限于波长.在实践中,它取决于可以采集衍射图案的最大传递波矢的倒数①.实际上目前分辨率是受限于同步辐射光源发出的低的相干通量.图 9.23(b)中的图像接近于写作本书时的最佳水平,其空间分辨率大约 30 nm.希望未来从自由电子激光器发出的超高亮度,完全(横向)相干辐射将允许相干 X 射线衍射成像的分辨率接近原子尺度.

9.5 全息照相术

X 射线全息照相术(X - ray holography)和相干衍射成像(coherent diffraction imaging, CDI)有一些共同之处:它也是一个无透镜成像技术,并且需要相干辐射.它们的主要区别在于,在全息照相术中,相位问题是通过安排一个参考光束和物光束(即被样品散射的光束)相干涉来克服的.X 射线全息照相术已经被许多研究组发展了很多年.第一个同步辐射研究是 Aoki 和同事在 1972 年进行的[Aoki 等,1972],他们用 $\lambda = 6$ nm 的辐射拍摄了全息图像.X 射线全息照相术的巨大潜力被 McNulty 等人后来在 1992 年展示[McNulty 等,1992],他们工作在 $\lambda = 3.4$ nm,并以约 60 nm 的分辨率拍摄了金的纳米颗粒.在傅立叶变换全息照相术中,参考光束和物光束之间的干涉被记录于远场极限下.总的夫琅和费衍射图样的散射振幅 $A(\boldsymbol{Q})_{\mathrm{T}}$ 就简单地是参考光束的散射幅度 $A(\boldsymbol{Q})_{\mathrm{R}}$ 和物光束的散射幅度 $A(\boldsymbol{Q})_{\mathrm{O}}$ 之和.由此可见,记录在全息图的强度是

$$|A(\boldsymbol{Q})_{\mathrm{T}}|^2 = |A(\boldsymbol{Q})_{\mathrm{R}} + A(\boldsymbol{Q})_{\mathrm{O}}|^2 = |A(\boldsymbol{Q})_{\mathrm{R}}|^2 + |A(\boldsymbol{Q})_{\mathrm{O}}|^2 + A(\boldsymbol{Q})_{\mathrm{R}}A(\boldsymbol{Q})_{\mathrm{O}}^* + A(\boldsymbol{Q})_{\mathrm{O}}A(\boldsymbol{Q})_{\mathrm{R}}^*$$

因此,除了物光束和参考光束的贡献被分别编码到全息图中(上式前两个自相关项),全息图也记录下参考光束和物光束的互相关信息,以及它的复共轭(后两项).

为了说明在实践中实空间结构的图像是如何从记录下来的全息图来获得的,我们考虑图 9.24中给出的 Eisebitt 等人提供的例子[Eisebitt 等,2004].在这个例子中,样品是 Co/Pt 磁多层膜.它事实上就是我们前面已在图 9.9(b)给出 STXM 图像的那个样品.STXM 图像对磁性敏感的对比度是由 XMCD 提供的.如已经在 7.3 节讨论过的;共振吸收意味着共振散射(同一枚硬币的两面),而本例中的全息图来自共振散射,包括一个磁性的分量.为了分离出纯的磁散射,用右旋和左旋圆偏光采集了全息图,如图 9.25(a)所示,然后取了它们的差.因为参考光束是通过在样品上钻出的孔提供的,它不会经历相移,因此 $A(\boldsymbol{Q})_{\mathrm{R}}$ 是实数.因为它相对物光束有一个横向位移,导致互相关的项 $A(\boldsymbol{Q})_{\mathrm{R}}A(\boldsymbol{Q})_{\mathrm{O}}^*$ 和 $A(\boldsymbol{Q})_{\mathrm{O}}A(\boldsymbol{Q})_{\mathrm{R}}$,在该全息图被傅立叶变换到实空间时,产生在空间上和自相关项分开的特征.这只要仔细检查图 9.25(b)就可以明了,该图展示了图 9.25(a)中所示图像的快速傅立叶变换.FFT 图像明亮的中心区域来自自相关

① 这里的传递波矢是相对于直通光束或相对于所关注的布拉格峰,具体是哪个要取决于实验的几何布局.

项,而对角线上的孪生图案来自交叉项.最后,由于参考孔比物体的孔小得多,前者可以用δ函数近似,这表示作为一个很好的近似,对角线上的孪生图案就代表了磁散射振幅的实空间图像①.

在图9.26中,我们比较了STXM和傅立叶全息照相术拍摄的Co/Pt多层膜的磁畴图案,从中显而易见的是,由这两种技术得到的数据一致,并且有可比的分辨率.在这两种情况下的最终分辨率当然是由X射线的波长来确定的,但在实践中STXM受限于菲涅耳波带片最外区的宽度,而傅立叶全息照相术是受限于参考光束的有限尺寸.

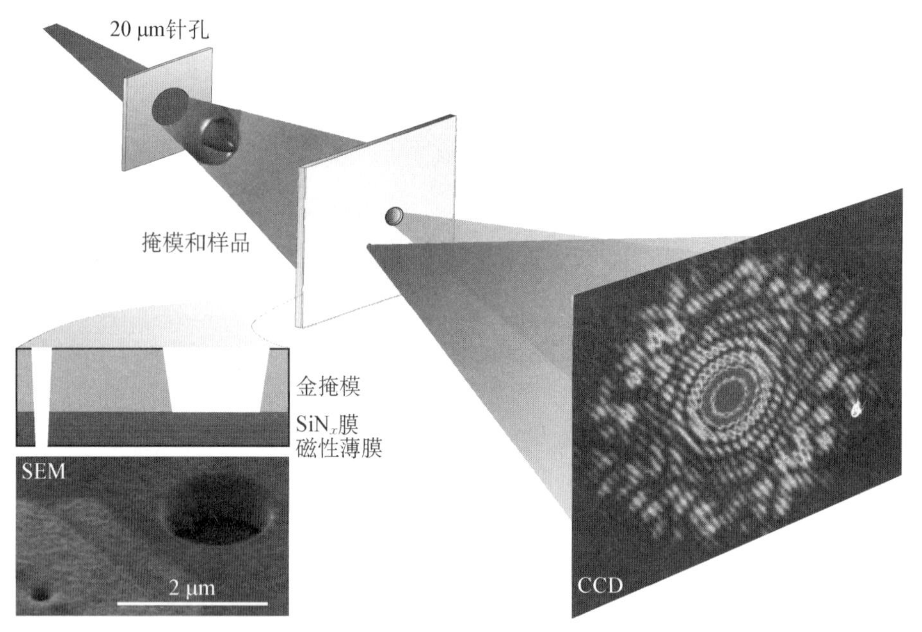

图9.24 用于记录磁畴的傅立叶变换全息图的实验装置原理图.该装置处于BESSY-II的光束线56 SGM.从一个波荡器发出的圆偏振X射线由一个光栅(未画出)单色化,然后入射到一个20 μm的小孔,它的功能是确定光束的横向相干长度.X射线束照射到生长在Si_3Ni_4膜上的样品和掩模的组合.该样品是Co/Pt多层膜,它的STXM图像已经在图9.9中给出过.金掩模上样品孔的直径为1.5 μm,其定义了照射到物体的光束的视场.参考光束由一个锥形孔来定义,它被做到100 nm之小,全息图记录在一个CCD相机上,光子能量被调到Co L_3边(λ=15.9 Å).(图像由Joachim Stöhr提供.)(本图可参见彩图32.)

9.6 深入阅读材料

[1] *Soft X-rays and Extreme Ultraviolet Radiation: Principles and Applications*, David Attwood (Cambridge University Press, 2007).

[2] *Optics*, Eugene Hecht (Addison Wesley, 2001).

[3] *Coherent X-ray Optics*, David Paganin (Oxford University Press, 2006).

[4] *Magnetism: From Fundamentals to Nanoscale Dynamics*, J. Stöhr, H. C. Siegmann (Springer, 2006).

① 根据卷积定理,交叉项$A(\boldsymbol{Q})_{\mathrm{O}}A(\boldsymbol{Q})_{\mathrm{R}}$的傅立叶变换是两个振幅的傅立叶变换的卷积.如果$A(\boldsymbol{Q})_{\mathrm{R}}$的傅立叶变换是一个$\delta$函数,那么卷积积分给出$A(\boldsymbol{Q})_{\mathrm{O}}$的傅立叶变换,而它在本例中被认为是磁矩沿入射光束方向投影的实空间图像.

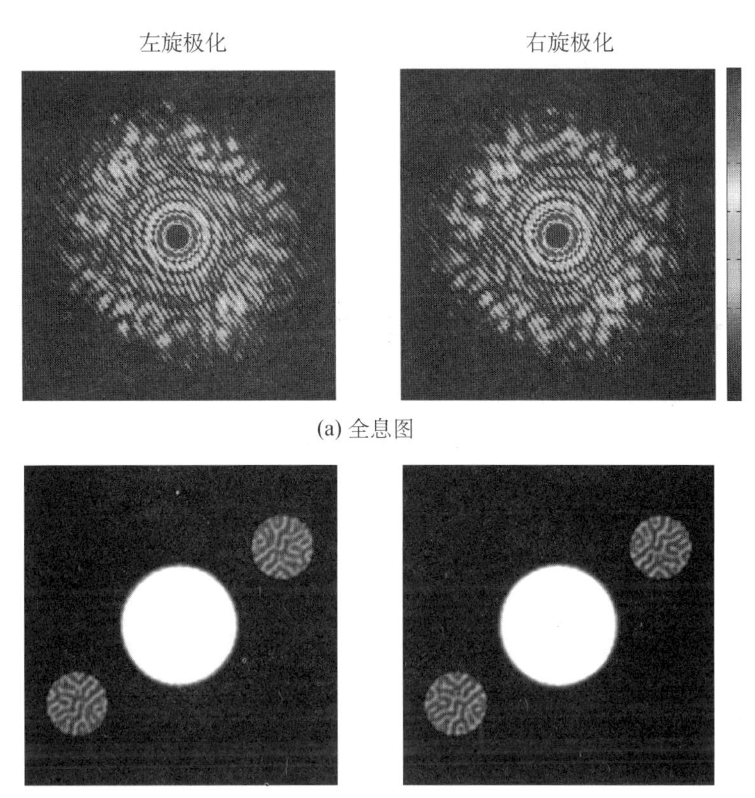

(a) 全息图

(b) 傅立叶变换重建

图 9.25 图(a):用图 9.24 中的实验装置得到的一个 Co/Pt 多层膜的傅立叶变换全息图. 这些全息图是用左旋圆偏振(左图)或右旋圆偏振(右图)的光子记录的. 典型的曝光时间为 500 s. 该图像对应的倒空间的区域有 $0.067\times0.067\ nm^{-2}$. 图像中心系列狭窄的同心环来自样品小孔的夫琅和费衍射. 一个半径约为 $0.036\ nm^{-1}$ 的宽环是 Co/Pt 多层膜中磁畴的小角散射,并分散成一系列的散斑. 图(b)是图(a)中全息图的快速傅立叶变换,其中 Co/Pt 多层膜中的磁畴的实空间图像相对于中心圆形区域是对称的. 仔细检查用 RCP 和 LCP 获得的磁畴图像,发现两个图像互为底片:暗变亮,亮变暗. 其原因是在于 X 射线共振磁散射测量的是磁化的投影,而这对 RCP 和 LCP 是相反的. (图像由 Joachim Stöhr 提供.)(本图可参见彩图 33.)

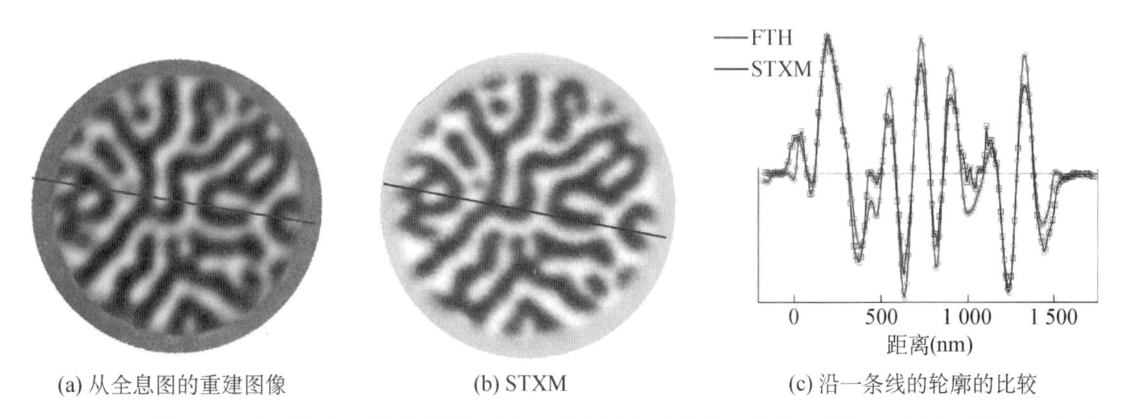

(a) 从全息图的重建图像 (b) STXM (c) 沿一条线的轮廓的比较

图 9.26 比较 Co/Pt 多层膜磁畴结构的图像. 图(a)是由傅立叶变换全息照相获得的. 图(b)是通过 STXM. 图(c)比较了沿穿过图像的一条切割线的结果,证明了这两种技术具有相似的空间分辨率. (图像由 Joachim Stöhr 提供.)(本图可参见彩图 34.)

9.7 习题

9.1 在通常的投影 X 射线照相中，被摄体的对比度被定义为 $C=(I_A-I_B)/I_A$，其中 A 和 B 指的是指 X 射线采取的通过患者的两个平行路径，并且 $I_A>I_B$. 设路径 A 的长度是 z_1，吸收系数是 μ_1，而路径 B 的第一段长度是 (z_1-z_2)，吸收系数是 μ_1，第二段长度 z_2，吸收系数是 μ_2，计算 C.

9.2 人体股骨的直径大约 3 cm. 计算人类股骨投影 X 光片的对比度 C 的能量依赖. (μ(骨骼，肌肉)以 cm^{-1} 为单位，分别是 30 keV(1.7，0.38)；50 keV(0.57，0.23)；100 keV(0.30，0.17)；150 keV(0.24，0.15).)

9.3 估计在人胸部 X 线投影中肋骨的对比度 C. 估算 5 cm 厚度的肺肿瘤的对比度.(在 50 keV，μ 以 cm^{-1} 为单位：胸壁，0.15；肋骨，0.57；肺，0.06；肿瘤，0.13.)

9.4 细胞的 X 射线成像可利用所谓的“水窗”能量范围中的水和有机物之间的吸收反差来进行，此窗口低于氧的 K 边但高于碳的 K 边.

(1) 用习题 7.11 的解，估计水窗的能量极限.

(2) 非常粗略地讲，蛋白质的元素组成为 53%的碳、23%的氧、17%的氮和 7%的氢. 计算在 500 eV 下的水和蛋白质的吸收长度. 可以忽略氢的贡献.(500 eV 下的 μ/ρ_m [cm^2/g]：1.37×10^4，C；1.85×10^4，N；1.36×10^3，O.)

9.5 下面给出被设计来用实现文中所述错误校正算法的 MATLAB 函数，以获取一维密度分布 ρ_{in} 的相位.

(1) 研究代码以了解它是如何工作的.

(2) 把该函数写到一个 MATLAB 程序中(或把该函数转换为另一种计算语言)，来探讨它获取不同密度分布的工作稳定性.

(3) 探索算法的可能改进.

```
1  function [rho]=phaseret(rho_in,n_iter)
2  %
3  % Retrieves phases and reconstucts rho
4  %
5  In=abs(fft(rho_in)).^2;               % calculate intensities from input electron density
6  pha=2*pi*(rand(1,length(In))-0.5);    % random phases
7  rho=ifft(sqrt(In).*exp(sqrt(-1)*pha));% initialise: use sqrt(In) and random phases
8
9  rho=abs(rho);                         % real space constraints: rho real and positive
10 s=log(conv(fftshift(In),fftshift(In)));% form mask from autocorrelation function
11 mask=s(1:2:end)./max(s(1:2:end)); mask(find(mask<0.5))=0; mask(find(mask>0.5))=1;
12
13 for ii=1:n_iter;
14
15    % mask rho
16    rho=rho.*mask;
17
18    % improved amplitude from sqr(In) and new phases
19    A=sqrt(In).*exp(sqrt(-1)*angle(fft(rho)));
20
21    % back into real space and apply constraints
22    rho=ifft(A); rho=abs(rho);
23
24 end
```

9.6 参考图 9.13 所描绘的硅晶片，计算透过率和折射角与束在楔上的位置之间的关系. 取 X 射线波长为 1.12 Å，硅的衰减长度为 184 μm.

9.7 本习题有关图 9.17 下面板中三角形强度图案的模糊化. 它相当于用均方根宽度是 σ 的

高斯函数对周期为 p 的三角图案的模糊化，模糊化后的强度在图中用红线表示.

(1) 证明最大的强度被降低了一个系数 $[1-(4/\sqrt{2\pi})(\sigma/p)]$，并讨论为什么这只在 $(\sigma/p)\ll 1$ 时有效.

(2) 用(1)中的结果，证明当 $(\sigma/p)\ll 1$ 时，能见度 V 随 (σ/p) 线性变化，并画出 V 对 (σ/p) 的整个依赖关系的草图.

9.8 估算金纳米颗粒的相干衍射成像实验达到的空间分辨率(见图 9.23). 你可以假设颗粒的直径大约为 200 nm，晶胞参数是 0.4 nm，并被相干光束照射，其强度是 10^{10} 光子/秒，面积是 $10\times10\ \mu m^2$.

9.9 一个二元 π 相位菲涅耳波带片的最外圈宽度是 50，深度为 20 倍于此宽度，并被填满了金. 透镜的直径 D 是 100 μm. 确定波长 λ 和第一级焦距 f. 估算焦点深度.

附录

附录 A

散射与吸收截面

A.1 基本定义

在这一节中我们将重新回顾涉及 X 射线光子散射或吸收过程的截面的基本定义. 截面是个重要的量,因为它是实验和理论的交汇点. 尽管截面的定义是明确的,但由于有一些本质上等同的定义有时候也会出现混淆. 如图 A.1 所示,定义取决于所考虑的情形,尤其是在光束截面积是否大于或小于样品截面积的情形.

我们从考虑图 A.1(a)中的散射事件开始,在此过程中以每秒 I_0 个光子强度的 X 射线光束入射到样品,并且样品足够大可以截获整个光束. 我们的目的是计算每秒被散射进入探测器的 X 射线光子数目,这个探测器对着样品的立体角为 $\Delta\Omega$. 如果沿着光束方向看,样品内单位面积上有 N 个粒子,那么 I_{sc}将与 N 和 I_0 成比例. 当然 I_{sc}也会与 $\Delta\Omega$ 成比例. 最重要的是 I_{sc}将依赖于样品内部粒子散射辐射的效率. 这由微分截面$(\mathrm{d}\sigma/\mathrm{d}\Omega)$给出,因此我们可以写下

$$I_{sc} = I_0 N \Delta\Omega \left(\frac{\mathrm{d}\sigma}{\mathrm{d}\Omega}\right)$$

因此每个散射粒子的微分截面被定义为

$$\boxed{\left(\frac{\mathrm{d}\sigma}{\mathrm{d}\Omega}\right) = \frac{\text{每秒入射到立体角 }\Delta\Omega\text{ 内的 X 射线的光子数目}}{I_0 N \Delta\Omega}} \tag{A.1}$$

到这里为止,我们没有限制散射事件是弹性的还是非弹性的.

吸收实验相对更容易分析,因为探测器被放置在入射光束的方向上,当在光束方向上置入样品后强度的变化会被记录下来. 与之前一样,每秒吸收事件的数目 $W_{4\pi}$与 I_0 和 N 成正比. 下标是用来提醒我们在吸收过程中,从原子释放的光电子可以出射到 4π 立体角内的任何方向. 吸收截面 σ_a 的定义是通过

$$W_{4\pi} = I_0 N \sigma_a$$

因此

$$\boxed{\sigma_a = \frac{W_{4\pi}}{I_0 N}}$$

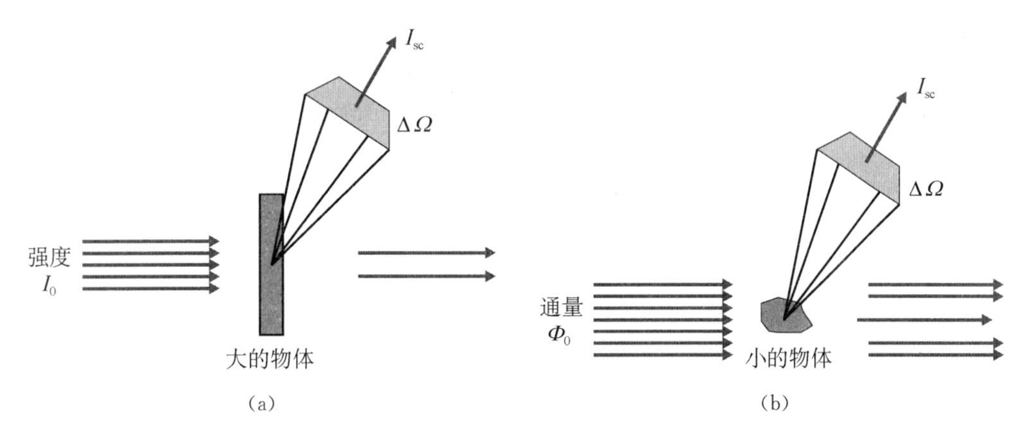

图 A.1 图(a):一束光入射到样品上,样品横截面积大于光束.在这种情形下,散射进入立体角 $\Delta\Omega$ 的强度 I_{sc} 和光束的入射强度 I_0(即每秒的光子数目)成比例.图(b):一束光入射到较小的样品上,样品横截面积小于光束.此时散射强度 I_{sc} 和光束入射通量 Φ_0(即单位面积上每秒的光子数目)成比例.

另外还可想象一种入射光束比样品大的不同情形,如图 A.1(b)所示.在这种情况下很明显必须要考虑入射光束的通量,即单位面积上每秒的光子数目,而不是光束强度.散射强度为

$$I_{sc} = \Phi_0 \Delta\Omega \left(\frac{d\sigma}{d\Omega}\right) \tag{A.2}$$

其中 Φ_0 是入射光束的通量,微分截面适用于整块样品.这种情况下吸收截面为

$$\sigma_a = \frac{W_{4\pi}}{\Phi_0}$$

这些就是在实验分析中使用的截面定义.接下来的问题是明确截面到底代表什么,这就要通过从如何计算截面中来理解了.在第 1 章和附录 B 中,我们从电磁波被单一电子散射的经典描述中推导出了汤姆孙散射截面的概念.这种描述通常在很多领域已经足够,例如反射率、晶体学等方面.但不同的是,吸收过程没有经典模型,必须代之以量子力学来处理.

A.2 量子力学处理

量子力学中通常用含时微扰论来处理散射过程.入射辐射和样品间的相互作用用哈密顿量 $\mathcal{H}_I$ 来规定,它会引起初态 $|i\rangle$ 和末态 $|f\rangle$ 之间的跃迁.这里 $|i\rangle$ 和 $|f\rangle$ 指的是 X 射线光场和样品的组合态.根据一级微扰理论,每秒 $|i\rangle$ 和 $|f\rangle$ 之间的跃迁数目 W 遵循费米黄金规则,可以表示为

$$W = \frac{2\pi}{\hbar} \mid M_{if} \mid^2 \rho(\varepsilon_f) \tag{A.3}$$

其中矩阵元 $M_{if} = \langle f \mid \mathcal{H}_I \mid i \rangle$, $\rho(\varepsilon_f)$ 是态密度,因此 $\rho(\varepsilon_f)d\varepsilon_f$ 是以 ε_f 为中心、在 $d\varepsilon_f$ 能量间隔内的末态数目.(通过检验可以确认 W 的正确量纲是 1/[时间].)

1. 散射

为了求散射微分截面,需要计算出每秒进入立体角 $\Delta\Omega$ 的跃迁数目,由于我们主要对弹性散射感兴趣,因此引入 $\varepsilon_f = \varepsilon_i$ 的限制.

这里我们根据标准方法来计算态密度 $\rho(\varepsilon_f)$，其中假设整个体系(X射线+样品)占据体积为 V 的一个盒子. 周期性边界条件被施加于X射线波函数，从而使得波矢 $V/(2\pi)^3$ 的态密度均匀. 根据定义，$\rho(\varepsilon_f)\mathrm{d}\varepsilon_f$ 是能量在 ε_f 和 $\varepsilon_f+\mathrm{d}\varepsilon_f$ 之间的态的数目，它等于波矢在 k_f 和 $k_f+\mathrm{d}k_f$ 之间的态的数目. 因此我们可以写成

$$\rho(\varepsilon_f)\mathrm{d}\varepsilon_f=\left(\frac{V}{8\pi^3}\right)d\boldsymbol{k}_f$$

或

$$\rho(\varepsilon_f)=\left(\frac{V}{8\pi^3}\right)\frac{\mathrm{d}\boldsymbol{k}_f}{\mathrm{d}\varepsilon_f} \tag{A.4}$$

微分截面可以从(A.2)式和(A.3)式计算出来，

$$\left(\frac{\mathrm{d}\sigma}{\mathrm{d}\Omega}\right)=\frac{W_{\Delta\Omega}}{\Phi_0\ \Delta\Omega}$$

其中 $W_{\Delta\Omega}\equiv I_{\mathrm{sc}}$ 是每秒进入 $\Delta\Omega$ 的跃迁数目. 有关弹性散射事件的限制引入后使(A.3)式中包括了一个 δ 函数 $\delta(\varepsilon_f-\varepsilon_i)$，然后积分所有的 ε_f，(A.3)式可以改写为

$$W_{\Delta\Omega}=\frac{2\pi}{\hbar}\int|M_{if}|^2\rho(\varepsilon_f)\delta(\varepsilon_f-\varepsilon_i)\mathrm{d}\varepsilon_f \tag{A.5}$$

根据(A.4)式，

$$\rho(\varepsilon_f)=\left(\frac{V}{8\pi^3}\right)k_f^2\left(\frac{\mathrm{d}k_f}{\mathrm{d}\varepsilon_f}\right)\Delta\Omega$$

其中微分体积元 $\mathrm{d}\boldsymbol{k}_f$ 已经根据图A.2所示，被 $k_f^2\mathrm{d}k_f\Delta\Omega$ 所替代. $W_{\Delta\Omega}$的表达可以简化考虑. 由于 $\varepsilon_f=\hbar k_f c$，它遵循

$$k_f^2\left(\frac{\mathrm{d}k_f}{\mathrm{d}\varepsilon_f}\right)=\frac{1}{\hbar^3c^3}\varepsilon_f^2 \tag{A.6}$$

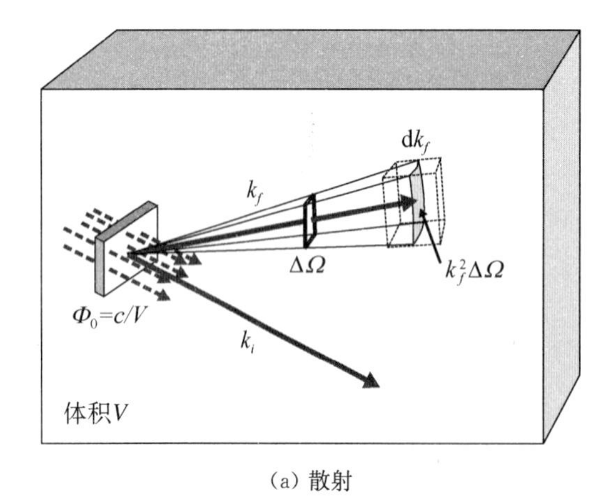

(a) 散射

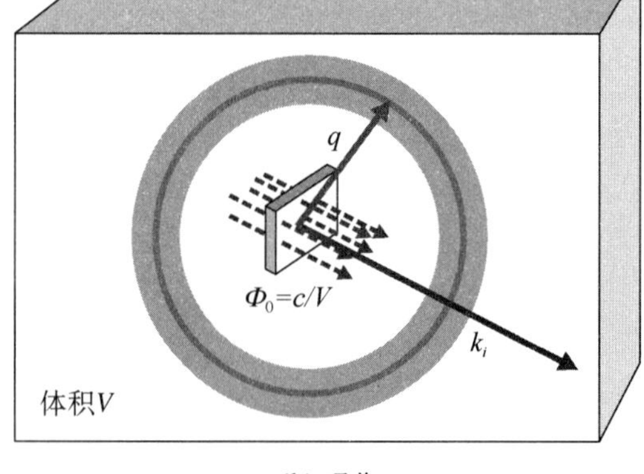

(b) 吸收

图A.2 微分散射截面(a)和微分吸收截面(b)的量子力学推导说明. 对于微分散射截面，需要对可进入立体角元 $\Delta\Omega$ 内的 $\boldsymbol{k}_f$ 值积分；对于光电吸收截面，需要对所有被激发走的电子的方向进行积分. 在这两种情况中，都通过在被积函数中引入 δ 函数来确保能量守恒.

已知通量 $\Phi_0 = c/V$，我们可以得到

$$\boxed{\left(\frac{\mathrm{d}\sigma}{\mathrm{d}\Omega}\right) = \left(\frac{V}{2\pi}\right)^2 \frac{1}{\hbar^4 c^4}\int |M_{if}|^2 \varepsilon_f^2 \delta(\varepsilon_f - \varepsilon_i)\mathrm{d}\varepsilon_f} \tag{A.7}$$

2. 吸收

计算吸收截面沿用相似的路线，但主要有两点差别. 首先是由于吸收过程不再是弹性的，出现在(A.5)式中的 δ 函数条件改变了. 在吸收过程中，X 射线光子从原子中驱赶掉束缚能为 ε_b 的一个电子. 入射光子能量 $\varepsilon = \hbar\omega$ 和电子束缚能 ε_b 之差为光电子的动能，$\varepsilon_{pe} = \hbar^2 q^2/2m$. 第二个不同是光电子波矢 $\boldsymbol{q}$ 的方向没有限制，因此不再像散射截面情形中那样仅对 $\Delta\Omega$ 范围内的态积分，现在必须对整个 4π 立体角积分. 吸收截面为

$$\sigma_a = \frac{W_{4\pi}}{\Phi_0}$$

其中

$$W_{4\pi} = \int \frac{2\pi}{\hbar} |M_{if}|^2 \rho(\varepsilon_{pe})\delta(\varepsilon_{pe} - (\varepsilon - \varepsilon_b))\mathrm{d}\varepsilon_{pe}$$

对于光电子态密度的求解，跟上面散射情形中讨论 X 射线态密度时一样，使用了对整个盒子的归一化. 可得光电子态密度为

$$\rho(\varepsilon_{pe}) = 2\left(\frac{V}{8\pi^3}\right)\left(\frac{\mathrm{d}q}{\mathrm{d}\varepsilon_{pe}}\right)$$

其中“2”表示允许两种可能自旋态的电子. 接下来通过把上面的体积元 $\mathrm{d}\boldsymbol{q}$ 替代为 $q^2\sin\theta\mathrm{d}q\mathrm{d}\theta\mathrm{d}\varphi$，并如图 A.2(b)所示积分整个 4π 立体角来求吸收截面. 随之吸收截面可以写成

$$\boxed{\sigma_a = \frac{2\pi}{\hbar c}\frac{V^2}{4\pi^3}\int |M_{if}|^2 \delta(\varepsilon_{pe} - (\varepsilon - \varepsilon_b))q^2 \sin\theta\mathrm{d}q\mathrm{d}\theta\mathrm{d}\varphi} \tag{A.8}$$

其中入射通量与散射情形一样为已知，$\Phi_0 = c/V$.

当然这里还剩下相互作用哈密顿量的矩阵元 M_{if} 需要计算：这将会在第 7 章的吸收截面以及附录 C 的汤姆孙散射截面中进行阐述.

A.3 深入阅读材料

[1] *Quantum Mechanics*, A. I. M. Rae (Adam Hilger, 1986).

[2] *Quantum Mechanics*, F. Mandl (John Wiley, 1992).

附录 B

经典电偶极辐射

B.1 经典电偶极短

第 1 章中对于电子和 X 射线之间散射的描述使用了经典模型，其中有关 X 射线电场辐射强度的公式((1.5)式)当时没做证明. 在此对这个公式的来源作一个更为充分的阐述.

我们设想电场为 E_{in} 的电磁平面波作为入射光照射在一块电荷分布区域上，电荷在这个驱动场下发生振荡效应，因此会表现出辐射源的行为. 接下来的问题是得到在某观察点 X 处的辐射电场，如图 B.1(a)所示. 如果 r 远大于电荷分布的空间尺度，并且 r 远大于辐射波长 λ，将会大大简化求解过程. 相对应地，其中前一条即偶极近似，而后一条假定是保证我们能把在 X 点产生的电磁效应解释成辐射. 这里还更进一步假定构成电荷分布的是自由电子.

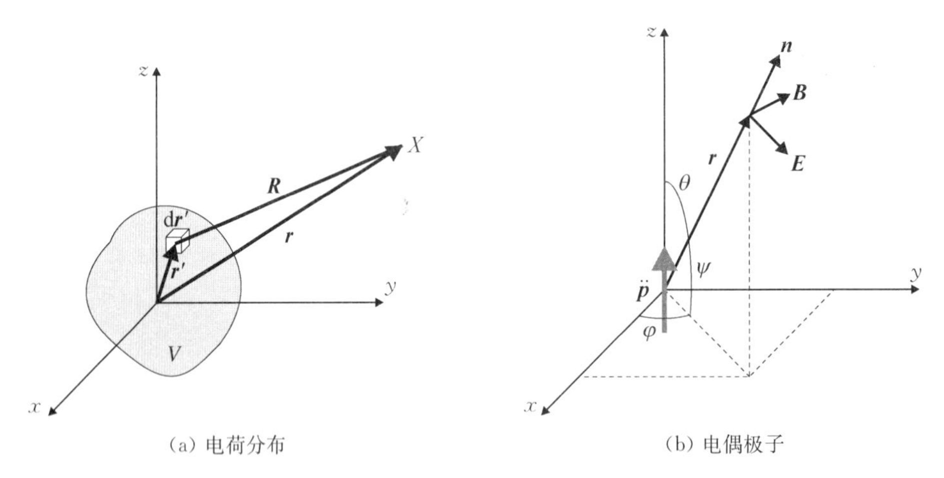

(a) 电荷分布　　(b) 电偶极子

图 B.1　图(a)：坐标系统，用于计算从一块置于入射平面波中的电荷分布区域辐射出来的电磁场. 图(b)：电磁平面波偏振沿 z 方向，促使原点处的电偶极振荡. 在磁场很远处的极限情况中，从偶极辐射的场近似为电场 $\boldsymbol{E}$ 和磁场 $\boldsymbol{B}$ 的平面波，$\boldsymbol{E}$ 和 $\boldsymbol{B}$ 垂直于传播方向.

X 点的电场和磁场可以由标势 Φ 和矢势 $\boldsymbol{A}$ 求得，有

$$\boldsymbol{E} = -\nabla\Phi - \frac{\partial \boldsymbol{A}}{\partial t}$$

和

$$\boldsymbol{B} = \nabla \times \boldsymbol{A} \tag{B.1}$$

如图 B.1(b)所示，由于电磁波是横波，场的方向垂直于传播方向 $\boldsymbol{n}$，求 X 点的场将进一步被简化. 我们可以得到 $\boldsymbol{n}$ 和 $\boldsymbol{E}\times\boldsymbol{B}$ 共线，并且通过求解波动方程可以得到 $|\boldsymbol{E}|=c|\boldsymbol{B}|$. 因此已经有足够的条件从 $\boldsymbol{A}$((B.1) 式) 中先推导出 $\boldsymbol{B}$，接而求出 $\boldsymbol{E}$ 的表达式.

$$\boldsymbol{A}(\boldsymbol{r},\ t)=\frac{1}{4\pi\epsilon_0 c^2}\int_V \frac{\boldsymbol{J}(\boldsymbol{r}',\ t-|\boldsymbol{r}-\boldsymbol{r}'|/c)}{|\boldsymbol{r}-\boldsymbol{r}'|}\mathrm{d}\boldsymbol{r}'$$

其中 $\boldsymbol{J}(\boldsymbol{r}',\ t)$ 为辐射源处的电流密度. 由于场以有限速度传播，t 时刻在观察点 X 处的场将会取决于较早的 $t-|\boldsymbol{r}-\boldsymbol{r}'|/c$ 时刻的场. 由于这个原因，上面给出的 $\boldsymbol{A}$ 被称为推迟矢势.

偶极近似可以允许我们与 $\boldsymbol{r}$ 比较可以忽略 $\boldsymbol{r}'$，因此

$$\boldsymbol{A}(\boldsymbol{r},\ t)\approx\frac{1}{4\pi\epsilon_0 c^2 r}\int_V \boldsymbol{J}(\boldsymbol{r}',\ t-r/c)\mathrm{d}\boldsymbol{r}'$$

进一步又注意到电流密度等于电荷密度 ρ 和速度 $\boldsymbol{v}$ 的乘积，

$$\boldsymbol{J}=\rho\boldsymbol{v}.$$

对于不连续的电荷分布 q_i 积分改为求和，因此

$$\int_V \boldsymbol{J}\,\mathrm{d}\boldsymbol{r}'=\int_V \rho\boldsymbol{v}\,\mathrm{d}\boldsymbol{r}'=\sum_i q_i\boldsymbol{v}_i=\frac{\mathrm{d}}{\mathrm{d}t'}\sum_i q_i\boldsymbol{r}'_i$$

最后一项可以改写为电偶极矩对时间求导(即 $\dot{\boldsymbol{p}}$).

现在我们令入射光束为沿 z 轴的线偏振光，因此偶极矩和矢势都只有沿这个方向的分量(图 B.1(b)). 因此对于单个偶极子，我们得出

$$A_z=\left(\frac{1}{4\pi\epsilon_0 c^2 r}\right)\dot{p}(t')$$

和 $A_x=A_y=0$. 从(B.1) 式可以得出 $\boldsymbol{B}$ 各个方向的分量如下：

$$B_x=\frac{\partial A_z}{\partial y},\ B_y=-\frac{\partial A_z}{\partial x},\ B_z=0 \tag{B.2}$$

磁场 $\boldsymbol{B}$ 的 x 分量可以通过矢势 A_z 对 y 的偏微分求得

$$\frac{\partial A_z}{\partial y}=\left(\frac{1}{4\pi\epsilon_0 c^2}\right)\frac{\partial}{\partial y}\left(\frac{\dot{p}(t')}{r}\right)=\left(\frac{1}{4\pi\epsilon_0 c^2}\right)\left[\frac{1}{r}\frac{\partial\dot{p}(t')}{\partial y}-\frac{\dot{p}(t')}{r^2}\frac{\partial r}{\partial y}\right]$$

由于我们感兴趣的是磁场 $\boldsymbol{B}$ 在很远处的极限情况，上面的第二项可以忽略，而第一项对 y 的求导可以变换为

$$\frac{\partial}{\partial y}=\frac{\partial}{\partial t'}\frac{\partial t'}{\partial y}=\frac{\partial}{\partial t'}\frac{\partial}{\partial y}\left(t-\frac{1}{c}\sqrt{x^2+y^2+z^2}\right)=-\frac{1}{c}\left(\frac{y}{r}\right)\frac{\partial}{\partial t'}$$

因此磁场 $\boldsymbol{B}$ 的 x 分量在很远处的极限情况下为

$$B_x\approx-\left(\frac{1}{4\pi\epsilon_0 c^2}\right)\frac{1}{cr}\ddot{p}(t')\left(\frac{y}{r}\right)$$

通过交换 x 和 y，使(B.2)式多出一个负号，即可得到磁场 $\boldsymbol{B}$ 的 y 分量. 考虑到沿 z 轴 $\ddot{p}(t')$ 是内含 z 的，因此可以通过以下形式把 $\ddot{\boldsymbol{p}}(t')$ 推广到任何方向，

$$\boldsymbol{B} \approx \left(\frac{1}{4\pi\epsilon_0 c^2}\right)\frac{1}{cr}\,\ddot{\boldsymbol{p}}(t') \times \hat{\boldsymbol{r}}$$

其中$\hat{\boldsymbol{r}}$是单位矢量$(x/r,\ y/r,\ z/r)$. 矢量叉乘的数值为$\ddot{p}\cos\psi$,其中ψ的定义如图B.1(b)所示. 电场方向垂直于$\hat{\boldsymbol{r}}$和$\boldsymbol{B}$,因此$\boldsymbol{E}\times\boldsymbol{B}$方向为沿$\hat{\boldsymbol{r}}$方向. 这里我们特别留意到,当$\psi = 0$时电场$\boldsymbol{E}$与$\ddot{\boldsymbol{p}}$方向相反. 电场的大小由$|\boldsymbol{E}| = c|\boldsymbol{B}|$给出,因此

$$E(t) = -\left(\frac{1}{4\pi\epsilon_0 c^2}\right)\frac{1}{r}\,\ddot{p}(t')\cos\psi \tag{B.3}$$

接下来的操作是计算入射驱动场为$E_{\text{in}} = E_0 \mathrm{e}^{-\mathrm{i}\omega(t-r/c)}$时$\ddot{\boldsymbol{p}}$的大小. 由定义可得

$$\ddot{p} = q\ddot{z} = q\,\frac{\text{力}}{\text{质量}} = q\,\frac{qE_{\text{in}}}{m} = \frac{q^2}{m}E_0\mathrm{e}^{-\mathrm{i}\omega(t-r/c)}$$

将上式带入(B.3)式,并且根据$q = -e$和$\omega/c = k$,可得到

$$E(t) = -\left(\frac{e^2}{4\pi\epsilon_0 mc^2}\right)\left(\frac{\mathrm{e}^{\mathrm{i}kr}}{r}\right)E_{\text{in}}(t)\cos\psi$$

前面的因子为汤姆孙散射长度r_0,因此辐射与入射电场的比例为

$$\frac{E(t)}{E_{\text{in}}(t)} = -r_0\left(\frac{\mathrm{e}^{\mathrm{i}kr}}{r}\right)\cos\psi \tag{B.4}$$

(B.3)式中的$\cos\psi$因子是X射线散射时极化因子的来源,因为$\ddot{p}(t')\cos\psi$可以被认为是观察者看到的视在加速度. 如果我们回到$\boldsymbol{E}_{\text{in}}$沿着$z$方向的情形,这会非常清晰. 如果$\psi = 0$加速度最大,而当$\psi = 90^\circ$时视在加速度为零. 偏振因子在第1章有进一步的讨论.

我们注意到负号意味着入射和散射场之间存在π的相移,由此出现了折射率必须小于1的结果(参阅第3章). 这个结果在X射线区域适用,在这些情况中大多数(如果不是全部的话)原子的电子被处理成自由电子. 然而在可见光谱部分,我们必须考虑到电子是束缚着的. 这会在折射率相对于频率的曲线上出现共振,在共振的低频一侧,相当于可见光谱部分,折射率会大于1.

描述一个电子散射入射辐射效率的一个办法是计算总的散射截面. 每单位面积的功率正比于$|E|^2$,而定义的微分截面是散射进入立体角$\mathrm{d}\Omega$内的功率,并用入射通量进行了归一化(参阅附录A). 从(B.4)式可得到微分截面为

$$\boxed{\left(\frac{\mathrm{d}\sigma}{\mathrm{d}\Omega}\right) = r_0^2\cos^2\psi}$$

其中(B.4)式中分母上的因子r平方之后,与表面积转换到立体角时出现的r^2因子相抵消. 对整个极角φ和θ积分,可得汤姆孙散射总的截面:

$$\begin{aligned}\sigma_T &= r_0^2\int\cos^2\psi\sin\theta\,\mathrm{d}\theta\,\mathrm{d}\varphi = r_0^2\int\sin^2\theta\sin\theta\,\mathrm{d}\theta\,\mathrm{d}\varphi = \left(\frac{8\pi}{3}\right)r_0^2 \\ &= 0.665\times10^{-24}(\mathrm{cm}^2) = 0.665(\mathrm{barn})\end{aligned} \tag{B.5}$$

因此自由电子和电磁波之间散射的经典截面为常数,不依赖于能量.

B.2 深入阅读材料

[1] *Foundations of Electromagnetic Theory*, J. R. Reitz, F. J. Milford, R. E. Christy (Addison-Wesley Publishing Company, 1992).

[2] *Classical Electromagnetic Radiation*, M. A. Heald, J. B. Marion (Saunders College Publishing, 1995).

附录 C

电磁场量子化

散射或吸收截面都是通过含时微扰论求得的，就如附录 A 中所阐述的. 在任何微扰问题中当然必须首先完全规定系统没有相互作用的哈密顿量$\mathcal{H}_0$，然后再计算微扰哈密顿量$\mathcal{H}_1$的效应. 对于 X 射线的散射或吸收，这就意味着对电磁场和样品建立量子力学的描述. 很多读者可能对此不是很熟悉，这里对此作一简要解释.

电磁场量子化的出发点是用电场和磁场对能量的经典表达，而电场和磁场都可以通过矢势 $\boldsymbol{A}$ 求得(附录 B). 因此在寻求电磁场的量子描述时很自然会关注到矢势 $\boldsymbol{A}$. 事实上电磁场的量子化的确意味着矢势的量子化. 另外描述 X 射线和样品之间相互作用的哈密顿量$\mathcal{H}_I$，它是矢势 $\boldsymbol{A}$ 的简单函数. 因此被引入微扰理论的$\mathcal{H}_I$的矩阵元很容易求得，在本附录的最后一部分我们会处理汤姆孙散射截面的例子.

C.1 辐射场的经典能量密度

在自由空间内电磁场的总能量为

$$\varepsilon_{\text{rad}} = \frac{1}{2}\int_V [\epsilon_0 \langle E^2 \rangle + \mu_0 \langle H^2 \rangle] \mathrm{d}V = \int_V \epsilon_0 \langle E^2 \rangle \mathrm{d}V$$

这里假定场被限定在某个体积为 V 的空间内，并且 $\epsilon_0 \langle E^2 \rangle = \mu_0 \langle H^2 \rangle$，其中尖括号表明求平均. 电场 $\boldsymbol{E}$ 与矢势 $\boldsymbol{A}$ 之间的关系为

$$\boldsymbol{E} = \frac{\partial \boldsymbol{A}}{\partial t}$$

处理矢势 $\boldsymbol{A}$ 最常用的方法是把它写成平面波的傅立叶求和. 为了清楚起见我们在这一系列中只考虑一项，并把矢势写成

$$\boldsymbol{A}(\boldsymbol{r},\ t) = \hat{\boldsymbol{\varepsilon}} A_0 [a_{\boldsymbol{k}} \mathrm{e}^{\mathrm{i}(\boldsymbol{k}\cdot\boldsymbol{r}-\omega t)} + a_{\boldsymbol{k}}^* \mathrm{e}^{-\mathrm{i}(\boldsymbol{k}\cdot\boldsymbol{r}-\omega t)}] \tag{C.1}$$

矢势 $\boldsymbol{A}$ 的方向由偏振单位向量$\hat{\varepsilon}$给定，在振幅系数 a_k 之外，我们还引入一个归一化因子 A_0. 因此电场为

$$\boldsymbol{E} = \hat{\boldsymbol{\varepsilon}} A_0 [(\mathrm{i}\omega) a_{\boldsymbol{k}} \mathrm{e}^{\mathrm{i}(\boldsymbol{k}\cdot\boldsymbol{r}-\omega t)} - (\mathrm{i}\omega) a_{\boldsymbol{k}}^* \mathrm{e}^{-\mathrm{i}(\boldsymbol{k}\cdot\boldsymbol{r}-\omega t)}]$$

它的模的平方为

$$E^2 = \boldsymbol{E}\cdot\boldsymbol{E} = 4\omega^2 A_0^2 a_{\boldsymbol{k}}^* a_{\boldsymbol{k}} \cos^2(\boldsymbol{k}\cdot\boldsymbol{r}-\omega t)$$

由于 $\langle \cos 2(\boldsymbol{k}\cdot\boldsymbol{r}-\omega t) \rangle = \dfrac{1}{2}$，模平方的平均值为

$$\langle E^2 \rangle = 2\omega^2 A_0^2 a_k^* a_k$$

因此电磁场总的能量等于

$$\varepsilon_{\text{rad}} = \epsilon_0 2\omega^2 A_0^2 a_k^* a_k V = \hbar\omega a_k^* a_k \tag{C. 2}$$

其中 A_0 被取为

$$A_0 = \sqrt{\frac{\hbar}{2\epsilon_0 V\omega}}$$

这里要强调的是,到目前为止我们仅仅只考虑一个特定的 $\boldsymbol{k}$ 和偏振态,一般来说我们需要对所有这些数值求和得到总的能量.

C.2 矢势 A 的量子化

上面最后一部分中的归一化常数 A_0 是为了使电磁场哈密顿量和谐振子哈密顿量在形式上相等. 谐振子的量子力学哈密顿量通常被写成以下形式:

$$\mathcal{H}_{\text{osc}} = \hbar\omega\left(a^\dagger a + \frac{1}{2}\right) \tag{C. 3}$$

把这个表达式与(C. 2)式直接比较可以看出两者的形式能很好地符合(除了额外的$\frac{1}{2}$项,我们将在后面提到). 这两者相等的原因是当 $\boldsymbol{A}$((C. 1)式)代入波动方程,系数 a_k 遵循谐振子的运动方程.

出现在(C. 3)式中的算符 a 和 $a^\dagger$ 被称为湮灭和产生算符,由于它们有以下性质:

$$a \mid n\rangle = \sqrt{n} \mid n-1\rangle \tag{C. 4}$$

和

$$a^\dagger \mid n\rangle = \sqrt{n+1} \mid n+1\rangle \tag{C. 5}$$

其中$|n\rangle$是$\mathcal{H}_{\text{osc}}$的本征函数,相应的本征值为

$$\varepsilon_n = \hbar\omega\left(n + \frac{1}{2}\right)$$

n 是整数 0, 1, 2, …. 因此需要将(C. 2)式中的系数 a_k 变成算符,并和谐振子湮灭和产生算符遵循相同的对易关系,我们就能将电磁场量子化. 这里必须推广我们的符号允许不同可能的光子偏振态,因此对易关系为

$$[a_{uk},\ a_{vk'}^\dagger] = \delta_{kk'}\delta_{uv},\ [a_{uk},\ a_{vk'}] = [a_{uk}^\dagger,\ a_{vk'}^\dagger] = 0$$

其中前面的下标"u"或"v",指的是偏振态.

因此辐射场的哈密顿量为

$$\mathcal{H}_{\text{rad}} = \sum_u \sum_k \hbar\,\omega_k a_{uk}^\dagger a_{uk}$$

对于给定的 $\boldsymbol{k}$ 和偏振 u, $\mathcal{H}_{\text{rad}}$的本征函数为 $\mid n_{uk}\rangle$,其中 n_{uk} 为此态上的光子数目,n_{uk} 又被称为

占据数. 由此可知，光场的一个一般的态涉及不同波矢和偏振的光子，这个态是所有这些相互独立光子的态的乘积. 在写$\mathcal{H}_{\mathrm{rad}}$的时候，我们遵循通常的规定，设定真空态（所有的 $n_{u\boldsymbol{k}}=0$）的能量等于$\frac{1}{2}\sum_{u}\sum_{\boldsymbol{k}}\hbar\omega_{\boldsymbol{k}}$.

矢势的算符形式为

$$\boldsymbol{A}(\boldsymbol{r},\ t)=\sum_{u}\sum_{\boldsymbol{k}}\hat{\boldsymbol{\varepsilon}}_{u}\sqrt{\frac{\hbar}{2\epsilon_{0}V\omega_{\boldsymbol{k}}}}\left[a_{u\boldsymbol{k}}\mathrm{e}^{\mathrm{i}(\boldsymbol{k}\cdot\boldsymbol{r}-\omega t)}+a_{u\boldsymbol{k}}^{\dagger}\mathrm{e}^{-\mathrm{i}(\boldsymbol{k}\cdot\boldsymbol{r}-\omega t)}\right] \tag{C.6}$$

C.3　相互作用哈密顿量$\mathcal{H}_{I}$

不考虑 X 射线光场和样品内电子的相互作用时，哈密顿量为

$$\mathcal{H}_{0}=\mathcal{H}_{\mathrm{e}}+\mathcal{H}_{\mathrm{rad}}$$

其中$\mathcal{H}_{\mathrm{e}}$指的是电子，而$\mathcal{H}_{\mathrm{rad}}$上面已经给出. $\mathcal{H}_{0}$的本征函数为$\mathcal{H}_{\mathrm{e}}$和$\mathcal{H}_{\mathrm{rad}}$本征函数的乘积.

经典的电磁场和电荷 q 之间的相互作用可以用 $\boldsymbol{p}-q\boldsymbol{A}$ 替代原有的动量 $\boldsymbol{p}$①. 为了简单起见，我们将考虑自由电子$\mathcal{H}_{\mathrm{e}}=p^{2}/2m$ 的情况. 这就可以将相互作用的哈密顿量写成

$$\mathcal{H}=\frac{(\boldsymbol{p}+e\boldsymbol{A})^{2}}{2m}+\mathcal{H}_{\mathrm{rad}}=\frac{p^{2}}{2m}+\frac{e\boldsymbol{A}\cdot\boldsymbol{p}}{m}+\frac{e^{2}A^{2}}{2m}+\mathcal{H}_{\mathrm{rad}}=\mathcal{H}_{e}+\mathcal{H}_{I}+\mathcal{H}_{\mathrm{rad}}$$

其中$\mathcal{H}_{\mathrm{I}}$是相互作用哈密顿量，

$$\mathcal{H}_{\mathrm{I}}=\frac{e\boldsymbol{A}\cdot\boldsymbol{p}}{m}+\frac{e^{2}A^{2}}{2m} \tag{C.7}$$

第一项为 $\boldsymbol{A}$ 的一次项，会导致 X 射线吸收. 而第二项为 $\boldsymbol{A}$ 的二次项，将引起散射，具体的解释如下：

A 算符是湮灭和产生算符的线性组合. 因此当它作用到一个态 $|n_{u\boldsymbol{k}}\rangle$ 上时可以湮灭或产生一个处于这个态上的光子. 前者对应吸收，所以很明显$\mathcal{H}_{\mathrm{I}}$中的第一项引起吸收. 另一方面散射涉及某一个态中光子的湮灭(标记为 $\boldsymbol{k}$)，并且另一个态中新光子的产生(标记为 $\boldsymbol{k}'$). 因此这个过程需要 $a_{\boldsymbol{k}'}^{\dagger}a_{\boldsymbol{k}}$ 形式的算符组合作用到直积态 $|n_{\boldsymbol{k}}\rangle|n_{\boldsymbol{k}'}\rangle$ 上，这个直积态为$\mathcal{H}_{\mathrm{rad}}$的本征函数. 这种算符组合只出现在哈密顿量中有矢势 $\boldsymbol{A}$ 的二次方的那一项. 在下面部分我们将详细计算来源于$\mathcal{H}_{\mathrm{I}}$第二项的截面，结果表明它和 X 射线与电子之间的经典汤姆孙散射是相等的. 吸收截面来源于$\mathcal{H}_{\mathrm{I}}$的第一项，在第 7 章中有介绍.

C.4　汤姆孙散射截面

我们设想波矢为 $\boldsymbol{k}$、偏振为$\hat{\boldsymbol{\varepsilon}}_{u}$ 的 X 射线光子被电子散射后波矢变为 $\boldsymbol{k}'$、偏振变为$\hat{\boldsymbol{\varepsilon}}_{v}$. 这里我们规定为弹性散射，即$\hbar\omega=\hbar\omega'$，也就是说假定 X 射线的能量比电子的束缚能大. 由于散射是

---

① 用 $\boldsymbol{p}-q\boldsymbol{A}$ 替代 $\boldsymbol{p}$，可以导出正确的带电粒子在电磁场中的运动方程.

弹性的，可以假定电子依旧留在基态 $|p\rangle$. 另一方面光场的本征函数改变了，因此一个光子从 $|n_{uk}\rangle$ 态移除，一个光子新增入 $|n_{vk'}\rangle$. 在散射之前 $n_{uk}=1$ 和 $n_{vk'}=0$，而散射之后变为 $n_{uk}=0$ 和 $n_{vk'}=1$. 因此我们可以把 $\mathcal{H}_0$ 的初态和末态分别写成 $|i\rangle=|p\rangle|u1, v0)$ 和 $|f\rangle=|p\rangle|u0, v1\rangle)$.

通过计算(C.7)式第二项的矩阵元，并且利用(A.7)式，就能计算散射截面. 我们需要计算的矩阵元为

$$M_{if}=\langle u0, v1|\langle p\left|\frac{e^2}{2m}A^2\right|p\rangle|u1, v0\rangle$$

当我们利用(C.6)式构成 $\boldsymbol{A}$ 的平方时会出现湮灭和产生算符的交叉项，如 $a_{ik_k}^{\dagger}a_{jk_l}$，它可以湮灭一个 $|n_{jk_l}\rangle$ 态的光子，并同时产生一个 $|n_{ik_k}\rangle$ 态的光子. 这些项引起散射，由于有两项这样的项，矩阵元变为

$$M_{if}=\frac{e^2\hbar}{2m\epsilon_0 V}\frac{[\hat{\boldsymbol{\varepsilon}}_u\cdot\hat{\boldsymbol{\varepsilon}}_v]}{(\omega\omega')^{\frac{1}{2}}}\langle p|\mathrm{e}^{\mathrm{i}(\omega-\omega')t}\mathrm{e}^{\mathrm{i}(\boldsymbol{k}-\boldsymbol{k}')\cdot\boldsymbol{r}}|p\rangle$$

前面(A.7)式中给出的截面涉及对末态 X 射线能量 $(\varepsilon_f\equiv\hbar\omega')$ 的积分，而矩阵元是有关 ω 的表达式. 因此我们可以把(A.7)式重新写成

$$\left(\frac{\mathrm{d}\sigma}{\mathrm{d}\Omega}\right)=\left(\frac{V}{2\pi}\right)^2\frac{1}{\hbar^2c^4}\int|M_{if}|^2\omega'^2\delta(\omega-\omega')\mathrm{d}\omega'$$

矩阵元求平方代入上式可得

$$\boxed{\left(\frac{\mathrm{d}\sigma}{\mathrm{d}\Omega}\right)=\left(\frac{e^2}{4\pi\epsilon_0 mc^2}\right)^2[\hat{\boldsymbol{\varepsilon}}_u\cdot\hat{\boldsymbol{\varepsilon}}_v]^2|f(\boldsymbol{Q})|^2}$$

这是汤姆孙散射截面，与第1章给出的经典结果进行比较，两者描述完全相同，其中偏振因子为 $P=[\hat{\boldsymbol{\varepsilon}}_u\cdot\hat{\boldsymbol{\varepsilon}}_v]^2$，形状因子为

$$f(\boldsymbol{Q})=\langle p|\mathrm{e}^{\mathrm{i}\boldsymbol{Q}\cdot\boldsymbol{r}}|p\rangle$$

C.5 深入阅读材料

[1] *Quantum Field Theory*, F. Mandl, G. Shaw (John Wiley, 1996).

附录 D 高斯统计

D.1 高斯统计

在散射理论中会常常碰到双重求和

$$I(q) = \sum_{n,m} e^{iqr_n} e^{-iqr_m}$$

的计算，其中原子位置 r_n 在一个平均值附近变化，并遵循一定的统计学规律. 其中一个例子是原子的热振动，原子的热振动导致布拉格峰的强度随着波矢 Q 的增加而下降，如德拜-沃勒因子所描述的(参阅 5.4 节). 通过引入平移不变性，双重求和可以简化为 $N\langle e^{iqR}\rangle$，其中 $R = r_n - r_m$，尖括号表示通过移动 R 的原点遍及所有格点得到的平均值. 我们可以证明如果 R 的统计学变化是高斯分布，那么

$$\boxed{\langle e^{iqR}\rangle = e^{-q^2\langle R^2\rangle/2}} \tag{D.1}$$

这被称为 Baker-Hausdorff 定理.

这个理论的证明基于高斯函数的傅立叶变换仍是高斯函数，如附录 E 所示. 在这里使用归一化的一维高斯分布函数，它的傅立叶变换为

$$\frac{1}{\sqrt{2\pi\sigma^2}}\int_{-\infty}^{\infty} e^{-x/(2\sigma^2)} e^{iqx}\,dx = e^{-q^2\sigma^2/2}$$

这个等式的左侧恰好是 e^{iqx} 的平均值的定义：

$$\langle e^{iqx}\rangle = \frac{1}{\sqrt{2\pi\sigma^2}}\int_{-\infty}^{\infty} e^{-x/(2\sigma^2)} e^{iqx}\,dx$$

而且 $\langle x^2\rangle = \sigma^2$(参与下面的高斯积分)，因此由上式可得

$$\langle e^{iqx}\rangle = e^{-q^2\langle x^2\rangle/2}$$

这也就确立了 Baker-Hausdorff 定理的有效性.

D.2 高斯积分

这里定义的高斯积分

$$I_m(a=1)=\int_{-\infty}^{\infty}x^m e^{-x^2}\,dx$$

可以由递推关系 $m=0, 2, 4, \cdots$ 推导得出. 对于 $m=0$,高斯积分很容易就可以从它的平方计算得出:

$$\begin{aligned}I_0^2&=\int_{-\infty}^{\infty}e^{-x^2}\,dx\int_{-\infty}^{\infty}e^{-y^2}\,dy=\int_{-\infty}^{\infty}\int_{-\infty}^{\infty}e^{-(x^2+y^2)}\,dx\,dy\\&\equiv\int_0^{2\pi}d\theta\int_0^{\infty}re^{-r^2}\,dr=2\pi\,\frac{1}{2}=\pi\end{aligned}$$

因此对于 $m=0$,高斯积分为

$$I_0=\int_{-\infty}^{\infty}e^{-x^2}\,dx=\sqrt{\pi}\tag{D. 2}$$

以及

$$I_0(a)=f(a)=\int_{-\infty}^{\infty}e^{-ax^2}\,dx=\sqrt{\pi}a^{-1/2}\tag{D. 3}$$

通过将公式(D. 3)式对 a 进行微分,可以得到

$$\begin{aligned}-I_2(a)&=f'(a)=-\int_{-\infty}^{\infty}x^2e^{-ax^2}\,dx=\sqrt{\pi}\left(\frac{-1}{2}\right)a^{-3/2}\\I_4(a)&=f''(a)=+\int_{-\infty}^{\infty}x^4e^{-ax^2}\,dx=\sqrt{\pi}\left(\frac{-1}{2}\right)\left(\frac{-3}{2}\right)a^{-5/2}\\-I_6(a)&=f'''(a)=-\int_{-\infty}^{\infty}x^6e^{-ax^2}\,dx=\sqrt{\pi}\left(\frac{-1}{2}\right)\left(\frac{-3}{2}\right)\left(\frac{-5}{2}\right)a^{-7/2}\end{aligned}$$

等等. 一般来说,高斯积分遵循递推关系

$$I_{2m}=I_{2m-2}\,\frac{2m-1}{2a}$$

附录 E

傅立叶变换

傅立叶变换通常普遍出现在散射的数学描述中，原因是从延展体产生的散射经常以傅立叶变换的形式出现. 这里我们提醒读者一些重要的定义，并通过一些具体的例子来进行说明.

E.1 定义

一维函数 $f(x)$ 的傅立叶变换定义如下：

$$F(q)=\int_{-\infty}^{\infty} f(x)\mathrm{e}^{\mathrm{i}qx}\,\mathrm{d}x$$

它的傅立叶逆变换为

$$f(x)=\frac{1}{2\pi}\int_{-\infty}^{\infty} F(q)\mathrm{e}^{-\mathrm{i}qx}\,\mathrm{d}q$$

如果函数相对于轴 $x=0$ 是对称或者反对称的，那么它的傅立叶变换将大大简化. 对于一个对称函数 $f^{\mathrm{S}}(x)$，它的傅立叶变换为

$$F(q)=\int_{-\infty}^{\infty} f^{\mathrm{S}}(x)\mathrm{e}^{\mathrm{i}qx}\,\mathrm{d}x=\int_{-\infty}^{\infty} f^{\mathrm{S}}(x)\cos(qx)\,\mathrm{d}x+\mathrm{i}\int_{-\infty}^{\infty} f^{\mathrm{S}}(x)\sin(qx)\,\mathrm{d}x$$

等式右侧的第二个积分项等于 0，因为 $f^{\mathrm{S}}(x)$ 和正弦函数的乘积是反对称函数，而一个反对称函数在一个对称区域的积分为 0. 因此，一个对称函数的傅立叶变换是实数，并以余弦变化形式给出：

$$F(q)=2\int_{0}^{\infty} f^{\mathrm{S}}(x)\cos(qx)\,\mathrm{d}x$$

同理，一个反对称函数 $f^{\mathrm{A}}(x)$ 的傅立叶变换是纯虚数，并呈一个正弦变化形式：

$$F(q)=\mathrm{i}2\int_{0}^{\infty} f^{\mathrm{A}}(x)\sin(qx)\,\mathrm{d}x$$

E.2 举例

1. 高斯函数

如图 E.1(a)所示，高斯函数可以写成

(a) 高斯函数

$$f(x) = A\mathrm{e}^{-a^2x^2}$$

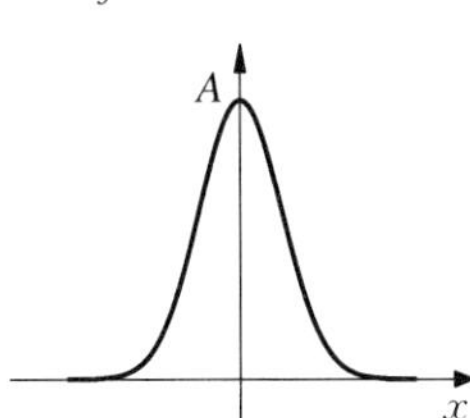

$$F(q) = \frac{A\sqrt{\pi}}{a}\mathrm{e}^{-q^2/(4a^2)}$$

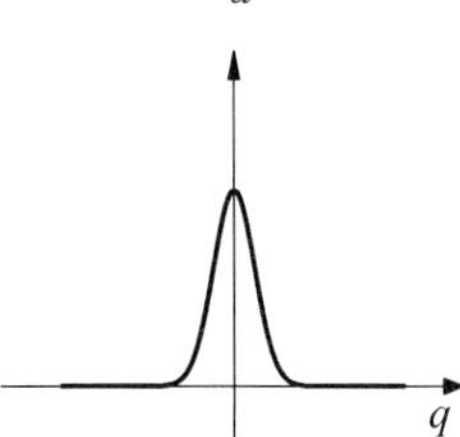

(b) 指数衰减:对称

$$f(x) = A\mathrm{e}^{-a|x|}$$

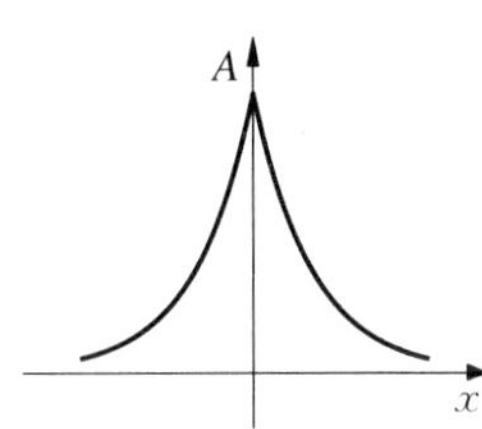

$$F(q) = \frac{2Aa}{a^2 + q^2}$$

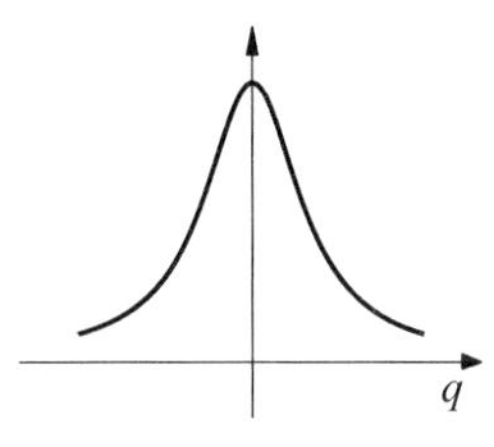

(c) 指数衰减:反对称

$$f(x) = \begin{cases} A\mathrm{e}^{-a|x|}, & x > 0 \\ -A\mathrm{e}^{-a|x|}, & x < 0 \end{cases}$$

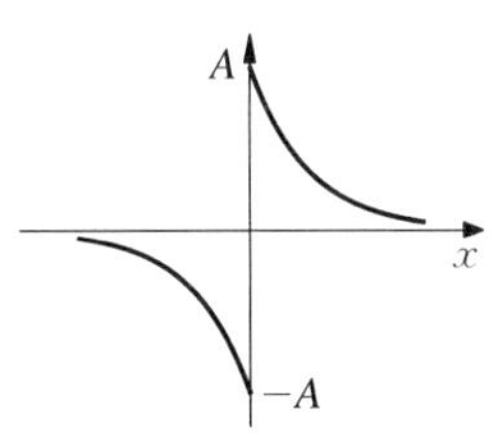

$$F(q) = \frac{\mathrm{i}2Aq}{a^2 + q^2}$$

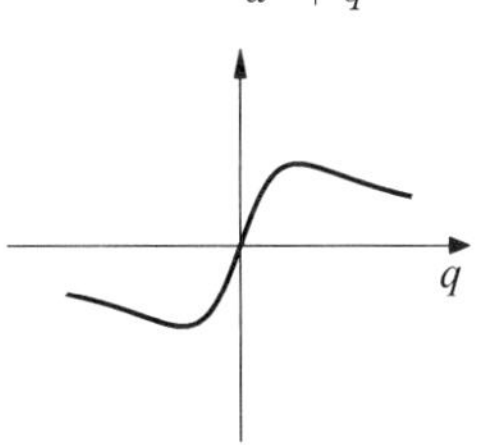

(d) 阶梯函数

$$f(x) = \begin{cases} A, & x > 0 \\ -A, & x < 0 \end{cases}$$

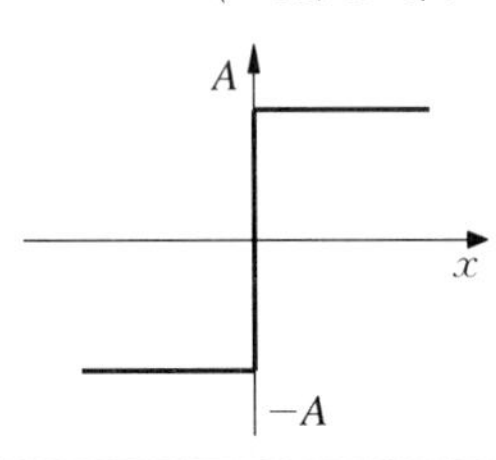

$$F(q) = \frac{\mathrm{i}2A}{q}$$

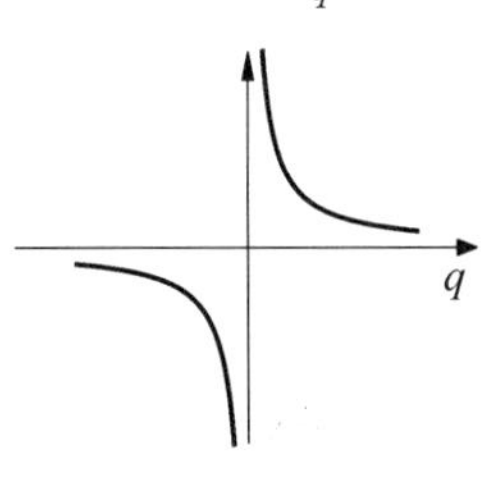

(e) 方框函数

$$f(x) = \begin{cases} A, & |x| < a \\ 0, & |x| > 0 \end{cases}$$

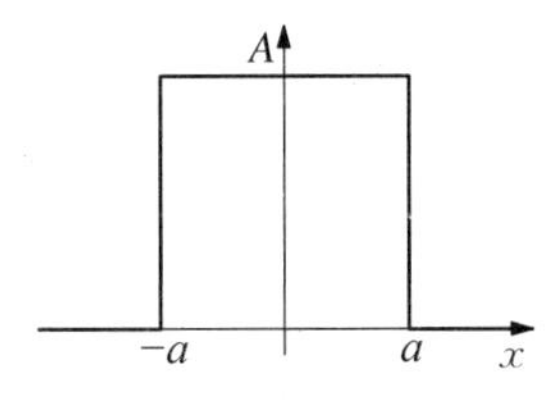

$$F(q) = 2Aa\frac{\sin(qa)}{qa}$$

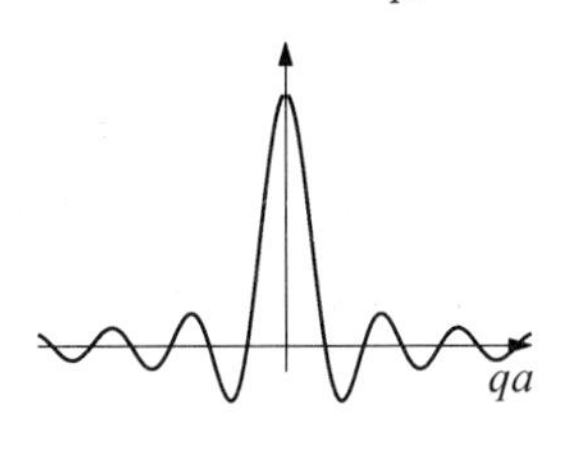

(f) 三角形函数

$$f(x)=\begin{cases}A(a-x)/a,\ 0<x<a\\ A(a+x)/a,\ -a<x<0\\ 0,\ |x|>1\end{cases}$$

A

−a　a　x

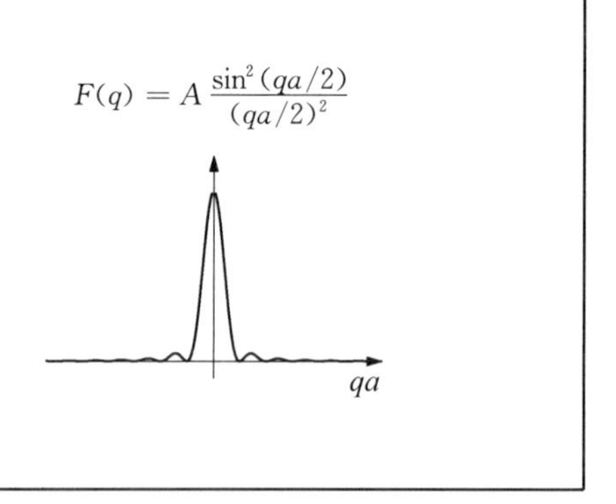

图 E.1　选取的一些函数(左图)和它们的傅立叶变换(右图).

$$f(x)=A\mathrm{e}^{-a^2x^2} \tag{E.1}$$

由于它是一个对称函数,其傅立叶变换为

$$F(q)=2\int_0^{\infty}A\mathrm{e}^{-a^2x^2}\cos(qx)\mathrm{d}x$$

这个公式可以通过将余弦函数写成复指数的实部来计算,$\cos(qx)=\mathrm{Re}\{\mathrm{e}^{\mathrm{i}qx}\}$. 傅立叶变换因此可写成

$$\begin{aligned}F(q)&=2A\mathrm{Re}\left\{\int_0^{\infty}\mathrm{e}^{-a^2x^2}\mathrm{e}^{\mathrm{i}qx}\mathrm{d}x\right\}=2A\mathrm{Re}\left\{\int_0^{\infty}\mathrm{e}^{-a^2x^2+\mathrm{i}qx}\mathrm{d}x\right\}\\&=2A\mathrm{e}^{-q^2/(4a^2)}\mathrm{Re}\left\{\int_0^{\infty}\mathrm{e}^{-(ax-\mathrm{i}q/(2a))^2}\mathrm{d}x\right\}=2A\mathrm{e}^{-q^2/(4a^2)}\mathrm{Re}\left\{\frac{1}{a}\int_0^{\infty}\mathrm{e}^{-k^2}\mathrm{d}\kappa\right\}\end{aligned}$$

其中 κ 是一个复变量,定义为 $\kappa=(ax-\mathrm{i}q/(2a))^2$. 最后积分的实部等于标准积分,

$$\int_0^{\infty}\mathrm{e}^{-y^2}\mathrm{d}y=\frac{\sqrt{\pi}}{2}$$

(参阅(D.2)式). 因此,高斯函数的傅立叶变换为

$$\boxed{F(q)=\frac{A\sqrt{\pi}}{a}\mathrm{e}^{-q^2/(4a^2)}} \tag{E.2}$$

它本身也是一个高斯函数.

考虑高斯函数的宽度 Δx(半高宽)和傅立叶变换的宽度 Δq 是有意义的. 从(E.1)式可得 $\Delta x=2\sqrt{\log_e 2}/a$,而从(E.2)式可得 $\Delta q=4a\sqrt{\log_e 2}$. 这两个宽度的乘积是个常数,为

$$\Delta x\Delta q=8\log_e 2$$

这表明了一个实空间事物的倒数性质的描述,在 q 空间的傅立叶描述也被称为倒空间. 如果一个事物在实空间延展,Δx 很大,那么它的傅立叶变换在倒空间就非常局域,即 Δq 很小. 相应地,如果一个事物在实空间很局域,那么它的傅立叶变换在倒空间就会延展. 这种现象的极端限制就是 2D 事物. 在一个方向上它是无限薄的,因此其傅立叶变换在这个方向上完全是非局域的,或者换种说法说,即它是个恒定值. 这就解释了为什么来自二维平面上原子的散射,会形

成一系列垂直于该平面的倒易棒.

2. 衰减指数函数:对称

如图 E. 1(b)所示,对称的衰减指数函数被定义为

$$f(x)=A\mathrm{e}^{-a|x|}$$

它的傅立叶变换为

$$F(q)=2A\int_0^{\infty}\mathrm{e}^{-ax}\cos(qx)\mathrm{d}x$$

上述积分用一次分部积分可得

$$\int_0^{\infty}\mathrm{e}^{-ax}\cos(qx)\mathrm{d}x=\frac{a}{q}\int_0^{\infty}\mathrm{e}^{-ax}\sin(qx)\mathrm{d}x$$

右边可以再次用分部积分,得到余弦变化形式的 e^{-ax},结果为

$$\int_0^{\infty}\mathrm{e}^{-ax}\cos(qx)\mathrm{d}x=\frac{a}{q}\left[\frac{1}{q}-\frac{a}{q}\int_0^{\infty}\mathrm{e}^{-ax}\cos(qx)\mathrm{d}x\right]$$

重新整理可得

$$\int_0^{\infty}\mathrm{e}^{-ax}\cos(qx)\mathrm{d}x=\frac{a}{a^2+q^2}$$

接着可得对称衰减函数的傅立叶变换为洛伦兹函数:

$$\boxed{F(q)=\frac{2Aa}{a^2+q^2}}\tag{E. 3}$$

对称函数实空间和倒空间的半高宽乘积为

$$\Delta x\Delta q=4\log_{\mathrm{e}}2$$

3. 衰减函数:反对称

如图 E. 1(c)所示,反对称衰减函数定义为

$$f(x)=\begin{cases}A\mathrm{e}^{-a|x|}, & x>0\\ -A\mathrm{e}^{-a|x|}, & x<0\end{cases}$$

它的傅立叶变换是纯虚部的,为

$$F(q)=\mathrm{i}2\int_0^{\infty}A\mathrm{e}^{-ax}\sin(qx)\mathrm{d}x$$

正弦变化形式的 e^{-ax} 可以通过两次分部积分求得,为

$$\int_0^{\infty}\mathrm{e}^{-ax}\sin(qx)\mathrm{d}x=\frac{q}{a^2+q^2}$$

如图 E. 1(c)右图所示,反对称衰减函数的傅立叶变换为

$$\boxed{F(q)=\frac{\mathrm{i}2Aq}{a^2+q^2}}\tag{E. 4}$$

4. 阶梯函数

阶梯函数

$$f(x)=\begin{cases}A,\ x>0\\ -A,\ x<0\end{cases}$$

如图E.1(d)所示.它的傅立叶变换与反对称衰减函数在 $a\to0$ 极限情况下的傅立叶变换是相同的.从(E.4)式可得阶梯函数的傅立叶变换为

$$\boxed{F(q)=\frac{\mathrm{i}2A}{q}} \tag{E.5}$$

5. 方框函数

如图E.1(e)所示,方框或礼帽函数为

$$f(x)=\begin{cases}A, & |x|\leqslant a\\ 0, & x>a\end{cases}$$

它的傅立叶变换为

$$F(q)=\int_{-a}^{a}A\,\mathrm{e}^{\mathrm{i}qx}\,\mathrm{d}x=\frac{A}{\mathrm{i}q}[\mathrm{e}^{\mathrm{i}qa}-\mathrm{e}^{-\mathrm{i}qa}]$$

可重写成

$$\boxed{F(q)=2Aa\,\frac{\sin(qa)}{qa}} \tag{E.6}$$

如图E.1(e)右图所示.

6. 对称三角形函数

如图E.1(f)所示,对称三角形函数定义为

$$f(x)=\begin{cases}A(a-x)/a,\ 0<x<a\\ A(a+x)/a,\ -a<x<0\\ 0,\ |x|>1\end{cases}$$

对称三角形函数的傅立叶变换便是

$$F(q)=2\int_{0}^{\infty}\frac{A}{a}(a-x)\cos(qx)\,\mathrm{d}x$$

分部积分可得

$$\boxed{F(q)=A\,\frac{\sin^2(qa/2)}{(qa/2)^2}} \tag{E.7}$$

如图E.1(f)右图所示.

E.3 卷积定理

在散射上下文的内容中特别有用的结果就是卷积定理.卷积定理表述为两个函数 $f(x)$ 和

$g(x)$卷积的傅立叶变换，等于这两个函数分别求傅立叶变换后 $F(q)$和 $G(q)$的乘积.

$$h(x)=\int_{-\infty}^{\infty}f(x_1)g(x-x_1)\mathrm{d}x_1$$

它的傅立叶变换为

$$H(q)=\int_{-\infty}^{\infty}h(x)\mathrm{e}^{\mathrm{i}qx}\mathrm{d}x=\int_{-\infty}^{\infty}f(x_1)\mathrm{e}^{\mathrm{i}qx_1}\mathrm{d}x_1\int_{-\infty}^{\infty}g(x-x_1)\mathrm{e}^{\mathrm{i}q(x-x_1)}\mathrm{d}x=F(q)G(q)$$

这一结果最主要的应用是在很多散射问题中，感兴趣的部分都可以用实空间两个函数卷积的数学形式描述. 最重要的例子是对于晶格而言，密度可以看成晶格函数与描述每个格点占据什么原子的函数之间的卷积. 散射振幅与密度的傅立叶变换成正比，因此通过卷积理论可得散射振幅等于两个组成函数傅立叶变换的乘积. 如果后者已知，而通常情况下都会是已知的，那么散射振幅几乎可以直接看出.

E.4 帕特森函数

帕特森函数(Patterson function)是在对测得的强度 $I(Q)$直接进行傅立叶变换时导出的量. 尽管帕特森函数不包含任何有关相位的直接信息(因为它是散射振幅$\mathcal{A}(Q)$模的平方)，但它是个值得考虑的很有用的量，因为它可被用于给散射中心(原子或分子)的相对距离施加限制.

一维情况中，散射强度 $I(Q)$可写成

$$\begin{aligned}I(Q)&=\mathcal{A}^*(Q)\,\mathcal{A}(Q)\\&=\int_{-\infty}^{\infty}f^*(r')\mathrm{e}^{-\mathrm{i}Qr'}\mathrm{d}r'\int_{-\infty}^{\infty}f(r'')\mathrm{e}^{\mathrm{i}Qr''}\mathrm{d}r''=\int_{-\infty}^{\infty}\left(\int_{-\infty}^{\infty}f^*(r')f(r'')\mathrm{e}^{\mathrm{i}Q(r''-r')}\mathrm{d}r''\right)\mathrm{d}r'\\&=\int_{-\infty}^{\infty}\left(\int_{-\infty}^{\infty}f^*(r')f(r+r')\mathrm{d}r'\right)\mathrm{e}^{\mathrm{i}Qr}\mathrm{d}r=\int_{-\infty}^{\infty}P(r)\mathrm{e}^{\mathrm{i}Qr}\mathrm{d}r\end{aligned}$$

因此帕特森函数函数可定义为

$$\boxed{P(r)=\int_{-\infty}^{\infty}f^*(r')f(r+r')\mathrm{d}r'}\tag{E.8}$$

它被认为是函数 $f(r)$的自相关. 这些概念可以很容易推广到更高维度.

E.5 位移定理

如果函数 $f(x)$被平移 x_0，那么 $F_d(q)$的傅立叶变换需加上一个相因子 $\mathrm{e}^{\mathrm{i}qx_0}$，由于

$$F_d(q)=\mathrm{e}^{\mathrm{i}qx_0}\int f(x-x_0)\mathrm{e}^{\mathrm{i}q(x-x_0)}\mathrm{d}x=\mathrm{e}^{\mathrm{i}qx_0}F(q)\tag{E.9}$$

深入阅读材料

[1] *A Handbook of Fourier Transforms*, D. C. Champeney (Cambridge University Press, 1987).
[2] *A Student's Guide to Fourier Transforms*, J. F. James (Cambridge University Press, 1995).

附录 F

X 射线与中子的比较

F.1 X 射线与中子的比较

如果考虑中子进入样品,(3.1)式中折射率 n 和散射线密度 ρr_0 之间的关系可以用一种不同的方法求得. 这里可以把样品看成密度为 ρ 的原子核连续体,每个原子核的散射长度为 b.

受来自样品的势 $\nu(\boldsymbol{r})$影响的入射粒子就会被散射. 粒子的散射长度与一级微扰理论给出的散射势 $\nu(\boldsymbol{r})$有关,

$$\nu(\boldsymbol{Q}) = 4\pi\left(\frac{\hbar^2}{2m_n}\right)b$$

这里 $\nu(\boldsymbol{Q})$是散射势的傅立叶变换,

$$\nu(\boldsymbol{Q}) = \int \nu(\boldsymbol{r})\mathrm{e}^{\mathrm{i}\boldsymbol{Q}\cdot\boldsymbol{r}}\mathrm{d}\boldsymbol{r}$$

与通常一样,散射向量 $Q = \boldsymbol{k} - \boldsymbol{k}'$ 表示散射过程中波矢的转移. 当回顾以下内容时,这一关系会显得很合理:

(1) 从原点处体积元的散射和从 $\boldsymbol{r}$ 处体积元内的散射之间存在一个相位差 $\boldsymbol{Q}\cdot\boldsymbol{r}$;

(2) 散射可以被认为是从所有这些体积元散射的加权叠加,而权重为 $\nu(\boldsymbol{r})$乘以相因子;

(3) 式中有关 b 和 $\nu(\boldsymbol{Q})$的量纲是正确的,即($\hbar^2/2m_n$)项自然会出现.

当然,4π 因子必须要依赖于更严谨的处理.

费米建议在热中子和原子核之间定义一个赝势,这样就能确保从一级微扰的结果重新推导出正确的散射长度. 中子被原子核散射时,由于中子和原子核之间短程势的作用,相比热中子的波长(10^{-10} m 量级),势的尺度范围是极短的(10^{-15} m 量级),因此势的形状可以很好地近似为 δ 函数,可以写成

$$\nu_F(\boldsymbol{r}) = C\delta(\boldsymbol{r})$$

由于 δ 函数的傅立叶变换为 1,因而

$$\nu_F(\boldsymbol{Q}) = C \times 1$$

(可以在第 5 章第 108 页上复习 δ 函数的性质.)令表达式 $\nu_F(\boldsymbol{Q})$与上面更普遍的 $\nu(\boldsymbol{Q})$相等,就可以确定常数 C,并可以得到

$$\nu_F(\boldsymbol{r}) = 4\pi\left(\frac{\hbar^2}{2m_n}\right)b\delta(\boldsymbol{r})$$

在折射时介质被认为是均匀的连续体，波数从介质外面 k 到介质内部 nk 的改变，是由于相应的动能从 $(\hbar^2/2m_n)k^2$ 到 $(\hbar^2/2m_n)(nk)^2$ 的变化，因此通过能量守恒可以得到

$$\left(\frac{\hbar^2}{2m_n}\right)k^2 = \left(\frac{\hbar^2}{2m_n}\right)(nk)^2 + \langle\nu\rangle$$

或

$$k^2 - (nk)^2 = \left(\frac{2m_n}{\hbar^2}\right)\langle\nu\rangle$$

将平均势代入

$$\langle\nu\rangle = \frac{\int_V \nu_F(r)\,\mathrm{d}\boldsymbol{r}}{\int_V \mathrm{d}\boldsymbol{r}} = 4\pi\left(\frac{\hbar^2}{2m_n}\right)b\rho$$

得到

$$k^2(1-n^2) = 4\pi b\rho$$

并且由于 $(1-n^2)=(1+n)(1-n)\approx 2\delta$，我们可以得到(3.2)式，中子散射长度 b 替代了 X 射线散射长度 r_0.

F.2 深入阅读材料

[1] *Introduction to the Theory of Thermal Neutron Scattering*, G. L. Squires (Dover Publications, 1996).

[2] *Neutron Optics*, V. F. Sears (Oxford University Press, 1989).

附录 G

MATLAB 计算机程序

这里给出的一系列 MATLAB 文件用来生成本书中的一些图.

这些文件可以从 John Wiley & Sons 公司官网(http://www.wiley.co.uk)有关本书网页的链接下载到.

MATLAB 是 MathWorks 公司的注册商标. 进一步的信息可以从 http://www.mathworks.com 网址找到.

第 2 章 X 光源

波荡器特性(图 2.11)

```
function wout=undulator
%
% MATLAB function from:
% "Elements of Modern X-ray Physics" by Jens Als-Nielsen and Des McMorrow
%
% Calculates: Undulator characteristics
% Calls to: w1tcalc (observer phase from emitter phase)
close all; clear all;
set(gcf,'papertype','a4','paperunits','centimeters','units','centimeters',...
        'position',[0.1 -8 21 26],'paperposition',[0.1 0.1 21 26]);

% (c) on-axis harmonic content for K=2

axes('position',[0.1 0.1 0.35 0.35]);

wutp=0:0.01:2*pi;                        % Emitter  phase
K=2; w1t=w1tcalc(wutp,K,0);              % Observer phase for K=2

xn=0:0.01:2*pi; yn=spline(w1t,2*sin(wutp),xn);
f=fft(yn);                               % Fourier transform displacement
h1=line(xn,-2*imag(f(2))/length(xn)*sin(xn),'linestyle','--',...
   'linewidth',1.0,'color','r')
h3=line(xn,-2*imag(f(4))/length(xn)*sin(3*xn),'linestyle','--',...
   'linewidth',1.0,'color','g')
h5=line(xn,-2*imag(f(6))/length(xn)*sin(5*xn),'linestyle','--',...
   'linewidth',1.0,'color','b')
line(xn,-2*imag(f(2))/length(xn)*sin(xn)...
        -2*imag(f(4))/length(xn)*sin(3*xn)-2*imag(f(6))/length(xn)*sin(5*xn),...
        'color','m','linewidth',1.0)

axis([0 2*pi -2 2]); axis square
set(gca,'Xtick',[0 pi/2 pi 3*pi/2 2*pi],'Xticklabel',[],'Ytick',[-2 -1 0 1 2])
set(gca,'FontName','Times','Fontsize',16,'xgrid','on','ygrid','on','box','on')
ylabel('Transverse displacement')
xlabel(['$$\omega_1 t$$'],'position',[pi -2.5 0],'interpreter','latex');
text(0,-2.3,'0','horizontalalignment','center','Fontname','Times','Fontsize',16)
text(pi/2,-2.3,'\pi/2','horizontalalignment','center','Fontname','Times','Fontsize',16)
text(pi,-2.3,'\pi','horizontalalignment','center',...
   'Fontname','Times','Fontsize',16)
text(1.5*pi,-2.3,'3\pi/2','horizontalalignment','center',...
```

```
41     'Fontname','Times','Fontsize',16)
42  text(2*pi,-2.3,'2  \pi','horizontalalignment','center','Fontname','Times','Fontsize',16)
43  text(0.7,0.925,'On axis, {\it K=2} (c)','horizontalalignment','center',...
44                             'Fontname','Times','Fontsize',14,'units','normalized')
45  legend([h1 h3 h5],'1^{st}','3^{rd}','5^{th}','location','southwest')
46
47  % (d) Harmonic content for K=2
48
49  axes('position',[0.6 0.1 0.35 0.35]);
50
51  hc=([-2*imag(f(2))  -2*imag(f(4))  -2*imag(f(6)) -2*imag(f(8))]/length(xn));
52  ic=(abs(hc).*[1 3^2 5^2 7^2]).^2;
53  h=bar([ic(:)/ic(1) abs(hc(:))/hc(1)],0.85,'grouped');
54  axis([0.5 4.5 0 2]); axis square
55
56  set(gca,'Box','on','xgrid','on','ygrid','on','FontName','Times','Fontsize',16,...
57          'xticklabel',['1';'3';'5';'7'])
58  set(h(1),'facecolor','k'); set(h(2),'facecolor','w')
59  xlabel('Harmonic'); ylabel('Intensity [arb. units]')
60  text(0.7,0.925,'On axis, {\it K=2} (d)','horizontalalignment','center',...
61                             'Fontname','Times','Fontsize',14,'units','normalized')
62
63  % (a) On axis radiation for  for K=1, 2 and 5
64
65  axes('position',[0.1 0.5 0.35 0.35]);
66  wutp=0:0.01:2*pi;
67
68  w1t=w1tcalc(wutp,1,0); % K=1
69  htp_k1=line(wutp,sin(wutp),'linestyle','--','color','r','linewidth',1.0);
70  htt_k1=line(w1t,sin(wutp),'linestyle','-','color','r','linewidth',1.0);
71
72  w1t=w1tcalc(wutp,2,0); % K=2
73  htp_k2=line(wutp,2*sin(wutp),'linestyle','--','color','b','linewidth',1.0);
74  htt_k2=line(w1t,2*sin(wutp),'linestyle','-','color','b','linewidth',1.0);
75
76  w1t=w1tcalc(wutp,5,0); % K=5
77  htp_k5=line(wutp,5*sin(wutp),'linestyle','--','color','m','linewidth',1.0);
78  htt_k5=line(w1t,5*sin(wutp),'linestyle','-','color','m','linewidth',1.0);
79
80  axis([0 2*pi -6 6]); axis square
81  set(gca,'Xtick',[0 pi/2 pi 3*pi/2 2*pi],'Xticklabel',[],'box','on','ygrid','on')
82  set(gca,'Ytick',[-6 -4 -2 0 2 4 6],'FontName','Times','Fontsize',16,'Xgrid','on')
83  ylabel('Transverse displacement')
84  xlabel(['$$\omega_u t^\prime$$ (' '$$\omega_1 t$$)'],...
85                               'position',[pi -7.8 0],'interpreter','latex');
86  text(0,-7.0,'0','horizontalalignment','center','Fontname','Times','Fontsize',16)
87  text(pi/2,-7.0,'\pi/2','horizontalalignment','center','Fontname','Times','Fontsize',16)
88  text(pi,-7.0,'\pi','horizontalalignment','center','Fontname','Times','Fontsize',16)
89  text(1.5*pi,-7.0,'3\pi/2','horizontalalignment','center',...
90     'Fontname','Times','Fontsize',16)
91  text(2*pi,-7.0,'2  \pi','horizontalalignment','center','Fontname','Times','Fontsize',16)
92  legend([htt_k1 htt_k2 htt_k5],'{\it K}=1','{\it K}=2','{\it K}=5',...
93     'location','southwest')
94  text(0.8,0.925,'On axis (a)','horizontalalignment','center',...
95                             'Fontname'.'Times'.'Fontsize'.14.'units'.'normalized')
96
97  % (b) Off-axis  for K=2
98
99  axes('position',[0.6 0.5 0.35 0.35]);
100
101 wutp=0:0.01:2*pi;
102 w1t=w1tcalc(wutp,2,0);
103 hona=line(w1t,2*sin(wutp),'linestyle','-','color','k','linewidth',1.0);
104 w1t=w1tcalc(wutp,2,1);
105 hofa=line(w1t,2*sin(wutp),'linestyle','--','color','m','linewidth',1.0);
106
107 axis([0 2*pi -6 6]); axis square
108 set(gca,'Xtick',[0 pi/2 pi 3*pi/2 2*pi],'Xticklabel',[])
109 set(gca,'Ytick',[-6 -4 -2 0 2 4 6],'FontName','Times','Fontsize',16);
110 set(gca,'xgrid','on','ygrid','on','box','on')
111 ylabel('Transverse displacement')
112 xlabel(['$$\omega_1 t$$'],'position',[pi -7.8 0],'interpreter','latex');
113 text(0,-7.0,'0','horizontalalignment','center','Fontname','Times','Fontsize',16)
114 text(pi/2,-7.0,'\pi/2','horizontalalignment','center','Fontname','Times','Fontsize',16)
115 text(pi,-7.0,'\pi','horizontalalignment','center','Fontname','Times','Fontsize',16)
116 text(1.5*pi,-7.0,'3\pi/2','horizontalalignment','center',...
117    'Fontname','Times','Fontsize',16)
118 text(2*pi,-7.0,'2  \pi','horizontalalignment','center','Fontname','Times','Fontsize',16)
119 text(0.85,0.925,'{\it K=2} (b)','horizontalalignment','center',...
120                            'Fontname','Times','Fontsize',14,'units','normalized')
```

```
121 legend([hona hofa],'On axis','Off axis','location','southwest')
122
123 function [w1t]=w1tcalc(wutp,K,ratio)
124 %
125 % MATLAB function from:
126 % "Elements of Modern X-ray Physics" by Jens Als-Nielsen and Des McMorrow
127 %
128 % Calculates: observer phase (w1t) from emitter phase (wutp)
129
130 w1t=wutp+0.25*K^2/(1+ratio^2+K^2/2)*sin(2*wutp)-2*K/(1+(ratio^2)+K^2/2)*ratio*sin(wutp);
```

第3章 界面的折射和反射

Fresnel反射率特性(图3.5)

```
1  function FresnelR
2  %
3  % MATLAB function from:
4  % "Elements of Modern X-ray Physics" by Jens Als-Nielsen and Des McMorrow
5  %
6  % Calculates: Fresnel reflectivity characteristics
7
8  figure; axes('position',[0.35 0.7 0.3 0.2]);
9
10 % Intensity reflectivity for different values of b_mu
11
12 tpos=-0.80;
13 q=0.01:0.001:2.5;
14 b=0.1; qp=sqrt(q.^2-1+2*sqrt(-1)*b); rq=(q-qp)./(q+qp);
15 Rq=rq.*conj(rq); Rn=Rq.*(q.^4)*(2^4);
16 iq1=find(q<1.5); iq2=find(q>1.5);
17 [ax,h1,h2]=plotyy(q(iq1),Rq(iq1),q(iq2),Rn(iq2));
18 set(h1,'color','r'); set(h2,'color','r')
19
20 axis([0 2.6 0 1.1])
21 yl=str2mat('    R(q)    ','  Fresnel   ','reflectivity');
22 text(tpos,0.5,yl,'FontName','Times','rotation',90,'horizontalalignment','center');
23
24 b=0.05; qp=sqrt(q.^2-1+2*sqrt(-1)*b); rq=(q-qp)./(q+qp);
25 Rq=rq.*conj(rq); Rn=Rq.*(q.^4)*(2^4);
26 line(q(iq1),Rq(iq1),'color','g')
27 axes(ax(2)); line(q(iq2),Rn(iq2),'color','g')
28
29 b=0.01;  qp=sqrt(q.^2-1+2*sqrt(-1)*b); rq=(q-qp)./(q+qp);
30 Rq=rq.*conj(rq); Rn=Rq.*(q.^4)*(2^4);
31 axes(ax(1)); line(q(iq1),Rq(iq1),'color','b')
32 axes(ax(2)); line(q(iq2),Rn(iq2),'color','b')
33
34 b=0.001; axes(ax(1)); qp=sqrt(q.^2-1+2*sqrt(-1)*b); rq=(q-qp)./(q+qp);
35 Rq=rq.*conj(rq); Rn=Rq.*(q.^4)*(2^4);
36 line(q(iq1),Rq(iq1),'color','m')
37 axes(ax(2))
38 text(3.2,1.6,'R(q).(2Q/Q_c)^4','FontName','Times','rotation',90,...
39      'horizontalalignment','center')
40 axis([0 2.6 1 2.1])
41 set(ax,'Ycolor',[0 0 0],'Ytick',[0.5 1.0 1.5 2.0 2.5],'Xticklabels',[])
42 set(ax,'FontName','Times','Fontsize',12,'box','on');
43
44 % Penetration length
45
46 axes('position',[0.35 0.5 0.3 0.2])
47
48 q=0.01:0.01:1.4;
49 b=0.1; qp=sqrt(q.^2-1+2*sqrt(-1)*b);
50 line(q,1./imag(qp),'color','r')
51
52 b=0.05; qp=sqrt(q.^2-1+2*sqrt(-1)*b);
53 line(q,1./imag(qp),'color','g')
54
55 b=0.01; qp=sqrt(q.^2-1+2*sqrt(-1)*b);
56 line(q,1./imag(qp),'color','b')
57
```

```
58  b=0.001; qp=sqrt(q.^2-1+2*sqrt(-1)*b);
59  line(q,1./imag(qp),'color','m')
60
61  axis([0 2.6 0 1000]);
62  yl=str2mat('  \Lambda Q_c',' Penetration ','   length   ');
63  text(tpos,30,yl,'FontName','Times','rotation',90,'horizontalalignment','center');
64  set(gca,'Xticklabels',[],'Yscale','log','Ytick',[1 10 100])
65  set(gca,'FontName','Times','FontSize',12,'box','on')
66
67  % Evanescent intensity
68
69  axes('position',[0.35 0.3 0.3 0.2])
70
71  q=0.01:0.01:2.5;
72  b=0.1; qp=sqrt(q.^2-1+2*sqrt(-1)*b); ttq=2*q./(q+qp);
73  h1=line(q,ttq.*conj(ttq),'color','r');
74
75  b=0.05; qp=sqrt(q.^2-1+2*sqrt(-1)*b); ttq=2*q./(q+qp);
76  line(q,ttq.*conj(ttq),'color','g')
77
78  b=0.01; qp=sqrt(q.^2-1+2*sqrt(-1)*b); ttq=2*q./(q+qp);
79  line(q,ttq.*conj(ttq),'color','b')
80
81  b=0.001; qp=sqrt(q.^2-1+2*sqrt(-1)*b); ttq=2*q./(q+qp);
82  line(q,ttq.*conj(ttq),'color','m')
83
84  axis([0 2.6 0 4]);
85  yl=str2mat('   T(q)    ','Evanescent','intensity ');
86  hl=text(tpos,2,yl);
87  set(hl,'FontName','Times','rotation',90,'horizontalalignment','center');
88  set(gca,'Xticklabels',[],'Ytick',[1 2 3],'Yticklabel',['1';'2';'3'])
89  set(gca,'FontName','Times','FontSize',12,'box','on')
90
91  % Phase shift of reflected wave
92
93  axes('position',[0.35 0.1 0.3 0.2])
94
95  q=0.01:0.01:2.5;
96  b=0.1; qp=sqrt(q.^2-1+2*sqrt(-1)*b); rq=(q-qp)./(q+qp);
97  line(q,angle(rq),'color','r')
98
99  b=0.05; qp=sqrt(q.^2-1+2*sqrt(-1)*b); rq=(q-qp)./(q+qp);
100 line(q,angle(rq),'color','g')
101
102 b=0.01; qp=sqrt(q.^2-1+2*sqrt(-1)*b); rq=(q-qp)./(q+qp);
103 line(q,angle(rq),'color','b')
104
105 b=0.001; qp=sqrt(q.^2-1+2*sqrt(-1)*b); rq=(q-qp)./(q+qp);
106 line(q,angle(rq),'color','m')
107
108 set(gca,'FontName','Times','FontSize',12,'box','on')
109 axis([0 2.6 -pi pi/4]);
110 yl=str2mat('Phase shift of','   reflected  ','    wave      ');
111 text(tpos,-pi/2,yl,'FontName','Times','rotation',90,'horizontalalignment','center');
112 text(-0.25,0,'0','horizontalalignment','center','FontName','Times','FontSize',12);
113 text(-0.25,-pi,'-\pi','horizontalalignment','center','FontSize',14);
114 xlabel('q=Q/Q_c or  \alpha/\alpha_c')
115 set(gca,'Yticklabels',[],'Ytick',[-pi -pi/2 0 pi/2],'Xtick',[0.5 1.0 1.5 2.0 2.5])
```

来源于薄膜的 Kiessig 衍射曲线(图 3.7)

```
1  function kiessig
2  %
3  % MATLAB function from:
4  % "Elements of Modern X-ray Physics" by Jens Als-Nielsen and Des McMorrow
5  %
6  % Calculates: Reflectivity from a thin film of tungsten
7
8  axes('position',[0.2 0.2 0.6 0.6]);
9
10 r0=2.82e-5;         % Thompson scattering length in Angs
11 rho=4.678;          % electron density in electrons/Angs^3
12 b=0.0409;           % parameter b_mu
13 Delta=10*2*pi;      % thickness of film in Angs
14 sigma=0.0;          % surface roughness in Angs
```

```
15
16  Qc=4*sqrt(pi*rho*r0);
17
18  Q=0:0.001:1;
19  q=Q/Qc;
20  Qp=Qc*sqrt(q.^2-1+2*sqrt(-1)*b);
21
22  rQ=(Q-Qp)./(Q+Qp);
23  r_slab=rQ.*(1-exp(i*Qp*Delta))./(1-rQ.^2.*exp(i*Qp*Delta));
24  r_slab=r_slab.*exp(-Q.^2*sigma^2/2);
25  line(Q,r_slab.*conj(r_slab),'LineWidth',1.0,'Color','b');
26
27  axis([0.0 1.0 1e-10 1.5]); grid on
28  set(gca,'FontName','Times','FontSize',16,'box','on')
29  set(gca,'Ytick',[1e-10 1e-8 1e-6 1e-4 1e-2 1e0],'yscale','log')
30  xlabel('Wavevector transfer Q (A^{-1})' )
31  ylabel('|{\it r}_{slab}|^2','position',[-0.175 1e-5 0])
```

Parratt 和运动学反射率(图 3.9)

```
1   function par_kin
2   %
3   % MATLAB function from:
4   % "Elements of Modern X-ray Physics" by Jens Als-Nielsen and Des McMorrow
5   %
6   % Calculates: Parratt and kinematical reflectivities from a multilayer
7   %             Specific case of W/Si, 10 bilayers of [10 Angs W, 40 Angs Si]
8
9   r0=2.82e-5;                             % Thompson scattering length in Angs
10  Q=0.01:0.001:0.3;                       % Wavevector transfer in 1/Angs
11  lambda=1.54;                             % wavelength in Angs
12  rhoA=4.678; muA=33.235e-6;              % density and absorption coefficient of W
13  rhoB=0.699; muB=1.399e-6;               % density and absorption coefficient of Si
14
15  bl=[rhoA*r0+i*muA rhoB*r0+i*muB];                 % bilayer scattering factor
16  dbl=[10 40];                                      % bilayer d-spacings
17  ml=[bl bl bl bl bl bl bl bl bl bl 0.1e-20];       % multilayer scattering factor
18  dml=[dbl dbl dbl dbl dbl dbl dbl dbl dbl dbl];    % multilayer d-spacings
19  sml=[0 0 0 0 0 0 0 0 0 0 0 0 0 0 0 0 0 0 0 0 0 0]; % roughness at each interface
20
21  %------ Parratt reflectivity
22  R=parratt(Q,lambda,ml,dml,sml);
23
24  axes('position',[0.2 0.15 0.7 0.4]); line(Q,R)
25  axis([0 0.3 8e-6 2]);
26  set(gca,'FontName','Times','FontSize',18,'box','on')
27  set(gca,'Ytick',[1e-4 1e-3 1e-2 1e-1 1],'Yscale','log')
28  text(0.15,5e-7,'Wavevector transfer Q (A^{-1})' ,...
29          'FontName','Times','FontSize',18,'horizontalalignment','center')
30  text(-0.05,1,'Reflectivity','FontName','Times',...
31     'FontSize',18,'horizontalalignment','center','rotation',90)
32  text(0.20,0.7,'(b) Parratt','FontName','Times','FontSize',16)
33
34  %----- kinematical reflectivity
35  sld=bl;
36  sigma=0; N=10; Lambda=50; Gamma=0.2;
37
38  R=kinematicalR(Q,lambda,sld,sigma,N,Lambda,Gamma);
39
40  axes('position',[0.2 0.55 0.7 0.4]); line(Q,R)
41  set(gca,'FontName','Times','FontSize',18,'box','on')
42  axis([0 0.3 8e-6 2]);
43  set(gca,'Xticklabel','')
44  set(gca,'Ytick',[1e-4 1e-3 1e-2 1e-1 1],'Yscale','log')
45  text(0.20,0.7,'(a) Kinematical ','FontName','Times','FontSize',16)
46
47  %%%%%%%%%%%%%%%%%%%%%%%%%%%%%%%%%%%%%%%%%%%%%%%%%%%%%%%%%%%%%%%%%%%%%%%%%%%%%%%%
48  function [R]=kinematicalR(Q,lambda,sld,sigma,N,Lambda,Gamma)
49  %
50  % MATLAB function from:
51  % "Elements of Modern X-ray Physics" by Jens Als-Nielsen and Des McMorrow
52  %
53  % Calculates: kinematical reflectivity of a multilayer
54  % Inputs:  Q        wavevector transfer              1/Angs
55  %          lambda   wavelength of radiation          Angs
```

```
56  %          sld     scattering length density      1/Angs^2
57  %                  sld=[sldA+i*muA sldB+i*muB]
58  %          sigma   rouhgness                      Angs
59  %          N       number of bilayers
60  %          Lambda  length of bilayer              Angs
61  %          Gamma   fraction of bilayer that is A
62  % Outputs: R       Intensity reflectivity
63
64  muA=imag(sld(1));
65  muB=imag(sld(2));
66
67  Dsld=real(sld(1))-real(sld(2));
68  zeta=Q/2/pi*Lambda;
69  beta=2*Lambda*Lambda*(muA*Gamma+muB*(1-Gamma))/lambda./zeta;
70  r_1=-2*i*Dsld*Lambda*Lambda*Gamma./zeta;
71  r_1=r_1.*sin(pi*Gamma*zeta)./(pi*Gamma*zeta);
72  r_N=r_1.*(1-exp(i*2*pi*zeta*N).*exp(-beta*N))./(1-exp(i*2*pi*zeta).*exp(-beta));
73  r_N=r_N.*exp(-((Q*sigma).^2/2));
74  R=r_N.*conj(r_N);
75
76  %%%%%%%%%%%%%%%%%%%%%%%%%%%%%%%%%%%%%%%%%%%%%%%%%%%%%%%%%%%%%%%%%%%%%%%%%%%%%%%%%%%%%%%%%%%%%%%%%
77  function [RR]=parratt(Q,lambda,sld,d,sigma)
78  %
79  % MATLAB function from:
80  % "Elements of Modern X-ray Physics" by Jens Als-Nielsen and Des McMorrow
81  %
82  % Calculates: Parratt reflectivity of a multilayer
83  % Inputs: Q      wavevector transfer                 1/Angs
84  %         lambda wavelength of radiation             Angs
85  %         sld    scattering length density           1/Angs^2
86  %                sld=[sld1+i*mu1 sld2+i*mu2 ....]
87  %         d      thickness of layer                  Angs
88  %                d=[d1 d2 .....];
89  %         sigma  rouhgness                           Angs
90  % Outputs:R      Intensity reflectivity
91
92  k=2*pi/lambda;
93
94  %----- Calculate refractive index n of each layer
95  delta=lambda^2*real(sld)/(2*pi); beta=lambda/(4*pi)*imag(sld);
96  n=size(sld,2);
97  nu=1-delta+i*beta;
98
99  %----- Wavevector transfer in each layer
100 Q=reshape(Q,1,length(Q));
101 x=asin(Q/2/k);
102 for j=1:n
103    Qp(j,:)=sqrt(Q.^2-8*k^2*delta(j)+i*8*k^2*beta(j));
104 end
105 Qp=[Q;Qp];
106
107 %----- Reflection coefficients (no multiple scattering)
108 for j=1:n
109    r(j,:)=((Qp(j,:)-Qp(j+1,:))./(Qp(j,:)+Qp(j+1,:))).*...
110       exp(-0.5*(Qp(j,:).*Qp(j+1,:))*sigma(j)^2);
111 end
112
113 %----- Reflectivity from first layer
114 RR=r(1,:);
115 if n>1
116    R(1,:)=(r(n-1,:)+r(n,:).*...
117       exp(i*Qp(n,:)*d(n-1)))./(1+r(n-1,:).*r(n,:).*exp(i*Qp(n,:)*d(n-1)));
118 end
119
120 %----- Reflectivity from more layers
121 if n>2
122   for j=2:n-1
123      R(j,:)=(r(n-j,:)+R(j-1,:).*...
124         exp(i*Qp(n-j+1,:)*d(n-j)))./(1+r(n-j,:).*R(j-1,:).*exp(i*Qp(n-j+1,:)*d(n-j)));
125   end
126 end
127
128 %------ Intensity reflectivity
129 if n==1
130   RR=r(1,:);
131 else
```

```
132    RR=R(n-1,:);
133  end
134
135  RR=(abs(RR).^2)';
```

来源于 Langmuir 膜的反射率(图 3.13)

```
1   function lang_ref
2   %
3   % MATLAB function from:
4   % "Elements of Modern X-ray Physics" by Jens Als-Nielsen and Des McMorrow
5   %
6   % Calculates: Reflectivity from a lanngmuir layer
7   % Data: Langmuir Vol. 10 (1994) 826
8
9   axes('position',[0.15 0.20 0.60 0.75])
10
11  Q=0:0.01:1;                % wavevector transfer in 1/Angs
12
13  %----- (a) pH
14
15  rho_hw=2.28;               % density of head group, rho_head/rho_water
16  rho_tw=1.08;               % density of tail group, rho_tail/rho_water
17  l_h=6.2;                   % length of head  in Angs
18  l_t=22.0;                  % length of tail  in Angs
19  sigma=1.36;                % roughness in Angs
20  Qc=0.0217;                 % critical Q for water in 1/Angs
21  mc=0.75;                   % monolayer coverage
22
23  phi1=Q*(l_h/2+l_t); phi2=Q*(l_h/2);
24  phi=exp(-Q.^2*sigma^2/2).*(rho_tw*exp(-i*phi1)+...
25      (rho_hw-rho_tw)*exp(-i*phi2)-(rho_hw-1)*exp(i*phi2));
26  R=mc*abs(phi).^2;
27  line(Q/Qc,R,'linewidth',1.5)
28
29  data_a=[0.90 1.11;1.20 1.19;1.50 1.35;1.58 1.41;1.88 1.51;2.09 1.60;2.35 1.73;...
30  2.48 1.82;2.65 1.97;2.86 2.09;3.25 2.17;3.89 2.40;4.27 2.43;4.61 2.33;4.91 2.19;...
31  5.25 2.03;5.51 1.87;5.94 1.52;6.28 1.25;6.45 1.04;6.79 0.82;7.18 0.58;7.35 0.46;...
32  7.65 0.31;8.12 0.17;8.54 0.12;9.06 0.19;9.44 0.34;9.70 0.52;10.12 0.92;10.51 1.36;...
33  10.72 1.81;11.15 2.43;11.53 3.03;11.83 3.38;12.22 3.92;12.52 4.49;12.77 4.97;...
34  13.20 5.23;13.58 5.66;13.88 5.61;14.18 5.73;14.48 6.02;14.82 5.96;15.04 5.89;...
35  15.55 5.80;15.89 5.43;16.23 5.00;16.62 4.53;16.96 4.00;17.26 3.65;17.60 3.14;...
36  17.86 2.78;18.28 2.48;18.54 1.90;18.92 1.86;19.18 1.68;19.57 1.39];
37  line(data_a(:,1),data_a(:,2),'Marker','square','MarkerSize',8,'linestyle','none')
38
39  %----- (b) pH
40
41  rho_hw=3.35;               % density of head group, rho_head/rho_water
42  rho_tw=1.01;               % density of tail group, rho_tail/rho_water
43  l_h=2.7;                   % length of head  in Angs
44  l_t=23.4;                  % length of tail  in Angs
45  sigma=2.74;                % roughness in Angs
46  Qc=0.0217;                 % critical Q for water in 1/Angs
47  mc=0.75;                   % monolayer coverage
48
49  phi1=Q*(l_h/2+l_t); phi2=Q*(l_h/2);
50  phi=exp(-Q.^2*sigma^2/2).*(rho_tw*exp(-i*phi1)+...
51      (rho_hw-rho_tw)*exp(-i*phi2)-(rho_hw-1)*exp(i*phi2));
52  R=mc*abs(phi).^2;
53  line(Q/Qc,R,'linewidth',1.5)
54
55  data_b=[1.03 1.03;1.24 1.17;1.46 1.27;1.88 1.41;2.40 1.54;2.65 1.63;2.95 1.70;...
56  3.34 1.71;3.64 1.76;4.15 1.76;4.41 1.66;4.67 1.62;5.18 1.47;5.52 1.31;5.69 1.12;...
57  6.12 1.00;6.51 0.81;6.89 0.60;7.28 0.46;7.49 0.34;7.79 0.23;8.26 0.11;8.56 0.06;...
58  8.82 0.12;9.25 0.19;9.54 0.34;9.76 0.50;10.10 0.69;10.40 0.90;10.87 1.19;...
59  11.13 1.44;11.56 1.70;11.94 1.98;12.20 2.13;12.71 2.51;12.93 2.70;13.40 2.62;...
60  13.57 2.73;14.12 2.79;14.34 2.75;14.81 2.79;15.19 2.86;15.54 2.71;15.88 2.62;...
61  16.22 2.46;16.69 2.32;17.08 1.78;17.38 1.57;17.76 1.16;18.15 1.36;18.49 0.87;...
62  18.96 0.79;19.18 1.09;19.56 0.81];
63  line(data_b(:,1),data_b(:,2),'Marker','diamond',...
64     'MarkerSize',8,'MarkerFaceColor','b','linestyle','none')
65
66  axis([0 20 0 7])
67  set(gca,'FontName','Times','FontSize',36,'Xtick',[5 10 15 20 ])
```

```
68 xlabel('Q/Q_c'); ylabel('{\it R}/{\it R_F}','position',[-2.5 3.5 0])
69 box on; grid on
70 text(13.5,2.0,'(b)','FontName','Times','FontSize',24)
71 text(13.5,5.,'(a)','FontName','Times','FontSize',24)
```

第4章 运动学散射I:非晶态材料

SAXS对形状和维度的依赖(图4.14)

```
1  function SAXS
2  %
3  % MATLAB function from:
4  % "Elements of Modern X-ray Physics" by Jens Als-Nielsen and Des McMorrow
5  %
6  % Calculates: Calculates SAXS from a sphere, disk and rod
7  % Calls to:
8
9  close all; clear all;
10
11 Q=0:0.001:2; Q2=0.1:0.002:1; Q3=0.11:0.002:1; Q4=0.25:0.002:2;
12 FS=12;                                     % Font size
13 disp('Running: may take sometime to complete')
14
15 subplot(1,2,1)                             % Plot on linear scale
16 axlm=[0 10 0 1.1]; axis(axlm);
17 c1=[0.9 0.9 1];
18 patch([axlm(1) axlm(2) axlm(2) axlm(1)],[axlm(3) axlm(3) axlm(4) axlm(4)],...
19    [0 0 0 0],c1);
20 set(gca,'layer','top')
21
22 % Spehre
23
24 R=50;
25 Rg=sqrt(3/5)*R;
26 F1=3*(sin(Q*R)-(Q*R).*cos(Q*R))./(Q*R).^3;
27 hs=line(Q*Rg,F1.*F1,'color','b','linewidth',1.5,'linestyle',':');
28
29 % Disk
30
31 R=50;
32 Rg=sqrt(1/2)*R;
33 p17=2./(Q*R).^2.*(1-besselj(1,2*Q*R)./(Q*R));
34 hd=line(Q*Rg,p17,'color','r','linewidth',1.5,'linestyle','--');
35
36 % Rod
37
38 L=50;
39 for ii=1:length(Q)
40    x=Q(ii)*L;
41    p15(ii)=2*quadl(@si,0,x)/x-4*sin(x/2).^2./(x)^2;
42 end
43 Rg=sqrt(1/12)*L
44 hr=line(Q*Rg,p15,'color','m','linewidth',1.5,'linestyle','-.');
45
46 set(gca,'xscale','linear','yscale','linear','fontname','times',...
47    'fontsize',FS,'linewidth',1.0,'gridlinestyle',':')
48 ylabel('$$\left| \mathcal F(\mathrm Q)\right|\,^2$$','interpreter','latex')
49 text(0.5,-0.1,'$$\mathrm Q R_g$$','interpreter','latex','FontName','Times',...
50          'FontSize',12,'horizontalalignment','center','units','normalized')
51 axis square
52 box on; grid on
53 legend([hs hd hr],'Sphere','Disk','Rod')
54 text(0.07,0.07,'(a)','FontName','Times','FontSize',12,...
55    'interpreter','latex','units','normalized')
56
57 subplot(1,2,2)                              % Plot on Log scale
58 axlm=[1 20 1e-4 1.1]; axis(axlm);
59 c1=[0.9 0.9 1];
60 patch([axlm(1) axlm(2) axlm(2) axlm(1)],[axlm(3) axlm(3) axlm(4) axlm(4)],...
61    [0 0 0 0],c1);
62 set(gca,'layer','top')
63
```

```
64  % Spehre
65
66  R=50;
67  Rg=sqrt(3/5)*R;
68  F1=3*(sin(Q*R)-(Q*R).*cos(Q*R))./(Q*R).^3;
69  hs=line(Q*Rg,F1.*F1,'color','b','linewidth',1.5,'linestyle',':');
70  line(Q2*Rg,0.0000017./Q2.^4,'color','b','linewidth',1.0,'linestyle','-')
71
72  % Disk
73
74  R=50;
75  Rg=sqrt(1/2)*R
76  p17=2./(Q*R).^2.*(1-besselj(1,2*Q*R)./(Q*R));
77  hd=line(Q*Rg,p17,'color','r','linewidth',1.5,'linestyle','--');
78  line(Q3*Rg,0.00095./Q3.^2,'color','r','linewidth',1.0,'linestyle','-')
79
80  % Rod
81
82  L=50;
83  for ii=1:length(Q)
84      x=Q(ii)*L;
85      p15(ii)=2*quadl(@si,0,x)/x-4*sin(x/2).^2./(x)^2;
86  end
87  Rg=sqrt(1/12)*L;
88  hr=line(Q*Rg,p15,'color','m','linewidth',1.5,'linestyle','-.');
89  line(Q4*Rg,0.075./Q4.^1,'color','m','linewidth',1.0,'linestyle','-')
90
91  set(gca,'xscale','log','yscale','log','fontname','times','fontsize',FS,...
92        'linewidth',1.0,'minorgridlinestyle','none','gridlinestyle',':')
93  text(0.07,0.07,'(b)','FontName','Times','FontSize',12,...
94      'interpreter','latex','units','normalized')
95  text(0.7,0.28,'$$1/\mathrm Q^4$$','FontName','Times','FontSize',12,...
96      'interpreter','latex','units','normalized')
97  text(0.7,0.6,'$$1/\mathrm Q^2$$','FontName','Times','FontSize',12,...
98      'interpreter','latex','units','normalized')
99  text(0.7,0.83,'$$1/\mathrm Q^1$$','FontName','Times','FontSize',12,...
100     'interpreter','latex','units','normalized')
101 ylabel('$$\left| \mathcal F(\mathrm Q)\right|\,^2$$','interpreter','latex')
102 text(0.5,-0.1,'$$\mathrm Q R_g$$','interpreter','latex','FontName','Times',...
103           'FontSize',12,'horizontalalignment','center','units','normalized')
104 axis square; box on; grid on;
```

多分散性对 SAXS 的影响(图 4.15)

```
1   function Poly_Schulz
2   %
3   % MATLAB function from:
4   % "Elements of Modern X-ray Physics" by Jens Als-Nielsen and Des McMorrow
5   %
6   % Calculates: Caclulates effect of polydispersivity using Schulz
7   %             distribution
8   % Calls to:
9
10  close all
11
12  axlm=[0 0.2 1e-4 5]; axis(axlm)
13  c1=[0.9 0.9 1];
14  patch([axlm(1) axlm(2) axlm(2) axlm(1)],[axlm(3) axlm(3) axlm(4) axlm(4)],...
15      [0 0 0 0],c1);
16  set(gca,'layer','top')
17  box on; grid on
18
19  Q=0.01:0.001:1;
20
21  R=50;
22  V=4*pi/3*R^3;
23  line(Q,(3*besselj(1,Q*R)./Q/R).^2,'linewidth',1.5)
24
25  z=99;
26  line(Q,Ischulz(R,z,Q)/V^2,'linestyle','--','color','r','linewidth',1.5)
27
28  z=24;
29  line(Q,Ischulz(R,z,Q)/V^2,'linestyle','-.','color','g','linewidth',1.5)
30
31  set(gca,'xtick',[0 0.05 0.1 0.15 0.2],'ytick',[1e-4  1e-2  1])
32  set(gca,'FontName','Times','FontSize',14,'yminortick','off','xminorgrid',...
```

```
33                                       'off','yminorgrid','off','yscale','log')
34  ylabel('Intensity [arb. units]')
35  xlabel('Q [$$\mathrm \AA^{-1}$$]','interpreter','latex')
36  pos=get(gca,'position'); box on;
37
38  axes('position',[pos(1)+2/3*pos(3) pos(2)+2/3*pos(4) 0.3*pos(3) 0.3*pos(4)])
39  box on
40  Rv=0:0.01:100;
41  line(Rv,schulz(Rv,50,99),'linestyle','--','color','r','linewidth',1.5);
42  line(Rv,schulz(Rv,50,24),'linestyle','-.','color','g','linewidth',1.5);
43
44  set(gca,'FontName','Times','FontSize',14,'yminortick','off')
45  ylabel('$$D(R)$$','interpreter','latex')
46  xlabel('$$R [\mathrm \AA]$$','interpreter','latex')
47
48  function Icalc=Ischulz(R,z,Q)
49  %
50  % MATLAB function from:
51  % "Elements of Modern X-ray Physics" by Jens Als-Nielsen and Des McMorrow
52  %
53  % Calculates: Calculates SAXS intensity for a polydispersed ensemble of
54  %             spheres described by the schulz distribution
55  % Calls to:
56  alphaq=(z+1)./(Q*R);
57
58  A=8*pi.^2*R^6*(z+1).^(-6).*(alphaq).^(z+7);
59
60  Icalc=A.*(...
61   alphaq.^(-1.0*(z+1))-(4+alphaq.^2).^(-1.0*(z+1)/2).*cos(zetaii(z,alphaq,1))...
62   +(z+1)*(z+2)*(alphaq.^(-1.0*(z+3))+(4+alphaq.^2).^(-1.0*(z+3)/2)...
63   .*cos(zetaii(z,alphaq,3)))...
64   -2*(z+1)*(4+alphaq.^2).^(-1.0*(z+2)/2).*sin(zetaii(z,alphaq,2)));
65
66  function Sd=schulz(R,Rbar,z)
67  %
68  % MATLAB function from:
69  % "Elements of Modern X-ray Physics" by Jens Als-Nielsen and Des McMorrow
70  %
71  % Calculates: Calculates schulz distribution
72  % Calls to:
73
74  Sd=((z+1)/Rbar).^(z+1)*R.^z.*exp(-1.0*(z+1)*R/Rbar)/gamma(z+1);
```

第 5 章　运动学散射 II:晶体序

Fibonacci 链(图 5.11)

```
 1  function [xn]=quasi
 2  %
 3  % MATLAB function from:
 4  % "Elements of Modern X-ray Physics" by Jens Als-Nielsen and Des McMorrow
 5  %
 6  % Calculates: Positionso of atoms xn in a Fibonacci chain
 7  %             from the strip projection method,
 8  %             and calculates the scattered intensity
 9  % Calls to: pline, isinpoly, arrow
10
11  figure; axes('position',[0.15 0.15 0.8 0.8],'visible','off'); axis equal
12
13  tau=(1+sqrt(5))/2;            % golden mean
14  latp=sqrt(1+tau^2);           % lattice parameter of 2D lattice
15  Nx=10; Ny=10;                 % number of lattice points
16  angle=atan(1/tau)*180/pi;     % angle of strip
17  Delta=1+tau;                  % width of strip
18
19  %----- Draw strip and rotate
20  h=patch([0 Nx*latp/cos(angle*pi/180) Nx*latp/cos(angle*pi/180) 0],...
21          [0 0 Delta Delta],[0.7 0.7 1]);
22  rotate(h,[0 0 1],angle,[0 0 0])
23  vp=get(h,'Vertices');
24
25  %----- Draw lattice
```

```
26  x=[]; for i=0:Nx; for j=0:Ny; x=[x;i j]; end; end
27  x=x*latp;
28  line(x(:,1),x(:,2),'linestyle','none',...
29     'marker','o','markerfacecolor','g','markersize',6);
30
31  %----- Find lattice points that lie in strip
32  isp=isinpoly(x(:,1),x(:,2),vp(:,1),vp(:,2)); x(find(isp~=1),:)=[];
33
34  b=vp(2,1:2);                  % end point of line xn
35  %----- Draw perpendicular lines from points in strip to xn
36  xn=[0]; yn=[0];
37  for ix=1:length(x)
38      [intx,inty]=pline(b,x(ix,:));
39      xn=[xn; intx]; yn=[yn; inty];
40  end
41  line(x(:,1),x(:,2),'linestyle','none',...
42     'marker','o','markerfacecolor','w','markersize',6);
43
44  %------ Label the graph
45  xnd=diff(xn);L=max(xnd); S=min(xnd);
46  for id=1:length(xnd)
47  if abs(xnd(id)-L)< 0.02 ,col=[0.6 0.6 0.6]; lab='L'; else col=[1 0 0]; lab='S'; end
48  line([xn(id) xn(id+1)],[yn(id) yn(id+1)],'color',col,'linewidth',2.0)
49  text(0.5*(xn(id)+xn(id+1)),-2,lab,'color',col,'horizontalalignment','center',...
50       'Fontsize',18,'FontName','Times')
51  end
52  arrow([-2 5*latp],[-2 6*latp],8,'ends','both')
53  text(-7,5.5*latp,'\surd(1+\tau^2)','Fontsize',24,'FontName','Times')
54  arrow(b,b*1.10,10)
55  text(b(1)*1.10,b(2)*1.0-0.2,'{\it x}_n','Fontsize',24,'FontName','Times',...
56       'horizontalalignment','center')
57  h=arrow(-0.1*b,-0.1*b+[0 1+tau],10,'ends','both'); rotate(h,[0 0 1],angle,[-0.1*b 0])
58  text(-0.1*b(1),-0.1*b(1)+2.5,'\Delta','Fontsize',24,'FontName','Times')
59  circ=4.5*latp; ax=circ*cos(angle*pi/180):0.005:circ;...
60     ay=sqrt(circ^2-ax.^2); line(ax,ay);
61
62  xn=xn./cos(angle*pi/180);
63
64  %----- Calculate scttareing from chain
65
66  figure; axes('position',[0.15 0.15 0.8 0.8])
67  Q=[0:0.01:20];
68  F=sum(exp(sqrt(-1)*xn*Q));
69  plot(Q,F.*conj(F))
70  set(gca,'FontName','Times','FontSize',24,'Xtick',[0 5 10 15 20])
71  xlabel('Wavevector transfer (A^{-1})' ); ylabel('Intensity')
72
73  function [intx,inty]=pline(b,c)
74  %
75  % MATLAB function from:
76  % "Elements of Modern X-ray Physics" by Jens Als-Nielsen and Des McMorrow
77  %
78  % Calculates: Draws a perpendicular line from point c(x,y)
79  %             to line that starts at origin and ends at point b(x,y)
80
81  if norm(c)==0
82     tc=0;
83  elseif c(1)==0 & c(2)~=0
84     tc=pi/2;
85  else
86     tc=atan(c(2)./c(1));
87  end
88  tb=atan(b(2)./b(1)); dt=tc-tb;
89
90  intx=norm(c)*cos(dt)*cos(tb); inty=norm(c)*cos(dt)*sin(tb);
91  line([c(1) intx],[c(2) inty],'color','w','linewidth',1.5)
92
93  function  isin = isinpoly(x,y,xp,yp)
94  % ISIN = ISINPOLY(X,Y,XP,YP)   Finds whether points with coordinates X and Y are inside
95  %        or outside of a polygon with vertices XP, YP. Returns matrix ISIN of the same
96  %        size as X and Y with 0 for points outside a polygon, 1 for inside points and
97  %        0.5 for points belonging to a polygon XP, YP itself.
98  %  Copyright (c) 1995  by Kirill K. Pankratov
99  %       kirill@plume.mit.edu, 4/10/94, 8/26/94.
100
101 %----- Handle input
102 if nargin<4
103   fprintf('\n  Error: not enough input arguments.\n\n')
```

```
104   return
105 end
106 %----- Make the contour closed and get the sizes
107 xp = [xp(:); xp(1)]; yp = [yp(:); yp(1)];
108 sz = size(x); x = x(:); y = y(:);
109 lp = length(xp); l = length(x);
110 ep = ones(1,lp); e = ones(1,l);
111 %----- Calculate cumulative change in azimuth from points x,y to all vertices
112 A = diff(atan2(yp(:,e)-y(:,ep)',xp(:,e)-x(:,ep)'))/pi;
113 A = A+2*((A<-1)-(A>1));
114 isin = any(A==1)-any(A==-1);
115 isin = (abs(sum(A))-isin)/2;
116 %----- Check for boundary points
117 A = (yp(:,e)==y(:,ep)')&(xp(:,e)==x(:,ep)');
118 fnd = find(any(A));
119 isin(fnd) = .5*ones(size(fnd));
120 isin = round(isin*2)/2;
121 %----- Reshape output to the input size
122 isin = reshape(isin,sz(1),sz(2));
```

晶体截断棒的性质(图 5.13)

```
1  function ctr
2  %
3  % MATLAB function from:
4  % "Elements of Modern X-ray Physics" by Jens Als-Nielsen and Des McMorrow
5  %
6  % Calculates: Properties of the Crystal Truncation Rod
7
8  figure
9  set(gcf,'papertype','a4','paperunits','centimeters','units','centimeters',...
10         'position',[0.1 -8 21 26],'paperposition',[0.1 0.1 21 26]);
11
12 %%%%%%%%%%%%%%%%%%%%%%%%%%%%%%%%%%%%%%%%%%%%%%%%%%%%%%%%%%%%%%%%%%%%%%%%%%%%%%%%%%%%%%
13 %Plot rod from flat surface without (beta=0) and with (beta=0.2) absorption
14 %%%%%%%%%%%%%%%%%%%%%%%%%%%%%%%%%%%%%%%%%%%%%%%%%%%%%%%%%%%%%%%%%%%%%%%%%%%%%%%%%%%%%%
15
16 axes('position',[0.2 0.55 0.6 0.35])
17
18 ell1=[0.01:0.001:0.99];      % beta=0, l range chosen to avoid Bragg peak at l=1
19 F_CTR=1./(1-exp(i*2*pi*ell1));
20 h1=line(ell1,F_CTR.*conj(F_CTR),'color','b','linewidth',1,'linestyle','-')
21 ell2=[1.01:0.001:1.99];
22 F_CTR=1./(1-exp(i*2*pi*ell2));
23 line(ell2,F_CTR.*conj(F_CTR),'color','b','linewidth',1,'linestyle','-')
24
25 ell=[0.01:0.001:1.99];       % beta=0.2, l range now includes Bragg peak at l=1
26 beta=0.2;
27 F_CTR=1./(1-exp(i*2*pi*ell)*exp(-beta));
28 h2=line(ell,F_CTR.*conj(F_CTR),'color','b','linewidth',1,'linestyle','-.')
29
30 set(gca,'Fontsize',16,'FontName','Times')
31 [h,obj]=legend([h1 h2],'\beta=0','\beta=0.2')
32 set(gca,'Fontsize',18,'FontName','Times')
33 set(gca,'FontName','Times','FontSize',18)
34 xlabel('{\it l} (r.l.u.)'); ylabel('|{\it F }^{CTR}|^2'); box on
35 axis([0.0 2.0 0.1 1000])
36 set(gca,'Ytick',[0.1 1 10 100 1000],'Yscale','Log')
37
38 %%%%%%%%%%%%%%%%%%%%%%%%%%%%%%%%%%%%%%%%%%%%%%%%%%%%%%%%%%%%%%%%%%%%%%%%%%%%%%%%%%%%%%
39 %Plot rod from flat surface + overlayer at different relative diplacements, z0
40 %%%%%%%%%%%%%%%%%%%%%%%%%%%%%%%%%%%%%%%%%%%%%%%%%%%%%%%%%%%%%%%%%%%%%%%%%%%%%%%%%%%%%%
41
42 axes('position',[0.2 0.12 0.6 0.35])
43
44 ell1=[0.01:0.001:0.99];           %l range chosen to avoid Bragg peak at l=1
45 F_CTR=1./(1-exp(i*2*pi*ell1));
46 line(ell1,F_CTR.*conj(F_CTR),'color','b','linewidth',1,'linestyle','-')
47 ell2=[1.01:0.001:1.99];
48 F_CTR=1./(1-exp(i*2*pi*ell2));
49 h1=line(ell2,F_CTR.*conj(F_CTR),'color','b','linewidth',1,'linestyle','-')
50
51 z0=0.05;                          % relative displacement of overlayer, z0=0.05
52 F_CTR=1./(1-exp(i*2*pi*ell1));
53 F_T=F_CTR+exp(-i*2*pi*(1+z0)*ell1);
```

```
54 line(ell1,F_T.*conj(F_T),'color','b','linewidth',1,'linestyle','--')
55 F_CTR=1./(1-exp(i*2*pi*ell2));
56 F_T=F_CTR+exp(-i*2*pi*(1+z0)*ell2);
57 h2=line(ell2,F_T.*conj(F_T),'color','b','linewidth',1,'linestyle','--')
58
59 z0=-0.05;                        % relative displacement of overlayer, z0=-0.05
60 F_CTR=1./(1-exp(i*2*pi*ell1));
61 F_T=F_CTR+exp(-i*2*pi*(1+z0)*ell1);
62 line(ell1,F_T.*conj(F_T),'color','b','linewidth',1,'linestyle','-.')
63 F_CTR=1./(1-exp(i*2*pi*ell2));
64 F_T=F_CTR+exp(-i*2*pi*(1+z0)*ell2);
65 h3=line(ell2,F_T.*conj(F_T),'color','b','linewidth',1,'linestyle','-.')
66
67 set(gca,'FontName','Times','FontSize',18)
68 xlabel('{\it l} (r.l.u.)'); ylabel('|{\it F }^{CTR}|^2'); box on
69 set(gca,'Fontsize',14,'FontName','Times')
70 [h,obj]=legend([h1 h2 h3],'{\it z}_0=0','{\it z}_0=0.05','{\it z}_0=-0.05');
71 set(gca,'Fontsize',18,'FontName','Times')
72 axis([0. 2.0 0.1 1000])
73 set(gca,'Ytick',[0.1 1 10 100 1000],'Yscale','log')
```

Al 的德拜-沃勒因子(图 5.16)

```
1  function DebyeWaller
2  %
3  % MATLAB function from:
4  % "Elements of Modern X-ray Physics" by Jens Als-Nielsen and Des McMorrow
5  %
6  % Calculates:  The Debye-Waller factor for Aluminium
7  % Calls to: phiDebye
8
9  figure
10 set(gcf,'papertype','a4','paperunits','centimeters','units','centimeters',...
11         'position',[0.1 -8 21 26],'paperposition',[0.1 0.1 21 26]);
12
13 %%%%%%%%%%%%%%%%%%%%%%%%%%%%%%%%%%%%%%%%%%%%%%%%%%%%%%%%%%%%%%%%%%%%%%%%%%%%%%%
14 % Plot of phi(x) vs x.
15 %%%%%%%%%%%%%%%%%%%%%%%%%%%%%%%%%%%%%%%%%%%%%%%%%%%%%%%%%%%%%%%%%%%%%%%%%%%%%%
16
17 axes('position',[0.30 0.70 0.45 0.225]);
18
19 x=0.01:0.02:8;
20 for il=1:length(x), phi(il)=phiDebye(x(il));   end
21
22 line(x,phi,'color','b','linewidth',1.5)
23
24 axis([0 8 0 1.1]); grid on
25 set(gca,'FontName','Times','FontSize',16,'box','on')
26 ylabel('phi(x)','position',[-1.5 0.55 0]); xlabel('Theta/T')
27
28 %%%%%%%%%%%%%%%%%%%%%%%%%%%%%%%%%%%%%%%%%%%%%%%%%%%%%%%%%%%%%%%%%%%%%%%%%%%%%%
29 % Plot of sqrt(u^2) vs Temperature for Al
30 %%%%%%%%%%%%%%%%%%%%%%%%%%%%%%%%%%%%%%%%%%%%%%%%%%%%%%%%%%%%%%%%%%%%%%%%%%%%%%
31
32 axes('position',[0.30 0.40 0.45 0.225]);
33
34 Theta_Al=394;             % Debye temperature of Al
35 A=27;                     % Atomic mass
36 nnd=4.04/sqrt(2);         % Nearest neighbour distance
37 T=x*394;
38 B_Al=11492.*T.*phi/A/Theta_Al/Theta_Al+2873/A/Theta_Al;
39 rms=sqrt(3/8/pi/pi.*B_Al);
40 iT=find(T<933); iTg=find(T>=933);
41 line(T(iT),sqrt(2)*rms(iT)/4.04,'color','g','linewidth',1.5)
42 line(T(iTg),sqrt(2)*rms(iTg)/4.04,'color','g','linewidth',1.5,'linestyle',':')
43
44 axis([0 1050 0 0.1]); grid on
45 set(gca,'FontName','Times','FontSize',16,'box','on')
46 xlabel('Temperature (K)','position',[500 -0.017 0])
47 ylabel('rms','position',[-200 0.05 0])
48
49 %%%%%%%%%%%%%%%%%%%%%%%%%%%%%%%%%%%%%%%%%%%%%%%%%%%%%%%%%%%%%%%%%%%%%%%%%%%%%%
50 % Temperature dependence at different Q's
51 %%%%%%%%%%%%%%%%%%%%%%%%%%%%%%%%%%%%%%%%%%%%%%%%%%%%%%%%%%%%%%%%%%%%%%%%%%%%%%
52
```

```
53 axes('position',[0.30 0.10 0.45 0.225]);
54
55 I400=exp(-(8/4.04/4.04.*B_Al))./exp(-(8/4.04/4.04.*B_Al(1)));
56 I800=exp(-(32/4.04/4.04.*B_Al))./exp(-(32/4.04/4.04.*B_Al(1)));
57
58 line(T(iT),I400(iT),'color','r','LineWidth',1.5)
59 line(T(iT),I800(iT),'color','r','Linestyle','--','LineWidth',1.5)
60
61 axis([0 1050 0 1.1]); grid on
62 set(gca,'FontName','Times','FontSize',16,'box','on')
63 xlabel('Temperature (K)','position',[500 -0.2 0]);
64 ylabel('Relative Intensity','position',[-200 0.55 0])
65 text(650,0.30,'(8,0,0)','FontName','Times','FontSize',16)
66 text(650,0.70,'(4,0,0)','FontName','Times','FontSize',16)
67
68 function phi=phiDebye(x)
69 %
70 % MATLAB function from:
71 % "Elements of Modern X-ray Physics" by Jens Als-Nielsen and Des McMorrow
72 %
73 % Calculates: Evaluates the integral to calculate phi(x)
74 % Calls to: phiDebyeInt
75
76 phi=quad8('phiDebyeInt',0.000000001,x)./x;
77
78 function y=phiDebyeInt(xi)
79 %
80 % MATLAB function from:
81 % "Elements of Modern X-ray Physics" by Jens Als-Nielsen and Des McMorrow
82 %
83 % Calculates: Defines the integrabd used to evaluate phi(x)
84 % Note: Must be placed in a separate file called phiDebyeInt.m
85
86 y=xi./(exp(xi)-1);
```

DNA 的纤维散射(图 5.28)

```
1 function dna
2 %
3 % MATLAB function from:
4 % "Elements of Modern X-ray Physics" by Jens Als-Nielsen and Des McMorrow
5 %
6 % Calculates: Fibre diffraction pattern from DNA
7
8 [x,y]=meshgrid(-11:0.2:11,-11:0.2:11);
9
10 iw=20;    %iw is the inverse width of a Bragg peak, here modelled as a Gaussian
11 z=zeros(size(x));
12 for il=-11:11
13    z=z+ abs((1+exp(i*il*2*pi*0.125)).*besselj(abs(il),x)).^2.*exp(-iw*(y+il).^2);
14 end
15
16 pcolor(x,y,z)
17 shading interp
18
19 axis equal; axis([-11 11 -11 11]); caxis([-0.1 2]); box on
20 set(gca,'FontName','Times','FontSize',18,'Position',[0.15 0.15 0.7 0.7])
21
22 colormap(1-gray)
23 caxis([-0.05 0.3])
24 set(gca,'dataaspectratio',[1*34/20 1 1])
```

Cu(110)上 O 的晶体截断杆(图 5.31)

```
1 function cuoctr
2 %
3 % MATLAB function from:
4 % "Elements of Modern X-ray Physics" by Jens Als-Nielsen and Des McMorrow
5 %
6 % Calculates: CTR of O on Cu (110) and compares with data
7 % Calls to: ff
8 % Data: Feidenhans'l et al., Phys. Rev. B., vol. 41, page 5420 (1990)
```

```
9
10  %----- Cu real and reciprocal lattice parameters
11
12  ac=3.615; ar=2*pi/(ac/sqrt(2)); br=2*pi/ac; cr=2*pi/(ac/sqrt(2));
13
14  %%%%%%%%%%%%%%%%%%%%%%%%%%%%%%%%%%%%%%%%%%%%%%%%%%%%%%%%%%%%%%%%%%%%%%%%%%%%%%%%
15  %(1,1) rod
16  %%%%%%%%%%%%%%%%%%%%%%%%%%%%%%%%%%%%%%%%%%%%%%%%%%%%%%%%%%%%%%%%%%%%%%%%%%%%%%%%
17
18  figure; axes('position',[0.55 0.15 0.35 0.8]);
19
20  h=1; k=1; l=0.05:0.001:1.0; Q=sqrt(h^2*ar^2+k^2*br^2+l.^2*cr^2);
21
22  %----- Cu form factor
23
24  a=[13.338 7.1676 5.6158 1.6735]; b=[3.5828 0.2470 11.3966 64.82]; c=[1.1910];
25  f_Cu=ff(a,b,c,Q);
26
27  %------ Cu Debye-Waller factor for bulk (B) and surface (S)
28
29  DW_Cu_B=exp(-0.55*(Q/4/pi).^2); DW_Cu_S=exp(-1.70*(Q/4/pi).^2);
30
31  %----- O form factor
32
33  a=[3.0485 2.2868 1.5463 0.8670]; b=[13.2771 5.7011 0.3239 32.9089]; c=[0.2508];
34  f_O=ff(a,b,c,Q);
35
36  %----- Bulk CTR
37
38  Phi=pi*(h+k+l); F_CTR=f_Cu.*DW_Cu_B./(1-exp(i*Phi));
39  semilogy(l,4*abs(F_CTR).^2,'-.');
40  axis([0 1 6 100000 ])
41  set(gca,'FontName','Times','FontSize',16,'Ytick',[1e1 1e2 1e3 1e4 1e5])
42  text(0.1,50000,'(b) (1,1) rod','FontName','Times','FontSize',16)
43
44  %----- Add 1/2 a monolayer of Cu (no relaxation)
45
46  F_S=0.5*f_Cu.*DW_Cu_S*exp(i*pi*(h+k)).*exp(-i*2*pi*0.5*l);
47  F_T=F_CTR+F_S;
48  line(l,4*abs(F_T).^2,'linestyle','--');
49
50  %----- Add 1/2 a monolayer of Cu (relaxed to z0) plus O layer (relaxed to -z1)
51
52  z0=0.1445; z1=z0-0.133;
53  F_S=0.5*exp(i*pi*(h+k))*(f_Cu.*exp(-i*2*pi*(0.5+z0)*l).*DW_Cu_S...
54                          +f_O.*exp(i*pi*k).*exp(-i*2*pi*(0.5+z1)*l));
55  F_T=F_CTR+F_S;
56  line(l,4*abs(F_T).^2,'linestyle','-');
57
58  %----- Add 1/2 a monolayer of Cu (relaxed to z0) plus O layer (relaxed to +z1)
59
60  z0=0.1445; z1=z0+0.133;
61  F_S=0.5*exp(i*pi*(h+k))*(f_Cu.*exp(-i*2*pi*(0.5+z0)*l).*DW_Cu_S...
62                          +f_O.*exp(i*pi*k).*exp(-i*2*pi*(0.5+z1)*l));
63  F_T=F_CTR+F_S;
64  line(l,4*abs(F_T).^2,'linestyle',':');
65
66  data=[0.0787 4.5555;0.1517 3.8388;0.2247 3.5032;0.2978 3.1584;0.3539 3.0586;...
67        0.3708 2.8954;0.4382 2.6051;0.5169 2.3692;0.5787 2.1878;0.6517 1.9700;...
68        0.7360 1.9156];
69  line(data(:,1),10.^data(:,2),'marker','o','linestyle','none','markerfacecolor','w')
70
71  %%%%%%%%%%%%%%%%%%%%%%%%%%%%%%%%%%%%%%%%%%%%%%%%%%%%%%%%%%%%%%%%%%%%%%%%%%%%%%%%
72  %(1,0) rod
73  %%%%%%%%%%%%%%%%%%%%%%%%%%%%%%%%%%%%%%%%%%%%%%%%%%%%%%%%%%%%%%%%%%%%%%%%%%%%%%%%
74
75  axes('position',[0.10 0.15 0.35 0.8]);
76
77  h=1; k=0; l=0.0:0.001:0.95; Q=sqrt(h^2*ar^2+k^2*br^2+l.^2*cr^2);
78
79  %----- Cu form factor
80
81  a=[13.338 7.1676 5.6158 1.6735]; b=[3.5828 0.2470 11.3966 64.82]; c=[1.1910];
82  f_Cu=ff(a,b,c,Q);
83
84  %----- Cu Debye-Waller factor for bulk (B) and surface (S)
85
86  DW_Cu_B=exp(-0.55*(Q/4/pi).^2); DW_Cu_S=exp(-1.70*(Q/4/pi).^2);
```

```
87
88  %----- O form factor
89
90  a=[3.0485 2.2868 1.5463 0.8670]; b=[13.2771 5.7011 0.3239 32.9089]; c=[0.2508];
91  f_O=ff(a,b,c,Q);
92
93  %----- Bulk unit cell SF
94
95  Phi=pi*(h+k+l); F_CTR=f_Cu.*DW_Cu_B./(1-exp(i*Phi));
96
97  semilogy(l,4*F_CTR.*conj(F_CTR),'-.');
98  axis([0 1 6 100000 ])
99  set(gca,'FontName','Times','FontSize',16,'Ytick',[1e1 1e2 1e3 1e4 1e5])
100 text(0.1,50000,'(a) (1,0) rod','FontName','Times','FontSize',16)
101 ylabel('Intensity (electron units)','Fontsize',18)
102 text(1.15,2,'l (r.l.u.)','FontName','Times','FontSize',18,...
103           'HorizontalAlignment','Center')
104
105 %----- Add 1/2 a monolayer of Cu (not relaxed)
106
107 F_S=0.5*exp(i*pi*(h+k))*f_Cu.*DW_Cu_S.*exp(-i*2*pi*(0.5+z0)*l);
108 F_T=F_CTR+F_S.*DW_Cu_B;
109 line(l,4*abs(F_T).^2,'linestyle','--');
110
111 %----- Add 1/2 a monolayer of Cu (relaxed to z0) plus O layer (relaxed to -z1)
112
113 z0=0.1145; z1=z0-0.133;
114 F_S=0.5*exp(i*pi*(h+k))*(f_Cu.*exp(-i*2*pi*(0.5+z0)*l).*DW_Cu_S...
115                         +f_O.*exp(i*pi*k).*exp(-i*2*pi*(0.5+z1)*l));
116 F_T=F_CTR+F_S;
117 line(l,4*abs(F_T).^2,'linestyle','-');
118
119 %----- Add 1/2 a monolayer of Cu (relaxed to z0) plus O layer (relaxed to +z1)
120
121 z0=0.1145; z1=z0+0.133;
122 F_S=0.5*exp(i*pi*(h+k))*(f_Cu.*exp(-i*2*pi*(0.5+z0)*l).*DW_Cu_S...
123                         +f_O.*exp(i*pi*k).*exp(-i*2*pi*(0.5+z1)*l));
124 F_T=F_CTR+F_S;
125 line(l,4*abs(F_T).^2,'linestyle',':');
126
127 %----- Plot data
128
129 data=[0.0226 1.8793;0.0960 1.9973;0.1695 2.2785;0.2429 2.4781;0.3220 2.7139;...
130       0.3955 2.8228;0.4689 2.9861;0.5480 3.1222;0.6158 3.2310;0.6949 3.4124;...
131       0.7740   3.6574];
132 line(data(:,1),10.^data(:,2),'marker','o','linestyle','none','markerfacecolor','w')
```

Cu(110)上O的面内布拉格反射(表5.2)

```
1  function Iout=cuFS(hp,k)
2  %
3  % MATLAB function from:
4  % "Elements of Modern X-ray Physics" by Jens Als-Nielsen and Des McMorrow
5  %
6  % Calculates: In-plane Bragg peak intensities for O on Cu(110)
7  % Inputs: (hp,k), Miller indices of Bragg peak
8  % Outputs: Iout, Intensity
9  % Calls to: ff
10
11 %----- Cu real and reciprocal lattice parameters
12
13 ac=3.615; ar=2*pi/(2*ac/sqrt(2)); br=2*pi/ac; cr=2*pi/(ac/sqrt(2));
14
15 l=0; Q=sqrt(hp^2*ar^2+k^2*br^2+l.^2*cr^2);
16
17 %----- Cu form factor
18 a=[13.338 7.1676 5.6158 1.6735]; b=[3.5828 0.2470 11.3966 64.82]; c=[1.1910];
19 f_Cu=ff(a,b,c,Q);
20
21 %----- Cu Debye-Waller factor for bulk and surface
22 DW_Cu_B=exp(-0.55*(Q/4/pi).^2);
23 DW_Cu_S=exp(-1.70*(Q/4/pi).^2);
24
25 %----- O form factor
26 a=[3.0485 2.2868 1.5463 0.8670]; b=[13.2771 5.7011 0.3239 32.9089]; c=[0.2508];
```

```
27  f_0=ff(a,b,c,Q);
28
29  delta=0.031/(2*ac/sqrt(2));
30
31  F_1=f_Cu.*DW_Cu_S+f_0*exp(i*pi*k);
32  F_2=(-1)^(hp/2+k+0.5)*2.*f_Cu.*DW_Cu_B*sin(2*pi*hp*delta);
33  F_S=F_1+F_2;
34  Iout=1.047539547173480e-002*abs(F_S).^2;
```

形状因子

```
1   function fofQ=ff(a,b,c,Q)
2   %
3   % MATLAB function from:
4   % "Elements of Modern X-ray Physics" by Jens Als-Nielsen and Des McMorrow
5   %
6   % Calculates: X-ray form factor as a function of Q
7   % Inputs: (a,b,c), coeffics. from ITC, Q
8   % Outputs: fofQ, form factor
9   % Note: Q is given by 4*pi*sin(theta)/lambda.
10
11  %----- Convert Q to be compatible with the definition
12  %      in the International Tables of Crystallography
13
14  Q=Q/(4*pi);
15  fofQ=a(1)*exp(-b(1)*Q.^2)+...
16       a(2)*exp(-b(2)*Q.^2)+a(3)*exp(-b(3)*Q.^2)+a(4)*exp(-b(4)*Q.^2)+c;
```

第6章　完美晶体的衍射

包含吸收的 Darwin 曲线(图 6.10)

```
1   function darabs
2   %
3   % MATLAB function from:
4   % "Elements of Modern X-ray Physics" by Jens Als-Nielsen and Des McMorrow
5   %
6   % Calculates: Darwin reflectivity curve of Si (111), including absorption
7
8   set(gcf,'papertype','a4','paperunits','centimeters','units','centimeters')
9   set(gcf,'position',[0.1 -8 21 26],'paperposition',[0.1 0.1 21 26])
10
11  axes('Position',[0.2 0.60 0.6 0.40])
12
13  % Case 1: lambda=1.5405 Angs
14  r0=2.82E-5;                              % Thompson scattering length in Angs
15  V=160.1966;                              % unitcell volume in Ang^3 e.g. 160.1966 for Si
16  d=3.13562;                               % d spacing for Si (111)
17  m=1;                                     % order of reflection, ie 1 for (111), 3 for (333)
18  F_hkl=abs(4-4*i)*(10.54+0.25-i*0.33);    % Complex structure factor for 111
19  F_0=8*(14+0.25-i*0.33);                  % Complex structure factor for 000
20  g=(2*d*d/m)*(r0/V)*F_hkl;
21  g0=g*(F_0/F_hkl);
22  [x,R]=darwin(g,g0,m); line(x,R,'color','b','linestyle','--')
23
24  axis([-2 2 0 1.1])
25  set(gca,'Ytick',[0 0.5 1],'FontSize',20,'FontName','Times')
26  xlabel('x','position',[0 -0.1 0]); ylabel('Intensity reflectivity','position',[-2.75 0.5 0])
27  box on; grid on
28
29  % Case 2: lambda=0.70926 Angs
30  F_0=8*(14+0.082-i*0.071);                % Complex structure factor for 000
31  F_hkl=abs(4-4*i)*(10.54+0.082-i*0.071);  % Complex structure factor for 111
32  g=(2*d*d/m)*(r0/V)*F_hkl;
33  g0=g*(F_0/F_hkl);
34  [x,R]=darwin(g,g0,m);
35  line(x,R,'color','b','linestyle','-');
36  text(-1.80,0.95,'(a)','FontName','Times','Fontsize',24)
37
```

```
38 %%%%%%%%%%%%%%%%%%%%%%%%%%%%%%%%%%%%%%%%%%%%%%%%%%%%%%%%%%%%%%%%%%%%%%%%%%%%%%%%%%%%%
39 % Plot as a function of energy and angular variable in milli degrees
40 
41 axes('Position',[0.2 0.12 0.6 0.40])
42 
43 lambda=12.398/5.000;                    % 5 keV
44 theta=asin(m*lambda/2/d);
45 F_hkl=abs(4-4*i)*(10.54+0.38-i*0.8029);   % Complex structure factor for 111
46 F_0=8*(14+0.3807-i*0.8029);              % Complex structure factor for 000
47 g=(2*d*d/m)*(r0/V)*F_hkl;
48 g0=g*(F_0/F_hkl);
49 [x,R]=darwin(g,g0,m);
50 line(x*real(g/m/pi)*tan(theta)*180/pi*1e3,R,'color','b','linestyle','--')
51 
52 lambda=12.398/10.000;                    % 10 keV
53 theta=asin(m*lambda/2/d);
54 F_hkl=abs(4-4*i)*(10.54+0.1943-i*0.2169);  % Complex structure factor for 111
55 F_0=8*(14+0.1943-i*0.2169);               % Complex structure factor for 000
56 g=(2*d*d/m)*(r0/V)*F_hkl;
57 g0=g*(F_0/F_hkl);
58 [x,R]=darwin(g,g0,m);
59 line(x*real(g/m/pi)*tan(theta)*180/pi*1e3,R,'color','b','linestyle','--')
60 
61 lambda=12.398/50.000;                       % 50 keV
62 theta=asin(m*lambda/2/d);
63 F_hkl=abs(4-4*i)*(10.54+0.0027-i*0.0076);     % Complex structure factor for 111
64 F_0=8*(14+0.0027-i*0.0076);                   % Complex structure factor for 000
65 g=(2*d*d/m)*(r0/V)*F_hkl;
66 g0=g*(F_0/F_hkl);
67 [x,R]=darwin(g,g0,m);
68 line(x*real(g/m/pi)*tan(theta)*180/pi*1e3,R,'color','b','linestyle','-')
69 
70 axis([-3 3 0 1.1])
71 set(gca,'Xtick',[-2 -1 0 1 2],'Ytick',[0 0.5 1],'FontSize',20,'FontName','Times')
72 xlabel('\omega (milli degrees)');
73 ylabel('Intensity reflectivity','position',[-4.15 0.55 0])
74 box on; grid on
75 text(-2.85,0.25,'5 keV','FontName','Times','Fontsize',18)
76 text(-2.10,0.15,'10 keV','FontName','Times','Fontsize',18)
77 text(-1.30,0.05,'50 keV','FontName','Times','Fontsize',18)
78 text(-2.70,0.95,'(b)','FontName','Times','Fontsize',24)
79 
80 function [x,R]=darwin(g,g0,m);
81 %
82 % MATLAB function from:
83 % "Elements of Modern X-ray Physics" by Jens Als-Nielsen and Des McMorrow
84 %
85 % Calculates: Darwin reflectivity R vs x  (absorption effects included)
86 
87 x_m=[-5:0.01:-1]; zeta=real((g*x_m+g0)/m/pi); xc_m=m*pi*zeta/g-g0/g;
88 rc_m=xc_m+sqrt(xc_m.^2-1);
89 x_t=[-1:0.01:1]; zeta=real((g*x_t+g0)/m/pi); xc_t=m*pi*zeta/g-g0/g;
90 rc_t=xc_t-i*sqrt(1-xc_t.^2);
91 x_p=[1:0.01:5]; zeta=real((g*x_p+g0)/m/pi); xc_p=m*pi*zeta/g-g0/g;
92 rc_p=xc_p-sqrt(xc_p.^2-1);
93 x=[x_m x_t x_p]; rc=[rc_m rc_t rc_p];
94 R=abs(rc).^2;
```

第 7 章　光电吸收

Kr 的 K 吸收边(图 7.5)

```
1  function kedge
2  %
3  % MATLAB function from:
4  % "Elements of Modern X-ray Physics" by Jens Als-Nielsen and Des McMorrow
5  %
6  % Calculates: Photoelectric absorption cross-section of Kr - comparison
7  %             between hydrogen-like model of K shell contribution and the
8  %             self-consistent Dirac-Hartree-Fock theory
9  %             (C.T. Chantler, J. Phys. Chem. Ref. Data vol. 24, 71 (1995))
10 % Calls to: loaddata
```

```
11
12 [en,sigma,thom_comp]=loaddata;              % load theoretical values
13
14 %----- Plot theoretical photoelectron and (Thomson+Compton) cross-sections
15
16 line(en,sigma,'linestyle','-.'); line(en,thom_comp,'linestyle','--')
17
18 %----- Find L shell photoelectric contribution below 14.3 keV
19
20 xl=find(en<14.3); xg=find(en>14.32);
21 xlog=log10(en(xl));
22 ylog=log10(sigma(xl));
23 [P,S]=polyfit(xlog,ylog,1);
24 ylogfit=polyval(P,log10(en));
25 y=10.^ylogfit;
26 line(en(xg),y(xg),'linestyle',':')          % Plot L contribution for E>14.32
27
28 %----- Plot theorectical absorption for K shell from Stoppe theory
29
30 en=en(xg); y=y(xg);
31 r0=2.82e-5;                                 % Thomson scattering length
32 ek=14.32;                                   % K edge of Kr energy in keV
33 lambda=12.398./en;
34 xi=sqrt(ek./(en-ek));
35 f=2*pi*sqrt(ek./en).*exp(-4*xi.*acot(xi))./(1-exp(-2*pi*xi));
36 sigmaa=256/3.*lambda.*(ek./en).^2.5.*f*r0*1e8;
37 line(en,sigmaa+y,'color','r','linewidth',2)
38 axis([5 40 50 100000])
39 set(gca,'FontName','Times','FontSize',18,'Xtick',[5 10 20 50],...
40    'Xscale','log','Yscale','log')
41 grid on; box on
42 xlabel('Photon energy [keV]');ylabel('Absorption cross-section [barn]')
43
44 text(6,150,'Thomson+Compton','FontName','Times','Fontsize',18)
45 text(10,20000,'L edges','FontName','Times','Fontsize',18,...
46     'horizontalalignment','center')
47 text(25,20000,'K + L edges','FontName','Times','Fontsize',18,...
48     'horizontalalignment','center')
49
50 function [en,sigma,thom_comp]=loaddata
51 %
52 % MATLAB function from:
53 % "Elements of Modern X-ray Physics" by Jens Als-Nielsen and Des McMorrow
54 %
55 % Photoelectric and Thomson+Compton cross-sections for Kr
56
57 en=[5.3 5.66 6.05 6.47 6.92 7.39 7.9 8.45 9.03 9.65 10.3 11 11.8 12.6 13.5 14 14.3...
58  14.3 14.4 14.6 15.4 16.5 17.6 18.8 20.1 21.5 23 24.6 26.3 28.1 30 32.1 34.3 36.7 39.2];
59 sigma=[...
60  3.83e+004 3.20e+004 2.67e+004 2.23e+004 1.87e+004 1.57e+004 1.31e+004 1.09e+004...
61  9.04e+003 7.43e+003 6.11e+003 5.03e+003 4.14e+003 3.42e+003 2.82e+003 2.51e+003...
62  2.40e+003 2.37e+003 1.81e+004 1.74e+004 1.49e+004 1.25e+004 1.05e+004 8.87e+003...
63  7.42e+003 6.20e+003 5.17e+003 4.32e+003 3.60e+003 3.00e+003 2.48e+003 2.05e+003...
64  1.69e+003 1.40e+003 1.15e+003];
65 thom_comp=[...
66  4.72e+002 4.49e+002 4.27e+002 4.04e+002 3.82e+002 3.61e+002 3.40e+002 3.20e+002...
67  3.00e+002 2.81e+002 2.63e+002 2.45e+002 2.29e+002 2.13e+002 1.98e+002 1.89e+002...
68  1.86e+002 1.85e+002 1.84e+002 1.81e+002 1.71e+002 1.58e+002 1.47e+002 1.36e+002...
69  1.26e+002 1.16e+002 1.07e+002 9.92e+001 9.18e+001 8.49e+001 7.85e+001 7.27e+001...
70  6.73e+001 6.24e+001 5.80e+001];
```

第 9 章　X 光成像

从 Radon 变换重建二维物体的数值例子(图 9.5)

```
1 function Sinogram
2 %
3 % MATLAB function from:
4 % "Elements of Modern X-ray Physics" by Jens Als-Nielsen and Des McMorrow
5 %
6 % Calculates: Numerical example of reconstruction of phantom
```

```
7   %              from its Sinogram
8   % Calls to: radon, iradon (part of Matlab's image processing toolbox)
9   close all; clear all;
10
11  set(gcf,'position',[100  100   560*1.3   420*1.3])
12
13  xst=0.0; yst=0.075; xsp=0.36; xln=0.3; yln=0.3
14
15  % (c) Plot phantom model
16  axes('position',[xst yst 0.3 0.3])
17  a=imread('p.jpg');   % Read in phantom (any suitable b+w jpeg will do)
18  imagesc(a')
19  colormap(hot)
20  b=double(a);         % Convert to double precision for following routines
21  axis([1 236 1 236]); daspect([1 1 1])
22  set(gca,'xticklabel',[],'yticklabel',[])
23  text(0.01,1.10,'(c) Model {\it f(x,y)}','FontName','Times','Fontsize',14,...
24      'units','normalized')
25
26  % (d) Calculate and plot Sinogram of phantom
27  axes('position',[xst+xsp yst 0.3 0.3])
28  theta3=0:2:178;
29  [R3,xp]=radon(b,theta3);
30  imagesc(theta3,xp,R3);
31  axis([min(theta3) max(theta3) min(xp)+40 max(xp)-40])
32  set(gca,'xtick',[0 50 100 150],'ytick',[-100 -50 0 50 100],...
33      'FontName','Times','FontSize',12)
34  xlabel('Projection angle \theta [Degs]'); ylabel('Position on detector x\prime');
35  text(0.01,1.10,'(d) Sinogram','FontName','Times','Fontsize',14,'units','normalized')
36
37  % (e) Reconstruct phantom from Sinogram and plot
38  axes('position',[xst+2*xsp yst 0.3 0.3])
39  [I3,H3]=iradon(R3,theta3,'Cosine');
40  imagesc(I3');
41  caxis(gca,[100 200]); axis([2 236 2 236]); daspect([1 1 1])
42  set(gca,'xticklabel',[],'yticklabel',[])
43  text(0.01,1.10,'(e) Reconstructed {\it f(x,y)}','FontName','Times',...
44      'Fontsize',14,'units','normalized')
45
46  % Add theta=0 projections
47  axes('position',[xst+0.10 yst+0.69 0.3*0.75 0.3*0.75])
48  hold on
49  axis([0 100 -100 100])
50  arrow3([0 -50],[100 -50],'r1.5',4,10); arrow3([0 -25],[100 -25],'r1.5',4,10)
51  arrow3([0 0],[100 0],'r1.5',4,10); arrow3([0 25],[100 25],'r1.5',4,10)
52  arrow3([0 50],[100 50],'r1.5',4,10)
53  axis off
54  text(0.01,0.9,'(a) \theta=0','FontName','Times','Fontsize',14,'units','normalized')
55
56  axes('position',[xst+xsp+0.05 yst+0.69 0.3*0.75 0.3*0.75])
57  a=imread('p.jpg');
58  imagesc(a')
59  colormap(hot)
60  b=double(a); % Convert to double precision for following routines
61  axis([1 236 1 236]); daspect([1 1 1])
62  set(gca,'xticklabel',[],'yticklabel',[])
63
64  ha=axes('position',[xst+2*xsp yst+0.69 0.3*0.75 0.3*0.75])
65  iff=find(theta3==0); ifx=find(xp<-115 | xp>115);
66  xp(ifx)=[]; R3(ifx,:)=[];
67  line(1-(R3(1:end,iff)-min(R3(:,iff)))/max(R3(1:end,iff)),xp,'linewidth',1.5)
68  axis([0 1.2 -120 120]); axis square; box on
69
70  set(gca,'xticklabel',[],'yticklabel',[],'ydir','reverse',...
71      'FontName','Times','FontSize',10)
72  xlabel('I/I_0'); ylabel('Position on detector x\prime')
73
74  % Add theta=90 projections
75  axes('position',[xst+0.10 yst+0.41 0.3*0.75 0.3*0.75])
76  hold on
77  axis([0 100 -100 100])
78  arrow3([0 -50],[100 -50],'r1.5',4,10); arrow3([0 -25],[100 -25],'r1.5',4,10)
79  arrow3([0 0],[100 0],'r1.5',4,10); arrow3([0 25],[100 25],'r1.5',4,10)
80  arrow3([0 50],[100 50],'r1.5',4,10)
81  axis off
82  text(0.01,0.9,'(b) \theta=90^o','FontName','Times','Fontsize',14,'units','normalized')
83
```

```
84  axes('position',[xst+xsp+0.05 yst+0.41 0.3*0.75 0.3*0.75])
85  a=imread('p.jpg');
86  hi=surf(double(a)); shading interp; colormap(hot)
87  b=double(a); % convert to double precision for following routines
88  axis([1 236 1 236]); daspect([1 1 1])
89  set(gca,'xticklabel',[],'yticklabel',[])
90
91  ha=axes('position',[xst+2*xsp yst+0.41 0.3*0.75 0.3*0.75])
92  iff=find(theta3==90); ifx=find(xp<-115 | xp>115);
93  xp(ifx)=[]; R3(ifx,:)=[];
94  line(1-(R3(1:end,iff)-min(R3(:,iff)))/max(R3(1:end,iff)),xp,'linewidth',1.5)
95  axis([0 1.2 -120 120]); axis square; box on
96
97  set(gca,'xticklabel',[],'yticklabel',[],'ydir','reverse',...
98      'FontName','Times','FontSize',10)
99  xlabel('I/I_0'); ylabel('Position on detector x\prime')
```

菲涅耳波带片的波场传播(图 9.15)

```
1   function Fresnel_ZP
2   %
3   % MATLAB function from:
4   % "Elements of Modern X-ray Physics" by Jens Als-Nielsen and Des McMorrow
5   %
6   % Calculates: Wavepropagation after a 1D absorption Fresnel zone plate
7   % Calls to:
8   close all; clear all; figure(1);set(gcf,'Position',[0 0 600 800])
9
10  %Define focal length.
11  f = 1e5;                        % Focus length is 10 cm = 1e5 microns
12  lambda = 1e-4;                  % Wavelength is 1 \AA
13
14  % Define how many steps along the propagation distance & resolution
15  Prop_steps=500;
16  z = [0:1/Prop_steps:1]* f;      % Propagate from 0 to f
17  fieldwidth = 100;               % Total width of field (in microns)
18
19  % Define the Fresnel lens (symmetric around zero)
20  Nzones = 19;                    % Number of zones
21  zone=sqrt(f*[1:Nzones]*lambda); % Zones on zone plate
22
23  Precision=2^13;                 % Precision is on x-axis
24  x=[0:1/Precision:1]*fieldwidth;
25  plate = ones(size(x));
26  current_zone = 1;
27  for n=1:length(x)
28      if abs(x(n))<zone(current_zone)
29          plate(n) = 0.5 - 0.5*(-1)^current_zone;
30      else
31          current_zone=current_zone+1;
32          plate(n) = 0.5 - 0.5*(-1)^current_zone;
33      end
34      if current_zone>Nzones,N=n;break,end
35  end
36  plate= [fliplr(plate) plate(2:length(plate))];plate= 1-plate;
37
38  x=[-1:1/Precision:1]*fieldwidth;
39  % Define incoming wave and create the complex field
40  ampin= plate; phin = 0.*plate; % absorption plate; use line below for phase plate
41  %ampin=[zeros(1,Precision-N) ones(1,2*N+1) zeros(1,Precision-N)]; phin=pi.*plate;
42  fieldin = ampin.*exp(sqrt(-1).*phin);
43
44  % Fourier space propagation
45  uin = fftshift(fft(fieldin));                    % Go to fourier space
46  fpg = exp(-sqrt(-1)*pi*lambda*z'*((x).^2)/6);    % Define matrix for different distances
47  uin = ones(size(z'))*uin;
48  uout = fpg.*uin;                                 % Multiply fresnel propagator
49  fieldout = ifft((uout),[],2);                    % Go back to real space
50
51  ampplot = (abs(fieldout'));
52  fieldsize=size(fieldout);
53  Plotsize = [round(fieldsize(2)/2)-2000 round(fieldsize(2)/2)+2000 1 fieldsize(1)];
54
55
56  % Plot Fresnel lens (starting field)
```

```
57  axes('Position',[0.55 0.8 0.4 0.1]);
58  area(Plotsize(1):Plotsize(2),1-abs(fieldin(Plotsize(1):Plotsize(2))),...
59      'FaceColor',[0 0 0])
60  set(gca,'FontName','Times','Xtick',[],'Ytick',[]);
61  title('Fresnel Zone Absorption Plate'); box on;
62
63  % Plot wavefield
64  axes('Position',[0.55 0.30 0.4 0.45])
65  imagesc(ampplot(Plotsize(1):Plotsize(2),Plotsize(3):Plotsize(4))');
66  colormap jet;
67  set(gca,'xtick',[],'ytick',[],'FontName','Times');
68  title('Wave Propagation');
69
70  % Plot Intensity profile
71  axes('Position',[0.55 0.10 0.4 0.15]);
72  plot(x(Plotsize(1):Plotsize(2)),ampplot(Plotsize(1):Plotsize(2),Plotsize(4)),'r-');
73  axis([x(Plotsize(1)) x(Plotsize(2)) 0 6.0])
74  set(gca,'FontName','Times');
75  title('Amplitude profile');
76  xlabel('$$x$$ [$$\mu$$m]','FontName','Times','interpreter','latex')
```

附录 H

习题答案及提示

2. X 光源

2.1 从(1.1)式出发,并利用 1 eV 等于 1.602×10^{-19} J 的结果.

2.2 $\rho=24.8$ m, $I=0.2$ A 及 $\varepsilon_e=6$ GeV, $\mathcal{P}=1.2$ MW.

2.3 对于质子,$\gamma=7.4\times10^3$, $\rho=2.8$ km 及 $\mathcal{P}=3.9$ kW. 对于电子,$\gamma=1.4\times10^7$ 及 $\mathcal{P}=44$ PW.

2.4 否. 特征能量为 $\hbar\omega_c=3\hbar c\gamma^3/(2\rho)=44$ eV,相应的波长为 $\lambda=280$ Å.

2.5 题目中给出的公式可以重新整理为 $v=c/(\lambda_U(1-\beta))$,利用 $\lambda=c/v$ 和 $1-\beta=1/(2\gamma^2)$,即可得到预期结果.

2.6 以(2.14)式为出发点,注意电子的能量是以 GeV 为单位的,$1/(2\gamma^2)=(0.511\times10^{-3})^2/(2\varepsilon_e^2)=13.056\times10^{-8}/\varepsilon_e^2$. 额外的因子 10^8 是在 cm 转换到 Å 中引进的.

2.7 (1) 部分能量变化的公式可以认为是含有散射角 ψ 的函数 $\mathcal{G}(\psi)$. 由于入射光子能量 χ_i 远小于电子能量 γ_i,并且 β_i 接近为 1,因此可以得到 $\mathcal{G}(\psi)=(1-\cos\psi)/(1+(\chi_i/\gamma_i)\cos\psi)$,很明显当 $\psi=\pi$ 时有最大值. (2) 用和在(1) 部分相同的近似,认为 $\psi=\pi$,就可得到部分能量变化为 $2\gamma/[\gamma(1-\beta)]=2/(1-\beta)=4\gamma^2$. 参数中 X 射线波长给定为 1 Å.

2.8 $u=4\times10^7\ \mathrm{J/m^3}=\epsilon_0c^2\langle B^2\rangle_{av}=\epsilon_0c^2B_L^2/2=\epsilon_0c^2B_u^2/2/4$,故 $B_u\approx20$ T. 由于 $K\approx10^{-3}$ 及 $N=10^4$,通量的量级为 10^{11} 个光子 /s/0.1% 带宽.

3. 界面的折射和反射

3.1 在材料内部,$m\lambda'=2d\sin\theta'$,由于 $\lambda'=\lambda/n=\lambda/(1-\delta)$,这就变为 $m\lambda=2d(1-\delta)\sin\theta'$. 由于 $n\cos\theta'=\cos\theta$,我们可得 $\sin\theta'=\sqrt{1-\cos^2\theta'}\approx\sin\theta(1-\delta/\tan^2\theta)$. 因此 $m\lambda=2d\sin\theta(1-\delta/\sin^2\theta)$,并且题中所述的公式遵循 $1/\sin\theta=2d/(m\lambda)$ 的替代.

3.2 $\alpha_c=3$ mrad,因此 $\alpha=2.4$ mrad. 最小穿透深度 $1/Q_c=1/(2k\alpha_c)=32$ Å.

3.3 强度最大值的角度位置平方与条纹级数平方之间的图应该是一条直线,截距为 α_c^2,斜率为 $(\lambda/(2t))^2$.

3.4 1.5×10^{-2}, 2.3×10^{-3} 和 6.6×10^{-4},分别对应 $m=2$, 3 和 4.

3.5 $\alpha=2.5$ mrad, $\varepsilon_c=24.8$ keV.

3.6 $t(r)=r^2/D$,方程立刻变为(3.42)式,且 $t_{av}=\int_0^{d/2}2\pi rt(r)\mathrm{d}r/\int_0^{d/2}2\pi r\mathrm{d}r=(d/8)\alpha$,其中 $\alpha=d/D$.

3.7 需要的透镜数目为 $N=235$. 每个透镜的平均厚度为 $t_{av}=25\ \mu$m, 其中光圈为 400 μm. 平均的投射为 55%.

3.8 印迹,200 mm. $\rho_{\text{tangential}} = 2$ km, $\rho_{\text{sagittal}} = 5$ cm. 需要的对准精度:0.025 mrad.

4. 运动学散射 I:非晶态材料

4.1 非弹性线的能量半高宽 FWHM 可以通过扣除由弹性线估算的分辨率来得到. 这就假设弹性和非弹性线都可用高斯近似. 半高宽 FWHM 的动量分布可以估算为 0.3 Å^{-1}.

4.2 假设 He 原子内的所有电子都具有相同的形成因子,由(4.9)式给出. 即可得到预期的结果,它跟图 4.5(a)符合得很好.

4.3 $I(Q) = 2Z^2[1+\sin(Qa)/(Qa)]/[1+(Qa/20)^2]^4$. $Qa = 0$ 时出现第一个极大值. 图示法表明在 $Qa \approx 6.75$ 时出现第二个极大值.

4.4 $2f_1^2 + f_2^2 + 4f_1f_2\sin(Qa)/(Qa) + 2f_1^2\sin(2Qa)/(2Qa)$.

4.6 对于 C_{60} 分子,对 $\rho(r)$ 进行全空间积分必须考虑总的电荷为 $6\times 60 = 360$ 个电子,因此 $A = 360$.

4.7 高斯近似,$x = 1.33$ 时,$y_G = e^{-x^2/5} = 0.7020$. 更为准确的是当 $x = 1.33$ 时,$y = 3[\sin x - x\cos x]/x^3 = 0.6954$.

4.10 $\mathcal{F}(Q) \approx [V_p - (1/2)\int(\boldsymbol{q}\cdot\boldsymbol{r})^2 dV_p + \cdots]/V_p = 1 - (q^2/(6V_p))\int r^2 dV_p = 1 - q^2R_g^2/6$,把形成因子带入(4.22)式就会得到答案.

5. 运动学散射 II:晶体序

5.1 (1) $d_{10} = \sqrt{3}/2$, $d_{11} = 1/2$. (2) 令 $\boldsymbol{a}_1^* = (\alpha, \beta)$ 及 $\boldsymbol{a}_2^* = (\gamma, \delta)$,接着利用 $\boldsymbol{a}_i\cdot\boldsymbol{a}_j^* = 2\pi\delta_{ij}$ 确定未知的系数 α, β, γ 和 δ. (3) $d_{hk} = \sqrt{3}a/(2\sqrt{h^2+hk+k^2})$.

5.2 首先表明 $\sin^2\theta$ 与 $h^2+k^2+l^2$ 成比例. 接而计算 8 个比例值,$i = 1, \cdots, 8$ 对应 $(\sin\theta_i/\sin\theta_1)^2$,且与 $h^2+k^2+l^2$ 比较,注意 θ 是给定散射角的一半. 这就允许给峰位标指数. 最后和简单立方 *bcc* 和 *fcc* 的选择法则比较,由此可以得出结论样品具有简单立方的晶格.

5.3 运用(5.34)式,这个公式需要评估所有反射的多重性. 注意到(300)和(221)具有相同的米勒指数 $h^2+k^2+l^2$.

5.4 对于所有奇的 (h, k, l), $F_{h,k,l} = 4(f_{Na} - f_H)$;对于所有偶的 (h, k, l), $F_{h,k,l} = 4(f_{Na} + f_H)$. 对于 X 射线,$Q = 0$ 时为 $f\infty Z$,且由于 $Z_{Na} \gg Z_H$,两种类型的峰位都存在. 在中子的情形中,(h, k, l) 为偶的峰位不存在,表明 Na 和 H 具有相同的散射长度,但符号相反.

5.5 利用 $d_{hkl} = 2\pi/|\boldsymbol{G}|$.

5.6 $(1, 0, 0)$, $|F_{100}|^2 = 1$; $(0, 0, 2)$, $|F_{100}|^2 = 4$. 这是在原点附近前两个允许的反射.

5.7 按照定义,$M = B_T(\sin\theta/\lambda)^2 = B_T(G/4\pi)^2 = B_T(h^2+k^2+l^2)/(4a^2)$. 从图 5.16 我们可得 $\phi(\Theta/T) = 0.55$, $B_T = 0.32\ \text{Å}^2$. 由于 $e^{-M} \approx 1 - M$, $M = 0.55$,将它与上面的 M 表达式相结合可得到(331)反射首先损失 5% 的强度.

5.9 来源于 $z = 0$ 以上层的散射振幅贡献形成了 $\eta e^{-i2\pi l} + \eta^2 e^{-i4\pi l} + \cdots$ 的几何级数,通过求和可得 $\eta e^{i2\pi l}/(1 - \eta e^{-i2\pi l})$. 一旦这个振幅加到晶体截断杆散射振幅的标准表达式中,就可求得散射强度. 对于小的 η,在反布拉格点处的强度为 $\sim 1/4 - \eta$,从而可以清楚地看出粗糙度会降低镜面反射CTR棒的强度.

5.10 散射强度为 $1/(1-e^{i2\pi l})+e^{i2\pi l}/2$,反布拉格点处的强度为零.因此在反布拉格点 $l=0.5$,强度将在0和 $|F(\boldsymbol{Q})|^2/4$ 之间振荡,在逐层生长中过程可以被研究.

6. 完美晶体的衍射

6.1 (1) (400) 是第一个允许的对称布拉格峰位,参阅5.1.7节. (2) 关键是利用(6.1)式.从表4.1或者表6.1中可得原子的形成因子为 $f(G_{400})=7.51$.室温下的德拜-沃勒因子 $DW=\exp(-B_T(\sin\theta/\lambda)^2)$,可利用 $B_T=0.33$(表5.1)和 $\sin\theta/\lambda=G_{400}/4\pi=0.3683$ 进行估算,得到 $DW=0.95632$.因此 $F=8f(G_{400})DW=57.45$, $g=2.6\times10^{-6}$. (3) 所需的反射率振幅为1/10.从(6.20)式可看出这一结果表明 $x+\sqrt{x^2-1}=10$,或 $x\approx5$.总反射的宽度($\Delta x=2$)为 26.3×10^{-6} 乘以 $2\sqrt{2}/3$ 或 24.8×16^{-6}(表6.1).倾角可通过5/2乘以 24.8×10^{-6} 后再乘以 $\tan\theta$ 求得.

6.2 $x\leqslant-1$, r 一直是负实数,因此相位等于 π 或 $-\pi$,而在我们的阐述中选择了后一种; $|x|\leqslant1$,相位等于 $-a\cos(x/(x^2+(\sqrt{1-x^2})^2)^{1/2})=-a\cos x$; $x\geqslant1$, r 一直是正实数,因此相位角为零.

6.3 考虑图6.5和式(6.20),很明显校正因子可以从 $(x-\sqrt{x^2-1})^2=1/2$ 的条件中得到,它的解为 $x=3/(2\sqrt{2})$.

6.4 g 为每层的反射率振幅.第 n 层的振幅减小为 $\Delta\mathcal{A}=-g\mathcal{A}_n$,可推知 $\mathcal{A}(n)=\mathcal{A}_0\exp(-gn)$.在 $N=1/g$ 层后振幅减小为原来的1/e.因此消光深度的振幅为 $Nd=d/g$.消光深度的强度可从 $I(n)=I_0\exp(-2gn)$ 得到,为 $d/(2g)$.

6.5 $\Delta\theta[\text{rad}]=(\zeta_D^{\text{total}}/2)(|F_0|/|F|)\tan\theta=(g/m\pi)(|F_0|/|F|)\tan\theta=(g_0/m\pi)\tan\theta$,其中我们分别用到了(6.28)式、(6.25)式和(6.2)式.当 $g_0=m\pi\delta/\sin^2\theta$,我们得到预期的结果 $\Delta\theta[\text{rad}]=\delta\tan\theta/\sin^2\theta=2\delta/\sin2\theta$.

6.6 (1) $\Delta\varepsilon/\varepsilon=\cot\theta\Delta\theta$. (2) 从(6.33)式 $\Lambda_{\text{ext}}=174\,\mu\text{m}$ 可得 $\theta=90°$, $\lambda=2d=0.5226\,\text{Å}$,或 $\varepsilon=23.72\,\text{keV}$. (3) $\mu^{-1}(23.72\,\text{keV})=1720\,\mu\text{m}$,它远小于吸收长度,因此动态衍射适用.从(6.26)式可得相对带宽FWHM为 5.07×10^{-8},分辨率为 $\Delta\varepsilon=1.2\,\text{meV}$.

6.7 从(6.1)式我们得到 $g\approx2(a^2/3)r_0/(a^3)4|1+i|Z=8(\sqrt{2}/3)(r_0/a)Z$ 和给定的消光深度 $\Lambda=(a/\sqrt{3})/(2g)=a\sqrt{3/2}(1/16)1/((r_0/a)Z)$.因为可求出消光深度为 $\Lambda_C=0.57\,\mu\text{m}$, $\Lambda_{\text{Si}}=0.57\,\mu\text{m}$ 和 $\Lambda_{\text{Ge}}=0.27\,\mu\text{m}$,这在全面计算得到值的两倍范围以内.

6.8 列表中12.4 keV的吸收长度为 $\mu^{-1}=11\,\mu\text{m}$.吸收深度为 $(\mu^{-1}/2)\sin\theta\approx1\,\mu\text{m}$.消光长度(题目中已知)为 $8\,\mu\text{m}$.因此散射是动态的,吸收阻止了显著的多重散射,积分强度与 $|F|^2$ 成比例.

6.9 $w_{333}/w_{111}=(1/9)(|F_{333}|/|F_{111}|)(\tan\theta_{333}/\tan\theta_{111})=(1/9)(8/(4\sqrt{2}))(f_{333}/f_{111})(\tan\theta_{333}/\tan\theta_{111})$.

6.10 非对称参数为 $\sin(45°)/\sin(15°)$,即约为3或它的倒数1/3.(1) 入射到第二块晶体上的光束是空间延伸的,因此它只能接收对称达尔文宽度为 $1/\sqrt{3}$ 的很窄角度范围.因此 $I(\theta)$ 为顶帽函数的卷积,即第一块晶体的高度1和宽度1,与来源于第二块晶体宽度为 $1/\sqrt{3}$ 的顶帽.卷积为一个基线为 $1+1/\sqrt{3}$、顶宽为 $1-1/\sqrt{3}$ 的平行四边形.由于高度为1、积分强度为1,

在情形(2)中，卷积也为基线为$\sqrt{3}+1$、顶宽为$\sqrt{3}-1$的平行四边形. 需要相同的区域意味着这个平行四边形的高度为 $1/\sqrt{3}$.

7. 光电吸收

7.1 利用(1.19)式，其中从(1.18)式可得 $\sigma_a=(\mu/\rho_m)(M/N_A)$.

7.2 从(7.2)式可得，$1/\mu=50\ \mu m$.

7.3 $1/\mu=20\ \mu m$，由于 Ga 和 As 的 K 边分别在 10.367 keV 和 11.867 keV，它比 50 μm 时的值小.

7.4 1.7 m.

7.5 不存在任何吸收边时，吸收长度随着 X 射线三次方减少. 空气中 1 keV 的吸收长度约为 1.7 mm.

7.7 将 $\kappa=2/a$ 带入(4.9)式即可得到答案.

7.8 一个原子的总弹性散射近似为 $Z(8\pi r_0^2/3)$，将其代入(7.18)式即可得到预期结果. 可求得吸收和散射截面积与 1.87 keV 的相等，它比 K 边的能量大，证明设定的 Stobbe 关联因子 $f(\xi)$等于 1.

7.9 0.02 atm.

7.10 第二近邻壳层在距离为 $a/\sqrt{2}=6.48/\sqrt{2}=4.58$ Å 处，与图 7.9 中的数据符合得很好.

7.11 (1) $\epsilon(Z)=0.0026Z-0.23$. (2) $\varepsilon_K(\text{Ga})=10.367\ \text{keV}$, $\varepsilon_K(\text{Ga})=11.868\ \text{keV}$，均在它们表格值的 1 eV 以内.

8. 共振散射

8.1 (8.13)式可重新整理为 $|f''|=\varepsilon[\text{keV}]\sigma_a[\text{Å}^2]/6.993\times10^{-6}$，将其代入(1.18)式即可得到预期结果.

8.2 (1) 传统的 *bcc* 晶胞含有两个原子，分数坐标分别为(0, 0, 0)和(1/2, 1/2, 1/2). 因此 $F_{hkl}=f_{av}.(1+\exp(i\pi(h+k+l)))$ 其中 $f_{av}=(f_{Cu}+f_{Zn})/2$. 米勒指数的条件是$(h+k+l)$必须为偶数. (2) $F_{hkl}=(f_{Cu}\pm f_{Zn})$ 其中"+"和"−"分别指的是$(h+k+l)$为偶数和奇数. (3) 比例近似为$[(30-29)/(30+29)]^2\approx2.9\times10^{-4}$.

8.3 (1) 我们得到 $\sigma_a=(4\pi r_o/k)|f''|=2\times12.398\,r_0[\text{Å}]|f''|/\varepsilon[\text{keV}]$. 对于复合材料，$\mu=\sum_j\rho_{at,j}\sigma_{a,j}=(\sigma_{Cu,j}+\sigma_{Zn,j})/a^2$. 4 个能量的 $a\mu$ 值为 9.53, 9.24, 39.7 和 38.5，所有都乘以了 10^{-6}. (2) $|F_{100}|^2$: 6.95, 57.3, 68.4, 16.7; 从(5.31)式，I_{sc}/I_0: 7.58, 62.0, 17.5, 4.29，所有都乘以了 10^{-6}. (3) 只有边以下 100 eV 处的弹性散射和 8878.9 keV 的光子可以被观察到. 边以上 100 eV 除了弹性散射还会有 $K_\alpha=8.048$ keV 和 $K_\beta=8.910$ keV 的荧光，强度比约为 10∶1.

8.4 (1) 散射光的光束发散为 2 mrad，当探测器放置在离样品距离 $L=500$ mm 处时光束发散填充满探测器孔径. (2) $\Delta\Omega=\pi r^2/L^2=3.14\times10^{-6}$. (3) 从 8.3(2)可得，$I_{sc}/I_0=4.29\times10^{-6}$. 在具有对称布拉格反射几何结构的厚样品中，所有的入射光子都会被吸收. 30% 会以荧光的形式重新辐射，且 $\Delta\Omega/4\pi$ 部分会达到探测器. 因此 $I_f/I_0\approx0.075\times10^{-6}$，且散射和荧光的比例约为 66.

8.5 两种可能性为 $F_{111}=f_{Zn}+f_S e^{2\pi(1+1+1)/4}$ 或 $F_{\bar{1}\bar{1}\bar{1}}=f_S+f_{Zn}e^{2\pi(1+1+1)/4}$. 将 $f_{Zn}=f'_{Zn}+\mathrm{i}f''_{Zn}$ 代入且重新整理,即可得到预期的结果.

8.6 从8.5的答案可直接得到本题预期的结果.

8.8 计算得出的比例为1.58, 1和0.51,与测得的比例符合得很好.

9. X光成像

9.1 如果 $\mu_1<\mu_2$, $C=1-e^{-(\mu_2-\mu_1)z_2}$;如果 $\mu_1>\mu_2$, $C=1-e^{(\mu_2-\mu_1)z_2}$.

9.2 按照增加光子能量排序, $C=0.98$, 0.64, 0.32, 0.24.

9.3 认为胸腔的总体厚度为30 cm. 两个胸壁每个厚度为2.5 cm,肋骨每个厚度为1 cm, $G_{\mathrm{ribs}}=0.64$, $C_{\mathrm{tumour}}=0.30$.

9.4 (1) 267, 385和526 eV,分别对应于C, N和O. (2) 0.52和7.4 μm分别对应于蛋白质和水.

9.6 楔角通过 $\tan\omega=\sqrt{2}$ 确定,因此楔的厚度为 $y=\sqrt{2}x$,其中 x 表示光束的位置. 透射 $T(x)=\exp(-y/y_0)$,其中 $y_0=184\ \mu\mathrm{m}$. 折射角为 $\alpha=\delta\tan\omega=\lambda^2[\rho r_0/(2\pi)]\sqrt{2}=5.5\times10^{-6}$(弧度)

9.7 最大强度 $\langle y\rangle$ 是以三角形峰位位置为中心的高斯函数和三角排列的交叠积分. 当 $(\sigma/p)\ll1$,即相邻三角形之间的交叠可以忽略时,可以发现 $\langle y\rangle=(\sqrt{2\pi}\sigma)^{-1}\int_{-\infty}^{\infty}\exp(-x^2/(2\sigma^2)T(x)\mathrm{d}x$,其中三角形函数给定为 $T(x)=1-(2/p)x(|x|<p/2$ 或 $0)$. 求解积分即可得到预期结果.

9.8 对于一个约有 $(500)^3$ 个晶胞的晶体,积分强度可从(5.30)式求得,结果为每秒约300个. 如果我们假定探测的极限约为每秒1个,那么可以通过考虑 $|\sin(x)/x|^2$ 的性质估算约有 $4\sim5$ 个条纹可见.

9.9 从 $D=4M\Delta r_M$ 可以发现带的数量 $M=500$. 外面的带宽 Δr_M 与 λ 和 f 相关,为 $2\sqrt{M}\Delta r_M=\sqrt{\lambda f}$. 波长可以通过带深 f 提供一个 π 的相移,也就是说 $t\delta k=\pi$ 或 $\lambda=\pi/(t\rho r_0)$ 来确定. Au的电子密度为在面心立方 fcc 晶胞内的电子数目, $4Z$ 除以它的体积或每 Å^3 4.687个电子,得到 $\lambda=2.38$ Å. 焦距等于21 mm. 景深约为分辨率 $1.22\Delta r_M$ 除以孔径角 D/f 或者12.8 μm.

参考文献

[1] S. R. Andrews, R. A. Cowley. *J. Phys. C: Solid State Phys.*, 18:6247,1985.

[2] S. Aoki, Y. Ichihara, S. Kikuta. *Japan. J. Appl. Phys.*, 11:1857,1972.

[3] A. S. Bhalla, E. W. White. *Acta Cryst.*, B27:852,1971.

[4] M. Blume. *J. Appl. Phys.*, 57:3615,1985.

[5] P. Carra, B. T. Thole, M. Altarelli, X. Wang. *Phys. Rev. Lett.*, 70:694,1993.

[6] C. T. Chantler. *J. Phys. Chem. Ref. Data*, 24:71,1995.

[7] C. T. Chen, Y. U. Idzerda, H.-J. Lin, N. V. Smith, G. Meigs, E. Chaban, G. H. Ho, E. Pellegrin, F. Sette. *Phys. Rev. Lett.*, 75:152,1995.

[8] W. Cochran, F. H. C. Crick, V. Vand. *Acta Cryst.*, 5:581,1952.

[9] D. Coster, K. S. Knol, J. A. Prins. *Z. Phys.*, 63:345,1930.

[10] R. A. Cowley. *Nato ASI series C Mathematical and Physical Sciences*, 432:67,1994.

[11] C. David, B. Nöhammer, H. H. Solak. *Appl. Phys. Lett.*, 81:3287,2002.

[12] F. de Bergevin, M Brunel. *Phys. Lett.*, 39A:141,1972.

[13] P. Debye. *Ann. Physik*, 46:809,1915.

[14] Ya. S. Derbenev, A. M. Kondratenko, E. L. Saldin. *Nuc. Instr. and Meth.*, A193:415,1982.

[15] S. Eisebitt, J. Lüning, W. F. Schlotter, M. Lörgen, O. Hellwig, W. Eberhardt, J. Stöhr. *Nature*, 432:885,2004.

[16] J. L. Erskine, E. A. Stern. *Phys. Rev. B*, 12:5016,1975.

[17] R. Feidenhans'l, F. Grey, R. L. Johnson, S. G. J. Mochrie, J. Bohr, M. Nielsen. *Phys. Rev. B*, 41:5420,1990.

[18] R. E. Franklin, R. G. Gosling. *Nature*, 171:740,1953.

[19] D. Gibbs, D. R. Harshman, E. D. Isaacs, D. B. McWhan, D. Mills, C. Vettier. *Phys. Rev. Lett.*, 61:1241,1988.

[20] B. L. Henke, E. M. Gullikson, J. C. Davis. *Atomic Data and Nuclear Data Tables*, 54:181,1993.

[21] M. Hoesch, X. Cui, K. Shimada, C. Battaglia, S. Fujimori, H. Berger. *Phys. Rev. B*, 80:075423,2009.

[22] M. Holt, Z. Wu, H. Hong, P. Zschack, P. Jemian, J. Tischler, H. Chen, T.-C. Chiang. *Phys. Rev. Lett.*, 83:3317,1999.

[23] S. Hüfner. *Photoelectron Spectroscopy*. Springer-Verlag, Berlin, 1995.

[24] C. Janot. *Quasicrystals: a Primer*. Oxford University Press, 1992.

[25] H. Kiessig. *Ann. Phys.*, 10:769,1931.

[26] P. Kirkpatrick, A. Baez. *J. Optic. Soc. America*, 38,1948.

[27] F. Leveiller, C. Böhm, D. Jacquemain, H. Möhwald, L. Leiserowitz, K. Kjaer, J. Als-Nielsen. *Langmuir*, 10:819,1994.

[28] S. W. Lovesey, S. P. Collins. *X-ray Scattering and Absorption by Magnetic Materials*. Oxford

University Press, 1996.
[29] I. McNulty, J. Kirz, C. Jacobsen, E. H. Anderson, M. R. Howells, D. P. Kern. *Science*, 256: 1009, 1992.
[30] A. Momose, S. Kawamoto, I. Koyama, K. Takai Y. Hamaishi, Y. Suzuki. *Jpn. J. Appl. Phys.*, 42:L866, 2003.
[31] J. B. Murphy, C. Pellegrini. *J. Opt. Soc. of America*, B2:259, 1985.
[32] K. Namikawa, M. Ando, T. Nakajima, H. Kawata. *J. Phys. Soc. Japan*, 54:4099, 1985.
[33] S. Nishikawa, R. Matsukawa. *Proc. Imp. Acad. Japan*, 4:96, 1928.
[34] B. Ocko, A. Braslau, P. S. Pershan, J. Als-Nielsen, M. Deutsch. *Phys. Rev. Lett.*, 57:94, 1986.
[35] L. G. Parratt. *Phys. Rev.*, 95:359, 1954.
[36] L. Pauling, R. B. Corey, H. R. Branson. *Proc. Nat. Acad. Sci.*, 37:205, 1951.
[37] P. Pershan, A. Braslau, A. H. Weiss, J. Als-Nielsen. *Phys. Rev. A*, 35:4800, 1987.
[38] F. Pfeiffer, T. Weitkamp, O. Bunk, C. David. *Nature Physics*, 2:268, 2006.
[39] T. Pilo. *Fermi Surface and Phase Transitions of Layered Materials Studied by Angle-Scanned Photoemission*. University of Fribourg, 1999.
[40] H. M. Rietveld. *J. Appl. Cryst.*, 2:65, 1969.
[41] I. K. Robinson. *Phys. Rev. B*, 33:3830, 1986.
[42] J. Rockengerger, L. Tröger, A. L Rogach, M. Tischer, M. Grundmann, A. Eychmüller, H. Weller. *J. Chem. Phys.*, 108:7807, 1998.
[43] A. L. Rogach, L. Katsikas, A. Kornowski, Dansheng Su, A. Eychmüller, H. Weller. *Ber. Bunsenges. Phys. Chem.*, 100:1772, 1996.
[44] G. Schütz, W. Wagner, W. Wilhelm, P. Kienle, R. Zeller, R. Frahm, G. Materlik. *Phys. Rev. Lett.*, 58:737, 1987.
[45] D. Shechtman, I. Blech, D. Gratias, J. W. Cahn. *Phys. Rev. Lett.*, 53:1951, 1984.
[46] S. K. Sinha, E. B. Sirota, S. Garoff, H. B. Stanley. *Phys. Rev. B*, 38:2297, 1988.
[47] A. Snigirev, V. Kohn, I. Snigireva, B. Lengeler. *Nature*, 384:49, 1996.
[48] E. A. Stern. *Scientific American*, 234(4):96, 1976.
[49] E. A. Stern, S. M. Heald. *Handbook on Synchrotron radiation*. North Holland, 1983.
[50] M. Stobbe. *Ann. d. Phys.*, 7:661, 1930.
[51] B. T. Thole, G. van der Laan, G. A. Sawatzky. *Phys. Rev. Lett.*, 55:2086, 1985.
[52] B. T. Thole, P. Carra, F. Sette, G. van der Laan. *Phys. Rev. Lett.*, 68:1943, 1992.
[53] G. van der Laan, B. T. Thole, G. A. Sawatzky, J. B. Goedkoop, J. C. Fuggle, J.-M. Esteva, R. Karnatak, J. P. Remeika, H. A. Dabkowska. *Phys. Rev. B*, 34:6529, 1986.
[54] J. D. Watson, F. H. C. Crick. *Nature*, 171:737, 1953.
[55] T. Weitkamp. *Proc. SPIE*, 5536:181, 2004.
[56] T. Weitkamp, B. Nöhammer, A. Diaz, C. David, E. Ziegler. *Appl. Phys. Lett.*, 86:054101, 2005.
[57] T. Weitkamp, C. David, C. Kottler, O. Bunk, F. Pfeiffer. *Proc. SPIE*, 6318:63180S, 2006.
[58] M. H. F. Wilkins, A. R. Stokes, H. R. Wilson. *Nature*, 171:738, 1953.
[59] P. Wong. *Phys. Rev. B*, 32:7417, 1985.

索　引

符号表

α	精细结构常数	$\rho(\varepsilon)$	态密度
α_c	临界角	σ_a	吸收截面
β	折射率对 1 的偏离量的虚部	θ	布拉格角
β_e	以 c 为单位的电子速度	ζ_D	达尔文宽度，相对带宽
δ	折射率对 1 的偏离量的实部	$a(a^{\dagger})$	湮灭(产生)算符
$\Delta\Omega$	立体角元	a_0	玻尔半径
$\hat{\boldsymbol{\varepsilon}}$	X 射线电场极化方向的单位矢量	A	原子质量数
ϵ_0	真空介电常数	$\boldsymbol{A}$	光子场矢势
γ	储存环的电子能量和静止质量能量之比 $\frac{\varepsilon_e}{mc^2}$	b	散射长度
		b	非对称参数
γ^{-1}	同步辐射锥的张角	B_T	德拜-沃勒因子
$\hbar$	普朗克常数	c	光速
λ	X 射线波长	d	晶格面间距
λ_1	波荡器辐射的基波波长	$-e$	电子电荷
λ_u	波荡器空间周期	ε	光子能量
λ_C	康普顿散射长度	ε_e	电子能量
Λ_{ext}	消光深度	$\boldsymbol{E}$	电场
μ	强度的线性吸收系数	E_0	电场幅度
μ_0	自由空间的磁导率	$f(\boldsymbol{Q})$	原子形状因子(散射因子)
ω	角频率	$f^0(\boldsymbol{Q})$	非共振原子散射因子
ω_0	同步辐射中电子的轨道角频率	f'	原子色散修正的实部
$\omega_u t'$	发射者相位	f''	原子色散修正的虚部
$\omega_1 t$	观察者相位	$F(\boldsymbol{Q})$	晶胞结构因子
Φ_0	入射光子通量(个光子/秒/单位面积)	$F^{CTR}(\boldsymbol{Q})$	晶体截断棒结构因子
ρ	电子数密度	$F^{mol}(\boldsymbol{Q})$	分子结构因子
ρ_{at}	原子数密度	$\boldsymbol{G}$	倒格矢
ρ_m	原子质量密度	h, k, l	密勒指数

（续表）

$\boldsymbol{H}$	磁场	N_A	阿伏伽德罗常数
$\mathcal{H}_I$	相互作用哈密顿量	P	极化因子
$\mathcal{H}_{rad}$	辐射场的哈密顿量	$\mathcal{P}$	主值
I_0	入射光子强度(个光子/秒)	$\boldsymbol{p}$	电子动量
I_{sc}	散射光子强度(个光子/秒)	$\boldsymbol{q}$	光电子波矢
$\boldsymbol{k}$	X射线波矢	$\boldsymbol{Q}$	波矢转移(散射矢量)
K	波荡器参数	r_0	汤姆孙散射长度(经典电子半径)
m	电子质量	$\boldsymbol{R}_n$	格矢
m_n	中子质量	$\boldsymbol{v}$	电子的速度
m_{hkl}	布拉格反射的重数	v_c	晶胞体积
M_{if}	初态 i 和末态 f 之间的矩阵元	w_D	达尔文宽度(角度的)
n	折射率	Z	原子序数

物理常数表

e	电子电荷	1.602×10^{-19}	C
$\hbar=\dfrac{h}{2\pi}$	普朗克常数	1.055×10^{-34}	Js
m	电子质量	9.109×10^{-31}	kg
m_n	中子质量	1.675×10^{-27}	kg
m_p	质子质量	1.673×10^{-27}	kg
c	光速	2.998×10^{8}	ms^{-1}
ϵ_0	真空介电常数	8.854×10^{-12}	$\mathrm{A\,sV^{-1}m^{-1}}$
$\mu_0=\dfrac{1}{\epsilon_0 c^2}$	真空磁导率	$4\pi\times10^{-7}$	$\mathrm{VsA^{-1}m^{-1}}$
N_A	阿伏伽德罗常数	6.022×10^{26}	mols. kmole^{-1}
k_B	玻耳兹曼常数	1.381×10^{-23}	JK^{-1}
$a_0=\dfrac{4\pi\epsilon_0\hbar^2}{me^2}$	玻尔半径	5.292×10^{-11}	m
$r_0=\dfrac{e^2}{4\pi\epsilon_0 mc^2}$	汤姆孙散射长度	2.818×10^{-15}	m
$\lambda\!\!\!^{-}_\mathrm{C}=\dfrac{\hbar}{mc}$	康普顿散射长度	3.860×10^{-13}	m
1 Å	埃	1×10^{-10}	m
1 barn	巴恩	1×10^{-28}	m^2

图书在版编目(CIP)数据

现代 X 光物理原理/[丹]埃尔斯-尼尔森(Als-Nielsen J.),[英]麦克莫罗(McMorrow D.)著;
封东来译. —上海:复旦大学出版社,2015.4(2019.7 重印)
书名原文: Elements of Modern X-ray Physics
ISBN 978-7-309-11269-6

Ⅰ. 现…　Ⅱ. ①埃…②麦…③封…　Ⅲ. X 射线-物理学-研究　Ⅳ. 0434.14

中国版本图书馆 CIP 数据核字(2015)第 052406 号

现代 X 光物理原理
[丹]埃尔斯-尼尔森(Als-Nielsen J.)　[英]麦克莫罗(McMorrow D.)　著
封东来　译
责任编辑/梁　玲

复旦大学出版社有限公司出版发行
上海市国权路 579 号　邮编:200433
网址:fupnet@fudanpress.com　http://www.fudanpress.com
门市零售:86-21-65642857　团体订购:86-21-65118853
外埠邮购:86-21-65109143
常熟市华顺印刷有限公司

开本 787×1092　1/16　印张 20.5　字数 498 千
2019 年 7 月第 1 版第 2 次印刷

ISBN 978-7-309-11269-6/O・565
定价: 89.00 元

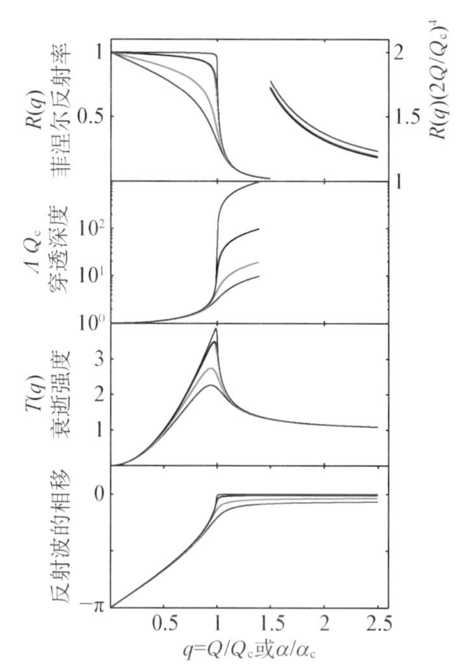

彩图1 ★强度反射率 $R(q)$、穿透深度 ΛQ_c、强度透射率 $T(q)$和反射波的相位与 Q/Q_c 或 α/α_c 的关系. 在每一种情况下,对应不同的(小)参数 b_μ,给出了相应的一系列曲线. 这里使用的 $b_\mu(=2_{\mu k}/Q_c^2)$的值是0.001, 0.01, 0.05, 0.1. 图的右手边给出了渐进的行为,按照其正文中$q\gg1$时的表达式来缩放. 根据定义,此值在$q\gg1$时趋于1.(见正文55页图3.5.)

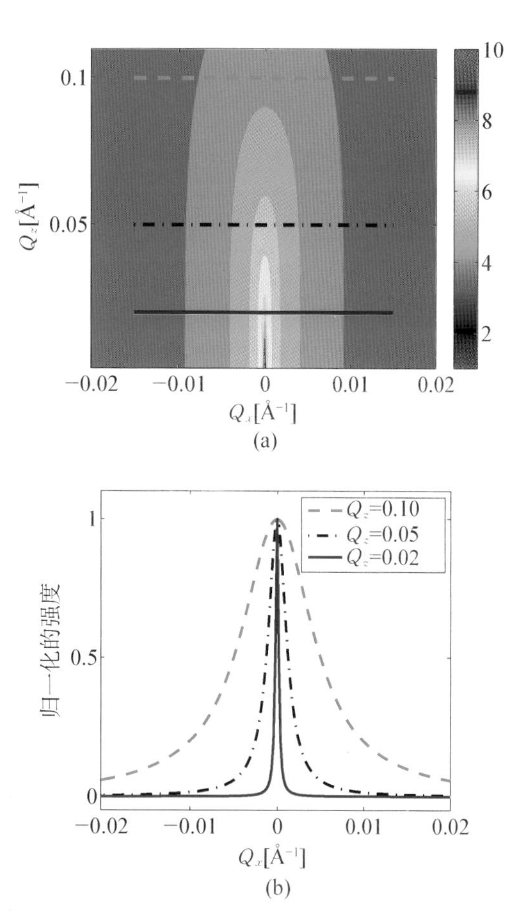

彩图2 图(a):粗糙表面的漫散射,其粗糙度由 $g(x, y)=\mathcal{A}r^{2h}$, $h=1/2$ 来描述(见(3.35)式). 坐标系设为 Q_z 垂直于表面,而 Q_x 处在表面上. 强度由对数坐标表示. 图(b):在不同 Q_z 值时扫描 Q_x 得到的强度,其扫描径迹一一对应地标在图(a)中. 为了表达清楚,强度都被归一化. 线型是洛伦兹式的,其宽度随着 Q_z 的增加而增大.(见正文66页图3.12.)

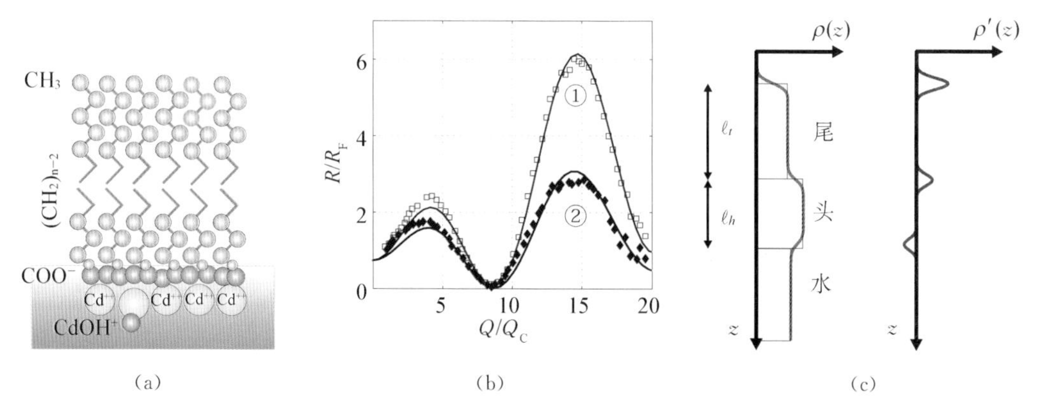

彩图3 ★图(a):廿烷酸($n=20$)在 $CdCl_2$ 盐溶液上形成的朗缪尔膜. 图(b):测得的反射率数据,已归一化到菲涅耳反射率,并以 Q/Q_c 为横坐标,这里 $Q_c=0.0217$ Å^{-1}是水的阈值波矢. 曲线①和②分别对应于用 NH_3 和 Na(OH)调节 pH 值的情况[Leveiller 等,1994]. 巨大的差异显示在第一种情况下单价的 $Cd(OH)^+$ 离子和单价的 COO^- 的头基团以近似1∶1的比例结合,而在第二种情况,二价的 Cd^{++} 离子与其结合的比例大约是1∶2. 图(c):穿过水上的一个朗缪尔膜的界面的密度变化的"两盒"模型. 每个界面被以一个共同的参数 σ 来模糊化. 通过拟合数据得到的参数如下: ①$\rho_h/\rho_w=2.28$, $\rho_t/\rho_w=1.08$, $\ell_h=6.2$ Å, $\ell_t=22.0$ Å, $\sigma=1.36$ Å; ②$\rho_h/\rho_w=3.35$, $\rho_t/\rho_w=1.01$, $\ell_h=2.7$ Å, $\ell_t=23.4$ Å, $\sigma=2.74$ Å. 在两种情况下单层的覆盖度都是75%.(见正文68页图3.13.)

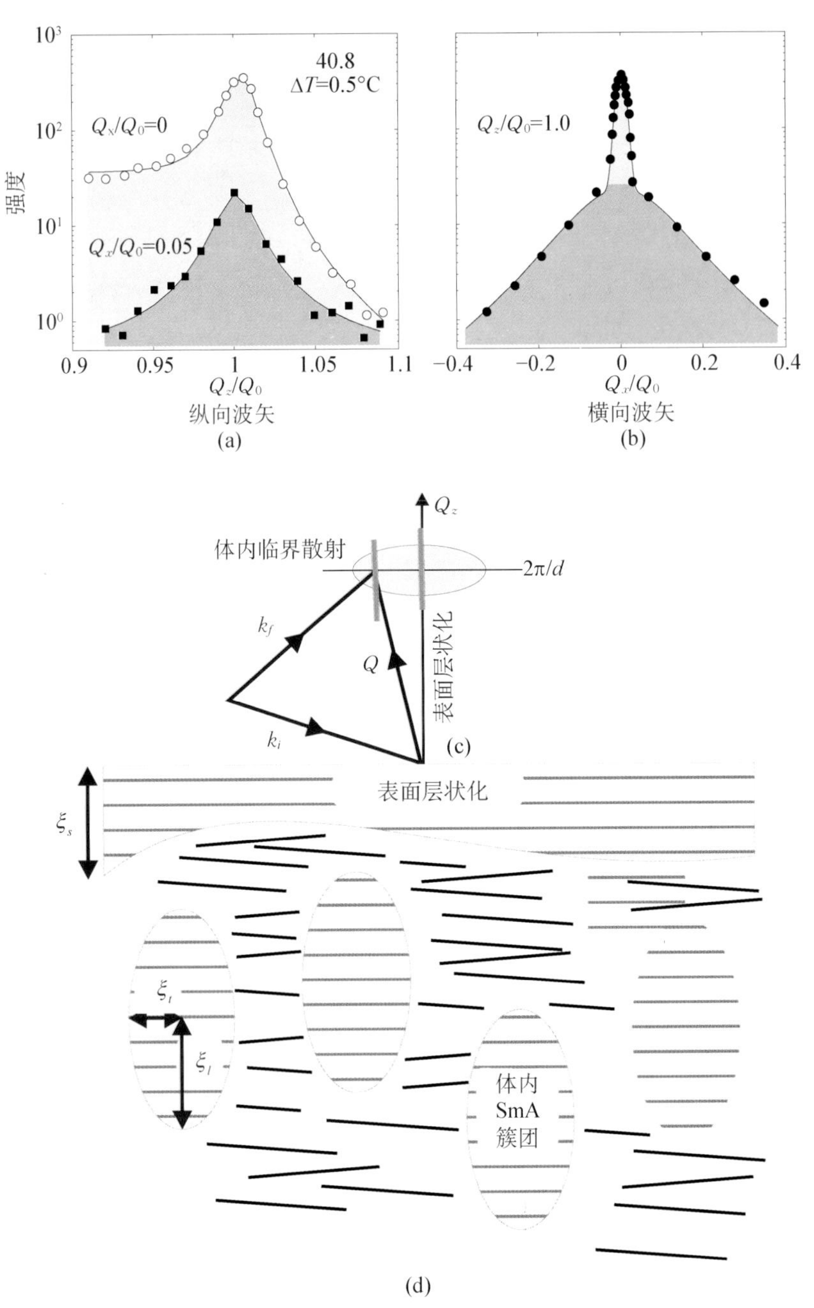

彩图 4 图(a)和(b):在自由表面几何结构下,8CB 液晶的 N→SmA 二阶相变附近的强度和转移波矢的关系.图(a)是如散射示意图(c)中两条绿线所示的纵向扫描,而图(b)是由蓝线示意的横向扫描. Q_0 是 $2\pi/d$,而 d 是各晶面的间距[Pershan 等,1987].图(c):倒空间.从体内的 SmA 簇团的临界散射由椭圆形的阴影表示.从层状化表面的散射局限在 Q_z 轴上,峰的位置是在 $Q_z=Q_0$.图(d):用来解释数据的表面层状化的模型示意.水平线表示 SmA 相中分子构成的层.两个 Q_z 扫描表明表面(层状化的)渗透深度 ξ_s 等于液晶体内临界涨落的纵向关联长度 ξ_l.(见正文 70 页图 3.15.)

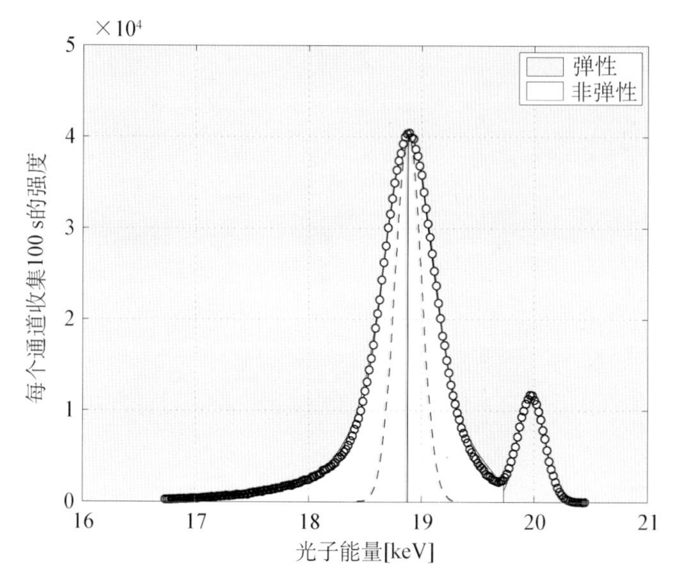

彩图 5 在一个康普顿箔上测得的总的散射(圆)包括弹性(绿色阴影)和非弹性散射(淡红色阴影). 弹性峰的宽度给出了探测器的能量分辨率. 非弹性散射的展宽超出了分辨率(红色虚线)的部分是由于康普顿箔中电子的动量分布. 入射能量是 20 keV, 对应的光子波矢是 10.13 Å^{-1}, 散射角是 120°. 在此能量和角度, 非弹性散射成为主导过程, 这是由于康普顿箔由低 Z 元素构成(见图 4.5). (见正文 85 页图 4.4.)

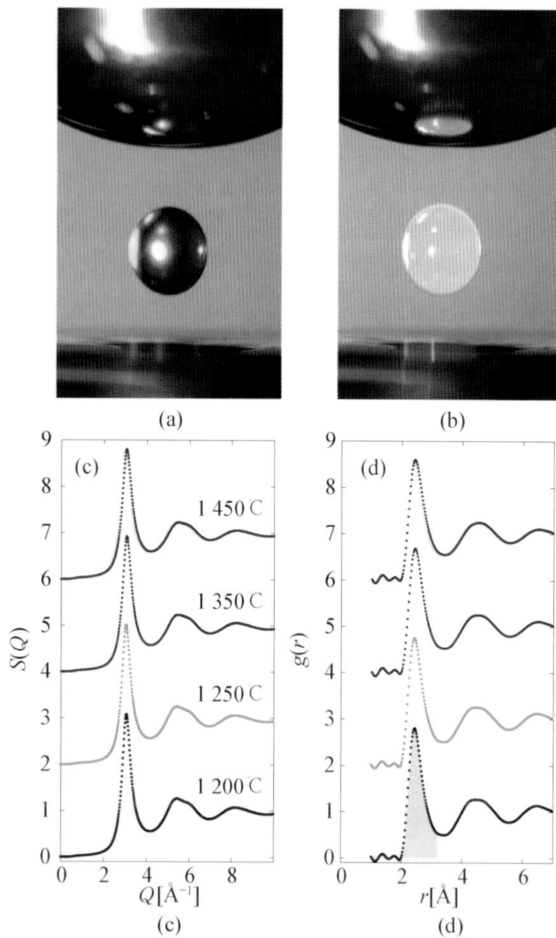

彩图 6 液态金属的 X 射线散射. 图(a): 被静电场悬浮在超高真空腔中的一滴液态金属的照片(直径约 2 mm). 图(b): 这样悬浮的液滴可以用激光加热, 导致其灼发光. 图(a)和(b)中的金属样品是 $Ti_{39.5}Zr_{39.5}Ni_{21}$. 图(c): 不同温度下镍的液体 X 射线结构因子和波矢的关系, 温度均低于其 1 455℃的熔点. 图(d): 用(4.19)式算出的液态镍的径向分布函数. 最下面曲线的阴影区对应于在最近邻壳层的配位数是 12. (照片承蒙美国航空航天局马歇尔太空飞行中心的 Jan Rogers 提供; 数据承蒙华盛顿大学-圣路易斯分校的 K. F. Kelton 提供.) (见正文 92 页图 4.9.)

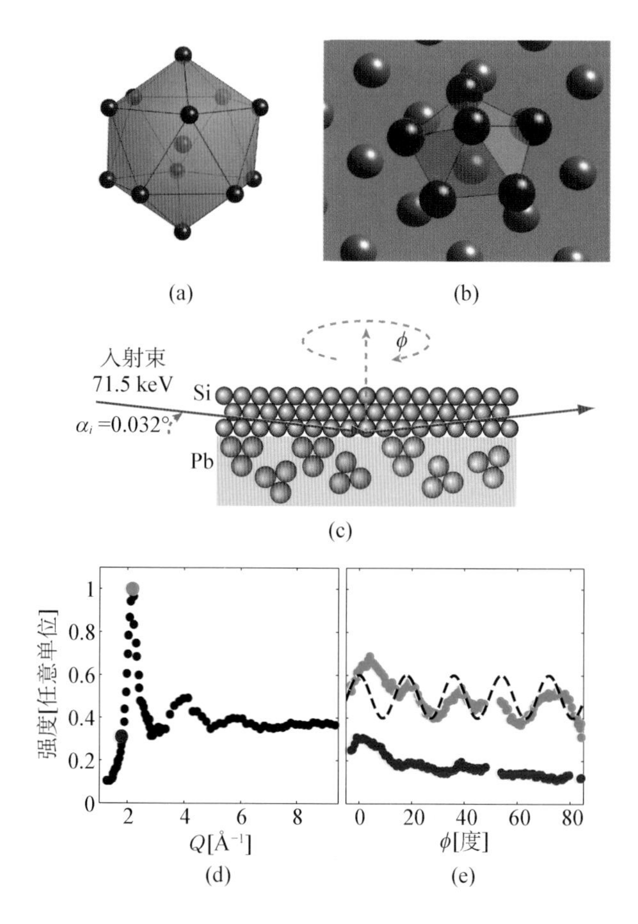

彩图 7 液态铅的五度局域对称性. 图(a): 一个二十面体原子团簇, 在中心原子周围有 12 个近邻. 图(b): 硅的(100)面上液体片段的瞬时快照. 该片段由 5 个稍微扭曲的四面体构成, 并且绕硅的(100)四度轴具有五度对称. 在这里给出的例子中, 在旋转角 $\phi_n = 2\pi n/20$, n 是整数的时候, 该片段和下面硅表面之间的电子密度的投影的重叠最小. 图(c): 用来测量硅表面上液铅散射的布局示意图. 图(d): 液态铅的结构因子和波矢的关系, 测量中 X 射线的入射角 $\alpha_i = 0.032\,8°$, 小于其临界角. 在红色和绿色的符号表示的 Q 值处, 还进一步通过旋转样品改变 ϕ 来测量液体结构因子的各向异性. 图(d): 硅上面液铅的液态结构随 ϕ 的改变. (数据承蒙 Harald Reichert 提供.) (见正文 94 页图 4.10.)

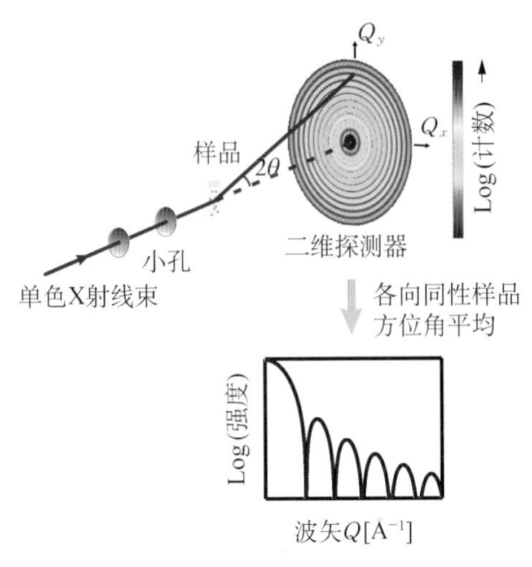

彩图 8 一个小角 X 射线散射光束线示意图. 单色 X 射线束利用一套小孔来准直之后照射到样品上. 散射束由一个两维的位置敏感的探测器(position sensitive detector，或 PSD)来探测. 对于各向同性的样品，散射可以先对方位角取平均，从而得到一个散射强度对应于传递波矢的图.(见正文 95 页图 4.11.)

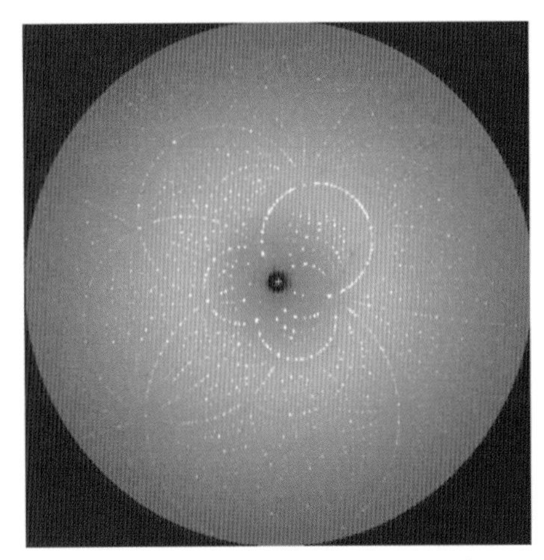

彩图 10 具有光活性的黄色蛋白的脉冲劳厄衍射图. 衍射图案的收集是通过平均超过 10 次曝光的数据，每个持续 100 ps 的时间. 此图片包含 3 700 可用反射，据此可以获得该蛋白质的结构.(数据承蒙 European Radiation Facility 的 Michael Wulff 和芝加哥大学的 Benjamin Perman 提供.)(见正文 117 页图 5.8.)

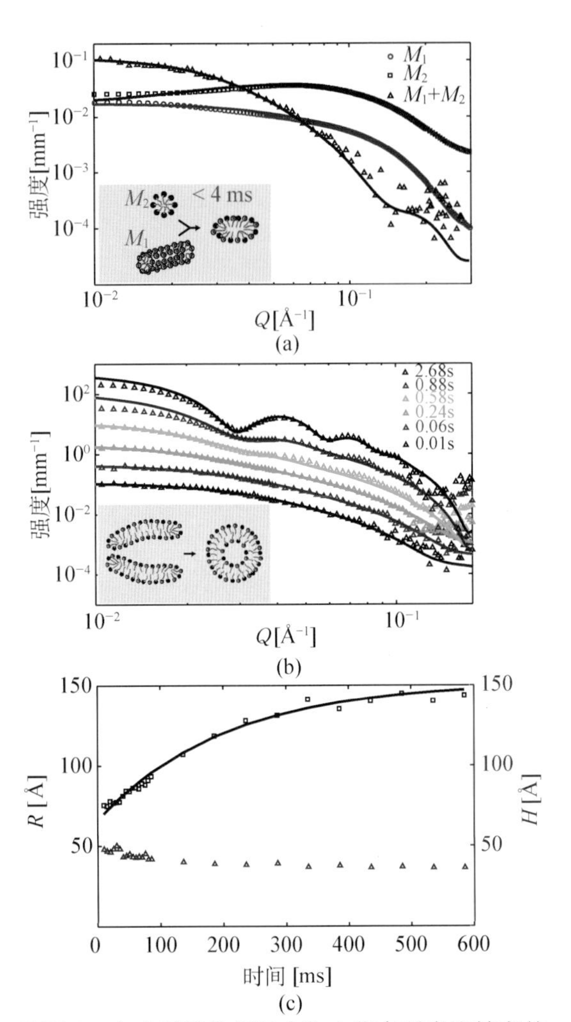

彩图 9 在表面活性剂混合物中胶束到囊泡转变的时间分辨的 SAXS 数据. 图(a)：比较 3 种状况的 SAXS 数据. 分别是胶束 M_1(红色，小杆，半径 18.5 Å，长度 150 Å)，M_2(黑色，小球，半径 10～12 Å)，以及在 M_1+M_2 混合后 4 ms 内(蓝色). 穿过 M_1+M_2 数据的实线是从一个半径 $R=75$ Å 和高度 $H=48$ Å 的圆盘的散射((4.31)式). 图(b)：M_1+M_2 的 SAXS 数据的时间演化. 这里不同时间数据的纵坐标使用了偏移量. 在大约 580 ms 以内的数据继续可以用(4.31)式(实线)来描述. 超出580 ms之后，SAXS 改变了形式，从而需要用从球壳的散射来描述((4.32)式). 图(c)：圆盘参数在混合后 580 ms 内随时间的演化. 实线代表圆盘半径 R 指数生长的预期行为，时间常数 $r=198$ ms.(数据承蒙 Theyencheri Narayan 提供.)(见正文 102 页图 4.16.)

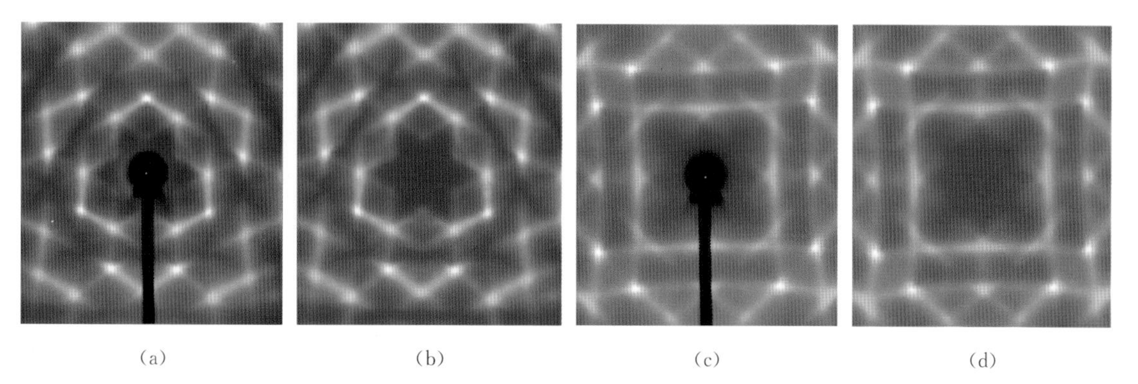

彩图 11　硅的热漫散射(TDS). 数据是用影像版探测器(image plate detector)以透射模式来采集(光子能量 28 keV)数据,是在先进光子源(advanced photon source)的 UNI - CAT 光束线上采集的,曝光时间约为 10 s. 图(a)和(c)分别给出了(111)和(100)晶轴平行于入射束的数据,这些数据是以对数刻度绘制. 因为劳厄条件从来不是严格满足的,此处的亮斑并不是布拉格峰,而是在要出现布拉格峰的位置附近的 TDS 的积聚. 图(b)和(d)是相应计算出的图像,它们是基于对数据同时的逐个像素点的拟合[Holt 等,1999].(见正文 125 页图 5.14.)

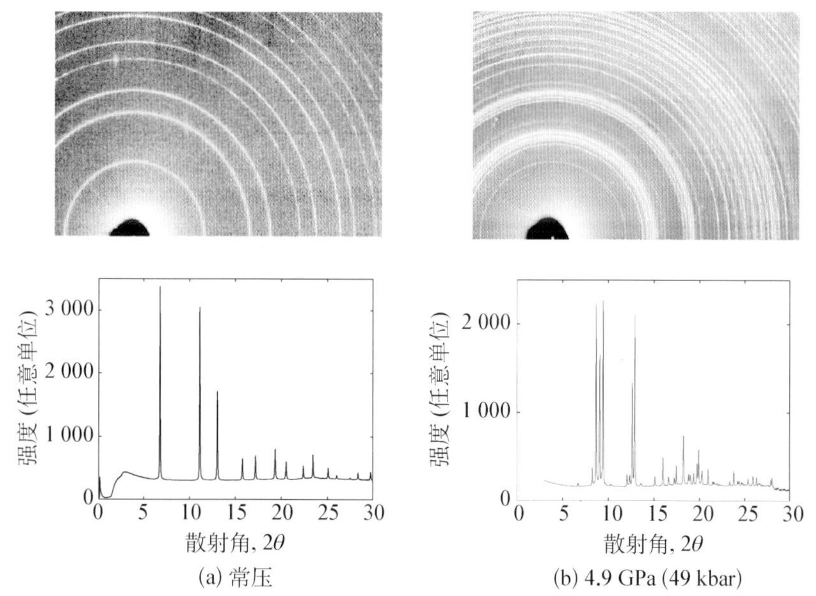

彩图 12　InSb 粉末的衍射图案. 图(a)在常压下采集,图(b)在 4.9 GPa 压力下采集. 用影像版探测器记录的图案显示在上面,并且在探测器和多个德拜-谢勒锥的相交处显示出亮环. 用于记录数据的入射波长为 $\lambda = 0.447$ Å. 在图片的下面,径向平均的图案以 2θ 函数的形式显示. 结果表明,InSb 经历了一个从硫化锌结构的相到4.9 GPa之上正交相结构的相变.(数据承蒙爱丁堡大学的 Malcolm McMahon 提供.)(见正文 136 页图 5.24.)

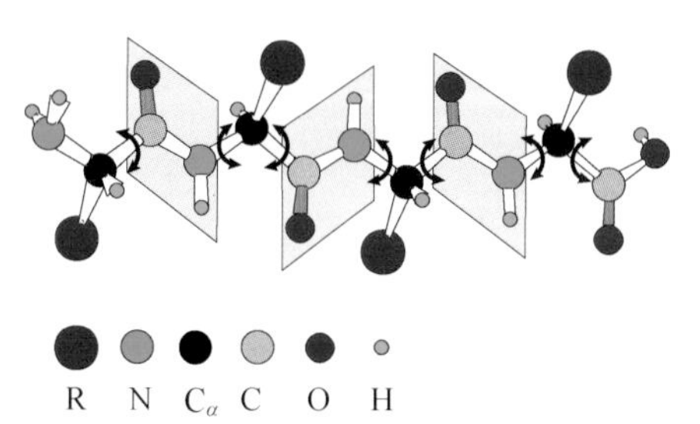

彩图 13　多肽链是由羰基和酰胺基的平面基团构成. 这些平面基团可以绕 N—C_α 或 C_α—C 键旋转. N—H 和C═O基团之间的氢键导致链折叠成螺旋结构,根据 Pauling 的定义,它又称为 α 螺旋. 这里 R 代表一个氨基酸残基.(见正文 137 页图 5.26.)

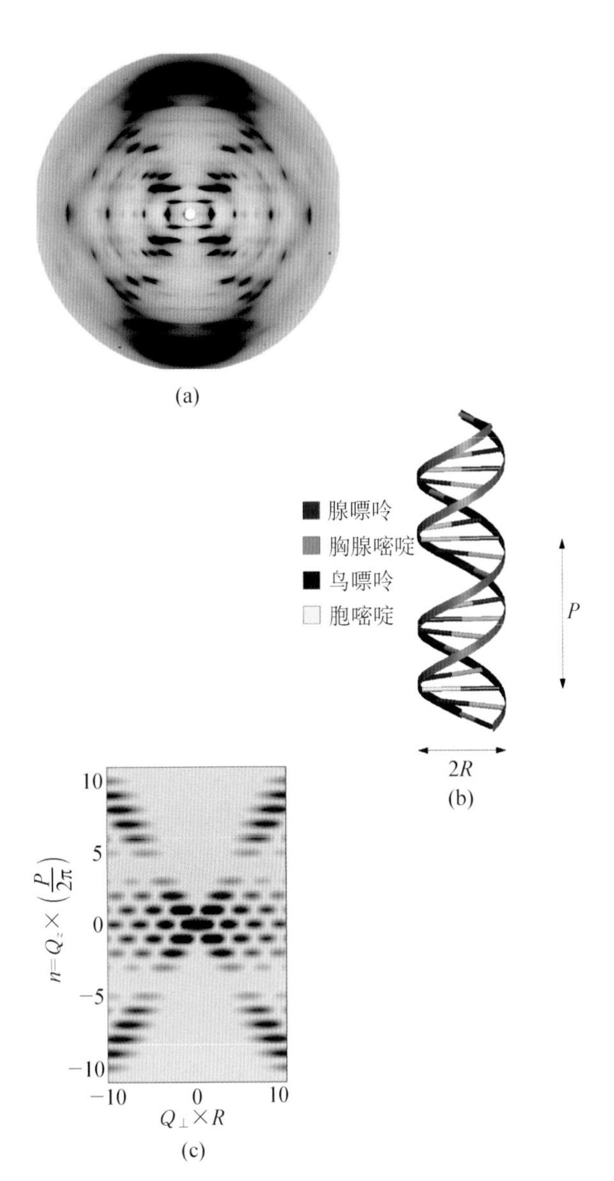

彩图 14　★DNA 双螺旋结构. 图(a):DNA 的 B 构象的纤维衍射数据.(照片承蒙 Watson Fuller(University of Keele, UK)提供.)图(b):DNA 的结构由两条相互缠绕的螺旋结构在轴向相对位移 3/8 个周期而构成. 螺旋的主链是由糖-磷酸的聚合物链形成的,而"台阶"是由氢键结合的碱基对构成的,即腺嘌呤与胸腺嘧啶以及鸟嘌呤与胞嘧啶的配对. 图(c):从(5.37)式计算出的两个错位了 3/8 个周期的螺旋的散射强度.(见正文 140 页图 5.28.)

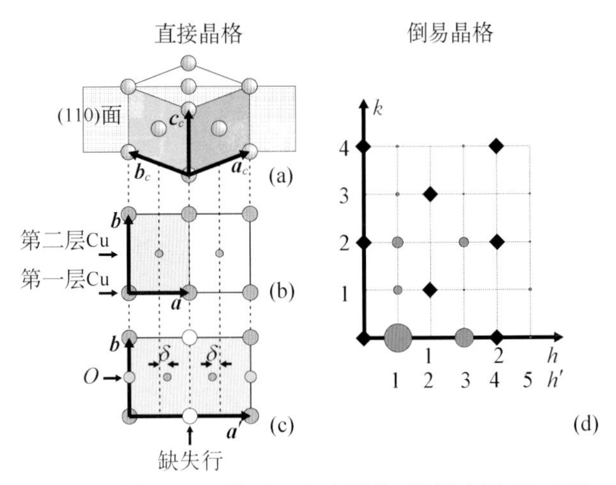

彩图 15　图(a):Cu 的面心立方结构,并标出了(110)面. 传统晶胞的格式($\boldsymbol{a}_c$, $\boldsymbol{b}_c$, $\boldsymbol{c}_c$)也标了出来. 图(b):(110)表面层的结构,其晶胞由 $\boldsymbol{a}$ 和 $\boldsymbol{b}$ 来定义. 图(c):暴露在氧中的铜表面的模型,其中表面层中沿着 $\boldsymbol{a}$ 方向缺失了一半的 Cu 原子. 图(d):暴露在氧之后的铜表面的倒格子. 晶胞沿 $\boldsymbol{a}$ 方向加倍而导致的反射(显示于图(c))由实心圆代表,且它们的半径正比于测量到的布拉格强度. 菱形表示允许的、从铜体内的布拉格反射.(见正文 143 页图 5.30.)

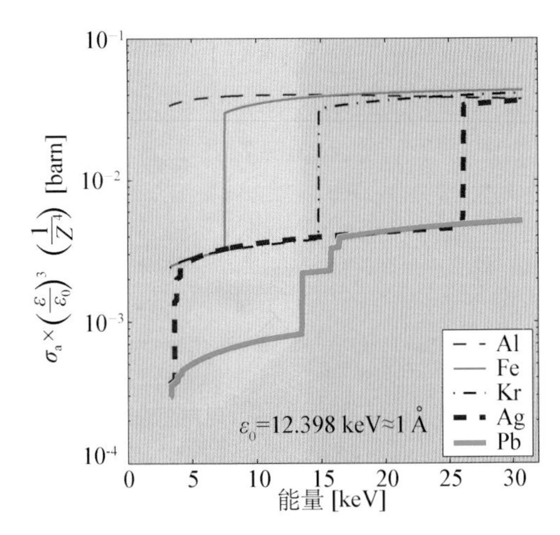

彩图 16　对一组选定的元素,被重新标度的吸收截面作为光子能量的函数的图. 单个原子的吸收截面 σ_a 被先除以原子序数 Z 的四次方,再乘以光子能量 ε 的三次方.(见正文 173 页图 7.1.)

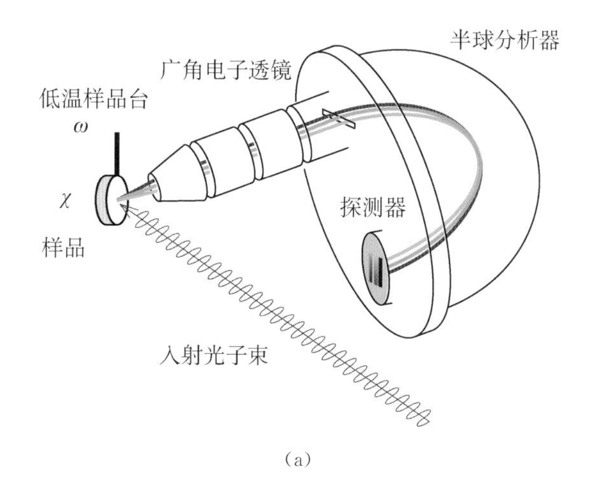

(a)

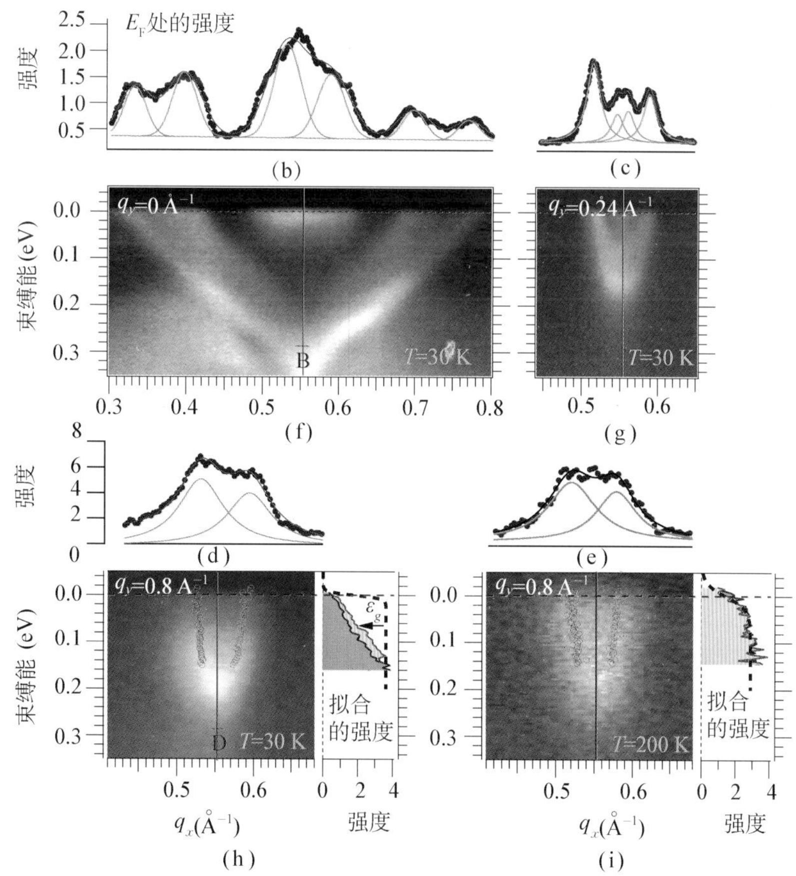

彩图 17 图(a):ARPES 实验的示意图,其中电子吸收一个光子,从固体中释放出来.光电子的能量和动量可以分析出来,从而可以应用守恒定律来推出电子在固体中的色散.图(b)至(i):$ZrTe_3$ 中电荷密度波(charge density wave, CDW)能隙打开的 ARPES 数据[Hoesch 等,2009].布里渊区边界从 $\overline{B}$ 到 $\overline{D}$ 这 3 个不同位置的色散图,其中图(f)至(h)对应于 T = 30 K,图(i) 对应于 T = 200 K. 图(b)至(e):费米能量 ε_F 处的动量分布曲线(momentum distribution curve, MDC).在图(h)至(i)中,色散是通过用两个等宽的洛伦兹函数拟合 MDC 获得的.这些拟合的强度被画在图的右侧,与相应温度的费米分布函数画在一起(虚线).图(h)中的箭头给出了 CDW 打开的能隙的值.(本图由 Moritz Hoesch 提供.)(见正文 196 页图 7.16.)

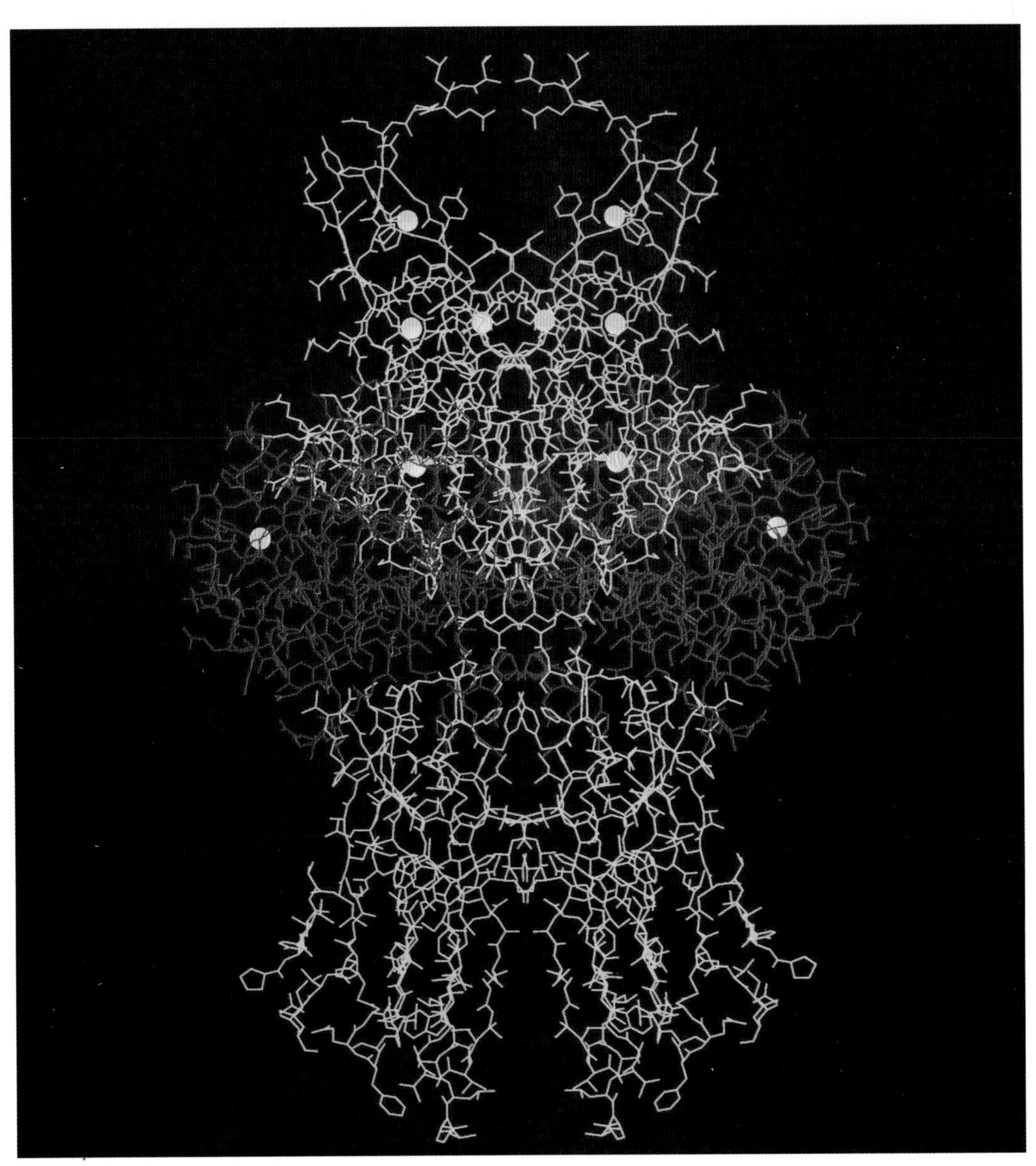

彩图 18 由 MAD 方法定出的蛋白质染色体组的原子模型.这是在成纤维细胞生长因子(FGF1)和受体酪氨酸激酶的配体结合部分 FGFR2 之间的一个二聚染色体组的结构.晶体是从变异体蛋白质之间的染色体组生长出来的,这些变异体蛋白质中蛋氨酸残基全部被硒化的蛋氨酸所代替,衍射数据是从 Se 的 K 吸收边附近 4 个波长中测量得到的.这些 MAD 数据首先用来寻找硒原子的位置(每个不对称单元有 5 个),然后估算相位,并产生一个图像用来定出这个二聚化染色体组中所有 6 162 个非氢原子的位置(D. J. Stauber, A. D. DiGabriele, W. A. Hendrickson, Proc. Natl. Acad. Sci. USA 97,49,2000).硒原子画为黄色的球,FGF 配体用红色的原子间的共价键来表示,受体用蓝色的键来表示.(见正文 217 页图 8.11.)

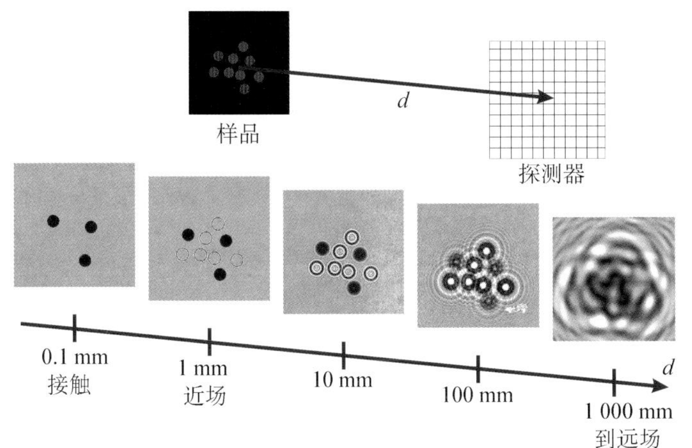

彩图 19 模拟的 X 射线成像来说明从单纯的吸收衬度(在接触区间),经过边缘增强的同轴相衬(in-line phase contrast,在近场区间),到强相衬(在菲涅耳区间),朝向远场区间(虽然没有给出夫琅禾费图像)的过渡. 在该模拟中所用的仿真物体是小的圆盘状物体,其中一些被视为理想的吸收体(零穿透,红色),而其余的是理想相位物体(没有吸收,相移 π,蓝色). 每个圆盘的直径为 5 μm. 灰度图像显示仿真物体的模拟 X 光片,其在波长为1 Å的X射线单色平面波的照射之下,样品和探测器之间取不同的距离(0.1, 1, 10, 100 和1 000 mm). 波阵面传播的模拟使用了 XWFP 传播代码[Weitkamp, 2004],其中像素的大小选为 100 nm.(图像承蒙 Timm Weitkamp 提供.)(见正文 222 页图 9.2.)

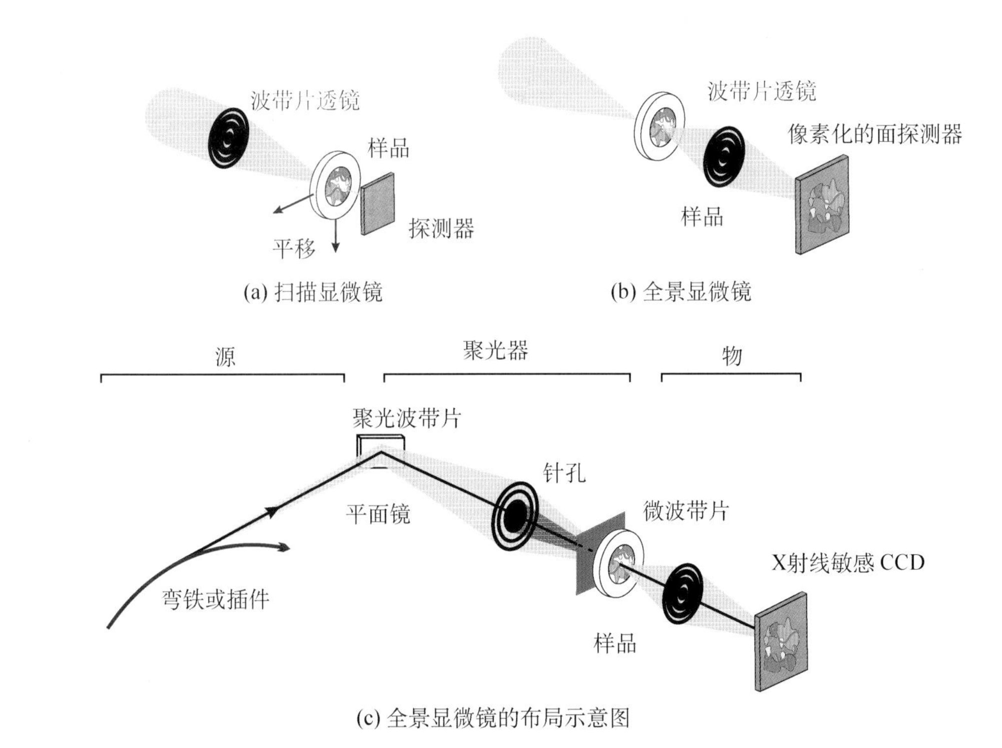

彩图 20 基于菲涅耳波带片的 X 射线显微镜. 图(a):在扫描透射 X 射线显微镜(scanning transmission X - ray microscope, STXM)中,用波带片来把入射平行光束聚焦到一个小的焦斑,样品穿过光束来回扫描以产生图像. 图(b):全景透射 X 射线显微镜(transmission X - ray microscope, TXM)使用一个波带片作为物镜,它把一个放大的图像投影到一个二维的像素化的探测器上. 放大倍数由物镜-探测器和样品-物镜的距离的比例决定,这个比例可以超过 1 000. 图(c):TXM 的布局示意图. 该示意图是基于劳伦斯伯克利国家实验室先进光源的 XM-1 软 X 射线显微镜,但其基本布局可被认为对现代的 TXM 均是通用的,包括那些旨在用硬 X 射线进行操作的显微镜.(仿自 David Attwood 创建的图像.)从源发出的光束首先被一个平面镜偏转,之后打到一个多功能的聚光波带片上. 它不仅把样品处的光斑聚焦到几微米的尺寸,而且和针孔相结合之后它还是一个单色器. 由样品发射出的光束,再被一个微波带片收集,从而把光投影到一个二维的像素化的探测器,该探测器一般基于电荷耦合器件(charge-coupled device, CCD)技术.(见正文 229 页图 9.8.)

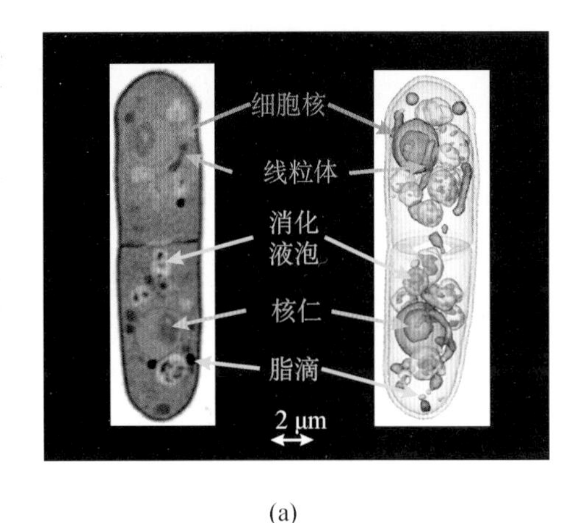

(a)

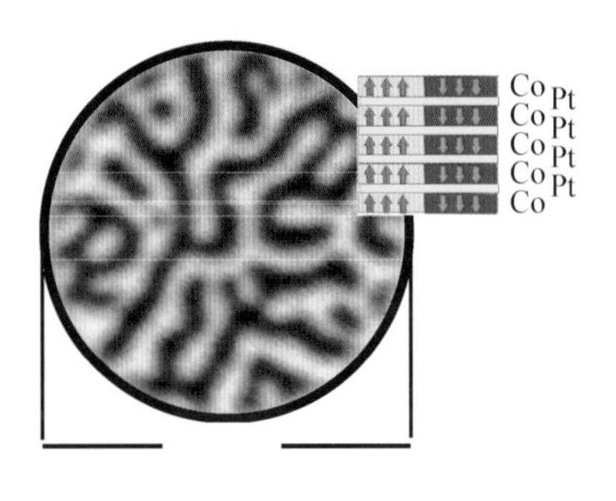

(b)

彩图 21 X 射线显微术图像. 图(a):单细胞酵母粟酒裂殖酵母细胞分裂的透射 X 射线显微术(TXM)图像. 数据采集使用了先进光源(ALS)上的 X 射线显微镜 XM-1,波长 $\lambda=24.0$ Å. 选择此波长是因为它在"水窗"的中间,在此窗口中,有机材料的 X 射线吸收超过水的吸收大约一个量级,从而大大提高了图像对比度. 左:单次 X 光照相投影的图像揭示了在分裂细胞内细胞器组成的亚微米级的详细信息. 右:用断层重建的细胞的三维图像. 单次投影的典型曝光时间为 1 s 左右,而一个断层数据集需要 3 min 或更少.(图像由 Carolyn Larabell 提供.)图(b):Co/Pt 多层膜的扫描 X 射线显微图像. 图像是在 ALS 的光束线 11 上采集的,它揭示了蠕虫状磁畴的图案. 磁畴的成像利用了 XMCD(见 7.3 节)提供的对比度. 这里给出的图像是用相反的光子螺旋度采集的图像之差,并且光子能量被调到 Co L_3 边($\lambda=15.9$ Å). 这里黑色和白色区域对应于不同磁畴,其中磁矩指向与入射光束平行或反平行方向. 空间分辨率小于 50 nm.(图像由 Joachim Stöhr 提供.)(见正文 230 页图 9.9.)

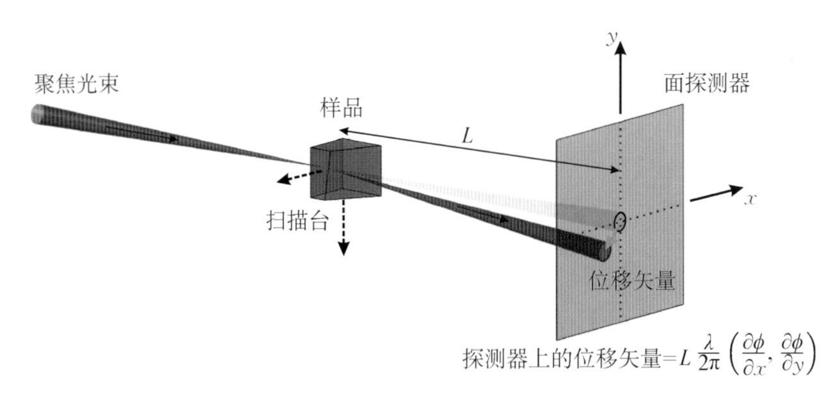

彩图 22 通过自由空间传播的相位衬度成像. 被聚焦得很细的 X 射线束入射到样品,且其具有可忽略的吸收. 折射使 X 射线束偏转一个角度 $\alpha_x=(\lambda/2\pi)\partial\phi(x, y)/\partial x$, 等等,其中 $\phi(x, y)$是垂直于入射光束方向平面上折射光线的相位. 样品下游 L 处的一个位置敏感面探测器,它所记录的折射光线的偏转量是 αL. 图中面探测器上的蓝点对应于没有样品时,光束直接打到的位置,而红点对应的是样品在相对于入射光束焦点(x, y)的固定位置时,光束被偏转到的位置. 在(x, y)面内扫描样品,可建立起相位梯度的分布图,据此可以计算出$\delta(x, y)$的图像.(见正文 232 页图 9.12.)

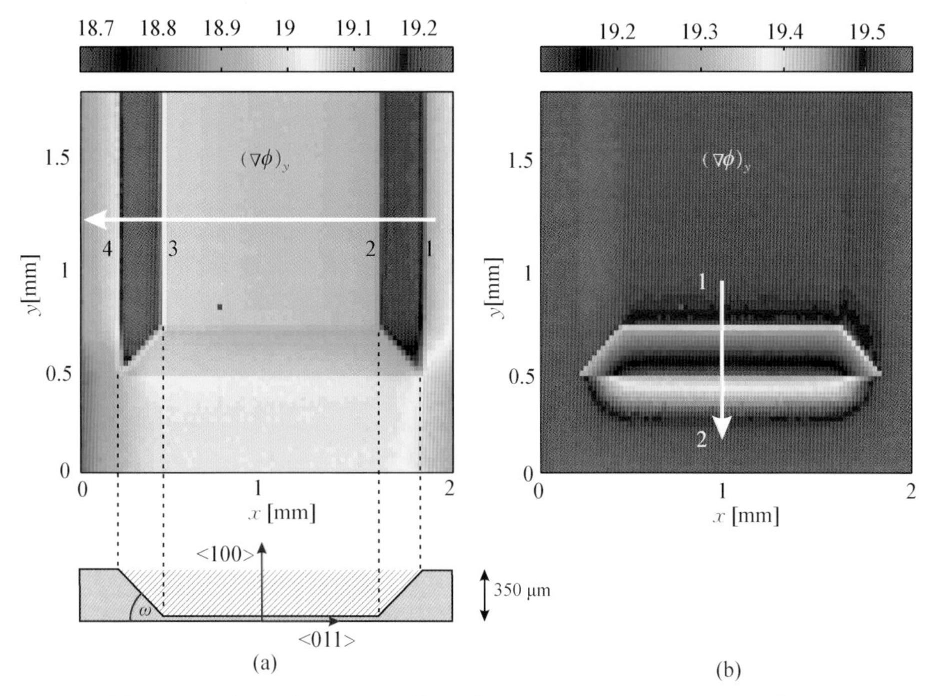

彩图 23 刻蚀在硅晶片上的槽的相衬成像，具体描述见正文．图(a)：晶片的横截面是彩图下方由灰色勾勒出的部分．X 射线束照射在槽的斜坡部分，以固定角度 α 被折射，这里 α 正比于在扫描方向相位的梯度．当晶片被沿着 x 方向扫描，斜坡位于 1 和 2，以及 3 和 4 之间．光束被记录在置于样品下游 7.15 m 处的探测器的像素点上，而伪彩色的刻度是平均像素位置的编码．像素大小为 172 μm．当光束打到 2 号和 3 号点之间的任意一点时，光束就被记录在 19.00 位置的像素(见颜色条刻度)．当它穿过该槽的斜坡时会被折射，从而被探测于稍高一点的、或者稍低一点的平均像素数，具体取决于斜坡梯度的符号．根据几何学，可容易地计算出 α，据此推出斜坡的角度 ω(见图 9.11)．图(b)：给出了沿着 y 方向扫描样品的结果，其中此处只有槽的倾斜端被成像出来．(数据由 Martin Bech 和 Torben Jensen 提供．)(见正文 233 页图 9.13.)

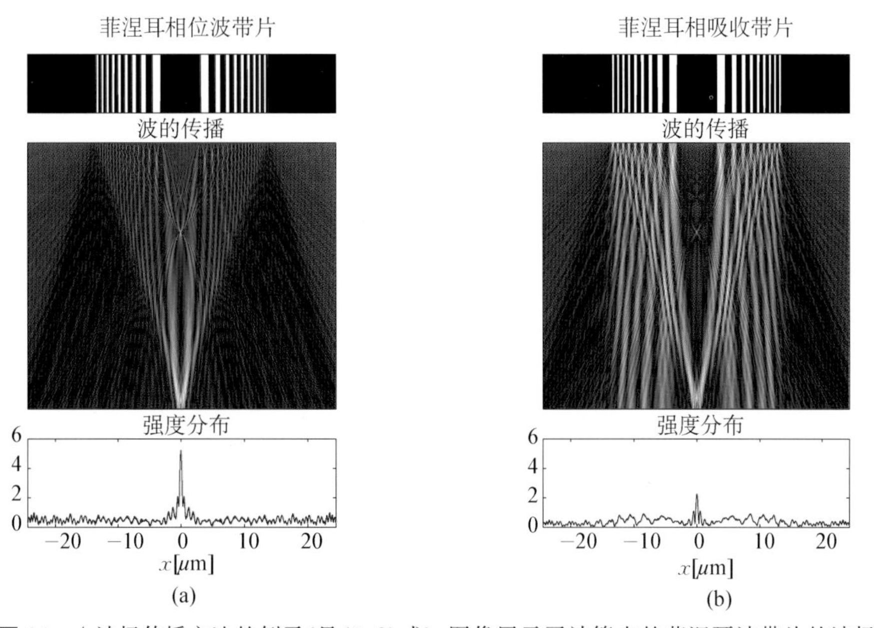

彩图 24 ★波场传播方法的例子(见(9.2)式)．图像展示了计算出的菲涅耳波带片的波场，此时入射波是从上方照射下来的．左侧一列是对应于菲涅耳相位波带片，而右侧的一列是对应于菲涅耳吸收波带片．计算中用到的参数如下：焦距 $f = 10$ cm，X 射线波长 $\lambda = 1$ Å，透镜宽度等于 100 μm．收敛 $m = 3$ 和发散 $m = -1$ 波场虽然比较弱，也可以看得到．(见正文 235 页图 9.15.)

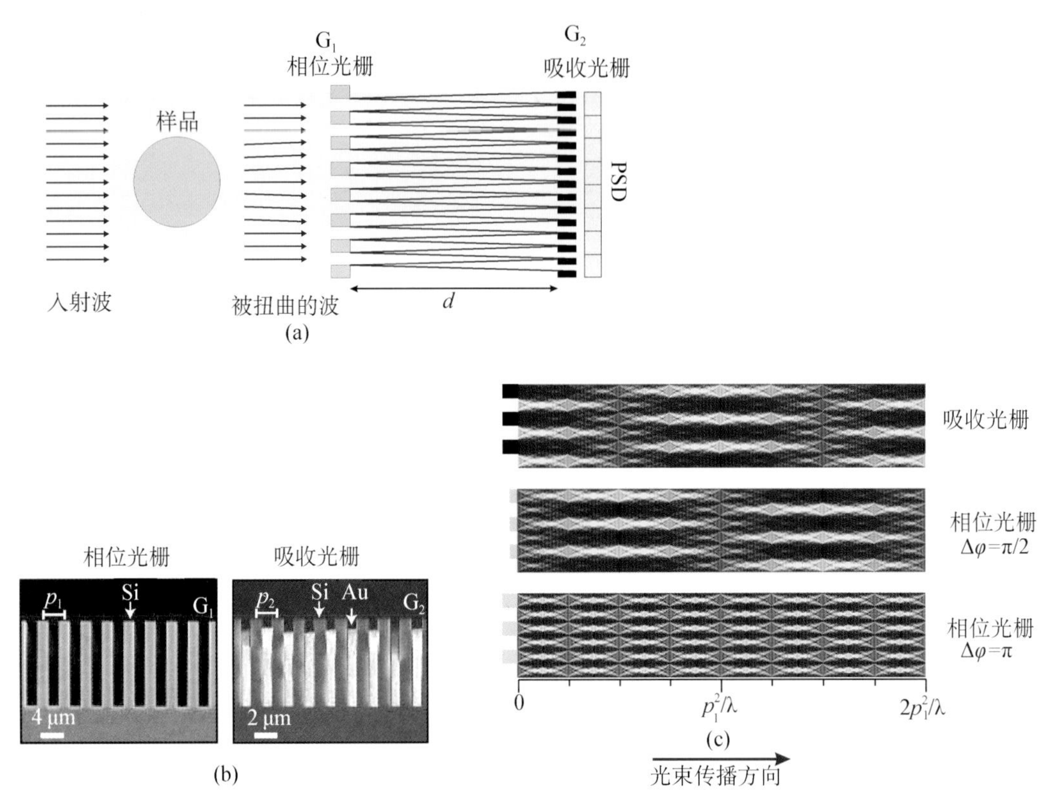

彩图 25 图(a):Talbot X 射线干涉仪的布局示意图. 图(b):用于 Talbot 干涉仪的光栅的扫描电子显微镜(SEM)图像. 光栅是用硅光刻制造的. 选用硅是因为它可以非常精确地进行加工,也由于其对硬 X 射线较低的吸收. 这意味着 G_1 实际上是纯相位光栅一个很好的近似;吸收光栅 G_2 必须通过在光栅的沟渠中沉积金来形成.(照片由 Franz Pfeiffer 提供.)图(c):计算出的一个理想的吸收光栅的波场(上),一个理想的 $\pi/2$ 相位光栅(中)和理想的 π 相位光栅(下). 这些波场的计算采用了 9.2 节中概括的公式.(仿自 Weitkamp 等的图像[Weitkamp 等,2006].)(见正文 236 页图 9.16.)

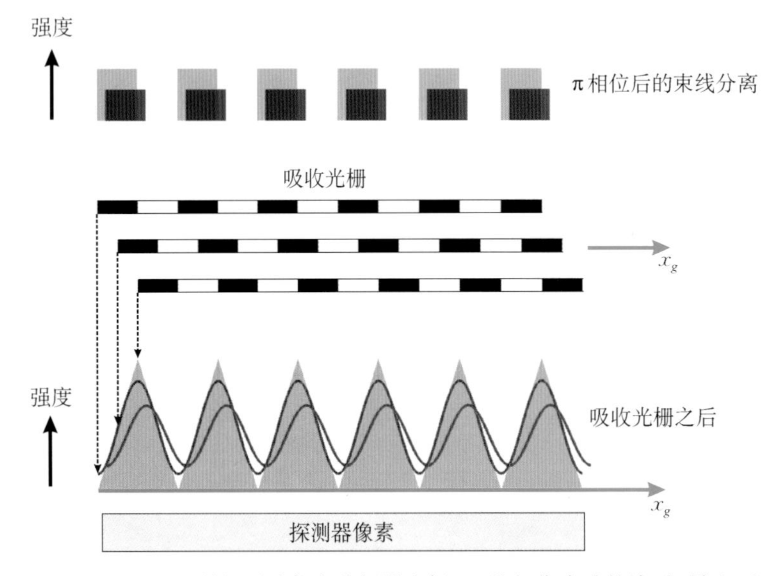

彩图 26 Talbot 剪切干涉仪中分析器光栅 G_2 的相位步进的演示. 最上面一排表示在一个 π 相位光栅下游距离 $d = p_1^2/8\lambda$ 处方框状的强度图案随垂直于光轴的横向坐标 x_g 的变化. 粉色(蓝色)指的是没有(有)样品时的波场. 中间部分的黑色(无透过)和白色(无吸收)的矩形代表吸收光栅,并且被画在 3 个不同横向位置.(它也在平行于光轴的方向平移,但这里只是为了说明的目的.)在理想状况下,吸收光栅后面但刚好在探测器像素之上的强度图案呈三角形. 考虑光栅的不完美、光束的有限相干长度等,它变成正弦状.(见正文 237 页图 9.17.)

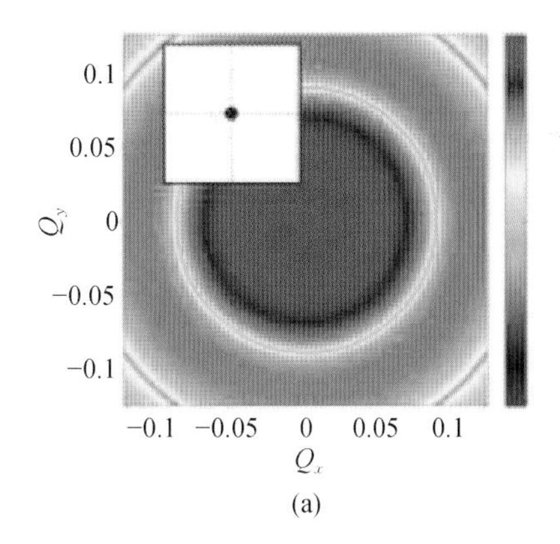

(a)

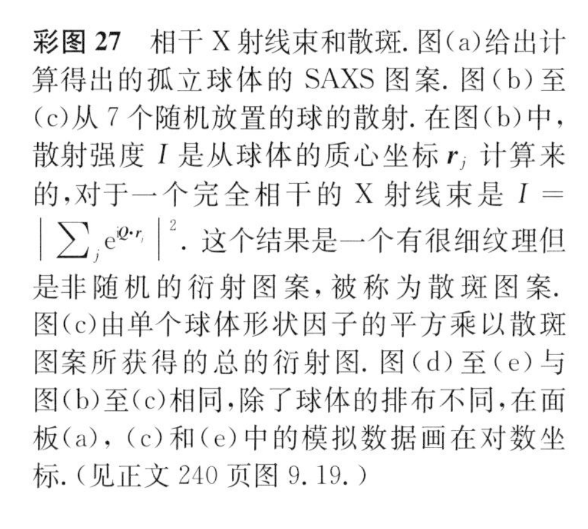
彩图 27　相干 X 射线束和散斑. 图(a)给出计算得出的孤立球体的 SAXS 图案. 图(b)至(c)从 7 个随机放置的球的散射. 在图(b)中，散射强度 I 是从球体的质心坐标 $\boldsymbol{r}_j$ 计算来的，对于一个完全相干的 X 射线束是 $I=\left|\sum_j \mathrm{e}^{i\boldsymbol{Q}\cdot\boldsymbol{r}_j}\right|^2$. 这个结果是一个有很细纹理但是非随机的衍射图案，被称为散斑图案. 图(c)由单个球体形状因子的平方乘以散斑图案所获得的总的衍射图. 图(d)至(e)与图(b)至(c)相同，除了球体的排布不同，在面板(a)，(c)和(e)中的模拟数据画在对数坐标.（见正文 240 页图 9.19.）

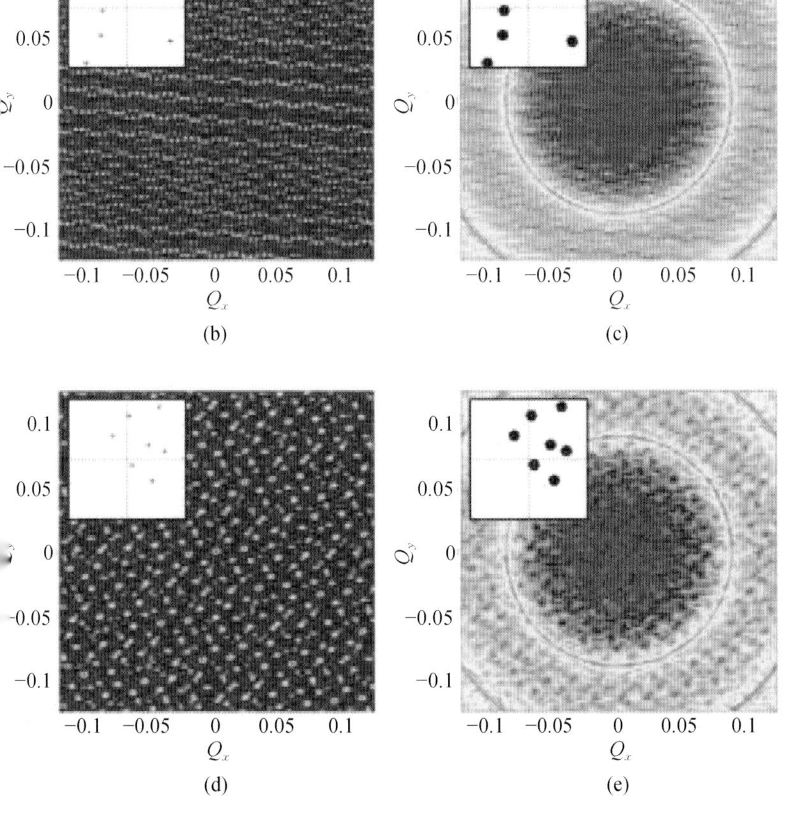

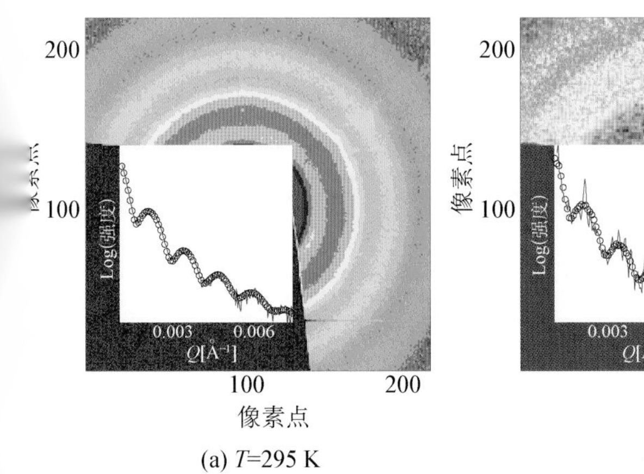

(a) T=295 K

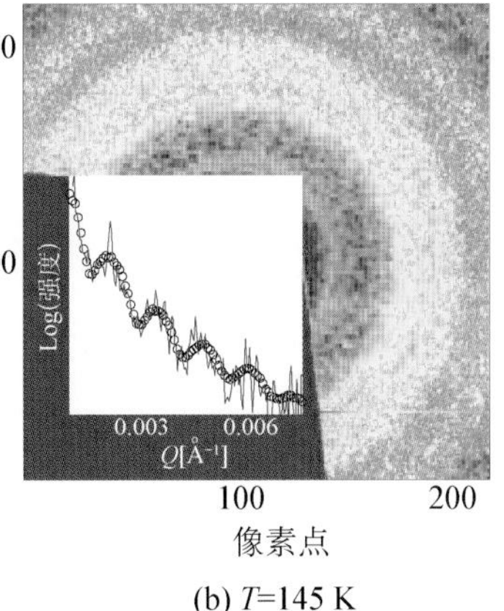

(b) T=145 K

彩图 28　从 500 nm 直径的二氧化硅微球的小角 X 射线散射数据，微球占 H_2O/甘油混合物 2%体积. 测量是在 ESRF 的 ID10C 进行的，使用相干光束（10×10 μm^2），光子的能量是 8.02 keV. 这些图像是 200 次曝光的平均，每次持续 0.7 s，即总共 140 s. 插图：圆圈表示的是对方位角平均的强度；红线是一条代表性的径向截线. CCD 探测器在样品下游 2.41 m，像素尺寸是 22.5 μm.　图像(a)是记录于玻璃化相变之上，此时二氧化硅球的运动产生动态散斑图案. 如果对 200 次曝光进行平均，得到的结果会和用非相干束照射样品产生的一样. 图像(b)是记录于玻璃化相变之下，此时二氧化硅球的运动被冻结，散斑图案也相应是静态的.（数据由 Anders Madsen 提供.）（见正文 241 页图 9.20.）

第一次迭代

$A'(Q)=\sqrt{I(Q)}\exp[\mathrm{i}\varphi(Q)]$

随机相位$\varphi(Q)$

$I(Q)$

$\rho'(r)$ $\mathbf{FT}^{-1}$ $A'(Q)$

实空间限制 正的? 实的? 施加支撑

Q空间限制 $|A(Q)|=\sqrt{I(Q)}$

$\rho(r)$ $\mathbf{FT}$ $A(Q)$

彩图 29 迭代的相位获取算法的原理图，用于从相干 X 射线衍射图像重建真实空间图像. 在右侧面板，测试物体被一个相干的 X 射线束照射，而衍射强度 $I(\boldsymbol{Q})$ 被记录在一个安置在远场的位置敏感面探测器. 此处是伦琴肖像的衍射图案.（见正文 242 页图 9.21.）

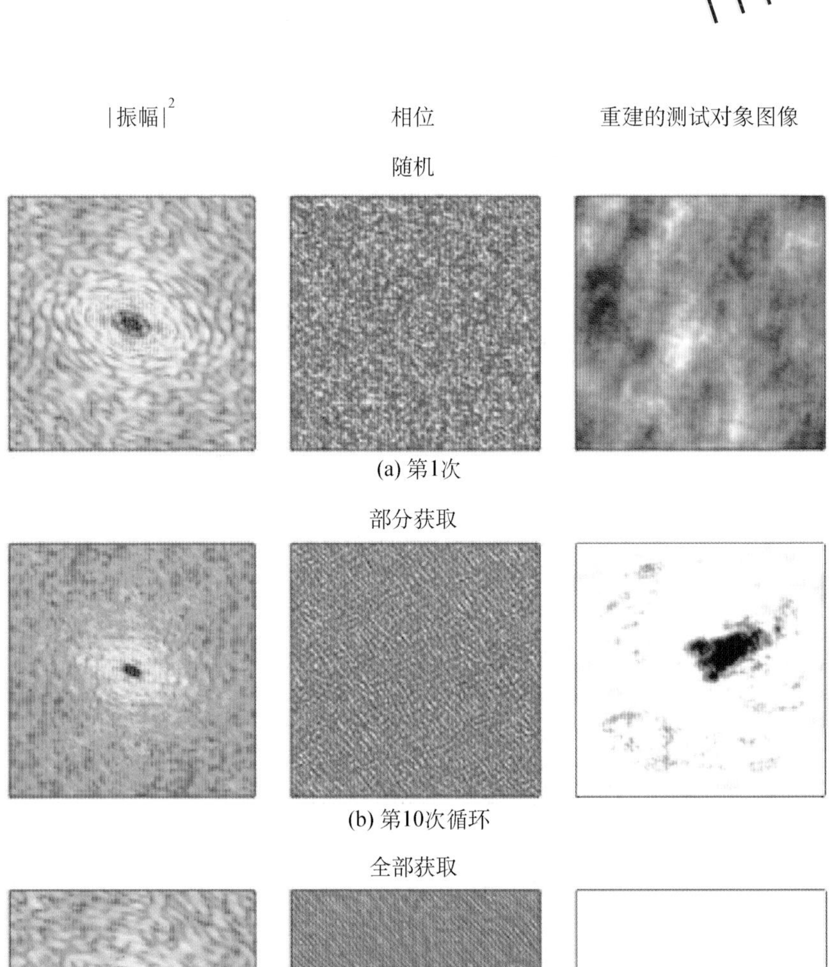

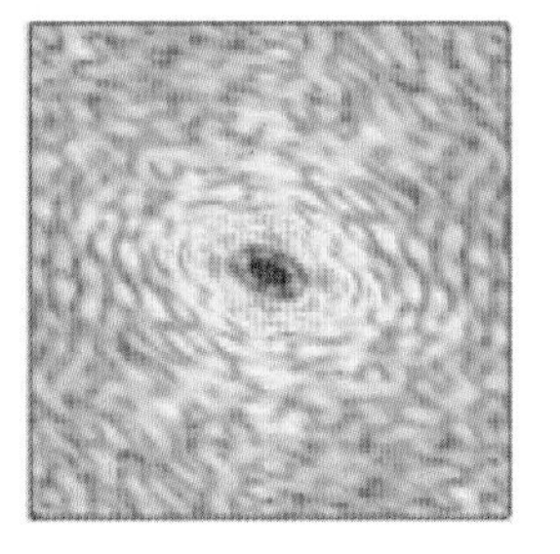

(c) 第374次循环

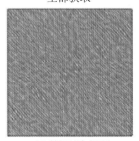

彩图 30 使用迭代的相位获取算法来获取相位的数值例子，进行了多次循环的结果. 测试对象和其计算的衍射图已经在图 9.21 中给出.（见正文 243 页图 9.22.）

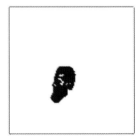

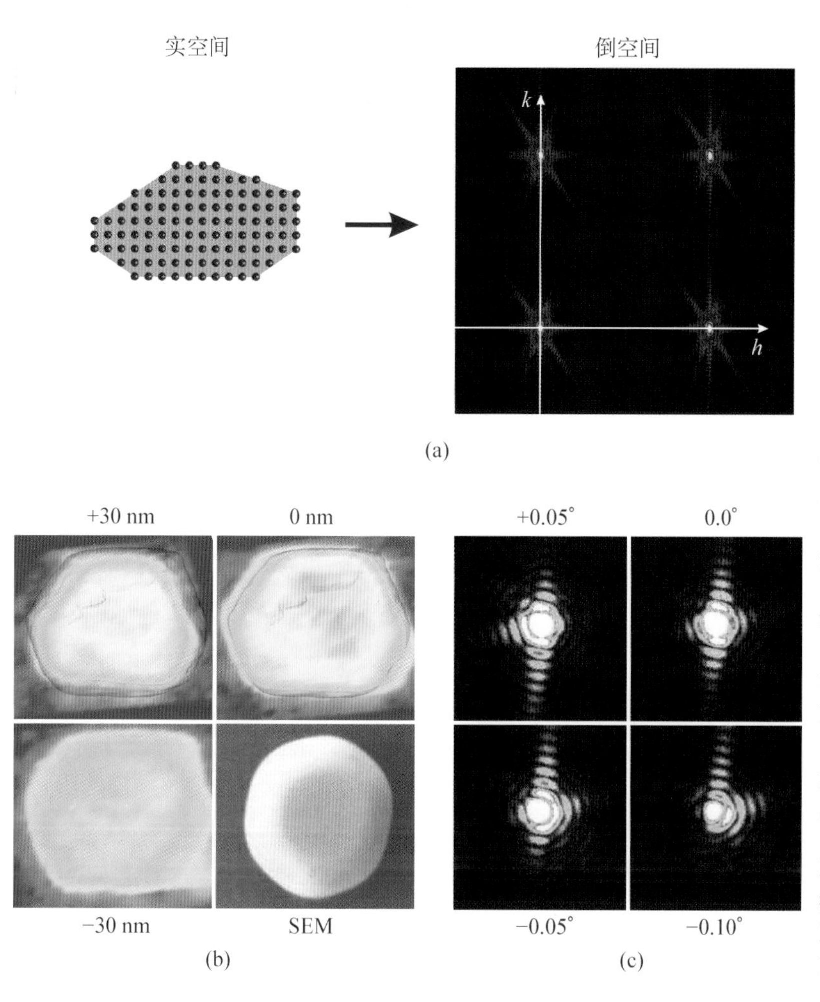

彩图 31 图(a):有限大小的晶体的示意图(左)和其衍射图案(右). 图(c):从金纳米颗粒的相干 X 射线衍射. 数据是在 Advanced Photon Source 的光束线 34 - ID - C 收集的. 这 4 个图像是通过(111)反射的一个摇摆扫描来收集的,该反射由标签 0.0°来标记. 以这种方式收集的数据提供了关于晶体的三维结构信息. 每个衍射图样的范围大约是 0.07 × 0.07 $Å^{-2}$,图(a)和(c)的强度标度是对数的. 图(b)彩色图像:从图(c)中所示的衍射数据重建的金纳米颗粒实空间的图像. 各个图像对应纳米颗粒不同高度的电子密度的二维切片,此处以伪彩色渲染图绘出. 这些图像被叠加在晶体的半透明等值面(三维轮廓)上. 该纳米粒子大约 180 nm 宽、70 nm 深. 灰度图像:金纳米颗粒的 SEM 图像,它是从和用于衍射实验样品同一批次的一个样品拍摄的. (数据由 Ian Robinson 提供.)(见正文 244 页图 9.23.)

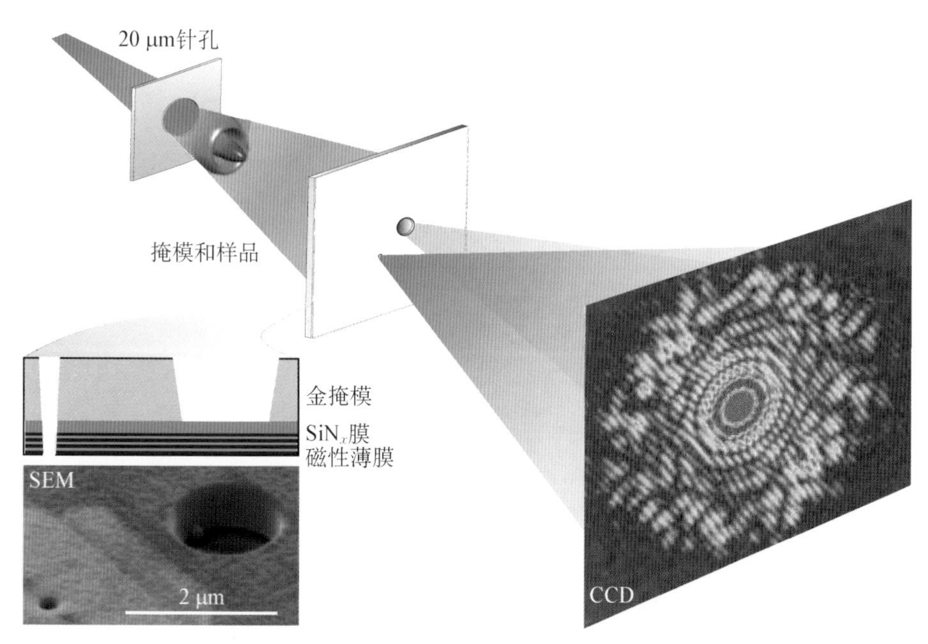

彩图 32 用于记录磁畴的傅立叶变换全息图的实验装置原理图. 该装置处于 BESSY - II 的光束线56 SGM. 从一个波荡器发出的圆偏振 X 射线由一个光栅(未画出)单色化,然后入射到一个 20 μm 的小孔,它的功能是确定光束的横向相干长度. X 射线束照射到生长在 Si_3 Ni_4 膜上的样品和掩模的组合. 该样品是 Co/Pt 多层膜,它的 STXM 图像已经在图 9.9 中给出过. 金掩模上样品孔的直径为 1.5 μm,其定义了照射到物体的光束的视场. 参考光束由一个锥形孔来定义,它被做到 100 nm 之小,全息图记录在一个 CCD 相机上,光子能量被调到 Co L_3 边(λ=15.9 Å). (图像由 Joachim Stöhr 提供.)(见正文 246 页图 9.24.)

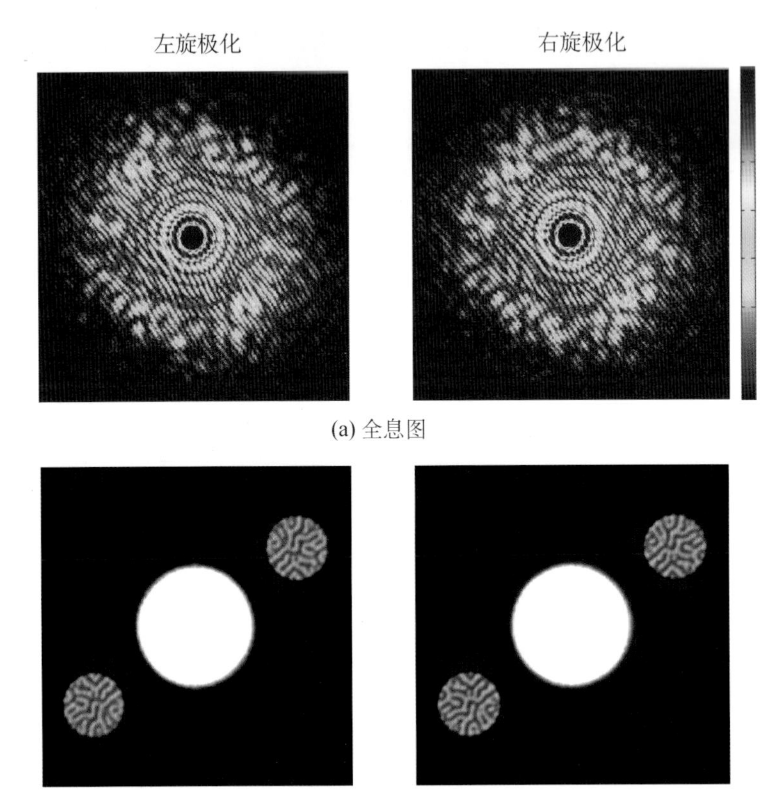

彩图 33 图(a):用图 9.24 中的实验装置得到的一个 Co/Pt 多层膜的傅立叶变换全息图.这些全息图是用左旋圆偏振(左图)或右旋圆偏振(右图)的光子记录的.典型的曝光时间为 500 s.该图像对应的倒空间的区域有 $0.067\times0.067\ \mathrm{nm}^{-2}$.图像中心系列狭窄的同心环来自样品小孔的夫琅和费衍射.一个半径约为 $0.036\ \mathrm{nm}^{-1}$ 的宽环是 Co/Pt 多层膜中磁畴的小角散射,并分散成一系列的散斑.图(b)是图(a)中全息图的快速傅立叶变换,其中 Co/Pt 多层膜中的磁畴的实空间图像相对于中心圆形区域是对称的.仔细检查用 RCP 和 LCP 获得的磁畴图像,发现两个图像互为底片:暗变亮,亮变暗.其原因是在于 X 射线共振磁散射测量的是磁化的投影,而这对 RCP 和 LCP 是相反的.(图像由 Joachim Stöhr 提供.)(见正文 247 页图 9.25.)

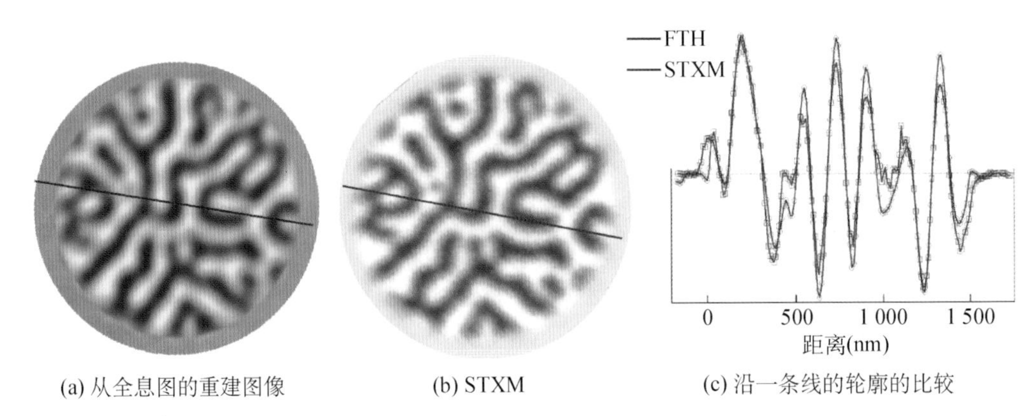

彩图 34 比较 Co/Pt 多层膜磁畴结构的图像.图(a)是由傅立叶变换全息照相获得的.图(b)是通过 STXM.图(c)比较了沿穿过图像的一条切割线的结果,证明了这两种技术具有相当的空间分辨率.(图像由 Joachim Stöhr 提供.)(见正文 247 页图 9.26.)